토목기사·산업기사 필기 완벽 대비

수리수문학

박영태 지음

핵심 시리즈 3

Civil Engineering Series

BM (주)도서출판 성안당

독자 여러분께 알려드립니다

토목기사/산업기사 필기시험을 본 후 그 문제 가운데 "수리수문학" 10여 문제를 재구성해서 성안당 출판사로 보내주시면, 채택된 문제에 대해서 성안당 도서 중 "7개년 과년도 토목기사 [필기]" 1부를 증정해 드립니다. 독자 여러분이 보내주시는 기출문제는 더 나은 책을 만드는 데 큰 도움이 됩니다. 감사합니다.

e-mail coh@cyber.co.kr (최옥현)

★ 메일을 보내주실 때 성명, 연락처, 주소를 기재해 주시기 바랍니다.
★ 보내주신 기출문제는 집필자가 검토한 후에 도서를 증정해 드립니다.

■ 도서 A/S 안내

성안당에서 발행하는 모든 도서는 저자와 출판사, 그리고 독자가 함께 만들어 나갑니다.

좋은 책을 펴내기 위해 많은 노력을 기울이고 있습니다. 혹시라도 내용상의 오류나 오탈자 등이 발견되면 "좋은 책은 나라의 보배"로서 우리 모두가 함께 만들어 간다는 마음으로 연락주시기 바랍니다. 수정 보완하여 더 나은 책이 되도록 최선을 다하겠습니다.

성안당은 늘 독자 여러분들의 소중한 의견을 기다리고 있습니다. 좋은 의견을 보내주시는 분께는 성안당 쇼핑몰의 포인트(3,000포인트)를 적립해 드립니다.

잘못 만들어진 책이나 부록 등이 파손된 경우에는 교환해 드립니다.

저자 문의 홈페이지 : http://www.pass100.co.kr (게시판 이용)
본서 기획자 e-mail : coh@cyber.co.kr (최옥현)
홈페이지 : http://www.cyber.co.kr   전화 : 031) 950-6300

CHAPTER	Section	1회독	2회독	3회독
제1장 물의 기본성질	1. 유체의 분류 ~ 3. 차원과 관리, 예상 및 기출문제	1일	1일	1일
제2장 정수역학	1. 정의 ~ 5. 평면에 작용하는 정수압	2일		
	6. 곡면에 작용하는 정수압 ~ 9. 상대적 평형	3일		
	예상 및 기출문제	4일		
제3장 동수역학	1. 흐름의 분류 ~ 4. 베르누이의 정리	5일	2~3일	2일
	5. 층류와 난류 ~ 9. 속도퍼텐셜	6일		
	예상 및 기출문제	7일		
제4장 오리피스	1. 오리피스 ~ 4. 단관과 노즐, 예상 및 기출문제	8일	4일	3일
제5장 위어	1. 정의 ~ 4. 위어의 수위와 유량의 관계, 예상 및 기출문제	9일		
제6장 관수로	1. 개론 ~ 5. 마찰 이외의 손실수두	10일	5~6일	4일
	6. 관로시스템 ~ 8. 수격작용과 서징, 공동현상	11일		
	예상 및 기출문제	12일		
제7장 개수로	1. 개론 ~ 6. 수리상 유리한 단면	13일	7~8일	5~6일
	7. 비에너지와 한계수심, 한계경사, 한계유속 ~ 12. 단파	14일		
	예상 및 기출문제	15일		
제8장 유사 및 수리학적 상사	1. 유사 ~ 3. 수리모형법칙, 예상 및 기출문제	16일	9일	7일
제9장 지하수	1. 지하수 ~5. 제방 내부의 침투, 예상 및 기출문제			
제10장 해안수리	1. 파랑 ~ 3. 규칙파의 변형, 예상 및 기출문제	17일		
제11장 수문학 및 수문기상학	1. 수문학 ~ 2. 수문기상학, 예상 및 기출문제			
제12장 강수	1. 강수 ~ 4. 최대 가능강수량, 예상 및 기출문제	18일	10일	
제13장 증발과 증산, 침투와 침루	1. 증발과 증산 ~ 2. 침투와 침루, 예상 및 기출문제	19일		
제14장 유출	1. 유출의 구성 ~ 7. 첨두홍수량	20일		8일
	예상 및 기출문제	21일		
부록 I 과년도 출제문제	2018~2020년 토목기사·토목산업기사	22~24일	11~12일	9일
	2021~2022년 토목기사	25~26일	13일	
부록 II CBT 대비 실전 모의고사	토목기사 실전 모의고사 1~9회	27~28일	14일	10일
	토목산업기사 실전 모의고사 1~9회	29~30일	15일	

" 수험생 여러분을 성안당이 응원합니다! "

30일 완성! **15일 완성!** **10일 완성!**

스스로 체크하는
3회독 플래너

" 수험생 여러분을 성안당이 응원합니다! "

일 완성 일 완성 일 완성

머리말

토목기사·산업기사 시험은 20여 년 전 처음 시행되기 시작하였는데 1995년부터는 상하수도 공학이 새롭게 시험과목으로 추가되는 등의 과정을 거치면서 오늘날 토목분야의 중추적인 자격 시험으로 자리잡게 되었다.

본서는 단순 공식에 의존하거나 지나친 고정관념적인 학습방법을 탈피하고, 보다 근본적인 이해 및 적응능력의 함양을 중요시하여 단답형 암기보다는 논리의 이해를 높이기 위한 방식으로 구성되었다.

즉 독자들은 문제의 답안 작성에 지나치게 집착하지 말고, 문제에서 출제자가 요구하는 의도 와 그 답안 창출과정을 보다 심도 있게 추구함으로써 동일 개념 및 이와 유사한 응용문제에 대비해야 할 것이다.

또한 본서는 출제경향을 알고 싶어하는 독자, 단기간에 시험과목 전반을 복습하고 싶어하는 독자, 시험을 대비해 최종으로 마무리하고 싶어하는 독자들을 염두에 두고 독자들 각자의 목적에 따라 수월하게 읽으면서 문제의 중복을 피하고 상세한 해설을 통해 논리의 반복적 사고를 할 수 있도록 집필한 것이 특징이라 할 수 있다.

덧붙여 본서를 보면서 이론서나 기타 관련 서적을 참고한다면 더 좋은 결실을 맺을 수 있을 것이다.

그러나 저자의 노력에도 불구하고 많은 부족함이 독자들의 눈에 띌 것이라 생각된다. 그래서 앞으로 독자들의 욕구를 만족시키지 못한 미흡한 사항은 계속적인 수정과 개선을 통해 보완하려 한다.

본서를 기술하면서 참고한 많은 저서와 논문 저자들에게 지면으로나마 감사드리며, 항상 좋은 책 편찬에 애쓰시는 성안당출판사 직원 여러분께 진심으로 감사드린다.

저자 씀

출제기준

• **토목기사** (적용기간 : 2022. 1. 1. ~ 2025. 12. 31.) : 20문제

시험과목	주요 항목	세부항목	세세항목	
수리학 및 수문학	1. 수리학	(1) 물의 성질	① 점성계수 ③ 표면장력	② 압축성 ④ 증기압
		(2) 정수역학	① 압력의 정의 ③ 정수력	② 정수압분포 ④ 부력
		(3) 동수역학	① 오일러방정식과 베르누이식 ③ 연속방정식 ⑤ 에너지방정식	② 흐름의 구분 ④ 운동량방정식
		(4) 관수로	① 마찰손실 ③ 관망 해석	② 기타 손실
		(5) 개수로	① 전수두 및 에너지방정식 ③ 비에너지 ⑤ 점변부등류 ⑦ 위어	② 효율적 흐름 단면 ④ 도수 ⑥ 오리피스
		(6) 지하수	① Darcy의 법칙	② 지하수흐름방정식
		(7) 해안수리	① 파랑	② 항만구조물
	2. 수문학	(1) 수문학의 기초	① 수문순환 및 기상학 ③ 강수 ⑤ 침투	② 유역 ④ 증발산
		(2) 주요 이론	① 지표수 및 지하수 유출 ③ 홍수 추적 ⑤ 도시수문학	② 단위유량도 ④ 수문통계 및 빈도
		(3) 응용 및 설계	① 수문모형	② 수문조사 및 설계

• **토목산업기사** (적용기간 : 2023. 1. 1. ~ 2025. 12. 31.) : 10문제

시험과목	주요 항목	세부항목	세세항목	
수자원 설계	1. 수리학	(1) 물의 성질	① 점성계수 ③ 표면장력	② 압축성 ④ 증기압
		(2) 정수역학	① 압력의 정의 ③ 정수력	② 정수압분포 ④ 부력
		(3) 동수역학	① 오일러방정식과 베르누이식 ③ 연속방정식 ⑤ 에너지방정식	② 흐름의 구분 ④ 운동량방정식
		(4) 관수로	① 마찰손실 ③ 관망 해석	② 기타 손실
		(5) 개수로	① 효율적 흐름 단면 ③ 점변부등류	② 비에너지 및 도수 ④ 오리피스 및 위어

출제빈도표

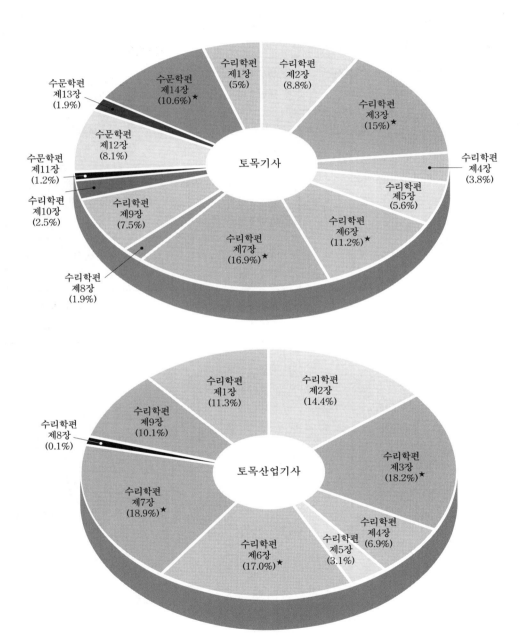

차 례

[수리학편]

[수문학편]

01 CHAPTER 물의 기본성질

01 | 단위중량(비중량)

$$w = \frac{W}{V} = \frac{mg}{V} = \rho g$$

02 | 비중

$$비중 = \frac{물체의\ 단위중량}{물의\ 단위중량}$$

03 | 점성

① Newton의 점성법칙 : $\tau = \mu \dfrac{dv}{dy}$

② 동점성계수 : $\nu = \dfrac{\mu}{\rho}$

04 | 모세관현상

$$h_c = \frac{4T\cos\theta}{wd}$$

05 | 차원

LMT계와 LFT계의 상호변환

$F = ma$

$[\mathrm{F}] = [\mathrm{M}][\mathrm{LT}^{-2}] = [\mathrm{MLT}^{-2}]$

02 CHAPTER 정수역학

01 | 수면에서 깊이 h의 정수압강도

① 절대압력 : 수면에 작용하는 대기압을 고려한 압력

$p = p_a + wh$

여기서, p_a : 국지대기압

② 계기압력 : 국지대기압을 기준($p_a = 0$)으로 한 압력으로 공학에서는 주로 계기압력을 사용

$p = wh$

02 | 수압기의 원리

$$\frac{P_1}{A_1} = \frac{P_2}{A_2}$$

03 | 연직평면에 작용하는 정수압

① 압력 : $P = w\displaystyle\int_A h\,dA = wh_G A$

② 작용점 위치 : $h_C = h_G + \dfrac{I_X}{h_G A}$

04 | 폭이 b인 AB곡면에 작용하는 수압

① $P_H = wh_G A$

② $P_V = wV$

여기서, A : 연직투영면적($\mathrm{A'B'} \times b$)

h_G : 연직투영면적의 도심까지 거리

V : 물기둥 CABD의 체적(CABD의 면적 $\times b$)

05 | 원관의 벽에 작용하는 동수압

$$\sigma t = \frac{pD}{2}$$

$$\therefore\ t = \frac{pD}{2\sigma_{ta}}$$

06 | 부력

$B = wV$

여기서, B : 부력

w : 물의 단위중량

V : 수중 부분의 체적

07 | 수평등가속도를 받는 액체

$$\tan\theta = \frac{H-h}{\dfrac{l}{2}} = \frac{\alpha}{g}$$

08 | 연직등가속도를 받는 액체

① 연직상향의 가속도를 받는 수압

$$p = wh\left(1 + \frac{\alpha}{g}\right)$$

② 연직하향의 가속도를 받는 수압

$$p = wh\left(1 - \frac{\alpha}{g}\right)$$

03 CHAPTER 동수역학

01 | 정류

$$\frac{\partial Q}{\partial t} = 0, \quad \frac{\partial V}{\partial t} = 0, \quad \frac{\partial \rho}{\partial t} = 0$$

02 | 부정류

$$\frac{\partial Q}{\partial t} \neq 0, \quad \frac{\partial V}{\partial t} \neq 0, \quad \frac{\partial \rho}{\partial t} \neq 0$$

03 | 3등류

$$\frac{\partial V}{\partial t} = 0, \quad \frac{\partial V}{\partial l} = 0$$

04 | 부등류

$$\frac{\partial V}{\partial t} = 0, \quad \frac{\partial V}{\partial l} \neq 0$$

05 | 유선

어느 시각에 있어서 각 입자의 속도벡터가 접선이 되는 가상적인 곡선을 말한다.
① 하나의 유선은 다른 유선과 교차하지 않는다.
② 정류 시 유선과 유적선은 일치한다.

06 | 비압축성 유체일 때 정류의 연속방정식

$$Q = A_1 V_1 = A_2 V_2$$

07 | 베르누이정리(Bernoulli's theorem)

① $H_t = \dfrac{V^2}{2g} + \dfrac{P}{w} + Z = \text{const}$

여기서, $\dfrac{V^2}{2g}$: 유속수두

$\dfrac{P}{w}$: 압력수두

Z : 위치수두

H_t : 총수두

② 가정
- 흐름은 정류이다.
- 임의의 두 점은 같은 유선상에 있어야 한다.
- 마찰에 의한 에너지손실이 없는 비점성, 비압축성 유체인 이상유체의 흐름이다.

③ 에너지선 : 기준수평면에서 $Z + \dfrac{P}{w} + \dfrac{V^2}{2g}$ 의 점들을 연결한 선

④ 동수경사선 : 기준수평면에서 $Z + \dfrac{P}{w}$ 의 점들을 연결한 선

⑤ 피토관
- 유속 : $V_1 = \sqrt{2gh}$
- 총압력(정체압력) : $P = wh + \dfrac{1}{2}\rho v^2$

⑥ U자형 액주계 사용 시의 유량

$$Q = \frac{A_1 A_2}{\sqrt{A_1{}^2 - A_2{}^2}} \sqrt{2gh\left(\frac{w'-w}{w}\right)}$$

08 | 레이놀즈수(Reynolds number)

$$R_e = \frac{VD}{\nu}$$

① $R_e \leq 2,000$: 층류($R_{ec} = 2,000$)
② $2,000 < R_e < 4,000$: 층류와 난류가 공존한다 (천이영역, 불안정층류).
③ $R_e \geq 4,000$: 난류

09 | 역적 – 운동량방정식

$$F = \frac{w}{g} Q (V_2 - V_1)$$

10 | 유체의 저항

$$D = C_D A \frac{\rho V^2}{2}$$

여기서, D : 유체의 전저항력
C_D : 저항계수
A : 흐름방향의 물체투영면적

04 CHAPTER 오리피스

01 | 작은 오리피스의 유량

① 실제 유량

$$Q = C_a a C_v \sqrt{2gh} = C_a C_v a \sqrt{2gh} = Ca \sqrt{2gh}$$

② 접근유속 V_a를 고려했을 때의 유량

$$Q = Ca \sqrt{2g(h + h_a)}$$

여기서, h_a : 접근유속수두$\left(= \alpha \dfrac{V_a^2}{2g} \right)$

③ 수축계수 : $C_a = \dfrac{a}{A}$

④ 유량계수 : $C = C_a C_v$

02 | 완전 수중오리피스의 유량

$$Q = Ca \sqrt{2g(h + h_a)}$$

03 | 보통 오리피스의 배수시간

$$t = \frac{2A}{Ca\sqrt{2g}} \left(h_1^{\frac{1}{2}} - h_2^{\frac{1}{2}} \right)$$

04 | 수중오리피스의 배수시간

$$t = \frac{2A_1 A_2}{Ca\sqrt{2g}(A_1 + A_2)} \left(h_1^{\frac{1}{2}} - h_2^{\frac{1}{2}} \right)$$

05 CHAPTER 위어

01 | 예연위어

① 구형 위어(Francis공식) : $Q = 1.84 b_o h^{\frac{3}{2}}$

여기서, b_o : 유효폭$(= b - 0.1nh)$
n : 단수축의 수
h : 월류수심

(a) 양쪽이 수축되는   (b) 한쪽만 수축되는   (c) 양쪽에 수축이
경우 $n = 2$ 경우 $n = 1$ 없는 경우 $n = 0$

▲ 단수축의 형태

② 삼각위어 : $Q = \dfrac{8}{15} C \tan \dfrac{\theta}{2} \sqrt{2g}\, h^{\frac{5}{2}}$

02 | 광정위어

완전 월류 시 $Q = 1.7 C b H^{\frac{3}{2}}$

03 | 위어의 수위와 유량의 관계

① 직사각형 위어 : $\dfrac{dQ}{Q} = \dfrac{3}{2} \dfrac{dh}{h}$

② 삼각형 위어 : $\dfrac{dQ}{Q} = \dfrac{5}{2} \dfrac{dh}{h}$

06 CHAPTER 관수로

01 | 관수로 내 층류

① 최대 유속 : $\dfrac{V_{\max}}{V_m} = 2$

② 유속분포 : V는 r의 2승에 비례하므로 중심축에서는 $V_{\max}$이며, 관벽에서는 $V = 0$인 포물선이다.

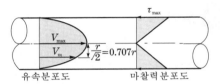

▲ 원관 층류 시의 유속분포도 및 마찰력분포도

③ 마찰력 : $\tau = \mu \dfrac{dV}{dr} = \mu \dfrac{wh_L}{4\mu l} \cdot 2r = \dfrac{wh_L}{2l} r$

④ 마찰력분포 : τ는 r에 비례하므로 중심축에서는 $\tau = 0$이며, 관벽에서는 τ_{max}인 직선이다.

02 | 마찰손실수두

$$h_L = f \dfrac{l}{D} \dfrac{V^2}{2g}$$

03 | 마찰손실계수

$$f = \phi'' \left(\dfrac{1}{R_e}, \dfrac{e}{D} \right)$$

여기서, $\dfrac{e}{D}$: 상대조도

　　　　D : 관의 지름

　　　　e : 조도(관벽 요철의 높이차)

① $R_e \leq 2,000$: $f = \dfrac{64}{R_e}$

② $R_e > 2,000$

　• 매끈한 관일 때 f는 R_e만의 함수이다.

　• 거친 관일 때 f는 R_e에는 관계없고 $\dfrac{e}{D}$만의 함수이다.

04 | 마찰속도

$$U_* = \sqrt{\dfrac{\tau}{\rho}} = V \sqrt{\dfrac{f}{8}}$$

05 | 평균유속공식

① Chézy의 평균유속공식 : $V = C\sqrt{RI}\,[\mathrm{m/s}]$

　• 평균유속계수 : $C = \sqrt{\dfrac{8g}{f}}$ 혹은 $f = \dfrac{8g}{C^2}$

　• 경심(동수반경) : $R = \dfrac{A}{S}$

여기서, A : 통수 단면적

　　　　S : 윤변(물이 접촉하는 관의 주변 길이)

② Manning의 평균유속공식 : $V = \dfrac{1}{n} R^{\frac{2}{3}} I^{\frac{1}{2}}\,[\mathrm{m/s}]$

　• C와 n과의 관계 : $C = \dfrac{1}{n} R^{\frac{1}{6}}$

　• f와 n과의 관계 : $f = 124.5\,n^2 D^{-\frac{1}{3}}$

06 | 미소손실수두

단면급확대 시 $h_{se} = \left(1 - \dfrac{A_1}{A_2} \right)^2 \dfrac{V_1^2}{2g}$

07 | 두 수조를 연결하는 등단면 관수로

① 관 속의 평균유속

$$V = \sqrt{\dfrac{2gH}{f_e + f\dfrac{l}{D} + f_0}}$$

② 관 속을 흐르는 유량

$$Q = AV = \dfrac{\pi D^2}{4} \sqrt{\dfrac{2gH}{f_e + f\dfrac{l}{D} + f_o}}$$

08 | 관수로의 유수에 의한 동력

① 수차의 동력

$$E = 9.8\,Q(H - \textstyle\sum h_L)\,\eta\,[\mathrm{kW}]$$

$$= \dfrac{1,000}{75}\,Q(H - \textstyle\sum h_L)\,\eta\,[\mathrm{HP}]$$

② 펌프의 동력

$$E = 9.8\,\dfrac{Q(H + \sum h_L)}{\eta}\,[\mathrm{kW}]$$

$$= \dfrac{1,000}{75}\,\dfrac{Q(H + \sum h_L)}{\eta}\,[\mathrm{HP}]$$

07 CHAPTER 개수로

01 | 수리수심

$$D = \frac{A}{B}$$

여기서, B : 수로의 폭

02 | 등류의 에너지관계

$$\tau_0 = wRI$$

03 | 평균유속

① 유속계에 의한 평균유속측정
- 표면법 : $V_m = 0.85 V_s$
  여기서, V_s : 표면유속
- 1점법 : $V_m = V_{0.6}$
- 2점법 : $V_m = \dfrac{V_{0.2} + V_{0.8}}{2}$

② 평균유속공식
- Chézy공식 : $V = C\sqrt{RI}\,[\text{m/s}]$
- Manning공식 : $V = \dfrac{1}{n} R^{\frac{2}{3}} I^{\frac{1}{2}}\,[\text{m/s}]$

04 | 수리상 유리한 단면

① 직사각형 단면수로 : $h = \dfrac{B}{2}$, $R_{\max} = \dfrac{h}{2}$

② 사다리꼴 단면수로 : $l = \dfrac{B}{2}$, $R_{\max} = \dfrac{h}{2}$

05 | 비에너지

① 수로 바닥을 기준으로 한 단위무게의 물이 가지는 흐름의 에너지를 말한다.

$$H_e = h + \alpha \frac{V^2}{2g}$$

② 수심에 따른 비에너지의 변화
- 비에너지 H_{e1}에 대한 수심은 2개(h_1, h_2)이고, 이 두 수심을 대응수심이라 한다.

- h_1에 대한 유속수두는 크고, h_2에 대한 유속수두는 작다.
- $H_{e\min}$일 때 수심은 1개이고, 이 수심 h_c를 한계수심이라 하고, 이때의 평균유속을 한계유속 V_c이라 한다.

③ 수심에 따른 유량의 변화
- 비에너지가 일정할 때 한계수심에서 유량이 최대이다.
- 유량이 최대일 때를 제외하면 1개의 유량에 대응하는 수심은 항상 2개이다.

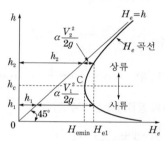

▲ 비에너지와 수심과의 관계

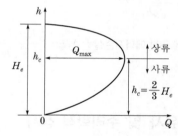

▲ 유량과 수심과의 관계

06 | 한계수심

① 직사각형 단면 : $h_c = \left(\dfrac{\alpha Q^2}{g b^2} \right)^{\frac{1}{3}}$

② 포물선 단면 : $h_c = \left(\dfrac{1.5 \alpha Q^2}{g a^2} \right)^{\frac{1}{4}}$

07 | 한계경사

$$I_c = \frac{g}{\alpha C^2}$$

08 | 한계유속

$$V_c = \sqrt{\frac{gh_c}{\alpha}}$$

09 | 상류와 사류의 구분

$$F_r = \frac{V}{\sqrt{gh}}$$

① 상류 : $F_r < 1,\ h > h_c,\ I < I_c,\ V < V_c$

② 사류 : $F_r > 1,\ h < h_c,\ I > I_c,\ V > V_c$

10 | 도수

① 충력치(비력) : $M = \eta \dfrac{Q}{g} V + h_G A = \text{const}(일정)$

② 도수 후의 상류의 수심(도수고)

$$\frac{h_2}{h_1} = \frac{1}{2}(-1 + \sqrt{1 + 8F_{r1}{}^2})$$

$$F_{r1} = \frac{V_1}{\sqrt{gh_1}}$$

③ 도수에 의한 에너지손실 : $\Delta H_e = \dfrac{(h_2 - h_1)^3}{4h_1 h_2}$

08 유사 및 수리학적 상사
CHAPTER

01 | 소류력

$$\tau_o = wRI$$

02 | 속도비

$$V_r = \frac{L_r}{T_r}$$

03 | 유량비

$$Q_r = \frac{L_r{}^3}{T_r}$$

09 지하수
CHAPTER

01 | Darcy의 법칙

① 평균유속

$$V = K \frac{\Delta h}{\Delta l} = KI$$

② 3대 가정
- 다공층 물질의 특성이 균일하고 동질이다.
- 대수층 내에 모관수대가 존재하지 않는다.
- 흐름이 정류이다.

③ 적용 범위

Darcy의 법칙은 지하수가 층류인 경우 실측치와 잘 일치하지만 유속이 크게 되어 난류가 되면 실측치와 일치하지 않는다. 실험에 의하면 대략 $R_e < 4$ 에서 Darcy법칙이 성립한다고 한다.

02 | 실제 침투유속

$$V_s = \frac{V}{n}$$

03 | 집수정의 방사상 정류

① 굴착정 : $Q = \dfrac{2\pi ck(H - h_o)}{2.3 \log \dfrac{R}{r_o}}$

② 깊은 우물(심정) : $Q = \dfrac{\pi k(H^2 - h_o{}^2)}{2.3 \log \dfrac{R}{r_o}}$

04 | 불투수층에 달하는 집수암거

$$Q = \frac{kl}{R}(H^2 - h_o{}^2)$$

05 | Dupuit의 침윤선공식

$$q = \frac{k}{2l}(h_1{}^2 - h_2{}^2)$$

10 CHAPTER 해안수리

01 | 파랑의 제원

① 파장 : 파봉에서 다음 파봉까지의 거리

② 파고 : 파봉부터 파골까지의 수직거리

③ 주기 : 한 점에 있어서 수면이 1회 승강하는 데 필요한 시간

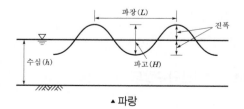

▲ 파랑

02 | $\frac{1}{3}$ 최대파(유의파)

파의 기록 중 파고가 큰 쪽부터 세어서 $\frac{1}{3}$ 이내에 있는 파의 파고를 산술평균한 것으로 실제 파랑에서 파고라고 하는 것은 유의파고를 의미한다.

03 | 수심과 파장에 의한 분류

① 천해파 : $\frac{h}{L} < 0.05$

② 천이파(중간 수심파) : $0.05 \leq \frac{h}{L} \leq 0.5$

③ 심해파 : $\frac{h}{L} > 0.5$

11 CHAPTER 강수

01 | 이중누가우량분석

수십 년에 걸친 장기간 동안의 강수자료는 일관성에 대한 검사가 필요하다. 우량계의 위치, 노출상태, 우량계의 교체, 주위 환경에 변화가 생기면 전반적인 자료의 일관성이 없어져 무의미한 기록치가 된다. 이를 교정하기 위한 한 방법을 2중누가우량분석이라 한다.

02 | 정상연강우량비율법

$$P_x = \frac{N_x}{3}\left(\frac{P_A}{N_A} + \frac{P_B}{N_B} + \frac{P_C}{N_C}\right)$$

03 | Thiessen법

$$P_m = \frac{A_1 P_1 + A_2 P_2 + \cdots + A_N P_N}{A}$$

12 CHAPTER 증발과 증산, 침투와 침루

01 | 침투(infiltration)

물이 흙표면을 통해 흙 속으로 스며드는 현상이다.

02 | 침루(percolation)

침투한 물이 중력 때문에 계속 지하로 이동하여 지하수면까지 도달하는 현상이다.

03 | SCS의 초과강우량 산정방법

① 어떤 호우로 인한 유출량자료가 없는 경우에는 직접유출량의 결정이 불가능하여 ϕ-index 혹은 W-index를 구할 수 없으므로 초과강우량을 구할 수 없게 된다. 이와 같이 유출량자료가 없는 경우에 유역의 토양특성과 식생피복상태 등에 대한 상세한 자료만으로서 총우량으로부터 초과강우량을 산정하는 방법을 SCS(미국토양보존국)방법이라 한다.

② 초과강우량계산법 : ϕ-index법, W-index법, SCS법

③ SCS의 고려사항 : 흙의 종류, 토지의 사용용도, 흙의 초기 함수상태

 유출

CHAPTER

01 | 직접유출(direct runoff)

① 강수 후 비교적 단시간 내에 하천으로 흘러들어 가는 유출

② 구성
- 지표면유출
- 침투된 물이 지표면으로 나와 지표면유출과 합하게 되는 복류수유출
- 하천, 호수 등의 수면에 직접 떨어지는 수로상 강수

02 | 기저유출(base flow)

① 비가 오기 전의 건조 시 유출

② 구성
- 지하수유출수
- 지표하유출수 중에서 시간적으로 지연되어 하천으로 유출되는 지연지표하유출

03 | 수위 – 유량관계곡선(stage – discharge relatior curve)

① 수위관측 단면에서 하천수위와 유량을 동시에 측정하여 자료를 수집하면 수위와 유량 간의 관계를 표시하는 곡선을 얻을 수 있으며, 이를 수위 – 유량관계곡선 혹은 rating curve라 한다.

② 수위 – 유량관계곡선의 연장 : 실측된 홍수위의 유량을 가지고 유량측정이 되지 않은 예비설계를 위한 고수위의 유량을 수위 – 유량관계곡선을 연장하여 추정한다.
- 전대수지법
- Stevens법 : Chezy의 평균유속공식을 이용하는 방법
- Manning공식에 의한 방법

04 | 수문곡선의 분리

① 지하수감수곡선법
② 수평직선분리법
③ $N-\text{day}$법
④ 수정 $N-\text{day}$법

05 | 단위도의 가정

① 일정기저시간가정
② 비례가정
③ 중첩가정

06 | 합성단위유량도

① Snyder방법
② SCS방법

07 | 첨두홍수량

$$Q = 0.2778\, CIA\,[\text{m}^3/\text{s}]$$

수리학편

chapter 1

물의 기본성질

5%

토목기사 출제빈도표

11.3%

토목산업기사 출제빈도표

1 물의 기본성질

01 유체의 분류

① 점성의 유무에 따른 분류

(1) 점성유체(실제 유체 : real fluid)

유체가 흐를 때 유체의 점성 때문에 유체분자 간 혹은 유체와 경계면 사이에 전단응력이 발생하는 유체를 말한다.

(2) 비점성 유체(inviscid fluid)

유체가 흐를 때 점성이 전혀 없어서 전단응력이 발생하지 않는 유체를 말한다.

② 압축성의 유무에 따른 분류

(1) 압축성 유체(compressible fluid)

일정한 온도하에서 압력을 변화시킴에 따라 체적이 쉽게 변하는 유체로 유체 중 기체가 압축성 유체이다.

(2) 비압축성 유체(incompressible fluid)

압력의 변화에 따른 체적의 증감이 대단히 작은 유체로 유체 중 액체가 비압축성 유체이다.

③ 이상유체(완전유체 : ideal fluid)

유체가 흐를 때 점성이 전혀 없어서 전단응력이 발생하지 않으며 압력을 가하여도 압축이 되지 않는 유체, 즉 비점성, 비압축성인 가상적인 유체를 이상유체라 한다.

알·아·두·기·

➡ 유체는 액체와 기체로 구분된다.

02 물의 성질

① 밀도(density ; ρ)

단위체적당의 질량으로서 **비질량**(specific mass)이라고도 한다.

① $\rho = \dfrac{m}{V}$ ······································ (1·1)

여기서, m : 질량

V : 체적

② 표준대기압(1기압)하의 물의 밀도는 $3.98℃$에서 최대이며 순수한 물인 경우 $\rho = 1g_o/cm^3$(공학단위로 $102kg \cdot s^2/m^4$) 이다.

② 단위중량(unit weight ; w)

단위체적당의 무게로서 **비중량**(specific weight)이라고도 한다.

① $w = \dfrac{W}{V} = \dfrac{mg}{V} = \rho g$ ································ (1·2)

여기서, W : 중량

g : 중력가속도

② 표준대기압(1기압)하의 물의 단위중량은 $3.98℃$에서 최대이며 순수한 물인 경우 $w = 1g/cm^3 = 1t/m^3$ 이다.

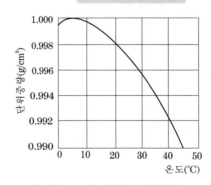

【그림 1-1】 물의 단위중량

▶ 실용상 단위중량
① 담수 : $w = 1t/m^3$
② 해수 : $w = 1.025t/m^3$

▶ 비체적(specific volume)
단위중량의 역수로서 유체의 단위중량이 차지하는 체적이다.
$V_s = \dfrac{V}{W}$

❸ 비중(specific gravity ; S)

4℃에서의 물의 체적과 동일한 체적의 무게비를 **비중**이라 한다. 따라서 물의 단위중량 혹은 밀도에 대한 어떤 물체의 단위중량 혹은 밀도의 비로 표시할 수 있다.

$$비중 = \frac{물체의\ 단위중량}{물의\ 단위중량} = \frac{물체의\ 밀도}{물의\ 밀도} \quad \cdots\cdots\cdots\cdots (1\cdot3)$$

❹ 점성(viscosity)

운동하고 있는 유체 내부에 속도차가 있을 때 그 사이에 존재하는 유체입자들은 이 상대속도에 저항하여 유체의 흐름을 균일한 속도로 만들려고 내부적으로 조절작용을 일으키게 되는데, 이와 같은 성질을 **점성** 또는 **내부마찰**이라 한다.

(1) Newton의 점성법칙

① $\tau = \mu \dfrac{dv}{dy}$ $\cdots\cdots\cdots\cdots\cdots\cdots\cdots\cdots\cdots\cdots\cdots\cdots (1\cdot4)$

여기서, τ : 전단응력(내부마찰력의 크기)

μ : 점성계수

$\dfrac{dv}{dy}$: 속도의 변화율

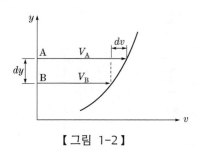

【그림 1-2】

② 유체 내부에 상대속도가 없으면 전단응력이 작용하지 않는다.

(2) 점성계수(coefficient of viscosity ; μ)

① μ는 물질에 따라 변화하고 동일 물질에 대해서는 온도에 따라 변화한다.

② 단위 : $1\text{poise} = 1g_o/cm \cdot s$

> ① 마찰력의 원인이 되는 점성은 액체분자 간의 응집력에 의한 것이며 온도가 상승하면 응집력이 약해지므로 점성이 작아진다.
> ② 점성으로 인하여 유체 내부에는 전단응력이 발생한다.

> 액체의 경우 온도가 증가할수록 점성계수 및 동점성계수는 감소한다(기체의 경우는 증가한다).

(3) 동점성계수(coefficient of kinematic viscosity ; ν)

① $\nu = \dfrac{\mu}{\rho}$ ··· (1·5)

② 단위 : 1stokes=1cm^2/s

(4) 유동계수(coefficient of fluidity)

점성계수의 역수를 말한다.

$\dfrac{1}{\mu}$ ··· (1·6)

(5) 물의 점성계수 μ와 온도 $T[\text{℃}]$와의 관계식

$$\mu = \frac{0.0178}{1+0.0337\,T+0.000221\,T^2} \quad\text{······················· (1·7)}$$

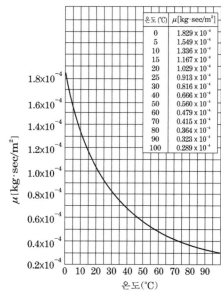

온도(℃)	$\mu[\text{kg·sec/m}^2]$
0	1.829×10^{-4}
5	1.549×10^{-4}
10	1.336×10^{-4}
15	1.167×10^{-4}
20	1.029×10^{-4}
25	0.913×10^{-4}
30	0.816×10^{-4}
40	0.666×10^{-4}
50	0.560×10^{-4}
60	0.479×10^{-4}
70	0.415×10^{-4}
80	0.364×10^{-4}
90	0.323×10^{-4}
100	0.289×10^{-4}

【그림 1-3】 물의 점성계수와 온도

⑤ 물의 압축성과 탄성

일반적으로 물체에 외력을 가하면 변형하고, 이 외력을 제거하면 원 상태로 되돌아오는 탄성(elasticity)이 있다.

물에 있어서도 압력을 가하면 탄성체와 같이 약간이나마 체적이 수 축하고, 이 압력을 제거하면 다시 원래의 상태로 돌아간다. 이것을 물 의 압축성(compressibility)이라 한다.

➡ 물의 압축성은 극히 작으므로 비 압축성 유체로 가정하는 것이 일 반적이나 관수로 내에서의 수격 작용과 같이 물의 압축성을 무시 하지 못하는 경우도 있다.

(1) 체적탄성계수(bulk modulus of elasticity ; E)

$$E = \frac{\Delta P}{\dfrac{\Delta V}{V}} = \frac{1}{C} \cdots\cdots\cdots\cdots\cdots (1 \cdot 8)$$

여기서, ΔP : 압력의 변화량$(= P_2 - P_1)$

ΔV : 체적의 변화량$(= V_2 - V_1)$

V : 초기의 체적

C : 압축률

(2) 압축률(modulus of compressibility ; C)

$$C = \frac{\dfrac{\Delta V}{V}}{\Delta P} \cdots\cdots\cdots\cdots\cdots (1 \cdot 9)$$

▶ 물의 압축률은 가하는 압력의 온도에 따라 다소 차이가 있지만 10℃일 때 1기압당 압축률이 $\dfrac{4}{100,000} \sim \dfrac{5}{100,000}$ cm²/kg이다.

⑥ 표면장력과 모세관현상

(1) 표면장력(surface tension)

어떤 물질 내에 인접하고 있는 분자들은 서로 잡아당겨 엉키려는 응집력(cohesion)이 있다. 액체의 입자는 응집력에 의하여 서로 잡아당겨 그 표면적을 최소로 하려는 힘이 작용한다. 이 힘을 **표면장력**이라 한다.

① 단위 : dyne/cm 또는 g/cm

② 물방울에 작용하는 표면장력

$$P \frac{\pi d^2}{4} = T \pi d$$

$$\therefore T = \frac{Pd}{4} \cdots\cdots\cdots\cdots (1 \cdot 10)$$

▶ 온도가 증가할수록 분자 간의 인력이 작아지므로 표면장력이 감소한다.

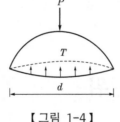

【그림 1-4】

(2) 모세관현상(capillary action)

정지하고 있는 액체 중에 양단이 열린 가는 유리관을 연직으로 세우면 액체는 이 가는 관을 따라서 상승 또는 하강한다. 이러한 현상을 모세관현상이라 한다.

① 모세관을 연직으로 세운 경우

$$w h_c \frac{\pi d^2}{4} = T \cos\theta \, \pi d$$

$$\therefore h_c = \frac{4 T \cos\theta}{wd} \cdots\cdots\cdots\cdots\cdots\cdots (1 \cdot 11)$$

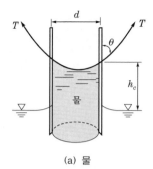

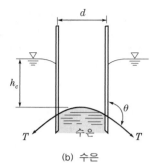

|수|리|수|문|학|

(a) 물   (b) 수은

【그림 1-5】

모세관현상에서 물과 같이 부착력이 응집력보다 크면 모세관 위로 올라가고, 수은과 같이 응집력이 부착력보다 크면 모세관 내의 수은은 수은표면보다 아래로 내려간다.

② 2개의 연직평판을 세운 경우

$$wh_c db = T\cos\theta 2b$$

$$\therefore \ h_c = \frac{2T\cos\theta}{wd} \cdots\cdots\cdots\cdots\cdots\cdots\cdots (1\cdot 12)$$

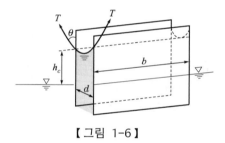

【그림 1-6】

03 차원과 단위

① 차원(dimension)

단위의 대소에 관계없이 길이[L], 질량[M], 시간[T]의 공통된 3개의 기본단위로 표시한 것을 **차원**이라 한다.

(1) LMT계

길이, 질량, 시간의 3개 기본차원을 길이를 [L], 질량을 [M], 시간을 [T]로 표시한다.

▶ **차원의 표시**
① 길이(length) : [L]
② 질량(mass) : [M]
③ 시간(time) : [T]
④ 힘(force) : [F]

(2) LFT계

길이, 힘, 시간의 3개 기본차원을 길이를 [L], 힘을 [F], 시간을 [T]로 표시한다.

(3) LMT계와 LFT계의 상호변환

Newton의 운동법칙에서

$$F = ma$$

$$[F] = [M][LT^{-2}] = [MLT^{-2}] \quad \cdots\cdots\cdots\cdots\cdots\cdots\cdots\cdots (1\cdot13)$$

② 단위(unit)

▶ 물리량의 크기를 나타내는 기준치가 단위이다.

(1) 미터단위제(metric unit system)

① 절대단위계(CGS단위계) : 길이를 cm, 질량을 g_o, 시간을 sec로 표시하는 LMT계의 단위이다.

② 공학단위계(MKS단위계) : 길이를 m, 힘을 kg중, 시간을 sec로 표시하는 LFT계의 단위이다.

▶ 수리학을 포함한 대부분의 공학에서 공학단위계를 사용하고 있다.

(2) SI단위제(Systeme International unit system)

① 미터단위체에 속하나 길이를 m, 질량을 kg, 시간을 sec로 표시하는 LMT계의 단위를 사용한다.

② 힘의 기본단위를 Newton(N)으로 표시한다.

$$1N = 1kg \cdot m/s^2$$

▶ SI단위제

최근에 각국의 단위제도를 통일하기 위해 만들어졌으며 한국산업규격도 이 제도를 채택하고 있다.

▶ ① $1kg$중 $= 1kg \times 9.8m/s^2$
$= 9.8kg \cdot m/s^2$
$= 9.8N$
② $1g$중 $= 1g \times 980cm/s^2$
$= 980g \cdot cm/s^2$
$= 980dyne$

【표 1-1】 수리학에서 취급하는 주요 물리량의 차원

물리량	MLT계	FLT계	물리량	MLT계	FLT계
길이	[L]	[L]	질량	[M]	$[FL^{-1}T^2]$
면적	$[L^2]$	$[L^2]$	힘	$[MLT^{-2}]$	[F]
체적	$[L^3]$	$[L^3]$	밀도	$[ML^{-3}]$	$[FL^{-4}T^2]$
시간	[T]	[T]	운동량, 역적	$[MLT^{-1}]$	[FT]
속도	$[LT^{-1}]$	$[LT^{-1}]$	비중량	$[ML^{-2}T^{-2}]$	$[FL^{-3}]$
각속도	$[T^{-1}]$	$[T^{-1}]$	점성계수	$[ML^{-1}T^{-1}]$	$[FL^{-2}T]$
가속도	$[LT^{-2}]$	$[LT^{-2}]$	표면장력	$[MT^{-2}]$	$[FL^{-1}]$
각가속도	$[T^{-2}]$	$[T^{-2}]$	압력강도	$[ML^{-1}T^{-2}]$	$[FL^{-2}]$
유량	$[L^3T^{-1}]$	$[L^3T^{-1}]$	일, 에너지	$[ML^2T^{-2}]$	[FL]
동점성계수	$[L^2T^{-1}]$	$[L^2T^{-1}]$	동력	$[ML^2T^{-3}]$	$[FLT^{-1}]$

1. 어떠한 경우라도 전단응력 및 인장력이 발생하지 않으며 전혀 압축되지도 않고 마찰저항 $h_L = 0$인 유체는? [산업 16]

① 소성유체　　　　② 점성유체
③ 탄성유체　　　　④ 완전유체

> **해설** 유체가 흐를 때 점성이 전혀 없어서 전단응력이 발생하지 않으며 압력을 가해도 압축이 되지 않는 유체, 즉 비점성, 비압축성인 가상적인 유체를 이상유체(완전유체)라 한다.

2. 물의 성질에 대한 설명으로 옳지 않은 것은? [산업 17]

① 물의 점성계수는 수온이 높을수록 작아진다.
② 동점성계수는 수온에 따라 변하며 온도가 낮을수록 그 값은 크다.
③ 물은 일정한 체적을 갖고 있으나 온도와 압력의 변화에 따라 어느 정도 팽창 또는 수축을 한다.
④ 물의 단위중량은 0℃에서 최대이고, 밀도는 4℃에서 최대이다.

> **해설** ㉮ 표준대기압(1기압)하의 물의 단위중량은 4℃에서 최대이며 순수한 물인 경우 $w = 1\text{t/m}^3$이다.
> ㉯ 표준대기압(1기압)하의 물의 밀도는 4℃에서 최대이며 순수한 물인 경우 $\rho = 1\text{g}_o/\text{cm}^3$ (공학단위로 $102\text{kg} \cdot \text{s}^2/\text{m}^4$)이다.

3. 물의 점성계수(coefficient of viscosity)에 대한 설명 중 옳은 것은? [산업 17]

① 수온에는 관계없이 점성계수는 일정하다.
② 점성계수와 동점성계수는 반비례한다.
③ 수온이 낮을수록 점성계수는 크다.
④ 4℃에서의 점성계수가 가장 크다.

> **해설** 물의 점성계수는 수온이 높을수록 그 값이 작아지고, 수온이 낮을수록 그 값은 커진다. 물의 점성계수는 0℃에서 최대이다.

4. 물의 성질에 관한 설명 중 틀린 것은? [산업 16]

① 물은 압축성을 가지며 온도, 압력 및 물에 포함되어 있는 공기의 양에 따라 다르다.
② 물의 단위중량이란 단위체적당 무게로 담수, 해수를 막론하고 항상 동일하다.
③ 물의 밀도는 단위체적당 질량으로 비질량(比質量)이라고도 한다.
④ 물의 비중은 그 질량에 최대 밀도가 생기게 하는 온도에서 그것과 같은 체적을 갖는 순수한 물의 질량과의 비이다.

> **해설** 단위중량
> ㉮ 담수 : $w = 1\text{t/m}^3$
> ㉯ 해수 : $w = 1.025\text{t/m}^3$

5. 물의 밀도를 공학단위로 표시한 것은? [기사 00]

① $102\text{kg} \cdot \text{s}^2/\text{m}^4$　　② $1,000\text{kg/m}^3$
③ $9,800\text{kg/m}^3$　　④ $1,000\text{kg} \cdot \text{s}^2/\text{m}^4$

> **해설** $\rho = \dfrac{w}{g} = \dfrac{1\text{t/m}^3}{9.8\text{m/s}^2} = \dfrac{1}{9.8}\text{t} \cdot \text{s}^2/\text{m}^4$
> $= 102\text{kg} \cdot \text{s}^2/\text{m}^4$

6. 부피가 5.8m³인 액체의 중량이 62.2kN일 때 이 액체의 비중은? [산업 19]

① 0.951　　　　② 1.094
③ 1.117　　　　④ 1.195

> **해설** ㉮ $W = 62.2\text{N} = \dfrac{62.2}{9.8} = 6.35\text{t}$
> ㉯ $w = \dfrac{W}{V} = \dfrac{6.35}{5.8} = 1.095\text{t/m}^3$
> ㉰ 비중 $= \dfrac{\text{단위중량}}{\text{물의 단위중량}} = \dfrac{1.095}{1} = 1.095$

7. 용적이 4m³인 유체의 중량이 4.2t이면 유체의 밀도(ρ)와 비중(S)은? [기사 03]

① 107kg · s²/m⁴, 1.05 ② 170kg · s²/m⁴, 1.50
③ 100kg · s²/m⁴, 1.00 ④ 100kg · s²/m⁴, 1.05

•해설 ㉮ $\rho = \dfrac{w}{g} = \dfrac{\frac{4.2}{4}}{9.8}$

$= 0.107 \text{t} \cdot \text{s}^2/\text{m}^4 = 107 \text{kg} \cdot \text{s}^2/\text{m}^4$

㉯ $S = \dfrac{\text{물체의 단위중량}}{\text{물의 단위중량}} = \dfrac{\frac{4.2}{4}}{1} = 1.05$

8. 부피 5m³인 해수의 무게(W)와 밀도(ρ)를 구한 값으로 옳은 것은? (단, 해수의 단위중량은 1.025t/m³) [기사 11, 19]

① 5t, $\rho = 0.1046 \text{kg} \cdot \text{s}^2/\text{m}^4$
② 5t, $\rho = 104.6 \text{kg} \cdot \text{s}^2/\text{m}^4$
③ 5.125t, $\rho = 104.6 \text{kg} \cdot \text{s}^2/\text{m}^4$
④ 5.125t, $\rho = 0.1046 \text{kg} \cdot \text{s}^2/\text{m}^4$

•해설 ㉮ $W = wV = 1.025 \times 5 = 5.125 \text{t}$

㉯ $w = \rho g$

$\therefore \rho = \dfrac{w}{g} = \dfrac{1.025 \text{t/m}^3}{9.8 \text{m/s}^2} = 0.1046 \text{t} \cdot \text{s}^2/\text{m}^4$

$= 104.6 \text{kg} \cdot \text{s}^2/\text{m}^4$

9. 어떤 액체의 밀도가 $1.0 \times 10^{-5} \text{N} \cdot \text{s}^2/\text{cm}^4$이라면 이 액체의 단위중량은? [산업 15]

① $9.8 \times 10^{-3} \text{N/cm}^3$ ② $1.02 \times 10^{-3} \text{N/cm}^3$
③ 1.02N/cm^3 ④ 9.8N/cm^3

•해설 $w = \rho g = (1 \times 10^{-5}) \times 980 = 9.8 \times 10^{-3} \text{N/cm}^3$

10. 두 개의 수평한 판이 5mm 간격으로 놓여있고 점성계수 0.01N · s/cm²인 유체로 채워져 있다. 하나의 판을 고정시키고 다른 하나의 판을 2m/s로 움직일 때 유체 내에서 발생되는 전단응력은? [기사 17, 20]

① 1N/cm^2 ② 2N/cm^2
③ 3N/cm^2 ④ 4N/cm^2

•해설 $\tau = \mu \dfrac{dV}{dy} = 0.01 \times \dfrac{200}{0.5} = 4 \text{N/cm}^2$

11. 뉴턴유체(Newtonian fluid)에 대한 설명으로 옳은 것은? [산업 15]

① 전단속도$\left(\dfrac{dv}{dy}\right)$의 크기에 따라 선형으로 점도가 변한다.
② 전단응력(τ)과 전단속도$\left(\dfrac{dv}{dy}\right)$의 관계는 원점을 지나는 직선이다.
③ 물이나 공기 등 보통의 유체는 비뉴턴유체이다.
④ 유체가 압력의 변화에 따라 밀도의 변화를 무시할 수 없는 상태가 된 것을 의미한다.

•해설 뉴턴유체

㉮ $\tau = \mu \dfrac{dv}{dy}$이므로 중심에서는 0이고 중심으로부터의 거리에 비례하여 증가하는 직선형 유속분포가 된다.

㉯ 일반적인 유체, 공기, 물 등은 모두 뉴턴유체로 취급한다.

12. 뉴턴유체(Newtonian fluids)에 대한 설명으로 옳은 것은? [산업 20]

① 물이나 공기 등 보통의 유체는 비뉴턴유체이다.
② 각변형률$\left(\dfrac{dv}{dy}\right)$의 크기에 따라 선형으로 점도가 변한다.
③ 전단응력(τ)과 각변형률$\left(\dfrac{dv}{dy}\right)$의 관계는 원점을 지나는 직선이다.
④ 유체가 압력의 변화에 따라 밀도의 변화를 무시할 수 없는 상태가 된 유체를 의미한다.

•해설 Newton유체는 $\tau = \mu \dfrac{dv}{dy}$에서 τ와 $\dfrac{dv}{dy}$가 원점을 통과하는 직선이다.

13. 유체의 점성(viscosity)에 대한 설명으로 옳은 것은? [산업 19]

① 유체의 비중을 알 수 있는 척도이다.
② 동점성계수는 점성계수에 밀도를 곱한 값이다.
③ 액체의 경우 온도가 상승하면 점성도 함께 커진다.
④ 점성계수는 전단응력(τ)을 속도경사$\left(\dfrac{\partial v}{\partial y}\right)$로 나눈 값이다.

•해설 $\tau = \mu \dfrac{dv}{dy}$

14. 물의 체적탄성계수 $E = 2 \times 10^4 \text{kg/cm}^2$일 때 물의 체적을 1% 감소시키기 위해 가해야 할 압력은? [산업 20]

① $2 \times 10 \text{kg/m}^2$
② $2 \times 10 \text{kg/cm}^2$
③ $2 \times 10^2 \text{kg/m}^2$
④ $2 \times 10^2 \text{kg/cm}^2$

 $E = \dfrac{\Delta P}{\dfrac{\Delta V}{V}}$

$2 \times 10^4 = \dfrac{\Delta P}{0.01}$

$\therefore \Delta P = 2 \times 10^2 \text{kg/cm}^2$

15. 지름 0.3cm의 작은 물방울에 표면장력 $T_{15} = 0.00075\text{N/cm}$가 작용할 때 물방울 내부와 외부의 압력차는? [산업 19]

① 30Pa
② 50Pa
③ 80Pa
④ 100Pa

해설 $PD = 4T_{15}$

$P \times 0.3 = 4 \times 0.00075$

$\therefore P = 0.01\text{N/cm}^2 = 100\text{N/m}^2 = 100\text{Pa}$

〈참고〉 $1\text{Pa} = 1\text{N/m}^2$

16. 물의 성질에 대한 설명으로 옳지 않은 것은? [산업 20]

① 물의 점성계수는 수온이 높을수록 그 값이 커진다.
② 공기에 접촉하는 물의 표면장력은 온도가 상승하면 감소한다.
③ 내부마찰력이 큰 것은 내부마찰력이 작은 것보다 그 점성계수의 값이 크다.
④ 압력이 증가하면 물의 압축계수(C_w)는 감소하고, 체적탄성계수(E_w)는 증가한다.

해설 액체의 점성은 액체분자 간의 응집력에 의한 것이므로 온도가 증가하면 응집력이 작아지므로 점성계수가 작아진다.

17. 액체와 기체와의 경계면에 작용하는 분자인력에 의한 힘은? [기사 15]

① 모관현상
② 점성력
③ 표면장력
④ 내부마찰력

해설 액체의 입자는 응집력에 의하여 서로 잡아당겨 그 표면적을 최소로 하려는 힘이 작용한다. 이 힘을 표면장력이라 한다.

18. 유체의 기본성질에 대한 설명으로 틀린 것은? [산업 15, 19]

① 압축률과 체적탄성계수는 비례관계에 있다.
② 압력변화와 체적변화율의 비를 체적탄성계수라 한다.
③ 액체와 기체의 경계면에 작용하는 분자인력을 표면장력이라 한다.
④ 액체 내부에서 유체분자가 상대적인 운동을 할 때 이에 저항하는 전단력이 작용한다. 이 성질을 점성이라 한다.

해설 체적탄성계수와 압축률은 반비례관계에 있다 $\left(E = \dfrac{1}{C}\right)$.

19. 물의 성질에 대한 설명으로 옳지 않은 것은? (단, C_w : 물의 압축률, E_w : 물의 체적탄성률, 0℃에서의 일정한 수온상태) [산업 15]

① 물의 압축률이란 압력변화에 대한 부피의 감소율을 단위부피당으로 나타낸 것이다.
② 기압이 증가함에 따라 E_w는 감소하고, C_w는 증가한다.
③ C_w와 E_w의 상관식은 $C_w = 1/E_w$이다.
④ E_w는 C_w값보다 대단히 크다.

해설 체적탄성계수(E)

㉮ $E = \dfrac{\Delta P}{\dfrac{\Delta V}{V}} = \dfrac{1}{C}$

㉯ 압력이 증가하면 체적탄성계수는 증가한다.

20. 모세관현상에 관한 설명으로 옳지 않은 것은? [산업 19, 20]

① 모세관의 상승높이는 액체의 응집력과 액체와 관 벽의 부착력에 의해 좌우된다.
② 액체의 응집력이 관벽과의 부착력보다 크면 관 내의 액체높이는 관 밖의 액체보다 낮게 된다.
③ 모세관의 상승높이는 모세관의 지름 d에 반비례한다.
④ 모세관의 상승높이는 액체의 단위중량에 비례한다.

해설 ⑦ 물과 같이 부착력이 응집력보다 크면 모세관 위로 올라가고, 수은과 같이 응집력이 부착력보다 크면 모세관 내의 수은은 수은표면보다 아래로 내려간다.

⑭ $h_c = \dfrac{4T\cos\theta}{wD}$

21. 모세관현상에 관한 설명으로 옳은 것은?

[산업 18]

① 모세관 내의 액체의 상승높이는 모세관지름의 제곱에 반비례한다.
② 모세관 내의 액체의 상승높이는 모세관크기에만 관계된다.
③ 모세관의 높이는 액체의 특성과 무관하게 주위의 액체면보다 높게 상승한다.
④ 모세관 내의 액체의 상승높이는 모세관 주위의 중력과 표면장력 등에 관계된다.

해설 $h_c = \dfrac{4T\cos\theta}{wd}$

22. 모세관현상에 대한 설명으로 옳지 않은 것은?

[산업 18]

① 모세관현상은 액체와 벽면 사이의 부착력과 액체분자 간 응집력의 상대적인 크기에 의해 영향을 받는다.
② 물과 같이 부착력이 응집력보다 클 경우 세관 내의 물은 물표면보다 위로 올라간다.
③ 액체와 고체벽면이 이루는 접촉각은 액체의 종류와 관계없이 동일하다.
④ 수은과 같이 응집력이 부착력보다 크면 세관 내의 수은은 수은표면보다 아래로 내려간다.

해설 접촉각(θ)은 접촉물질에 따라 다르다.

23. 모세관현상에서 액체기둥의 상승 또는 하강높이의 크기를 결정하는 힘은?

[산업 18]

① 응집력　　　　② 부착력
③ 마찰력　　　　④ 표면장력

해설 $h_c = \dfrac{4T\cos\theta}{wd}$

24. 모세관현상에 의하여 상승한 액체기둥은 어떤 힘들이 평형을 이루어서 정지상태를 유지하고 있는가?

[산업 16]

① 부착력에 의한 상방향의 힘과 중력에 의한 하방향의 힘
② 표면장력에 의한 상방향의 힘과 중력에 의한 하방향의 힘
③ 표면장력에 의한 상방향의 힘과 응집력에 의한 하방향의 힘
④ 응집력에 의한 상방향의 힘과 부착력에 의한 하방향의 힘

25. 20℃에서 지름 0.3mm인 물방울이 공기와 접하고 있다. 물방울 내부의 압력이 대기압보다 10gf/cm^{2}만큼 크다고 할 때 표면장력의 크기를 dyne/cm로 나타내면?

[기사 12, 20]

① 0.075　　　　② 0.75
③ 73.50　　　　④ 75.0

해설 $PD = 4T$

$10 \times 0.03 = 4T$

$\therefore T = 0.075 \text{g/cm}^2 = 0.075 \times 980 = 73.5 \text{dyne/cm}$

26. 모세관현상에서 모세관고(h)와 관의 지름(D)의 관계로 옳은 것은?

[산업 20]

① h는 D에 비례한다.　　② h는 D^2에 비례한다.
③ h는 D^{-1}에 비례한다.　④ h는 D^{-2}에 비례한다.

해설 $h = \dfrac{4T\cos\theta}{wD}$

27. 직경 1mm인 모세관의 경우에 모관 상승높이는? (단, 물의 표면장력은 74dyne/cm, 접촉각은 8°)

[기사 05]

① 30mm　　　　② 25mm
③ 20mm　　　　④ 15mm

해설 $h_c = \dfrac{4T\cos\theta}{wD} = \dfrac{4 \times \dfrac{74}{980} \times \cos 8°}{1 \times 0.1} = 3\text{cm}$

〈참고〉 1g중=980dyne

28. 동일한 유체에 동일한 재료를 사용하여 모관 상승고를 구하였다. 직경 d인 원형관을 세웠을 때의 상승고를 h_a, 간격 d인 나란한 연직평판을 세웠을 때의 상승고를 h_b라 할 때 올바른 것은? [기사 04, 산업 06]

① $h_a = 2h_b$ ② $h_b = 2h_a$

③ $h_a = 4h_b$ ④ $h_b = 4h_a$

해설 $h_a = \dfrac{4T\cos\theta}{wD}$, $h_b = \dfrac{2T\cos\theta}{wD}$ 이므로

$$\therefore \ h_a = 2h_b$$

29. 밀도를 나타내는 차원은? [기사 09, 20]

① $[FL^{-4}T^2]$ ② $[FL^4T^{-2}]$

③ $[FL^{-2}T^4]$ ④ $[FL^{-2}T^{-4}]$

해설 $\rho = \dfrac{w}{g}$ 의 단위는 $\dfrac{\frac{t}{m^3}}{\frac{m}{s^2}} = \dfrac{t \cdot s^2}{m^4}$ 이므로 차원은 $[FL^{-4}T^2]$이다.

30. 다음 중 점성계수(μ)의 차원으로 옳은 것은 어느 것인가? [기사 11, 19]

① $[ML^{-1}T^{-1}]$ ② $[L^2T^{-1}]$

③ $[LMT^{-2}]$ ④ $[L^{-3}M]$

해설

물리량	단위	LMT계	LFT계
점성계수	g/cm·s	$[ML^{-1}T^{-1}]$	$[FL^{-2}T]$

31. 다음 물리량 중에서 차원이 잘못 표시된 것은? [기사 18]

① 동점성계수 : $[FL^2T]$ ② 밀도 : $[FL^{-4}T^2]$

③ 전단응력 : $[FL^{-2}]$ ④ 표면장력 : $[FL^{-1}]$

해설 동점성계수의 단위가 cm²/s이므로 차원은 $[L^2T^{-1}]$이다.

32. 수리학에서 취급되는 여러 가지 양에 대한 차원이 옳은 것은? [기사 18]

① 유량 : $[L^3T^{-1}]$ ② 힘 : $[MLT^{-3}]$

③ 동점성계수 : $[L^3T^{-1}]$ ④ 운동량 : $[MLT^{-2}]$

해설

물리량	단위	차원
유량(Q)	cm³/s	$[L^3T^{-1}]$
힘($F=ma$)	$g_0 \cdot$ cm/s²	$[MLT^{-2}]$
동점성계수(ν)	cm²/s	$[L^2T^{-1}]$
운동량(역적)	$g_0 \cdot$ cm/s	$[MLT^{-1}]$

33. 물리량의 차원이 옳지 않은 것은? [기사 19]

① 에너지 : $[ML^{-2}T^{-2}]$ ② 동점성계수 : $[L^2T^{-1}]$

③ 점성계수 : $[ML^{-1}T^{-1}]$ ④ 밀도 : $[FL^{-4}T^2]$

해설 에너지=힘×거리이므로 차원은 $[FL]=[ML^2T^{-2}]$이다.

34. 다음 중에서 차원이 다른 것은? [기사 17]

① 증발량 ② 침투율

③ 강우강도 ④ 유출량

해설

물리량	단위	LMT계
증발량	mm/day	$[LT^{-1}]$
침투율(=침투능)	mm/h	$[LT^{-1}]$
강우강도	mm/h	$[LT^{-1}]$
유출량	m³/s	$[L^3T^{-1}]$

35. 다음 물리량에 대한 차원을 설명한 것 중 옳지 않은 것은? [산업 18]

① 압력 : $[ML^{-1}T^{-2}]$ ② 밀도 : $[ML^{-2}]$

③ 점성계수 : $[ML^{-1}T^{-1}]$ ④ 표면장력 : $[MT^{-2}]$

해설 밀도 $\rho = \dfrac{m}{V}$ 의 단위는 g_0/cm^3이므로 차원은 $[ML^{-3}]$이다.

36. 점성계수(μ)의 차원으로 옳은 것은? [산업 18]

① $[ML^{-2}T^{-2}]$ ② $[ML^{-1}T^{-1}]$

③ $[ML^{-1}T^{-1}]$ ④ $[ML^2T^{-1}]$

해설 점성계수의 단위가 g/cm·s이므로 차원은 $[ML^{-1}T^{-1}]$이다.

37. 밀도의 차원을 공학단위($[FLT]$)로 올바르게 표시한 것은? [산업 19]

① $[FL^{-3}]$ ② $[FL^4T^2]$

③ $[FL^4T^{-2}]$ ④ $[FL^{-4}T^2]$

해설 $\rho = \dfrac{w}{g}$ 의 단위는 $\dfrac{\frac{t}{m^3}}{\frac{m}{s^2}} = \dfrac{t \cdot s^2}{m^4}$ 이므로 차원은

$[FL^{-4}T^2]$ 이다.

38. 물의 점성계수의 단위는 g/cm · s이다. 동점성 계수의 단위는? [산업 17]

① cm^3/s ② cm/s^2

③ s/cm^2 ④ cm^2/s

해설 동점성계수의 단위는 stokes=cm^2/s이다.

39. M, L, T가 각각 질량, 길이, 시간의 차원을 나타 낼 때 운동량의 차원으로 옳은 것은? [산업 19]

① $[MLT^{-1}]$ ② $[MLT]$

③ $[MLT^2]$ ④ $[ML^2T]$

해설

물리량	단위	LMT계	LFT계
운동량 (역적)	$g_0 \cdot cm/s$	$[MLT^{-1}]$	$[FT]$

40. 차원계를 [MLT]에서 [FLT]로 변환할 때 사용 하는 식으로 옳은 것은? [기사 17]

① $[M]=[LFT]$ ② $[M]=[L^{-1}FT^2]$

③ $[M]=[LFT^2]$ ④ $[M]=[L^2FT]$

해설 $[F]=[MLT^{-2}]$ 이므로 $[M]=[L^{-1}FT^2]$ 이다.

41. 동점성계수인 ν를 나타내는 단위로 옳은 것은? [산업 12, 16]

① Poise ② mega

③ Stokes ④ Gal

해설 동점성계수단위 : 1stokes $= 1cm^2/s$

42. 다음 중 차원이 있는 것은? [산업 12, 17]

① 조도계수 n ② 동수경사 I

③ 상대조도 e/D ④ 마찰손실계수 f

해설 $V = \dfrac{1}{n}R^{\frac{2}{3}}I^{\frac{1}{2}}$ 에서 $n = \dfrac{1}{V}R^{\frac{2}{3}}I^{\frac{1}{2}}$ 이므로 단위는

$\dfrac{m^{\frac{2}{3}}}{\frac{m}{s}} = m^{-\frac{1}{3}} \cdot s$ 이다. 따라서, 차원은 $[L^{-\frac{1}{3}}T]$ 이다.

MEMO

chapter 2

정수역학

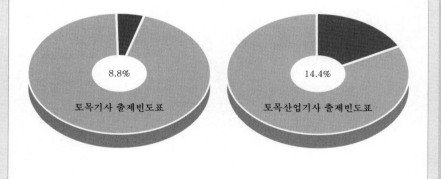

8.8%

토목기사 출제빈도표

14.4%

토목산업기사 출제빈도표

2 정수역학

01 정의

유체가 흐르지 않고 정지상태에 있거나 상대적인 운동이 없는 어떤 점 혹은 면에 작용하는 힘의 관계를 다루는 분야를 **정수역학**(hydrostatics)이라 한다. 정지하고 있거나 등가속도운동을 하고 있는 상대적인 운동이 없는 유체에서는 마찰력이 작용하지 않으므로 **마찰의 원인이 되는 점성**을 무시한다.

02 정수압

① 정수압(hydrostatic pressure)의 방향

면에 직각으로 작용한다.

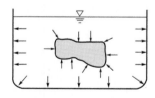

【그림 2-1】 정수압의 방향

② 정수압강도(pressure intensity)

① 단위면적에 작용하는 크기로 표시한다.

$$p = \frac{P}{A} \quad \cdots\cdots\cdots\cdots\cdots\cdots\cdots\cdots\cdots\cdots\cdots (2\cdot1)$$

여기서, p : 정수압강도(kg/cm^2)

　　　　P : 압력(kg)

　　　　A : 정수압이 작용하는 면적(cm^2)

② 정수 중의 임의의 한 점에 작용하는 정수압강도는 모든 방향에 대하여 동일하다.

③ 수면에서 깊이 h의 정수압강도

　㉮ 절대압력(absolute pressure) : 수면에 작용하는 대기압을 고려한 압력이다.

$$p = p_a + wh \quad \cdots\cdots\cdots\cdots\cdots\cdots\cdots (2\cdot2)$$

　여기서, p_a : 국지대기압

　㉯ 계기압력(gauge pressure) : 국지대기압을 기준($p_a = 0$)으로 한 압력으로 공학에서는 주로 계기압력을 사용한다.

$$p = wh \quad \cdots\cdots\cdots\cdots\cdots\cdots\cdots\cdots (2\cdot3)$$

03 압력의 전달

① 수압기의 원리

수압기는 파스칼의 원리를 응용하여 작은 힘으로 큰 힘을 만들 수 있는 장치이다.

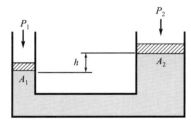

【그림 2-2】

$$\frac{P_1}{A_1} = \frac{P_2}{A_2} + wh$$

P_1과 P_2가 충분히 크면 wh는 미소하므로 생략하여

$$\frac{P_1}{A_1} = \frac{P_2}{A_2} \quad \cdots\cdots\cdots\cdots\cdots\cdots\cdots (2\cdot4)$$

❷ 수압기의 응용

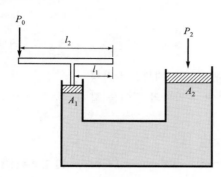

【 그림 2-3 】

$l_1 P_1 = l_2 P_0$에서 $P_1 = \dfrac{l_2}{l_1} P_0$이므로

$$P_2 = \frac{A_2}{A_1} \frac{l_2}{l_1} P_0 \quad \cdots\cdots\cdots\cdots\cdots\cdots\cdots\cdots\cdots\cdots\cdots\cdots\cdots\cdots\cdots (2\cdot5)$$

04 압력의 측정

❶ 수압관(piezometer)

관로의 벽을 뚫어 짧은 꼭지(tap)를 달고, 여기에 긴 가느다란 관(tube)을 끼워 연결한 장치로서 관로 내의 압력이 비교적 작을 때 사용된다.

▶ 수압관
관로나 용기의 한 단면에서의 압력을 측정하는 데 사용된다.

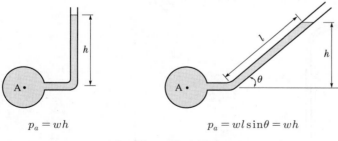

$p_a = wh$ $p_a = wl\sin\theta = wh$

【 그림 2-4 】 수압관

❷ 액주계(manometer)

(1) U자형 액주계

① 관 속의 **압력이 클 때** 사용한다.

② 관 속의 압력이 클 때는 액주계의 유리관이 길어지므로 U자형
   유리관 속에는 비중이 큰 수은을 사용하여 유리관의 길이를 짧
   게 한다.

③ $p_A + w_1 h_1 = w_2 h_2$

   $$\therefore \ p_A = w_2 h_2 - w_1 h_1 \ \cdots\cdots\cdots\cdots\cdots\cdots\cdots\cdots (2\cdot6)$$

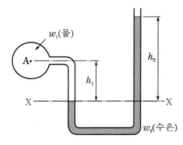

【그림 2-5】 U자형 액주계

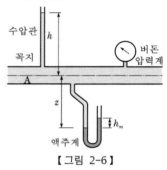

【그림 2-6】

(2) 역U자형 액주계

① 관 속의 **압력차가 작을 때** 사용한다.

② 관 속의 압력차가 작을 때는 유리관 속의 액체의 수두차가 작
   아지므로 비중이 물보다 작고 물과 잘 섞이지 않는 **벤젠**을 사
   용하여 수두차를 크게 한다.

③ $p_A - w_1 h_1 - w_2 h_2 = p_B - w_1 h_3$

   $$\therefore \ p_A - p_B = w_1(h_1 - h_3) + w_2 h_2 \ \cdots\cdots\cdots\cdots\cdots\cdots (2\cdot7)$$

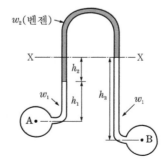

【그림 2-7】 역U자형 액주계

(3) 시차액주계

① 두 관 또는 두 용기의 **압력차**를 측정할 때 사용한다.

② $p_A + w_1 h_1 = p_B + w_2 h + w_1(h_2 - h)$

$$\therefore \ p_A - p_B = w_2 h + w_1(h_2 - h_1 - h) \ \cdots\cdots\cdots\cdots\cdots\cdots (2 \cdot 8)$$

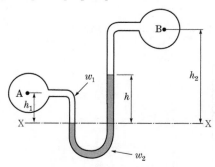

【그림 2-8】 시차액주계

(4) 미차액주계(micromanometer)

높은 정밀도의 압력차를 측정할 때 또는 아주 작은 압력차를 측정할 때 사용한다.

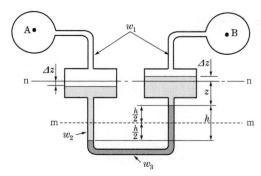

【그림 2-9】 미차액주계

05　평면에 작용하는 정수압

① 면에 작용하는 압력의 성질

① 유체 내부 또는 액체 속에 잠겨있는 물체면에서 깊이 h에 있어서의 수압은 $p = wh$이고, 그 방향은 면에 직각이다.

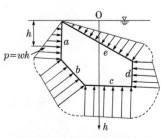

【그림 2-10】 정수압분포도

알·아·두·기·

② 액체의 단위중량이 w_1, w_2인 두 종류의 액체가 층으로 되어 있을 때의 수압

㉮ M점에서의 수압

$$p_M = w_1 h_1 \cdots\cdots\cdots\cdots\cdots\cdots\cdots\cdots\cdots\cdots\cdots\cdots\cdots\cdots\cdots (2\cdot 9)$$

㉯ N점에서의 수압

$$p_N = w_1 h_1 + w_2 h_2 \cdots\cdots\cdots\cdots\cdots\cdots\cdots\cdots\cdots\cdots\cdots (2\cdot 10)$$

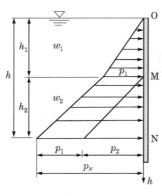

【그림 2-11】

② 수평한 평면에 작용하는 정수압

(1) 단위면적당 작용하는 수압

$$p = wh \cdots\cdots\cdots\cdots\cdots\cdots\cdots\cdots\cdots\cdots\cdots\cdots\cdots\cdots\cdots\cdots (2\cdot 11)$$

(2) 전수압

$$P = pA = whA \cdots\cdots\cdots\cdots\cdots\cdots\cdots\cdots\cdots\cdots\cdots\cdots (2\cdot 12)$$

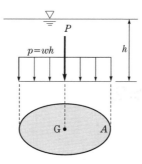

【그림 2-12】 수평면에 작용하는 정수압

③ 연직평면에 작용하는 정수압

(1) 전수압

$$dP = pdA = whdA$$

$$\therefore \; P = w\int_A hdA = \boxed{wh_G A} \quad\cdots\cdots\cdots\cdots\cdots (2 \cdot 13)$$

➡ $\int_A hdA$ 는 A 의 단면 1차 모멘트 이므로 $\int_A hdA = h_G A$ 이다.

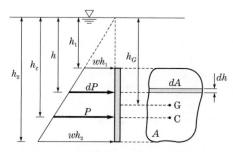

【그림 2-13】 연직평면에 작용하는 정수압

(2) 전수압의 작용점 위치까지의 깊이

$$h_C = h_G + \frac{I_X}{h_G A} \quad\cdots\cdots\cdots\cdots\cdots\cdots\cdots (2 \cdot 14)$$

④ 경사평면에 작용하는 정수압

수면과 θ 의 경사를 가진 평면에 작용하는 압력도 직선적으로 변화하고 평면에 직각으로 작용한다.

(1) 전수압

$$dP = whdA = wS\sin\theta\,dA$$

$$\therefore \; P = w\sin\theta\int_A SdA$$

$$= w\sin\theta S_G A$$

$$= \boxed{wh_G A} \quad\cdots\cdots\cdots\cdots\cdots\cdots\cdots (2 \cdot 15)$$

【표 2-1】 도형의 성질

도형	I_X
O⋯ G ⋯O (a, b)	$\dfrac{ba^3}{12}$
O⋯ G ⋯O (a, b)	$\dfrac{ba^3}{36}$
O⋯ G ⋯O (a, b, h)	$\dfrac{h^3}{36} \cdot \dfrac{a^2 + 4ab + b^2}{a + b}$
O⋯ G ⋯O (D)	$\dfrac{\pi D^4}{64}$

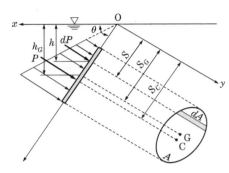

【그림 2-14】 경사평면에 작용하는 정수압

(2) 전수압의 작용점 위치까지의 깊이

$$S_C = S_G + \frac{I_Y}{S_G A} \quad \cdots\cdots\cdots\cdots\cdots\cdots\cdots\cdots (2\cdot16)$$

양변에 $\sin\theta$를 곱하면

$$S_C \sin\theta = S_G \sin\theta + \frac{I_Y \sin^2\theta}{S_G A \sin\theta}$$

$$\therefore h_C = h_G + \frac{I_Y \sin^2\theta}{h_G A} \quad \cdots\cdots\cdots\cdots\cdots\cdots\cdots (2\cdot17)$$

06 곡면에 작용하는 정수압

① 곡면에 작용하는 정수압과 작용점을 구하는 방법

① 곡면에 작용하는 전수압의 수평분력은 그 곡면을 연직면상에 투영했을 때 생기는 투영면적에 작용하는 정수압으로 인한 힘의 크기와 같고, 작용점은 수중의 연직면에 작용하는 힘의 작용점(h_C)과 같다.

② 곡면에 작용하는 전수압의 연직분력은 곡면을 밑면으로 하는 연직물기둥의 무게와 같으며, 그 작용점은 물기둥의 중심을 통과한다.

③ 곡면의 일부분이 수평투영면에서 중복되는 경우는 면의 안쪽에
   작용하는 수압의 연직분력은 외주(BC)가 바닥이 되는 연직수주
   (ECBH)의 무게에서 중복된 부분 AB가 바닥이 되는 연직수주
   (FABH)의 무게를 뺀 것과 같다. 이 내용은 투영면이 중복될 때
   는 모든 경우에 대해 성립된다.

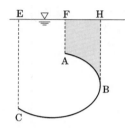

【그림 2-15】 곡면에 작용하는 수압의 연직분력

➋ 폭이 b인 AB곡면에 작용하는 수압의 계산

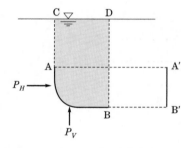

【그림 2-16】 곡면에 작용하는 수압

① P_H는 AB의 연직투영면($\overline{A'B'} \times b$)에 작용하는 수압과 같다.

$$P_H = w h_G A \quad \cdots\cdots\cdots\cdots\cdots\cdots\cdots\cdots\cdots\cdots\cdots \quad (2 \cdot 18)$$

여기서, A : 연직투영면적($= \overline{A'B'} \times b$)
            h_G : 연직투영면적의 도심까지 거리

② P_V는 AB를 밑면으로 하는 수면까지의 물기둥체적의 무게와 같다.

$$P_V = w V \quad \cdots\cdots\cdots\cdots\cdots\cdots\cdots\cdots\cdots\cdots\cdots\cdots \quad (2 \cdot 19)$$

여기서, V : 물기둥 CABD의 체적($=$CABD의 면적$\times b$)

③ 여러 가지 형태의 tainter gate (그림 AB)에 작용하는 수압의 계산

① $P_H = wh_G A$ ··· (2·20)

$P_V = w \cdot \Box \text{CBAD}$ ······································· (2·21)

$P = \sqrt{P_H^2 + P_V^2}$ ·· (2·22)

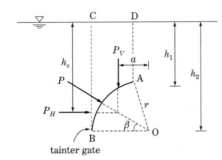

【그림 2-17】

② $P_H = wh_G A$ ··· (2·23)

$P_V = w \cdot \Box \text{CABD}$ ······································· (2·24)

$P = \sqrt{P_H^2 + P_V^2}$ ·· (2·25)

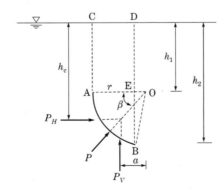

【그림 2-18】

③ $P_H = wh_G A$ ··· (2·26)

$P_V = w \cdot \Box \text{ACB}$ ··· (2·27)

$P = \sqrt{P_H^2 + P_V^2}$ ·· (2·28)

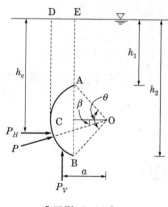

【그림 2-19】

07 　원관의 벽에 작용하는 동수압

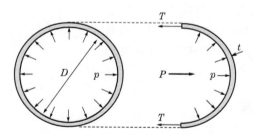

【그림 2-20】 원관에 작용하는 수압

원관은 모든 방향으로 대칭이므로 그 반만을 생각한다.

$$2T = P = pDl \quad \cdots\cdots\cdots\cdots\cdots\cdots\cdots\cdots ㉠$$

여기서, T : 관 단면의 인장력

P : 수압이 관의 반단면에 미치는 힘

p : 관 속의 수압강도

l : 관의 길이

$$T = \sigma t l \quad \cdots\cdots\cdots\cdots\cdots\cdots\cdots\cdots ㉡$$

여기서, σ : 관의 인장응력

t : 관의 두께

▶ 원관 내에 물이 흐르면 관의 벽에는 흐르는 물로 인해 압력이 작용하며, 관의 벽은 인장력을 받게 된다. 이 동수압으로 인해 관의 벽이 받는 힘은 곡면에 작용하는 정수압의 수평분력을 계산하는 원리를 적용하여 구한다.

식 ㉠, ㉡의 관계에서

$$\sigma t = \frac{pD}{2}$$

$$\therefore \ t = \frac{pD}{2\sigma_{ta}} \quad \cdots\cdots\cdots\cdots\cdots\cdots\cdots\cdots\cdots\cdots\cdots\cdots\cdots (2 \cdot 29)$$

▶ 압축응력이 작용하면 허용인장응력 대신에 허용압축응력 σ_{ca}를 사용한다.

08 부체(floating body)

① 부력(buoyancy)

(1) 정의

수중에 있는 물체는 정수압을 받는다. 이 물체에 작용하는 수압 중 수평수압은 서로 상쇄되어 0이 되기 때문에 연직수압만 생각하면 된다. 이 연직수압은 ABCDE의 물기둥에서 ABFDE의 물기둥의 무게를 뺀 값이다. 이 힘은 물체 BCDF가 배제한 물의 무게와 같고 상향으로 작용하는데, 이 힘을 부력이라 한다. 즉 부력은 수중 부분의 체적(배수용적)만큼의 물의 무게이다.

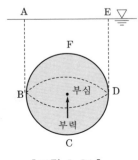

【그림 2-21】

(2) 부력의 크기

$$B = wV \quad \cdots\cdots\cdots\cdots\cdots\cdots\cdots\cdots\cdots\cdots\cdots\cdots\cdots\cdots (2 \cdot 30)$$

여기서, B : 부력

w : 물의 단위중량

V : 수중 부분의 체적

❷ 부체의 안정조건

(1) 용어설명

① **부심**(center of buoyancy ; C) : 배수용적의 중심을 **부심**이라 하며, 부력의 작용선은 부심을 통과한다.

② **경심**(metacenter ; M) : 기울어진 후의 부심을 통과하는 연직선과 평형상태의 중심과 부심을 연결하는 선과의 만나는 점을 **경심**이라 한다.

③ **경심고**(metacentric height) : 중심에서 경심까지의 거리($\overline{\text{MG}}$)를 경심고라 한다.

④ **부양면**(plane of floatation) : 물표면에 떠 있는 부체가 수면에 의해 절단되는 면을 **부양면**이라 한다.

⑤ **흘수**(draft) : 부양면에서 물체의 최하단까지의 깊이를 **흘수**라 한다.

(2) 부체의 안정조건

① M이 G보다 위에 있으면 부체는 **안정**하다([그림 (a)] 참고).

② M이 G보다 아래에 있으면 부체는 **불안정**하다([그림 (b)] 참고).

③ M과 G가 일치하면 부체는 **중립상태**이다([그림 (c)] 참고).

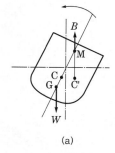

(a)

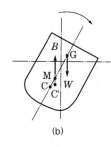

(b)

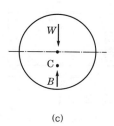

(c)

【 그림 2-22 】 부체의 안정조건

(3) 부체의 안정조건식

$$\overline{\text{MG}}(h) = \frac{I_X}{V} - \overline{\text{GC}} \quad \cdots\cdots\cdots\cdots\cdots\cdots \text{(2·31)}$$

① 안정

$$\overline{\text{MG}}(h) > 0, \quad \frac{I_X}{V} > \overline{\text{GC}} \quad \cdots\cdots\cdots\cdots\cdots \text{(2·32)}$$

> **▶ 부체의 안정조건**
> 부체가 물에 떠서 평형을 이루기 위해서는 부체의 무게와 부력의 크기가 같고 방향은 반대이며, 작용선은 동일 직선상에 있어야 한다. 부체의 무게는 중심에 작용하고, 부력은 부심에 작용한다.

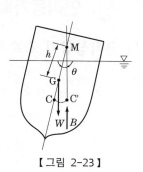

【 그림 2-23 】

② 불안정

$$\overline{\mathrm{MG}}(h) < 0, \ \frac{I_X}{V} < \overline{\mathrm{GC}} \quad \cdots\cdots\cdots\cdots\cdots\cdots\cdots (2 \cdot 33)$$

③ 중립

$$\overline{\mathrm{MG}}(h) = 0, \ \frac{I_X}{V} = \overline{\mathrm{GC}} \quad \cdots\cdots\cdots\cdots\cdots\cdots\cdots (2 \cdot 34)$$

여기서, V : 부체의 수중 부분의 체적

I_X : 최소 단면 2차 모멘트

$\overline{\mathrm{MG}}$: 경심고

$\overline{\mathrm{GC}}$: 중심과 부심 사이의 거리

09 상대적 평형

❶ 수평등가속도를 받는 액체

🡆 등압면의 방정식
$Xdx + Ydy + Zdz = 0$

$$\tan\theta = \frac{H-h}{\dfrac{l}{2}} = \frac{\alpha}{g} \quad \cdots\cdots\cdots\cdots\cdots\cdots\cdots (2 \cdot 35)$$

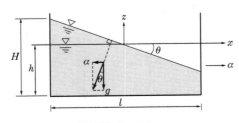

【그림 2-24】

❷ 연직등가속도를 받는 액체

(1) 연직상향의 가속도를 받는 수압

$$p = wh\left(1 + \frac{\alpha}{g}\right) \quad \cdots\cdots\cdots\cdots\cdots\cdots\cdots (2 \cdot 36)$$

(2) 연직하향의 가속도를 받는 수압

$$p = wh\left(1 - \frac{\alpha}{g}\right) \quad\cdots\cdots\cdots\cdots\cdots\cdots\cdots\cdots\cdots\cdots\cdots (2 \cdot 37)$$

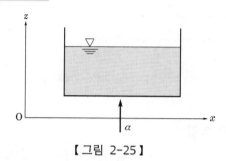

【그림 2-25】

❸ 회전등가속도를 받는 액체

물이 들어있는 원통을 일정한 속도 ω로 연직축 주위로 회전시키면 물의 점성 때문에 결국 물 전체가 같은 각속도 ω로 회전한다.

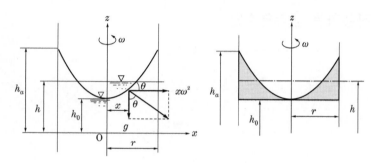

【그림 2-26】 회전원통 속의 수면

(1) 정수 시 수심(h), 회전 시 중심의 수심(h_0), 회전 시 외주의 수심(h_a)

원통의 반지름이 r인 사선 부분의 체적은 높이 $h_a - h_0$의 원통의 체적을 2등분하므로

$$\frac{1}{2}\pi r^2(h_a - h_0) = \pi r^2(h - h_0)$$

$$\therefore \ h_0 = 2h - h_a \cdots\cdots\cdots\cdots\cdots\cdots\cdots\cdots\cdots\cdots\cdots\cdots ㉠$$

수면곡선의 방정식 $z = \dfrac{\omega^2}{2g}x^2 + h_0$에서

$x = r$일 때 $z = h_a$이므로

$$h_a = \frac{\omega^2}{2g}r^2 + h_0 \quad \cdots\cdots\cdots\cdots\cdots\cdots\cdots\cdots\cdots \text{ⓛ}$$

식 ⓖ과 식 ⓛ을 정리하면

$$h_0 = \frac{1}{2}\left(2h - \frac{\omega^2}{2g}r^2\right) \quad \cdots\cdots\cdots\cdots\cdots\cdots (2\cdot38)$$

$$h_a = \frac{1}{2}\left(2h + \frac{\omega^2}{2g}r^2\right) \quad \cdots\cdots\cdots\cdots\cdots\cdots (2\cdot39)$$

➡ h는 h_a와 h_0의 중앙에 위치한다.

(2) 회전 시 원통의 밑면에 작용하는 전수압

$$P_z = whA = wh\pi r^2 \quad \cdots\cdots\cdots\cdots\cdots\cdots\cdots\cdots (2\cdot40)$$

➡ 물의 회전이 P_z에는 영향을 미치지 않는다. 즉 원통의 밑면에 작용하는 정수압은 정지 시의 정수압과 같다.

(3) 회전 시 원통의 측면에 작용하는 전측면수압

$$P_x = wh_G A = w\frac{h_a}{2}2\pi r h_a = \pi r w h_a^2 \quad \cdots\cdots\cdots\cdots (2\cdot41)$$

(4) 정지 시 원통의 측면에 작용하는 전측면수압

$$P_x{}' = wh_G A = w\frac{h}{2}2\pi r h = \pi r w h^2 \quad \cdots\cdots\cdots\cdots (2\cdot42)$$

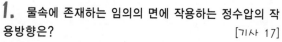
1. 물속에 존재하는 임의의 면에 작용하는 정수압의 작용방향은?　　　　　　　　　　　[기사 17]
① 수면에 대하여 수평방향으로 작용한다.
② 수면에 대하여 수직방향으로 작용한다.
③ 정수압의 수직압은 존재하지 않는다.
④ 임의의 면에 직각으로 작용한다.

> **해설** 정수압은 임의의 면에 직각으로 작용한다.

2. 정수압의 성질에 대한 설명으로 옳지 않은 것은?　　　　　　　　　　　　　　　　[산업 16]
① 정수압은 작용하는 면에 수직으로 작용한다.
② 정수 내의 1점에 있어서 수압의 크기는 모든 방향에 대하여 동일하다.
③ 정수압의 크기는 수두에 비례한다.
④ 같은 깊이의 정수압의 크기는 모든 액체에서 동일하다.

> **해설** 정수압
> ㉮ 면에 직각으로 작용한다.
> ㉯ 정수 중의 임의의 한 점에 작용하는 정수압 강도는 모든 방향에 대하여 동일하다.
> ㉰ $P = wh$

3. 다음 그림에서 A점에 작용하는 정수압 P_1, P_2, P_3, P_4에 관한 사항 중 옳은 것은?　　[산업 10, 18]

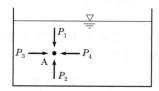

① P_1이 가장 크다.
② P_2가 가장 크다.
③ P_3가 가장 크다.
④ P_1, P_2, P_3, P_4의 크기는 같다.

> **해설** 정수 중의 임의의 한 점에 작용하는 정수압강도는 모든 방향에 대하여 동일하다. 따라서 $P_1 = P_2 = P_3 = P_4 = wh$ 이다.

4. 정수압의 성질에 대한 설명으로 옳지 않은 것은?　　　　　　　　　　　　　　　　[산업 15]
① 정수압은 수중의 가상면에 항상 직각방향으로 존재한다.
② 대기압을 압력의 기준(0)으로 잡은 정수압은 반드시 절대압력으로 표시된다.
③ 정수압의 강도는 단위면적에 작용하는 압력의 크기로 표시한다.
④ 정수 중의 한 점에 작용하는 수압의 크기는 모든 방향에서 같은 크기를 갖는다.

> **해설** 정수압
> ㉮ 절대압력 : $P = P_a + wh$
> ㉯ 계기압력 : $P = wh (\because P_a = 0)$

5. 정수(靜水) 중의 한 점에 작용하는 정수압의 크기가 방향에 관계없이 일정한 이유로 옳은 것은? [산업 19]
① 물의 단위중량이 $9.81 kN/m^3$로 일정하기 때문이다.
② 정수면은 수평이고 표면장력이 작용하기 때문이다.
③ 수심이 일정하여 정수압의 크기가 수심에 반비례하기 때문이다.
④ 정수압은 면에 수직으로 작용하고 정역학적 평형방정식에 의해 모든 방향에서 크기가 같기 때문이다.

6. 다음 정수압의 성질 중 옳지 않은 것은?　　　　　　　　　　　　　　　　　　　[산업 08, 19]
① 정수압은 수중의 가상면에 항상 수직으로 작용한다.
② 정수압의 강도는 전 수심에 걸쳐 균일하게 작용한다.
③ 정수 중의 한 점에 작용하는 수압의 크기는 모든 방향에서 동일한 크기를 갖는다.
④ 정수압의 강도는 단위면적에 작용하는 힘의 크기를 표시한다.

해설 정수 중의 임의의 한 점에 작용하는 정수압강도는 모든 방향에 대하여 동일하다.

7. 다음 그림에서 (a), (b)의 바닥이 받는 총수압을 각각 P_a, P_b라고 표시할 때 두 총수압의 관계로 옳은 것은? (단, 바닥 및 상면의 단면적은 그림과 같고, (a), (b)의 높이는 같다.) [산업 09, 15]

① $P_a = 2P_b$
② $P_a = P_b$
③ $2P_a = P_b$
④ $4P_a = P_b$

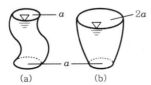

해설 ㉮ 수압강도 : $P_a = P_b = wh$
㉯ 전수압 : $P_A = P_B = wh_G A = wha$

8. 액체표면에서 150cm 깊이의 점에서 압력강도가 14.25kN/m²이면 이 액체의 단위중량은? [산업 19]

① 9.5kN/m^3
② 10kN/m^3
③ 12kN/m^3
④ 16kN/m^3

해설 $P = wh$
$14.25 = w \times 1.5$
$\therefore w = 9.5\text{kN/m}^3$

9. 수면 아래 20m 지점의 수압으로 옳은 것은? (단, 물의 단위중량은 9.81kN/m³이다.) [기사 20, 산업 20]

① 0.1MPa
② 0.2MPa
③ 1.0MPa
④ 20MPa

해설 $P = wh = 9.81 \times 20$
$\quad = 196.2\text{kN/m}^2 = 196.2\text{kPa} = 0.2\text{MPa}$
〈참고〉 $1\text{Pa} = 1\text{N/m}^2$, $1\text{MPa} = 1,000\text{kPa}$

10. 10m 깊이의 해수 중에서 작업하는 잠수부가 받는 계기압력은? (단, 해수의 비중은 1.025) [산업 19]

① 약 1기압
② 약 2기압
③ 약 3기압
④ 약 4기압

해설 $P = wh = 1.025 \times 10 = 10.25\text{t/m}^2$
$\quad = \dfrac{10.25}{10.33} = 0.99$기압
〈참고〉 1기압 $= 10.33\text{t/m}^2$

11. 절대압력 P_{ab}, 계기압력(또는 상대압력) P_o, 그리고 대기압 P_{at}라고 할 때 이들의 관계식으로 옳은 것은? [기사 15]

① $P_{ab} - P_o = P_{at}$
② $P_{ab} + P_o = P_{at}$
③ $P_o - P_{at} = P_{ab}$
④ $P_o + P_{at} = P_{ab} - 1$

해설 $P_{ab} = P_{at} + P_o$

12. 다음 그림과 같이 물을 가득 채운 용기가 있다. A점은 표준대기에 접하고 있을 때 B점의 절대압력은? [기사 06]

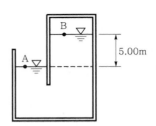

① 0.1533kg/cm^2
② 0.5330kg/cm^2
③ 1.5330kg/cm^2
④ 5.3330kg/cm^2

해설 $P_a = P_b + wh$
$10.33 = P_b + 1 \times 5$
$\therefore P_b = 5.33\text{t/m}^2 = 0.533\text{kg/cm}^2$

13. 밀폐된 직육면체의 탱크에 물이 5m 깊이로 차 있을 때 수면에는 3kg/cm²의 증기압이 작용하고 있다면 탱크 밑면에 작용하는 압력은? [기사 04]

① 3.45kg/cm^2
② 3.75kg/cm^2
③ 3.50kg/cm^2
④ 3.80kg/cm^2

해설 $P = P_1 + wh = 30 + 1 \times 5 = 35\text{t/m}^2 = 3.5\text{kg/cm}^2$

14. 다음 ( ) 안에 들어갈 알맞은 말을 순서대로 바르게 나타낸 것은? [산업 11]

> 유체 중에 있는 물체의 무게는 그 물체가 배제한 부피에 해당하는 유체의 ( )만큼 가벼워지는데, 이를 ( )의 원리라 한다.

① 부피, 뉴턴
② 무게, 스토크스
③ 부피, 파스칼
④ 무게, 아르키메데스

15. 다음 그림과 같은 수압기에서 $L : l$ 의 길이 비가 3 : 1, A의 지름이 5cm, B의 지름이 10cm이면 힘의 평형을 유지하기 위한 P의 크기는? (단, 그림에서 O는 힌지이다.)

[산업 08, 11]

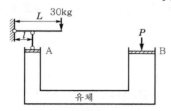

① 200kg
② 260kg
③ 300kg
④ 360kg

 해설 ⑦ $lP_1 = LP_0$

$$\therefore P_1 = \frac{L}{l}P_0 = 3 \times 30 = 90\text{kg}$$

④ $\dfrac{P_1}{A} = \dfrac{P_2}{B}$

$$\frac{P_1}{\frac{\pi \times 5^2}{4}} = \frac{P_2}{\frac{\pi \times 10^2}{4}}$$

$$\therefore P_2 = \frac{100}{25}P_1 = 4P_1 = 4 \times 90 = 360\text{kg}$$

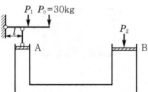

16. 다음 그림과 같은 수압기에서 B점의 원통의 무게가 2,000N(200kg), 면적이 500cm²이고 A점의 원통의 면적이 25cm²이라면 이들이 평형상태를 유지하기 위한 힘 P의 크기는? (단, A점의 원통무게는 무시하고 관내 액체의 비중은 0.9이며 무게 1kg=10N이다.)

[기사 12]

① 0.0955N(9.55g)
② 0.955N(95.5g)
③ 95.5N(9.55kg)
④ 955N(95.5kg)

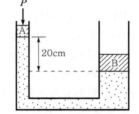

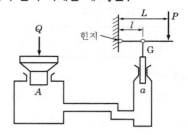 해설 $$\frac{P_1}{A_1} + wh = \frac{P_2}{A_2}$$

$$\frac{P_1}{25 \times 10^{-4}} + 0.9 \times 0.2 = \frac{0.2}{500 \times 10^{-4}}$$

$$\therefore P_1 = 9.55 \times 10^{-3}\text{t} = 9.55\text{kg} = 95.5\text{N}$$

17. 다음 그림에서 면적비 $\dfrac{A}{a} = 1{,}000$, $\dfrac{L}{l} = 5$로 하여 $P = 1\text{kg}$의 힘이 가해질 때 Q는?

[산업 10]

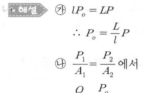

① 4.0ton
② 4.3ton
③ 5.0ton
④ 5.3ton

 해설 ⑦ $lP_o = LP$

$$\therefore P_o = \frac{L}{l}P$$

④ $\dfrac{P_1}{A_1} = \dfrac{P_2}{A_2}$ 에서

$$\frac{Q}{A} = \frac{P_o}{a}$$

$$\therefore Q = \frac{A}{a}P_o$$

$$= \frac{A}{a}\left(\frac{L}{l}P\right)$$

$$= 1{,}000 \times 5 \times 1$$

$$= 5{,}000\text{kg} = 5\text{t}$$

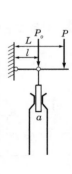

18. 다음 그림과 같은 액주계에서 수은면의 차가 10cm이었다면 A, B점의 수압차는? (단, 수은의 비중=13.6, 무게 1kg=9.8N)

[기사 15, 16]

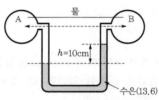

① 133.5kPa
② 123.5kPa
③ 13.35kPa
④ 12.35kPa

해설 $P_a + w_1 h - w_2 h - P_b = 0$
$\therefore P_a - P_b = (w_2 - w_1)h = (13.6 - 1) \times 0.1$
$= 1.26 \text{t/m}^2 = 1.26 \times 9.8 \text{kN/m}^2$
$= 12.35 \text{kPa}$

19. 다음 그림에서 A와 B의 압력차는? (단, 수은의 비중 $= 13.50$) [기사 16]

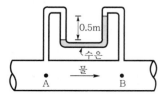

① 32.85kN/m^2 ② 57.50kN/m^2
③ 61.25kN/m^2 ④ 78.94kN/m^2

해설 $P_a + 1 \times 0.5 - 13.5 \times 0.5 - P_b = 0$
$\therefore P_a - P_b = 6.25 \text{t/m}^2 = 61.25 \text{kN/m}^2$

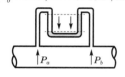

20. 다음 그림에서 CCl₄(사염화탄소)의 비중은? [산업 07]

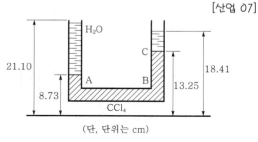

(단, 단위는 cm)

① 0.1595 ② 1.595
③ 15.95 ④ 159.5

해설 $1 \times (21.1 - 8.73) - w(13.25 - 8.73)$
$- 1 \times (18.41 - 13.25) = 0$
$\therefore w = 1.595 \text{t/m}^3$

21. U자관에서 어떤 액체 15cm의 높이와 수은 5cm의 높이가 평형을 이루고 있다면 이 액체의 비중은? (단, 수은의 비중은 13.6이다.) [산업 16]

① 3.45 ② 5.43
③ 5.34 ④ 4.53

해설 $w \times 15 = 13.6 \times 5$
$\therefore w = 4.53 \text{t/m}^3$이므로 비중 $= 4.53$

22. 수조에 물이 2m 깊이로 담겨져 있고 물 위에 비중 0.85인 기름이 1m 깊이로 떠 있을 때 수조 바닥에 작용하는 압력은? [산업 12]

① 8kPa ② 14kPa
③ 20kPa ④ 28kPa

해설 $P = w_1 h_1 + w_2 h_2 = 0.85 \times 1 + 1 \times 2$
$= 2.85 \text{t/m}^2 = 28.5 \text{kPa}$

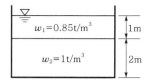

23. 다음 그림과 같은 직사각형 평면이 연직으로 서 있을 때 그 중심의 수심을 H_G라 하면 압력의 중심위치(작용점)를 a, b, H_G로 표현한 것으로 옳은 것은? [산업 08, 17]

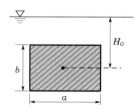

① $H_G + \dfrac{b}{H_G ab}$ ② $H_G + \dfrac{ab^2}{12}$
③ $H_G + \dfrac{b}{12H_G}$ ④ $H_G + \dfrac{b^2}{12H_G}$

해설 $H_c = H_G + \dfrac{I_X}{H_G A} = H_G + \dfrac{\frac{ab^3}{12}}{H_G ab} = H_G + \dfrac{b^2}{12H_G}$

24. 연직평면에 작용하는 전수압의 작용점 위치에 관한 설명 중 옳은 것은? [산업 18]
① 전수압의 작용점은 항상 도심보다 위에 있다.
② 전수압의 작용점은 항상 도심보다 아래에 있다.
③ 전수압의 작용점은 항상 도심과 일치한다.
④ 전수압의 작용점은 도심 위에 있을 때도 있고, 아래에 있을 때도 있다.

◎해설 $h_c = h_G + \dfrac{I_G}{h_G A}$

25. 원통형의 용기에 깊이 1.5m까지는 비중이 1.35인 액체를 넣고, 그 위에 2.5m의 깊이로 비중이 0.95인 액체를 넣었을 때 밑바닥이 받는 총압력은? (단, 물의 단위중량은 9.81kN/m^{3}이며, 밑바닥의 지름은 2m이다.)

[산업 20]

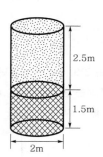

① 125.5kN

② 135.6kN

③ 145.5kN

④ 155.6kN

◎해설 ㉮ 비중 $= \dfrac{물체의\ 단위중량}{물의\ 단위중량}$ 에서

㉠ $0.95 = \dfrac{w_1}{9.81}$

$\therefore\ w_1 = 0.95 \times 9.81 = 9.32 \text{kN/m}^3$

㉡ $1.35 = \dfrac{w_2}{9.81}$

$\therefore\ w_2 = 1.35 \times 9.81 = 13.24 \text{kN/m}^3$

㉯ $P = (w_1 h_1 + w_2 h_2)A$

$= (9.32 \times 2.5 + 13.24 \times 1.5) \times \dfrac{\pi \times 2^2}{4}$

$= 135.59 \text{kN}$

26. 흐르지 않는 물에 잠긴 평판에 작용하는 전수압(全水壓)의 계산방법으로 옳은 것은? (단, 여기서 수압이란 단위면적당 압력을 의미)

[기사 19]

① 평판도심의 수압에 평판면적을 곱한다.

② 단면의 상단과 하단수압의 평균값에 평판면적을 곱한다.

③ 작용하는 수압의 최대값에 평판면적을 곱한다.

④ 평판의 상단에 작용하는 수압에 평판면적을 곱한다.

◎해설 $P = w h_G A$

27. 정수 중의 평면에 작용하는 압력프리즘에 관한 성질 중 틀린 것은?

[기사 19]

① 전수압의 크기는 압력프리즘의 면적과 같다.

② 전수압의 작용선은 압력프리즘의 도심을 통과한다.

③ 수면에 수평한 평면의 경우 압력프리즘은 직사각형이다.

④ 한쪽 끝이 수면에 닿는 평면의 경우에는 삼각형이다.

◎해설 전수압의 크기는 압력프리즘의 체적과 같다.

28. 다음 그림과 같이 물속에 수직으로 설치된 넓이 2m×3m의 수문을 올리는 데 필요한 힘은? (단, 수문의 물속 무게는 1,960N이고, 수문과 벽면 사이의 마찰계수는 0.25이다.)

[기사 16, 19]

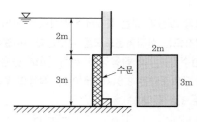

① 5.45kN

② 53.4kN

③ 126.7kN

④ 271.2kN

◎해설 ㉮ $P = w h_G A$

$= 1 \times (2 + 1.5) \times (2 \times 3) = 21\text{t} = 205.8\text{kN}$

㉯ $F = \mu P + T = 0.25 \times 205.8 + 1.96 = 53.41 \text{kN}$

29. 밑변 2m, 높이 3m인 삼각형 형상의 판이 밑변을 수면과 맞대고 연직으로 수중에 있다. 이 삼각형 판의 작용점 위치는? (단, 수면을 기준으로 한다.)

[기사 20]

① 1m

② 1.33m

③ 1.5m

④ 2m

◎해설 $h_c = h_G + \dfrac{I_x}{h_G A} = \dfrac{3}{3} + \dfrac{\dfrac{2 \times 3^3}{36}}{\dfrac{3}{3} \times \dfrac{2 \times 3}{2}} = 1.5\text{m}$

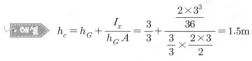

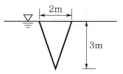

30. 다음 그림과 같이 물속에 잠긴 원판에 작용하는 전수압은? (단, 무게 1kg＝9.8N) [산업 17]

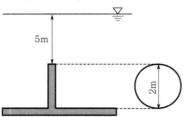

① 92.3kN

② 184.7kN

③ 369.3kN

④ 738.5kN

> **해설** $P = wh_G A = 9.8 \times (5+1) \times \dfrac{\pi \times 2^2}{4} = 184.73\text{kN}$
>
> $(\because\ w = 1\text{t/m}^3 = 9.8\text{kN/m}^3)$

31. 다음 그림과 같은 폭 2m의 직사각형 판에 작용하는 수압분포도는 삼각형분포도를 얻었는데, 이 물체에 작용하는 전수압(㉠)과 작용점의 위치(㉡)로 옳은 것은? (단, 물의 단위중량은 9.81kN/m³이며, 작용의 위치는 수면을 기준으로 한다.) [산업 20]

① ㉠ 100.25kN, ㉡ 1.7m

② ㉠ 145.25kN, ㉡ 3.3m

③ ㉠ 200.25kN, ㉡ 1.7m

④ ㉠ 245.25kN, ㉡ 3.3m

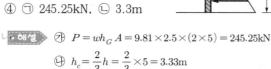

> **해설** ㉮ $P = wh_G A = 9.81 \times 2.5 \times (2 \times 5) = 245.25\text{kN}$
>
> ㉯ $h_c = \dfrac{2}{3}h = \dfrac{2}{3} \times 5 = 3.33\text{m}$

32. 다음 그림과 같이 정수 중에 있는 판에 작용하는 전수압을 계산하는 식은? [기사 17]

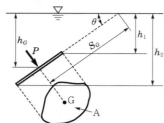

① $P = \gamma S_G A$

② $P = \gamma \left(\dfrac{h_1 + h_2}{2} \right) A$

③ $P = \gamma h_G A$

④ $P = \gamma h_G A \sin\theta$

> **해설** $P = \gamma h_G A$

33. 수심이 3m, 폭이 2m인 직사각형 수로를 연직으로 가로막을 때 연직판에 작용하는 전수압의 작용점($\overline{y}$)의 위치는? (단, $\overline{y}$는 수면으로부터의 거리) [산업 18]

① 2m

② 2.5m

③ 3m

④ 6m

> **해설** $h_C = h_G + \dfrac{I}{h_G A} = \dfrac{2}{3}h = \dfrac{2}{3} \times 3 = 2\text{m}$

34. 다음 그림과 같이 수문이 설치되어 있을 때 수문이 열리지 않도록 지지하는 힘 F는? (단, AB의 폭은 2m이고 수심 9m 부분만 물로 채워져 있음) [기사 05, 09]

① 10.66ton

② 20.66ton

③ 30.66ton

④ 40.66ton

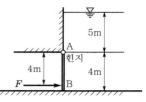

> **해설** ㉮ $P = wh_G A = 1 \times (5+2) \times (4 \times 2) = 56\text{t}$
>
> ㉯ $h_c = h_G + \dfrac{I_X}{h_G A} = 7 + \dfrac{\dfrac{2 \times 4^3}{12}}{7 \times (4 \times 2)} = 7.19\text{m}$
>
> ㉰ $F \times 4 = 56 \times 2.19$
>
> $\therefore\ F = 30.66\text{t}$

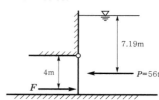

35. 다음 그림의 평판에 작용하는 전수압의 연직분력(P_v)은? (단, 평판의 폭인 z축방향의 길이는 5m임) [산업 06]

① 2.0t

② 10.1t

③ 12.5t

④ 17.7t

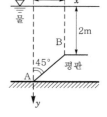

해설 $P_v = w \cdot \boxed{} \cdot b$

$$= 1 \times \left(1 \times 2 + \frac{\frac{1}{\tan 45°} \times 1}{2} \right) \times 5 = 12.5t$$

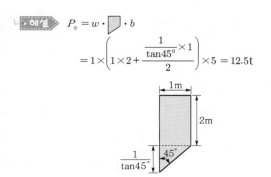

36. 다음 그림과 같이 수면과 경사각 45°를 이루는 제방의 측면에 원통형 수문이 있을 때 이에 작용하는 전수압은?　[산업 09]

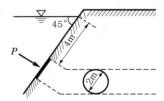

① 10.0t　　　　　② 11.5t
③ 12.1t　　　　　④ 11.1t

해설 $P = wh_G A = 1 \times 5 \sin 45° \times \frac{\pi \times 2^2}{4} = 11.1t$

37. 폭 4.8m, 높이 2.7m의 연직직사각형 수문이 한쪽 면에서 수압을 받고 있다. 수문의 밑면은 힌지로 연결되어 있고, 상단은 수평체인(chain)으로 고정되어 있을 때 이 체인에 작용하는 장력(張力)은? (단, 수문의 정상과 수면은 일치한다.)　[기사 18]

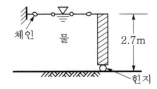

① 29.23kN　　　　② 57.15kN
③ 7.87kN　　　　④ 0.88kN

해설　㉮ $P = wh_G A = 1 \times \frac{2.7}{2} \times (4.8 \times 2.7) = 17.5t$

㉯ $h_c = \frac{2}{3} h = \frac{2}{3} \times 2.7 = 1.8m$

㉰ $P \times (2.7 - 1.8) = T \times 2.7$

　　$17.5 \times (2.7 - 1.8) = T \times 2.7$

　　$\therefore T = 5.83t = 57.17kN$

38. 곡면에 작용하는 수압의 연직성분의 크기에 대한 설명으로 옳은 것은?　[산업 05]
① 수평성분과 같다.
② 곡면의 연직투영면에 작용하는 수압과 같다.
③ 중심에 작용하는 압력과 곡면의 표면적과의 곱과 같다.
④ 곡면을 저변으로 하는 물기둥의 무게와 같다.

해설　㉮ P_H는 곡면의 연직투영면에 작용하는 수압과 같다.
㉯ P_V는 곡면을 밑면으로 하는 수면까지의 물기둥의 무게와 같다.

39. 다음 그림과 같은 직사각형 수문은 수심 d가 충분히 커지면 자동으로 열리게 되어 있다. 수문이 열릴 수 있는 수심은 최소 얼마를 초과하여야 하는가?　[기사 07, 08]

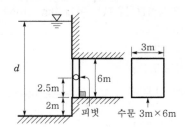

① 9m　　　　　　② 10m
③ 11m　　　　　④ 12m

해설　전수압의 작용점 위치가 힌지점 위에 있어야 수문이 자동으로 열리게 되므로

$$h_c < d - (2.5 + 2) \quad \cdots\cdots\cdots\cdots\cdots ㉠$$

$h_c = h_G + \frac{I_X}{h_G A}$ 에서

$h_G = d - (2 + 3) = d - 5$ 이므로

$$h_c = (d - 5) + \frac{\frac{3 \times 6^3}{12}}{(d-5) \times (3 \times 6)} \quad \cdots\cdots\cdots ㉡$$

식 ㉡을 식 ㉠에 대입하여 정리하면
$\therefore d > 11m$

40. 다음 그림에서 곡면 AB에 작용하는 전수압의 수평분력은? (단, 곡면의 폭은 1m이고, γ는 물의 단위중량임)

[산업 16]

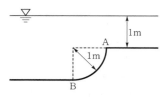

① $4.7\gamma [\text{m}^3]$ ② $3.5\gamma [\text{m}^3]$

③ $3\gamma [\text{m}^3]$ ④ $1.5\gamma [\text{m}^3]$

해설

$$P_H = wh_G A = \gamma \times 1.5 \times (1\times1)$$
$$= 1.5\gamma[\text{t}] = 1.5\gamma[\text{m}^3]$$

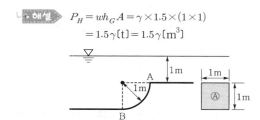

41. 그림과 같이 폭 2m인 4분원면 $\overset{\frown}{AB}$에 작용하는 전수압의 연직성분은? (단, 무게 1kg=10N) [산업 12]

① 17.9kN(1,785kg)

② 23.9kN(2,393kg)

③ 35.7kN(3,571kg)

④ 71.4kN(7,142kg)

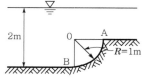

해설

$$P_V = w \cdot \boxed{} \cdot b$$
$$= 1 \times \left(1\times1 + \pi\times1^2 \times \frac{1}{4}\right)\times2$$
$$= 3.571\text{t} = 3,571\text{kg}$$
$$= 3,571\times10 = 35,710\text{N}$$
$$= 35.71\text{kN}$$

<참고> 1kN = 1,000N

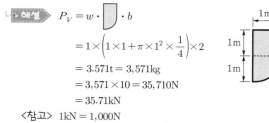

42. 다음 그림과 같은 원호형 수문 AB에 작용하는 연직수압의 크기는? (단, 수문폭 5m, AO는 수평임)

[기사 06]

① 4t

② 9t

③ 15t

④ 25t

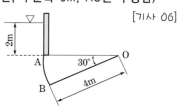

해설

$$P_V = w \cdot \boxed{} (\text{ABCD면적}) \cdot b$$
$$= 1 \times \left\{(4 - 4\cos30°)\times2 + \pi\times4^2 \times \frac{30°}{360°}\right.$$
$$\left. - \frac{4\cos30° \times 4\sin30°}{2}\right\}\times5$$
$$= 8.98\text{t}$$

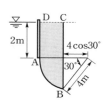

43. 지름 3m인 원통이 수평으로 가로로 놓여있다. 원통의 상단까지 만수가 되었을 때 이 수문의 단위폭(1m)에 작용하는 전압력의 연직성분은? [산업 07]

① 3.53kg

② 35.3kg

③ 3.53ton

④ 35.3ton

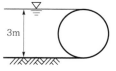

해설

$$P_V = w \cdot \boxed{} \cdot b = 1 \times \left(\frac{\pi\times3^2}{4}\times\frac{1}{2}\right)\times1 = 3.53\text{t}$$

44. 다음 그림과 같이 물을 막고 있는 원통의 곡면에 작용하는 전수압은? (단, 원통의 축방향 길이는 1m이다.)

[기사 03, 11]

① 2t

② 1.57t

③ 3.57t

④ 2.54t

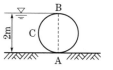

해설

㉮ $P_H = wh_G A = 1\times1\times(2\times1) = 2\text{t}$

㉯ $P_V = w \cdot \boxed{} \cdot b$
$$= 1\times\left(\frac{\pi\times2^2}{4}\times\frac{1}{2}\right)\times1 = 1.57\text{t}$$

㉰ $P = \sqrt{P_H{}^2 + P_V{}^2} = \sqrt{2^2 + 1.57^2} = 2.54\text{t}$

수평방향 투영면적

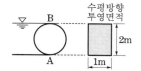

45. 반지름($\overline{\mathrm{OP}}$)이 6m이고 $\theta=30°$인 수문이 다음 그림과 같이 설치되었을 때 수문에 작용하는 전수압(저항력)은? [기사 12, 16]

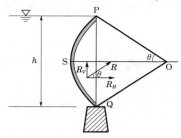

① 159.5kN/m
② 169.5kN/m
③ 179.5kN/m
④ 189.5kN/m

해설 ㉮ $P_H = wh_G A = 1 \times 6\sin30° \times (12\sin30° \times 1)$
$= 18t$

㉯ $P_V = w \cdot A \cdot b$

$= 1 \times \left(\pi \times 6^2 \times \dfrac{60°}{360°} \right.$

$\left. - \dfrac{6\sin30° \times 6\cos30°}{2} \times 2 \right) \times 1$

$= 3.26t$

㉰ $P = \sqrt{P_H{}^2 + P_V{}^2} = \sqrt{18^2 + 3.26^2}$
$= 18.29t = 18.29 \times 9.8 = 179.24\mathrm{kN}$

46. 다음 그림과 같이 지름 3m, 길이 8m인 수로의 드럼게이트에 작용하는 전수압이 수문 ABC에 작용하는 지점의 수심은? [기사 06, 11, 20]

① 2.68m
② 2.43m
③ 2.25m
④ 2.00m

해설 ㉮ $\tan\theta = \dfrac{0.5}{0.637}$

$\therefore \theta = 38.13°$

㉯ $\sin38.13° = \dfrac{x}{1.5}$

$\therefore x = 1.5 \times \sin38.13° = 0.926\mathrm{m}$

㉰ $h = 1.5 + x = 1.5 + 0.926 = 2.426\mathrm{m}$

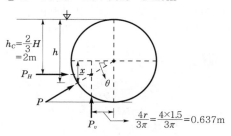

$\dfrac{4r}{3\pi} = \dfrac{4 \times 1.5}{3\pi} = 0.637\mathrm{m}$

47. 다음 그림과 같이 지름 3m, 길이 8m인 수문에 작용하는 수평분력의 작용점까지 수심(h_c)은? [산업 15, 19]

① 2.00m
② 2.12m
③ 2.34m
④ 2.43m

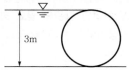

해설 $h_c = \dfrac{2}{3}h = \dfrac{2}{3} \times 3 = 2\mathrm{m}$

48. 안지름 0.5m, 두께 20mm의 수압관이 15N/cm^{2}의 압력을 받고 있을 때 관벽에 작용하는 인장응력은? [산업 08, 16]

① 46.8N/cm^2
② 93.7N/cm^2
③ 140.6N/cm^2
④ 187.5N/cm^2

해설 $t = \dfrac{PD}{2\sigma_{ta}}$

$2 = \dfrac{15 \times 50}{2 \times \sigma_{ta}}$

$\therefore \sigma_{ta} = 187.5\mathrm{N/cm}^2$

49. 반지름 1.5m의 강관에 압력수두 100m의 물이 흐른다. 강재의 허용응력이 147MPa일 때 강관의 최소 두께는? [산업 19]

① 0.5cm
② 0.8cm
③ 1.0cm
④ 10cm

해설 ㉮ $P = wh = 9.8 \times 100 = 980\mathrm{kN/m}^2 = 0.98\mathrm{MN/m}^2$

㉯ $t = \dfrac{PD}{2\sigma_{ta}} = \dfrac{0.98 \times (1.5 \times 2)}{2 \times 147} = 0.01\mathrm{m} = 1\mathrm{cm}$

〈참고〉 1MPa=1,000kPa, 1Pa=1N/m^2

50. 내경이 300mm이고 두께가 5mm인 강관이 견딜 수 있는 최대 압력수두는? (단, 강관의 허용인장응력은 1,500kg/cm²이다.) [산업 19]

① 300m   ② 400m
③ 500m   ④ 600m

 ㉮ $t = \dfrac{PD}{2\sigma_{ta}}$

$0.5 = \dfrac{P \times 30}{2 \times 1,500}$

$\therefore P = 50\text{kg/cm}^2 = 500\text{t/m}^2$

㉯ $P = wh$

$500 = 1 \times h$

$\therefore h = 500\text{m}$

51. 내경 1.8m의 강관에 압력수두 100m의 물을 흐르게 하려면 강관의 필요 최소 두께는? (단, 강재의 허용인장응력은 1,100kg/cm²이다.) [기사 07]

① 0.62cm   ② 0.72cm
③ 0.82cm   ④ 0.92cm

 ㉮ $P = wh = 1 \times 100 = 100\text{t/m}^2$

㉯ $t = \dfrac{PD}{2\sigma_{ta}} = \dfrac{100 \times 1.8}{2 \times 11,000}$

$= 8.18 \times 10^{-3}\text{m} = 0.82\text{cm}$

52. 부체(浮體)의 성질에 대한 설명으로 옳지 않은 것은? [산업 19]

① 부양면의 단면 2차 모멘트가 가장 작은 축으로 기울어지기 쉽다.
② 부체가 평행상태일 때는 부체의 중심과 부심이 동일 직선상에 있다.
③ 경심고가 클수록 부체는 불안정하다.
④ 우력이 영(0)일 때를 중립이라 한다.

▶해설 경심고($\overline{MG}$)가 클수록 부체는 안정하다.

53. 부체에 관한 설명 중 틀린 것은? [산업 18]

① 수면으로부터 부체의 최심부(가장 깊은 곳)까지의 수심을 흘수라 한다.
② 경심은 물체 중심선과 부력작용선의 교점이다.
③ 수중에 있는 물체는 그 물체가 배제한 배수량만큼 가벼워진다.
④ 수면에 떠 있는 물체의 경우 경심이 중심보다 위에 있을 때는 불안정한 상태이다.

▶해설 경심(M)이 중심(G)보다 위에 있으면 안정한 상태이다.

54. 부력과 부체의 안정에 관한 설명 중에서 옳지 않은 것은? [산업 18]

① 부체의 무게중심과 경심의 거리를 경심고라 한다.
② 부체가 수면에 의하여 절단되는 가상면을 부양면이라 한다.
③ 부력의 작용선과 물체 중심축의 교점을 부심이라 한다.
④ 수면에서 부체의 최심부까지 거리를 흘수라 한다.

▶해설 ㉮ 부심 : 배수용적의 중심을 부심이라 한다.
㉯ 경심 : 기울어진 후의 부심을 통과하는 연직선과 평형상태의 중심과 부심을 연결하는 선이 만나는 점을 경심이라 한다.

55. 부체의 안정성을 판단할 때 관계가 없는 것은? [산업 15]

① 경심(metacenter)
② 수심(water depth)
③ 부심(center of buoyancy)
④ 무게중심(center of gravity)

▶해설 $\overline{MG}(h) > 0$, $\dfrac{I_x}{V} > \overline{GC}$이면 안정하다.

56. 부체의 경심(M), 부심(C), 무게중심(G)에 대하여 부체가 안정되기 위한 조건은? [산업 15, 16, 18]

① $\overline{MG} > 0$ ② $\overline{MG} = 0$
③ $\overline{MG} < 0$ ④ $\overline{MG} = \overline{CG}$

▶해설 ㉮ $\overline{MG} > 0$: 안정
㉯ $\overline{MG} < 0$: 불안정
㉰ $\overline{MG} = 0$: 중립

57. 부체(浮體)가 불안정해지는 조건에 대한 설명으로 옳은 것은? [산업 17]

① 부양면에 대한 단면 1차 모멘트가 클수록
② 부양면에 대한 단면 1차 모멘트가 작을수록
③ 부양면에 대한 단면 2차 모멘트가 클수록
④ 부양면에 대한 단면 2차 모멘트가 작을수록

◆ 해설 $\dfrac{I_X}{V} > \overline{GC}$ 이면 안정하다.

---

58. 부체의 안정에 관한 설명으로 옳지 않은 것은?
[기사 18, 20]

① 경심(M)이 무게중심(G)보다 낮을 경우 안정하다.
② 무게중심(G)이 부심(B)보다 아래쪽에 있으면 안정하다.
③ 부심(B)과 무게중심(G)이 동일 연직선상에 위치할 때 안정을 유지한다.
④ 경심(M)이 무게중심(G)보다 높을 경우 복원모멘트가 작용한다.

◆ 해설 ㉮ G와 B가 동일 연직선상에 있으면 물체는 평형상태에 있게 되어 안정하다.
㉯ M이 G보다 위에 있으면 복원모멘트가 작용하게 되어 물체는 안정하다.

---

59. 부체가 물 위에 떠 있을 때 부체의 중심(G)과 부심(C)의 거리($\overline{CG}$)를 e, 부심(C)과 경심(M)의 거리($\overline{CM}$)를 a, 경심(M)에서 중심(G)까지의 거리($\overline{MG}$)를 b라 할 때 부체의 안정조건은?
[산업 17]

① $a > e$
② $a < b$
③ $b < e$
④ $b > e$

◆ 해설 부체의 안정조건 : $a > e$

---

60. 다음 그림에 표시된 위치에서 부체가 안정상태인 것은? (단, M : 경심, C : 부심, G : 무게중심이고 기호표시는 위로부터의 순서를 말한다.)
[산업 03]

① G - M - C
② M - G - C
③ C - M - G
④ G - C - M

◆ 해설 ㉮ M이 G보다 위에 있으면 안정하다.
㉯ M이 G보다 아래에 있으면 불안정하다.
㉰ M과 G가 일치하면 중립상태이다.

---

61. 빙산의 비중이 0.920이고 바닷물의 비중은 1.025일 때 빙산이 바닷물 속에 잠겨있는 부분의 부피는 수면 위에 나와있는 부분의 약 몇 배인가?
[기사 15]

① 10.8배
② 8.8배
③ 4.8배
④ 0.8배

◆ 해설 ㉮ $M = B$

$w_1 V_1 = w_2 V_2$
$0.92 V = 1.025 V_1$
$\therefore V_1 = 0.898 V$
㉯ 수면 위에 나와있는 체적 $= V - V_1$
$= V - 0.898 V = 0.102 V$
$\therefore \dfrac{0.898 V}{0.102 V} = 8.8$

---

62. 지름 25cm, 길이 1m의 원주가 연직으로 물에 떠 있을 때 물속에 가라앉은 부분의 길이가 90cm라면 원주의 무게는? (단, 무게 1kgf = 9.8N)
[기사 20]

① 253N
② 344N
③ 433N
④ 503N

◆ 해설 $M = B = wV = 1 \times \left(\dfrac{\pi \times 0.25^2}{4} \times 0.9 \right)$
$= 0.04418 t = 44.18 kg = 432.96 N$

---

63. 길이 13m, 높이 2m, 폭 3m, 무게 20ton인 바지선의 흘수는?
[기사 19]

① 0.51m
② 0.56m
③ 0.58m
④ 0.46m

◆ 해설 $M = B$
$20 = 1 \times (3 \times 13 \times h)$
$\therefore h = 0.51 m$

---

64. 빙산(氷山)의 부피가 V, 비중이 0.92이고 바닷물의 비중은 1.025라 할 때 바닷물 속에 잠겨있는 빙산의 부피는?
[기사 18]

① $1.1 V$
② $0.9 V$
③ $0.8 V$
④ $0.7 V$

◆ 해설 $M = B$
$w_1 V_1 = w_2 V_2$
$0.92 V = 1.025 V_2$
$\therefore V_2 = \dfrac{0.92}{1.025} V = 0.9 V$

---

65. 부피가 4.6m³인 유체의 중량이 51.548kN일 때 이 유체의 비중은? [기사 16]

① 1.14　　　　　　② 5.26

③ 11.40　　　　　④ 1,143.48

 ㉮ $M = wV$

$51.548 = w \times 4.6$

$\therefore w = 11.21 \text{kN/m}^3$

㉯ 비중 $= \dfrac{11.21}{9.8} = 1.14$

66. 밑면이 7.5m×3m이고 깊이가 4m인 빈 상자의 무게가 4×10^5N이다. 이 상자를 물에 띄웠을 때 수면 아래로 잠기는 깊이는? [산업 16]

① 3.54m　　　　　② 2.32m

③ 1.81m　　　　　④ 0.75m

 ㉮ $M = 4 \times 10^5 \text{N} = \dfrac{4 \times 10^5 \times 10^{-3}}{9.8} = 40.82 \text{t}$

㉯ $M = wV$

$40.82 = 1 \times (7.5 \times 3 \times h)$

$\therefore h = 1.81 \text{m}$

67. 밑면적 A, 높이 H인 원주형 물체의 흘수가 h라면 물체의 단위중량 ω_m은? (단, 물의 단위중량은 ω_o이다.) [산업 20]

① $\omega_m = \omega_o \dfrac{H}{h}$　　　② $\omega_m = \omega_o \dfrac{h}{H}$

③ $\omega_m = \omega_o \dfrac{H-h}{h}$　④ $\omega_m = \omega_o \dfrac{H-h}{H}$

 $M = B$

$\omega_1 V_1 = \omega_2 V_2$

$\omega_m A H = \omega_o A h$

$\therefore \omega_m = \omega_o \dfrac{h}{H}$

68. 중량이 600N, 비중이 3.0인 물체를 물(담수)속에 넣었을 때 물속에서의 중량은? [기사 17]

① 100N　　　　　② 200N

③ 300N　　　　　④ 400N

㉮ $M = wV$

$0.6 = (3 \times 9.8) \times V$

$\therefore V = 0.02 \text{m}^3$

㉯ $M = B + T$

$0.6 = 9.8 \times 0.02 + T$

$\therefore T = 0.404 \text{kN} = 404 \text{N}$

69. 다음 그림과 같은 콘크리트케이슨이 바닷물에 떠 있을 때 흘수는? (단, 콘크리트 비중은 2.4이며, 바닷물의 비중은 1.025이다.) [산업 09, 16]

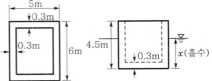

① $x = 2.45 \text{m}$　　　② $x = 2.55 \text{m}$

③ $x = 2.65 \text{m}$　　　④ $x = 2.75 \text{m}$

 $M(\text{무게}) = B(\text{부력})$

$2.4 \times (5 \times 6 \times 4.5 - 4.4 \times 5.4 \times 4.2)$

$= 1.025 \times (5 \times 6 \times x)$

$\therefore x = 2.75 \text{m}$

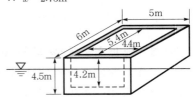

70. 단면적 2.5cm², 길이 2m인 원형강철봉의 무게가 대기 중에서 27.5N이었다면 단위무게가 10kN/m³인 수중에서의 무게는? [산업 15, 18]

① 22.5N　　　　　② 25.5N

③ 27.5N　　　　　④ 28.5N

㉮ 부력$(B) = wV = 10,000 \times (2.5 \times 10^{-4} \times 2) = 5\text{N}$

　$(\because w = 1 \text{t/m}^3 = 10 \text{kN/m}^3 = 10,000 \text{N/m}^3)$

㉯ 공기 중 무게 = 수중무게 + 부력

$27.5 = \text{수중무게} + 5$

$\therefore \text{수중무게} = 22.5 \text{N}$

71. 물체의 공기 중 무게가 750N이고 물속에서의 무게는 250N일 때 이 물체의 체적은? (단, 무게 1kg중 =10N) [기사 19]

① 0.05m³　　　　② 0.06m³

③ 0.50m³　　　　④ 0.60m³

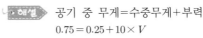 공기 중 무게 = 수중무게 + 부력

$0.75 = 0.25 + 10 \times V$

$\therefore V = 0.05 \text{m}^3$

72. 밑면이 7.5m×3m이고 깊이가 4m인 빈 상자의 무게가 $4×10^5$N이다. 이 상자를 물속에 완전히 가라앉히기 위하여 상자에 넣어야 할 최소 추가무게는? (단, 물의 단위무게=9,800N/m³) [기사 17]

① 340,000N ② 375,500N
③ 400,000N ④ 482,200N

▶해설 $M+P=B$
$4×10^5+P=9,800×(7.5×3×4)$
$∴ P=482,000$N

73. 비중 γ_1의 물체가 비중 $\gamma_2(\gamma_2>\gamma_1)$의 액체에 떠 있다. 액면 위의 부피($V_1$)와 액면 아래의 부피($V_2$)의 비 $\left(\dfrac{V_1}{V_2}\right)$는? [기사 08, 17]

① $\dfrac{V_1}{V_2}=\dfrac{\gamma_1}{\gamma_2}-1$ ② $\dfrac{V_1}{V_2}=\dfrac{\gamma_2}{\gamma_1}-1$

③ $\dfrac{V_1}{V_2}=1-\dfrac{\gamma_1}{\gamma_2}$ ④ $\dfrac{V_1}{V_2}=1-\dfrac{\gamma_2}{\gamma_1}$

▶해설 $M=B$
$\gamma_1(V_1+V_2)=\gamma_2 V_2$
$\gamma_1 V_1=V_2(\gamma_2-\gamma_1)$
$∴ \dfrac{V_1}{V_2}=\dfrac{\gamma_2-\gamma_1}{\gamma_1}=\dfrac{\gamma_2}{\gamma_1}-1$

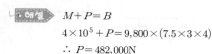

74. 단위무게 5.88kN/m³, 단면 40cm×40cm, 길이 4m인 물체를 물속에 완전히 가라앉히려 할 때 필요한 최소 힘은? [기사 16]

① 2.51kN ② 3.76kN
③ 5.88kN ④ 6.27kN

▶해설 $5.88×(0.4×0.4×4)+P=9.8×(0.4×0.4×4)$
$∴ P=2.51$kN

75. 다음 그림과 같이 길이 5m인 원기둥(비중 0.6)을 수중에 수직으로 띄웠을 때 원기둥이 전도되지 않도록 하는데 필요한 지름의 범위로 옳은 것은? [기사 08, 산업 08]

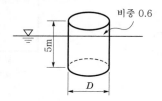

① 2m 이상 ② 4m 이상
③ 7m 이상 ④ 9m 이상

▶해설 ㉮ $M=B$
$0.6×\left(\dfrac{\pi D^2}{4}×5\right)=1×\left(\dfrac{\pi D^2}{4}×h\right)$
$∴ h=3$m

㉯ $\dfrac{I_X}{V}-\overline{GC}=\dfrac{\dfrac{\pi D^4}{64}}{\dfrac{\pi D^2}{4}×3}-1>0$
$∴ D≥6.9$m

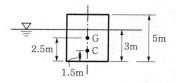

76. 바다에서 배수용량이 15,000t, 흘수가 8m인 배가 운하의 담수 부근에 들어갔을 때 흘수는? (단, 부유면 부근의 선체 단면적은 3,000m²이며, 바다에서 해수의 단위중량은 1.025t/m³임) [기사 98, 산업 00]

① 10.122m ② 12.122m
③ 8.122m ④ 6.122m

▶해설 ㉮ 해수에서의 수중체적
$M=B=w_1 V_1$
$15,000=1.025×V_1$
$∴ V_1=14,634.146$m³

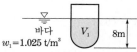
$w_1=1.025\ t/m^3$

㉯ 담수에서의 수중체적
$M=B=w_2 V_2$
$15,000=1×V_2$
$∴ V_2=15,000$m³

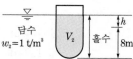
$w_2=1\ t/m^3$

㉰ 흘수
㉠ $V_2=V_1+3,000×h$
$15,000=14,634.146+3,000×h$
$∴ h=0.122$m
㉡ 흘수$=8+h=8+0.122=8.122$m

77. 다음 그림과 같이 1m×1m×1m인 정육면체의 나무가 물에 떠 있을 때 부체(浮體)로서 상태로 옳은 것은? (단, 나무의 비중은 0.8이다.) [기사 20]

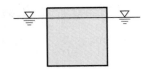

① 안정하다.　　　　② 불안정하다.
③ 중립상태다.　　　④ 판단할 수 없다.

해설 ㉮ $M = B$

$$0.8 \times (1 \times 1 \times 1) = 1 \times (1 \times 1 \times h)$$

$$\therefore \ h = 0.8m$$

㉯ $\dfrac{I_X}{V} - \overline{GC} = \dfrac{\frac{1 \times 1^3}{12}}{1 \times 1 \times 0.8} - (0.5 - 0.4)$

$$= 0.0042m > 0$$ 이므로 안정하다.

78. 선박의 갑판에 있는 100t의 화물을 선박의 종축에 직각방향으로 10m 이동했을 때 선박이 1/20 정도 기울어졌다. 이 선박의 배수용량은? (단, 경심고는 2.5m임) [기사 00]

① 200t　　　　　② 8,000t
③ 7,500t　　　　④ 2,400t

해설 $Pe = \overline{MG}\theta W$

$$100 \times 10 = 2.5 \times \frac{1}{20} \times W$$

$$\therefore \ W = 8,000t$$

79. 어떤 선박의 배수용량이 3,000kN(300ton)이며 갑판에서 20kN(2ton)의 하중을 선박길이방향의 직각방향으로 7m 이동시켰을 때 1/30radian 각도만큼 기울어졌을 때의 경심고는? (단, 무게 1kg=10N, 1/30radian ≒ 1.91°) [산업 12]

① 1.20m　　　　② 1.30m
③ 1.40m　　　　④ 1.50m

해설 $Pe = \overline{MG}\theta W$

$$2 \times 7 = \overline{MG} \times \frac{1}{30} \times 300$$

$$\therefore \ \overline{MG} = 1.4m$$

80. 다음 그림과 같이 높이 2m인 물통에 물이 1.5m만큼 담겨져 있다. 물통이 수평으로 4.9m/s²의 일정한 가속도를 받고 있을 때 물통의 물이 넘쳐흐르지 않기 위한 물통의 길이(L)는? [기사 11, 16, 18]

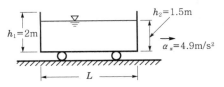

① 2.0m　　　　② 2.4m
③ 2.8m　　　　④ 3.0m

해설 $\tan\theta = \dfrac{\alpha}{g}$

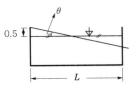

$$\dfrac{2 - 1.5}{\frac{L}{2}} = \dfrac{4.9}{9.8}$$

$$\therefore \ L = 2m$$

81. 다음 그림에서 가속도 $\alpha = 19.6m/s^2$일 때 A점에서의 압력은? [기사 04]

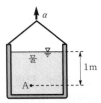

① 1.0t/m²　　　　② 2.0t/m²
③ 3.0t/m²　　　　④ 4.0t/m²

해설 $P = wh\left(1 + \dfrac{\alpha}{g}\right) = 1 \times 1 \times \left(1 + \dfrac{19.6}{9.8}\right) = 3t/m^2$

82. 다음 그림과 같은 용기에 물을 넣고 연직하방향으로 가속도 α를 중력가속도만큼 작용했을 때 용기 내의 물에 작용하는 압력 P는? [산업 05, 19]

① $P = 0$
② $P = 1t/m^2$
③ $P = 2t/m^2$
④ $P = 3t/m^2$

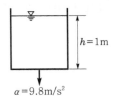

해설 $P = wh\left(1 - \dfrac{\alpha}{g}\right) = 1 \times 1 \times \left(1 - \dfrac{9.8}{9.8}\right) = 0$

83. 물이 들어있는 원통을 밑면 원의 중심을 축으로 일정한 각속도로 회전시킬 때에 대한 설명으로 옳지 않은 것은? (단, 물의 양은 변화가 없는 경우) [산업 09]

① 회전할 때의 원통 측면에 작용하는 전수압은 정지 시보다 크다.

② 원통 측면에 작용하는 압력은 원통의 반지름이 커지면 그 크기는 증가한다.

③ 정지 시나 회전 시의 전밑면이 받는 수압은 동일하다.

④ 회전 시의 원통 밑면의 외측 수압강도는 정지 시와 크기가 같다.

해설 회전 시의 수압강도는 외측으로 갈수록 커진다.

84. xy평면이 수면에 나란하고 질량력의 x, y, z축방향 성분을 X, Y, Z라 할 때 정지평형상태에 있는 액체 내부에 미소육면체의 부피를 dx, dy, dz라 하면 등압면(等壓面)의 방정식은? [기사 16, 산업 10]

① $X dx + Y dy + Z dz = 0$

② $\dfrac{X}{dx} + \dfrac{Y}{dy} + \dfrac{Z}{dz} = 0$

③ $\dfrac{dx}{X} + \dfrac{dy}{Y} + \dfrac{dz}{Z} = 0$

④ $\dfrac{X}{x} dx + \dfrac{Y}{y} dy + \dfrac{Z}{z} dz = 0$

해설 등압면의 방정식 : $X dx + Y dy + Z dz = 0$

85. 다음 그림과 같이 뚜껑이 없는 원통 속에 물을 가득 넣고 중심축 주위로 회전시켰을 때 흘러넘친 양이 전체의 20%였다. 이때 원통 바닥면이 받는 전수압(全水壓)은? [기사 19]

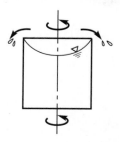

① 정지상태와 비교할 수 없다.

② 정지상태에 비해 변함이 없다.

③ 정지상태에 비해 20%만큼 증가한다.

④ 정지상태에 비해 20%만큼 감소한다.

해설 흘러넘친 양이 20%이므로 원통 바닥에 작용하는 전수압도 20% 감소한다.

86. 다음 그림과 같이 안지름이 2m, 높이 3m의 원통형 수조에 깊이 2.5m까지 물을 넣고 각속도 ω로 회전시킬 때 물이 수조 상단에 도달할 때의 각속도는 약 얼마인가? [산업 07]

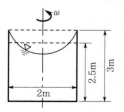

① $\omega = 1.4 \, \text{rad/s}$ ② $\omega = 2.4 \, \text{rad/s}$

③ $\omega = 3.4 \, \text{rad/s}$ ④ $\omega = 4.4 \, \text{rad/s}$

해설

$$h_a = h + \frac{\omega^2 r^2}{4g}$$
$$3 = 2.5 + \frac{\omega^2 \times 1^2}{4 \times 9.8}$$
$$\therefore \ \omega = 4.4 \, \text{rad/s}$$

 **MEMO**

chapter 3

동수역학

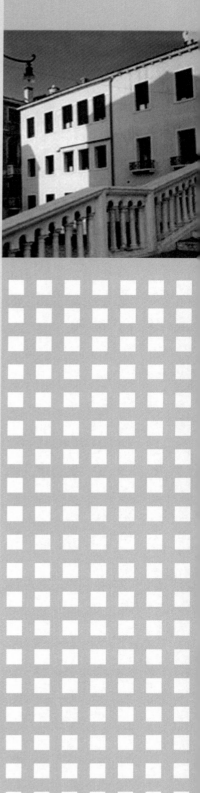

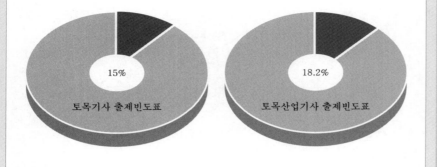

15%

토목기사 출제빈도표

18.2%

토목산업기사 출제빈도표

3 동수역학

01 흐름의 분류

① 정류와 부정류

(1) 정류(steady flow)

수류의 한 단면에 있어서 유량이나 속도, 압력, 밀도, 유적 등이 시간에 따라 변하지 않는 흐름을 **정류**라 한다.

$$\frac{\partial Q}{\partial t} = 0, \ \frac{\partial V}{\partial t} = 0, \ \frac{\partial \rho}{\partial t} = 0 \cdots\cdots\cdots\cdots\cdots\cdots\cdots (3\cdot1)$$

① 평상시 하천의 흐름을 정류라 한다.
② 유선과 유적선이 일치한다.

(2) 부정류(unsteady flow)

수류의 한 단면에 있어서 유량이나 속도, 압력, 밀도, 유적 등이 시간에 따라 변하는 흐름을 **부정류**라 한다.

$$\frac{\partial Q}{\partial t} \neq 0, \ \frac{\partial V}{\partial t} \neq 0, \ \frac{\partial \rho}{\partial t} \neq 0 \cdots\cdots\cdots\cdots\cdots\cdots\cdots (3\cdot2)$$

① 홍수 시 하천의 흐름을 부정류라 한다.
② 유선과 유적선이 일치하지 않는다.

② 등류와 부등류

(1) 등류(uniform flow)

정류 중에서 어느 단면에서나 유속과 수심이 변하지 않는 흐름을 등류 또는 등속정류라 한다.

$$\frac{\partial V}{\partial t} = 0, \ \frac{\partial V}{\partial l} = 0 \cdots\cdots\cdots\cdots\cdots\cdots\cdots\cdots\cdots (3\cdot3)$$

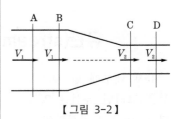

(2) 부등류(nonuniform flow)

정류 중에서 수류의 단면에 따라 유속과 수심이 변하는 흐름을 부등류 또는 부등속정류라 한다.

$$\frac{\partial V}{\partial t} = 0, \quad \frac{\partial V}{\partial l} \neq 0 \quad\text{.......................................} \quad (3 \cdot 4)$$

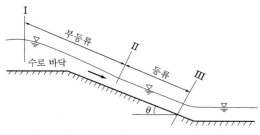

【그림 3-3】 등류와 부등류

02 유선과 유관

① 유선(stream line)

어느 시각에 있어서 각 입자의 속도벡터가 접선이 되는 가상적인 곡선을 유선이라 한다.

① 하나의 유선은 다른 유선과 교차하지 않는다.
② 정류 시 유선과 유적선은 일치한다.

② 유적선(stream path line)

유체입자의 운동경로를 유적선이라 한다.

③ 유관(stream tube)

유체 내부에 한 개의 폐곡선을 생각하여 그 곡선상의 각 점에서 유선을 그리면 유선은 일종의 경계면을 형성하게 되며 하나의 관모양이 된다. 이때의 가상적인 관을 유관이라 한다.

▶ 정류에서 유선의 모양이 시간에 따라 변하지 않으므로 유선과 유적선은 일치하나, 부정류에서는 서로 다르다.

▶ **유선의 방정식**

$$\frac{dx}{u} = \frac{dy}{v} = \frac{dz}{w} \quad\text{..............}\quad (3 \cdot 5)$$

▶ 어떤 크기를 가지는 유관은 극한에 가서는 본질적으로 한 개의 유선과 같이 취급할 수 있으므로 아주 작은 유관으로부터 유도되는 여러 가지 방정식들은 유선에도 그대로 적용할 수 있다.

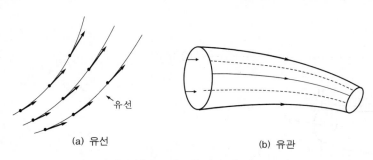

(a) 유선　　　　　　　　(b) 유관

【그림 3-4】 유선과 유관

03　연속방정식

▶ 연속방정식(equation of continuity)은 질량불변의 법칙을 표시해주는 방정식이다.

① 1차원 흐름의 연속방정식

(1) 정류의 연속방정식

① 압축성 유체일 때 : 정류에서 유관의 모든 단면을 지나는 질량 유량은 항상 일정하다.

$$M = \rho_1 A_1 V_1 = \rho_2 A_2 V_2 \quad\cdots\cdots\cdots\cdots\cdots\cdots\cdots\cdots (3\cdot6)$$

$$G = w_1 A_1 V_1 = w_2 A_2 V_2 \quad\cdots\cdots\cdots\cdots\cdots\cdots\cdots (3\cdot7)$$

여기서, M : 질량유량(mass flow rate, t/s)

　　　　G : 중량유량(weight flow rate, tf/s)

② 비압축성 유체일 때

$$Q = A_1 V_1 = A_2 V_2 \quad\cdots\cdots\cdots\cdots\cdots\cdots\cdots\cdots\cdots (3\cdot8)$$

여기서, Q : 체적유량(volume flow rate, m³/s)

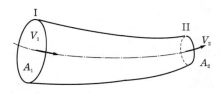

【그림 3-5】

▶ 토목에서 다루는 물은 압력이나 온도에 따라 그 밀도변화가 거의 무시될 수 있으므로 대부분의 경우 비압축성으로 가정한다. 따라서 수리학에서 주로 사용하는 정류에 대한 연속방정식은 $Q = A_1 V_1 = A_2 V_2$이다.

(2) 부정류의 연속방정식

① $\dfrac{\partial A}{\partial t} + \dfrac{\partial}{\partial s}(AV) = 0$ ································· (3·9)

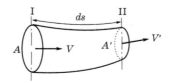

【그림 3-6】

② 정류일 때 $\dfrac{\partial A}{\partial t} = 0$이므로

$$\dfrac{\partial}{\partial s}(AV) = 0 \quad \text{또는} \quad \dfrac{\partial Q}{\partial s} = 0$$

$$\therefore Q = AV = \text{const}$$

3차원 흐름의 연속방정식

(1) 부정류의 연속방정식

① 압축성 유체일 때

$$\dfrac{\partial \rho u}{\partial x} + \dfrac{\partial \rho v}{\partial y} + \dfrac{\partial \rho w}{\partial z} = -\dfrac{\partial \rho}{\partial t}$$ ··············· (3·10)

② 비압축성 유체일 때

$$\dfrac{\partial u}{\partial x} + \dfrac{\partial v}{\partial y} + \dfrac{\partial w}{\partial z} = -\dfrac{\partial \rho}{\partial t}$$ ··············· (3·11)

(2) 정류의 연속방정식

① 압축성 유체일 때 : $\dfrac{\partial \rho}{\partial t} = 0$이므로

$$\dfrac{\partial \rho u}{\partial x} + \dfrac{\partial \rho v}{\partial y} + \dfrac{\partial \rho w}{\partial z} = 0$$ ··············· (3·12)

② 비압축성 유체일 때 : $\rho = \text{const}$(일정)하므로

$$\dfrac{\partial u}{\partial x} + \dfrac{\partial v}{\partial y} + \dfrac{\partial w}{\partial z} = 0$$ ··············· (3·13)

04　베르누이의 정리

① 베르누이의 정리(Bernoulli's theorem)

$$H_t = \frac{V^2}{2g} + \frac{P}{w} + Z = \mathrm{const} \quad \cdots\cdots\cdots\cdots\cdots \text{(3·14)}$$

여기서, $\dfrac{V^2}{2g}$: 유속수두(velocity head)

$\dfrac{P}{w}$: 압력수두(pressure head)

Z : 위치수두(potential head)

H_t : 총수두(total head)

(1) 가정

① 흐름은 정류이다.

② 임의의 두 점은 같은 유선상에 있어야 한다.

③ 마찰에 의한 에너지손실이 없는 비점성, 비압축성 유체인 이상 유체의 흐름이다.

(2) 일반적으로 하나의 유관 또는 유선에 대하여 성립한다.

(3) 하나의 유선(혹은 유관)상의 각 점(혹은 단면)에 있어서 총에너지가 일정하다.

총에너지＝운동에너지＋압력에너지＋위치에너지＝일정

(4) 베르누이의 정리는 에너지불변의 법칙을 표시한다.

② 손실을 고려한 베르누이의 정리

$$H_t = \frac{V_1^2}{2g} + \frac{P_1}{w} + Z_1 = \frac{V_2^2}{2g} + \frac{P_2}{w} + Z_2 + h_L \quad \cdots\cdots\cdots\cdots \text{(3·15)}$$

(1) 에너지선(energy line)

① 기준수평면에서 $Z + \dfrac{P}{w} + \dfrac{V^2}{2g}$ 의 점들을 연결한 선이다.

② 에너지경사 : $I = \dfrac{h_L}{l}$

➡ 완전유체는 점성이 없으므로 마찰 저항이 없지만, 실제의 수류에는 그 내부 또는 주벽에 마찰저항이 있으므로 손실수두를 고려해야 한다.

알·아·두·기·

(2) 동수경사선(수두경사선 : hydraulic grade line)

① 기준수평면에서 $Z+\dfrac{P}{w}$의 점들을 연결한 선이다.

② 동수경사 : $I=\dfrac{h_L{}'}{l}$

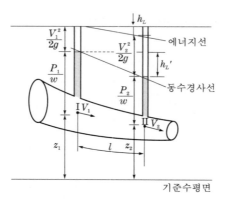

【그림 3-7】 에너지선과 동수경사선

➡ ① 등류 시 에너지선과 동수경사
선은 서로 평행하다.
② 동수경사선은 에너지선보다 유
속수두만큼 아래에 위치한다.

❸ 베르누이정리의 응용

(1) 토리첼리의 정리(Torricelli's theorem)

$$\frac{V_1^2}{2g}+\frac{P_1}{w}+Z_1=\frac{V_2^2}{2g}+\frac{P_2}{w}+Z_2$$

$$0+0+h=\frac{V_2^2}{2g}+0+0$$

$$\therefore V_2=\sqrt{2gh} \quad\cdots\cdots\cdots\cdots\cdots\cdots\cdots\cdots\cdots\cdots\cdots\cdots\cdots\cdots\cdots (3\cdot16)$$

이 관계를 토리첼리의 정리라 한다.

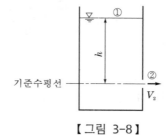

【그림 3-8】

(2) 피토관(pitot tube)

① 직각유리관(피토관)을 넣은 후 연직유리관과의 수면차 h를 측정하여 유속을 구한다.

$$\frac{V_1^2}{2g}+\frac{P_1}{w}+Z_1=\frac{V_2^2}{2g}+\frac{P_2}{w}+Z_2$$

$$\frac{V_1^2}{2g}+h_1+0=0+(h_1+h)+0$$

$$\therefore V_1=\sqrt{2gh} \quad\cdots\cdots\cdots\cdots\cdots\cdots\cdots\cdots\cdots (3\cdot17)$$

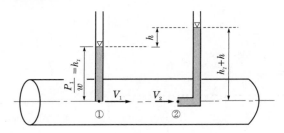

【그림 3-9】 피토관

② **총압력**(정체압력 : stagnation pressure)

　총압력＝정압력＋동압력

$$P=wh+\frac{1}{2}\rho v^2 \quad\cdots\cdots\cdots\cdots (3\cdot18)$$

$$w(h_0+h)=wh_0+\frac{1}{2}\rho v^2$$

$$\therefore h=\frac{V^2}{2g} \quad\cdots\cdots\cdots\cdots\cdots (3\cdot19)$$

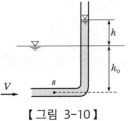

【그림 3-10】

(3) 벤투리미터(venturimeter)

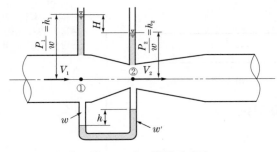

【그림 3-11】 벤투리미터

피토관은 총압력(정체압력)을 측정하기 위해 처음으로 사용되었으며 베르누이 정리를 사용하여 유속을 계산할 수 있으므로 관수로나 개수로 흐름의 유속측정계로 흔히 사용되고 있다.

① 연직유리관(정압관)은 정압력수두를 측정한다.
② 직각유리관(피토관)은 정체압력수두(총압력수두)를 측정한다.

벤투리미터는 관내의 유량 혹은 유속을 측정할 때 사용하는 기구로서 입구부와 목 부분에는 시차액주계를 연결하여 두 단면 간의 압력차를 측정하도록 수평으로 놓여 있으며, 목 부분의 직경은 보통 입구부의 $\frac{1}{3}$ 정도로 한다.

① 피에조미터 사용 시의 유량

$$Q = \frac{A_1 A_2}{\sqrt{A_1^2 - A_2^2}} \sqrt{2gH}$$ ·················· $(3 \cdot 20)$

② U자형 액주계 사용 시의 유량

$P_1 - P_2 = (w' - w)h$ 이므로

$$H = \frac{P_1 - P_2}{w} = \frac{(w' - w)h}{w}$$

$$\therefore Q = \frac{A_1 A_2}{\sqrt{A_1^2 - A_2^2}} \sqrt{2gh \left(\frac{w' - w}{w} \right)}$$ ·················· $(3 \cdot 21)$

05 층류와 난류

① 정의

실제 유체의 흐름은 층류와 난류로 구분되며, 이것은 레이놀즈(Reynolds, 1883)가 실험에 의해 발견한 것이다.

(1) 층류(laminar flow)

유체입자가 흐름방향에 수직한 속도성분을 갖지 않고 층상으로 흐르는 흐름을 **층류**라 한다.

(2) 난류(turbulent flow)

유체입자가 상하좌우로 불규칙하게 뒤섞여 흐트러지면서 흐르는 흐름을 **난류**라 한다.

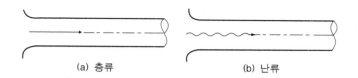

(a) 층류   (b) 난류

【그림 3-13】 층류와 난류

▶ **층류와 난류의 시험**

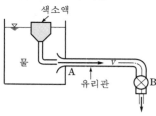

【그림 3-12】

① 층류는 유체입자가 서로 층을 이루면서 직선적으로 미끄러지며, 이들 층과 층 사이에는 분자에 의한 운동량의 변화만 있을 뿐이다.
② 난류는 유체입자가 심한 불규칙운동을 하면서 상호 간에 격렬한 운동량의 교환을 하면서 흐른다.

② 손실수두에 의한 층류와 난류의 판정

$$h_L = kV^n \quad \cdots\cdots\cdots\cdots\cdots\cdots (3\cdot22)$$

여기서, k, n : 관의 지름, 내부의 상태에 따라 정해지는 상수

실험결과에 의하면 층류일 때 $n = 1$이고, 난류일 때 $n = 1.8 \sim 2.0$이다.

▣ 층류의 에너지손실은 주로 점성에 의한 것이고, 난류의 에너지손실은 점성과 유체의 흐트러짐에 의한 것이다.

(1) 상한계유속(upper critical velocity)

층류에서 난류로 변화할 때의 한계유속 V_a를 말한다.

(2) 하한계유속(lower critical velocity)

난류에서 층류로 변화할 때의 한계유속 V_c를 말한다.

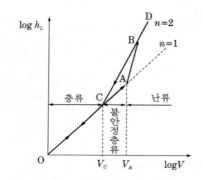

【그림 3-14】 유속과 손실수두의 관계

③ 실험결과의 정리

레이놀즈는 관수로에서 레이놀즈수(Reynolds number)로써 그의 실험결과를 다음과 같이 종합하였다.

Reynold수 : $R_e = \dfrac{VD}{\nu}$ $\cdots\cdots\cdots\cdots\cdots\cdots (3\cdot23)$

① $R_e \leq 2,000$: 층류($R_{ec} = 2,000$)
② $2,000 < R_e < 4,000$: 층류와 난류가 공존한다(천이영역, 불안정층류).
③ $R_e \geq 4,000$: 난류

▣ 유속이 커지면 층류는 난류로 변화하며, 자연계의 흐름은 대부분 난류이다.

④ 층류와 난류의 특성

① 층류인 경우에는 발생되는 유체저항은 유체가 가지는 점성에 주로 관계된다.

$$\tau = \mu \frac{dv}{dy}$$ ·· (3·24)

② 난류인 경우에는 유체입자가 아주 무질서하게 서로 뒤섞이면서 흐르므로 마찰응력은 단순히 Newton의 점성법칙으로는 표시할 수 없다.

> ▷ 혼합길이(mixing length)
> Prandtl은 미소유체덩어리는 난류에 의하여 어떤 유속을 가진 위치에서 다른 유속을 가진 지점으로 운반되며, 이 과정에서 유체덩어리는 이동속도에 변화가 생긴다고 보았다. 이때 운반되는 거리 l을 혼합길이라 한다.

06 역적-운동량방정식

① 역적-운동량방정식

$$F = ma = m \frac{V_2 - V_1}{\Delta t}$$

$$\therefore F\Delta t = m(V_2 - V_1)$$

여기서, $F\Delta t$: 역적(impulse), mV : 운동량(momentum)

특히 단위시간에 대해 생각하면 $\Delta t = 1$이므로

$$F = m(V_2 - V_1) = \rho Q(V_2 - V_1)$$

$$\therefore F = \frac{w}{g} Q(V_2 - V_1)$$ ································ (3·25)

> ▷ 역적-운동량방정식은 연속방정식과 베르누이방정식과 함께 유체흐름의 문제를 해결하기 위한 제3의 기본도구로 사용되는 중요한 방정식이다.

② 운동량방정식의 응용

(1) 정지한 곡면에 작용하는 사출수의 힘

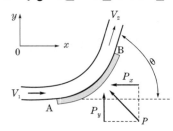

【그림 3-15】 정지한 곡면에 작용하는 힘

> ▷ 운동량방정식의 적용에서 유동장 내부에서 일어나는 복잡한 현상에 대해서는 전혀 알 필요가 없고, 다만 통제용적(control volume)의 입구 및 출구에서의 조건만 알면 된다.

x 및 y방향의 운동량방정식은

$$-P_x = \frac{w}{g} Q(V_2\cos\theta - V_1)$$

$$P_y = \frac{w}{g} Q(V_2\sin\theta - 0)$$

따라서 벽면이 물에 대하여 작용하는 힘은

$$P_x = \frac{wQ}{g}(V_1 - V_2\cos\theta) \quad\cdots\cdots\cdots\cdots\cdots\cdots\cdots (3\cdot26)$$

$$P_y = \frac{wQ}{g}(V_2\sin\theta - 0) \quad\cdots\cdots\cdots\cdots\cdots\cdots\cdots (3\cdot27)$$

$$\therefore P = \sqrt{P_x^2 + P_y^2} \quad\cdots\cdots\cdots\cdots\cdots\cdots\cdots\cdots\cdots (3\cdot28)$$

(2) 곡관에 작용하는 유수의 힘

전술한 (1)에서는 수맥 내부의 정수압을 0이라 하여 면에 작용하는 힘을 구했다. 그러나 관 속의 유수에 의한 관벽이 받는 힘은 관 속의 정수압과 물의 무게 등을 생각해야 한다.

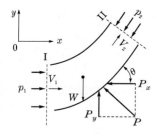

【그림 3-16】 곡관에 작용하는 힘

x 및 y방향의 운동량방정식은

$$-P_x + p_1 A_1 - p_2 A_2\cos\theta = \frac{w}{g} Q(V_2\cos\theta - V_1)$$

$$P_y - W - p_2 A_2\sin\theta = \frac{w}{g} Q(V_2\sin\theta - 0)$$

따라서 벽면이 물에 대하여 작용하는 힘은

$$P_x = \frac{wQ}{g}(V_1 - V_2\cos\theta) + p_1 A_1 - p_2 A_2\cos\theta \quad\cdots\cdots\cdots\cdots (3\cdot29)$$

$$P_y = \frac{w}{g} QV_2\sin\theta + W + p_2 A_2\sin\theta \quad\cdots\cdots\cdots\cdots\cdots\cdots (3\cdot30)$$

곡관이 수평으로 놓여있다면 물의 무게 $W = 0$이므로

$$P_y = \frac{wQ}{g} V_2\sin\theta + p_2 A_2\sin\theta \quad\cdots\cdots\cdots\cdots\cdots\cdots\cdots (3\cdot31)$$

(3) 정지한 평면에 작용하는 사출수의 힘

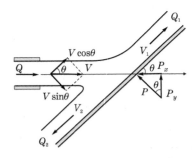

【그림 3-17】 정지한 평면에 작용하는 힘

① 충돌 후의 유량

$$Q_1 = \frac{Q}{2}(1+\cos\theta) \quad\cdots\cdots\cdots\cdots\cdots\cdots\cdots (3\cdot32)$$

$$Q_2 = \frac{Q}{2}(1-\cos\theta) \quad\cdots\cdots\cdots\cdots\cdots\cdots\cdots (3\cdot33)$$

② 벽면이 물에 대하여 작용하는 힘

$$P = \frac{wQ}{g}(V\sin\theta - 0) = \frac{wQ}{g}V\sin\theta \quad\cdots\cdots\cdots\cdots (3\cdot34)$$

$$P_x = \frac{wQ}{g}V\sin^2\theta \quad\cdots\cdots\cdots\cdots\cdots\cdots\cdots (3\cdot35)$$

$$P_y = \frac{wQ}{g}V\sin\theta\cos\theta \quad\cdots\cdots\cdots\cdots\cdots (3\cdot36)$$

(4) 움직이는 평면에 작용하는 사출수의 힘

① 평판이 수맥과 같은 방향으로 움직이는 경우

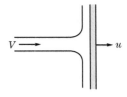

【그림 3-18】

평판이 수맥과 같은 방향으로 움직이므로 수맥의 속도 V와 평판의 속도 u 사이의 상대속도는 $(V-u)$이다.

$$P = \frac{wQ}{g}[(V-u) - 0]$$

$$\therefore P = \frac{wQ}{g}(V-u) \quad\text{······················}(3\cdot37)$$

여기서, $Q = a(V-u)$

　　　　　a : 수맥의 단면적

② 수차 날개에 사출수가 유입하는 경우 : 수차날개가 수맥과 같은
방향으로 u인 속도로 움직일 때의 그림이다.

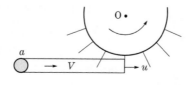

【그림 3-19】

$$P = \frac{wQ}{g}(V-u) \quad\text{······························}(3\cdot38)$$

여기서, $Q = aV$

07　에너지보정계수와 운동량보정계수

　층류와 난류에서 실제 흐름의 유속분포는 전단응력 때문에 이상유체
에서 가정한 것처럼 균일분포를 이루는 것이 아니고 경계면 부근에서는
유속이 작아지고, 경계면에서 멀어질수록 유속이 커지는 곡선형을 이룬
다. 그러나 Bernoulli방정식이나 운동량방정식에서는 균일유속분포를
가정하였으므로 실제 유체흐름에 적용하기 위해서는 유속이 변수가 되
는 유속수두항과 운동량의 항을 보정해야 한다. 즉 α와 η에 의해 실제
유체가 가지는 불균일유속분포에 대한 보정을 함으로써 Bernoulli방정
식과 운동량방정식에 수정을 하는 것이다.

(1) 에너지보정계수
(kinetic energy correction factor ; α)

$$① \ \alpha = \int_A \left(\frac{v}{V}\right)^3 \frac{dA}{A} \quad\text{···················}(3\cdot39)$$

② 평균속도 V를 사용한 베르누이의 정리

$$\alpha_1 \frac{V_1^{\,2}}{2g} + \frac{P_1}{w} + Z_1 = \alpha_2 \frac{V_2^{\,2}}{2g} + \frac{P_2}{w} + Z_2 \cdots\cdots\cdots (3\cdot40)$$

③ α는 일반적으로 수로의 단면형과 유속분포에 따라 결정되는 수이며, **원관 속의 층류에서는** $\alpha = 2.0$이고, 난류에서는 $\alpha = 1.01 \sim 1.10$ 정도이다. 특히 폭이 넓은 직사각형 단면수로에서는 $\alpha = 1.058$이고, 실용적인 계산에는 원관에 대하여 $\alpha = 1.0 \sim 1.1$을 사용한다.

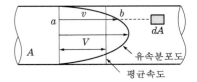

【 그림 3-20 】

① 이상유체의 흐름과 같이 균일유속분포를 가질 경우에는 $\alpha = \eta = 1$이지만, 실제 유체의 경우에는 불균일유속분포를 가지므로 α, η는 1보다 큰 값을 가지며 $\alpha > \eta > 1$이다.

② 층류에서처럼 유속분포가 날카롭게 변하는 경우가 난류에서처럼 완만하게 변하는 경우보다 α, η값이 크다.

(2) 운동량보정계수(momentum correction factor ; η)

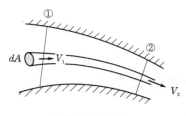

【 그림 3-21 】

① $\eta = \displaystyle\int_A \left(\frac{v}{V}\right)^2 \frac{dA}{A} \cdots\cdots\cdots\cdots (3\cdot41)$

② 평균속도 V를 사용한 운동량방정식

$$\sum F = \frac{w}{g} Q(\eta V_2 - \eta V_1) \cdots\cdots\cdots\cdots (3\cdot42)$$

③ 원관 속의 층류에서는 $\eta = \dfrac{4}{3}$, 난류에서는 $\eta = 1.0 \sim 1.05$ 정도이다. 폭이 넓은 직사각형 단면수로의 난류에서는 $\eta = 1.02$ 정도이다. 실제는 난류를 많이 취급하므로 실용적인 계산에서는 $\eta = 1.0$을 사용한다.

08 물체에 작용하는 유체의 저항

(1) 유체의 저항

유체 속을 물체가 움직일 때 또는 흐르는 유체 속에 물체가 잠겨있을 때는 유체에 의해 물체가 어떤 힘을 받는다. 이 힘을 항력(drag) 또는 저항력이라 한다.

$$D = C_D A \frac{\rho V^2}{2} \text{ ....} (3\cdot43)$$

여기서, D : 유체의 전저항력
C_D : 저항계수(drag coefficient)
A : 흐름방향의 물체투영면적

(2) 분류

① 표면저항(마찰저항) : 유체가 물체의 표면을 따라 흐를 때 점성과 난류에 의해 물체표면에 마찰이 생긴다. 이것을 표면저항이라 한다.

② 형상저항(압력저항) : R_e 수가 상당히 크게 되면 유선이 물체표면에서 떨어지고, 물체의 후면에는 소용돌이인 후류(wake)가 발생한다. 이 후류 속에서는 압력이 저하하고 물체를 흐름방향으로 당기게 된다. 이것을 형상저항이라 한다.

▶ ① R_e 수가 작을 때 표면저항이 크다.
② R_e 수가 클 때 형상저항이 크다.

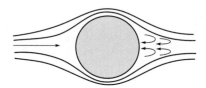

【그림 3-22】 후류

③ 조파저항(wave making resistence) : 물체가 수면에 떠 있을 때 수면에 파동이 생긴다. 이 파동을 일으키는 데 소요되는 에너지가 조파저항이다.

▶ 선박의 속도가 작을 때는 마찰저항이 대부분을 차지하지만 속도가 커짐에 따라 조파저항이 더 커진다.

09 | 속도퍼텐셜

(1) 속도퍼텐셜(velocity potential)

속도 V 또는 속도성분 u, v, w를 x, y, z 및 시간 t에 의해서 나타낼 수 있는 어떤 함수의 편미분계수로 나타낼 수 있다. 이때의 함수를 ϕ라 하면

$$u = \frac{\partial \phi}{\partial x}, \quad v = \frac{\partial \phi}{\partial y}, \quad w = \frac{\partial \phi}{\partial z} \quad \cdots\cdots\cdots\cdots\cdots\cdots\cdots\cdots (3\cdot44)$$

이 ϕ를 속도퍼텐셜이라 한다.

① 비회전류(irrotational flow) : 유체입자가 회전을 하지 않는 흐름을 말하며, 퍼텐셜류는 유체입자가 회전을 하지 않는 흐름이므로 비회전류이다.

② 회전류(rotational flow) : 유체입자가 소용돌이(eddy)처럼 회전하면서 흐르는 흐름을 회전류라 한다.

> 유체의 흐름에서 속도퍼텐셜을 가지고 있는 흐름을 퍼텐셜류(potential flow)라 한다.

(2) 라플라스(Laplace)방정식

식 (3·44)를 연속방정식 $\dfrac{\partial u}{\partial x} + \dfrac{\partial v}{\partial y} + \dfrac{\partial w}{\partial z} = 0$에 대입하면

$$\frac{\partial^2 \phi}{\partial x^2} + \frac{\partial^2 \phi}{\partial y^2} + \frac{\partial^2 \phi}{\partial z^2} = 0 \quad \cdots\cdots\cdots\cdots\cdots\cdots\cdots\cdots (3\cdot45)$$

이 식을 라플라스방정식이라 한다.

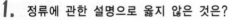
1. 정류에 관한 설명으로 옳지 않은 것은?

[기사 02, 산업 11, 15]

① 흐름의 상태가 시간에 관계없이 일정하다.
② 유선에 따라 유속은 다를 수 있다.
③ 유선과 유적선이 일치한다.
④ 어느 단면에서나 유속이 균일해야 한다.

해설 정류(steady flow)
㉮ 유체가 운동할 때 한 단면에서 속도, 압력, 유량 등이 시간에 따라 변하지 않는 흐름이다. 즉 관 속의 한 단면에서 속도, 압력, 유량 등이 일정하다.
㉯ 유선과 유적선이 일치한다.
㉰ 평상시 하천의 흐름을 정류라 한다.

2. 정상류(steady flow)의 정의로 가장 적합한 것은?

[기사 17]

① 수리학적 특성이 시간에 따라 변하지 않는 흐름
② 수리학적 특성이 공간에 따라 변하지 않는 흐름
③ 수리학적 특성이 시간에 따라 변하는 흐름
④ 수리학적 특성이 공간에 따라 변하는 흐름

해설 수류의 한 단면에서 유량이나 속도, 압력, 밀도 등이 시간에 따라 변하지 않는 흐름을 **정류**라 한다.

3. 등류의 정의로 옳은 것은?

[산업 16]

① 흐름특성이 어느 단면에서나 같은 흐름
② 단면에 따라 유속 등의 흐름특성이 변하는 흐름
③ 한 단면에 있어서 유적, 유속, 흐름의 방향이 시간에 따라 변하지 않는 흐름
④ 한 단면에 있어서 유량이 시간에 따라 변하는 흐름

해설 정류 중에서 어느 단면에서나 유속과 수심이 변하지 않는 흐름을 **등류**(uniform flow)라 한다.

4. 물의 흐름에서 단면과 유속 등 유동특성이 시간에 따라 변하지 않는 흐름은?

[산업 17]

① 층류   ② 난류
③ 정상류   ④ 부정류

해설 수류의 한 단면에서 유량이나 속도, 압력, 밀도 등이 시간에 따라 변하지 않는 흐름을 **정류**라 한다.

5. 정상류의 흐름에 대한 설명으로 가장 적합한 것은?

[산업 09, 18]

① 모든 점에서 유동특성이 시간에 따라 변하지 않는다.
② 수로의 어느 구간을 흐르는 동안 유속이 변하지 않는다.
③ 모든 점에서 유체의 상태가 시간에 따라 일정한 비율로 변한다.
④ 유체의 입자들이 모두 열을 지어 질서 있게 흐른다.

해설 ㉮ 유체의 흐름특성이 시간에 따라 변하지 않는 흐름을 정류라 한다.
㉯ 정류 중에서 어느 단면에서나 유속과 수심이 변하지 않는 흐름을 등류라 한다.

6. 시간을 t, 유속을 v, 두 단면 간의 거리를 l이라 할 때 다음 조건 중 부등류인 경우는?

[기사 20]

① $\dfrac{v}{t}=0$ ② $\dfrac{v}{t}\neq 0$

③ $\dfrac{v}{t}=0,\ \dfrac{v}{l}=0$ ④ $\dfrac{v}{t}=0,\ \dfrac{v}{l}\neq 0$

해설 ㉮ 정류 : $\dfrac{\partial v}{\partial t}=0,\ \dfrac{\partial Q}{\partial t}=0$

㉠ 등류 : $\dfrac{\partial v}{\partial t}=0,\ \dfrac{\partial v}{\partial l}=0$

㉡ 부등류 : $\dfrac{\partial v}{\partial t}=0,\ \dfrac{\partial v}{\partial l}\neq 0$

㉯ 부정류 : $\dfrac{\partial v}{\partial t}\neq 0,\ \dfrac{\partial Q}{\partial t}\neq 0$

7. 부등류에 대한 표현으로 가장 적합한 것은? (단, t : 시간, l : 거리, v : 유속)

[기사 15]

① $\dfrac{dv}{dl}=0$ ② $\dfrac{dv}{dl}\neq 0$

③ $\dfrac{dv}{dt}=0$ ④ $\dfrac{dv}{dt}\neq 0$

해설 부등류 : $\dfrac{\partial v}{\partial t}=0$, $\dfrac{\partial v}{\partial l}\neq 0$

8. 유체의 흐름에서 유속을 v, 시간을 t, 거리를 l, 압력을 p라 할 때 틀린 것은? [기사 07]

① 정류 : $\dfrac{\partial v}{\partial t}=0$, $\dfrac{\partial p}{\partial t}=0$

② 부정류 : $\dfrac{\partial v}{\partial t}\neq 0$, $\dfrac{\partial p}{\partial t}\neq 0$

③ 등류 : $\dfrac{\partial v}{\partial t}=0$, $\dfrac{\partial v}{\partial l}=0$

④ 부등류 : $\dfrac{\partial v}{\partial t}\neq 0$, $\dfrac{\partial v}{\partial l}\neq 0$

해설 ㉮ 정류 : $\dfrac{dv}{dt}=0$, $\dfrac{dQ}{dt}=0$

㉠ 등류 : $\dfrac{dv}{dt}=0$, $\dfrac{dv}{dl}=0$

㉡ 부등류 : $\dfrac{dv}{dt}=0$, $\dfrac{dv}{dl}\neq 0$

㉯ 부정류 : $\dfrac{dv}{dt}\neq 0$, $\dfrac{dQ}{dt}\neq 0$

9. 흐름의 상태를 나타낸 것 중 옳지 않은 것은? (단, t : 시간, l : 공간, v : 유속) [산업 17]

① $\dfrac{\partial v}{\partial t}=0$(정상류)

② $\dfrac{\partial v}{\partial t}\neq 0$(부정류)

③ $\dfrac{\partial v}{\partial l}=0$, $\dfrac{\partial v}{\partial t}=0$(정상등류)

④ $\dfrac{\partial v}{\partial t}\neq 0$, $\dfrac{\partial v}{\partial l}\neq 0$(정상부등류)

해설 ㉮ 정류 : $\dfrac{\partial v}{\partial t}=0$, $\dfrac{\partial Q}{\partial t}=0$

㉠ 등류 : $\dfrac{\partial v}{\partial t}=0$, $\dfrac{\partial v}{\partial l}=0$

㉡ 부등류 : $\dfrac{\partial v}{\partial t}=0$, $\dfrac{\partial v}{\partial l}\neq 0$

㉯ 부정류 : $\dfrac{\partial v}{\partial t}\neq 0$, $\dfrac{\partial Q}{\partial t}\neq 0$

10. 집중호우로 인한 홍수 발생 시 지표수의 흐름은? [산업 20]

① 등류이고 정상류이다.
② 등류이고 비정상류이다.
③ 부등류이고 정상류이다.
④ 부등류이고 비정상류이다.

해설 홍수 시의 흐름은 비정상류(부정류)이고 부등류이다.

11. 유선(stream line)에 대한 설명으로 옳지 않은 것은? [기사 10]

① 유선에 수직한 방향으로 속도성분이 존재한다.
② 유선은 어느 순간의 속도벡터에 접하는 곡선이다.
③ 흐름이 정상류일 때는 유선과 유적선이 일치한다.
④ 유선방정식은 $\dfrac{dx}{u}=\dfrac{dy}{v}=\dfrac{dz}{w}$ 이다.

해설 유선(stream line)

㉮ 유선은 어느 시각에 있어서 각 입자의 속도벡터가 접선이 되는 가상적인 곡선이다.

㉯ 정류 시 유선과 유적선은 일치한다.

㉰ 유선의 방정식 : $\dfrac{dx}{u}=\dfrac{dy}{v}=\dfrac{dz}{w}$

12. 유선에 대한 설명 중 옳지 않은 것은? [기사 02, 16]

① 정상류에서는 유적선과 일치한다.
② 비정상류에서는 시간에 따라 유선이 달라진다.
③ 유선이란 유체입자가 움직인 경로를 말한다.
④ 하나의 유선은 다른 유선과 교차하지 않는다.

해설 ㉮ 유선 : 어느 시각에 있어서 각 입자의 속도벡터가 접선이 되는 가상적인 곡선

㉯ 유적선 : 유체입자의 운동경로

13. 흐름에 대한 설명 중 틀린 것은? [기사 17]

① 흐름이 층류일 때는 뉴턴의 점성법칙을 적용할 수 있다.
② 등류란 모든 점에서의 흐름의 특성이 공간에 따라 변하지 않는 흐름이다.
③ 유관이란 개개의 유체입자가 흐르는 경로를 말한다.
④ 유선이란 각 점에서 속도벡터에 접하는 곡선을 연결한 선이다.

해설 ㉮ 유관 : 폐합된 곡선을 통과하는 외측 유선으로 이루어진 가상적인 관

㉯ 유적선 : 유체입자의 움직이는 경로

14. 유체의 흐름에 대한 설명으로 옳지 않은 것은?

[기사 20]

① 이상유체에서 점성은 무시된다.
② 유관(stream tube)은 유선으로 구성된 가상적인 관이다.
③ 점성이 있는 유체가 계속해서 흐르기 위해서는 가속도가 필요하다.
④ 정상류의 흐름상태는 위치변화에 따라 변화하지 않는 흐름을 의미한다.

해설 수류의 한 단면에서 유량이나 속도, 압력, 밀도 등이 시간에 따라 변하지 않는 흐름을 정류라 한다.

15. 유관(stream tube)에 대한 설명으로 옳은 것은?

[산업 15]

① 한 개의 유선(流線)으로 이루어진 관을 말한다.
② 어떤 폐곡선(閉曲線)을 통과하는 여러 개의 유선으로 이루어지는 관을 말한다.
③ 개방된 곡선을 통과하는 유선으로 이루어지는 평면을 말한다.
④ 임의의 여러 유선이 이루어지는 유동체를 말한다.

해설 유관이란 폐합된 곡선을 통과하는 외측 유선으로 이루어진 가상적인 관을 말한다.

16. 유체에서 1차원 흐름에 대한 설명으로 옳은 것은?

[산업 17]

① 면만으로는 정의될 수 없고 하나의 체적요소의 공간으로 정의되는 흐름
② 여러 개의 유선으로 이루어지는 유동면으로 정의되는 흐름
③ 유동특성이 1개의 유선을 따라서만 변화하는 흐름
④ 유동특성이 여러 개의 유선을 따라서 변화하는 흐름

17. 다음 설명 중 옳지 않은 것은? [산업 17]

① 유선이란 임의 순간에 각 점의 속도벡터에 접하는 곡선이다.
② 유관이란 개방된 곡선을 통과하는 유선으로 이루어진 평면을 말한다.
③ 흐름이 층류일 때 뉴턴의 점성법칙을 적용할 수 있다.
④ 정상류란 한 점에서 흐름의 특성이 시간에 따라 변하지 않는 흐름이다.

해설 ㉮ 유선 : 어느 시각에 있어서 각 입자의 속도벡터가 접선이 되는 가상적인 곡선
㉯ 유관 : 폐합된 곡선을 통과하는 외측 유선으로 이루어진 가상적인 관

18. 물흐름을 해석할 때의 연속방정식에서 질량유량을 사용하지 않고 체적유량을 사용하는 이유는?

[기사 06]

① 물을 비압축성 유체로 간주할 수 있기 때문이다.
② 질량보다는 체적이 더 중요하기 때문이다.
③ 밀도를 무시할 수 있기 때문이다.
④ 물은 점성유체이기 때문이다.

해설 토목에서 다루는 물은 압력이나 온도에 따라 그 밀도변화가 거의 무시될 수 있으므로 대부분의 경우 비압축성으로 가정한다. 따라서 수리학에서 주로 사용하는 정류에 대한 연속방정식은 체적유량이다.
$Q = A_1 V_1 = A_2 V_2$

19. 흐름의 연속방정식은 어떤 법칙을 기초로 하여 만들어진 것인가? [산업 10, 19]

① 질량보존의 법칙   ② 에너지보존의 법칙
③ 운동량보존의 법칙   ④ 마찰력불변의 법칙

해설 ㉮ 연속방정식은 질량보존의 법칙(law of mass conservation)을 표시해주는 방정식이다.
㉯ 베르누이정리는 에너지보존의 법칙을 표시해주는 방정식이다.

20. 하나의 유관 내의 흐름이 정류일 때 미소거리 dl만큼 떨어진 1, 2 단면에서 단면적 및 평균유속을 각각 A_1, A_2 및 V_1, V_2라 하면 이상유체에 대한 연속방정식으로 옳은 것은? [산업 18]

① $A_1 V_1 = A_2 V_2$
② $d(A_1 V_1 - A_2 V_2)/dl = $일정
③ $d(A_1 V_1 + A_2 V_2)/dl = $일정
④ $A_1 V_2 = A_2 V_1$

해설 연속방정식 : $Q = A_1 V_1 = A_2 V_2$

21. 관수로에 물이 흐르고 있을 때 유속을 구하기 위하여 적용할 수 있는 식은? [산업 16]

① Torricelli정리 ② 파스칼의 원리
③ 운동량방정식 ④ 물의 연속방정식

해설 $Q = A_1 V_1 = A_2 V_2$ (연속방정식)

22. 유체의 연속방정식에 대한 설명으로 옳은 것은? [산업 15]

① 뉴턴(Newton)의 제2법칙을 만족시키는 방정식이다.
② 에너지와 일의 관계를 나타내는 방정식이다.
③ 유선상 두 점 간의 단위체적당의 운동량에 관한 방정식이다.
④ 질량보존의 법칙을 만족시키는 방정식이다.

해설 ㉮ 연속방정식은 질량보존의 법칙(law of mass conservation)을 표시해주는 방정식이다.
㉯ 베르누이정리는 에너지보존의 법칙을 표시해 주는 방정식이다.

23. 다음 그림과 같이 단면 ①에서 관의 지름이 0.5m, 유속이 2m/s이고, 단면 ②에서 관의 지름이 0.2m일 때 단면 ②에서의 유속은? [산업 19]

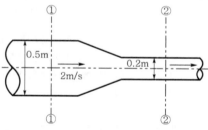

① 10.5m/s ② 11.5m/s
③ 12.5m/s ④ 13.5m/s

해설 $A_1 V_1 = A_2 V_2$

$$\frac{\pi \times 0.5^2}{4} \times 2 = \frac{\pi \times 0.2^2}{4} \times V_2$$

$$\therefore V_2 = 12.5\text{m/s}$$

24. 다음 그림과 같이 $d_1 = 1$m인 원통형 수조의 측벽에 내경 $d_2 = 10$cm의 관으로 송수할 때의 평균유속(V_2)이 2m/s이었다면 이때의 유량 Q와 수조의 수면이 강하하는 유속 V_1은? [산업 15]

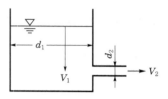

① $Q = 1.57l/s$, $V_1 = 2$cm/s
② $Q = 1.57l/s$, $V_1 = 3$cm/s
③ $Q = 15.7l/s$, $V_1 = 2$cm/s
④ $Q = 15.7l/s$, $V_1 = 3$cm/s

해설 ㉮ $A_1 V_1 = A_2 V_2$

$$\frac{\pi \times 1^2}{4} \times V_1 = \frac{\pi \times 0.1^2}{4} \times 2$$

$$\therefore V_1 = 0.02\text{m/s}$$

㉯ $Q = A_1 V_1 = \dfrac{\pi \times 1^2}{4} \times 0.02$

$$= 0.0157\text{m}^3/\text{s} = 15.7l/s$$

25. 다음 그림과 같이 단면 ①에서 단면적 $A_1 = 10$cm^2, 유속 $V_1 = 2$m/s이고, 단면 ②에서 단면적 $A_2 = 20$cm^{2}일 때 단면 ②의 유속(V_2)과 유량(Q)은? [산업 18]

① $V_2 = 200$cm/s, $Q = 2,000$cm^3/s
② $V_2 = 100$cm/s, $Q = 1,500$cm^3/s
③ $V_2 = 100$cm/s, $Q = 2,000$cm^3/s
④ $V_2 = 200$cm/s, $Q = 1,000$cm^3/s

해설 ㉮ $A_1 V_1 = A_2 V_2$

$$10 \times 200 = 20 \times V_2$$

$$\therefore V_2 = 100\text{cm/s}$$

㉯ $Q = A_2 V_2 = 20 \times 100 = 2,000\text{cm}^3/\text{s}$

26. 2m×2m×2m인 고가수조에 관로를 통해 유입되는 물의 유입량이 0.15l/s일 때 만수가 되기까지 걸리는 시간은? (단, 현재 고가수조의 수심은 0.5m이다.) [산업 17]

① 5시간 20분 ② 8시간 22분
③ 10시간 5분 ④ 11시간 7분

해설 $2 \times 2 \times 1.5 = (0.15 \times 10^{-3}) \times t$

$\therefore t = 40,000$초 $= 11.11$시간 $= 11$시간 6.6분

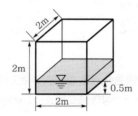

27. 지름이 20cm인 A관에서 지름이 10cm인 B관으로 축소되었다가 다시 지름이 15cm인 C관으로 단면이 변화되었다. B관의 평균유속이 3m/s일 때 A관과 C관의 유속은? (단, 유체는 비압축성이며, 에너지손실은 무시한다.) [산업 15]

① A관의 $V_A = 0.75$m/s, C관의 $V_C = 2.00$m/s
② A관의 $V_A = 1.50$m/s, C관의 $V_C = 1.33$m/s
③ A관의 $V_A = 0.75$m/s, C관의 $V_C = 1.33$m/s
④ A관의 $V_A = 1.50$m/s, C관의 $V_C = 0.75$m/s

해설 ㉮ $A_1 V_1 = A_2 V_2$

$$\frac{\pi \times 0.2^2}{4} \times V_1 = \frac{\pi \times 0.1^2}{4} \times 3$$

$$\therefore V_1 = 0.75\text{m/s}$$

㉯ $A_2 V_2 = A_3 V_3$

$$\frac{\pi \times 0.1^2}{4} \times 3 = \frac{\pi \times 0.15^2}{4} \times V_3$$

$$\therefore V_3 = 1.33\text{m/s}$$

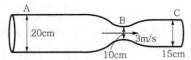

28. 관의 지름이 각각 3m, 1.5m인 서로 다른 관이 연결되어 있을 때 지름 3m관 내에 흐르는 유속이 0.03m/s이라면 지름 1.5m관 내에 흐르는 유량은? [기사 20]

① 0.157m³/s
② 0.212m³/s
③ 0.378m³/s
④ 0.540m³/s

해설 $Q = A_1 V_1 = A_2 V_2$

$$= \frac{\pi \times 3^2}{4} \times 0.03 = 0.212\text{m}^3/\text{s}$$

29. 관경이 d_1에서 d_2로 변하고 유속이 V_1에서 V_2로 변할 때 유속비$\left(\dfrac{V_2}{V_1}\right)$는? [산업 07, 10]

① $(d_1/d_2)^2$
② $(d_2/d_1)^2$
③ d_1/d_2
④ d_2/d_1

해설 $A_1 V_1 = A_2 V_2$

$$\frac{\pi d_1^2}{4} V_1 = \frac{\pi d_2^2}{4} V_2$$

$$\therefore \frac{V_2}{V_1} = \left(\frac{d_1}{d_2}\right)^2$$

30. 유선(流線) 위 한 점의 x, y, z축상의 좌표를 (x, y, z), 속도의 x, y, z축방향의 성분을 각각 u, v, w라 할 때 서로의 관계가 $\dfrac{dx}{u} = \dfrac{dy}{v} = \dfrac{dz}{w}$, $u = -ky$, $v = kx$, $w = 0$인 흐름에서 유선의 형태는? (단, k는 상수) [기사 06, 15, 19]

① 쌍곡선
② 원
③ 타원
④ 직선

해설 $\dfrac{dx}{u} = \dfrac{dy}{v} = \dfrac{dz}{w}$

$$\frac{dx}{-ky} = \frac{dy}{kx}$$

$$kx\,dx + ky\,dy = 0$$

$$x\,dx + y\,dy = 0$$

$$\therefore x^2 + y^2 = c \text{이므로 원이다.}$$

31. 평면상 x, y방향의 속도성분이 각각 $u = ky$, $v = kx$인 유선의 형태는? [기사 20]

① 원
② 타원
③ 쌍곡선
④ 포물선

해설 $\dfrac{dx}{u} = \dfrac{dy}{v}$

$$\frac{dx}{ky} = \frac{dy}{kx}$$

$$x\,dx - y\,dy = 0$$

$$x^2 - y^2 = c$$

$$\therefore \frac{x^2}{c} - \frac{y^2}{c} = 1 \text{이므로 쌍곡선이다.}$$

32. 속도성분이 $u = kx$, $v = -ky$인 2차원 흐름의 유선형태는? [산업 00]

① 원　　　　　　　② 직선
③ 포물선　　　　　④ 쌍곡선

해설 $\dfrac{dx}{u} = \dfrac{dy}{v}$

$\dfrac{dx}{kx} = \dfrac{dy}{-ky}$

$\dfrac{1}{x}dx + \dfrac{1}{y}dy = 0$

$\displaystyle\int\left(\dfrac{1}{x}dx + \dfrac{1}{y}dy\right) = c$

$\therefore \ln x + \ln y = c$이므로 쌍곡선이다.

33. 비압축성 유체의 연속방정식을 표현한 것으로 가장 올바른 것은? [기사 04, 19]

① $Q = \rho A V$　　　　② $\rho_1 A_1 = \rho_2 A_2$
③ $Q_1 A_1 V_1 = Q_2 A_2 V_2$　④ $A_1 V_1 = A_2 V_2$

해설 정류의 연속방정식(3차원 흐름)
㉮ 압축성 유체 : $\rho_1 A_1 V_1 = \rho_2 A_2 V_2$,
　　$w_1 A_1 V_1 = w_2 A_2 V_2$
㉯ 비압축성 유체 : $A_1 V_1 = A_2 V_2$

34. 3차원 흐름의 연속방정식을 다음과 같은 형태로 나타낼 때 이에 알맞은 흐름의 상태는? [기사 18]

$$\dfrac{\partial u}{\partial x} + \dfrac{\partial v}{\partial y} + \dfrac{\partial w}{\partial z} = 0$$

① 비압축성 정상류　　② 비압축성 부정류
③ 압축성 정상류　　　④ 압축성 부정류

해설 ㉮ 압축성 유체(정류의 연속방정식)

$$\dfrac{\partial \rho u}{\partial x} + \dfrac{\partial \rho v}{\partial y} + \dfrac{\partial \rho w}{\partial z} = 0$$

㉯ 비압축성 유체(정류의 연속방정식)

$$\dfrac{\partial u}{\partial x} + \dfrac{\partial v}{\partial y} + \dfrac{\partial w}{\partial z} = 0$$

35. 2차원 비압축성 정류의 유속성분 u, v가 보기와 같을 때 연속방정식을 만족하는 것은? [기사 12]

① $u = 4x$, $v = 4y$　　② $u = 4x$, $v = -4y$
③ $u = 4x$, $v = 6y$　　④ $u = 4x$, $v = -6y$

해설 비압축성 정류의 연속방정식 일반형

$$\dfrac{\partial u}{\partial x} + \dfrac{\partial v}{\partial y} + \dfrac{\partial w}{\partial z} = 0$$에 $u = 4x$, $v = -4y$를 적용시키

면 $\dfrac{\partial u}{\partial x} = 4$, $\dfrac{\partial v}{\partial y} = -4$이므로 $\dfrac{\partial u}{\partial x} + \dfrac{\partial v}{\partial y} = 4 - 4 = 0$
이다.

36. 일반유체운동에 관한 연속방정식은? (단, 유체의 밀도 ρ, 시간 t, x, y, z방향의 속도는 u, v, w이다.) [기사 15]

① $\dfrac{\partial \rho}{\partial t} + \dfrac{\partial u}{\partial x} + \dfrac{\partial v}{\partial y} + \dfrac{\partial w}{\partial z} = 0$

② $\dfrac{\partial \rho}{\partial t} + \dfrac{\partial \rho u}{\partial x} + \dfrac{\partial \rho v}{\partial y} + \dfrac{\partial \rho w}{\partial z} = 0$

③ $\dfrac{\partial \rho}{\partial t} + \dfrac{\partial u}{\partial \rho x} + \dfrac{\partial v}{\partial \rho y} + \dfrac{\partial w}{\partial \rho z} = 0$

④ $\dfrac{\partial u}{\partial x} + \dfrac{\partial v}{\partial y} + \dfrac{\partial w}{\partial z} = 0$

해설 압축성 유체의 부정류 연속방정식

$$\dfrac{\partial \rho}{\partial t} + \dfrac{\partial \rho u}{\partial x} + \dfrac{\partial \rho v}{\partial y} + \dfrac{\partial \rho w}{\partial z} = 0$$

37. 정상류 비압축성 유체에 대한 속도성분 중에서 연속방정식을 만족시키는 것은? [기사 06]

① $u = 3x^2 - y$, $v = 2y^2 - yz$, $w = y^2 - 2y$
② $u = 2x^2 - xy$, $v = y^2 - 4xy$, $w = y^2 - yz$
③ $u = x^2 - 2y$, $v = y^2 - xy$, $w = x^2 - yz$
④ $u = 2x^2 - yz$, $v = 2y^2 - 3xy$, $w = z^2 - zy$

해설 ②에서 $\dfrac{\partial u}{\partial x} + \dfrac{\partial v}{\partial y} + \dfrac{\partial w}{\partial z} = (4x - y) + (2y - 4x) + (-y) = 0$이다.

38. 유체 내부 임의의 점 (x, y, z)에서의 시간 t에 대한 속도성분을 각각 u, v, w로 표시할 때 정류이며 비압축성인 유체에 대한 연속방정식으로 옳은 것은? (단, ρ는 유체의 밀도이다.) [산업 05, 17]

① $\dfrac{\partial u}{\partial x} + \dfrac{\partial v}{\partial y} + \dfrac{\partial w}{\partial z} = 0$

② $\dfrac{\partial \rho u}{\partial x} + \dfrac{\partial \rho v}{\partial y} + \dfrac{\partial \rho w}{\partial z} = 0$

③ $\dfrac{\partial \rho}{\partial t} + \rho\left(\dfrac{\partial u}{\partial x} + \dfrac{\partial v}{\partial y} + \dfrac{\partial w}{\partial z}\right) = 0$

④ $\dfrac{\partial \rho}{\partial t} + \dfrac{\partial \rho u}{\partial x} + \dfrac{\partial \rho v}{\partial y} + \dfrac{\partial \rho w}{\partial z} = 0$

해설 ㉮ 압축성 유체(정류의 연속방정식)
$$\frac{\partial \rho u}{\partial x}+\frac{\partial \rho v}{\partial y}+\frac{\partial \rho w}{\partial z}=0$$
㉯ 비압축성 유체(정류의 연속방정식)
$$\frac{\partial u}{\partial x}+\frac{\partial v}{\partial y}+\frac{\partial w}{\partial z}=0$$

39. 베르누이정리가 성립하기 위한 조건으로 틀린 것은?　　　　　　　　　　　　[기사 15]
① 압축성 유체에 성립한다.
② 유체의 흐름은 정상류이다.
③ 개수로 및 관수로 모두에 적용된다.
④ 하나의 유선에 대하여 성립한다.

해설 베르누이정리의 가정조건
㉮ 흐름은 정류이다.
㉯ 임의의 두 점은 같은 유선상에 있어야 한다.
㉰ 마찰에 의한 에너지손실이 없는 비점성, 비압축성 유체인 이상유체의 흐름이다.

40. Bernoulli의 정리로서 가장 옳은 것은? [기사 15]
① 동일한 유선상에서 유체입자가 가지는 Energy는 같다.
② 동일한 단면에서의 Energy의 합이 항상 같다.
③ 동일한 시각에는 Energy의 양이 불변한다.
④ 동일한 질량이 가지는 Energy는 같다.

해설 하나의 유선상의 각 점에 있어서 총에너지가 일정하다(총에너지=운동에너지+압력에너지+위치에너지=일정).

41. 베르누이의 정리에 관한 설명으로 옳지 않은 것은?　　　　　　　　　　　　[산업 18]
① 베르누이의 정리는 운동에너지+위치에너지가 일정함을 표시한다.
② 베르누이의 정리는 에너지(energy)불변의 법칙을 유수의 운동에 응용한 것이다.
③ 베르누이의 정리는 속도수두+위치수두+압력수두가 일정함을 표시한다.
④ 베르누이의 정리는 이상유체에 대하여 유도되었다.

해설 베르누이정리
㉮ 하나의 유선상의 각 점에 있어서 총에너지가 일정하다(총에너지=운동에너지+압력에너지+위치에너지=일정).
㉯ 마찰에 의한 에너지손실이 없는 비점성, 비압축성인 이상유체(완전유체)의 흐름이다.

42. 다음 설명 중 옳지 않은 것은?　　　[산업 15]
① 베르누이정리는 에너지보존의 법칙을 의미한다.
② 연속방정식은 질량보존의 법칙을 의미한다.
③ 부정류(unsteady flow)란 시간에 대한 변화가 없는 흐름이다.
④ Darcy법칙의 적용은 레이놀즈수에 대한 제한을 받는다.

해설 부정류란 시간에 대한 변화가 있는 흐름이다.
$$\frac{\partial Q}{\partial t}\neq 0,\ \ \frac{\partial v}{\partial t}\neq 0$$

43. 다음 물의 흐름에 대한 설명 중 옳은 것은?　　　　　　　　　　　　　　　[기사 19]
① 수심은 깊으나 유속이 느린 흐름을 사류라 한다.
② 물의 분자가 흩어지지 않고 질서 정연히 흐르는 흐름을 난류라 한다.
③ 모든 단면에 있어 유적과 유속이 시간에 따라 변하는 것을 정류라 한다.
④ 에너지선과 동수경사선의 높이의 차는 일반적으로 $\frac{V^2}{2g}$이다.

해설 동수경사선은 에너지선보다 유속수두만큼 아래에 위치한다.

44. 베르누이정리를 $\frac{\rho}{2}V^2+wZ+P=H$로 표현할 때 이 식에서 정체압(stagnation pressure)은? [기사 16]
① $\frac{\rho}{2}V^2+wZ$로 표시한다.　② $\frac{\rho}{2}V^2+P$로 표시한다.
③ $wZ+P$로 표시한다.　　④ P로 표시한다.

해설
$$\frac{V^2}{2g}+\frac{P}{w}+Z=H$$
$$\frac{wV^2}{2g}+P+wZ=H_p$$
동압력+정압력+위치압력=총압력

45. 에너지선에 대한 설명으로 옳은 것은? [기사 18]
① 언제나 수평선이 된다.
② 동수경사선보다 아래에 있다.
③ 속도수두와 위치수두의 합을 의미한다.
④ 동수경사선보다 속도수두만큼 위에 위치하게 된다.

⊃ **정답** 　39. ①　40. ①　41. ①　42. ③　43. ④　44. ②　45. ④

해설 에너지선은 기준수평면에서 $\dfrac{V^2}{2g}+\dfrac{P}{w}+Z$의 점들을 연결한 선이다. 따라서 동수경사선에 속도수두를 더한 점들을 연결한 선이다.

46. 정상적인 흐름에서 1개 유선상의 유체입자에 대하여 그 속도수두를 $\dfrac{V^2}{2g}$, 위치수두를 Z, 압력수두를 $\dfrac{P}{\gamma_o}$라 할 때 동수경사는? [기사 20]

① $\dfrac{P}{\gamma_o}+Z$를 연결한 값이다.

② $\dfrac{V^2}{2g}+Z$를 연결한 값이다.

③ $\dfrac{V^2}{2g}+\dfrac{P}{\gamma_o}$를 연결한 값이다.

④ $\dfrac{V^2}{2g}+\dfrac{P}{\gamma_o}+Z$를 연결한 값이다.

해설 동수경사선은 $\dfrac{P}{\gamma_o}+Z$의 점들을 연결한 선이다.

47. 에너지선에 대한 설명으로 옳은 것은? [산업 19]
① 유체의 흐름방향을 결정한다.
② 이상유체흐름에서는 수평기준면과 평행하다.
③ 유량이 일정한 흐름에서는 동수경사선과 평행하다.
④ 유선상의 각 점에서의 압력수두와 위치수두의 합을 연결한 선이다.

해설 이상유체흐름에서는 손실수두가 0이므로 에너지선과 수평기준면은 평행하다.

48. 베르누이정리에 관한 설명으로 옳지 않은 것은? [산업 19]

① $Z+\dfrac{P}{w}+\dfrac{V^2}{2g}$의 수두가 일정하다.
② 정상류이어야 하며 마찰에 의한 에너지손실이 없는 경우에 적용된다.
③ 동수경사선이 에너지선보다 항상 위에 있다.
④ 동수경사선과 에너지선을 설명할 수 있다.

해설 동수경사선은 에너지선보다 유속수두만큼 아래에 위치한다.

49. 동수경사선(hydraulic grade line)에 대한 설명으로 옳은 것은? [산업 17]
① 위치수두를 연결한 선이다.
② 속도수두와 위치수두를 합해 연결한 선이다.
③ 압력수두와 위치수두를 합해 연결한 선이다.
④ 전수두를 연결한 선이다.

해설 동수경사선은 기준수평면에서 $\dfrac{P}{w}+Z$의 점들을 연결한 선이다.

50. 에너지선에 대한 설명으로 옳은 것은? [산업 16]
① 유체의 흐름방향을 결정한다.
② 이상유체흐름에서는 수평기준면과 평행하다.
③ 유량이 일정한 흐름에서는 동수경사선과 평행하다.
④ 유선상의 각 점에서의 압력수두와 위치수두의 합을 연결한 선이다.

해설 ㉮ 이상유체흐름에서는 손실이 없으므로 수평기준면과 에너지선은 평행하다.

㉯ 에너지선은 기준수평면에서 $Z+\dfrac{P}{w}+\dfrac{V^2}{2g}$의 점들을 연결한 선이다.

51. 동수경사선에 관한 설명으로 옳지 않은 것은? [산업 20]
① 항상 에너지선과 평행하다.
② 개수로 수면이 동수경사선이 된다.
③ 에너지선보다 속도수두만큼 아래에 있다.
④ 압력수두와 위치수두의 합을 연결한 선이다.

해설 등류일 때 동수경사선과 에너지선이 평행하다.

52. 임의로 정한 수평기준면으로부터 유선상의 해당 지점까지의 연직거리를 의미하는 것은? [산업 17]
① 기준수두　　　　　② 위치수두
③ 압력수두　　　　　④ 속도수두

53. 완전유체일 때 에너지선과 기준수평면과의 관계는? [산업 19]
① 서로 평행하다.　　　② 압력에 따라 변한다.
③ 위치에 따라 변한다.　④ 흐름에 따라 변한다.

해설 비점성, 비압축성인 이상유체(완전유체)는 마찰에 의한 에너지손실이 없기 때문에 에너지선과 기준수평면은 서로 평행하다.

54. 에너지선과 동수경사선이 항상 평행하게 되는 흐름은? [산업 15]

① 등류　　　　② 부등류
③ 난류　　　　④ 상류

해설 등류 시에 에너지선과 동수경사선은 항상 평행하다.

55. 정상적인 흐름 내의 1개의 유선상에서 각 단면의 위치수두와 압력수두를 합한 수두를 연결한 선은? [산업 19]

① 총수두(Total Head)
② 에너지선(Energy Line)
③ 유압곡선(Pressure Curve)
④ 동수경사선(Hydraulic Grade Line)

해설 ㉮ 에너지선 : 기준수평면에서 $Z+\dfrac{P}{w}+\dfrac{V^2}{2g}$의 점들을 연결한 선

㉯ 동수경사선 : 기준수평면에서 $Z+\dfrac{P}{w}$의 점들을 연결한 선

56. 베르누이정리를 압력의 항으로 표시할 때 동압력(dynamic pressure)항에 해당되는 것은? [산업 20]

① P　　　　② $\dfrac{1}{2}\rho V^2$

③ ρgz　　　　④ $\dfrac{V^2}{2g}$

57. 2초에 10m를 흐르는 물의 속도수두는? [산업 15]

① 1.18m　　　　② 1.28m
③ 1.38m　　　　④ 1.48m

해설 ㉮ $V=\dfrac{10}{2}=5\text{m/s}$

㉯ $H=\dfrac{V^2}{2g}=\dfrac{5^2}{2\times9.8}=1.28\text{m}$

58. 수압 98kPa(1kg/cm²)을 압력수두로 환산한 값으로 옳은 것은? [산업 17]

① 1m　　　　② 10m
③ 100m　　　　④ 1,000m

해설 $H=\dfrac{P}{w}=\dfrac{10}{1}=10\text{m}$

[별해] $H=\dfrac{P}{w}=\dfrac{98\text{kN/m}^2}{9.8\text{kN/m}^3}=10\text{m}$

〈참고〉 1Pa = 1N/m²

59. 압력을 P, 물의 단위무게를 W_o라 할 때, P/W_o의 단위는? [산업 17]

① 시간　　　　② 길이
③ 질량　　　　④ 중량

해설 $\dfrac{P}{W_o}=\dfrac{\frac{t}{m^2}}{\frac{t}{m^3}}=\text{m}$이므로 길이의 단위이다.

60. 수평으로 관 A와 B가 연결되어 있다. 관 A에서 유속은 2m/s, 관 B에서의 유속은 3m/s이며, 관 B에서의 유체압력이 9.8kN/m²이라 하면 관 A에서의 유체압력은? (단, 에너지손실은 무시한다.) [기사 16]

① 2.5kN/m²　　　　② 12.3kN/m²
③ 22.6kN/m²　　　　④ 37.6kN/m²

해설 $w=1\text{t/m}^3=9.8\text{kN/m}^3$이므로

$\dfrac{V_1^2}{2g}+\dfrac{P_1}{w}+Z_1=\dfrac{V_2^2}{2g}+\dfrac{P_2}{w}+Z_2$

$\dfrac{2^2}{2\times9.8}+\dfrac{P_1}{9.8}+0=\dfrac{3^2}{2\times9.8}+\dfrac{9.8}{9.8}+0$

$\therefore P_1=12.3\text{kN/m}^2$

61. 관속에 흐르는 물의 속도수두를 10m로 유지하기 위한 평균유속은? [기사 19]

① 4.9m/s　　　　② 9.8m/s
③ 12.6m/s　　　　④ 14.0m/s

해설 $H=\dfrac{V^2}{2g}$

$10=\dfrac{V^2}{2\times9.8}$

$\therefore V=14\text{m/s}$

62. 다음 그림에서 손실수두가 $\dfrac{3V^2}{2g}$일 때 지름 0.1m의 관을 통과하는 유량은? (단, 수면은 일정하게 유지된다.)

[기사 19]

① 0.0399m³/s
② 0.0426m³/s
③ 0.0798m³/s
④ 0.085m³/s

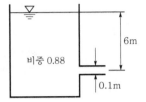

비중 0.88
6m
0.1m

해설 ㉮ $\dfrac{V_1^2}{2g}+\dfrac{P_1}{w}+Z_1=\dfrac{V_2^2}{2g}+\dfrac{P_2}{w}+Z_2+\sum h_L$

$0+0+6=\dfrac{V_2^2}{2\times9.8}+0+0+\dfrac{3V_2^2}{2\times9.8}$

$\therefore V_2=5.42\text{m/s}$

㉯ $Q=A_2V_2=\dfrac{\pi\times0.01^2}{4}\times5.42=0.0426\text{m}^3/\text{s}$

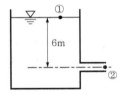

6m

63. 지름이 변하면서 위치도 변하는 원형 관로에 1.0m³/s 의 유량이 흐르고 있다. 지름이 1.0m인 구간에서는 압력이 34.3kPa(0.35kg/cm²)이라면 그보다 2m 더 높은 곳에 위치한 지름 0.7m인 구간의 압력은? (단, 마찰 및 미소 손실은 무시한다.)

[산업 16]

① 11.8kPa
② 14.7kPa
③ 17.6kPa
④ 19.6kPa

해설 ㉮ $Q=A_1V_1$

$1=\dfrac{\pi\times1^2}{4}\times V_1$

$\therefore V_1=1.27\text{m/s}$

㉯ $Q=A_2V_2$

$1=\dfrac{\pi\times0.7^2}{4}\times V_2$

$\therefore V_2=2.6\text{m/s}$

㉰ $\dfrac{V_1^2}{2g}+\dfrac{P_1}{w}+Z_1=\dfrac{V_2^2}{2g}+\dfrac{P_2}{w}+Z_2$

$\dfrac{1.27^2}{2\times9.8}+\dfrac{3.5}{1}+0=\dfrac{2.6^2}{2\times9.8}+\dfrac{P_2}{1}+2$

$\therefore P_2=1.24\text{t/m}^2=1.24\times9.8$
$=12.15\text{kN/m}^2=12.15\text{kPa}$

〈참고〉 $1\text{kN/m}^2=1\text{kPa}$

64. 평행하게 놓여있는 관로에서 A점의 유속이 3m/s, 압력이 294kPa이고, B점의 유속이 1m/s이라면 B점의 압력은? (단, 무게 1kg=9.8N)

[산업 18]

① 30kPa
② 31kPa
③ 298kPa
④ 309kPa

해설 ㉮ $w=1\text{t/m}^3=9.8\text{kN/m}^3$

㉯ $\dfrac{V_1^2}{2g}+\dfrac{P_1}{w}+Z_1=\dfrac{V_2^2}{2g}+\dfrac{P_2}{w}+Z_2$

$\dfrac{3^2}{2\times9.8}+\dfrac{294}{9.8}+0=\dfrac{1^2}{2\times9.8}+\dfrac{P_2}{9.8}+0$

$\therefore P_2=298\text{kN/m}^2=298\text{kPa}$

65. 다음 그림과 같은 원형관에 물이 흐를 경우 1, 2, 3 단면에 대한 설명으로 옳은 것은? (단, $D_1=30$cm, $D_2=10$cm, $D_3=20$cm이며 에너지손실은 없다고 가정한다.)

[산업 16]

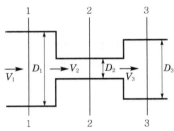

① 유속은 $V_2 > V_3 > V_1$이 되며, 압력은 1 단면 > 3 단면 > 2 단면이다.
② 유속은 $V_1 > V_3 > V_2$가 되며, 압력은 2 단면 > 3 단면 > 1 단면이다.
③ 유속은 $V_2 < V_3 < V_1$이 되며, 압력은 3 단면 > 1 단면 > 2 단면이다.
④ 1, 2, 3 단면의 유속과 압력은 같다.

해설 $H=\dfrac{V^2}{2g}+\dfrac{P}{w}+Z=$일정하므로 속도가 크면 압력은 작다.

66. 다음 그림과 같이 수평으로 놓은 원형관의 안지름이 A에서 50cm이고 B에서 25cm로 축소되었다가 다시 C에서 50cm로 되었다. 물이 $340l/s$의 유량으로 흐를 때 A와 B의 압력차($P_A - P_B$)는? (단, 에너지손실은 무시한다.) [산업 15]

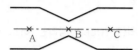

① 0.225N/cm^2 ② 2.25N/cm^2

③ 22.5N/cm^2 ④ 225N/cm^2

▶해설 ㉮ $Q = A_1 V_1$

$$0.34 = \frac{\pi \times 0.5^2}{4} \times V_1$$

$$\therefore V_1 = 1.73\text{m/s}$$

㉯ $Q = A_2 V_2$

$$0.34 = \frac{\pi \times 0.25^2}{4} \times V_2$$

$$\therefore V_2 = 6.93\text{m/s}$$

㉰ $\dfrac{V_1^{\ 2}}{2g} + \dfrac{P_1}{w} + Z_1 = \dfrac{V_2^{\ 2}}{2g} + \dfrac{P_2}{w} + Z_2$

$$\frac{1.73^2}{2 \times 9.8} + \frac{P_1}{1} + 0 = \frac{6.93^2}{2 \times 9.8} + \frac{P_2}{1} + 0$$

$$\therefore P_1 - P_2 = 2.3\text{t/m}^2$$
$$= 0.23\text{kg/cm}^2 = 0.23 \times 9.8$$
$$= 2.25\text{N/cm}^2$$

〈참고〉 $1\text{kg} 중 = 9.8\text{N}$

67. 다음 그림에서 단면 ①, ②에서의 단면적, 평균유속, 압력강도는 각각 A_1, V_1, P_1, A_2, V_2, P_2라 하고 물의 단위중량을 w_0라 할 때 다음 중 옳지 않은 것은? (단, $Z_1 = Z_2$이다.) [산업 19]

기준면

① $V_1 < V_2$

② $P_1 > P_2$

③ $A_1 V_1 = A_2 V_2$

④ $\dfrac{V_1^{\ 2}}{2g} + \dfrac{P_1}{w_0} < \dfrac{V_2^{\ 2}}{2g} + \dfrac{P_2}{w_0}$

▶해설 $\dfrac{V_1^{\ 2}}{2g} + \dfrac{P_1}{w} = \dfrac{V_2^{\ 2}}{2g} + \dfrac{P_2}{w}$

68. 관의 단면적이 4m^2인 관수로에서 물이 정지하고 있을 때 압력을 측정하니 500kPa이었고, 물을 흐르게 했을 때 압력을 측정하니 420kPa이었다면 이때 유속(V)은? (단, 물의 단위중량은 9.81kN/m^3이다.) [산업 20]

① 10.05m/s ② 11.16m/s

③ 12.65m/s ④ 15.22m/s

▶해설 ㉮ 정지하고 있을 때

$$H = \frac{V_1^{\ 2}}{2g} + \frac{P_1}{w} + Z_1 = 0 + \frac{500}{9.81} + 0 = 50.97\text{m}$$

㉯ 물이 흐를 때

$$H = \frac{V_2^{\ 2}}{2g} + \frac{P_2}{w} + Z_2$$

$$50.97 = \frac{V_2^{\ 2}}{2 \times 9.8} + \frac{420}{9.81} + 0$$

$$\therefore V_2 = 12.64\text{m/s}$$

69. 다음 그림에서 A, B에서의 압력이 같다면 축소관의 지름 d는 약 얼마인가? [기사 04]

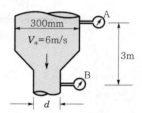

① 148mm ② 200mm

③ 235mm ④ 300mm

▶해설 ㉮ $\dfrac{V_a^{\ 2}}{2g} + \dfrac{P_a}{w} + Z_a = \dfrac{V_b^{\ 2}}{2g} + \dfrac{P_b}{w} + Z_b$

$$\frac{6^2}{2 \times 9.8} + 0 + 3 = \frac{V_b^{\ 2}}{2 \times 9.8} + 0 + 0$$

$$\therefore V_b = 9.74\text{m/s}$$

㉯ $A_a V_a = A_b V_b$

$$\frac{\pi \times 0.3^2}{4} \times 6 = \frac{\pi \times d^2}{4} \times 9.74$$

$$\therefore d = 0.235\text{m}$$

70. 유량 $Q = 0.1 \text{m}^3/\text{s}$의 물이 다음 그림과 같은 관로를 흐를 때 $D = 0.2\text{m}$인 관에서의 압력은? (단, 관 중심선에서 에너지선까지의 높이는 1.2m이다.)   [기사 05]

① $0.68\text{t}/\text{m}^2$

② $0.80\text{t}/\text{m}^2$

③ $0.98\text{t}/\text{m}^2$

④ $1.10\text{t}/\text{m}^2$

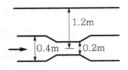

해설 ㉮ $Q = AV$

$$0.1 = \frac{\pi \times 0.2^2}{4} \times V$$

$$\therefore V = 3.18 \text{m/s}$$

㉯ $H = \dfrac{V^2}{2g} + \dfrac{P}{w} + Z$

$$1.2 = \frac{3.18^2}{2 \times 9.8} + \frac{P}{1} + 0$$

$$\therefore P = 0.68 \text{t/m}^2$$

71. 단면 2에서 유속 V_2를 구한 값은? (단, 단면 1과 2의 수로폭은 같으며, 마찰손실은 무시한다.)   [기사 05, 15]

① 3.7m/s

② 4.05m/s

③ 3.56m/s

④ 3.47m/s

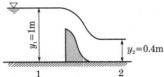

해설 ㉮ $A_1 V_1 = A_2 V_2$

$$(1 \times 1) \times V_1 = 0.4 \times V_2$$

$$\therefore V_1 = 0.4 V_2$$

㉯ $\dfrac{V_1^2}{2g} + \dfrac{P_1}{w} + Z_1 = \dfrac{V_2^2}{2g} + \dfrac{P_2}{w} + Z_2$

$$\frac{(0.4 V_2)^2}{2 \times 9.8} + 1 + 0 = \frac{V_2^2}{2 \times 9.8} + 0.4 + 0$$

$$\therefore V_2 = 3.74 \text{m/s}$$

72. 베르누이의 정리를 응용한 것이 아닌 것은?   [기사 12, 산업 20]

① Torricelli의 정리   ② Pitot tube

③ Venturimeter   ④ Pascal의 원리

해설 밀폐된 용기 내에 액체를 가득 채우고 여기에 압력을 가하면 압력은 용기 전체에 고르게 전달된다. 이것을 파스칼의 원리(Pascal's law)라 한다.

73. 다음 중 베르누이의 정리를 응용한 것이 아닌 것은?   [기사 20]

① 오리피스   ② 레이놀즈수

③ 벤투리미터   ④ 토리첼리의 정리

74. 토리첼리(Torricelli)정리는 어느 것을 이용하여 유도할 수 있는가?   [기사 20]

① 파스칼원리   ② 아르키메데스원리

③ 레이놀즈원리   ④ 베르누이정리

75. 다음 설명 중 옳지 않은 것은?   [기사 06]

① 피토관은 Pascal의 원리를 응용하여 압력을 측정하는 기구이다.

② Venturi meter는 관내의 유량 또는 평균유속을 측정할 때 사용된다.

③ $V = \sqrt{2gh}$를 Torricelli의 정리라고 한다.

④ 수조의 수면에서 h인 곳에 단면적 a인 작은 구멍으로부터 물이 유출할 경우 Bernoulli의 정리를 적용한다.

해설 피토관은 총압력수두를 측정한 후 베르누이정리를 이용하여 유속을 구하는 기구이다.

76. 벤투리미터(Venturi meter)는 무엇을 측정하는데 사용하는 기구인가?   [기사 17, 산업 08]

① 관내의 유량과 압력   ② 관내의 수면차

③ 관내의 유량과 유속   ④ 관내의 유체점성

해설 벤투리미터는 관내의 유량 혹은 유속을 측정할 때 사용하는 기구이다.

77. 원형관의 중앙에 피토관(Pitot tube)을 넣고 관벽의 정수압을 측정하기 위하여 정압관과의 수면차를 측정하였더니 10.7m이었다. 이때의 유속은? (단, 피토관상수 $C = 1$이다.)   [기사 16]

① 8.4m/s   ② 11.7m/s

③ 13.1m/s   ④ 14.5m/s

해설 $V = C_V \sqrt{2gh} = 1 \times \sqrt{2 \times 9.8 \times 10.7} = 14.48 \text{m/s}$

78. 피토관에서 A점의 유속을 구하는 식은?

[산업 12, 16]

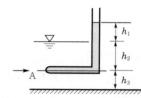

① $V = \sqrt{2g\,h_1}$ ② $V = \sqrt{2g\,h_2}$

③ $V = \sqrt{2g\,h_3}$ ④ $V = \sqrt{2g\,(h_1 + h_2)}$

해설 ㉠, ㉡점에 Bernoulli정리를 적용시키면

$$\frac{V_1{}^2}{2g} + \frac{P_1}{w} + Z_1 = \frac{V_2{}^2}{2g} + \frac{P_2}{w} + Z_2$$

$$\frac{V_1{}^2}{2g} + h_2 + 0 = 0 + (h_1 + h_2) + 0$$

$$\therefore \ V_1 = V = \sqrt{2g\,h_1}$$

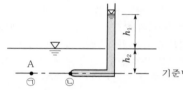

79. 유속이 3m/s인 유수 중에 유선형 물체가 흐름 방향으로 향하여 $h = 3$m 깊이에 놓여있을 때 정체압력(stagnation pressure)은?

[기사 18]

① 0.46kN/m^2 ② 12.21kN/m^2

③ 33.90kN/m^2 ④ 102.35kN/m^2

해설 $P = wh + \dfrac{1}{2}\rho V^2 = 1 \times 3 + \dfrac{1}{2} \times \dfrac{1}{9.8} \times 3^2$

$$= 3.46\text{t/m}^2 = 33.9\text{kN/m}^2$$

80. 압력수두 P, 속도수두 V, 위치수두 Z라고 할 때 정체압력수두 P_s는?

[기사 18]

① $P_s = P - V - Z$ ② $P_s = P + V + Z$

③ $P_s = P - V$ ④ $P_s = P + V$

해설 정체압력수두=속도수두+압력수두

$$P_s = V + P$$

81. 베르누이의 정리를 압력의 항으로 표시할 때 동압력(dynamic pressure)의 항에 해당하는 것은? [산업 15]

① P ② $\rho g z$

③ $\dfrac{1}{2}\rho V^2$ ④ $\dfrac{V^2}{2g}$

해설 총압력=정압력+동압력

$$P = wh + \frac{1}{2}\rho V^2$$

82. 지름 200mm인 관로에 축소부지름이 120mm인 벤투리미터(venturi meter)가 부착되어 있다. 두 단면의 수두차가 1.0m, $C = 0.98$일 때의 유량은? [기사 19]

① 0.00525m^3/s   ② 0.0525m^3/s

③ 0.525m^3/s   ④ 5.250m^3/s

해설

㉮ $A_1 = \dfrac{\pi \times 0.2^2}{4} = 0.031\text{m}^2$

㉯ $A_2 = \dfrac{\pi \times 0.12^2}{4} = 0.011\text{m}^2$

㉰ $Q = \dfrac{CA_1 A_2}{\sqrt{A_1{}^2 - A_2{}^2}}\sqrt{2gH}$

$$= \frac{0.98 \times 0.031 \times 0.011}{\sqrt{0.031^2 - 0.011^2}} \times \sqrt{2 \times 9.8 \times 1}$$

$$= 0.051\text{m}^3/\text{s}$$

83. 다음 그림과 같이 원관의 중심축에 수평하게 놓여 있고 계기압력이 각각 1.8kg/cm^2, 2.0kg/cm^{2}일 때 유량을 구한 값은? [산업 05, 17]

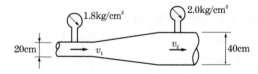

① 약 $203l$/s   ② 약 $223l$/s

③ 약 $243l$/s   ④ 약 $263l$/s

해설

㉮ $A_2 = \dfrac{\pi \times 0.4^2}{4} = 0.126\text{m}^2$

㉯ $A_1 = \dfrac{\pi \times 0.2^2}{4} = 0.031\text{m}^2$

㉰ $H = \dfrac{\Delta P}{w} = \dfrac{20 - 18}{1} = 2\text{m}$

㉱ $Q = \dfrac{A_1 A_2}{\sqrt{A_2{}^2 - A_1{}^2}}\sqrt{2gH}$

$$= \frac{0.126 \times 0.031}{\sqrt{0.126^2 - 0.031^2}} \times \sqrt{2 \times 9.8 \times 2}$$

$$= 0.2002\text{m}^3/\text{s} = 200.2l/\text{s}$$

84. 유속분포의 방정식이 $V=2y^{\frac{1}{2}}$로 표시될 때 경계면에서 0.5m 되는 점에서의 속도경사는? [기사 15]

① 4.232sec^{-1} ② 3.564sec^{-1}

③ 2.831sec^{-1} ④ 1.414sec^{-1}

해설 $V=2y^{\frac{1}{2}}$

$V'=y^{-\frac{1}{2}}$

$V'_{y=0.5}=0.5^{-\frac{1}{2}}=1.414\text{sec}^{-1}$

85. 물이 흐르고 있는 벤투리미터(venturi meter)의 관부와 수축부에 수은을 넣은 U자형 액주계를 연결하여 수은주의 높이차 $h_m=10\text{cm}$를 읽었다. 관부와 수축부의 압력수두의 차는? (단, 수은의 비중은 13.6이다.)

[산업 20]

① 1.26m ② 1.36m

③ 12.35m ④ 13.35m

해설 $H=\left(\dfrac{w'-w}{w}\right)h_m=\left(\dfrac{13.6-1}{1}\right)\times0.1=1.26\text{m}$

86. 벽면으로부터의 속도분포가 $V=4y^{\frac{3}{2}}$으로 주어진 경우 벽면에서 10cm 떨어진 곳의 속도경사$\left(\dfrac{dV}{dy}\right)$는? (단, V는 m/s, g는 m단위이다.)

[산업 07]

① 1.9sec^{-1} ② 2.3sec^{-1}

③ 1.9sec ④ 2.3sec

해설 $V=4y^{\frac{3}{2}}$

$V'=4\times\dfrac{3}{2}y^{\frac{1}{2}}$

$V'_{y=0.1}=6\times0.1^{\frac{1}{2}}=1.9\text{sec}^{-1}$

87. 바닥으로부터 거리가 y[m]일 때 유속이 $V=-4y^2+y$[m/s]인 점성유체흐름에서 전단력이 최소가 되는 지점까지의 거리 y는? [기사 03, 10]

① 0m ② $\dfrac{1}{4}$m

③ $\dfrac{1}{8}$m ④ $\dfrac{1}{12}$m

해설 $\dfrac{dV}{dy}=-8y+1=0$

$\therefore\ y=\dfrac{1}{8}\text{m}$

88. 난류확산의 정의로 옳은 것은? [기사 00]

① 흐름 속의 물질이 흐름에 직각방향의 속도성분을 가지고 흐트러지면서 흐르는 현상이다.

② 흐름 속의 물질이 흐름에 전후방향의 속도성분을 가지고 흐트러지면서 흐르는 현상이다.

③ 흐름 속의 물질이 흐름방향을 중심으로 회전하면서 흐르는 현상이다.

④ 흐름 속의 물질이 흐름표면에 좌우로 깔려서 흐르는 현상이다.

해설 유체덩어리가 난류에 의하여 어떤 유속을 가진 위치에서 다른 유속을 가진 위치로 l 만큼 이동할 때 유체덩어리의 속도에 변화가 생긴다. 이때 유선과 직각방향으로 이동되는 거리 l 을 혼합거리(mixing length)라 하고, 유체덩어리가 흐름에 직각방향의 속도성분을 가지고 흐트러지면서 흐르는 현상을 난류확산이라 한다.

89. 다음 그림은 관내의 손실수두와 유속과의 관계를 나타내고 있다. 유속 V_a에 대한 설명으로 옳은 것은? [기사 08, 10]

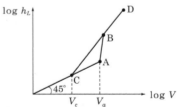

① 층류 → 난류로 변화하는 유속

② 난류 → 층류로 변화하는 유속

③ 등류 → 부등류로 변화하는 유속

④ 부등류 → 등류로 변화하는 유속

해설 ㉮ 상한계유속(V_a) : 층류에서 난류로 변화할 때의 한계유속

㉯ 하한계유속(V_c) : 난류에서 층류로 변화할 때의 한계유속

90. 레이놀즈수가 갖는 물리적인 의미는? [산업 04, 15]
① 점성력에 대한 중력의 비(중력/점성력)
② 관성력에 대한 중력의 비(중력/관성력)
③ 점성력에 대한 관성력의 비(관성력/점성력)
④ 관성력에 대한 점성력의 비(점성력/관성력)

> **해설** 관성력에 대한 점성력의 크기에 따라 개수로
> 내 흐름은 층류, 난류 및 불안정층류로 구분된다.
> 관성력에 대한 점성력의 상대적인 크기는 레이놀즈
> 수로 표시한다.
> $$R_e = \frac{VR}{\nu}$$

91. 층류와 난류에 관한 설명으로 옳지 않은 것은?
[산업 16]
① 층류 및 난류는 레이놀즈(Reynolds)수의 크기로 구분할 수 있다.
② 층류란 직선상의 흐름으로 직각방향의 속도성분이 없는 흐름을 말한다.
③ 층류인 경우는 유체의 점성계수가 흐름에 미치는 영향이 유체의 속도에 의한 영향보다 큰 흐름이다.
④ 관수로에서 한계레이놀즈수의 값은 약 4,000 정도이고, 이것은 속도의 차원이다.

> **해설** $R_{ec} = \frac{VD}{\nu} = 2,000$ 정도이고 무차원이다.

92. 층류와 난류(亂流)에 관한 설명으로 옳지 않은 것은?
[기사 19]
① 층류란 유수(流水) 중에서 유선이 평행한 층을 이루는 흐름이다.
② 층류와 난류를 레이놀즈수에 의하여 구별할 수 있다.
③ 원관 내 흐름의 한계레이놀즈수는 약 2,000 정도이다.
④ 층류에서 난류로 변할 때의 유속과 난류에서 층류로 변할 때의 유속은 같다.

> **해설** 층류에서 난류로 변할 때의 유속을 상한계유속이라 하고, 난류에서 층류로 변할 때의 유속을 하한계유속이라 한다(하한계유속<상한계유속).

93. 레이놀즈(Reynolds)수에 대한 설명으로 옳은 것은 어느 것인가?
[기사 18]
① 중력에 대한 점성력의 상대적인 크기
② 관성력에 대한 점성력의 상대적인 크기
③ 관성력에 대한 중력의 상대적인 크기
④ 압력에 대한 탄성력의 상대적인 크기

> **해설** $R_e = \dfrac{관성력}{점성력} = \dfrac{VD}{\nu}$

94. 안지름 2m의 관내를 20℃의 물이 흐를 때 동점성계수가 0.0101cm²/s이고 속도가 50cm/s라면 이때의 레이놀즈수(Reynolds number)는? [기사 16]
① 960,000   ② 970,000
③ 980,000   ④ 990,000

> **해설** $R_e = \dfrac{VD}{\nu} = \dfrac{50 \times 200}{0.0101} = 990,099$

95. 관수로에서 레이놀즈(Reynolds, R_e)수에 대한 설명으로 옳지 않은 것은? (단, V : 평균유속, D : 관의 지름, ν : 유체의 동점성계수) [산업 19]
① 레이놀즈수는 $\dfrac{VD}{\nu}$로 구할 수 있다.
② $R_e > 4,000$이면 층류이다.
③ 레이놀즈수에 따라 흐름상태(난류와 층류)를 알 수 있다.
④ R_e는 무차원의 수이다.

> **해설** ㉮ $R_e = \dfrac{VD}{\nu}$
> ㉯ $R_e \le 2,000$이면 층류, $R_e = 2,000 \sim 4,000$이면 천이영역, $R_e \ge 4,000$이면 난류이다.

96. 안지름 1cm인 관로에 충만되어 물이 흐를 때 다음 중 층류흐름이 유지되는 최대 유속은? (단, 동점성계수 $\nu = 0.01$cm²/s) [기사 15]
① 5cm/s   ② 10cm/s
③ 20cm/s   ④ 40cm/s

해설 $R_e = \dfrac{VD}{\nu}$

$$2.000 = \frac{V \times 1}{0.01}$$

$$\therefore V = 20\text{cm/s}$$

97. 안지름 15cm의 관에 10℃의 물이 유속 3.2m/s로 흐르고 있을 때 흐름의 상태는? (단, 10℃ 물의 동점성계수$(\nu) = 0.0131\text{cm}^2/\text{s}$) [산업 15, 16]

① 층류　　　　　② 한계류
③ 난류　　　　　④ 부정류

해설 $R_e = \dfrac{VD}{\nu} = \dfrac{320 \times 15}{0.0131}$

$= 366,412 > 4,000$이므로 난류이다.

98. 유체의 흐름이 일정한 방향이 아니고 무작위하게 3차원 방향으로 이동하면서 흐르는 흐름은? [산업 16]

① 층류　　　　　② 난류
③ 정상류　　　　④ 등류

해설 유체입자가 상하좌우로 불규칙하게 뒤섞여 흐트러지면서 흐르는 흐름을 난류라 한다.

99. 관내의 흐름에서 레이놀즈수(Reynolds number)에 대한 설명으로 옳지 않은 것은? [산업 17]

① 레이놀즈수는 물의 동점성계수에 비례한다.
② 레이놀즈수가 2,000보다 작으면 층류이다.
③ 레이놀즈수가 4,000보다 크면 난류이다.
④ 레이놀즈수는 관의 내경에 비례한다.

해설 $R_e = \dfrac{VD}{\nu}$ 이므로 ν에 반비례한다.

100. 관수로흐름에서 레이놀즈수가 500보다 작은 경우의 흐름상태는? [기사 18]

① 상류　　　　　② 난류
③ 사류　　　　　④ 층류

해설 $R_e \leq 2,000$이면 층류이다.

101. 원형 단면의 관수로에 물이 흐를 때 층류가 되는 경우는? (단, R_e는 레이놀즈(Reynolds)수이다.) [산업 18]

① $R_e > 4,000$　　　② $4,000 > R_e > 2,000$
③ $R_e > 2,000$　　　④ $R_e < 2,000$

102. 레이놀즈의 실험으로 얻은 Reynolds수에 의해서 구별할 수 있는 흐름은? [산업 20]

① 층류와 난류　　　② 정류와 부정류
③ 상류와 사류　　　④ 등류와 부등류

해설 ㉮ $R_e \leq 2,000$이면 층류이다.
㉯ $2,000 < R_e < 4,000$이면 층류와 난류가 공존한다(천이영역).
㉰ $R_e \geq 4,000$이면 난류이다.

103. 유량 3l/s의 물이 원형관 내에서 층류상태로 흐르고 있다. 이때 만족되어야 할 관경(D)의 조건으로서 옳은 것은? (단, 층류의 한계레이놀즈수 $R_e = 2,000$, 물의 동점성계수 $\nu = 1.15 \times 10^{-2}\text{cm}^2/\text{s}$이다.) [기사 07]

① $D \geq 83.3\text{cm}$　　② $D < 80.3\text{cm}$
③ $D \geq 166.1\text{cm}$　　④ $D < 160.1\text{cm}$

해설 ㉮ $V = \dfrac{Q}{A} = \dfrac{3,000}{\dfrac{\pi D^2}{4}} = \dfrac{3,820}{D^2}$

㉯ $R_e = \dfrac{VD}{\nu} = \dfrac{\dfrac{3,820}{D^2} \times D}{1.15 \times 10^{-2}} = \dfrac{332,174}{D} \leq 2,000$

$\therefore D \geq 166.1\text{cm}$

104. 관수로에 물이 흐를 때 층류가 되는 레이놀즈수(R_e, Reynolds Number)의 범위는? [기사 19]

① $R_e < 2,000$　　　② $2,000 < R_e < 3,000$
③ $3,000 < R_e < 4,000$　　④ $R_e > 4,000$

105. 다음 가정 중 방정식 $\sum F_x = \rho Q(v_2 - v_1)$에서 성립되는 가정으로 옳은 것은? [기사 15]

가. 유속은 단면 내에서 일정하다.
나. 흐름은 정류(定流)이다.
다. 흐름은 등류(等流)이다.
라. 유체는 압축성이며 비점성 유체이다.

① 가, 나　　　　　② 가, 라
③ 나, 라　　　　　④ 다, 라

해설 유속분포가 균일하고 흐름은 정류이다.

106. 다음 식과 같이 표현되는 것은? [산업 18]

$$(\textstyle\sum F)dt = m(V_2 - V_1)$$

① 역적－운동량방정식   ② Bernoulli방정식
③ 연속방정식   ④ 공선조건식

해설 역적－운동량방정식 : $Fdt = m(V_2 - V_1)$

107. Δt시간 동안 질량 m인 물체에 속도변화 Δv가 발생할 때 이 물체에 작용하는 외력 F는? [기사 18]

① $\dfrac{m\Delta t}{\Delta v}$ ② $m\Delta v\Delta t$

③ $\dfrac{m\Delta v}{\Delta t}$ ④ $m\Delta t$

해설 $F = ma = m\dfrac{V_2 - V_1}{\Delta t}$

108. 다음 그림과 같이 여수로(餘水路) 위로 단위폭당 유량 $Q = 3.27\text{m}^3/\text{s}$가 월류할 때 ① 단면의 유속 $V_1 = 2.04\text{m/s}$, ② 단면의 유속 $V_2 = 4.67\text{m/s}$라면 댐에 가해지는 수평성분의 힘은? (단, 무게 1kg ＝10N이고 이상유체로 가정한다.) [기사 12]

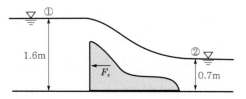

① 1,570N/m(157kg/m)
② 2,450N/m(245kg/m)
③ 6,470N/m(647kg/m)
④ 12,800N/m(1,280kg/m)

해설 ㉮ $P_1 = wh_{G1}A_1 = 1\times\dfrac{1.6}{2}\times(1.6\times1) = 1.28\text{t}$

㉯ $P_2 = wh_{G2}A_2 = 1\times\dfrac{0.7}{2}\times(0.7\times1) = 0.245\text{t}$

㉰ $P_1 - P_2 - F_x = \dfrac{wQ}{g}(V_2 - V_1)$

$1.28 - 0.245 - F_x = \dfrac{1\times3.27}{9.8}\times(4.67 - 2.04)$

$\therefore F_x = 0.157\text{t} = 157\text{kg} = 157\times10 = 1,570\text{N}$

109. 단위시간에 있어서 속도변화가 V_1에서 V_2로 되며, 이때 질량 m인 유체의 밀도를 ρ라 할 때 운동량방정식은? (단, Q : 유량, ω : 유체의 단위중량, g : 중력가속도) [산업 20]

① $F = \dfrac{\omega Q}{\rho}(V_2 - V_1)$ ② $F = \omega Q(V_2 - V_1)$

③ $F = \dfrac{Qg}{\omega}(V_2 - V_1)$ ④ $F = \dfrac{\omega}{g}Q(V_2 - V_1)$

110. 다음 그림과 같이 단면의 변화가 있는 단면에서 힘(F)를 구하는 운동량방정식으로 옳은 표현은? (단, P : 압력, A : 단면적, Q : 유량, V : 속도, g : 중력가속도, r : 단위중량, ρ : 밀도) [기사 05]

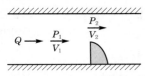

① $P_1A_1 + P_2A_2 - F = PQ(V_2 - V_1)$
② $P_1A_1 - P_2A_2 - F = gQ(V_2 - V_1)$
③ $P_1A_1 - P_2A_2 - F = rQ(V_1 - V_2)$
④ $P_1A_1 - P_2A_2 - F = \rho Q(V_2 - V_1)$

111. 다음 그림에서 수문단위폭당 작용하는 F를 구하는 운동량방정식으로 옳은 것은? (단, 바닥마찰은 무시하며, w는 물의 단위중량, ρ는 물의 밀도, Q는 단위폭당 유량이다.) [산업 09, 18]

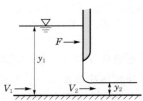

① $\dfrac{wy_1^2}{2} - \dfrac{wy_2^2}{2} - F = \rho Q(V_2^2 - V_1^2)$

② $\dfrac{wy_1^2}{2} - \dfrac{wy_2^2}{2} - F = \rho Q(V_2 - V_1)$

③ $\dfrac{y_1^2}{2} - \dfrac{y_2^2}{2} - F = \rho Q(V_1 - V_2)$

④ $\dfrac{y_1^2}{2} - \dfrac{y_2^2}{2} - F = \rho Q(V_2^2 - V_1^2)$

해설 $P_1 - P_2 - F = \dfrac{wQ(V_2 - V_1)}{g}$

$w \times \dfrac{y_1}{2} \times (y_1 \times 1) - w \times \dfrac{y_2}{2} \times (y_2 \times 1) - F$

$= \dfrac{wQ(V_2 - V_1)}{g}$

$\therefore \dfrac{wy_1{}^2}{2} - \dfrac{wy_2{}^2}{2} - F = \rho Q(V_2 - V_1)$

112. 에너지방정식과 운동량방정식에 관한 설명으로 옳은 것은? [기사 03]

① 두 방정식은 모두 속도항을 포함한 벡터로 표시된다.

② 에너지방정식은 내부손실항을 포함하지 않는다.

③ 운동량방정식은 외부저항력을 포함한다.

④ 내부에너지손실이 큰 경우에 운동량방정식은 적용될 수 없다.

해설 ㉮ 운동량방정식에서 F, V는 벡터량이다.

㉯ 에너지방정식은 두 단면 사이에 있어서 외부와 에너지의 교환이 없다고 가정한 것이다. 두 단면 사이에 수차, 펌프 등이 있거나 마찰력이 있는 경우에 대해서는 이들의 에너지변화에 대해서 보정을 해야 한다.

㉰ 운동량방정식은 유체가 가지는 운동량의 시간에 따른 변화율이 외력의 합과 같다는 것으로 외부저항력을 포함한다. 따라서 운동량방정식의 적용을 위해서는 유동장 내부에서 일어나는 복잡한 현상에 대해서는 전혀 알 필요가 없고, 다만 통제용적(control volume)의 입구 및 출구에서의 조건만 알면 된다.

113. 원형 단면의 수맥이 다음 그림과 같이 곡면을 따라 유량 $0.018\text{m}^3/\text{s}$가 흐를 때 x방향의 분력은? (단, 관내의 유속은 9.8m/s, 마찰은 무시한다.) [기사 16]

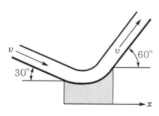

① −18.25N
② 37.83N
③ −64.56N
④ 17.64N

해설 $P_x = \dfrac{wQ}{g}(V_{1x} - V_{2x})$

$= \dfrac{1 \times 0.018}{9.8} \times (9.8\cos 60^\circ - 9.8\cos 30^\circ)$

$= -6.59 \times 10^{-3}\text{t} = -64.57\text{N}$

114. 지름 4cm인 원형 단면의 수맥(水脈)이 다음 그림과 같이 구부러질 때 곡면을 지지하는 데 필요한 힘 P_x와 P_y는? (단, 수맥의 속도는 15m/s이고, 마찰은 무시한다.) [기사 04, 10]

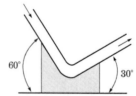

① $P_x = 0.01055\text{t}$, $P_y = 0.03939\text{t}$
② $P_x = 0.01055\text{t}$, $P_y = 0.01055\text{t}$
③ $P_x = 0.01055\text{t}$, $P_y = 0.02055\text{t}$
④ $P_x = 0.1055\text{t}$, $P_y = 0.3939\text{t}$

해설 ㉮ $Q = AV$

$= \dfrac{\pi \times 0.04^2}{4} \times 15 = 0.019\text{m}^3/\text{s}$

㉯ $P_x = \dfrac{wQ}{g}(V_1 - V_2)$

$= \dfrac{wQ}{g}(V_1\cos 60^\circ - V_2\cos 30^\circ)$

$= \dfrac{1 \times 0.019}{9.8} \times (15\cos 60^\circ - 15\cos 30^\circ)$

$= -0.0106\text{t}$

㉰ $P_y = \dfrac{wQ}{g}(V_2 - V_1)$

$= \dfrac{wQ}{g}(V_2\sin 30^\circ - (-V_1\sin 60^\circ))$

$= \dfrac{1 \times 0.019}{9.8} \times (15\sin 30^\circ + 15\sin 60^\circ)$

$= 0.0397\text{t}$

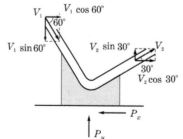

⊃ 정답 112. ③ 113. ③ 114. ①

115. 다음 그림과 같이 1/4원의 벽면에 접하여 유량 $Q=0.05\text{m}^3/\text{s}$이 면적 200cm^2로 일정한 단면을 따라 흐를 때 벽면에 작용하는 힘은? (단, 무게 $1\text{kg}=9.8\text{N}$)

[산업 18]

① 117.6N
② 176.4N
③ 1,176N
④ 1,764N

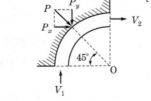

해설 ㉮ $P_x = \dfrac{wQ}{g}(V_2 - V_1)$

$\quad = \dfrac{1\times 0.05}{9.8}\times\left(\dfrac{0.05}{200\times 10^{-4}}-0\right)=0.013\text{t}$

㉯ $P_y = \dfrac{wQ}{g}(V_1 - V_2)$

$\quad = \dfrac{1\times 0.05}{9.8}\times\left(\dfrac{0.05}{200\times 10^{-4}}-0\right)=0.013\text{t}$

㉰ $P = \sqrt{P_x{}^2 + P_y{}^2} = \sqrt{0.013^2 + 0.013^2}$

$\quad = 0.018\text{t} = 0.018\times(9.8\times 1,000) = 176.4\text{N}$

116. 다음 그림과 같이 단면적이 200cm^2인 90° 굽어진 관(1/4원의 형태)을 따라 유량 $Q=0.05\text{m}^3/\text{s}$의 물이 흐르고 있다. 이 굽어진 면에 작용하는 힘(P)은? [산업 16, 19]

① 157N
② 177N
③ 1,570N
④ 1,770N

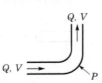

해설 ㉮ $Q = AV$

$\quad 0.05 = 200\times 10^{-4}\times V$

$\quad \therefore V = 2.5\text{m/s}$

㉯ $P_x = \dfrac{wQ}{g}(V_1 - V_2) = \dfrac{1\times 0.05}{9.8}\times(2.5-0)$

$\quad = 0.01276\text{t} = 12.76\text{kg}$

㉰ $P_y = \dfrac{wQ}{g}(V_2 - V_1) = \dfrac{1\times 0.05}{9.8}\times(2.5-0)$

$\quad = 0.01276\text{t} = 12.76\text{kg}$

㉱ $P = \sqrt{P_x{}^2 + P_y{}^2} = \sqrt{12.76^2 + 12.76^2}$

$\quad = 18.05\text{kg} = 176.84\text{N}$

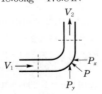

117. 절대속도 $u\,[\text{m/s}]$로 움직이고 있는 판에 같은 방향으로부터 절대속도 $V\,[\text{m/s}]$의 분류가 흐를 때 판에 충돌하는 힘을 계산하는 식으로 옳은 것은? (단, w_0는 물의 단위중량, A는 통수 단면적이다.) [산업 11, 15]

① $F = \dfrac{w_0}{g}A(V-u)^2$ ② $F = \dfrac{w_0}{g}A(V+u)^2$

③ $F = \dfrac{w_0}{g}A(V-u)$ ④ $F = \dfrac{w_0}{g}A(V+u)$

해설 ㉮ $Q = AV = A(V-u)$

㉯ $F = \dfrac{w_0 Q}{g}(V_1 - V_2)$

$\quad = \dfrac{w_0 A(V-u)}{g}((V-u)-0)$

$\quad = \dfrac{w_0}{g}A(V-u)^2$

118. 다음 그림에서 판 AB에 가해지는 힘 F는? (단, ρ는 밀도) [산업 12, 17]

① $Q\dfrac{V_1{}^2}{2g}$

② ρQV_1

③ $\rho QV_1{}^2$

④ ρQV_2

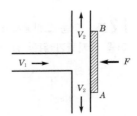

해설 $F = \dfrac{wQ}{g}(V_1 - V_2) = \dfrac{wQ}{g}(V_1 - 0) = \rho QV_1$

119. 다음 그림과 같이 직경 8cm인 분류가 35m/s의 속도로 vane에 부딪친 후 최초의 흐름방향에서 150° 수평방향 변화를 하였다. vane이 최초의 흐름방향으로 10m/s의 속도로 이동하고 있을 때 vane에 작용하는 힘의 크기는? (단, 무게 $1\text{kg}=9.8\text{N}$) [산업 15, 18]

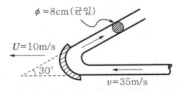

① 3.6kN
② 5.4kN
③ 6.1kN
④ 8.5kN

・해설 ㉮ 상대속도가 $35-10=25\text{m/s}$이므로

$$Q=AV=\frac{\pi\times0.08^2}{4}\times25=0.126\text{m}^3/\text{s}$$

㉯ $P_x=\dfrac{wQ}{g}(V_{2x}-V_{1x})=\dfrac{wQ}{g}(V_2\cos30°-V_1)$

$=\dfrac{1\times0.126}{9.8}\times(25\cos30°-(-25))$

$=0.6\text{t}$

㉰ $P_y=\dfrac{wQ}{g}(V_{2y}-V_{1y})=\dfrac{wQ}{g}(V_2\sin30°-0)$

$=\dfrac{1\times0.126}{9.8}\times(25\sin30°-0)=0.161\text{t}$

㉱ $P=\sqrt{P_x{}^2+P_y{}^2}=\sqrt{0.6^2+0.161^2}$

$=0.62\text{t}=0.62\times9.8=6.08\text{kN}$

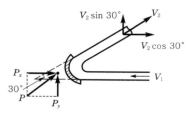

126. 다음 그림에서 cone valve를 완전히 열었을 때
이를 유지하기 위한 힘 F는? [기사 00, 11]

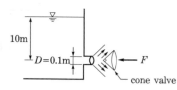

① 46.02kg 또는 451N ② 81.22kg 또는 769N
③ 157.14kg 또는 1,540N ④ 11.22kg 또는 110N

・해설 ㉮ $Q=AV=A\sqrt{2gh}$

$=\dfrac{\pi\times0.1^2}{4}\times\sqrt{2\times9.8\times10}=0.11\text{m}^3/\text{s}$

㉯ $P=P_x=\dfrac{wQ}{g}(V_1-V_2)=\dfrac{wQ}{g}(V-V\cos45°)$

$=\dfrac{1\times0.11}{9.8}\times(14-14\cos45°)$

$=0.04602\text{t}=46.02\text{kg}$

$=46.02\times9.8=451\text{N}$

121. 다음 그림과 같이 지름 5cm의 분류가 30m/s의
속도로 판에 수직으로 충돌하였을 때 판에 작용하는 힘
은? [산업 19]

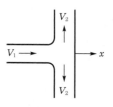

① 90N ② 180N
③ 720N ④ 1.81kN

・해설 ㉮ $Q=AV=\dfrac{\pi\times0.05^2}{4}\times30=0.06\text{m}^3/\text{s}$

㉯ $F=\dfrac{wQ}{g}(V_1-V_2)=\dfrac{1\times0.06}{9.8}\times(30-0)$

$=0.184\text{t}=1.8\text{kN}$

122. 연직판이 4m/s의 속도로 움직이고 있을 때 움직
임과 반대방향에서 유량 $Q=1.5\text{m}^3/\text{s}$, 유속 $V=2\text{m/s}$로
부딪치는 수맥에 의해 판이 받는 힘은? [기사 08]

① 1,224kg ② 918kg
③ 612kg ④ 306kg

・해설 $F=\dfrac{WQ}{g}(V_2-V_1)=\dfrac{1\times1.5}{9.8}\times(6-0)$

$=0.918\text{t}=918\text{kg}$

123. 다음 그림에서 배수구의 면적이 5cm²일 때 물통
에 작용하는 힘은? (단, 물의 높이는 유지되고, 손실은
무시한다.) [기사 17]

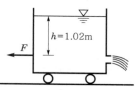

① 1N ② 10N
③ 100N ④ 102N

・해설 ㉮ $V=\sqrt{2gh}=\sqrt{2\times980\times102}=447.12\text{cm/s}$

㉯ $Q=aV=5\times447.12=2,235.6\text{cm}^3/\text{s}$

㉰ $F=\dfrac{wQ}{g}(V_2-V_1)=\dfrac{1\times2,235.6}{980}\times(447.12-0)$

$=1,019.98\text{g}=1.02\text{kg}=10\text{N}$

124. 에너지보정계수(α)와 운동량보정계수(β)에 대한 설명으로 옳지 않은 것은? [기사 12, 산업 12]

① α는 속도수두를 보정하기 위한 무차원 상수이다.
② β는 운동량을 보정하기 위한 무차원 상수이다.
③ 실제 유체흐름에서는 $\beta > \alpha > 1$이다.
④ 이상유체에서는 $\alpha = \beta = 1$이다.

해설 이상유체의 흐름에서는 $\alpha = \eta = 1$이지만, 실제 유체에서는 $\alpha > \eta > 1$이다.

125. 경계층에 관한 사항 중 틀린 것은? [기사 04, 12]

① 전단저항은 경계층 내에서 발생한다.
② 경계층 내에서는 층류가 존재할 수 없다.
③ 이상유체일 경우는 경계층이 존재하지 않는다.
④ 경계층에서는 레이놀즈(Reynolds)응력이 존재한다.

해설 ㉮ 경계면에서 유체입자의 속도는 0이 되고, 경계면으로부터 거리가 멀어질수록 유속은 증가한다. 그러나 경계면으로부터의 거리가 일정한 거리만큼 떨어진 다음부터는 유속이 일정하게 된다. 이러한 영역을 유체의 경계층이라 한다.
㉯ 경계층 내의 흐름은 층류일 수도 있고 난류일 수도 있다.
㉰ 층류 및 난류경계층을 구분하는 일반적인 기준은 특성레이놀즈수이다.
$$R_x = \frac{V_o x}{\nu}$$
(한계Reynolds수는 약 500,000이다.)
여기서, x : 평판 선단으로부터의 거리

126. 유체의 흐름이 원관 내에서 층류일 때 에너지보정계수(α)와 운동량보정계수(η)가 옳게 된 것은? [산업 07]

① $\alpha = 2$, $\eta = 1.02$
② $\alpha = 2$, $\eta = \frac{4}{3}$
③ $\alpha = 1.1$, $\eta = \frac{4}{3}$
④ $\alpha = 1.1$, $\eta = 1.0$

해설 원형관 속의 층류에서는 $\alpha = 2$, $\eta = \frac{4}{3}$이다.

127. 에너지보정계수(α)에 관한 설명으로 옳은 것은? (단, A : 흐름 단면적, dA : 미소유관의 흐름 단면적, v : 미소유관의 유속, V : 평균유속) [기사 12, 산업 09, 12]

① α는 속도수두의 단위를 갖는다.
② α는 운동량방정식에서 운동량을 보정해준다.
③ $\alpha = \frac{1}{A} \int_A \left(\frac{v}{V}\right)^2 dA$이다.
④ $\alpha = \frac{1}{A} \int_A \left(\frac{v}{V}\right)^3 dA$이다.

해설 에너지보정계수
㉮ $\alpha = \int_A \left(\frac{v}{V}\right)^3 \frac{dA}{A}$
㉯ α는 이상유체에서의 속도수두$\left(\frac{V^2}{2g}\right)$를 보정하기 위한 무차원의 상수이다.

128. 흐르는 유체 속에 물체가 있을 때 물체가 유체로부터 받는 힘은? [기사 11, 16, 20]

① 장력(張力)
② 충력(衝力)
③ 항력(抗力)
④ 소류력(掃流力)

해설 유체 속을 물체가 움직일 때 또는 흐르는 유체 속에 물체가 잠겨있을 때는 유체에 의해 물체가 어떤 힘을 받는다. 이 힘을 항력(drag) 또는 저항력이라 한다.

129. 구형 물체(球形物體)에 대하여 Stoke's의 법칙이 적용되는 범위에서 항력계수 C_D는? [기사 04, 07, 09, 12]

① $C_D = R_e^{-1}$
② $C_D = 4R_e$
③ $C_D = 24/R_e$
④ $C_D = 64/R_e$

해설 레이놀즈수가 근사적으로 1보다 작은 범위일 때 물체의 저항은 순전히 점성 때문에 생기는 것이므로 Stoke's의 법칙으로 표시할 수 있다. 지름이 d인 구형 물체에 대하여 Stoke's의 법칙과 유체의 전저항력(D)을 정리하여 비교하면 $C_D = \frac{24}{R_e}$이다.
$$D = C_D A \frac{1}{2} \rho V^2$$

130. 유체가 흐를 때 Reynolds number가 커지면 물체의 후면에 후류(wake)라는 소용돌이가 생긴다. 이 때 압력이 저하되어 물체를 흐름방향과 반대방향으로 잡아당기는 저항은? [기사 00, 08]

① 마찰저항 ② 형상저항
③ 부유저항 ④ 조파저항

• 해설 ▷ R_e 수가 클 때 물체의 후면에는 후류라 하는 소용돌이가 생긴다. 이 후류 속에서는 압력이 저하되고 물체를 흐름방향으로 잡아당기게 된다. 이러한 저항을 형상저항(압력저항)이라 한다.

131. 에너지보정계수(α)와 운동량보정계수(η)로 옳은 것은? (단, V_m은 평균유속, V는 실제 유속임) [기사 02]

① $\alpha = \dfrac{1}{A}\displaystyle\int_A \left(\dfrac{V}{V_m}\right) dA$, $\eta = \dfrac{1}{A}\displaystyle\int_A \left(\dfrac{V}{V_m}\right)^4 dA$

② $\alpha = \dfrac{1}{A}\displaystyle\int_A \left(\dfrac{V}{V_m}\right)^2 dA$, $\eta = \dfrac{1}{A}\displaystyle\int_A \left(\dfrac{V}{V_m}\right)^3 dA$

③ $\alpha = \dfrac{1}{A}\displaystyle\int_A \left(\dfrac{V}{V_m}\right)^3 dA$, $\eta = \dfrac{1}{A}\displaystyle\int_A \left(\dfrac{V}{V_m}\right)^2 dA$

④ $\alpha = \dfrac{1}{A}\displaystyle\int_A \left(\dfrac{V}{V_m}\right)^4 dA$, $\eta = \dfrac{1}{A}\displaystyle\int_A \left(\dfrac{V}{V_m}\right) dA$

132. 밀도가 ρ인 유체가 일정한 유속 V_0로 수평방향으로 흐르고 있다. 이 유체 속의 직경 d, 길이 l인 원주가 흐름방향에 직각으로 중심축을 가지고 수평으로 놓였을 때 원주에 작용되는 항력(抗力)을 구하는 공식은? (단, C_D는 항력계수이다.) [기사 12, 15, 17, 19]

① $C_D \dfrac{\pi d^2}{4} \dfrac{\rho V_0^{\,2}}{2}$

② $C_D\, dl\, \dfrac{\rho V_0^{\,2}}{2}$

③ $C_D \dfrac{\pi d^2}{4} l\, \dfrac{\rho V_0^{\,2}}{2}$

④ $C_D \pi\, dl\, \dfrac{\rho V_0^{\,2}}{2}$

• 해설 ▷ $D = C_D A \dfrac{1}{2}\rho V^2 = C_D\, dl\, \dfrac{1}{2}\rho V^2$

133. 지름 D의 구(球)가 밀도 ρ의 유체 속을 유속 V로서 침강할 때 구(球)의 항력(D)은? (단, C_D : 항력계수) [기사 10, 18]

① $D = C_D \pi d^2 \dfrac{V^2}{2g}$

② $D = \dfrac{1}{4} C_D \pi d^2 \rho V^2$

③ $D = \dfrac{1}{8} C_D \pi d^2 \rho V^2$

④ $D = \dfrac{1}{16} C_D \pi d^2 \rho V^2$

• 해설 ▷ $D = C_D A \dfrac{1}{2}\rho V^2$

$\quad = C_D \times \dfrac{\pi d^2}{4} \times \dfrac{1}{2}\rho V^2 = \dfrac{1}{8} C_D \pi d^2 \rho V^2$

134. 항력 $D = CA \dfrac{\rho V^2}{2}$에서 $\dfrac{\rho V^2}{2}$ 항이 의미하는 것은? [기사 10]

① 속도 ② 길이
③ 질량 ④ 동압력

• 해설 ▷ ㉮ 정압력 $= wh$

㉯ 동압력 $= \dfrac{\rho V^2}{2}$

135. 하천의 임의 단면에 교량을 설치하고자 한다. 원통형 교각 상류(전면)에 2m/s의 유속으로 물이 흘러간다면 교각에 가해지는 항력은? (단, 수심은 4m, 교각의 직경은 2m, 항력계수는 1.5이다.) [기사 16]

① 16kN ② 24kN
③ 43kN ④ 62kN

• 해설 ▷ $D = C_D A \dfrac{1}{2}\rho V^2$

$\quad = 1.5 \times (4 \times 2) \times \dfrac{1}{2} \times \dfrac{1}{9.8} \times 2^2$

$\quad = 2.45\text{t} = 2.45 \times 9.8 = 24.01\text{kN}$

136. 정지유체에 침강하는 물체가 받는 항력(drag force)의 크기와 관계가 없는 것은? [기사 18]

① 유체의 밀도 ② Froude수
③ 물체의 형상 ④ Reynolds수

• 해설 ▷ ㉮ $D = C_D A \dfrac{1}{2}\rho V^2$

㉯ C_D는 Reynolds수에 크게 지배되며 $R_e < 1$일 때 $C_D = \dfrac{24}{R_e}$이다.

chapter 4

오리피스

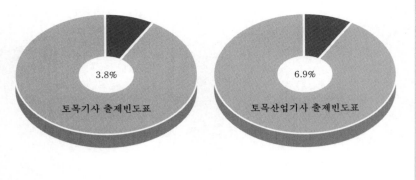

3.8%

토목기사 출제빈도표

6.9%

토목산업기사 출제빈도표

4 오리피스

01 오리피스

① 작은 오리피스와 큰 오리피스

(1) 작은 오리피스(small orifice)

수두 H와 오리피스의 지름 d에서 $H > 5d$이면 작은 오리피스이다.

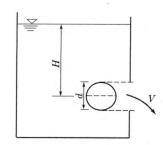

【그림 4-1】 작은 오리피스

① 이론유량

$$Q_o = aV_o = a\sqrt{2gh} \quad \cdots\cdots\cdots\cdots\cdots\cdots (4\cdot1)$$

② 실제 유량

$$Q = (C_a a)(C_v \sqrt{2gh}) = C_a C_v a\sqrt{2gh} = \boxed{Ca\sqrt{2gh}} \quad \cdots\cdots (4\cdot2)$$

접근유속 V_a를 고려했을 때의 유량

$$\boxed{Q = Ca\sqrt{2g(h+h_a)}} \quad \cdots\cdots\cdots\cdots\cdots\cdots (4\cdot3)$$

여기서, h_a : 접근유속수두 $\boxed{\left(= \alpha \dfrac{V_a^2}{2g}\right)}$

㉮ 수축계수(coefficient of contraction : C_a)

$$\boxed{C_a = \dfrac{a}{A}} \quad \cdots\cdots\cdots\cdots\cdots\cdots\cdots\cdots (4\cdot4)$$

여기서, A : orifice의 단면적

　　　　a : 수축 단면의 단면적

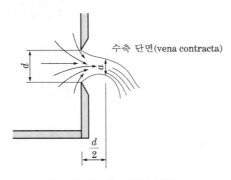

수축 단면(vena contracta)

▶ 수축 단면은 $\dfrac{d}{2}$ 인 점에서 측정한다.

【그림 4-2】 수축 단면

㉯ 유량계수(discharge coefficient ; C)

$$C = C_a C_v \quad \cdots\cdots\cdots\cdots\cdots\cdots\cdots\cdots\cdots\cdots\cdots\cdots\cdots \quad (4\cdot5)$$

▶ 실험에 의하면 $C_v = 0.95 \sim 0.99$이다.

(2) 직사각형 단면의 큰 오리피스

수두 H와 오리피스의 높이 d에서 $H < 5d$이면 큰 오리피스이다.

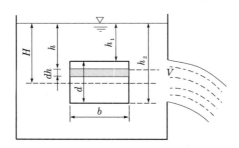

【그림 4-3】 사각형 큰 오리피스

$b \times dh$ 부분을 흐르는 유량을 dQ라 하면

$$dQ = C b \, dh \sqrt{2gh}$$

$$Q = \int_{h1}^{h2} dQ = \int_{h1}^{h2} C b \sqrt{2g} \, h^{\frac{1}{2}} dh$$

$$\therefore \quad Q = \frac{2}{3} C b \sqrt{2g} \left(h_2^{\frac{3}{2}} - h_1^{\frac{3}{2}} \right) \quad \cdots\cdots\cdots\cdots\cdots\cdots \quad (4\cdot6)$$

접근유속 V_a를 고려했을 때의 유량은

$$Q = \frac{2}{3} C b \sqrt{2g} \left[(h_2 + h_a)^{\frac{3}{2}} - (h_1 + h_a)^{\frac{3}{2}} \right] \cdots\cdots\cdots\cdots \quad (4\cdot7)$$

❷ 수중오리피스(submerged orifice)

(1) 완전 수중오리피스(completely submerged orifice)

유출수가 모두 수중으로 유출되는 것을 완전 수중오리피스라 한다.

◘ 수중오리피스
수조나 수로 등에서 수중으로 물이
유출되는 오리피스를 수중오리피스
라 한다.

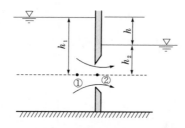

【그림 4-4】 완전 수중오리피스

그림의 ①, ②에 Bernoulli의 정리를 적용하면

$$\frac{V_a^2}{2g}+h_1 = \frac{V^2}{2g}+h_2$$

$$V = \sqrt{2g(h_1-h_2)+V_a^2} = \sqrt{2gh+V_a^2} = \sqrt{2g(h+h_a)}$$

$$Q = Ca\sqrt{2g(h+h_a)} \quad \cdots\cdots\cdots\cdots\cdots\cdots\cdots\cdots\cdots\cdots\cdots\cdots (4\cdot8)$$

접근유속 $V_a = 0$일 때는

$$Q = Ca\sqrt{2gh} \quad \cdots\cdots\cdots\cdots\cdots\cdots\cdots\cdots\cdots\cdots\cdots\cdots\cdots\cdots (4\cdot9)$$

(2) 불완전 수중오리피스(partially submerged orifice)

유출수의 일부가 수중으로 유출되는 것을 불완전 수중오리피스라 한다.

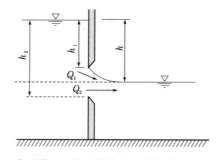

【그림 4-5】 불완전 수중오리피스

$$Q = Q_1 + Q_2$$

$$= \frac{2}{3} C_1 b \sqrt{2g} \left[(h+h_a)^{\frac{3}{2}} - (h_1 + h_a)^{\frac{3}{2}} \right]$$

$$+ C_2 b (h_2 - h) \sqrt{2g(h+h_a)} \quad \cdots\cdots\cdots\cdots\cdots (4\cdot10)$$

접근유속 $V_a = 0$일 때는

$$Q = \frac{2}{3} C_1 b \sqrt{2g} (h^{\frac{3}{2}} - h_1^{\frac{3}{2}}) + C_2 b (h_2 - h) \sqrt{2gh} \quad \cdots\cdots\cdots (4\cdot11)$$

02 오리피스의 배수시간

① 보통 오리피스의 배수시간

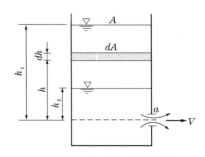

【그림 4-6】

dt시간의 유량을 dQ라 하면

$$dQ = Ca\sqrt{2gh}\, dt$$

수조에서는 $-Adh$의 수량이 줄었으므로

$$dQ = Ca\sqrt{2gh}\, dt = -Adh$$

$$\therefore dt = -\frac{Adh}{Ca\sqrt{2gh}}$$

$$T = -\int_{h1}^{h2} \frac{A}{Ca\sqrt{2gh}} dh = \int_{h2}^{h1} \frac{A}{Ca\sqrt{2g}} h^{-\frac{1}{2}} dh$$

$$\therefore T = \frac{2A}{Ca\sqrt{2g}} (h_1^{\frac{1}{2}} - h_2^{\frac{1}{2}}) \quad \cdots\cdots\cdots\cdots\cdots\cdots (4\cdot12)$$

② 수중오리피스의 배수시간

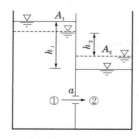

【그림 4-7】

$$T = \frac{2A_1A_2}{Ca\sqrt{2g}\,(A_1+A_2)}(h_1^{\frac{1}{2}} - h_2^{\frac{1}{2}}) \quad \cdots\cdots (4\cdot13)$$

03   수류의 계측

① 유속측정

(1) 피토관(pitot tube)

피토관은 구부러진 앞 끝을 수류의 방향으로 향하게 한 관이며 수면의 상승높이 h 를 측정하여 관수로의 점유속을 측정하는 장치이다.

(2) 유속계(current meter)

프로펠러, 컵(cup) 등이 붙어있는 회전차를 수류 속에서 회전시켜 그 회전수로 개수로의 점유속을 측정하는 장치이다.

(3) 염수법

관수로 또는 개수로의 평균유속, 공기가 혼합된 수류의 유속을 측정하는 장치이다.

▶ 관수로에서는 피토관을, 개수로에서는 유속계를 주로 사용한다.

▶ 유속계

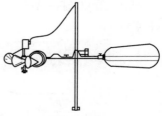

(a) 컵형 유속계

(b) 프로펠러형 유속계

【그림 4-8】

② 관수로에서의 유량측정

(1) 벤투리미터(venturi meter)

관수로 도중에 그림과 같이 단면 축소부(vena contracta)를 연결하여 유량을 측정하는 장치를 벤투리미터라 한다.

$$Q = C\frac{A_1 A_2}{\sqrt{A_1^2 - A_2^2}}\sqrt{2gh\left(\frac{w'-w}{w}\right)} \quad \cdots\cdots\cdots\cdots (4\cdot14)$$

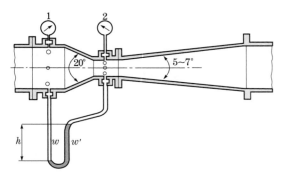

【그림 4-9】 벤투리미터

(2) 관오리피스(pipe orifice)

구멍이 뚫린 얇은 판을 넣어서 유량을 측정하는 장치를 관오리피스라 한다.

$$Q = CA_2\sqrt{2gh\left(\frac{w'-w}{w}\right)} \quad \cdots\cdots\cdots\cdots (4\cdot15)$$

관오리피스는 벤투리미터와 함께 관수로의 유량을 측정하는 데 가장 정확하고 많이 사용된다.

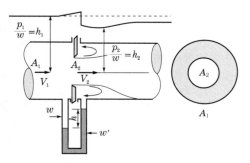

【그림 4-10】 관오리피스

(3) 관노즐(pipe nozzle)

단관을 넣어서 유량을 측정하는 장치를 **관노즐**이라 하며 유량은 관 오리피스의 유량을 구하는 공식에 의해 구한다.

▶ 관노즐은 확대원추부가 없는 벤투리미터와 유사하다.

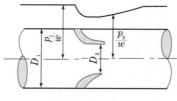

【그림 4-11】 관노즐

(4) 엘보미터(elbow meter)

90° 만곡관의 내측과 외측에 피에조미터구멍을 설치하여 시차액주계에 의해 압력수두차를 측정하여 유량을 측정하는 장치를 **엘보미터**라 한다.

▶ 엘보미터(곡관)를 이용하여 유량을 측정하면 에너지손실이 적고 특수한 장치가 필요 없으므로 경제적이나 정밀도가 낮다.

$$Q = CA\sqrt{2gh\left(\frac{w'-w}{w}\right)} \quad\cdots\cdots\cdots\cdots\cdots\cdots\cdots\cdots\cdots (4\cdot16)$$

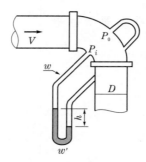

【그림 4-12】 엘보미터

❸ 개수로에서의 유량측정

(1) 직접측정법

실험실 수로의 경우 체적측정법, 중량측정법 등으로 유량을 측정하는 방법이다.

(2) 간접측정법

유량이 커지면 각종 위어나 계측수로 등의 시설을 사용하여 유량을 측정하는 방법이다.

① 위어 : 예연위어, 광정위어

② 계측수로 : venturi flume, parshall flume

04 단관과 노즐

① 단관(mouth-piece)

(1) 표준단관(standard short tube)

① 물통의 벽에 관을 붙여서 물을 유출시킬 때 관의 길이가 지름의 2~3배 정도의 유입단이 날카로운 각을 이루는 원관을 표준단관이라 한다.

② 표준단관에서 $C_a = 1$ 로 보며 $C = 0.78 \sim 0.83$이다. 보통 쓰는 평균치는 $C = 0.82$이다.

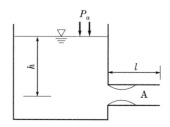

【그림 4-13】 표준단관

(2) 보르다의 단관(Borda's mouth-piece)

① 길이가 약 $\dfrac{d}{2}$ 인 원통형 관이 물통의 내부로 돌입한 것을 보르다의 단관이라 한다.

② 보통 $C_a = 0.52$, $C = 0.51$이다.

> ▶ 단관을 통해 흐르는 물은 입구에서 일단 수축하였다가 다시 관에 차서 흐르게 된다. 이 수축부를 **베나콘트랙터**(vena contracta)라 한다.

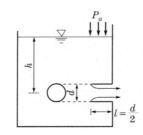

【그림 4-14】 보르다의 단관

❷ 노즐(nozzle)

(1) 사출수량

➡ 호스 선단에 붙여서 물을 멀리 사출
할 수 있도록 한 점축소관을 노즐이
라 하며 사출된 물을 jet라 한다.

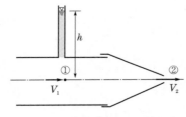

【그림 4-15】 노즐

그림의 ①과 ②에 Bernoulli정리를 취하면

$$\frac{V_1^2}{2g}+h+0=\frac{V_2^2}{2g}+0+0$$

$$\therefore V_2=\sqrt{2g\left(\frac{V_1^2}{2g}+h\right)} \quad\cdots\cdots\cdots\cdots\cdots\cdots\cdots\cdots\cdots ⑤$$

호스의 단면적을 A, 노즐의 선단 단면적을 a라 하면

$$Q=AV_1=CaV_2 \quad\cdots\cdots\cdots\cdots\cdots\cdots\cdots\cdots\cdots ⓛ$$

식 ⓛ을 식 ⑤에 대입하여 정리하면

$$V_2=\sqrt{\frac{2gh}{1-\left(\dfrac{Ca}{A}\right)^2}}$$

① 실제 유속

$$V_2=C_v\sqrt{\frac{2gh}{1-\left(\dfrac{Ca}{A}\right)^2}} \quad\cdots\cdots\cdots\cdots\cdots\cdots (4\cdot17)$$

② 실제 유량

$$Q = Ca \sqrt{\dfrac{2gh}{1 - \left(\dfrac{Ca}{A}\right)^2}}$$ ························· (4·18)

(2) 노즐로부터 사출되는 jet의 경로

jet의 유속을 V, 수평면과의 경사각을 θ라 하면

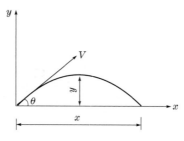

【그림 4-16】 jet의 경로

① 연직높이

$$y = \dfrac{V^2}{2g} \sin^2\theta$$ ·························· (4·19)

최대 연직높이는 $\theta = 90°$일 때이므로 $y_{max} = \dfrac{V^2}{2g}$

② 수평거리

$$x = \dfrac{V^2}{g} \sin 2\theta$$ ·························· (4·20)

최대 수평거리는 $\theta = 45°(\because 2\theta = 90°)$일 때이므로 $x_{max} = \dfrac{V^2}{g}$

▶ 최대 수평거리는 최대 연직높이의 2배이다.

예상 및 기출문제

1. 오리피스에서 수축계수(C_a)가 0.64, 유속계수(C_v)가 0.98일 때 유량계수(C)는? [산업 09, 19]

① 0.63   ② 0.65

③ 0.98   ④ 1.53

해설 $C = C_a C_v = 0.64 \times 0.98 = 0.63$

2. 오리피스의 표준단관에서 유속계수가 0.78이었다면 유량계수는? [기사 12, 산업 10]

① 0.66   ② 0.70

③ 0.74   ④ 0.78

해설 표준단관에서 $C_a = 1$이므로
∴ $C = C_a C_v = 1 \times 0.78 = 0.78$

3. 오리피스에서 수축계수의 정의와 그 크기로 옳은 것은? (단, a_o : 수축 단면적, a : 오리피스 단면적, V_o : 수축 단면의 유속, V : 이론유속) [기사 19]

① $C_a = \dfrac{a_o}{a}$, $1.0 \sim 1.1$ ② $C_a = \dfrac{V_o}{V}$, $1.0 \sim 1.1$

③ $C_a = \dfrac{a_o}{a}$, $0.6 \sim 0.7$ ④ $C_a = \dfrac{V_o}{V}$, $0.6 \sim 0.7$

해설 수축계수 $C_a = \dfrac{a_o}{a}$이고 $C_a = 0.61 \sim 0.72$이다.

4. 오리피스(orifice)의 이론과 가장 관계가 먼 것은? [기사 07, 15]

① 토리첼리(Torricelli) 정리
② 베르누이(Bernoulli) 정리
③ 베나콘트랙터(Vena Contracta)
④ 모세관현상의 원리

5. 연직오리피스에서 일반적인 유량계수 C의 값은? [기사 16]

① 대략 1.00 전후이다.   ② 대략 0.80 전후이다.
③ 대략 0.60 전후이다.   ④ 대략 0.40 전후이다.

해설 $C = 0.6 \sim 0.64$ 정도이다.

6. 오리피스(orifice)의 이론유속 $V = \sqrt{2gh}$ 는 어느 이론으로부터 유도되는 특수한 경우인가? (단, V : 유속, g : 중력가속도, h : 수두차) [기사 06, 18]

① 베르누이(Bernoulli)의 정리
② 레이놀즈(Reynolds)의 정리
③ 벤투리(Venturi)의 이론식
④ 운동량방정식이론

7. 오리피스에서의 실제 유속을 구하기 위한 에너지손실은 어떻게 고려할 수 있는가? [산업 08, 18]

① 이론유속에 유속계수를 곱한다.
② 이론유속에 유량계수를 곱한다.
③ 이론유속에 수축계수를 곱한다.
④ 이론유속에 모형계수를 곱한다.

해설 실제 유속＝유속계수×이론유속
$V = C_v \sqrt{2gh}$

8. 오리피스에서 유출되는 실제 유량은 $Q = C_a C_v A V$로 표현한다. 이때 수축계수 C_a는? (단, A_o는 수맥의 최소 단면적, A는 오리피스의 단면적, V는 실제 유속, V_o는 이론유속) [산업 05, 15, 17]

① $C_a = \dfrac{A_o}{A}$ ② $C_a = \dfrac{V_o}{V}$

③ $C_a = \dfrac{A}{A_o}$ ④ $C_a = \dfrac{V}{V_o}$

9. 수축 단면에 대한 설명 중 옳은 것은? [산업 08, 16, 20]

① 상류에서 사류로 변화할 때 발생한다.
② 수축 단면에서의 유속을 오리피스의 평균유속이라 한다.
③ 사류에서 상류로 변화할 때 발생한다.
④ 오리피스의 유출수맥에서 발생한다.

해설 오리피스의 유출수맥 중에서 최소로 축소된 단면을 수축 단면이라 한다.

10. 다음 그림과 같이 $D=2$cm의 지름을 가진 오리피스로부터의 분류(jet)의 수축 단면(Vena−Contracta)에서 지름이 1.6cm로 줄었을 때 수축계수와 수축 단면의 거리 l은?

[산업 11]

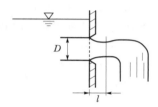

① 수축계수(C_a)=1.25, l=0.8cm

② 수축계수(C_a)=0.64, l=1cm

③ 수축계수(C_a)=0.64, l=0.8cm

④ 수축계수(C_a)=1.25, l=1cm

해설 ㉮ $C_a = \dfrac{a}{A} = \dfrac{\dfrac{\pi \times 1.6^2}{4}}{\dfrac{\pi \times 2^2}{4}} = 0.64$

㉯ $l = \dfrac{D}{2} = \dfrac{2}{2} = 1$cm

11. 오리피스에서 지름이 1cm, 수축 단면(vena contracta)의 지름이 0.8cm이고 유속계수(C_v)가 0.9일 때 유량계수(C)는?

[산업 17]

① 0.584　　　　　　② 0.720

③ 0.576　　　　　　④ 0.812

해설 ㉮ $C_a = \dfrac{a}{A} = \dfrac{\dfrac{\pi \times 0.8^2}{4}}{\dfrac{\pi \times 1^2}{4}} = 0.64$

㉯ $C = C_a C_v = 0.64 \times 0.9 = 0.576$

12. 수조에서 수면으로부터 2m의 깊이에 있는 오리피스의 이론유속은?

[기사 20]

① 5.26m/s　　　　② 6.26m/s

③ 7.26m/s　　　　④ 8.26m/s

해설 $V = \sqrt{2gh} = \sqrt{2 \times 9.8 \times 2} = 6.26$m/s

13. 수조의 수면에서 2m 아래 지점에 지름 10cm의 오리피스를 통하여 유출되는 유량은? (단, 유량계수 $C=0.6$)

[기사 19]

① 0.0152m³/s　　② 0.0068m³/s

③ 0.0295m³/s　　④ 0.0094m³/s

해설 $Q = Ca\sqrt{2gH}$

$= 0.6 \times \dfrac{\pi \times 0.1^2}{4} \times \sqrt{2 \times 9.8 \times 2} = 0.0295$m³/s

14. 저수지의 측벽에 폭 20cm, 높이 5cm의 직사각형 오리피스를 설치하여 유량 200l/s를 유출시키려고 할 때 수면으로부터의 오리피스 설치위치는? (단, 유량계수 $C=0.62$)

[기사 17]

① 33m　　　　　　② 43m

③ 53m　　　　　　④ 63m

해설 $Q = Ca\sqrt{2gh}$

$0.2 = 0.62 \times (0.2 \times 0.05) \times \sqrt{2 \times 9.8 \times h}$

∴ $h = 53.1$m

15. 단면적 20cm²인 원형 오리피스(orifice)가 수면에서 3m의 깊이에 있을 때 유출수의 유량은? (단, 유량계수는 0.6이라 한다.)

[기사 17]

① 0.0014m³/s　　② 0.0092m³/s

③ 0.0119m³/s　　④ 0.1524m³/s

해설 $Q = Ca\sqrt{2gh}$

$= 0.6 \times (20 \times 10^{-4}) \times \sqrt{2 \times 9.8 \times 3} = 0.0092$m³/s

16. 오리피스(orifice)의 압력수두가 2m이고 단면적이 4cm², 접근유속은 1m/s일 때 유출량은? (단, 유량계수 $C=0.63$이다.)

[기사 20]

① 1,558cm³/s　　② 1,578cm³/s

③ 1,598cm³/s　　④ 1,618cm³/s

해설 ㉮ $h_a = \dfrac{V_a^2}{2g} = \dfrac{100^2}{2 \times 980} = 5.1$cm

㉯ $Q = Ca\sqrt{2g(H+h_a)}$

$= 0.63 \times 4 \times \sqrt{2 \times 980 \times (200 + 5.1)}$

$= 1,598$cm³/s

17. 다음 그림과 같이 기하학적으로 유사한 대·소(大小)원형 오리피스의 비가 $n = \dfrac{D}{d} = \dfrac{H}{h}$인 경우에 두 오리피스의 유속, 축류 단면, 유량의 비로 옳은 것은? (단, 유속계수 C_v, 수축계수 C_a는 대·소오리피스가 같다.)　　　　　[기사 15]

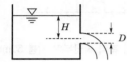
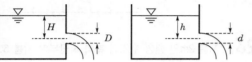

① 유속의 비=n^2, 축류 단면의 비=$n^{\frac{1}{2}}$, 유량의 비=$n^{\frac{2}{3}}$

② 유속의 비=$n^{\frac{1}{2}}$, 축류 단면의 비=n^2, 유량의 비=$n^{\frac{5}{2}}$

③ 유속의 비=$n^{\frac{1}{2}}$, 축류 단면의 비=$n^{\frac{1}{2}}$, 유량의 비=$n^{\frac{5}{2}}$

④ 유속의 비=n^2, 축류 단면의 비=$n^{\frac{1}{2}}$, 유량의 비=$n^{\frac{5}{2}}$

· 해설 ㉮ $V = \sqrt{2gh}$ 이므로

$$\therefore \ 속도비 = \left(\frac{H}{h}\right)^{\frac{1}{2}} = n^{\frac{1}{2}}$$

㉯ $A = \dfrac{\pi d^2}{4}$ 이므로

$$\therefore \ 축류 \ 단면의비 = \left(\frac{D}{d}\right)^2 = n^2$$

㉰ $Q = Ca\sqrt{2gh} = C\dfrac{\pi d^2}{4}\sqrt{2gh}$ 이므로

$$\therefore \ 유량비 = \left(\frac{D}{d}\right)^2\left(\frac{H}{h}\right)^{\frac{1}{2}} = n^2 \times n^{\frac{1}{2}} = n^{\frac{5}{2}}$$

18. 수심 H에 위치한 작은 오리피스(orifice)에서 물이 분출할 때 일어나는 손실수두(Δh)의 계산식으로 틀린 것은? (단, V_a는 오리피스에서 측정된 유속이며, C_v는 유속계수이다.)　　　　[기사 08, 17]

① $\Delta h = H - \dfrac{V_a^2}{2g}$ 　　② $\Delta h = H(1 - C_v^2)$

③ $\Delta h = \dfrac{V_a^2}{2g}\left(\dfrac{1}{C_v^2} - 1\right)$ 　④ $\Delta h = \dfrac{V_a^2}{2g}\left(\dfrac{1}{C_v^2 + 1}\right)$

· 해설 ㉮ $V = C_v\sqrt{2gH}$

$$\therefore \ H = \frac{1}{C_v^2}\frac{V^2}{2g}$$

㉯ $h_L = H - \dfrac{V^2}{2g}$

$$= \frac{1}{C_v^2}\frac{V^2}{2g} - \frac{V^2}{2g} = \left(\frac{1}{C_v^2} - 1\right)\frac{V^2}{2g}$$

$$= \left(\frac{1}{C_v^2} - 1\right)\frac{(C_v V_t)^2}{2g} = \frac{1 - C_v^2}{C_v^2}\frac{2gHC_v^2}{2g}$$

$$= (1 - C_v^2)H$$

여기서, V_t : 이론유속$(= \sqrt{2gH})$

V : 실제 유속$(= C_v\sqrt{2gH} = C_v V_t)$

19. 다음 그림과 같은 오리피스에서 유출되는 유량은? (단, 이론유량을 계산한다.)　　　　[산업 15]

① 0.12m³/s

② 0.22m³/s

③ 0.32m³/s

④ 0.42m³/s

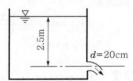

· 해설 $Q = Ca\sqrt{2gh}$

$$= 1 \times \frac{\pi \times 0.2^2}{4} \times \sqrt{2 \times 9.8 \times 2.5} = 0.22\text{m}^3/\text{s}$$

20. 오리피스의 지름이 5cm이고 수면에서 오리피스의 중심까지가 4m인 예연 원형 오리피스를 통하여 분출되는 유량은? (단, 유속계수 $C_v = 0.98$, 수축계수 $C_c = 0.62$이다.)　　　　[산업 19]

① 1.056l/s　　　　　② 2.860l/s

③ 10.56l/s　　　　　④ 28.60l/s

· 해설 ㉮ $C = C_c C_v = 0.62 \times 0.98 = 0.61$

㉯ $Q = Ca\sqrt{2gh}$

$$= 0.61 \times \frac{\pi \times 0.05^2}{4} \times \sqrt{2 \times 9.8 \times 4}$$

$$= 0.0106\text{m}^3/\text{s} = 10.6l/\text{s}$$

21. 지름 20cm인 원형 오리피스로 0.1m³/s의 유량을 유출시키려 할 때 필요한 수심은? (단, 수심은 오리피스 중심으로부터 수면까지의 높이이며 유량계수 $C = 0.6$)　　　　[산업 19]

① 1.24m　　　　　② 1.44m

③ 1.56m　　　　　④ 2.00m

해설
㉮ $a = \dfrac{\pi \times 0.2^2}{4} = 0.031\text{m}^2$

㉯ $Q = Ca\sqrt{2gh}$

$0.1 = 0.6 \times 0.031 \times \sqrt{2 \times 9.8 \times h}$

$\therefore h = 1.47\text{m}$

22. 직경 20cm인 원형 오리피스로 0.1m³/s의 유량을 유출시키려 할 때 필요한 수심(오리피스 중심으로부터 수면까지의 높이)은? (단, 유량계수 C=0.6) [산업 15]

① 1.24m ② 1.44m

③ 1.56m ④ 2.00m

해설 $Q = Ca\sqrt{2gh}$

$0.1 = 0.6 \times \dfrac{\pi \times 0.2^2}{4} \times \sqrt{2 \times 9.8 \times h}$

$\therefore h = 1.44\text{m}$

23. 수면으로부터 3m 깊이에 한 변의 길이가 1m이고 유량계수가 0.62인 정사각형 오리피스가 설치되어 있다. 현재의 오리피스를 유량계수가 0.60이고 지름 1m인 원형 오리피스로 교체한다면 같은 유량이 유출되기 위하여 수면을 어느 정도로 유지하여야 하는가? [산업 19]

① 현재의 수면과 똑같이 유지하여야 한다.

② 현재의 수면보다 1.2m 낮게 유지하여야 한다.

③ 현재의 수면보다 1.2m 높게 유지하여야 한다.

④ 현재의 수면보다 2.2m 높게 유지하여야 한다.

해설 ㉮ $Q = Ca\sqrt{2gh}$

$= 0.62 \times 1^2 \times \sqrt{2 \times 9.8 \times 3} = 4.75\text{m}^3/\text{s}$

㉯ $Q = Ca\sqrt{2gh'}$

$4.75 = 0.6 \times \dfrac{\pi \times 1^2}{4} \times \sqrt{2 \times 9.8 \times h'}$

$\therefore h' = 5.18\text{m}$

따라서 $5.18 - 3 = 2.18\text{m}$만큼 수면이 높아야 한다.

24. 수두(水頭)가 2m인 오리피스에서의 유량은? (단, 오리피스의 지름 10cm, 유량계수 0.76) [산업 20]

① 0.017m³/s ② 0.027m³/s

③ 0.037m³/s ④ 0.047m³/s

해설 $Q = Ca\sqrt{2gh}$

$= 0.76 \times \dfrac{\pi \times 0.1^2}{4} \times \sqrt{2 \times 9.8 \times 2} = 0.037\text{m}^3/\text{s}$

25. 다음 그림과 같은 완전 수중오리피스에서 유속을 구하려고 할 때 사용되는 수두는? [산업 15]

① $H_1 - H_0$

② $H_2 - H_1$

③ $H_2 - H_0$

④ $H_1 + \dfrac{H_2}{2}$

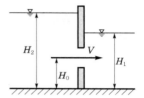

26. 지름 2m인 원형 수조의 측벽 하단부에 지름 50mm의 오리피스가 설치되어 있다. 오리피스 중심으로부터 수위를 50cm로 유지하기 위하여 수조에 공급해야 할 유량은? (단, 유출구의 유량계수는 0.75이다.) [기사 12]

① 7.61l/s ② 6.61l/s

③ 5.61l/s ④ 4.61l/s

해설 $Q = Ca\sqrt{2gh} = 0.75 \times \dfrac{\pi \times 0.05^2}{4} \times \sqrt{2 \times 9.8 \times 0.5}$

$= 4.61 \times 10^{-3}\text{m}^3/\text{s} = 4.61 l/\text{s}$

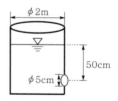

27. 수중 오리피스(orifice)의 유속에 관한 설명으로 옳은 것은? [기사 20]

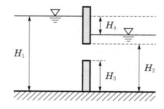

① H_1이 클수록 유속이 빠르다.

② H_2가 클수록 유속이 빠르다.

③ H_3이 클수록 유속이 빠르다.

④ H_4가 클수록 유속이 빠르다.

해설 $V = \sqrt{2gH_4}$

28. 양쪽의 수위가 다른 저수지를 벽으로 차단하고 있는 상태에서 벽의 오리피스를 통하여 ①에서 ②로 물이 흐르고 있을 때 유속은? [산업 11, 16]

① $\sqrt{2g\,z_1}$

② $\sqrt{2g\,z_2}$

③ $\sqrt{2g(z_1+z_2)}$

④ $\sqrt{2g(z_1-z_2)}$

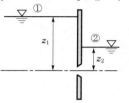

해설 ㉮ $Q = Ca\sqrt{2gh} = Ca\sqrt{2g(z_1-z_2)}$

㉯ $V = \sqrt{2g(z_1-z_2)}$

29. 다음 그림과 같은 작은 오리피스에서 유속은? (단, 유속계수 $C_v=0.9$이다.) [산업 20]

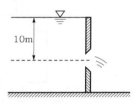

① 8.9m/s

② 9.9m/s

③ 12.6m/s

④ 14.0m/s

해설 $V = C_v\sqrt{2gh} = 0.9 \times \sqrt{2\times9.8\times10} = 12.6\text{m/s}$

30. 다음 그림과 같은 수로의 단위폭당 유량은? (단, 유출계수 $C=1$이며 이외 손실은 무시함) [기사 16]

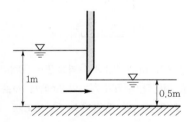

① 2.5m³/s/m

② 1.6m³/s/m

③ 2.0m³/s/m

④ 1.2m³/s/m

해설 $Q = Ca\sqrt{2gh}$

$= 1\times(0.5\times1)\times\sqrt{2\times9.8\times(1-0.5)}$

$= 1.57\text{m}^3/\text{s/m}$

31. 다음 그림과 같이 일정한 수위가 유지되는 충분히 넓은 두 수조의 수중오리피스에서 오리피스의 직경 $d=20$cm일 때 유출량 Q는? (단, 유량계수 $C=1$이다.) [기사 15]

① 0.314m³/s

② 0.628m³/s

③ 3.14m³/s

④ 6.28m³/s

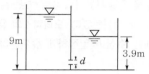

해설 $Q = Ca\sqrt{2gh}$

$= 1\times\dfrac{\pi\times0.2^2}{4}\times\sqrt{2\times9.8\times(9-3.9)}$

$= 0.314\text{m}^3/\text{s}$

32. 수로의 취입구에 폭 3m의 수문이 있다. 문을 h[m] 올린 결과 수심이 각각 5m와 2m가 되었다. 그때 취수량이 8m³/s이었다고 하면 수문의 오름높이 h는? (단, $C=0.60$) [산업 00, 16]

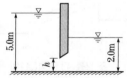

① 0.36m

② 0.58m

③ 0.67m

④ 0.73m

해설 $Q = Ca\sqrt{2gh}$

$8 = 0.6\times(h\times3)\times\sqrt{2\times9.8\times(5-2)}$

$\therefore\ h = 0.58\text{m}$

33. 다음 그림과 같은 수중오리피스에서 오리피스 단면적이 50cm²일 때 유출량 Q는? (단, 유량계수 $C=0.62$임) [산업 05, 09, 17]

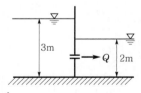

① 약 13.7l/s

② 약 15.7l/s

③ 약 23.7l/s

④ 약 25.7l/s

해설 $Q = Ca\sqrt{2gh}$

$= 0.62\times50\times\sqrt{2\times980\times(300-200)}$

$= 13,724.29\text{cm}^3/\text{s} = 13.72l/s$

34. 수조가 2개 있다. 아래쪽 수조는 폭 180cm, 길이 110cm이고, 위쪽 수조는 측벽에 수면으로부터 75cm 아래인 지점에 직경 22mm인 오리피스를 설치하여 아래 수조로 물을 유출시켰더니 8분 15초 동안에 아래 수조의 수심이 23cm 증가하였다. 오리피스의 유량계수는? (단, 위쪽 수조에는 수심이 일정하게 유지된다.) [산업 11]

① 0.623
② 0.631
③ 0.642
④ 0.675

 해설

㉮ $a = \dfrac{\pi D^2}{4} = \dfrac{\pi \times 2.2^2}{4} = 3.8\text{cm}^2$

㉯ $t = 8분\ 15초 = 495초$

㉰ $Q = Ca\sqrt{2gh}\ t$

$180 \times 110 \times 23 = C \times 3.8 \times \sqrt{2 \times 980 \times 75} \times 495$

$\therefore C = 0.631$

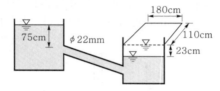

35. 수조 1과 수조 2를 단면적(A)의 완전한 수중오리피스 2개로 연결하였다. 수조 1로부터 상시유량의 물을 수조 2로 송수할 때 양수조의 수면차(H)는? (단, 오리피스의 유량계수는 C이고, 접근유속수두(h_a)는 무시한다.) [산업 12, 17]

① $H = \left(\dfrac{Q}{A\sqrt{2g}}\right)^2$
② $H = \left(\dfrac{Q}{2A\sqrt{2g}}\right)^2$
③ $H = \left(\dfrac{Q}{2CA\sqrt{2g}}\right)^2$
④ $H = \left(\dfrac{Q}{CA\sqrt{2g}}\right)^2$

해설 $Q = 2CA\sqrt{2gH}$

$\sqrt{2gH} = \dfrac{Q}{2CA}$

$2gH = \left(\dfrac{Q}{2CA}\right)^2$

$\therefore H = \left(\dfrac{Q}{2CA}\right)^2 \dfrac{1}{2g} = \left(\dfrac{Q}{2CA\sqrt{2g}}\right)^2$

36. 폭이 5m인 수문을 높이 d만큼 열었을 때 유량이 18m³/s가 흘렀다. 이때 수문 상·하류의 수심이 각각 6m와 2m이고 유량계수 $C=0.6$이라 할 때 수문개방도(開放度) d는? [기사 11]

① 0.35m
② 0.45m
③ 0.58m
④ 0.68m

해설 $Q = Ca\sqrt{2gH}$

$18 = 0.6 \times (d \times 5) \times \sqrt{2 \times 9.8(6-2)}$

$\therefore d = 0.68\text{m}$

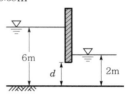

37. 다음 그림과 같은 수조에서 수심이 5m인 A점에 작은 오리피스가 설치되어 있고, B에서 압축공기를 유입시켜 수면 위의 공기압력을 2t/m²로 유지시킬 때 오리피스에서의 유속은? (단, 유속계수는 0.6으로 할 것) [기사 04]

① 4.03m/s
② 5.03m/s
③ 6.03m/s
④ 7.03m/s

해설 ㉮ $\dfrac{V_1^2}{2g} + \dfrac{P_1}{w} + Z_1 = \dfrac{V_2^2}{2g} + \dfrac{P_2}{w} + Z_2$

$0 + \dfrac{2}{1} + 5 = \dfrac{V_2^2}{2 \times 9.8} + 0 + 0$

$\therefore V_2 = 11.7\text{m/s}$

㉯ $V = C_v V_2 = 0.6 \times 11.7 = 7.02\text{m/s}$

38. 단면적이 1m²인 수조의 측벽에 면적 20cm²인 구멍을 내어서 물을 빼낸다. 수위가 처음의 2m에서 1m로 하강하는 데 걸리는 시간은? (단, 유량계수 $C=0.6$) [산업 18]

① 25.0초
② 108.2초
③ 155.9초
④ 169.5초

해설 $T = \dfrac{2A}{Ca\sqrt{2g}}(h_1^{\frac{1}{2}} - h_2^{\frac{1}{2}})$

$= \dfrac{2 \times 1}{0.6 \times (20 \times 10^{-4})\sqrt{2 \times 9.8}} \times (2^{\frac{1}{2}} - 1^{\frac{1}{2}})$

$= 155.94초$

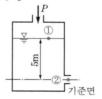

39. 다음 그림과 같은 두 개의 수조($A_1 = 2m^2$, $A_2 = 4m^2$)를 한 변의 길이가 10cm인 정사각형 단면(a_1)의 Orifice로 연결하여 물을 유출시킬 때 두 수조의 수면이 같아지려면 얼마의 시간이 걸리는가? (단, $h_1 = 5m$, $h_2 = 3m$, 유량계수 $C = 0.62$이다.) [산업 12]

① 130초

② 137초

③ 150초

④ 157초

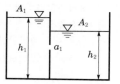

●해설

$$T = \frac{2A_1 A_2}{C a \sqrt{2g}(A_1 + A_2)}(h_1^{\frac{1}{2}} - h_2^{\frac{1}{2}})$$

$$= \frac{2 \times 2 \times 4}{0.62 \times (0.1 \times 0.1) \times \sqrt{2 \times 9.8} \times (2+4)}$$

$$\times (2^{\frac{1}{2}} - 0)$$

$$= 137.4초$$

40. 다음 그림과 같은 노즐에서 유량을 구하기 위하여 옳게 표시된 공식은? (단, C는 유속계수이다.) [기사 12, 18]

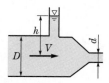

① $C\dfrac{\pi d^2}{4}\sqrt{\dfrac{2gh}{1 - C^2(d/D)^2}}$

② $C\dfrac{\pi d^2}{4}\sqrt{\dfrac{2gh}{1 - C^2(d/D)^4}}$

③ $C\dfrac{\pi d^2}{4}\sqrt{2gh}$

④ $\dfrac{\pi d^2}{4}\sqrt{\dfrac{2gh}{1 - C^2(d/D)^2}}$

●해설 노즐에서 사출되는 실제 유량과 실제 유속

㉮ $Q = Ca\sqrt{\dfrac{2gh}{1 - \left(\dfrac{Ca}{A}\right)^2}}$

$= C\dfrac{\pi d^2}{4}\sqrt{\dfrac{2gh}{1 - C^2\left(\dfrac{d}{D}\right)^4}}$

㉯ $V = C_v \sqrt{\dfrac{2gh}{1 - \left(\dfrac{Ca}{A}\right)^2}}$

41. 수평과의 각 60°를 이루고 초속 20m/s로 사출되는 분수의 최대 연직도달높이는? (단, 공기 및 기타의 저항은 무시함) [산업 00, 12, 16, 17, 19]

① 15.3m

② 17.2m

③ 19.6m

④ 21.4m

●해설 $y = \dfrac{V^2 \sin^2\theta}{2g} = \dfrac{20^2 \times \sin^2 60°}{2 \times 9.8} = 15.31m$

42. 초속 V_o의 사출수가 도달하는 수평 최대 거리는? [산업 17]

① 최대 연직높이의 1.2배이다.

② 최대 연직높이의 1.5배이다.

③ 최대 연직높이의 2.0배이다.

④ 최대 연직높이의 3.0배이다.

●해설 ㉮ 최대 연직높이 : $y_{max} = \dfrac{V^2}{2g}$

㉯ 최대 수평거리 : $x_{max} = \dfrac{V^2}{g}$

43. 다음 그림과 같은 모양의 분수(噴水)를 만들었을 때 분수의 높이(H_v)는? (단, 유속계수 C_v는 0.96으로 한다.) [기사 10]

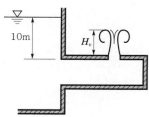

① 10m

② 9.6m

③ 9.22m

④ 9m

●해설 ㉮ $V = C_v\sqrt{2gH}$

㉯ $H_v = \dfrac{V^2}{2g} = \dfrac{C_v^2 \, 2gH}{2g} = C_v^2 H$

$= 0.96^2 \times 10 = 9.22m$

44. 다음 중 하천유량측정방법이 아닌 것은?

[산업 06, 09]

① 위어(weir)에 의한 방법
② 벤투리미터(venturi meter)에 의한 방법
③ 유속계에 의한 방법
④ 부자에 의한 방법

해설 관수로에서 유량측정방법
㉮ 벤투리미터에 의한 방법
㉯ 관오리피스에 의한 방법
㉰ 관노즐에 의한 방법
㉱ 엘보미터에 의한 방법

45. 개수로에서 유량을 측정할 수 있는 장치가 아닌 것은?

[기사 11]

① 위어
② 벤투리미터
③ 파샬플룸
④ 수문

해설 개수로에서의 유량측정
㉮ 직접측정법 : 체적측정법, 중량측정법
㉯ 간접측정법
㉠ 위어 : 예연위어, 광정위어
㉡ 계측수로 : venturi flume, parshall flume

chapter **5**

위어

5.6%

토목기사 출제빈도표

3.1%

토목산업기사 출제빈도표

5 위어

01 정의

① 위어(weir)의 사용목적

① 개수로의 유량측정
② 취수를 위한 수위 증가
③ 분수(分水)
④ 홍수가 도로를 범람시키는 것을 방지

② 수맥의 수축

(1) 정수축(crest contraction)

위어 마루부에서 일어나는 수축을 정수축이라 한다.

(2) 면수축(surface contraction)

위어의 상류 약 $2h$ 되는 곳에서부터 위어까지 계속적으로 수면강하가 일어난다. 이러한 수면강하를 면수축이라 한다. 이 현상은 물이 위어 마루부에 접근함에 따라 유속이 가속됨으로써 위치에너지가 운동에너지로 변하기 때문이다.

(3) 단수축(end contraction)

위어의 측벽면이 날카로워서 월류폭이 수축하는 것을 단수축이라 한다.

(4) 연직수축(vertical contraction)

정수축과 면수축을 합한 것을 연직수축이라 한다.

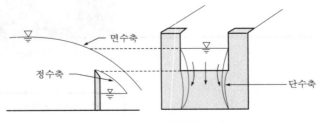

【그림 5-1】 수맥의 수축

02 위어

① 예연위어(sharp crested weir)

(1) 구형 위어(rectangular weir)

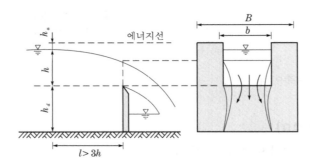

【그림 5-2】 구형 위어

① **유량** : 구형 큰 오리피스공식 $Q = \dfrac{2}{3} Cb \sqrt{2g} \left(h_2^{\frac{3}{2}} - h_1^{\frac{3}{2}} \right)$ 에서 $h_2 = h$,

$h_1 = 0$ 이므로 구형 위어의 유량은

$$Q = \frac{2}{3} Cb \sqrt{2g}\, h^{\frac{3}{2}} \quad\cdots\cdots\cdots\cdots\cdots\cdots\cdots\cdots\cdots (5\cdot1)$$

접근유속을 고려하면

$$Q = \frac{2}{3} Cb \sqrt{2g} \left[(h + h_a)^{\frac{3}{2}} - h_a^{\frac{3}{2}} \right] \quad\cdots\cdots\cdots\cdots\cdots\cdots (5\cdot2)$$

② Francis공식 : $C=0.623$으로 불변하다고 가정

$$\frac{2}{3} C \sqrt{2g} = \frac{2}{3} \times 0.623 \times \sqrt{2 \times 9.8} \doteqdot 1.84$$

$$\therefore \quad Q = 1.84 b_o \left[(h+h_a)^{\frac{3}{2}} - h_a^{\frac{3}{2}} \right] \quad \cdots\cdots\cdots\cdots\cdots\cdots\cdots (5\cdot3)$$

접근유속 V_a를 무시하면

$$Q = 1.84 b_o h^{\frac{3}{2}} \quad \cdots\cdots\cdots\cdots\cdots\cdots\cdots\cdots\cdots\cdots\cdots (5\cdot4)$$

여기서, b_o : 유효폭$(=b-0.1nh)$

n : 단수축의 수

h : 월류수심

➡ 단수축은 $0.1h$만큼 발생한다.

(a) 양쪽이 수축되는   (b) 한쪽만 수축되는   (c) 양쪽에 수축이 없는
경우 $n=2$ 경우 $n=1$ 경우 $n=0$

【그림 5-3】 단수축의 형태

(2) 삼각위어(triangular weir)

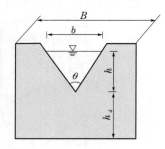 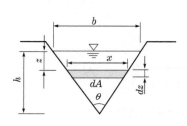

【그림 5-4】 삼각위어

➡ 삼각위어
① 삼각위어는 보통 이등변삼각형이고, 특히 실제로 많이 사용하는 것은 $\theta=90°$인 직각삼각위어이다.
② 개수로에서 유량이 작을 때 사용된다.
③ 수로의 단면적에 비해 위어의 유수 단면적이 작으므로 보통 접근유속을 생략한다.

$$b : x = h : (h-z)$$

$$\therefore \quad x = \frac{b(h-z)}{h}$$

미소면적 dA를 통과하는 유량 dQ는

$$dQ = C \left(\frac{b(h-z)}{h} dz \right) \sqrt{2gz} = C \frac{b(h-z)}{h} \sqrt{2gz} \, dz$$

$$Q = \int_o^h C \frac{b(h-z)}{h} \sqrt{2gz} \, dz = \frac{4}{15} C b \sqrt{2g} \, h^{\frac{3}{2}}$$

$\tan\dfrac{\theta}{2}=\dfrac{\dfrac{b}{2}}{h}$ 에서 $b=2h\tan\dfrac{\theta}{2}$ 를 대입하면

$$Q=\frac{4}{15}\,C\,2h\tan\frac{\theta}{2}\,\sqrt{2g}\,h^{\frac{3}{2}}=\boxed{\frac{8}{15}\,C\tan\frac{\theta}{2}\,\sqrt{2g}\,h^{\frac{5}{2}}}\quad\cdots\cdots\cdots(5\cdot5)$$

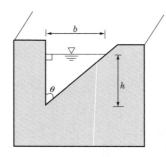

【그림 5-5】

$$\boxed{Q=\frac{4}{15}\,C\tan\theta\,\sqrt{2g}\,h^{\frac{5}{2}}}\quad\cdots\cdots\cdots\cdots\cdots\cdots\cdots\cdots\cdots(5\cdot6)$$

(3) 사다리꼴위어(trapezoidal weir)

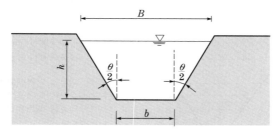

【그림 5-6】 사다리꼴위어

① 유량

$$Q=Q_1+Q_2=\frac{2}{3}\,C_1 b\,\sqrt{2g}\,h^{\frac{3}{2}}+\frac{8}{15}\,C_2\tan\frac{\theta}{2}\,\sqrt{2g}\,h^{\frac{5}{2}}\quad\cdots\cdots(5\cdot7)$$

② 치폴레티(cippoletti)위어 : 예연에 의한 양단수축이 있고 $\tan\dfrac{\theta}{2}$ $=\dfrac{1}{4}$ 인 사다리꼴위어를 **치폴레티위어**라 한다.

그림과 같은 사다리꼴위어의 유량

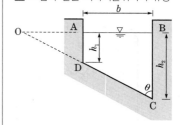

【그림 5-7】

삼각위어 △OBC의 유량에서 삼각위어 △OAD의 유량을 빼면 사다리꼴위어의 유량을 구할 수 있다.

$$Q=\frac{4}{15}\,C\tan\theta\,\sqrt{2g}\left(h_2^{\frac{5}{2}}-h_1^{\frac{5}{2}}\right)$$
$$\cdots\cdots\cdots\cdots\cdots\cdots(5\cdot8)$$

월류량의 크기는 유효폭이 b인 구형 위어의 유량과 같은 것으로 알려져 있다.

$$Q = Cbh^{\frac{3}{2}} = 1.86bh^{\frac{3}{2}} \quad\cdots\cdots\cdots\cdots\cdots\cdots\cdots\cdots (5\cdot9)$$

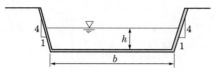

【그림 5-8】 치폴레티위어

(4) 수중위어(submerged weir)

위어 하류의 수면이 위어 마루부보다 높은 경우를 **수중위어**라 하며 일반적으로 상류의 수위를 높이는 데 사용된다.

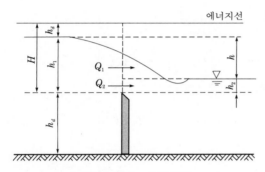

【그림 5-9】 수중위어

$$Q = Q_1 + Q_2 = \frac{2}{3} C_1 b \sqrt{2g} \left[(h+h_a)^{\frac{3}{2}} - h_a^{\frac{3}{2}} \right]$$
$$+ C_2 b h_2 \sqrt{2g(h+h_a)} \quad\cdots\cdots\cdots\cdots\cdots (5\cdot10)$$

❷ 광정위어(broad crested weir)

월류수심 h에 비하여 위어 정부의 폭 l이 상당히 넓은 것을 광정위어라 한다.

(1) 완전월류 시의 유량

위어의 정부에 베르누이정리를 적용하면

$$\frac{V_1^2}{2g} + h = \frac{V_2^2}{2g} + h_2 = H$$

📘 광정위어
① 위어상에서 한계수심이 발생하도록 하여 유량을 측정하는 배수구조물이다.
② $l > 0.7h$이면 수맥은 위어의 정면(頂面)에 접촉하여 흐르며 일반수로의 유수와 거의 같은 상태로 된다.

$$V_2 = \sqrt{2g(H-h_2)}$$

$$\therefore Q = C b h_2 \sqrt{2g(H-h_2)} \cdots\cdots\cdots\cdots\cdots\cdots\cdots\cdots (5\cdot11)$$

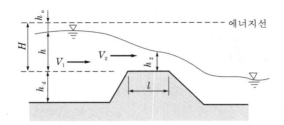

【그림 5-10】 완전월류 시의 광정위어

여기서 h_2가 한계수심이면 유량이 최대가 된다는 Belanger법칙에 의하여 $\dfrac{\partial Q}{\partial h_2} = 0$에서 Q를 최대로 하는 수심 h_2를 구한다.

$$\frac{\partial Q}{\partial h_2} = \frac{\partial}{\partial h_2}\left[C b h_2 \sqrt{2g(H-h_2)} \right] = 0$$

$$\therefore h_2 = \frac{2}{3}H \cdots\cdots\cdots\cdots\cdots\cdots\cdots\cdots\cdots\cdots (5\cdot12)$$

식 (5·12)를 식 (5·11)에 대입하여 정리하면

$$Q = 1.7 C b H^{\frac{3}{2}} \cdots\cdots\cdots\cdots\cdots\cdots\cdots\cdots\cdots (5\cdot13)$$

(2) 수중위어 시의 유량

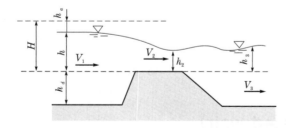

【그림 5-11】

$$Q = C b h_3 \sqrt{2g(H-h_3)} \cdots\cdots\cdots\cdots\cdots\cdots\cdots (5\cdot14)$$

(3) 광정위어의 특성

① $h_3 < \dfrac{2}{3}H$ 일 때 : 위어 정부에 사류가 생기므로 유량은 하류의 영향을 받지 않는다. 이와 같이 하류의 영향을 받지 않는 것을 완전월류라 한다.

② $h_3 > \dfrac{2}{3}H$ 일 때 : 위어 정부에 상류가 생기므로 유량은 하류의 영향을 받는다. 이와 같은 위어는 **수중위어**이다.

③ 원통형 위어

(1) 나팔형 여수로(morning-glory spillway)

저수지 속의 물을 배수하는데 사용하며 그 입구가 나팔형으로 되어 있다.

① 입구부가 잠수되지 않은 상태

$$Q = C_1 2\pi r h^{\frac{3}{2}} \quad\cdots\cdots\cdots\cdots\cdots\cdots\cdots\cdots\cdots (5\cdot15)$$

② 입구부가 완전히 잠수된 상태

$$Q = C_1 a h_2^{\frac{1}{2}} = C_2 a (h+h_1)^{\frac{1}{2}} \quad\cdots\cdots\cdots\cdots\cdots (5\cdot16)$$

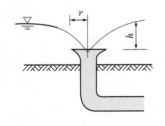 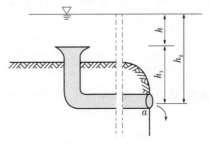

(a) 입구부가 잠수되지 않은 상태   (b) 입구부가 완전히 잠수된 상태

【그림 5-12】 나팔형 여수로

(2) 원통위어

$$Q = C_s 2\pi R H^{\frac{3}{2}} \quad\cdots\cdots\cdots\cdots\cdots\cdots\cdots\cdots\cdots\cdots (5\cdot17)$$

▶ **나팔형 여수로**

댐 지점의 지형조건이 협소하여 여수로를 위한 공간이 제한될 경우나 댐의 전 길이를 흙댐으로 할 경우에 사용한다.

알·아·두·기·

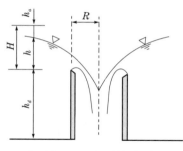

【그림 5-13】 원통위어

03 벤투리플룸(venturi flume)

관수로의 유량측정을 위해 사용되는 벤투리미터처럼 수로의 단면을 축소시켜 개수로의 유량을 측정할 수 있는 장치를 venturi flume이라 한다. 수로폭을 b_2로 좁히면 그 부분의 유속은 V_1에서 V_2로 증가되고 수심은 흐름에 따라 변한다.

(1) 상류의 흐름일 때

수심의 변화는 Ⓐ와 같게 되므로 단면의 축소부에서 수심이 내려간다.

(2) 사류의 흐름일 때

수심의 변화는 Ⓑ와 같게 되므로 단면의 축소부에서 수심이 증가한다.

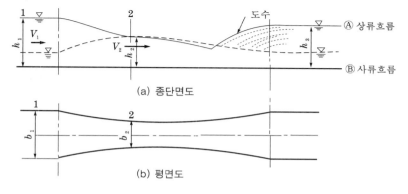

(a) 종단면도

(b) 평면도

【그림 5-14】 벤투리플룸

🔁 계측수로

개수로의 유량측정을 위한 위어는 구조가 간단하고 경제적인 장점은 있으나 흐름에너지의 손실이 크고 위어 직상류에 누적되는 토사가 문제가 된다. 이러한 문제점은 한계류 수로를 사용하면 어느 정도 극복할 수 있으며, 이러한 목적으로 사용한 수로가 **벤투리플룸**이다.

04 위어의 수위와 유량의 관계

(1) 직사각형 위어

$$Q = \frac{2}{3} C b \sqrt{2g}\, h^{\frac{3}{2}}$$

$$dQ = \frac{3}{2} \cdot \frac{2}{3} C b \sqrt{2g}\, h^{\frac{1}{2}} dh$$

$$\therefore \frac{dQ}{Q} = \frac{3}{2}\frac{dh}{h} \quad \cdots\cdots\cdots\cdots\cdots\cdots\cdots\cdots\cdots\cdots\cdots\cdots\cdots (5\cdot18)$$

(2) 삼각형 위어

$$Q = \frac{8}{15} C \tan\frac{\theta}{2} \sqrt{2g}\, h^{\frac{5}{2}}$$

$$dQ = \frac{5}{2} \cdot \frac{8}{15} C \tan\frac{\theta}{2} \sqrt{2g}\, h^{\frac{3}{2}} dh$$

$$\therefore \frac{dQ}{Q} = \frac{5}{2}\frac{dh}{h} \quad \cdots\cdots\cdots\cdots\cdots\cdots\cdots\cdots\cdots\cdots\cdots\cdots\cdots (5\cdot19)$$

예상 및 기출문제

1. 위어에 있어서 수맥의 수축에 대한 일반적인 설명으로 옳지 않은 것은? [산업 20]

① 정수축은 광정위어에서 생기는 수축현상이다.

② 연직수축이란 면수축과 정수축을 합한 것이다.

③ 단수축은 위어의 측벽에 의해 월류폭이 수축하는 현상이다.

④ 면수축은 물의 위치에너지가 운동에너지로 변화하기 때문에 생긴다.

> **해설** ㉮ 정수축 : 위어 마루부에서 일어나는 수축
> ㉯ 면수축 : 위어의 상류 약 $2h$ 되는 곳에서부터 위어까지 계속적으로 수면강하가 일어나는 수축
> ㉰ 단수축 : 위어의 측벽면이 날카로워서 월류폭이 수축하는 것

2. 위어(weir)의 보편적인 사용목적이 아닌 것은? [산업 06, 07]

① 유량측정용으로 사용

② 분수를 목적으로 사용

③ 수압측정을 목적으로 사용

④ 취수를 위한 수위 증가목적으로 사용

> **해설** 위어의 목적 : 개수로의 유량측정, 취수, 분수

3. 위어(weir)의 근본적인 사용목적과 거리가 가장 먼 것은? [산업 07]

① 유량측정 　　　　② 수위조절

③ 하천보호 　　　　④ 수질오염 방지

4. 예연위어의 마루부에서 일어나는 수축은? [산업 08, 12]

① 면수축 　　　　② 정수축

③ 연직수축 　　　④ 단수축

5. 다음 위어에 관한 설명 중 옳지 않은 것은? [기사 07, 16]

① 위어를 월류하는 흐름은 일반적으로 상류에서 사류로 변한다.

② 위어를 월류하는 흐름이 사류일 경우 유량은 하류 수위의 영향을 받는다.

③ 위어는 개수로의 유량측정, 취수를 위한 수위 증가 등의 목적으로 설치된다.

④ 작은 유량을 측정할 경우 3각위어가 효과적이다.

> **해설** 위어의 정부에 사류가 생기면 유량은 하류의 영향을 받지 않는다. 이와 같이 하류의 영향을 받지 않는 월류상태를 완전월류라 한다.

6. 폭이 b인 직사각형 위어에서 접근유속이 작은 경우 월류수심이 h일 때 양단수축조건에서 월류수맥에 대한 단수축폭(b_o)은? (단, Francis공식을 적용) [기사 09, 18]

① $b_o = b - \dfrac{h}{5}$　　　② $b_o = 2b - \dfrac{h}{5}$

③ $b_o = b - \dfrac{h}{10}$　　　④ $b_o = 2b - \dfrac{h}{10}$

> **해설** $b_o = b - 0.1nh = b - 0.1 \times 2h = b - 0.2h$

7. 다음 중 저수지에서 홍수량을 방류하기 위한 여수로 단면(spill way)을 결정하고자 한다. 계획홍수량이 $100\text{m}^3/\text{s}$이고 월류수심을 1m로 제한하였을 때 적당한 여수로의 월류폭은? [기사 09]

① 100m　　　　② 55m

③ 10m　　　　④ 5m

> **해설** $Q = 1.84 b_o h^{\frac{3}{2}} = 1.84(b - 0.1nh)h^{\frac{3}{2}}$
> $100 = 1.84 \times (b - 0.1 \times 2 \times 1) \times 1^{\frac{3}{2}}$
> $\therefore b = 54.6\text{m}$

⇨ 정답　1. ①　2. ③　3. ④　4. ②　5. ②　6. ①　7. ②

8. 폭 2.5m, 월류수심 0.4m인 사각형 위어(weir)의 유량은? (단, Francis공식 : $Q=1.84b_o h^{3/2}$에 의하며 b_o : 유효폭, h : 월류수심, 접근유속은 무시하며 양단수축이다.) [기사 17, 18]

① $1.117\text{m}^3/\text{s}$ ② $1.126\text{m}^3/\text{s}$
③ $1.145\text{m}^3/\text{s}$ ④ $1.164\text{m}^3/\text{s}$

해설
$$Q=1.84b_o h^{\frac{3}{2}}=1.84(b-0.1nh)h^{\frac{3}{2}}$$
$$=1.84\times(2.5-0.1\times2\times0.4)\times0.4^{\frac{3}{2}}=1.126\text{m}^3/\text{s}$$

9. 폭 7.0m의 수로 중간에 폭 2.5m의 직사각형 위어를 설치하였더니 월류수심이 0.35m이었다면 이때 월류량은? (단, $C=0.63$이며 접근유속은 무시한다.) [산업 17]

① $0.401\text{m}^3/\text{s}$ ② $0.439\text{m}^3/\text{s}$
③ $0.963\text{m}^3/\text{s}$ ④ $1.444\text{m}^3/\text{s}$

해설
$$Q=\frac{2}{3}Cb\sqrt{2g}\,h^{\frac{3}{2}}$$
$$=\frac{2}{3}\times0.63\times2.5\times\sqrt{2\times9.8}\times0.35^{\frac{3}{2}}=0.963\text{m}^3/\text{s}$$

10. 폭 1.2m인 양단수축 직사각형 위어 정상부로부터의 평균수심이 42cm일 때 Francis의 공식으로 계산한 유량은? (단, 접근유속은 무시한다.) [산업 15]

[참고 : Francis의 공식]
$$Q=1.84\left(b-\frac{nh}{10}\right)h^{\frac{3}{2}}$$

① $0.427\text{m}^3/\text{s}$ ② $0.462\text{m}^3/\text{s}$
③ $0.504\text{m}^3/\text{s}$ ④ $0.559\text{m}^3/\text{s}$

해설
$$Q=1.84\times(1.2-0.1\times2\times0.42)\times0.42^{\frac{3}{2}}$$
$$=0.559\text{m}^3/\text{s}$$

11. 폭이 b인 직사각형 위어에서 양단수축이 생길 경우 유효폭 b_o은? (단, Francis공식 적용) [산업 18]

① $b_o=b-\dfrac{h}{10}$ ② $b_o=b-\dfrac{h}{5}$
③ $b_o=2b-\dfrac{h}{10}$ ④ $b_o=2b-\dfrac{h}{5}$

해설 $b_o=b-0.1nh=b-0.1\times2\times h=b-0.2h$

12. 다음 그림과 같은 직사각형 위어(weir)의 유량(월류량)을 프란시스(Francis)의 공식에 의하여 구한 값은? (단, 양단수축이며 접근유속은 무시한다.) [산업 11]

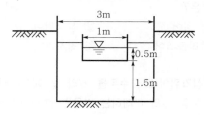

① $0.732\text{m}^3/\text{s}$ ② $0.327\text{m}^3/\text{s}$
③ $0.632\text{m}^3/\text{s}$ ④ $0.585\text{m}^3/\text{s}$

해설
$$Q=1.84b_o h^{\frac{3}{2}}=1.84(b-0.1nh)h^{\frac{3}{2}}$$
$$=1.84\times(1-0.1\times2\times0.5)\times0.5^{\frac{3}{2}}=0.585\text{m}^3/\text{s}$$

13. 직사각형 위어에서 위어폭이 4.0m, 위어높이가 0.5m, 월류수심이 0.8m일 때 월류량은? (단, $C=0.66$이다.) [기사 10]

① $4.6\text{m}^3/\text{s}$ ② $5.6\text{m}^3/\text{s}$
③ $6.6\text{m}^3/\text{s}$ ④ $7.6\text{m}^3/\text{s}$

해설
$$Q=\frac{2}{3}Cb\sqrt{2g}\,h^{\frac{3}{2}}$$
$$=\frac{2}{3}\times0.66\times4\times\sqrt{2\times9.8}\times0.8^{\frac{3}{2}}=5.58\text{m}^3/\text{s}$$

14. 폭 1.0m, 월류수심 0.4m인 사각형 위어의 유량을 Francis공식으로 구하면? (단, $\alpha=1$, 접근유속은 1.0m/s이며 양단수축이다.) [기사 02]

① $0.493\text{m}^3/\text{s}$ ② $0.513\text{m}^3/\text{s}$
③ $0.536\text{m}^3/\text{s}$ ④ $0.557\text{m}^3/\text{s}$

해설
㉮ $h_a=\alpha\dfrac{V_a^2}{2g}=1\times\dfrac{1^2}{2\times9.8}=0.05\text{m}$

㉯ $Q=1.84b_o\left[(h+h_a)^{\frac{3}{2}}-h_a^{\frac{3}{2}}\right]$
$$=1.84\times(1-0.1\times2\times0.4)$$
$$\times\left[(0.4+0.05)^{\frac{3}{2}}-0.05^{\frac{3}{2}}\right]$$
$$=0.492\text{m}^3/\text{s}$$

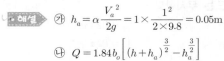

15. 위어(weir) 중에서 수두변화에 따른 유량변화가 가장 예민하여 유량이 적은 실험용 소규모 수로에 주로 사용하며 비교적 정확한 유량측정이 필요한 경우 사용하는 것은? [산업 19]

① 원형 위어
② 삼각위어
③ 사다리꼴위어
④ 직사각형 위어

16. 삼각위어에서 수두를 H라 할 때 위어를 통해 흐르는 유량 Q와 비례하는 것은? [기사 17, 산업 15]

① $H^{-1/2}$
② $H^{1/2}$
③ $H^{3/2}$
④ $H^{5/2}$

▶해설 $Q = \dfrac{8}{15} C \tan \dfrac{\theta}{2} \sqrt{2g}\, H^{\frac{5}{2}}$ 이므로 $Q \propto H^{\frac{5}{2}}$ 이다.

17. 3각위어(weir)에서 $\theta = 60°$일 때 월류수심은? (여기서, Q : 유량, C : 유량계수, H : 위어높이) [산업 10, 17]

① $\left(\dfrac{Q}{1.36C}\right)^{\frac{2}{5}}$
② $\left(\dfrac{Q}{1.36C}\right)^{\frac{5}{2}}$
③ $1.36CH^{\frac{5}{2}}$
④ $1.36CH^{\frac{2}{5}}$

▶해설
$$Q = \dfrac{8}{15} C \tan \dfrac{\theta}{2} \sqrt{2g}\, H^{\frac{5}{2}}$$
$$Q = \dfrac{8}{15} C \tan \dfrac{60°}{2} \times \sqrt{2 \times 9.8} \times H^{\frac{5}{2}}$$
$$H^{\frac{5}{2}} = \dfrac{Q}{1.36C}$$
$$\therefore H = \left(\dfrac{Q}{1.36C}\right)^{\frac{2}{5}}$$

18. 직각삼각형 위어에 있어서 월류수심이 0.25m일 때 일반식에 의한 유량은? (단, 유량계수(C)는 0.6이고, 접근속도는 무시한다.) [기사 15]

① $0.0143\text{m}^3/\text{s}$
② $0.0243\text{m}^3/\text{s}$
③ $0.0343\text{m}^3/\text{s}$
④ $0.0443\text{m}^3/\text{s}$

▶해설
$$Q = \dfrac{8}{15} C \tan \dfrac{\theta}{2} \sqrt{2g}\, h^{\frac{5}{2}}$$
$$= \dfrac{8}{15} \times 0.6 \times \tan \dfrac{90°}{2} \times \sqrt{2 \times 9.8} \times 0.25^{\frac{5}{2}}$$
$$= 0.0443\text{m}^3/\text{s}$$

19. 다음 그림과 같이 삼각위어의 수두를 측정한 결과 30cm이었을 때 유출량은? (단, 유량계수는 0.62이다.) [산업 18]

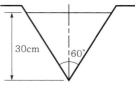

① $0.042\text{m}^3/\text{s}$
② $0.125\text{m}^3/\text{s}$
③ $0.139\text{m}^3/\text{s}$
④ $0.417\text{m}^3/\text{s}$

▶해설
$$Q = \dfrac{8}{15} C \tan \dfrac{\theta}{2} \sqrt{2g}\, h^{\frac{5}{2}}$$
$$= \dfrac{8}{15} \times 0.62 \times \tan \dfrac{60°}{2} \times \sqrt{2 \times 9.8} \times 0.3^{\frac{5}{2}}$$
$$= 0.042\text{m}^3/\text{s}$$

20. 직각삼각위어(weir)에서 월류수심이 1m이면 유량은? (단, 유량계수 C=0.59이다.) [산업 16]

① $1.0\text{m}^3/\text{s}$
② $1.4\text{m}^3/\text{s}$
③ $1.8\text{m}^3/\text{s}$
④ $2.2\text{m}^3/\text{s}$

▶해설
$$Q = \dfrac{8}{15} C \tan \dfrac{\theta}{2} \sqrt{2g}\, h^{\frac{5}{2}}$$
$$= \dfrac{8}{15} \times 0.59 \times \tan \dfrac{90°}{2} \times \sqrt{2 \times 9.8} \times 1^{\frac{5}{2}}$$
$$= 1.39\text{m}^3/\text{s}$$

21. 광정위어(weir)의 유량공식 $Q = 1.704\, Cbh^{\frac{3}{2}}$의 식에 사용되는 수두($h$)는? [기사 06, 08, 20]

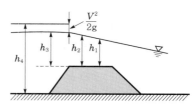

① h_1
② h_2
③ h_3
④ h_4

22. 위어를 월류하는 유량 $Q=400\text{m}^3/\text{s}$, 저수지와 위어 정부와의 수면차가 1.7m, 위어의 유량계수를 2라 할 때 위어의 길이 L은? [기사 02]

① 78m
② 80m
③ 90m
④ 96m

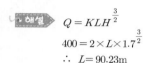 해설

$$Q = KLH^{\frac{3}{2}}$$
$$400 = 2 \times L \times 1.7^{\frac{3}{2}}$$
$$\therefore L = 90.23\text{m}$$

23. K가 엄격히 말하면 월류수심 h 등에 관한 함수이지만 근사적으로 상수라 가정하면 직사각형 위어(weir)의 유량 Q과 h의 일반적인 관계로 옳은 것은? [기사 07]

① $Q = Kh$
② $Q = Kh^{\frac{3}{2}}$
③ $Q = Kh^{\frac{1}{2}}$
④ $Q = Kh^{\frac{2}{3}}$

해설 직사각형 위어의 일반식 : $Q = Kbh^{\frac{3}{2}}$

24. 다음 그림과 같은 광정위어(weir)의 최대 월류량은? (단, 수로폭은 3m, 접근유속은 무시하며, 유량계수는 0.96이다.) [산업 10]

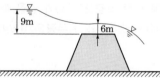

① $71.96\text{m}^3/\text{s}$
② $103.72\text{m}^3/\text{s}$
③ $132.19\text{m}^3/\text{s}$
④ $157.32\text{m}^3/\text{s}$

해설 $Q = 1.7Cbh^{\frac{3}{2}} = 1.7 \times 0.96 \times 3 \times 9^{\frac{3}{2}} = 132.19\text{m}^3/\text{s}$

25. 수면의 높이가 일정한 저수지의 일부에 길이 30m의 월류위어를 만들어 여기에 40m³/s의 물을 취수하려면 적당한 위어 마루부로부터의 상류측 수심(H)은? (단, $C=1.0$으로 보며 접근유속은 무시한다.) [산업 07, 15, 18]

① 0.80m
② 0.85m
③ 0.90m
④ 0.95m

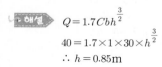 해설

$$Q = 1.7Cbh^{\frac{3}{2}}$$
$$40 = 1.7 \times 1 \times 30 \times h^{\frac{3}{2}}$$
$$\therefore h = 0.85\text{m}$$

26. 3m 폭을 가진 직사각형 수로에 사각형인 광정(廣頂) 위어를 설치하려 한다. 위어 설치 전의 평균유속은 1.5m/s, 수심이 0.3m이고, 위어 설치 후의 평균유속이 0.3m/s, 위어 상류의 수심이 1.5m가 되었다면 위어의 높이 h는? (단, 에너지보정계수 $\alpha=1.0$으로 본다.) [기사 05]

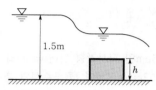

① 1.30m
② 1.10m
③ 0.90m
④ 0.70m

 해설

㉮ $Q = AV = (3 \times 0.3) \times 1.5 = 1.35\text{m}^3/\text{s}$

㉯ $Q = 1.7CbH^{\frac{3}{2}} = 1.7Cb(h + h_a)^{\frac{3}{2}}$

$$1.35 = 1.7 \times 1 \times 3 \times \left(h + \frac{0.3^2}{2 \times 9.8}\right)^{\frac{3}{2}}$$

$$\therefore h = 0.4\text{m}$$

㉰ $1.5 = h + H_d$

$$1.5 = 0.4 + H_d$$

$$\therefore H_d = 1.1\text{m}$$

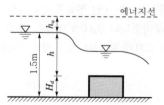

27. 위어(weir)에 물이 월류할 경우 위어의 정상을 기준으로 상류측 전수두를 H, 하류수위를 h라 할 때 수중위어 (submerged weir)로 해석될 수 있는 조건은? [기사 20]

① $h < \frac{2}{3}H$
② $h < \frac{1}{2}H$
③ $h > \frac{2}{3}H$
④ $h > \frac{1}{3}H$

해설 광정위어

㉮ $h < \frac{2}{3}H$: 완전월류

㉯ $h > \frac{2}{3}H$: 수중위어

28. 직사각형 위어로 유량을 측정하였다. 위어의 수두측정에 2%의 오차가 발생하였다면 유량에는 몇 %의 오차가 있겠는가? [기사 16, 19, 산업 08]

① 1% ② 1.5%

③ 2% ④ 3%

●해설 $\dfrac{dQ}{Q}=\dfrac{3}{2}\dfrac{dh}{h}=\dfrac{3}{2}\times 2=3\%$

29. 폭 35cm인 직사각형 위어(weir)의 유량을 측정하였더니 0.03m³/s이었다. 월류수심의 측정에 1mm의 오차가 생겼다면 유량에 발생하는 오차는? (단, 유량계산은 프란시스(Francis)공식을 사용하되, 월류 시 단면수축은 없는 것으로 가정한다.) [기사 16, 19]

① 1.16% ② 1.50%

③ 1.67% ④ 1.84%

●해설 ㉮ $Q=1.84bh^{\frac{3}{2}}$

$0.03=1.84\times 0.35\times h^{\frac{3}{2}}$

$\therefore\ h=0.13\mathrm{m}$

㉯ $\dfrac{dQ}{Q}=\dfrac{3}{2}\dfrac{dh}{h}=\dfrac{3}{2}\times\dfrac{0.001}{0.13}=0.01154=1.154\%$

30. 월류수심 40cm인 전폭위어의 유량을 Francis공식에 의해 구하였더니 0.40m³/s였다. 이때 위어폭의 측정에 2cm의 오차가 발생했다면 유량의 오차는 몇 %인가? [기사 06]

① 1.16% ② 1.50%

③ 2.00% ④ 2.33%

●해설 ㉮ $Q=1.84b_o h^{\frac{3}{2}}$

$0.4=1.84b_o\times 0.4^{\frac{3}{2}}$

$\therefore\ b_o=0.86\mathrm{m}$

㉯ $\dfrac{dQ}{Q}=\dfrac{db_o}{b_o}=\dfrac{2}{86}\times 100=2.33\%$

31. 삼각위어(weir)에 월류수심을 측정할 때 2%의 오차가 있었다면 유량 산정 시 발생하는 오차는? [기사 15]

① 2% ② 3%

③ 4% ④ 5%

●해설 $\dfrac{dQ}{Q}=\dfrac{5}{2}\dfrac{dh}{h}=\dfrac{5}{2}\times 2=5\%$

32. 삼각위어에 있어서 유량계수가 일정하다고 할 때 유량변화율(dQ/Q)이 1% 이하가 되기 위한 월류수심의 변화율(dh/h)은? [기사 17]

① 0.4% 이하 ② 0.5% 이하

③ 0.6% 이하 ④ 0.7% 이하

●해설 $\dfrac{dQ}{Q}=\dfrac{5}{2}\dfrac{dh}{h}=1\%$

$\therefore\ \dfrac{dh}{h}=\dfrac{2}{5}=0.4\%$

33. 오리피스(orifice)로부터의 유량을 측정한 경우 수두 H를 추정함에 1%의 오차가 있었다면 유량 Q에는 몇 %의 오차가 생기는가? [기사 19, 20]

① 1% ② 0.5%

③ 1.5% ④ 2%

●해설 $\dfrac{dQ}{Q}=\dfrac{1}{2}\dfrac{dh}{h}=\dfrac{1}{2}\times 1=0.5\%$

34. 수심에 대한 측정오차(%)가 같을 때 사각형 위어 : 삼각형 위어 : 오리피스의 유량오차(%)비는? [산업 05]

① 2 : 1 : 3 ② 1 : 3 : 5

③ 2 : 3 : 5 ④ 3 : 5 : 1

●해설 사각형 위어 : 삼각형 위어 : 오리피스의 유량오차

$=\dfrac{3}{2}\dfrac{dh}{h}:\dfrac{5}{2}\dfrac{dh}{h}:\dfrac{1}{2}\dfrac{dh}{h}=3:5:1$

35. 다음 중 수두측정오차가 유량에 미치는 영향이 가장 큰 위어는? [산업 08]

① 삼각형 위어 ② 사다리꼴위어

③ 사각형 위어 ④ 광정위어

●해설 수위와 유량의 관계

㉮ 직사각형 위어 : $\dfrac{dQ}{Q}=\dfrac{3}{2}\dfrac{dh}{h}$

㉯ 삼각형 위어 : $\dfrac{dQ}{Q}=\dfrac{5}{2}\dfrac{dh}{h}$

chapter 6

관수로

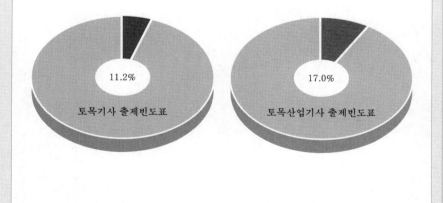

11.2%

토목기사 출제빈도표

17.0%

토목산업기사 출제빈도표

6 | 관수로

01 개론

(1) 정의

유수가 단면 내를 완전히 충만할 때, 즉 자유수면을 갖지 않고 흐르는 수로 또는 어떤 압력하에 유수가 관내를 충만하면서 흐를 때의 수로를 관수로라 한다.

(2) 특성

① 자유수면을 갖지 않는다.
② 압력차에 의해 흐른다.

02 관수로 내 층류의 유량, 유속분포, 마찰력분포

(1) 유량

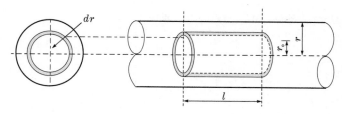

【그림 6-1】

$$Q = \int_o^r V 2\pi r_o \, dr = \int_o^r \frac{wh_L}{4\mu l}(r^2 - r_o^2) 2\pi r_o \, dr$$

$$= \frac{\pi \Delta p}{8\mu l} r^4 = \boxed{\frac{\pi w h_L}{8\mu l} r^4} \quad\cdots\cdots\cdots\cdots\cdots\cdots\cdots (6\cdot1)$$

이것을 Harzen-Poiseuille법칙이라 한다.

> **▶ 층류상태로 흐르는 원관 내의 유량**
> ① 압력강하(wh_L)에 비례한다.
> ② 점성계수(μ)에 반비례한다.
> ③ 반지름의 4승에 비례한다.

(2) 유속분포

① 평균유속

$$V_m = \frac{Q}{A} = \frac{Q}{\pi r^2} = \frac{wh_L}{8\mu l} r^2 \cdots\cdots\cdots (6\cdot2)$$

> ▶ 원형관 내 흐름이 포물선형 유속분포를 가질 경우에 평균유속은 관 중심축 유속의 $\frac{1}{2}$ 이다.

② 최대 유속

$$\frac{V_{max}}{V_m} = 2 \cdots\cdots\cdots\cdots\cdots (6\cdot3)$$

③ 유속분포 : V는 r의 2승에 비례하므로 중심축에서는 V_{max} 이며, 관벽에서는 $V = 0$인 포물선이다.

> ▶ 유속분포도 및 마찰력분포도는 관 중립축에 대하여 대칭이다.

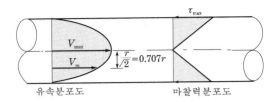

【그림 6-2】 원관 층류 시의 유속분포도 및 마찰력분포도

(3) 마찰력분포

① 마찰력

$$\tau = \mu \frac{dV}{dr} = \mu \frac{wh_L}{4\mu l} 2r = \frac{wh_L}{2l} r \cdots\cdots\cdots (6\cdot4)$$

② 마찰력분포 : τ는 r에 비례하므로 중심축에서는 $\tau = 0$이며, 관벽에서는 τ_{max}인 직선이다.

03 관수로 속의 마찰손실

(1) 마찰손실수두

단면이 일정한 원관 속을 물이 흐를 때 마찰손실수두는 층류와 난류를 막론하고 다음과 같이 표시할 수 있다.

$$h_L = f \frac{l}{D} \frac{V^2}{2g} \quad \cdots\cdots\cdots \quad (6 \cdot 5)$$

여기서, f : 마찰손실계수

V : 평균유속

이 식이 Darcy−Weisbach의 마찰손실공식이다.

(2) 마찰손실계수(friction factor)

$$f = \phi'' \left(\frac{1}{R_e}, \frac{e}{D} \right) \quad \cdots\cdots\cdots \quad (6 \cdot 6)$$

여기서, $\dfrac{e}{D}$: 상대조도(relative roughness)

D : 관의 지름

e : 조도(관벽의 요철의 높이차)

① $R_e \leqq 2,000$

$$f = \frac{64}{R_e} \ \text{(Nikurase, 1932)} \quad \cdots\cdots\cdots \quad (6 \cdot 7)$$

② $R_e > 2,000$

㉮ 매끈한 관일 때 f는 R_e만의 함수이다.

$$f = 0.3164 R_e^{-\frac{1}{4}} \quad \cdots\cdots\cdots \quad (6 \cdot 8)$$

〔$R_e = 3,000 \sim 100,000$일 때 브라쥬스(blasius)〕

㉯ 거친 관일 때 f는 R_e에는 관계없고 $\dfrac{e}{D}$만의 함수이다.

$$\frac{1}{\sqrt{f}} = 1.74 + 2.03 \log_{10} \frac{D}{2e} \quad \cdots\cdots\cdots \quad (6 \cdot 9)$$

(3) 용어정리

① 매끈한 관 : 벽면의 미소한 요철(凹凸)의 높이가 층류저층의 두께보다 작은 관을 말한다.

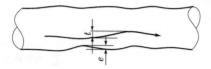

(a) 매끈한 관 : $t > e$일 때

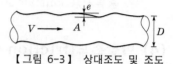

【그림 6-3】 상대조도 및 조도

▶ 층류영역에서 f는 조도에 관계없이 적용되므로, h_L은 관의 조도에 무관하다.

▶ Nikurase는 조도(e)가 일정한 인공적 조도에 대하여 실시하였으나, 실제로 사용하고 있는 관은 조도가 대단히 복잡하므로 실험결과를 실제에는 사용할 수 없다. 따라서 실제의 상업용 관에 대해서는 무디(Moody)도표를 사용한다.

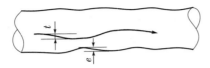

(b) 거친 관 : $t < e$ 일 때

【그림 6-4】

② 층류저층(laminar sublayer) : 벽면 부근의 층류 부분을 말한다.

(4) 마찰속도(friction velocity)

마찰속도는 흐름의 상태(층류 혹은 난류)나 경계면의 상태(매끈하거나 혹은 거칠거나)에 무관하게 정의되므로 대단히 편리하게 사용되는 개념적 속도이다.

$$U_* = \sqrt{\frac{\tau}{\rho}} = V\sqrt{\frac{f}{8}}$$ ·················· (6·10)

$\tau = wRI$ 를 대입하면

$$U_* = \sqrt{gRI}$$ ······························· (6·11)

수심에 비해 폭이 큰 개수로에서는 R(경심) $= h$(수심)이므로

$$U_* = \sqrt{ghI}$$ ····························· (6·12)

04 평균유속공식

▶ 관수로 내 평균유속을 계산하기 위한 대표적인 경험공식은 Chézy 공식, Manning공식, Hazen-Williams공식 등이다.

(1) Chézy의 평균유속공식

$$V = C\sqrt{RI} \; [\text{m/s}]$$ ······················ (6·13)

① Chézy의 평균유속계수(coefficient of mean velocity)

$$C = \sqrt{\frac{8g}{f}} \;\; \text{혹은} \;\; f = \frac{8g}{C^2}$$ ·········· (6·14)

② 경심(동수반경 : hydraulic mean radius ; R)

$$R = \frac{A}{S}$$ ······························· (6·15)

여기서, A : 통수 단면적

S : 윤변(물이 접촉하는 관의 주변 길이)

▶ 원형관의 경심

$$R = \frac{A}{S} = \frac{\dfrac{\pi D^2}{4}}{\pi D} = \frac{D}{4}$$

(2) Manning의 평균유속공식

$$V = \frac{1}{n} R^{\frac{2}{3}} I^{\frac{1}{2}} \, [\text{m/s}] \quad \cdots\cdots\cdots\cdots\cdots\cdots\cdots\cdots (6\cdot16)$$

① C와 n과의 관계

Chézy의 평균유속 = Manning의 평균유속

$$C\sqrt{RI} = \frac{1}{n} R^{\frac{2}{3}} I^{\frac{1}{2}}$$

$$\therefore C = \frac{1}{n} R^{\frac{1}{6}} \quad \cdots\cdots\cdots\cdots\cdots\cdots\cdots\cdots (6\cdot17)$$

② f와 n과의 관계 : $f = \dfrac{8g}{C^2}$에 $C = \dfrac{1}{n} R^{\frac{1}{6}}$을 대입하면

$$f = \frac{8g}{\left(\frac{1}{n} R^{\frac{1}{6}}\right)^2} = \frac{8gn^2}{R^{\frac{1}{3}}} = \frac{12.7gn^2}{D^{\frac{1}{3}}}$$

$$\therefore f = 124.5 n^2 D^{-\frac{1}{3}} \quad \cdots\cdots\cdots\cdots\cdots\cdots\cdots\cdots (6\cdot18)$$

(3) Hazen-Williams의 평균유속공식

비교적 큰 관($d > 5\text{cm}$)에서 유속 $V \le 3\text{m/s}$인 경우 미국 내 상수도 시스템설계에 많이 사용되어 온 공식이다.

$$V = 0.849 C R^{0.63} I^{0.54} \, [\text{m/s}] \quad \cdots\cdots\cdots\cdots\cdots\cdots (6\cdot19)$$

05 마찰 이외의 손실수두

(1) 정의

관수로 속의 물이 직선적으로 흐를 때는 관벽의 마찰에 의한 마찰손실이 생긴다. 그러나 관수로의 단면이 변화하든지 또는 그 방향이 변화하면 이에 따르는 손실이 생긴다. 이와 같은 손실을 **미소손실**(minor loss)이라 한다.

① 관수로의 최대 손실은 마찰손실이다.

② 미소손실은 관로가 긴 경우에는 거의 무시할 수 있으나, 짧은 경우에는 마찰손실 못지않게 총손실의 중요한 부분을 차지한다.

③ 미소손실은 유속수두에 비례한다.

▣ Manning공식은 개수로의 설계를 위해 개발되어 널리 사용되어 온 공식이나 관수로의 R_e, $\dfrac{e}{D}$가 큰 완전난류영역에서도 적용이 가능하다.

▣ **공식정리**

① f, n, c의 관계

$$f = 124.5 n^2 D^{-\frac{1}{3}} = \frac{8g}{C^2}$$

〈주의사항〉

㉠ 모든 단위를 m로 할 것

㉡ $g = 9.8\text{m/s}^2$로 할 것

㉢ 경심 $R = \dfrac{D}{4}$로 정리했으므로 관수로에서만 위의 상호관계식을 적용할 것

② C, n의 관계

$$C = \frac{1}{n} R^{\frac{1}{6}}$$

〈주의사항〉

㉠ 모든 단위를 m로 할 것

㉡ 위의 관계식은 관수로, 개수로 모두 적용 가능

▣ 관수로설계에서 $\dfrac{l}{D} \ge 3,000$이면 미소손실은 무시해도 좋다.

(2) 미소손실수두

① 유입손실수두

$$h_e = f_e \frac{V^2}{2g} \cdots\cdots (6\cdot20)$$

여기서, f_e : 유입손실계수(유입구의 형상에 따라 현저한 차이가 있다)

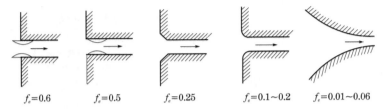

$f_e=0.6$　　　$f_e=0.5$　　　$f_e=0.25$　　　$f_e=0.1\sim0.2$　　　$f_e=0.01\sim0.06$

【그림 6-5】 입구의 형상에 따른 유입손실계수

② 단면 급확대손실수두

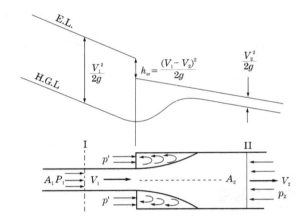

【그림 6-6】 단면 급확대에 의한 손실

Ⅰ, Ⅱ에 Bernoulli방정식을 취하면

$$\frac{V_1^2}{2g} + \frac{P_1}{w} = \frac{V_2^2}{2g} + \frac{P_2}{w} + h_{se}$$

$$h_{se} = \frac{V_1^2 - V_2^2}{2g} + \frac{P_1 - P_2}{w} \cdots\cdots ㉠$$

Ⅰ, Ⅱ 사이에 운동량방정식을 응용하면

$$P_1 A_1 + P(A_2 - A_1) - P_2 A_2 = \frac{wQ}{g}(V_2 - V_1)$$

근사적으로 $P_1 = P$이므로

$$\frac{w}{g} Q(V_2 - V_1) = A_2(P_1 - P_2)$$

$$\frac{P_1 - P_2}{w} = \frac{V_2}{g}(V_2 - V_1) \quad \cdots\cdots\cdots\cdots\cdots\cdots\cdots\cdots\cdots\cdots\cdots ⓛ$$

식 ⓛ을 식 ㉠에 대입하면

$$h_{se} = \frac{V_1^2 - V_2^2}{2g} + \frac{V_2}{g}(V_2 - V_1) = \frac{(V_1 - V_2)^2}{2g}$$

$A_1 V_1 = A_2 V_2$에서 $V_2 = \frac{A_1}{A_2} V_1$을 대입하면

$$\therefore\ h_{se} = \left(1 - \frac{A_1}{A_2}\right)^2 \frac{V_1^2}{2g} \quad \cdots\cdots\cdots\cdots\cdots\cdots\cdots\cdots (6\cdot21)$$

여기서, f_{se} : 급확대손실계수$\left(= \left(1 - \frac{A_1}{A_2}\right)^2\right)$

③ 단면 급축소손실수두

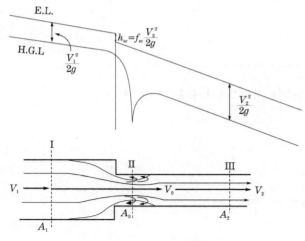

【그림 6-7】 단면 급축소에 의한 손실

$$h_{sc} = \frac{(V_o - V_2)^2}{2g} \quad \cdots\cdots\cdots\cdots\cdots\cdots\cdots\cdots\cdots\cdots\cdots ㉠$$

$C_a = \frac{A_o}{A_2}$이고 $A_o V_o = A_2 V_2$이므로

$$V_o = \frac{A_2}{A_o} V_2 = \frac{1}{C_a} V_2 \quad \cdots\cdots\cdots\cdots\cdots\cdots\cdots\cdots\cdots ⓛ$$

식 ㉡을 식 ㉠에 대입하면

$$h_{sc} = \left(\frac{1}{C_a} - 1\right)^2 \frac{V_2^2}{2g} \quad \cdots\cdots\cdots (6\cdot22)$$

여기서, f_{sc} : 급축소손실계수$\left(= \left(\frac{1}{C_a} - 1\right)^2\right)$

④ 곡관부손실수두

$$h_b = f_b \frac{V^2}{2g} \quad \cdots\cdots\cdots\cdots\cdots\cdots (6\cdot23)$$

여기서, f_b : 곡관부손실계수

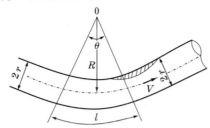

【그림 6-8】 곡관에 의한 손실

⑤ 유출손실수두

$$h_o = f_o \frac{V^2}{2g} \quad \cdots\cdots\cdots\cdots\cdots\cdots (6\cdot24)$$

여기서, f_o : 유출손실계수(큰 수조나 저수지로의 수중유출일 때
$f_o = 1$로 한다.)

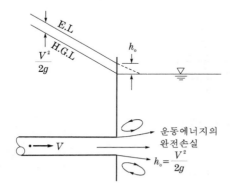

【그림 6-9】

06 관로시스템(pipeline system)

❶ 단일 관수로 내의 흐름해석

(1) 두 수조를 연결하는 등단면 관수로

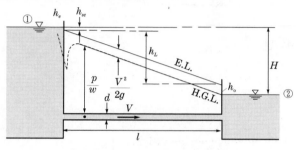

【그림 6-10】 등단면 관수로

$$\frac{V_1{}^2}{2g}+\frac{P_1}{w}+Z_1=\frac{V_2{}^2}{2g}+\frac{P_2}{w}+Z_2+h_L+\sum h_m$$

두 수조의 수면에서의 압력과 유속은 0이므로 $V_1=V_2=0$, $P_1=P_2=0$ 이다.

$$H=Z_1-Z_2=h_L+\sum h_m=h_L+h_e+h_o$$

$$H=f_e\frac{V^2}{2g}+f\frac{l}{D}\frac{V^2}{2g}+f_o\frac{V^2}{2g}=\left(f_e+f\frac{l}{D}+f_o\right)\frac{V^2}{2g}$$

① 관 속의 평균유속

$$V=\sqrt{\frac{2gH}{f_e+f\dfrac{l}{D}+f_0}}$$ ·············· (6·25)

② 관 속을 흐르는 유량

$$Q=AV=\frac{\pi D^2}{4}\sqrt{\frac{2gH}{f_e+f\dfrac{l}{D}+f_o}}$$ ·············· (6·26)

(2) 사이펀

① 사이펀(siphon) : 높은 물통에서 낮은 물통으로 관수로를 통해 송수할 때 관의 일부가 동수경사선보다 높은 경우가 있다. 이 와 같은 관수로를 사이펀이라 한다.

▶ **단일 관수로(single pipe line)**
관로가 분기 또는 합류하지 않는 한 가 닥의 관수로를 말한다.

▶ 물이 수면 1에서 2로 이동함에 따라 H만큼의 수두를 잃게 되는데, 이 것은 유입손실, 마찰손실, 유출손 실로 인한 것임을 나타낸다.

▶ 관로가 비교적 긴 경우에는 마찰 손실이 전체 수두손실의 대부분 을 차지하므로 미소손실을 완전 히 무시하여 계산을 단순화하는 것이 통례이다.

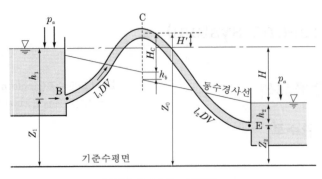

【그림 6-11】 사이펀

㉮ 유량

$$H = \left(f_e + f\frac{l_1}{D} + f_b + f\frac{l_2}{D} + f_o \right) \frac{V^2}{2g}$$

$$V = \sqrt{\frac{2gH}{1 + f_e + f_b + f\dfrac{l_1 + l_2}{D}}} \quad \cdots\cdots\cdots\cdots\cdots\cdots\cdots (6\cdot27)$$

$$\therefore \ Q = \frac{\pi D^2}{4} V \quad \cdots\cdots\cdots\cdots\cdots\cdots\cdots\cdots\cdots\cdots\cdots\cdots (6\cdot28)$$

㉯ C점의 압력은 절대압력 0 이하는 될 수 없으므로

$$H_c = -\frac{P_c}{w} = -\frac{P_a}{w} = 10.33\text{m} \fallingdotseq \boxed{8\sim9\text{m}}$$

(∵ 물속의 공기와 곡관부의 영향 때문에)

즉 $H_c = 8\sim9$m 이하일 때 사이펀이 정상적으로 작동된다.

㉰ 사이펀기능을 제대로 유지하기 위한 H의 한계치

$$H_{\max} = \frac{1 + f_e + f_b + f\dfrac{l_1 + l_2}{D}}{1 + f_e + f_b + f\dfrac{l_1}{D}} \left(\frac{P_a}{w} - H' \right) \quad \cdots\cdots\cdots\cdots (6\cdot29)$$

여기서, 사이펀의 최고점 C가 높은 물통의 수면보다 위에 있을 때는 $-H'$, 아래에 있을 때는 $+H'$를 사용한다.

② **역사이펀**(inverted siphon) : 관수로가 계곡 또는 하천을 횡단할 때 다음 그림과 같은 관을 사용한다. 이러한 관을 **역사이펀**이라 한다. 역사이펀의 설계 시 관의 최저점 C의 압력이 상당히 크게 되므로 주의해야 한다.

알•아•두•기•

➡ $H_c = 8\sim9$m를 한계치로 하여 사이펀을 설계하는 것이 보통이다.

➡ 역사이펀에 대한 수리계산은 보통의 관수로와 같다.

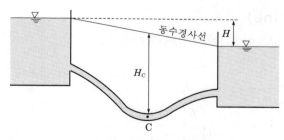

【그림 6-12】 역사이펀

② 복합관수로 내의 흐름해석

(1) 다지관수로(branching pipe line)

한 개의 교차점을 갖는 여러 개의 관이 각각 서로 다른 수조 혹은 저수지에 연결되어 있는 관로를 다지관수로라 한다. 다지관수로의 문제는 각 관을 통해 흐르는 유량을 결정하는 것으로서 교차점 0에서의 동수경사선의 위치에 따라 결정된다.

① 종류

㉠ 분기관수로 : A수조에서 B, C수조로 물이 흐르는 경우

㉡ 합류관수로 : A, B수조에서 C수조로 물이 흐르는 경우

② 다지관수로의 물이 흐르는 방향

㉠ A수조에서 B, C수조로 물이 흐르는 경우(그림 ①)

㉡ A수조에서 C수조로만 물이 흐르고 B수조의 유출입량이 없는 경우(그림 ②)

㉢ A, B수조에서 C수조로 물이 흐르는 경우(그림 ③)

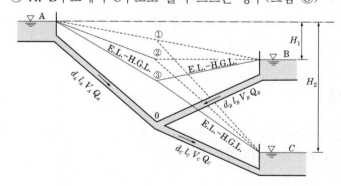

【그림 6-13】 분기 관수로

(2) 병렬관수로(paralled pipe line)

하나의 관수로가 도중에 수개의 관으로 분기되었다가 하류에서 다시 합류하는 관로를 **병렬관수로**라 한다.

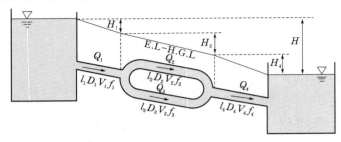

【그림 6-14】 병렬관수로

① **연속방정식**

$$Q_1 = Q_2 + Q_3 = Q_4 \quad\text{...} (6 \cdot 30)$$

② **베르누이방정식** : 미소손실이나 유속수두는 무시하는 것이 보통이므로 마찰손실만 고려하면

$$H_1 = f_1 \frac{l_1}{D_1} \frac{V_1^2}{2g}$$

$$H_2 = f_2 \frac{l_2}{D_2} \frac{V_2^2}{2g} = H_3$$

$$H_4 = f_4 \frac{l_4}{D_4} \frac{V_4^2}{2g}$$

$$\therefore H = H_1 + H_2 + H_4 = H_1 + H_3 + H_4 (\because H_2 = H_3) \quad\text{...........} (6 \cdot 31)$$

③ 병렬관수로에서 수두손실은 서로 같고($H_2 = H_3$), 총유량은 합한 것($Q_2 + Q_3$)과 같다. 이와 반대로 직렬관수로에서 수두손실은 합한 것과 같고, 유량은 서로 같다.

③ 관망(pipe network)

도시의 생활용수, 공업용수의 급수관이나 가스관과 같이 다수의 분기관, 합류관 및 곡관 등이 서로 복잡하게 연결되어 폐합회로 혹은 망을 형성하는 복합관수로를 관망이라 한다.

(1) Hardy-Cross계산법의 조건

① 각 분기점 또는 합류점에 유입하는 유량은 그 점에서 정지하지 않고 전부 유출한다.

$$\left\{ \begin{array}{l} \text{이것은 유입되는 유량의 합과 유출되는 유량의 합이 동일} \\ \text{해야 한다는 } \Sigma Q = 0 \text{조건인 연속방정식을 의미한다.} \end{array} \right\}$$

② 각 폐합관에서 손실수두의 합은 0이다.

$$\left\{ \begin{array}{l} \text{이것은 흐름의 방향(시계방향 또는 반시계방향)과는 관계} \\ \text{없이 각 폐합관에서 } \Sigma h_L = 0 \text{조건을 의미한다.} \end{array} \right\}$$

※ 손실은 마찰손실만 고려한다(관의 각 부분에서 발생되는 미소손실은 무시한다).

▶ 관망의 유량계산법은 Hardy-Cross의 방법이 가장 많이 사용되고 있다.

(2) 관망의 유량계산법

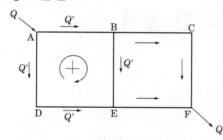

【그림 6-15】 관망

Darcy-Weisbach공식에서

$$h_L = f \frac{l}{D} \frac{V^2}{2g} = f \frac{l}{D} \frac{1}{2g} \left(\frac{4Q}{\pi D^2} \right)^2 = kQ^2$$

각 관의 유량의 가정치를 Q', 실제의 정확한 유량을 Q라 하면

$$Q = Q' + \Delta Q$$

각 관에 대한 손실수두는

$$\begin{aligned} h_{AB} &= (kQ^2)_{AB} \\ &= [k(Q' + \Delta Q)^2]_{AB} \\ &= [k(Q'^2 + 2Q'\Delta Q + \Delta Q^2)]_{AB} \\ &= [k(Q'^2 + 2Q'\Delta Q)]_{AB} \end{aligned}$$

$$\begin{aligned} h_{BE} &= (kQ^2)_{BE} \\ &= [k(Q' + \Delta Q)^2]_{BE} \\ &= [k(Q'^2 + 2Q'\Delta Q + \Delta Q^2)]_{BE} \\ &= [k(Q'^2 + 2Q'\Delta Q)]_{BE} \end{aligned}$$

▶ ΔQ는 Q'에 비해 매우 작으므로 ΔQ^2을 생략한다.

AE 사이의 손실수두는 h_{AE}는

$$h_{AE} = h_{AB} + h_{BE} = h_{AD} + h_{DE}$$

$$\therefore \ \sum h = h_{AB} + h_{BE} - h_{AD} - h_{DE} = 0$$

폐합관 ABED에 대하여 손실수두를 합하면

$$\sum h = \sum k(Q'^2 + 2Q'\Delta Q) = 0$$

$$\therefore \ \Delta Q = \frac{-\sum kQ'^2}{2\sum kQ'} = -\frac{\sum h_L'}{2\sum kQ'} \quad \cdots\cdots\cdots\cdots\cdots\cdots (6\cdot 32)$$

이것이 폐합관 ABED에 대한 보정치이다. 이 보정치 ΔQ를 이용하여 보정유량 $Q = Q' + \Delta Q$를 구해 $\sum h$가 대략 0이 될 때까지 되풀이한다.

> ▶ **보정치를 가하는 방법**
>
> 가정방향과 Q'의 방향이 일치하면 ΔQ를 가하고, 반대이면 감한다.

07 관수로의 유수에 의한 동력

(1) 수차의 동력

관수로를 통해 수차에 송수하여 동력을 얻는 경우이다.

$$E = wQH_e \ [\mathrm{kg \cdot m/s}] \quad \cdots\cdots\cdots\cdots\cdots\cdots (6\cdot 33)$$

$$= wQ(H - \sum h_L) \quad \cdots\cdots\cdots\cdots\cdots\cdots (6\cdot 34)$$

여기서, H_e : 유효낙차

　　　　H : 수차의 자연낙차

$1\mathrm{kW} = 102\mathrm{kg \cdot m/s}$이므로

$$E = \frac{wQH_e}{102} = \frac{1,000}{102}QH_e$$

$$= 9.8Q(H - \sum h_L) \ [\mathrm{kW}] \quad \cdots\cdots\cdots\cdots\cdots (6\cdot 35)$$

$1\mathrm{HP} = 75\mathrm{kg \cdot m/s}$이므로

$$E = \frac{1,000}{75}Q(H - \sum h_L) \ [\mathrm{HP}] \quad \cdots\cdots\cdots\cdots (6\cdot 36)$$

수차의 효율 η를 고려하면

$$E = 9.8Q(H - \sum h_L)\eta \ [\mathrm{kW}] \quad \cdots\cdots\cdots\cdots (6\cdot 37)$$

$$= \frac{1,000}{75}Q(H - \sum h_L)\eta \ [\mathrm{HP}] \quad \cdots\cdots\cdots\cdots (6\cdot 38)$$

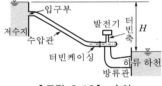

【그림 6-16】 수차

(2) 펌프의 동력

낮은 곳에 있는 물을 높은 곳으로 펌프로 양수하는 경우이다.

$$E = 9.8 \frac{Q(H + \sum h_L)}{\eta} \text{[kW]} \quad \cdots\cdots\cdots\cdots\cdots (6 \cdot 39)$$

$$= \frac{1,000}{75} \frac{Q(H + \sum h_L)}{\eta} \text{[HP]} \quad \cdots\cdots\cdots\cdots (6 \cdot 40)$$

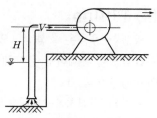

【그림 6-17】 펌프

08 수격작용과 서징, 공동현상

(1) 수격작용(water hammer)

관수로에 물이 흐를 때 밸브를 급히 닫으면 밸브위치에서의 유속은 0이 되고, 수압은 현저히 상승한다. 또 닫혀있는 밸브를 급히 열면 갑자기 흐름이 생겨 수압은 현저히 저하된다. 이와 같이 급격히 증감하는 압력을 **수격압**(water hammer pressure)이라 하고, 이러한 작용을 **수격작용**이라 한다.

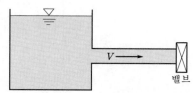

【그림 6-18】 수격작용

(2) 서징(surging)

수력발전소의 터빈으로 물을 공급하는 수압관을 폐쇄하면 수압관 속에는 수격작용이 생긴다. 이로 인한 수격파가 서지탱크 내로 유입하여 물이 진동하며 수면이 상승하게 되는데, 이러한 진동현상을 서징이라 한다.

(3) 공동현상(cavitation phenomenon)

유수 중에 국부적인 부압(－)이 생겨 증기압 이하로 되면 물속에 용해되어 있던 공기가 분리되어 물속에 공기덩어리를 조성하게 되는데, 이러한 현상을 **공동현상**이라 한다.

① 일반적으로 고체의 굴곡부에서 고속의 흐름이 있을 때 발생하며 공동 속의 압력은 증기압 때문에 절대압 0보다 약간 **크다**.

② 공동의 발생과 소멸은 **연속적**으로 생긴다.

③ 공동이 생기면 물체의 저항력이 커진다.

▶ 공동현상은 국부적인 부압이 생길 때 발생하는 현상으로 터빈이나 펌프의 날개에 큰 손상을 입히게 된다.

(4) Pitting

발생한 공동은 흐름방향으로 유하되고 압력이 큰 곳으로 이동하면서 순간적으로 압궤하면서 고체면에 강한 충격을 주게 된다. 이러한 작용을 Pitting이라 한다.

수차의 회전차, 수리구조물 등은 Pitting작용 때문에 철재, 콘크리트 등의 표면이 침식을 당하게 된다.

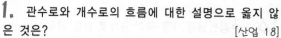

1. 관수로와 개수로의 흐름에 대한 설명으로 옳지 않은 것은? [산업 18]

① 관수로는 자유표면이 없고, 개수로는 있다.

② 관수로는 두 단면 간의 속도차로 흐르고, 개수로는 두 단면 간의 압력차로 흐른다.

③ 관수로는 점성력의 영향이 크고, 개수로는 중력의 영향이 크다.

④ 개수로는 프루드수(F_r)로 상류와 사류로 구분할 수 있다.

 **관수로의 특징**
㉮ 자유수면을 갖지 않는다.
㉯ 압력차에 의해 흐른다.

2. 관수로 내의 흐름을 지배하는 주된 힘은?

[산업 11, 12, 16, 19]

① 인력 ② 자기력

③ 중력 ④ 점성력

3. "층류상태에서는 ( )이 ( )보다 크게 되어 난류성분은 유체의 ( )에 의해서 모두 소멸된다." ( ) 안에 들어갈 적절한 말이 순서대로 바르게 짝지어진 것은?

[기사 08]

① 관성력, 점성력, 관성 ② 점성력, 관성력, 점성

③ 점성력, 중력, 점성 ④ 중력, 점성력, 중력

4. 다음 그림과 같이 반지름 R인 원형관에서 물이 층류로 흐를 때 중심부에서의 최대 속도를 V_c라 할 경우 평균속도 V_m은? [기사 17, 산업 03]

① $V_m = \dfrac{1}{2} V_c$ ② $V_m = \dfrac{1}{3} V_c$

③ $V_m = \dfrac{1}{4} V_c$ ④ $V_m = \dfrac{1}{5} V_c$

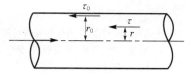 원형관 내 흐름이 포물선형 유속분포를 가질 경우에 평균유속은 관 중심축 유속의 1/2이다.

$$\frac{V_{max}}{V_m} = 2$$

5. 관내의 흐름이 층류일 때 τ와 τ_0의 관계로 옳은 것은? [산업 06, 09]

① $\tau_0 = \tau(1-r)$ ② $\tau_0 = \tau(r-1)$

③ $\tau = \tau_0\left(\dfrac{r}{r_0}\right)$ ④ $\tau = \tau_0\left(\dfrac{r_0}{r}\right)$

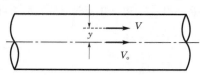 τ는 r에 비례하므로

$r_0 : \tau_0 = r : \tau$

$\therefore \tau = \tau_0 \dfrac{r}{r_0}$

6. 원관 내 흐름이 포물선형 유속분포를 가질 때 관 중심선상에서 유속이 V_o, 전단응력이 τ_o, 관벽면에서 전단응력이 τ_s, 관내의 평균유속이 V_m, 관 중심선에서 y만큼 떨어져 있는 곳의 유속이 V, 전단응력이 τ라 할 때 옳지 않은 것은? [산업 06, 17]

① $V_o > V$ ② $V_o = 2V_m$

③ $\tau_s = 2\tau_o$ ④ $\tau_s > \tau$

 ㉮ $V_o = 2V_m\left(\because \dfrac{V_o}{V_m} = 2\right)$, $V_o > V$

㉯ $\tau_s > \tau > \tau_o$

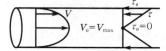

7. 점성을 가지는 유체가 흐를 때 다음 설명 중 틀린 것은? [기사 09, 15]

① 원형관 내의 층류흐름에서 유량은 점성계수에 반비례하고, 직경의 4제곱(승)에 비례한다.

② Darcy-Weisbach의 식은 원형관 내의 마찰손실수두를 계산하기 위하여 사용된다.

③ 층류의 경우 마찰손실계수는 Reynolds수에 반비례한다.

④ 에너지보정계수는 이상유체에서의 압력수두를 보정하기 위한 무차원 상수이다.

> **해설**
> ㉮ $Q = \dfrac{wh_L r_o^{\,4}}{8\mu l}$
> ㉯ 에너지보정계수는 이상유체에서의 유속수두를 보정하기 위한 무차원의 상수이다.

8. 다음 그림과 같은 관(管)에서 V의 유속으로 물이 흐르고 있을 경우에 대한 설명으로 옳지 않은 것은? [기사 11, 17]

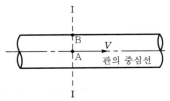

① 흐름이 층류인 경우 A점에서의 유속은 단면 I의 평균유속의 2배이다.

② A점에서의 마찰저항력은 V^2에 비례한다.

③ A점에서 B점으로 갈수록 마찰저항력은 커진다.

④ 유속은 A점에서 최대인 포물선분포를 한다.

> **해설**
> ㉮ $V_{\max} = 2V_m$
> ㉯ $\tau = \dfrac{wh_L}{2l} r$

9. 원관 내를 흐르고 있는 층류에 대한 설명으로 옳지 않은 것은? [산업 18]

① 유량은 관의 반지름의 4제곱에 비례한다.

② 유량은 단위길이당 압력강하량에 반비례한다.

③ 유속은 점성계수에 반비례한다.

④ 평균유속은 최대 유속의 $\dfrac{1}{2}$이다.

> **해설**
> ㉮ $Q = \dfrac{\pi wh_L}{8\mu l} r_0^{\,4}$
> ㉯ $V_m = \dfrac{Q}{A} = \dfrac{wh_L}{8\mu l} r^2$
> ㉰ $\dfrac{V_{\max}}{V_m} = 2$

10. 수평원형관 내를 물이 층류로 흐를 경우 Hagen-Poiseuille의 법칙에서 유량 Q에 대한 설명으로 옳은 것은? (여기서, w : 물의 단위중량, l : 관의 길이, h_L : 손실수두, μ : 점성계수) [산업 11, 18]

① 유량과 반지름 R의 관계는 $Q = \dfrac{wh_L \pi R^4}{128\mu l}$이다.

② 유량과 압력차 ΔP의 관계는 $Q = \dfrac{\Delta P \pi R^4}{8\mu l}$이다.

③ 유량과 동수경사 I의 관계는 $Q = \dfrac{w\pi I R^4}{8\mu l}$이다.

④ 유량과 지름 D의 관계는 $Q = \dfrac{wh_L \pi D^4}{8\mu l}$이다.

> **해설** Hagen-Poiseuille법칙 : $Q = \dfrac{\pi wh_L}{8\mu l} r^4 = \dfrac{\pi \Delta P r^4}{8\mu l}$

11. 매끈한 원관 속으로 완전발달상태의 물이 흐를 때 단면의 전단응력은? [기사 16]

① 관의 중심에서 0이고 관벽에서 가장 크다.

② 관벽에서 변화가 없고, 관의 중심에서 가장 큰 직선변화를 한다.

③ 단면의 어디서나 일정하다.

④ 유속분포와 동일하게 포물선형으로 변화한다.

> **해설** $\tau = \dfrac{wh_L}{2l} r$이므로 중심축에서는 $\tau = 0$이며, 관벽에서는 $\tau_{\max}$인 직선이다.

12. 관수로에 대한 설명으로 옳은 것은? [산업 16]

① 관내의 유체마찰력은 관벽면에서 가장 크고, 관 중심에서는 0이다.

② 관내의 유속은 관벽으로부터 관 중심으로 1/3 떨어진 지점에서 최대가 된다.

③ 유체마찰력의 크기는 관 중심으로부터의 거리에 반비례한다.

④ 관의 최대 유속은 평균유속의 3배이다.

◉해설 관내의 마찰력은 관벽면에서 최대이고, 관 중심에서는 0이다.

13. 지름이 4cm인 원형관 속에 물이 흐르고 있다. 관로길이 1.0m 구간에서 압력강하가 0.1N/m²이었다면 관벽의 마찰응력은? [기사 17]

① 0.001N/m² ② 0.002N/m²
③ 0.01N/m² ④ 0.02N/m²

◉해설 $\tau = \dfrac{wh_L}{2l}r = \dfrac{\Delta p}{2l}r = \dfrac{0.1}{2\times 1}\times 0.02 = 0.001\text{N/m}^2$

14. 두 단면 간의 거리가 1km, 손실수두가 5.5m, 관의 지름이 3m라고 하면 관벽의 마찰력은? (단, 무게 1kg = 9.8N) [산업 16]

① 65.5N/m² ② 26.0N/m²
③ 80.9N/m² ④ 40.4N/m²

◉해설 $\tau = \dfrac{wh_L}{2l}r = \dfrac{1\times 5.5}{2\times 1,000}\times 1.5$
$= 4.125\times 10^{-3}\text{t/m}^2 = 40.43\text{N/m}^2$

15. 관수로의 마찰손실공식 중 난류에서의 마찰손실계수 f는? [기사 18]

① 상대조도만의 함수이다.
② 레이놀즈수와 상대조도의 함수이다.
③ 프루드수와 상대조도의 함수이다.
④ 레이놀즈수만의 함수이다.

◉해설 난류인 경우의 마찰손실계수
㉮ 매끈한 관일 때 : f는 R_e만의 함수이다.
㉯ 거친 관일 때 : f는 R_e에는 관계없고 $\dfrac{e}{D}$만의 함수이다.

16. 관수로에서의 마찰손실수두에 대한 설명으로 옳은 것은? [기사 20]

① Froude수에 반비례한다.
② 관수로의 길이에 비례한다.
③ 관의 조도계수에 반비례한다.
④ 관내유속의 1/4제곱에 비례한다.

◉해설 $h_L = f\dfrac{l}{D}\dfrac{V^2}{2g}$

17. 관수로에 대한 설명 중 틀린 것은? [기사 18]

① 단면점확대로 인한 수두손실은 단면급확대로 인한 수두손실보다 클 수 있다.
② 관수로 내의 마찰손실수두는 유속수두에 비례한다.
③ 아주 긴 관수로에서는 마찰 이외의 손실수두를 무시할 수 있다.
④ 마찰손실수두는 모든 손실수두 가운데 가장 큰 것으로 마찰손실계수에 유속수두를 곱한 것과 같다.

◉해설 마찰손실수두
㉮ 관수로의 최대 손실수두이다.
㉯ $h_L = f\dfrac{l}{D}\dfrac{V^2}{2g}$

18. 관수로흐름에서 난류에 대한 설명으로 옳은 것은? [기사 17]

① 마찰손실계수는 레이놀즈수만 알면 구할 수 있다.
② 관벽조도가 유속에 주는 영향은 층류일 때보다 작다.
③ 관성력의 점성력에 대한 비율이 층류의 경우보다 크다.
④ 에너지손실은 주로 난류효과보다 유체의 점성 때문에 발생된다.

◉해설 $R_e = \dfrac{VD}{\nu} = \dfrac{\text{관성력}}{\text{점성력}}$
㉮ 층류 : $R_e \leq 2,000$
㉯ 난류 : $R_e \geq 4,000$

19. 관수로의 흐름이 층류인 경우 마찰손실계수(f)에 대한 설명으로 옳은 것은? [기사 17]

① 조도에만 영향을 받는다.
② 레이놀즈수에만 영향을 받는다.
③ 항상 0.2778로 일정한 값을 갖는다.
④ 조도와 레이놀즈수에 영향을 받는다.

◉해설 $R_e \leq 2,000$일 때 $f = \dfrac{64}{R_e}$

20. Darcy-Weisbach의 마찰손실수두공식 $h = f\dfrac{l}{D}\dfrac{V^2}{2g}$ 에 있어서 f는 마찰손실계수이다. 원형관의 관벽이 완전조면인 거친 관이고, 흐름이 난류라고 하면 f는? [기사 15]

① 프루드수만의 함수로 표현할 수 있다.
② 상대조도만의 함수로 표현할 수 있다.
③ 레이놀즈수만의 함수로 표현할 수 있다.
④ 레이놀즈수와 조도의 함수로 표현할 수 있다.

해설 완전난류의 완전히 거친 영역에서 f는 R_e에 관계없고 상대조도$\left(\dfrac{e}{D}\right)$만의 함수이다.

21. Darcy-Weisbach의 마찰손실수두공식에 관한 내용에 틀린 것은? [산업 19]
① 관의 조도에 비례한다.
② 관의 직경에 비례한다.
③ 관로의 길이에 비례한다.
④ 유속의 제곱에 비례한다.

해설 $h_L = f\dfrac{l}{D}\dfrac{V^2}{2g}$

$f = \phi\left(\dfrac{1}{R_e}, \dfrac{e}{D}\right)$

22. Darcy-Weisbach의 마찰손실공식에 대한 다음 설명 중 틀린 것은? [산업 15]
① 마찰손실수두는 관경에 반비례한다.
② 마찰손실수두는 관의 조도에 반비례한다.
③ 마찰손실수두는 물의 점성에 비례한다.
④ 마찰손실수두는 관의 길이에 비례한다.

해설 $h_L = f\dfrac{l}{D}\dfrac{V^2}{2g}$

$f = \phi\left(\dfrac{1}{R_e}, \dfrac{e}{D}\right)$

23. 마찰손실계수(f)와 Reynold수(R_e) 및 상대조도(ε/d)의 관계를 나타낸 Moody도표에 대한 설명으로 옳지 않은 것은? [기사 08, 11, 20]
① 층류와 난류의 물리적 상이점은 $f-R_e$ 관계가 한계 Reynolds수 부근에서 갑자기 변한다.
② 층류영역에서는 단일 직선이 관의 조도에 관계없이 사용된다.
③ 난류영역에서는 $f-R_e$ 곡선은 상대조도(ε/d)에 따라야 하며 Reynolds수보다는 관의 조도가 더 중요한 변수가 된다.
④ 완전난류의 완전히 거치른 영역에서 f는 R_e^{n}과 반비례하는 관계를 보인다.

해설 완전난류의 완전히 거친 영역에서 f는 R_e에 관계없고 상대조도$\left(\dfrac{e}{D}\right)$만의 함수이다.

24. 레이놀즈(Reynolds)수가 1,000인 관에 대한 마찰손실계수(f)는? [기사 10, 17, 산업 15, 17]
① 0.032
② 0.046
③ 0.052
④ 0.064

해설 $f = \dfrac{64}{R_e} = \dfrac{64}{1,000} = 0.064$

25. 상대조도(相對粗度)를 바르게 설명한 것은? [기사 15]
① 차원(次元)이 [L]이다.
② 절대조도를 관경으로 곱한 값이다.
③ 거친 원관 내의 난류인 흐름에서 속도분포에 영향을 준다.
④ 원형관 내의 난류흐름에서 마찰손실계수와 관계가 없는 값이다.

해설 거친 관의 경우 난류에서는 층류저층이 대단히 얇고 점성효과가 무시할 수 있을 정도로 작으므로 조도의 크기와 모양이 유속분포에 가장 큰 영향을 미치게 된다. 따라서 유속분포나 마찰손실계수는 Reynolds수보다는 조도의 크기 e를 포함하는 변량에 주로 좌우된다.

26. 층류저층(laminar sublayer)을 옳게 기술한 것은? [기사 01]
① 난류상태로 흐를 때 벽면 부근의 층류 부분을 말한다.
② 층류상태로 흐를 때 관바닥면에서의 흐름을 말한다.
③ Reynolds실험장치에서 관입구 부분의 흐름을 말한다.
④ 홍수 시의 하상(河床) 부분의 흐름을 말한다.

해설 ㉮ 실제 유체의 흐름에서 유체의 점성 때문에 경계면에서는 유속은 0이 되고, 경계면으로부터 멀어질수록 유속은 증가하게 된다. 그러나 경계면으로부터의 거리가 일정한 거리만큼 떨어진 다음부터는 유속이 일정하게 되는데, 이러한 영역을 **경계층**이라 한다.
㉯ 경계층 내의 흐름이 난류일 때 경계면이 대단히 매끈하면 경계면에 인접한 아주 얇은 층 내에는 층류가 존재하는데, 이를 **층류저층**이라 한다. 즉 층류저층이란 난류상태로 흐를 때 **벽면 부근의 층류 부분을 말한다.**

27. 상대조도에 관한 사항 중 옳은 것은? [기사 19]
① Chezy의 유속계수와 같다.
② Manning의 조도계수를 나타낸다.
③ 절대조도를 관지름으로 곱한 것이다.
④ 절대조도를 관지름으로 나눈 것이다.

● 해설 ▶ 상대조도 $= \dfrac{e}{D}$

28. 경심에 대한 설명으로 옳은 것은? [산업 20]
① 물이 흐르는 수로
② 물이 차서 흐르는 횡단면적
③ 유수 단면적을 윤변으로 나눈 값
④ 횡단면적과 물이 접촉하는 수로벽면 및 바닥길이

● 해설 ▶ R(경심) $= \dfrac{A(\text{단면적})}{S(\text{윤변})}$

29. 지름 1m인 원형관에 물이 가득 차서 흐른다면 이때의 경심은? [산업 15, 17]
① 0.25m
② 0.5m
③ 1.0m
④ 2.0m

● 해설 ▶ $R = \dfrac{D}{4} = \dfrac{1}{4} = 0.25\text{m}$

30. 원관의 흐름에서 수심이 반지름의 깊이로 흐를 때 경심은? [기사 10, 16]
① $D/4$
② $D/3$
③ $D/2$
④ $D/5$

● 해설 ▶ $R = \dfrac{A}{S} = \dfrac{\frac{\pi D^2}{4} \times \frac{1}{2}}{\frac{\pi D}{2}} = \dfrac{D}{4}$

31. 관벽면의 마찰력 τ_o, 유체의 밀도 ρ, 점성계수를 μ라 할 때 마찰속도(U_*)는? [기사 16]
① $\dfrac{\tau_o}{\rho\mu}$
② $\sqrt{\dfrac{\tau_o}{\rho\mu}}$
③ $\sqrt{\dfrac{\tau_o}{\rho}}$
④ $\sqrt{\dfrac{\tau_o}{\mu}}$

● 해설 ▶ $U_* = \sqrt{\dfrac{\tau_o}{\rho}}$

32. 등류의 마찰속도 u_*를 구하는 공식으로 옳은 것은? (단, H : 수심, I : 수면경사, g : 중력가속도) [산업 15]
① $u_* = \sqrt{gHI}$
② $u_* = gHI$
③ $u_* = gH^2I$
④ $u_* = gHI^2$

● 해설 ▶ $u_* = \sqrt{gRI} \fallingdotseq \sqrt{gHI}$

33. 경심이 8m, 동수경사가 1/100, 마찰손실계수 $f = 0.03$일 때 Chezy의 유속계수 C를 구한 값은? [기사 15]
① $51.1\,\text{m}^{\frac{1}{2}}/\text{s}$
② $25.6\,\text{m}^{\frac{1}{2}}/\text{s}$
③ $36.1\,\text{m}^{\frac{1}{2}}/\text{s}$
④ $44.3\,\text{m}^{\frac{1}{2}}/\text{s}$

● 해설 ▶ $f = \dfrac{8g}{C^2}$에서 $C = \sqrt{\dfrac{8g}{f}} = \sqrt{\dfrac{8 \times 9.8}{0.03}} = 51.12\text{m}^{\frac{1}{2}}/\text{s}$

34. 마찰손실계수(f)가 0.03일 때 Chezy의 평균유속계수($C\,[\text{m}^{1/2}/\text{s}]$)는? (단, Chezy의 평균유속 $V = C\sqrt{RI}$) [산업 18, 19]
① 48.1
② 51.1
③ 53.4
④ 57.4

● 해설 ▶ $f = \dfrac{8g}{C^2}$

$0.03 = \dfrac{8 \times 9.8}{C^2}$

$\therefore C = 51.12\text{m}^{\frac{1}{2}}/\text{s}$

35. Darcy–Weisbach의 마찰손실공식으로부터 Chezy의 평균유속공식을 유도한 것으로 옳은 것은? [산업 19]
① $V = \dfrac{124.5}{D^{1/3}}\sqrt{RI}$
② $V = \sqrt{\dfrac{8g}{D^{1/3}}}\sqrt{RI}$
③ $V = \sqrt{\dfrac{f}{8}}\sqrt{RI}$
④ $V = \sqrt{\dfrac{8g}{f}}\sqrt{RI}$

● 해설 ▶ $V = C\sqrt{RI} = \sqrt{\dfrac{8g}{f}}\sqrt{RI}$

36. 경심이 5m이고 동수경사가 1/200인 관로에서 Reynolds수가 1,000인 흐름의 평균유속은? [기사 16]
① 0.70m/s
② 2.24m/s
③ 5.00m/s
④ 5.53m/s

해설 ㉮ $f = \dfrac{64}{R_e} = \dfrac{64}{1,000} = 0.064$

㉯ $f = \dfrac{8g}{C^2}$

$0.064 = \dfrac{8 \times 9.8}{C^2}$

$\therefore C = 35 \text{m}^{\frac{1}{2}}/\text{s}$

㉰ $V = C\sqrt{RI} = 35\sqrt{5 \times \dfrac{1}{200}} = 5.53\text{m/s}$

37. 원형 관수로흐름에서 Manning식의 조도계수와 마찰계수와의 관계식은? (단, f는 마찰계수, n은 조도계수, d는 관의 직경, 중력가속도는 9.8m/s²이다.) [기사 15]

① $f = \dfrac{98.8n^2}{d^{1/3}}$ ② $f = \dfrac{124.5n^2}{d^{1/3}}$

③ $f = \sqrt{\dfrac{98.8n^2}{d^{1/3}}}$ ④ $f = \sqrt{\dfrac{124.5n^2}{d^{1/3}}}$

해설 $f = 124.5n^2 D^{-\frac{1}{3}}$

38. 동수반지름(R)이 10m, 동수경사(I)가 1/200, 관로의 마찰손실계수(f)가 0.04일 때 유속은? [기사 19]

① 8.9m/s ② 9.9m/s

③ 11.3m/s ④ 12.3m/s

해설 ㉮ $f = 124.5n^2 D^{-\frac{1}{3}}$

$0.04 = 124.5 \times n^2 \times (4 \times 10)^{-\frac{1}{3}}$

$\therefore n = 0.033$

㉯ $V = \dfrac{1}{n} R^{\frac{2}{3}} I^{\frac{1}{2}}$

$= \dfrac{1}{0.033} \times 10^{\frac{2}{3}} \times \left(\dfrac{1}{200}\right)^{\frac{1}{2}} = 9.95\text{m/s}$

39. 지름 20cm, 길이가 100m인 관수로흐름에서 손실수두가 0.2m라면 유속은? (단, 마찰손실계수 $f = 0.03$이다.) [산업 15]

① 0.61m/s ② 0.57m/s

③ 0.51m/s ④ 0.48m/s

해설 $h_L = f\dfrac{l}{D}\dfrac{V^2}{2g}$

$0.2 = 0.03 \times \dfrac{100}{0.2} \times \dfrac{V^2}{2 \times 9.8}$

$\therefore V = 0.51\text{m/s}$

40. 길이 130m인 관로에서 양단의 압력수두차가 8m가 되도록 하고 0.3m³/s의 물을 송수하기 위한 관의 직경은? (단, 관로의 마찰손실계수는 0.03이다) [산업 17]

① 43.0cm ② 32.5cm

③ 30.3cm ④ 25.4cm

해설 ㉮ $V = \dfrac{Q}{A} = \dfrac{0.3}{\dfrac{\pi D^2}{4}} = \dfrac{0.382}{D^2}$

㉯ $H = f\dfrac{l}{D}\dfrac{V^2}{2g}$

$8 = 0.03 \times \dfrac{130}{D} \times \dfrac{\left(\dfrac{0.382}{D^2}\right)^2}{2 \times 9.8}$

$D^5 = 3.63 \times 10^{-3}$

$\therefore D = 0.325\text{m} = 32.5\text{cm}$

41. A저수지에서 1km 떨어진 B저수지에 유량 8m³/s를 송수한다. 저수지의 수면차를 10m로 하기 위한 관의 지름은? (단, 마찰손실만을 고려하고 마찰손실계수 $f = 0.03$이다.) [산업 17]

① 2.15m ② 1.92m

③ 1.74m ④ 1.52m

해설 ㉮ $V = \dfrac{Q}{A} = \dfrac{8}{\dfrac{\pi D^2}{4}} = \dfrac{10.19}{D^2}$

㉯ $H = f\dfrac{l}{D}\dfrac{V^2}{2g}$

$10 = 0.03 \times \dfrac{1,000}{D} \times \dfrac{\left(\dfrac{10.19}{D^2}\right)^2}{2 \times 9.8}$

$D^5 = 15.89$

$\therefore D = 1.74\text{m}$

42. 관수로에서 관의 마찰손실계수가 0.02, 관의 지름이 40cm일 때 관내 물의 흐름이 100m를 흐르는 동안 2m의 마찰손실수두가 발생하였다면 관내의 유속은? [기사 18]

① 0.3m/s ② 1.3m/s

③ 2.8m/s ④ 3.8m/s

해설 $h_L = f\dfrac{l}{D}\dfrac{V^2}{2g}$

$2 = 0.02 \times \dfrac{100}{0.4} \times \dfrac{V^2}{2 \times 9.8}$

$\therefore V = 2.8\text{m/s}$

43. Darcy – Weisbach의 마찰손실계수 $f = \dfrac{64}{R_e}$ 이고 지름 0.2cm인 유리관 속을 0.8cm³/s의 물이 흐를 때 관의 길이가 1.0m에 대한 손실수두는? (단, 레이놀즈수는 500이다.) [산업 18]

① 1.1cm ② 2.1cm
③ 11.3cm ④ 21.2cm

해설 ㉮ $f = \dfrac{64}{R_e} = \dfrac{64}{500} = 0.128$

㉯ $V = \dfrac{Q}{A} = \dfrac{0.8}{\dfrac{\pi \times 0.2^2}{4}} = 25.46 \text{cm/s}$

㉰ $h_L = f \dfrac{l}{D} \dfrac{V^2}{2g}$

$= 0.128 \times \dfrac{100}{0.2} \times \dfrac{25.46^2}{2 \times 980} = 21.17 \text{cm}$

44. 관로길이 100m, 안지름 30cm의 주철관에 0.1m³/s의 유량을 송수할 때 손실수두는? (단, $v = C\sqrt{RI}$, $C = 63 m^{\frac{1}{2}}/s$ 이다.) [기사 16]

① 0.54m ② 0.67m
③ 0.74m ④ 0.88m

해설 ㉮ $f = \dfrac{8g}{C^2} = \dfrac{8 \times 9.8}{63^2} = 0.02$

㉯ $Q = AV$

$0.1 = \dfrac{\pi \times 0.3^2}{4} \times V$

$\therefore V = 1.41 \text{m/s}$

㉰ $h_L = f \dfrac{l}{D} \dfrac{V^2}{2g} = 0.02 \times \dfrac{100}{0.3} \times \dfrac{1.41^2}{2 \times 9.8} = 0.68 \text{m}$

45. 유량 147.6l/s를 송수하기 위하여 내경 0.4m의 관을 700m 설치하였을 때의 관로경사는? (단, 조도계수 $n = 0.012$, Manning공식 적용) [산업 15]

① $\dfrac{3}{700}$ ② $\dfrac{2}{700}$
③ $\dfrac{3}{500}$ ④ $\dfrac{2}{500}$

해설 ㉮ $V = \dfrac{Q}{A} = \dfrac{0.1476}{\dfrac{\pi \times 0.4^2}{4}} = 1.17 \text{m/s}$

㉯ $f = 124.5 n^2 D^{-\frac{1}{3}} = 124.5 \times 0.012^2 \times 0.4^{-\frac{1}{3}}$
$= 0.024$

㉰ $h_L = f \dfrac{l}{D} \dfrac{V^2}{2g} = 0.024 \times \dfrac{700}{0.4} \times \dfrac{1.17^2}{2 \times 9.8} = 3 \text{m}$

㉱ $I = \dfrac{h_L}{l} = \dfrac{3}{700}$

46. 지름이 20cm인 관수로에 평균유속 5m/s로 물이 흐른다. 관의 길이가 50m일 때 5m의 손실수두가 나타났다면 마찰속도(U_*)는? [기사 18]

① $U_* = 0.022 \text{m/s}$ ② $U_* = 0.22 \text{m/s}$
③ $U_* = 2.21 \text{m/s}$ ④ $U_* = 22.1 \text{m/s}$

해설 ㉮ $h_L = f \dfrac{l}{D} \dfrac{V^2}{2g}$

$5 = f \times \dfrac{50}{0.2} \times \dfrac{5^2}{2 \times 9.8}$

$\therefore f = 0.016$

㉯ $U_* = V\sqrt{\dfrac{f}{8}} = 5\sqrt{\dfrac{0.016}{8}} = 0.22 \text{m/s}$

47. 지름이 0.2cm인 미끈한 원형관 내를 유량 0.8cm³/s로 물이 흐르고 있을 때 관 1m당의 마찰손실수두는? (단, 동점성계수 $\nu = 1.12 \times 10^{-2} \text{cm}^2/s$) [산업 18]

① 20.20cm ② 21.30cm
③ 22.20cm ④ 23.20cm

해설 ㉮ $V = \dfrac{Q}{A} = \dfrac{0.8}{\dfrac{\pi \times 0.2^2}{4}} = 25.46 \text{cm/s}$

㉯ $R_e = \dfrac{VD}{\nu} = \dfrac{25.46 \times 0.2}{1.12 \times 10^{-2}} = 454.64$

㉰ $f = \dfrac{64}{R_e} = \dfrac{64}{454.64} = 0.141$

㉱ $h_L = f \dfrac{l}{D} \dfrac{V^2}{2g}$

$= 0.141 \times \dfrac{100}{0.2} \times \dfrac{25.46^2}{2 \times 980} = 23.32 \text{cm}$

48. 유량 14.13m³/s를 송수하기 위하여 안지름 3m의 주철관 980m를 설치할 경우 적당한 관로의 경사는? (단, $f = 0.03$) [산업 15]

① 1/600 ② 1/490
③ 1/200 ④ 1/100

해설 ㉮ $V = \dfrac{Q}{A} = \dfrac{14.13}{\dfrac{\pi \times 3^2}{4}} = 2\text{m/s}$

㉯ $h_L = f\dfrac{l}{D}\dfrac{V^2}{2g}$

$\therefore I = \dfrac{h_L}{l} = f\dfrac{1}{D}\dfrac{V^2}{2g}$

$= 0.03 \times \dfrac{1}{3} \times \dfrac{2^2}{2 \times 9.8} = \dfrac{1}{490}$

49. 관의 길이가 80m, 관경 400mm인 주철관으로 0.1m³/s의 유량을 송수할 때 손실수두는? (단, Chezy의 평균유속계수 C=70이다.) [산업 16]

① 1.565m ② 0.129m
③ 0.103m ④ 0.092m

해설 ㉮ $V = \dfrac{Q}{A} = \dfrac{0.1}{\dfrac{\pi \times 0.4^2}{4}} = 0.8\text{m/s}$

㉯ $f = \dfrac{8g}{C^2} = \dfrac{8 \times 9.8}{70^2} = 0.016$

㉰ $h_L = f\dfrac{l}{D}\dfrac{V^2}{2g}$

$= 0.016\dfrac{80}{0.4}\dfrac{80^2}{2 \times 9.8} = 0.104\text{m}$

50. Manning의 조도계수 n=0.012인 원관을 사용하여 1m³/s의 물을 동수경사 1/100로 송수하려 할 때 적당한 관의 지름은? [기사 18]

① 70cm ② 80cm
③ 90cm ④ 100cm

해설 $Q = A\dfrac{1}{n}R^{\frac{2}{3}}I^{\frac{1}{2}}$

$1 = \dfrac{\pi D^2}{4} \times \dfrac{1}{0.012} \times \left(\dfrac{D}{4}\right)^{\frac{2}{3}} \times \left(\dfrac{1}{100}\right)^{\frac{1}{2}}$

$D^{\frac{8}{3}} = 0.385$

$\therefore D = 0.7\text{m}$

51. 관내의 손실수두(h_L)와 유량(Q)과의 관계로 옳은 것은? (단, Darcy-Weisbach공식을 사용) [기사 17]

① $h_L \propto Q$ ② $h_L \propto Q^{1.85}$
③ $h_L \propto Q^2$ ④ $h_L \propto Q^{2.5}$

해설 $h_L = f\dfrac{l}{D}\dfrac{V^2}{2g} = f\dfrac{l}{D}\dfrac{Q^2}{2gA^2}$

$\therefore h_L \propto Q^2$

52. 유량 147.6l/s를 송수하기 위하여 안지름 0.4m의 관을 700m의 길이로 설치하였을 때 흐름의 에너지 경사는? (단, 조도계수 n=0.012, Manning공식 적용) [기사 19, 산업 18]

① $\dfrac{1}{700}$ ② $\dfrac{2}{700}$
③ $\dfrac{3}{700}$ ④ $\dfrac{4}{700}$

해설 $Q = A\dfrac{1}{n}R^{\frac{2}{3}}I^{\frac{1}{2}}$

$0.1476 = \dfrac{\pi \times 0.4^2}{4} \times \dfrac{1}{0.012} \times \left(\dfrac{0.4}{4}\right)^{\frac{2}{3}} \times I^{\frac{1}{2}}$

$\therefore I = 4.28 \times 10^{-3} = \dfrac{3}{700}$

53. n=0.013인 지름 600mm의 원형 주철관의 동수경사가 1/180일 때 유량은? (단, Manning공식을 사용할 것) [기사 15]

① 1.62m³/s ② 0.148m³/s
③ 0.458m³/s ④ 4.122m³/s

해설 ㉮ $V = \dfrac{1}{n}R^{\frac{2}{3}}I^{\frac{1}{2}} = \dfrac{1}{0.013} \times \left(\dfrac{0.6}{4}\right)^{\frac{2}{3}} \times \left(\dfrac{1}{180}\right)^{\frac{1}{2}}$

$= 1.62\text{m/s}$

㉯ $Q = AV = \dfrac{\pi \times 0.6^2}{4} \times 1.62 = 0.458\text{m}^3/\text{s}$

54. Chezy공식의 평균유속계수 C와 Manning공식의 조도계수 n 사이의 관계는? [산업 20]

① $C = nR^{\frac{1}{3}}$ ② $C = nR^{\frac{1}{6}}$
③ $C = \dfrac{1}{n}R^{\frac{1}{3}}$ ④ $C = \dfrac{1}{n}R^{\frac{1}{6}}$

해설 $C = \dfrac{1}{n}R^{\frac{1}{6}}$

55. Manning의 조도계수 n에 대한 설명으로 옳지 않은 것은? [기사 15]

① 콘크리트관이 유리관보다 일반적으로 값이 작다.

② Kutter의 조도계수보다 이후에 제안되었다.

③ Chezy의 C계수와는 $C = 1/n \times R^{1/6}$의 관계가 성립한다.

④ n의 값은 대부분 1보다 작다.

 Manning의 조도계수(n)

재료	유리관	오지관	콘크리트관
평균	0.01	0.013	0.014

56. 물이 단면적, 수로의 재료 및 동수경사가 동일한 정사각형관과 원관을 가득 차서 흐를 때 유량비(Q_s/Q_c)는? (단, Q_s : 정사각형 관의 유량, Q_c : 원관의 유량, Manning 공식을 적용) [기사 08, 12]

① 0.645 ② 0.923

③ 1.083 ④ 1.341

⑦ $A_{정사각형} = A_{원형}$ 이므로

$h^2 = \dfrac{\pi D^2}{4}$

$\therefore h = 0.89D$

⑭ 정사각형 : $R_s = \dfrac{A}{S} = \dfrac{h^2}{4h} = \dfrac{h}{4}$

원형 : $R_c = \dfrac{A}{S} = \dfrac{D}{4}$

⑮ $Q = AV = A\dfrac{1}{n}R^{\frac{2}{3}}I^{\frac{1}{2}}$

$\therefore \dfrac{Q_s}{Q_c} = \left(\dfrac{R_s}{R_c}\right)^{\frac{2}{3}} = \left(\dfrac{h}{D}\right)^{\frac{2}{3}} = \left(\dfrac{0.89D}{D}\right)^{\frac{2}{3}}$

$= 0.925$

57. 지름 D인 관을 배관할 때 마찰손실이 elbow에 의한 손실과 같도록 직선관을 배관한다면 직선관의 길이는? (단, 관의 마찰손실계수 $f = 0.025$, elbow에 의한 미소손실계수 $K = 0.9$) [기사 11, 산업 12, 20]

① $4D$ ② $8D$

③ $36D$ ④ $42D$

$f\dfrac{l}{D}\dfrac{V^2}{2g} = K\dfrac{V^2}{2g}$

$f\dfrac{l}{D} = K$

$0.025 \times \dfrac{l}{D} = 0.9$

$\therefore l = 36D$

58. 다음 그림과 같이 경사진 내경 2m의 원관 내에 유량 20m³/s의 물을 흐르게 할 경우 단면 1과 2 사이의 손실수두는? (단, 단면 1의 압력=3.0kg/cm², 단면 2의 압력=3.1kg/cm²) [산업 07]

① 1.0m
② 2.0m
③ 3.0m
④ 4.0m

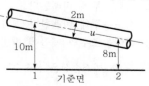

$\dfrac{V_1^2}{2g} + \dfrac{P_1}{w} + Z_1 = \dfrac{V_2^2}{2g} + \dfrac{P_2}{w} + Z_2 + \sum h$

$\dfrac{30}{1} + 10 = \dfrac{31}{1} + 8 + \sum h$

$\therefore \sum h = 1m$

59. 다음 그림에서 손실수두가 $\dfrac{3V^2}{2g}$일 때 지름 0.1m의 관을 통과하는 유량은? (단, 수면은 일정하게 유지된다.) [기사 12, 19]

① 0.085m³/s
② 0.0426m³/s
③ 0.0399m³/s
④ 0.0798m³/s

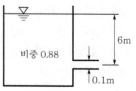

⑦ $\dfrac{V_1^2}{2g} + \dfrac{P_1}{w} + Z_1 = \dfrac{V_2^2}{2g} + \dfrac{P_2}{w} + Z_2 + \sum h_L$

$0 + 0 + 6 = \dfrac{V_2^2}{2 \times 9.8} + 0 + 0 + \dfrac{3V_2^2}{2 \times 9.8}$

$\therefore V_2 = 5.42 m/s$

⑭ $Q = A_2 V_2 = \dfrac{\pi \times 0.01^2}{4} \times 5.42 = 0.0426 m^3/s$

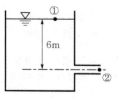

60. 보통 정도의 정밀도를 필요로 하는 관수로계산에서 마찰 이외의 손실을 무시할 수 있는 L/D의 값으로 옳은 것은? (단, L : 관의 길이, D : 관의 지름) [산업 20]

① 500 이상 ② 1,000 이상
③ 2,000 이상 ④ 3,000 이상

해설 관수로계산에서 $L/D \geq 3,000$이면 미소손실은 무시해도 좋다.

61. 관수로에서 미소손실(Minor Loss)은? [기사 16]

① 위치수두에 비례한다.
② 압력수두에 비례한다.
③ 속도수두에 비례한다.
④ 레이놀즈수의 제곱에 반비례한다.

해설 미소손실은 유속수두에 비례한다.

62. 관수로에서 발생하는 손실수두 중 가장 큰 것은? [산업 18, 19]

① 유입손실 ② 유출손실
③ 만곡손실 ④ 마찰손실

해설 관수로의 최대 손실은 관의 마찰손실이다.

63. 다음의 손실계수 중 특별한 형상이 아닌 경우 일반적으로 그 값이 가장 큰 것은? [기사 16]

① 입구손실계수(f_e)
② 단면 급확대손실계수(f_{se})
③ 단면 급축소손실계수(f_{sc})
④ 출구손실계수(f_o)

해설 손실계수 중 가장 큰 것은 유출손실계수로서 $f_o = 1$이다.

64. 단면의 일정한 긴 관에서 마찰손실만이 발생하는 경우 에너지선과 동수경사선은? [산업18]

① 일치한다.
② 교차한다.
③ 서로 나란하다.
④ 관의 두께에 따라 다르다.

해설 단면이 일정하고 마찰손실만 발생하는 경우 동수경사선은 에너지선에 대해 유속수두만큼 아래에 위치하며 서로 나란하다.

65. 다음 그림과 같이 지름 10cm인 원관이 지름 20cm로 급확대되었다. 관의 확대 전 유속이 4.9m/s라면 단면급확대에 의한 손실수두는? [기사 20]

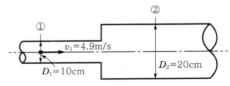

① 0.69m ② 0.96m
③ 1.14m ④ 2.45m

해설
$$h_{se} = \left(1 - \frac{A_1}{A_2}\right)^2 \frac{V_1^2}{2g} = \left\{1 - \left(\frac{D_1}{D_2}\right)^2\right\}^2 \frac{V_1^2}{2g}$$
$$= \left\{1 - \left(\frac{10}{20}\right)^2\right\}^2 \times \frac{4.9^2}{2 \times 9.8} = 0.69\text{m}$$

66. 다음 그림과 같이 흐름의 단면을 A_1에서 A_2로 급히 확대할 경우의 손실수두(h_s)를 나타내는 식은? [산업 16]

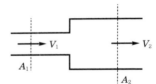

① $h_s = \left(1 - \frac{A_1}{A_2}\right)^2 \frac{V_1^2}{2g}$ ② $h_s = \left(1 - \frac{A_1}{A_2}\right)^2 \frac{V_2^2}{2g}$

③ $h_s = \left(1 + \frac{A_1}{A_2}\right)^2 \frac{V_1^2}{2g}$ ④ $h_s = \left(1 + \frac{A_2}{A_1}\right)^2 \frac{V_2^2}{2g}$

67. 수위차가 3m인 2개의 저수지를 지름 50cm, 길이 80m의 직선관으로 연결하였을 때 유량은? (단, 입구손실계수=0.5, 관의 마찰손실계수=0.0265, 출구손실계수=1.0, 이외의 손실은 없다고 한다.) [기사 15]

① 0.124m³/s ② 0.314m³/s
③ 0.628m³/s ④ 1.280m³/s

해설
㉮ $H = \left(f_e + f\dfrac{l}{D} + f_o\right)\dfrac{V^2}{2g}$

$3 = \left(0.5 + 0.0265 \times \dfrac{80}{0.5} + 1\right) \times \dfrac{V^2}{2 \times 9.8}$

$\therefore V = 3.2\text{m/s}$

㉯ $Q = AV = \dfrac{\pi \times 0.5^2}{4} \times 3.2 = 0.628\text{m}^3/\text{s}$

68. 다음 그림과 같은 단선관수로에서 200m 떨어진 곳에 내경 20cm관으로 0.0628m³/s의 물을 송수하려고 한다. 두 저수지의 수면차(H)를 얼마로 유지하여야 하는가? (단, 마찰손실계수 f=0.035, 급확대에 의한 손실계수 f_o=1.0, 급축소에 의한 손실계수 f_e=0.50이다.) [산업 19]

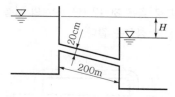

① 6.45m
② 5.45m
③ 7.45m
④ 8.27m

◉ 해설 ㉮ $Q = AV$

$$0.0628 = \frac{\pi \times 0.2^2}{4} \times V$$

$$\therefore V = 2\text{m/s}$$

㉯ $H = \left(f_e + f\frac{l}{D} + f_o\right)\frac{V^2}{2g}$

$$= \left(0.5 + 0.035 \times \frac{200}{0.2} + 1\right) \times \frac{2^2}{2 \times 9.8} = 7.45\text{m}$$

69. 수면높이차가 항상 20m인 두 수조가 지름 30cm, 길이 500m, 마찰손실계수가 0.03인 수평관으로 연결되었다면 관내의 유속은? (단, 마찰, 단면 급확대 및 급축소에 따른 손실을 고려한다.) [기사 17]

① 2.76m/s
② 4.72m/s
③ 5.76m/s
④ 6.72m/s

◉ 해설 $H = \left(f_e + f\frac{l}{D} + f_o\right)\frac{V^2}{2g}$

$$20 = \left(0.5 + 0.03 \times \frac{500}{0.3} + 1\right)\frac{V^2}{2 \times 9.8}$$

$$\therefore V = 2.76\text{m/s}$$

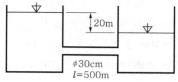

70. A저수지에서 200m 떨어진 B저수지로 지름 20cm, 마찰손실계수 0.035인 원형관으로 0.0628m³/s의 물을 송수하려고 한다. A저수지와 B저수지 사이의 수위차는? (단, 마찰손실, 단면 급확대 및 급축소손실을 고려한다.) [기사 18]

① 5.75m
② 6.94m
③ 7.14m
④ 7.45m

◉ 해설 ㉮ $V = \frac{Q}{A} = \frac{0.0628}{\frac{\pi \times 0.2^2}{4}} = 2\text{m/s}$

㉯ $H = \left(f_e + f\frac{l}{D} + f_o\right)\frac{V^2}{2g}$

$$= \left(0.5 + 0.035 \times \frac{200}{0.2} + 1\right) \times \frac{2^2}{2 \times 9.8} = 7.45\text{m}$$

71. 두 수조가 관길이 L=50m, 지름 D=0.8m, Manning의 조도계수 n=0.013인 원형관으로 연결되어 있다. 이 관을 통하여 유량 Q=1.2m³/s의 난류가 흐를 때 두 수조의 수위차(H)는? (단, 마찰, 단면 급확대 및 급축소 손실만을 고려한다.) [기사 17]

① 0.98m
② 0.85m
③ 0.54m
④ 0.36m

◉ 해설 ㉮ $V = \frac{Q}{A} = \frac{1.2}{\frac{\pi \times 0.8^2}{4}} = 2.39\text{m/s}$

㉯ $f = 124.5n^2 D^{-\frac{1}{3}}$

$$= 124.5 \times 0.013^2 \times 0.8^{-\frac{1}{3}} = 0.023$$

㉰ $H = \left(f_e + f\frac{l}{D} + f_o\right)\frac{V^2}{2g}$

$$= \left(0.5 + 0.023 \times \frac{50}{0.8} + 1\right) \times \frac{2.39^2}{2 \times 9.8} = 0.86\text{m}$$

72. 다음 그림과 같은 관수로의 말단에서 유출량은? (단, 입구손실계수=0.5, 만곡손실계수=0.2, 출구손실계수=1.0, 마찰손실계수=0.020이다.) [기사 06]

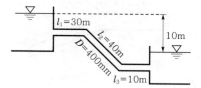

① 724l/s
② 824l/s
③ 924l/s
④ 1,024l/s

해설 ㉮ $H = \left(f_e + f\dfrac{l}{D} + f_b \times 2 + f_0\right)\dfrac{V^2}{2g}$

$10 = \left(0.5 + 0.02 \times \dfrac{30 + 40 + 10}{0.4} + 0.2 \times 2 + 1\right)$

$\times \dfrac{V^2}{2 \times 9.8}$

$\therefore V = 5.76 \text{m/s}$

㉯ $Q = AV = \dfrac{\pi \times 0.4^2}{4} \times 5.76 = 0.724\text{m}^3/\text{s} = 724l/\text{s}$

73. 다음 그림은 두 개의 수조를 연결하는 등단면 단일 관수로이다. 관의 유속을 나타낸 식은? (단, f : 마찰손실 계수, $f_o = 1.0$, $f_i = 0.5$, $\dfrac{L}{D} < 3{,}000$) [산업 15]

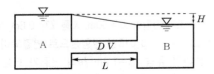

① $V = \sqrt{2gH}$

② $V = \sqrt{\dfrac{2gH}{f}\dfrac{L}{D}}$

③ $V = \sqrt{\dfrac{2gH}{1.5 + f\dfrac{L}{D}}}$

④ $V = \sqrt{\dfrac{2gH}{1.0 + f\dfrac{L}{D}}}$

해설 $H = \left(f_e + f\dfrac{l}{D} + f_o\right)\dfrac{V^2}{2g} = \left(0.5 + f\dfrac{l}{D} + 1\right)\dfrac{V^2}{2g}$

$\therefore V = \sqrt{\dfrac{2gH}{1.5 + f\dfrac{l}{D}}}$

74. 다음 그림과 같이 원관으로 된 관로에서 $D_2 = 200\text{mm}$, $Q_2 = 150l/\text{s}$이고, $D_3 = 150\text{mm}$, $V_3 = 2.2\text{m/s}$인 경우 $D_1 = 300\text{mm}$에서의 유량 Q_1은? [산업 09]

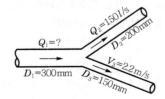

① $188.9l/\text{s}$

② $180.0l/\text{s}$

③ $170.4l/\text{s}$

④ $160.2l/\text{s}$

해설 ㉮ $Q_3 = A_3 V_3 = \dfrac{\pi \times 0.15^2}{4} \times 2.2$

$= 0.0389\text{m}^3/\text{s} = 38.9l/\text{s}$

㉯ $Q_1 = Q_2 + Q_3 = 150 + 38.9 = 188.9l/\text{s}$

75. 다음 그림과 같이 A에서 분기했다가 B에서 다시 합류하는 관수로에 물이 흐를 때 관 I과 II의 손실수두에 대한 설명으로 옳은 것은? (단, 관 I의 지름 < 관 II의 지름이며 관의 성질은 같다. [기사 20]

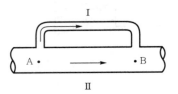

① 관 I의 손실수두가 크다.

② 관 II의 손실수두가 크다.

③ 관 I과 관 II의 손실수두는 같다.

④ 관 I과 관 II의 손실수두의 합은 0이다.

해설 병렬관수로 I, II의 손실수두는 같다.

76. 다음 그림과 같은 병렬관수로 ㉠, ㉡, ㉢에서 각 관의 지름과 관의 길이를 각각 D_1, D_2, D_3, L_1, L_2, L_3라 할 때 $D_1 > D_2 > D_3$이고 $L_1 > L_2 > L_3$이면 A점과 B점 사이의 손실수두는? [기사 19]

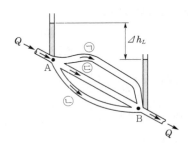

① ㉠의 손실수두가 가장 크다.

② ㉡의 손실수두가 가장 크다.

③ ㉢에서만 손실수두가 발생한다.

④ 모든 관의 손실수두가 같다.

77. 다음 그림과 같은 관로의 흐름에 대한 설명으로 옳지 않은 것은? (단, h_1, h_2는 위치 1, 2에서의 수두, h_{LA}, h_{LB}는 각각 관로 A 및 B에서의 손실수두이다) [기사 17]

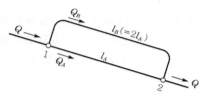

① $h_{LA} = h_{LB}$　　② $Q = Q_A + Q_B$

③ $Q_A = Q_B$　　④ $h_2 = h_1 - h_{LA}$

해설 병렬관수로

㉮ $Q = Q_A + Q_B$

㉯ $h_1 - h_2 = h_{LA} = h_{LB}$

　　∴ $h_2 = h_1 - h_{LA}$

㉰ $h_{LA} = h_{LB}$

78. 다음 그림과 같은 병렬관수로에서 $d_1 : d_2 = 3 : 1$, $l_1 : l_2 = 1 : 3$이며 $f_1 = f_2$일 때 $\dfrac{V_1}{V_2}$는? [산업 12, 16]

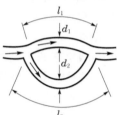

①　$\dfrac{1}{2}$　　② 1

③ 2　　④ 3

해설 $h_{L1} = h_{L2}$

$$f_1 \frac{l_1}{D_1} \frac{V_1^{\,2}}{2g} = f_2 \frac{l_2}{D_2} \frac{V_2^{\,2}}{2g}$$

$$\frac{l_1 V_1^{\,2}}{D_1} = \frac{l_2 V_2^{\,2}}{D_2}$$

$$\frac{V_1^{\,2}}{V_2^{\,2}} = \frac{l_2}{l_1} \frac{D_1}{D_2} = 3 \times 3 = 9$$

$(\because d_1 = 3d_2, \ l_2 = 3l_1)$

$$\therefore \ \frac{V_1}{V_2} = 3$$

79. 사이펀의 이론 중 동수경사선에서 정점부까지의 이론적 높이(㉠)와 실제 설계 시 적용하는 높이의 범위(㉡)로 옳은 것은? [산업 20]

① ㉠ 7.0m, ㉡ 5.6~6.0m

② ㉠ 8.0m, ㉡ 6.4~6.8m

③ ㉠ 9.0m, ㉡ 6.5~7.0m

④ ㉠ 10.3m, ㉡ 8.0~8.5m

해설 $H_c = -\dfrac{P_c}{w} = \dfrac{P_a}{w} = 10.33\text{m} \fallingdotseq 8 \sim 9\text{m}$(실제 설계 시 적용하는 높이)

80. 사이펀(siphon)에 관한 사항 중 옳지 않은 것은? [기사 03]

① 관수로의 일부가 동수경사선보다 높은 곳을 통과하는 것을 말한다.

② 사이펀 내에서는 부압(負壓)이 생기는 곳이 있다.

③ 수로(水路)가 하천이나 철도를 횡단할 때도 이것을 설치한다.

④ 사이펀의 정점과 동수경사선과의 고저차는 8.0m 이하로 설계하는 것이 보통이다.

해설 관수로가 계곡 또는 하천을 횡단할 때에는 역사이펀을 사용한다.

81. 다음 설명 중 틀린 것은? [기사 09, 20]

① 관망은 Hardy-Cross의 근사계산법으로 풀 수 있다.

② 관망계산에서 시계방향과 반시계방향으로 흐를 때의 마찰손실수두의 합은 zero라고 가정한다.

③ 관망계산 시 각 관에서의 유량을 임의로 가정해도 결과는 같아진다.

④ 관망계산 시는 극히 작은 손실도 무시하면 안 된다.

해설 Hardy-Cross관망계산법의 조건

㉮ $\Sigma Q = 0$조건 : 각 분기점 또는 합류점에 유입하는 유량은 그 점에서 정지하지 않고 전부 유출한다.

㉯ $\Sigma h_L = 0$조건 : 각 폐합관에서 시계방향 또는 반시계방향으로 흐르는 관로의 손실수두의 합은 0이다.

㉰ 관망설계 시 손실은 마찰손실만 고려한다.

82. 다음 그림과 같은 역사이펀의 A, B, C, D점에서 압력수두를 각각 P_A, P_B, P_C, P_D라 할 때 다음 사항 중 옳지 않은 것은? (단, 점선은 동수경사선으로 가정한다.) [산업 16, 19]

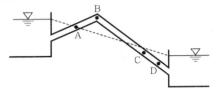

① $P_B < 0$ ② $P_C < P_D$
③ $P_C > 0$ ④ $P_A = 0$

• 해설 $P_A = 0$, $P_B < 0$, $P_D > P_C > 0$

83. Hardy-Cross의 관망계산 시 가정조건에 대한 설명으로 옳은 것은? [기사 09, 20]
① 합류점에 유입하는 유량은 그 점에서 1/2만 유출된다.
② Hardy-Cross방법은 관경에 관계없이 관수로의 분할개수에 의해 유량분배를 하면 된다.
③ 각 분기점에 유입하는 유량은 그 점에서 정지하지 않고 전부 유출한다.
④ 폐합관에서 시계방향 또는 반시계방향으로 흐르는 관로의 손실수두의 합은 0이 될 수 없다.

• 해설   Hardy-Cross관망계산법의 조건
    ㉮ $\sum Q = 0$조건 : 각 분기점 또는 합류점에 유입하는 유량은 그 점에서 정지하지 않고 전부 유출한다.
    ㉯ $\sum h_L = 0$조건 : 각 폐합관에서 시계방향 또는 반시계방향으로 흐르는 관로의 손실수두의 합은 0이다.

84. 관망(pipe network)계산에 대한 설명으로 옳지 않은 것은? [기사 16]
① 관내의 흐름은 연속방정식을 만족한다.
② 가정유량에 대한 보정을 통한 시산법(trial and error method)으로 계산한다.
③ 관내에서는 Darcy-Weisbach공식을 만족한다.
④ 임의의 두 점 간의 압력강하량은 연결하는 경로에 따라 다를 수 있다.

• 해설   관망상의 임의의 두 교차점 사이에서 발생되는 손실수두의 크기는 두 교차점을 연결하는 경로에 관계없이 일정하다($\sum h_L = 0$).

85. 관수로의 관망설계에서 각 분기점 또는 합류점에 유입하는 유량은 그 점에서 정지하지 않고 전부 유출하는 것으로 가정하여 관망을 해석하는 방법은? [산업 19]
① Manning방법
② Hardy-Cross방법
③ Darcy-Weisbach방법
④ Ganguillet-Kutter방법

• 해설   Hardy-Cross관망계산법의 조건
    ㉮ $\sum Q = 0$조건 : 각 분기점 또는 합류점에 유입하는 유량은 그 점에서 정지하지 않고 전부 유출한다.
    ㉯ $\sum h_L = 0$조건 : 각 폐합관에서 시계방향 또는 반시계방향으로 흐르는 관로의 손실수두의 합은 0이다.

86. 관망의 유량을 계산하는 방법인 Hardy-Cross의 방법에서 가정조건이 아닌 것은? [산업 17]
① 분기점에서 유입하는 유량은 그 점에서 정지하지 않고 전부 유출한다.
② 각 폐합관에서 시계방향 또는 반시계방향으로 흐르는 관로의 손실수두의 합은 0이다.
③ 합류점에 유입하는 유량은 그 점에서 정지하지 않고 전부 유출한다.
④ 보정유량 ΔQ는 크기와 상관없이 균등하게 배분하여 유량을 결정한다.

• 해설   ㉮ 보정유량 ΔQ를 가하는 방법 : 가정방향과 Q'의 방향이 일치하면 ΔQ를 가하고, 반대이면 감한다.
    ㉯ $\Delta Q = -\dfrac{\sum h_L{}'}{2\sum KQ'}$

87. 0.3m³/s의 물을 실양정 45m의 높이로 양수하는 데 필요한 펌프의 동력은? (단, 마찰손실수두는 18.6m이다.) [기사 19]
① 186.98kW   ② 196.98kW
③ 214.4kW   ④ 224.4kW

해설 $E = 9.8Q(H + \sum h)$

$= 9.8 \times 0.3 \times (45 + 18.6) = 186.98\text{kW}$

88. 관망문제해석에서 손실수두를 유량의 함수로 표시하여 사용할 경우 지름 D인 원형 단면관에 대하여 $k_L = kQ^2$으로 표시할 수 있다. 관의 특성 제원에 따라 결정되는 상수 k의 값은? (단, f는 마찰손실계수이고, l은 관의 길이이며, 다른 손실은 무시함)　　　[산업 15, 20]

① $\dfrac{0.0827fl}{D^3}$

② $\dfrac{0.0827lD}{f}$

③ $\dfrac{0.0827fl}{D^5}$

④ $\dfrac{0.0827fD}{l^2}$

해설 $h_L = f\dfrac{l}{D}\dfrac{V^2}{2g} = f\dfrac{l}{D}\dfrac{1}{2g}\left(\dfrac{4Q}{\pi D^2}\right)^2 = kQ^2$

$\therefore k = f\dfrac{l}{D}\dfrac{1}{2g}\dfrac{4^2}{\pi^2 D^4} = \dfrac{16}{2g\pi^2}\dfrac{fl}{D^5} = 0.0827\dfrac{fl}{D^5}$

89. 기계적 에너지와 마찰손실을 고려하는 베르누이정리에 관한 표현식은? (단, E_P 및 E_T는 각각 펌프 및 터빈에 의한 수두를 의미하며, 유체는 점 1에서 점 2로 흐른다.)　　　[기사 17]

① $\dfrac{{v_1}^2}{2g} + \dfrac{p_1}{\gamma} + z_1 = \dfrac{{v_2}^2}{2g} + \dfrac{p_2}{\gamma} + z_2 + E_P + E_T + h_L$

② $\dfrac{{v_1}^2}{2g} + \dfrac{p_1}{\gamma} + z_1 = \dfrac{{v_2}^2}{2g} + \dfrac{p_2}{\gamma} + z_2 - E_P - E_T - h_L$

③ $\dfrac{{v_1}^2}{2g} + \dfrac{p_1}{\gamma} + z_1 = \dfrac{{v_2}^2}{2g} + \dfrac{p_2}{\gamma} + z_2 - E_P + E_T + h_L$

④ $\dfrac{{v_1}^2}{2g} + \dfrac{p_1}{\gamma} + z_1 = \dfrac{{v_2}^2}{2g} + \dfrac{p_2}{\gamma} + z_2 + E_P - E_T + h_L$

해설 $\dfrac{{v_1}^2}{2g} + \dfrac{p_1}{\gamma} + z_1 + E_P = \dfrac{{v_2}^2}{2g} + \dfrac{p_2}{\gamma} + z_2 + E_T + h_L$

$\therefore \dfrac{{v_1}^2}{2g} + \dfrac{p_1}{\gamma} + z_1 = \dfrac{{v_2}^2}{2g} + \dfrac{p_2}{\gamma} + z_2 - E_P + E_T + h_L$

90. 관의 마찰 및 기타 손실수두를 양정고의 10%로 가정할 경우 펌프의 동력을 마력으로 구하면? (단, 유량은 $Q = 0.07\text{m}^3/\text{s}$이며, 효율은 100%로 가정한다.)　　　[기사 20]

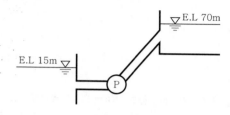

① 57.2HP

② 48.0HP

③ 51.3HP

④ 56.5HP

해설 $E = \dfrac{1,000}{75}\dfrac{Q(H + \sum h)}{\eta}$

$= \dfrac{1,000}{75} \times \dfrac{0.07 \times (55 + 55 \times 0.1)}{1} = 56.47\text{HP}$

91. 표고 20m인 저수지에서 물을 표고 50m인 지점까지 1.0m³/s의 물을 양수하는데 소요되는 펌프동력은? (단, 모든 손실수두의 합은 3.0m이고, 모든 관은 동일한 직경과 수리학적 특성을 지니며, 펌프의 효율은 80%이다.)　　　[기사 19]

① 248kW

② 330kW

③ 404kW

④ 650kW

해설 $E = 9.8\dfrac{Q(H + \sum h)}{\eta}$

$= 9.8 \times \dfrac{1 \times (30 + 3)}{0.8} = 404.25\text{kW}$

92. 동력 20,000kW, 효율 88%인 펌프를 이용하여 150m 위의 저수지로 물을 양수하려고 한다. 손실수두가 10m일 때 양수량은?　　　[기사 18]

① 15.5m³/s

② 14.5m³/s

③ 11.2m³/s

④ 12.0m³/s

해설 $E = 9.8\dfrac{Q(H + \sum h_L)}{\eta}$

$20,000 = 9.8 \times \dfrac{Q \times (150 + 10)}{0.88}$

$\therefore Q = 11.22\text{m}^3/\text{s}$

93. 어떤 수평관 속에 물이 2.8m/s의 속도와 0.46kg/cm²의 압력으로 흐르고 있다. 이 물의 유량이 0.84m³/s일 때 물의 동력은?　　　[기사 05]

① 420마력

② 42마력

③ 560마력

④ 56마력

▶해설 ㉮ $H = \dfrac{V^2}{2g} + \dfrac{P}{w} = \dfrac{2.8^2}{2 \times 9.8} + \dfrac{4.6}{1} = 5\text{m}$

㉯ $E = \dfrac{1,000}{75} QH = \dfrac{1,000}{75} \times 0.84 \times 5 = 56\text{HP}$

94. 지름 20cm, 길이 100m의 주철관으로서 매초 0.1m³의 물을 40m의 높이까지 양수하려고 한다. 펌프의 효율이 100%라 할 때 필요한 펌프의 동력은? (단, 마찰손실계수는 0.03, 유출 및 유입손실계수는 각각 1.0과 0.5이다.) [기사 11]

① 40HP   ② 65HP

③ 75HP   ④ 85HP

▶해설 ㉮ $Q = AV$

$0.1 = \dfrac{\pi \times 0.2^2}{4} \times V$

$\therefore V = 3.18\text{m/s}$

㉯ $\Sigma h = \left(f_e + f\dfrac{l}{D} + f_o\right)\dfrac{V^2}{2g}$

$= \left(0.5 + 0.03 \times \dfrac{100}{0.2} + 1\right) \times \dfrac{3.18^2}{2 \times 9.8} = 8.51\text{m}$

㉰ $E = \dfrac{1,000}{75} \dfrac{Q(H + \Sigma h)}{\eta}$

$= \dfrac{1,000}{75} \times \dfrac{0.1 \times (40 + 8.51)}{1} = 64.68\text{HP}$

95. 양정이 5m일 때 4.9kW의 펌프로 0.03m³/s를 양수했다면 이 펌프의 효율은 약 얼마인가? [기사 11, 20]

① 0.3   ② 0.4

③ 0.5   ④ 0.6

▶해설 $E = 9.8 \dfrac{QH}{\eta}$

$4.9 = 9.8 \times \dfrac{0.03 \times 5}{\eta}$

$\therefore \eta = 0.3$

96. 표고 20m인 저수지에서 물을 표고 50m인 지점까지 1.0m³/s의 물을 양수하는데 소요되는 펌프 동력은? (단, 모든 손실수두의 합은 3.0m이며 모든 관은 동일한 직경과 수리학적 특성을 지니고, 펌프의 효율은 80%이다.) [기사 08]

① 248kW   ② 330kW

③ 405kW   ④ 650kW

▶해설 ㉮ $H = 50 - 20 = 30\text{m}$

㉯ $E = 9.8 \dfrac{Q(H + \Sigma h)}{\eta}$

$= 9.8 \times \dfrac{1 \times (30 + 3)}{0.8} = 404.25\text{kW}$

97. 저수지로부터 30m 위쪽에 위치한 수조탱크에 0.35m³/s의 물을 양수하고자 할 때 펌프에 공급되어야 하는 동력은? (단, 손실수두는 무시하고, 펌프의 효율은 75%이다.) [산업 18]

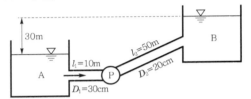

① 77.2kW   ② 102.9kW

③ 120.1kW   ④ 137.2kW

▶해설 $E = 9.8 \dfrac{Q(H + \Sigma h)}{\eta}$

$= 9.8 \times \dfrac{0.35 \times (30 + 0)}{0.75} = 137.2\text{kW}$

98. 어느 하천에서 H_m 되는 곳까지 양수하려고 한다. 양수량을 $Q[\text{m}^3/\text{s}]$, 모든 손실수두의 합을 Σh_e 펌프와 모터의 효율을 각각 η_1, η_2라 할 때 펌프의 동력을 구하는 식은? [산업 20]

① $\dfrac{9.8Q(H + \sum h_e)}{75\eta_1\eta_2}[\text{kW}]$

② $\dfrac{9.8Q(H + \sum h_e)}{\eta_1\eta_2}[\text{kW}]$

③ $\dfrac{9.8Q(H - \sum h_e)}{75\eta_1\eta_2}[\text{kW}]$

④ $\dfrac{13.33Q(H - \sum h_e)}{\eta_1\eta_2}[\text{kW}]$

▶해설 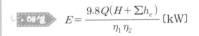 $E = \dfrac{9.8Q(H + \sum h_e)}{\eta_1\eta_2}[\text{kW}]$

99. 유량 1.5m³/s, 낙차 100m인 지점에서 발전할 때 이론수력은? [산업 19]

① 1,470W   ② 1,995W

③ 2,000W   ④ 2,470W

해설 $E = 9.8QH = 9.8 \times 1.5 \times 100 = 1,470\text{kW}$

100. 양정이 6m일 때 4.2마력의 펌프로 0.03m³/s를 양수했다면 이 펌프의 효율은? [산업 19]

① 42% ② 57%
③ 72% ④ 90%

해설 $E = \dfrac{1,000}{75}\dfrac{QH_e}{\eta}$

$4.2 = \dfrac{1,000}{75} \times \dfrac{0.03 \times 6}{\eta}$

$\therefore \eta = 0.571 = 57.1\%$

101. 관내에 유속 v로 물이 흐르고 있을 때 밸브의 급격한 폐쇄 등에 의하여 유속이 줄어들면 이에 따라 관 내에 압력의 변화가 생기는데, 이것을 무엇이라 하는가? [기사 15]

① 수격압(水擊壓)   ② 동압(動壓)
③ 정압(靜壓)   ④ 정체압(停滯壓)

해설 관수로에 물이 흐를 때 밸브를 급히 닫으면 밸브 위치에서의 유속은 0이 되고, 수압은 현저히 상승한다. 또 닫혀있는 밸브를 급히 열면 갑자기 흐름이 생겨 수압은 현저히 저하된다. 이와 같이 급격히 증감하는 압력을 수격압(water hammer pressure)이라 한다.

102. 긴 관로상의 유량조절밸브를 갑자기 폐쇄시키면 관로 내의 유량은 갑자기 크게 변화하게 되며 관내의 물의 질량과 운동량 때문에 관벽에 큰 힘을 가하게 되어 정상적인 동수압보다 몇 배의 큰 압력 상승이 일어난다. 이와 같은 현상을 무엇이라 하는가? [산업 12, 16, 17, 20]

① 공동현상   ② 도수현상
③ 수격작용   ④ 배수현상

103. 유체의 체적탄성계수가 E_w이고 밀도가 ρ일 때 압력의 전파속도 C는? (단, 유체는 용기에 담겨져 있으며, 용기는 강재임) [산업 01]

① $\sqrt{\dfrac{E_w}{\rho}}$ ② $\sqrt{\dfrac{\rho}{E_w}}$
③ $\dfrac{E_w}{\rho}$ ④ $\dfrac{\rho}{E_w}$

해설 압력의 전파속도 : $C = \sqrt{\dfrac{gE_w}{w}} = \sqrt{\dfrac{E_w}{\rho}}$

104. 직경 1m, 길이 600m인 강관 내를 유량 2m³/s의 물이 흐르고 있다. 밸브를 1초 걸려 닫았을 때 밸브 단면에서의 상승압력수두는? (단, 압력파의 전파속도는 1,000m/s이다.) [기사 12]

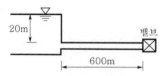

① 220m ② 260m
③ 300m ④ 500m

해설 $\Delta h = \dfrac{w}{g}\Delta V = \dfrac{1,000}{9.8} \times \dfrac{2}{\dfrac{\pi \times 1^2}{4}} = 259.84\text{m}$

여기서, Δh : 압력수두변화량
w : 압력파의 전파속도

MEMO

chapter 7

개수로

16.9%

토목기사 출제빈도표

18.9%

토목산업기사 출제빈도표

7 개수로

01 개론

(1) 정의

하천, 운하, 용수로 등을 흐르는 수류는 **자유표면**을 가진다. 이와 같은 수로를 **개수로**라 하며 흐름은 중력에 의하여 흐른다.

도시하수 혹은 우수관거와 같이 수로의 단면이 폐합단면이더라도 그 속의 흐름이 자유표면을 가질 경우에는 개수로로 취급한다.

(2) 특성

① **자유수면**을 갖는다.

② **중력**에 의하여 흐른다.

02 수리계산에 필요한 수로 단면에 관한 용어

(1) 경심(동수반경 : hydraulic radius)

$$R=\frac{A}{S} \quad \cdots\cdots (7\cdot1)$$

여기서, A : 통수 단면적

S : 윤변(마찰이 작용하는 주변 길이)

특히 수심에 비해 폭이 넓은 직사각형 단면의 경심은

$$R=\frac{A}{S}=\frac{Bh}{B+2h} \fallingdotseq \frac{Bh}{B}=h$$

알•아•두•기•

▶ 자연계의 물의 흐름은 개수로 내 흐름과 관수로 내 흐름으로 크게 분류할 수 있다.

▶ **개수로**

① 암거 : 수로, 하수도와 같이 뚜껑이 있는 수로

② 개거 : 하천, 용수로와 같이 뚜껑이 없는 인공수로

▶ 경심을 수리평균심(hydraulic mean depth) 혹은 동수수리반경(hydraulic radius)이라고도 한다.

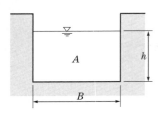

【그림 7-1】

(2) 수리수심(hydraulic depth)

$$D = \frac{A}{B}$$ ·· (7·2)

여기서, B : 수로의 폭

▶ 수리수심은 수로의 평균수심이다.

(3) 한계류계산을 위한 단면계수

$$Z = A\sqrt{D} = A\sqrt{\frac{A}{B}}$$ ·································· (7·3)

03 등류의 에너지관계

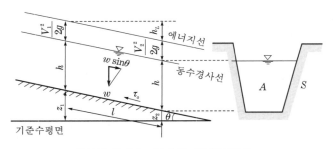

【그림 7-2】 등류의 에너지관계

① 등류 시 수로 바닥, 수면 및 에너지선이 나란하다.
② 개수로의 등류에 대하여 Bernoulli정리를 적용하면

$$\alpha \frac{V_1^2}{2g} + \frac{P_1}{w} + Z_1 = \alpha \frac{V_2^2}{2g} + \frac{P_2}{w} + Z_2 + h_L$$

손실수두 h_L은 윤변에 작용하는 마찰력 때문에 발생한다.

▶ 등류의 형성
개수로 내 윤변에서 발생하는 마찰력과 물에 작용하는 중력의 흐름방향 성분이 같을 때 등류가 형성된다.

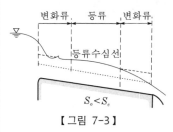

【그림 7-3】

등류 시 윤변에 작용하는 마찰력의 평균치는 마찰력과 중력의 흐름방향의 성분이 같음을 이용하여 구할 수 있다.

$$\tau_0 Sl = w\sin\theta Al$$

$$\therefore \tau_0 = w\frac{A}{S}\sin\theta = wRI \quad\cdots\cdots\cdots\cdots (7\cdot4)$$

04 평균유속(mean velocity)

(1) 유속계에 의한 평균유속측정

① 표면법

$$V_m = 0.85\,V_s \quad\cdots\cdots\cdots\cdots\cdots\cdots\cdots (7\cdot5)$$

여기서, V_s : 표면유속

② 1점법

$$V_m = V_{0.6} \quad\cdots\cdots\cdots\cdots\cdots\cdots\cdots (7\cdot6)$$

③ 2점법

$$V_m = \frac{V_{0.2} + V_{0.8}}{2} \quad\cdots\cdots\cdots\cdots\cdots (7\cdot7)$$

④ 3점법

$$V_m = \frac{V_{0.2} + 2\,V_{0.6} + V_{0.8}}{4} \quad\cdots\cdots (7\cdot8)$$

여기서, $V_{0.2}$, $V_{0.6}$, $V_{0.8}$: 표면에서 수심의 20%, 60%, 80%의 점유속

(2) 평균유속공식

① Chézy공식

$$V = C\sqrt{RI} \ [\text{m/s}] \quad\cdots\cdots\cdots\cdots\cdots (7\cdot9)$$

② Manning공식

$$V = \frac{1}{n}R^{\frac{2}{3}}I^{\frac{1}{2}} \ [\text{m/s}] \quad\cdots\cdots\cdots\cdots (7\cdot10)$$

▶ 유속분포
① 최대 유속이 생기는 점은 수면에서 $0.2h$의 깊이이다.
② 평균유속과 같은 유속의 점은 수면에서 $0.6h$의 깊이이다.

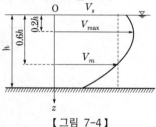
【그림 7-4】

▶ 4점법
$$V_m = \frac{1}{5}\left[(V_{0.2} + V_{0.4} + V_{0.6} + V_{0.8}) + \frac{1}{2}\left(V_{0.2} + \frac{V_{0.8}}{2}\right)\right]$$

▶ Manning공식
수로 단면의 형상과 조도가 고려된 식이며 실제 유량과 근접하므로 최근 개수로 내 등류계산에 가장 널리 사용되고 있다.

05 복합 단면수로의 등가조도

수로 단면의 윤변이 상이한 재료로 되어 있거나 혹은 조도가 판이하게 다를 경우에는 평균치로써 등가조도(equivalent roughness)를 계산하여 사용한다.

$$n = \left(\frac{\sum_{i=1}^{N} S_i n_i^{\frac{3}{2}}}{S} \right)^{\frac{2}{3}}$$

$$= \left(\frac{S_1 n_1^{\frac{3}{2}} + S_2 n_2^{\frac{3}{2}} + S_3 n_3^{\frac{3}{2}}}{S} \right)^{\frac{2}{3}} \quad \cdots\cdots\cdots\cdots\cdots\cdots (7 \cdot 11)$$

여기서, n : 등가조도

$$S = S_1 + S_2 + S_3$$

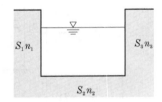

【그림 7-5】 복합 단면수로

▶ **통수능(conveyance)**

$$Q = AV = A \frac{1}{n} R^{\frac{2}{3}} I^{\frac{1}{2}} = KI^{\frac{1}{2}}$$

$$\therefore K = A \frac{1}{n} R^{\frac{2}{3}} \quad \cdots\cdots\cdots (7 \cdot 12)$$

여기서, K : 통수능

06 수리상 유리한 단면

인공수로를 만들 때 주어진 재료를 사용하여 최대의 유량이 흐르는 수로를 만들어야 한다. 이와 같이 일정한 단면적에 대하여 최대 유량이 흐르는 수로의 단면을 수리상 유리한 단면(best hydraulic cross section)이라 한다.

주어진 단면적과 수로경사, 조도에 대하여 최대 유량이 흐르는 조건은 경심(R)이 최대가 되던가, 또는 윤변(S)이 최소가 되어야 한다.

▶ **개수로의 단면형**
① 인공개수로의 경우 직사각형, 사다리꼴 등을 가장 많이 사용한다.
② 하천과 같이 유량의 변화가 큰 경우에는 복합형이 많다.
③ 자연하천은 포물선형 단면이 많다.
④ 하수도의 경우 원형, 붕형, 마제형 등을 많이 사용한다.

(1) 직사각형 단면수로

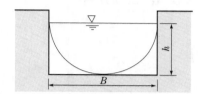

【그림 7-6】 직사각형 단면수로의 수리상 유리한 단면

$$S = 2h + B, \quad A = Bh$$

$$S = 2h + \frac{A}{h}$$

$$\frac{\partial S}{\partial h} = \frac{\partial}{\partial h}\left(2h + \frac{A}{h}\right) = 0$$

$$h = \sqrt{\frac{A}{2}} = \sqrt{\frac{Bh}{2}}$$

$$h = \frac{B}{2}, \quad R_{max} = \frac{h}{2} \quad \cdots\cdots\cdots\cdots\cdots\cdots\cdots\cdots\cdots\cdots\cdots\cdots\cdots (7\cdot13)$$

즉 가장 경제적인 구형 단면은 수심이 수로폭의 절반일 때이다.

▶ 직사각형 단면수로의 수리상 유리한 단면은 수심을 반지름으로 하는 반원에 외접하는 구형 단면이다.

(2) 사다리꼴 단면수로

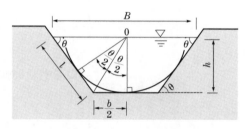

【그림 7-7】 사다리꼴 단면수로의 수리상 유리한 단면

$$l = \frac{B}{2}, \quad R_{max} = \frac{h}{2} \quad \cdots\cdots\cdots\cdots\cdots\cdots\cdots\cdots\cdots\cdots\cdots (7\cdot14)$$

즉 가장 경제적인 제형 단면은 $\theta = 60°$이므로 정육각형의 절반일 때이다.

▶ 사다리꼴 단면수로의 수리상 유리한 단면은 수심을 반지름으로 하는 반원에 외접하는 정육각형의 제형 단면이다.

07 비에너지와 한계수심, 한계경사, 한계유속

① 비에너지(specific energy)

(1) 정의

수로 바닥을 기준으로 한 단위무게의 물이 가지는 흐름의 에너지를 비에너지라 한다.

$$H_e = h + \alpha \frac{V^2}{2g} \quad\cdots\cdots (7 \cdot 15)$$

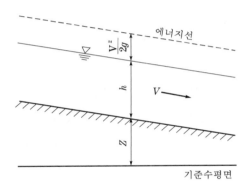

【그림 7-8】

(2) 수심에 따른 비에너지의 변화

$$H_e = h + \alpha \frac{V^2}{2g}$$

$$V = \frac{Q}{A}$$

일반적으로 $A = ah^n$이므로

$$H_e = h + \frac{\alpha Q^2}{2ga^2 h^{2n}} \quad\cdots\cdots (7 \cdot 16)$$

▶ 등류 시 비에너지값은 일정하다.

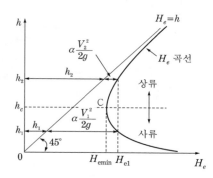

【그림 7-9】 비에너지와 수심과의 관계

① 비에너지 H_{e1}에 대한 수심은 2개(h_1, h_2)이고, 이 두 수심을 대응 수심(alternate depths)이라 한다.

② h_1에 대한 유속수두는 크고, h_2에 대한 유속수두는 작다.

③ $H_{e\min}$일 때 수심은 1개이고, 이 수심 h_c를 한계수심(critical depth) 이라 하고, 이때의 평균유속을 한계유속 V_c(critical velocity)이라 한다.

④ 상류(sub critical flow) : 수심이 한계수심보다 큰 흐름

⑤ 사류(super critical flow) : 수심이 한계수심보다 작은 흐름

> **한계수심**
>
> 주어진 수로 단면 내에서 최소의 비에 너지를 유지하면서 일정유량 Q를 유 출할 수 있는 수심이다.

(3) 수심에 따른 유량의 변화

$$Q = \sqrt{\frac{2g}{\alpha}(H_e - h)a^2 h^{2n}} \cdots\cdots\cdots\cdots\cdots\cdots\cdots\cdots\cdots (7\cdot17)$$

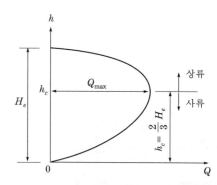

【그림 7-10】 유량과 수심과의 관계

① 비에너지가 일정할 때 한계수심에서 유량이 최대이다.

② 유량이 최대일 때를 제외하면 1개의 유량에 대응하는 수심은 항상 2개이다.

❷ 한계수심(critical depth)

$\dfrac{\partial H_e}{\partial h} = 0$ 에서

$$\dfrac{\partial H_e}{\partial h} = \dfrac{\partial}{\partial h}\left(h + \dfrac{\alpha Q^2}{2gA^2}\right) = 1 + \dfrac{\alpha Q^2}{2g}\dfrac{\partial}{\partial h}\left(\dfrac{1}{A^2}\right) = 0$$

$$1 - \dfrac{\alpha Q^2}{gA^3} \cdot \dfrac{\partial A}{\partial h} = 0 \qquad \dfrac{\partial A}{\partial h} = \dfrac{gA^3}{\alpha Q^2}$$

$A = ah^n$ 이라 하면

$$\dfrac{\partial A}{\partial h} = nah^{n-1} = \dfrac{gA^3}{\alpha Q^2} = \dfrac{ga^3 h^{3n}}{\alpha Q^2}$$

$$\therefore h_c = \left(\dfrac{n\alpha Q^2}{ga^2}\right)^{\frac{1}{2n+1}} \dotfill (7 \cdot 18)$$

(1) 직사각형 단면

$A = ah^n = bh$ 이므로 $a = b$, $n = 1$ 이다.

$$h_c = \left(\dfrac{\alpha Q^2}{gb^2}\right)^{\frac{1}{3}} \dotfill (7 \cdot 19)$$

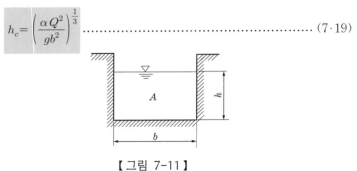

【그림 7-11】

(2) 포물선 단면

$A = ah^n = ah^{1.5}$ 이므로 $a = a$, $n = 1.5$ 이다.

$$h_c = \left(\dfrac{1.5\alpha Q^2}{ga^2}\right)^{\frac{1}{4}} \dotfill (7 \cdot 20)$$

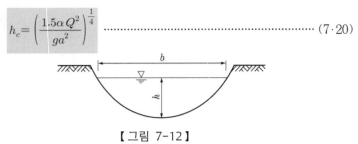

【그림 7-12】

(3) 삼각형 단면

$A = ah^n = mh^2$ 이므로 $a = m$, $n = 2$ 이다.

$$h_c = \left(\frac{2\alpha Q^2}{gm^2} \right)^{\frac{1}{5}} \quad \text{.............................} \quad (7 \cdot 21)$$

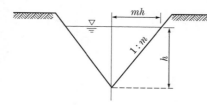

【 그림 7-13 】

❸ 한계경사(critical slope)

상류에서 사류로 변하는 단면을 지배 단면(control section)이라 하고, 이 한계의 경사를 한계경사(critical slope)라 한다. 즉 한계수심일 때의 수로경사가 한계경사이다.

$$I_c = \frac{g}{\alpha C^2} \quad \text{.......................................} \quad (7 \cdot 22)$$

여기서, I_c : 한계경사

❹ 한계유속(critical velocity)

한계수심으로 흐를 때의 유속을 한계유속이라 한다.

$$V_c = \sqrt{\frac{gh_c}{\alpha}} \quad \text{...................................} \quad (7 \cdot 23)$$

여기서, V_c : 한계유속(직사각형 수로의 경우)

08   상류와 사류의 구분

(1) 프루드수(Froude number)

$$F_r = \frac{V}{\sqrt{gh}} \quad \text{...} \quad (7 \cdot 24)$$

① $F_r < 1$ ·················· 상류(sub critical flow)

② $F_r > 1$ ·················· 사류(super critical flow)

③ $F_{rc} = 1$ ·················· 한계류(critical flow)

【표 7-1】 상류와 사류의 구분

상류	사류
$F_r < 1$	$F_r > 1$
$h > h_c$	$h < h_c$
$I < I_c$	$I > I_c$
$V < V_c$	$V > V_c$

(2) 한계Reynolds수와 한계Froude수

개수로의 흐름은 층류, 난류, 상류, 사류가 결합된 것이라 볼 수 있다.

$$R_e = \frac{VR}{\nu} \left(R_{ec} \fallingdotseq \frac{2,000}{4} = 500 \right) \cdots\cdots\cdots\cdots\cdots (7\cdot25)$$

① $R_e < 500$ ·················· 층류

② $R_e > 500$ ·················· 난류

③ $F_r < 1$ ·················· 상류

④ $F_r > 1$ ·················· 사류

09 도수

① 충력치(비력 : special force)

(1) 충력치

$$M = \eta \frac{Q}{g} V + h_G A = \text{const}(일정) \cdots\cdots\cdots\cdots (7\cdot26)$$

여기서, M : 충력치

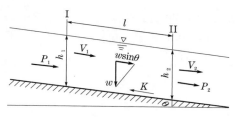

【그림 7-14】 충력치

① 충력치는 물의 단위중량당 정수압항과 운동량(동수압)항으로 구성되어 있다.
② 충력치는 흐름의 모든 단면에서 일정하다(단면 Ⅰ, Ⅱ에서 충력치가 같다).

(2) 수심에 따른 충력치의 변화

① 충력치 M_1에 대하여 2개의 수심 h_1, h_2가 존재한다. 이와 같은 2개의 수심을 대응수심(sequent depth)이라 한다.

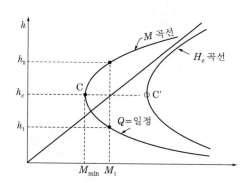

【그림 7-15】 충력치와 수심과의 관계

② 최소 충력치 M_{min}에 대한 수심은 $\dfrac{\partial M}{\partial h}=0$에서 구할 수 있다.

특히 직사각형 단면에서 $A=bh$, $h_G=\dfrac{h}{2}$이므로

$$M=\eta\frac{Q^2}{gbh}+\frac{b}{2}h^2$$

$$\frac{\partial M}{\partial h}=-\eta\frac{Q^2}{gbh^2}+bh=0$$

$$\therefore\ h=\left(\frac{\eta Q^2}{gb^2}\right)^{\frac{1}{3}} \quad\cdots\cdots\cdots (7\cdot27)$$

알·아·두·기·

▶ 충력치(비력)

단면 Ⅰ과 Ⅱ 사이의 운동량방정식은
$$\sum F=\frac{wQ}{g}(\eta V_2-\eta V_1)$$
단면 Ⅰ과 Ⅱ에 작용하는 힘은 전수압 P_1 및 P_2, 주변의 전마찰력 K, 물의 무게의 수류방향 분력 $w\sin\theta$이다.
$$\therefore\ \sum F=P_1-P_2+w\sin\theta-K$$
단면 Ⅰ과 Ⅱ 사이의 거리 l 이 짧고 θ가 작다고 하면 K와 $w\sin\theta$는 생략할 수 있으므로 역적-운동량방정식은
$$P_1-P_2=\frac{wQ}{g}(\eta V_2-\eta V_1)$$
$\eta_1=\eta_2$라 하면
$$P_1-P_2=\eta\frac{wQ}{g}(V_2-V_1)$$이다.
$P_1=wh_{G1}A_1, P_2=wh_{G2}A_2$이므로
$$\eta\frac{Q}{g}V_1+h_{G1}A_1=\eta\frac{Q}{g}V_2+h_{G2}A_2$$
$$\therefore\ M=\eta\frac{Q}{g}V+h_GA$$

$\eta = \alpha$ 라 하면 h와 h_c는 같다. 그러므로 **충력치가 최소가 되는 수심은 근사적으로 한계수심과 같다.** 그리고 대응수심은 반드시 이 수심보다 큰 수심과 작은 수심으로 되어 있다.

② 도수

사류에서 상류로 변할 때 불연속적으로 수면이 뛰는 현상을 **도수**(hydraulic jump)라 한다.

(1) 도수 후의 상류의 수심(도수고)

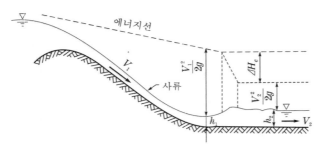

【그림 7-16】 도수현상

▶ 사류에서 상류로의 전환은 댐 여수로의 하단부에 있는 감세공 내에서 발생하는 것으로 심한 와류가 형성되어 공기를 흡입하고 수표면은 불안정하게 되나 고속흐름의 감세에 의해 세굴을 방지함으로써 하천구조물을 보호하거나 오염물질을 강제혼합시키는 등의 수단으로 도수현상을 실무에 많이 이용하고 있다.

$$\frac{h_2}{h_1} = \frac{1}{2}\left(-1 + \sqrt{1 + 8F_{r1}^{\,2}}\,\right) \quad \cdots\cdots\cdots\cdots (7\cdot28)$$

$$F_{r1} = \frac{V_1}{\sqrt{gh_1}} \quad \cdots\cdots\cdots\cdots\cdots\cdots\cdots (7\cdot29)$$

여기서, h_1 : 도수 전의 사류의 수심
$\qquad\quad h_2$: 도수 후의 상류의 수심
$\qquad\quad V_1, V_2$: 도수 전후의 평균유속

(2) 도수에 의한 에너지손실

$$\Delta H_e = \left(h_1 + \alpha\,\frac{V_1^{\,2}}{2g}\right) - \left(h_2 + \alpha\,\frac{V_2^{\,2}}{2g}\right) \text{에서}$$

$$\Delta H_e = \frac{(h_2 - h_1)^3}{4h_1h_2} \quad \cdots\cdots\cdots\cdots\cdots (7\cdot30)$$

▶ ① 사류와 상류의 비에너지차가 도수로 인한 손실량이다.
② 도수에 의한 에너지손실은 도수 전후의 수면차가 클수록 크다.

(3) 완전도수와 파상도수

① 완전도수

㉮ $\dfrac{h_2}{h_1}$가 클 때 수면은 급사면을 이루고 상승하며 급사면에 큰

맴돌이가 발생한다. 이 경우를 **완전도수**라 한다.

㉯ $F_r \geqq \sqrt{3}$일 때 발생한다.

② 파상도수(불완전도수)

㉮ $\dfrac{h_2}{h_1}$가 크지 않을 때 도수 부분은 파상을 이루고 맴돌이도 크

지 않다. 이 경우를 **파상도수**라 한다.

㉯ $1 < F_r < \sqrt{3}$일 때 발생한다.

> ▣ $F_r = 1$이면 한계류이므로 도수는 일어나지 않는다.

(4) 도수의 길이

완전도수의 길이를 구하는 실험공식으로 각 공식의 단위는 m이다.

① Smetana공식 : $l = 6(h_2 - h_1)$ ················· (7·31)

② Safranez공식 : $l = 4.5h_2$ ······················· (7·32)

③ 미국개척국공식 : $l = 6.1h_2$ ······················· (7·33)

> ▣ 도수의 표면에는 표면소용돌이가 생긴다. 이 표면소용돌이의 길이를 도수의 길이라 한다.

10 부등류의 수면곡선

① 부등류의 수면형

수심 h에 비해 폭 b가 넓은 광폭구형 단면의 경우

$$\dfrac{dh}{dx} = i\,\dfrac{h^3 - h_o^{\,3}}{h^3 - h_c^{\,3}} \quad \cdots\cdots\cdots\cdots\cdots\cdots\cdots (7\cdot34)$$

여기서, i : 수로의 경사

$h_o,\ h_c,\ h$: 등류수심, 한계수심, 점변류의 수심

(1) 완경사 $\left(I < \dfrac{g}{\alpha C^2} \right)$의 경우

① $h > h_o > h_c$일 때 : $\dfrac{dh}{dx} > 0$이므로 M_1곡선과 같은 배수곡선

(back water curve)이 생긴다.

> ▣ ① 완경사일 때 등류가 상류이므로 등류수심은 한계수심보다 크다.
> ② 급경사일 때 등류가 사류이므로 등류수심은 한계수심보다 작다.
> ③ 한계경사일 때 $h_o = h_c$이다.

② $h_o > h > h_c$일 때 : $\dfrac{dh}{dx} < 0$이므로 M_2곡선과 같은 저하곡선 (drop down curve)이 생긴다.

③ $h_o > h_c > h$일 때 : $\dfrac{dh}{dx} > 0$이므로 M_3곡선과 같은 배수곡선이 생긴다.

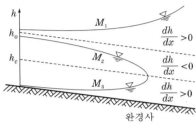

【그림 7-17】 상류 시의 수면곡선

(2) 급경사$\left(I > \dfrac{g}{\alpha C^2}\right)$의 경우

① $h > h_c > h_o$일 때 : $\dfrac{dh}{dx} > 0$이므로 S_1곡선과 같은 배수곡선이 생긴다.

② $h_c > h > h_o$일 때 : $\dfrac{dh}{dx} < 0$이므로 S_2곡선과 같은 저하곡선이 생긴다.

③ $h_c > h_o > h$일 때 : $\dfrac{dh}{dx} > 0$이므로 S_3곡선과 같은 배수곡선이 생긴다.

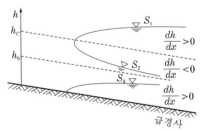

【그림 7-20】 사류 시의 수면곡선

알·아·두·기·

▶ 수면곡선형의 실례

① 완경사의 경우는 M_1, M_2, M_3곡선이다.

　M_1곡선은 상류수로에 댐을 만들 때 그 상류에서 생기며, M_2곡선은 폭포와 같이 수로경사가 갑자기 클 때 생기고, M_3곡선은 상류수로를 수문으로 막을 때 수문 하류에서 생기는 것이다.

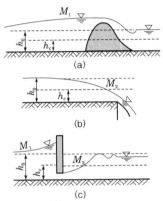

【그림 7-18】 상류에 대한 실례

② 급경사의 경우는 S_1, S_2, S_3곡선이다. S_1, S_2곡선은 사류수로에 댐을 만들 때 그 상류, 하류에서 생기며, S_3곡선은 사류수로에 수문이 있을 때 그 하류에서 생긴다.

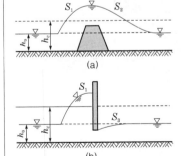

【그림 7-19】 사류에 대한 실례

(3) 한계경사 $\left(I = \dfrac{g}{\alpha C^2}\right)$의 경우

① $h > h_o = h_c$일 때 : $\dfrac{dh}{dx} > 0$이므로 C_1곡선과 같은 배수곡선이 생긴다.

② $h_o = h_c > h$일 때 : $\dfrac{dh}{dx} > 0$이므로 C_3곡선과 같은 배수곡선이 생긴다.

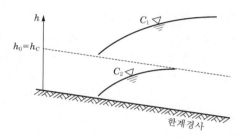

【 그림 7-21 】 한계류 시의 수면곡선

❷ 수면곡선의 계산법

계산은 지배 단면에서의 기지의 수심에서 시작하여 **상류 시에는 상류방향으로, 사류 시에는 하류방향**으로 작은 거리만큼 떨어져 있는 곳에서의 수심을 축차적으로 계산해 나간다. 이때 인접하는 두 수심 간 거리를 가능한 한 짧게 잡아 소구간의 수면곡선을 직선으로 간주할 수 있도록 해야 한다.

(1) 직접적분법(직접계산법 : direct integration)

점변류의 기본방정식을 직접적분함으로써 수면곡선을 얻는 방법이다.
① Bresse방법 : 광폭구형 단면에 국한하여 적용할 수 있다.
② Chow방법 : 어떤 단면에도 적용할 수 있으며 직접적분법 중에서 가장 많이 사용된다.

(2) 축차계산법(step-by-step method)

점변류의 구하고자 하는 수면곡선을 여러 개의 소구간으로 나누어 지배 단면에서부터 다른 쪽 끝까지 축차적으로 계산하는 방법이다.
① **직접축차계산법**(direct step method) : 단면이 일정한 수로에 적용할 수 있는 간단한 축차계산법이다.

② 표준축차계산법(standard step method) : 단면이 일정한 수로 뿐만 아니라 자연하천과 같이 단면이 불규칙한 수로에도 적용할 수 있는 일반적인 축차계산법이다.

(3) 도식 해법(graphical method)

점변류의 기본방정식을 사용하되 도식적으로 수면곡선을 계산하는 방법이다.

① 도해적분법(graphical integration method) : 도식적인 방법에 의해 점변류의 기본방정식을 적분하는 방법이다.

② 도해법(graphical method) : 어떤 단면에도 적용이 가능하며 Escoffier 도해법이 가장 대표적이다.

11 곡선수로와 굴절수로의 수류

(1) 곡선수로의 수류

유선의 곡률이 큰 상류의 흐름에서 수평면의 유속은 수로의 곡률반지름에 반비례한다($VR = \text{const}$(일정)).

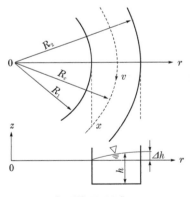

【 그림 7-23 】

(2) 굴절수로의 수류

사류로 흐르는 수류의 유속은 장파의 전파속도보다 크므로 하류에서의 수면변동이 상류로 전파할 수 없다. 따라서 A점에서 θ만큼 굴절된 사류수로에서 굴절에 의한 수면변동은 AB보다 상류로 전파할 수 없고,

알 · 아 · 두 · 기 ·

▶ 직접축차계산법의 예

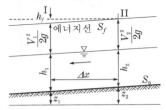

【 그림 7-22 】

① 시점수심 h_1을 알고 다음 수심 h_2를 가정한다.
② Δx를 계산한다.

$$\Delta x = \frac{E_2 - E_1}{S_0 - S_f} = \frac{\Delta E}{S_0 - S_f} \cdots (7 \cdot 35)$$

여기서, E_1, E_2 : 비에너지
S_o : 수로의 경사
S_f : 에너지경사 혹은 마찰경사

S_f : $\dfrac{n^2 V^2}{R^{\frac{4}{3}}}$이며 단면 Ⅰ, Ⅱ의 평균치를 보통 사용한다.

AB는 하나의 정지된 경사도수를 이룬다. 이와 같은 정지파선을 **충격파** (shock wave)라 하고, 굴절 전의 유선과의 각 β를 **마하각**(mach angle) 이라 한다.

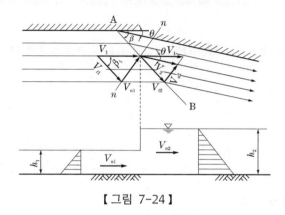

【 그림 7-24 】

12 단파

일정한 상태로 흐르고 있는 수로에서 상류에 있는 수문을 갑자기 닫 거나 열 때 또는 하류에 있는 수문을 갑자기 닫거나 열 때 흐름이 단상 이 되어 전파하는 현상을 **단파**(surge of hydraulic bore)라 한다.

예상 및 기출문제

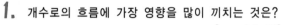

1. 개수로의 흐름에 가장 영향을 많이 끼치는 것은? [기사 06, 09]

① 유체의 밀도　② 관성력
③ 중력　④ 점성력

해설 개수로의 특징
㉮ 자유수면을 갖는다.
㉯ 중력에 의하여 흐른다.

2. 다음 그림과 같은 사다리꼴 인공수로의 유적(A)과 경심(R)은? [산업 09, 17]

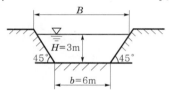

① $A=27\text{m}^2$, $R=2.64\text{m}$　② $A=27\text{m}^2$, $R=1.86\text{m}$
③ $A=18\text{m}^2$, $R=1.86\text{m}$　④ $A=18\text{m}^2$, $R=2.64\text{m}$

해설 ㉮ $A=\dfrac{6+12}{2}\times3=27\text{m}^2$

㉯ $R=\dfrac{A}{S}=\dfrac{27}{3\sqrt{2}\times2+6}=1.86\text{m}$

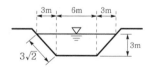

3. 일반적인 수로 단면에서 단면계수 Z_c와 수심 h의 상관식은 $Z_c^{\,2}=Ch^M$으로 표시할 수 있는데, 이 식에서 M은? [기사 20]

① 단면지수　② 수리지수
③ 윤변지수　④ 흐름지수

해설 $Z_c=A\sqrt{D}=A\sqrt{\dfrac{A}{B}}$
일반적인 단면일 때 $Z_c^{\,2}=Ch^M$로 표시하며 M을 수리지수라 한다.

4. 다음 그림과 같은 단면의 수로에 대한 경심은? [산업 12]

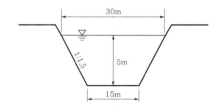

① 3.41m　② 3.55m
③ 3.73m　④ 3.92m

해설 ㉮ $S=\sqrt{7.5^2+5^2}\times2+15=33.03\text{m}$

㉯ $A=\dfrac{15+30}{2}\times5=112.5\text{m}^2$

㉰ $R=\dfrac{A}{S}=\dfrac{112.5}{33.03}=3.41\text{m}$

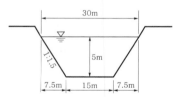

5. 직사각형의 단면(폭 4m×수심 2m)개수로에서 Manning 공식의 조도계수 $n=0.017$이고 유량 $Q=15\text{m}^3/\text{s}$일 때 수로의 경사(I)는? [기사 16]

① 1.016×10^{-3}　② 4.548×10^{-3}
③ 15.365×10^{-3}　④ 31.875×10^{-3}

해설 ㉮ $R=\dfrac{A}{S}=\dfrac{4\times2}{4+2\times2}=1\text{m}$

㉯ $Q=A\dfrac{1}{n}R^{\frac{2}{3}}I^{\frac{1}{2}}$

$15=(4\times2)\times\dfrac{1}{0.017}\times1^{\frac{2}{3}}\times I^{\frac{1}{2}}$

$\therefore\ I=1.016\times10^{-3}$

정답 1. ③ 2. ② 3. ② 4. ① 5. ①

6. 다음 그림과 같은 사다리꼴수로에 등류가 흐를 때 유량은? (단, 조도계수 $n=0.013$, 수로경사 $i=\dfrac{1}{1,000}$, 측벽의 경사$=1:1$이며 Manning공식 이용) [산업 15]

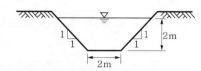

① $16.21\text{m}^3/\text{s}$ ② $18.16\text{m}^3/\text{s}$
③ $20.04\text{m}^3/\text{s}$ ④ $22.16\text{m}^3/\text{s}$

해설 ㉮ $A=\dfrac{2+6}{2}\times2=8\text{m}^2$

㉯ $R=\dfrac{A}{S}=\dfrac{8}{\sqrt{2^2+2^2}\times2+2}=1.045\text{m}$

㉰ $V=\dfrac{1}{n}R^{\frac{2}{3}}I^{\frac{1}{2}}=\dfrac{1}{0.013}\times1.045^{\frac{2}{3}}\times\left(\dfrac{1}{1,000}\right)^{\frac{1}{2}}$
$=2.505\text{m/s}$

㉱ $Q=AV=8\times2.505=20.04\text{m}^3/\text{s}$

7. 콘크리트직사각형 수로폭이 8m, 수심이 6m일 때 Chezy의 공식에서 유속계수(C)의 값은? (단, 매닝의 조도계수 $n=0.014$이다.) [산업 05, 17]

① 79   ② 83
③ 87   ④ 92

해설 ㉮ $R=\dfrac{8\times6}{8+2\times6}=2.4\text{m}$

㉯ $C=\dfrac{1}{n}R^{\frac{1}{6}}=\dfrac{1}{0.014}\times2.4^{\frac{1}{6}}=82.65$

8. 개수로 내의 흐름에 대한 설명으로 옳은 것은? [기사 10, 19]

① 에너지선은 자유표면과 일치한다.
② 동수경사선은 자유표면과 일치한다.
③ 에너지선과 동수경사선은 일치한다.
④ 동수경사선은 에너지선과 언제나 평행하다.

해설 개수로흐름
㉮ 동수경사선은 에너지선보다 유속수두만큼 아래에 위치한다.
㉯ 등류 시 에너지선과 동수경사선은 언제나 평행하다.
㉰ 동수경사선은 자유표면과 일치한다.

9. 기준면을 수로 바닥에 잡은 경우 동수경사(hydraulic gradient)를 옳게 기술한 것은? (단, 전수심 $h=P/w_0$이다.) [기사 02]

① $I=-\dfrac{\partial}{\partial S}\left(\dfrac{P}{w_0}+Z\right)$ ② $I=-\dfrac{\partial}{\partial S}\left(\dfrac{P}{w_0}-Z\right)$

③ $I=-\dfrac{\partial}{\partial S}\left(\dfrac{P}{w_0}\right)$ ④ $I=-\dfrac{\partial Z}{\partial S}$

해설 $I=-\dfrac{\partial}{\partial S}\left(\dfrac{P}{w_0}+Z\right)$이지만 기준면을 수로 바닥에 잡은 경우의 동수경사이므로 $I=-\dfrac{\partial}{\partial S}\left(\dfrac{P}{w_0}\right)$이다.

10. 개수로에 대한 설명으로 옳은 것은? [산업 15]

① 동수경사선과 에너지경사선은 항상 평행하다.
② 에너지경사선은 자유수면과 일치한다.
③ 동수경사선은 에너지경사선과 항상 일치한다.
④ 동수경사선과 자유수면은 일치한다.

해설 개수로흐름에서 동수경사선은 자유수면과 일치한다.

11. 비유량(specific discharge)에 대한 설명으로 옳은 것은? [산업 08, 10]

① 유량측정 단면에서의 유량을 그 유역의 배수면적으로 나눈 것
② 하천의 유량을 단위폭으로 나눈 것
③ 유입량을 유출량으로 나눈 것
④ 유량을 비에너지로 나눈 것

해설 하천유량의 측정단위로서 $\text{m}^3/\text{s/km}^2$를 쓸 경우도 있는데, 이것은 유량측정 단면에서의 유량(m^3/s)을 그 유역의 배수면적(km^2)으로 나눈 것으로서 비유량(specific discharge)이라 하며 크기가 다른 유역의 유출률을 비교하는 데 편리하게 사용된다.

12. 개수로의 흐름에서 등류의 흐름일 때 옳은 것은? [산업 17]

① 유속은 점점 빨라진다.
② 유속은 점점 늦어진다.
③ 유속은 일정하게 유지된다.
④ 유속은 0이다.

해설 정류 중에서 어느 단면에서나 유속과 수심이 변하지 않는 흐름을 등류라 한다.

13.
다음 그림과 같은 직사각형 수로에서 수로경사가 1/1,000인 경우 수로 바닥과 양 벽면에 작용하는 평균마찰응력은? [기사 06]

① 1.20kg/m^2
② 1.05kg/m^2
③ 0.67kg/m^2
④ 0.82kg/m^2

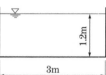

해설
$$\tau = wRI = 1 \times \frac{3 \times 1.2}{3 + 1.2 \times 2} \times \frac{1}{1,000}$$
$$= 6.67 \times 10^{-4} \text{t/m}^2 = 0.667 \text{kg/m}^2$$

14.
하천의 어느 단면에서 수심이 5m이다. 이 단면에서 연직방향의 수심별 유속자료가 다음 표와 같을 때 2점법에 의해서 평균유속을 구하면? [산업 06, 10]

수심(m)	0.0	0.5	1.0	2.0	3.0	4.0	4.5
유속(m/s)	1.1	1.5	1.3	1.1	0.8	0.5	0.2

① 0.8m/s
② 0.9m/s
③ 1.1m/s
④ 1.3m/s

해설
$$V_m = \frac{V_{0.2} + V_{0.8}}{2} = \frac{1.3 + 0.5}{2} = 0.9 \text{m/s}$$

15.
수심 2m, 폭 4m, 경사 0.0004인 직사각형 단면수로에서 유량 14.56m³/s가 흐르고 있다. 이 흐름에서 수로표면조도계수(n)는? (단, Manning공식 사용) [기사 17, 20]

① 0.0096
② 0.01099
③ 0.02096
④ 0.03099

해설
㉮ $R = \dfrac{bh}{b+2h} = \dfrac{4 \times 2}{4 + 2 \times 2} = 1\text{m}$

㉯ $Q = A \dfrac{1}{n} R^{\frac{2}{3}} I^{\frac{1}{2}}$

$14.56 = (2 \times 4) \times \dfrac{1}{n} \times 1^{\frac{2}{3}} \times 0.004^{\frac{1}{2}}$

∴ $n = 0.01099$

16.
개수로의 수면기울기가 1/1,200이고 경심 0.85m, Chezy의 유속계수 56일 때 평균유속은? [산업 17]

① 1.19m/s
② 1.29m/s
③ 1.39m/s
④ 1.49m/s

해설
$$V = C\sqrt{RI} = 56\sqrt{0.85 \times \frac{1}{1,200}} = 1.49 \text{m/s}$$

17.
수심 2m, 폭 4m인 직사각형 단면개수로에서 Manning의 평균유속공식에 의한 유량은? (단, 수로의 조도계수 $n = 0.025$, 수로경사 $I = 1/100$) [산업 18]

① 32m³/s
② 64m³/s
③ 128m³/s
④ 160m³/s

해설
㉮ $R = \dfrac{A}{S} = \dfrac{2 \times 4}{2 \times 2 + 4} = 1\text{m}$

㉯ $V = \dfrac{1}{n} R^{\frac{2}{3}} I^{\frac{1}{2}} = \dfrac{1}{0.025} \times 1^{\frac{2}{3}} \times \left(\dfrac{1}{100}\right)^{\frac{1}{2}}$
$= 4\text{m/s}$

㉰ $Q = AV = (2 \times 4) \times 4 = 32\text{m}^3/\text{s}$

18.
다음 그림과 같은 개수로에서 수로경사 $I = 0.001$, Manning의 조도계수 $n = 0.002$일 때 유량은? [기사 20]

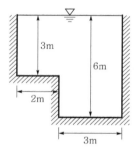

① 약 150m³/s
② 약 320m³/s
③ 약 480m³/s
④ 약 540m³/s

해설
㉮ $A = 2 \times 3 + 3 \times 6 = 24\text{m}^2$

㉯ $R = \dfrac{A}{S} = \dfrac{24}{3 + 2 + 3 + 3 + 6} = 1.41\text{m}$

㉰ $Q = A \dfrac{1}{n} R^{\frac{2}{3}} I^{\frac{1}{2}}$
$= 24 \times \dfrac{1}{0.002} \times 1.41^{\frac{2}{3}} \times 0.001^{\frac{1}{2}} = 477.16\text{m}^3/\text{s}$

19. 수로경사 $I = \dfrac{1}{2,500}$, 조도계수 $n = 0.013$의 수로에 다음 그림과 같이 물이 흐르고 있다. 평균유속은 얼마인가? (단, 매닝(Manning)의 공식에 의해 풀 것) [기사 06]

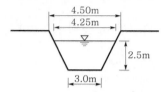

① 3.16m/s   ② 2.65m/s

③ 2.16m/s   ④ 1.65m/s

해설 ㉮ $S = 3 + 2\sqrt{2.5^2 + 0.625^2} = 8.15\text{m}$

㉯ $A = \dfrac{3 + 4.25}{2} \times 2.5 = 9.06\text{m}^2$

㉰ $V = \dfrac{1}{n} R^{\frac{2}{3}} I^{\frac{1}{2}}$

$= \dfrac{1}{0.013} \times \left(\dfrac{9.06}{8.15}\right)^{\frac{2}{3}} \times \left(\dfrac{1}{2,500}\right)^{\frac{1}{2}} = 1.65\text{m/s}$

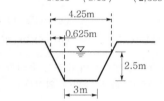

20. 수로의 경사 및 단면의 형상이 주어질 때 최대 유량이 흐르는 조건은? [기사 16, 18, 19, 산업 12, 18]

① 윤변이 최대이거나 경심이 최소일 때

② 수로폭이 최소이거나 수심이 최대일 때

③ 윤변이 최소이거나 경심이 최대일 때

④ 수심이 최소이거나 경심이 최대일 때

해설 주어진 단면적과 수로의 경사에 대하여 경심이 최대 혹은 윤변이 최소일 때 최대 유량이 흐르고, 이러한 단면을 수리상 유리한 단면이라 한다.

21. 수리학상 유리한 단면에 관한 설명 중 옳지 않은 것은? [기사 19]

① 주어진 단면에서 윤변이 최소가 되는 단면이다.

② 직사각형 단면일 경우 수심이 폭의 1/2인 단면이다.

③ 최대 유량의 소통을 가능하게 하는 가장 경제적인 단면이다.

④ 수심을 반지름으로 하는 반원을 외접원으로 하는 제형 단면이다.

해설 사다리꼴 단면수로의 수리상 유리한 단면은 수심을 반지름으로 하는 반원을 내접원으로 하는 사다리꼴 단면이다.

22. 수리학적으로 유리한 단면에 관한 내용으로 옳지 않은 것은? [기사 20]

① 동수반경을 최대로 하는 단면이다.

② 구형에서는 수심이 폭의 반과 같다.

③ 사다리꼴에서는 동수반경이 수심의 반과 같다.

④ 수리학적으로 가장 유리한 단면의 형태는 이등변직각삼각형이다.

해설 수리학적으로 가장 유리한 단면의 형태는 원형이다.

23. 최적수리 단면(수리학적으로 가장 유리한 단면)에 대한 설명으로 틀린 것은? [산업 17]

① 동수반경(경심)이 최소일 때 유량이 최대가 된다.

② 수로의 경사, 조도계수, 단면이 일정할 때 최대 유량을 통수시키게 하는 가장 경제적인 단면이다.

③ 최적수리단면에서는 직사각형 수로 단면이나 사다리꼴수로 단면이나 모두 동수반경이 수심의 절반이 된다.

④ 기하학적으로는 반원단면이 최적수리 단면이나 시공상의 이유로 직사각형 단면 또는 사다리꼴 단면이 주로 사용된다.

해설 주어진 단면적과 수로의 경사에 대하여 경심이 최대 혹은 윤변이 최소일 때 최대 유량이 흐르고, 이러한 단면을 수리상 유리한 단면이라 한다.

24. 개수로에서 단면적이 일정할 때 수리학적으로 유리한 단면에 해당되지 않는 것은? (단, H : 수심, R_h : 동수반경, l : 측면의 길이, B : 수면폭, P : 윤변, θ : 측면의 경사) [기사 17]

① H를 반지름으로 하는 반원에 외접하는 직사각형 단면

② R_h가 최대 또는 P가 최소인 단면

③ $H = B/2$이고 $R_h = B/2$인 직사각형 단면

④ $l = B/2$, $R_h = H/2$, $\theta = 60°$인 사다리꼴 단면

해설 수리상 유리한 단면

㉮ 직사각형 단면 : $B = 2h$, $R = \dfrac{h}{2}$

㉯ 사다리꼴 단면 : $B = 2l$, $R = \dfrac{h}{2}$, $\theta = 60°$

25. 수로폭이 B이고 수심이 H인 직사각형 수로에서 수리학상 유리한 단면은? [산업 18]

① $B = H^2$ ② $B = 0.3H^2$

③ $B = 0.5H$ ④ $B = 2H$

• 해설 직사각형 단면의 수리상 유리한 단면 : $B = 2H$, $R = \dfrac{H}{2}$

26. 수면경사가 1/500인 직사각형 수로에 유량이 50m³/s로 흐를 때 수리상 유리한 단면의 수심(h)은? (단, Manning공식을 이용하며 $n = 0.023$) [산업 20]

① 0.8m   ② 1.1m

③ 2.0m   ④ 3.1m

• 해설 직사각형 수로의 수리상 유리한 단면은 $b = 2h$, $R = \dfrac{h}{2}$이므로

$$A = bh = 2h \times h = 2h^2$$

$$Q = A\frac{1}{n}R^{\frac{2}{3}}I^{\frac{1}{2}} = 2h^2 \frac{1}{n}\left(\frac{h}{2}\right)^{\frac{2}{3}}I^{\frac{1}{2}}$$

$$50 = 2h^2 \times \frac{1}{0.023} \times \left(\frac{h}{2}\right)^{\frac{2}{3}} \times \left(\frac{1}{500}\right)^{\frac{1}{2}}$$

$$h^{\frac{8}{3}} = 20.41m$$

$$\therefore h = 3.1m$$

27. 직사각형 단면개수로의 수리상 유리한 형상의 단면에서 수로의 수심이 2m라면 이 수로의 경심(R)은? [산업 16]

① 0.5m   ② 1m

③ 2m   ④ 4m

• 해설 $R_{max} = \dfrac{h}{2} = \dfrac{2}{2} = 1m$

28. 10m³/s의 유량을 흐르게 할 수리학적으로 가장 유리한 직사각형 개수로 단면을 설계할 때 개수로의 폭은? (단, Manning공식을 이용하며 수로경사 $I = 0.001$, 조도계수 $n = 0.020$이다.) [산업 20]

① 2.66m   ② 3.16m

③ 3.66m   ④ 4.16m

• 해설 ㉮ 수리상 유리한 단면에서 $b = 2h$, $R = \dfrac{h}{2}$이므로

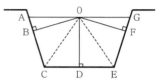

$$Q = AV = bh\frac{1}{n}R^{\frac{2}{3}}I^{\frac{1}{2}} = 2h \times h \times \frac{1}{n}\left(\frac{h}{2}\right)^{\frac{2}{3}}I^{\frac{1}{2}}$$

$$10 = 2h^2 \times \frac{1}{0.02} \times \left(\frac{h}{2}\right)^{\frac{2}{3}} \times 0.001^{\frac{1}{2}}$$

$$h^{\frac{8}{3}} = 5.02m$$

$$\therefore h = 1.83m$$

㉯ $b = 2h = 2 \times 1.83 = 3.66m$

29. 다음 그림과 같은 사다리꼴수로에서 수리상 유리한 단면으로 설계된 경우의 조건은? [기사 20]

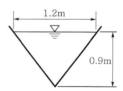

① OB=OD=OF   ② OA=OD=OG

③ OC=OG+OA=OE   ④ OA=OC=OE=OG

• 해설 사다리꼴 단면수로의 수리상 유리한 단면은 수심을 반지름으로 하는 반원에 외접하는 정육각형의 제형 단면이다.

$$\therefore OB = OD = OF$$

30. 수면폭이 1.2m인 V형 삼각수로에서 2.8m³/s의 유량이 0.9m 수심으로 흐른다면 이때의 비에너지는? (단, 에너지보정계수 $\alpha = 1$로 가정한다.) [기사 17]

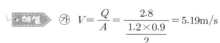

① 0.9m   ② 1.14m

③ 1.84m   ④ 2.27m

• 해설 ㉮ $V = \dfrac{Q}{A} = \dfrac{2.8}{\dfrac{1.2 \times 0.9}{2}} = 5.19$m/s

㉯ $H_e = h + \alpha\dfrac{V^2}{2g} = 0.9 + \dfrac{5.19^2}{2 \times 9.8} = 2.27m$

31. 직사각형 단면의 수로에서 단위폭당 유량이 0.4m³/s/m 이고 수심이 0.8m일 때 비에너지는? (단, 에너지보정계수는 1.0으로 함) [기사 15, 19]

① 0.801m   ② 0.813m

③ 0.825m   ④ 0.837m

> **해설** ㉮ $V = \dfrac{Q}{A} = \dfrac{0.4}{0.8 \times 1} = 0.5 \text{m/s}$
>
> ㉯ $H_e = h + \alpha \dfrac{V^2}{2g} = 0.8 + 1 \times \dfrac{0.5^2}{2 \times 9.8} = 0.813 \text{m}$

32. 개수로의 흐름에서 비에너지의 정의로 옳은 것은? [기사 19]

① 단위중량의 물이 가지고 있는 에너지로 수심과 속도수두의 합

② 수로의 한 단면에서 물이 가지고 있는 에너지를 단면적으로 나눈 값

③ 수로의 두 단면에서 물이 가지고 있는 에너지를 수심으로 나눈 값

④ 압력에너지와 속도에너지의 비

> **해설** 비에너지는 수로 바닥을 기준으로 한 단위중량의 물이 가지고 있는 흐름의 에너지이다.

33. 폭 9m의 직사각형 수로에 16.2m³/s의 유량이 92cm의 수심으로 흐르고 있다. 장파의 전파속도 C와 비에너지 E는? (단, 에너지보정계수 $\alpha = 1.0$) [기사 16]

① $C = 2.0 \text{m/s}$, $E = 1.015 \text{m}$

② $C = 2.0 \text{m/s}$, $E = 1.115 \text{m}$

③ $C = 3.0 \text{m/s}$, $E = 1.015 \text{m}$

④ $C = 3.0 \text{m/s}$, $E = 1.115 \text{m}$

> **해설** ㉮ $C = \sqrt{gh} = \sqrt{9.8 \times 0.92} = 3 \text{m/s}$
>
> ㉯ $H_e = h + \alpha \dfrac{V^2}{2g} = 0.92 + 1 \times \dfrac{\left(\dfrac{16.2}{9 \times 0.92}\right)^2}{2 \times 9.8}$
>
> $= 1.115 \text{m}$

34. 개수로 내의 흐름에서 비에너지(specific energy, H_e) 가 일정할 때 최대 유량이 생기는 수심 h로 옳은 것은? (단, 개수로의 단면은 직사각형이고 $\alpha = 1$이다.) [기사 20]

① $h = H_e$ ② $h = \dfrac{1}{2} H_e$

③ $h = \dfrac{2}{3} H_e$ ④ $h = \dfrac{3}{4} H_e$

35. 개수로에서의 흐름에 대한 설명 중 맞는 것은? [기사 09, 15, 17]

① 한계류상태에서는 수심의 크기가 속도수두의 2배가 된다.

② 유량이 일정할 때 상류(常流)에서는 수심이 작아질수록 유속도 작아진다.

③ 흐름이 상류(常流)에서 사류(射流)로 바뀔 때에는 도수와 함께 큰 에너지손실을 동반한다.

④ 비에너지는 수평기준면을 기준으로 한 단위무게의 유수가 가진 에너지를 말한다.

> **해설** ㉮ 한계류일 때 수심 $h_c = 2\dfrac{V^2}{2g}$이다.
>
> ㉯ 유량이 일정할 때 수심이 클수록 유속이 작아진다.
>
> ㉰ 사류에서 상류로 변할 때 불연속적으로 수면이 뛰는 현상을 도수라 한다.
>
> ㉱ 수로 바닥을 기준으로 한 단위무게의 물이 가지는 흐름의 에너지를 비에너지라 한다.

36. 비에너지(specific energy)에 관한 설명으로 옳지 않은 것은? [산업 17]

① 한계류인 경우 비에너지는 최대가 된다.

② 상류인 경우 수심의 증가에 따라 비에너지가 증가한다.

③ 사류인 경우 수심의 감소에 따라 비에너지가 증가한다.

④ 어느 수로 단면의 수로 바닥을 기준으로 하여 측정한 단위무게의 물이 가지는 흐름의 에너지이다.

> **해설** 비에너지
>
> ㉮ 한계류일 때 비에너지는 최소이다.
>
> ㉯ 상류일 때는 수심이 커짐에 따라 비에너지는 커진다.
>
> ㉰ 사류일 때는 수심이 작아짐에 따라 비에너지는 커진다.

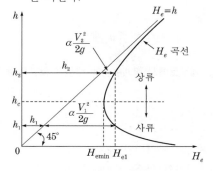

▲ 비에너지와 수심과의 관계

37. 비에너지와 한계수심에 관한 설명 중 옳지 않은 것은? [기사 05, 18]

① 비에너지는 수로의 바닥을 기준으로 한 단위무게의 유수가 가지는 에너지이다.

② 유량이 일정할 때 비에너지가 최소가 되는 수심이 한계수심이 된다.

③ 비에너지가 일정할 때 한계수심으로 흐르면 유량이 최소로 된다.

④ 직사각형 단면의 수로에서 한계수심은 비에너지의 2/3이다.

▶해설 ㉮ 유량이 일정할 때 비에너지가 최소가 되는 수심이 한계수심이다.
㉯ 비에너지가 일정할 때 한계수심으로 흐르면 유량이 최대이다.

38. 비에너지와 수심의 관계그래프에서 한계수심보다 수심이 작은 흐름은? [산업 08, 16]

① 사류   ② 상류
③ 한계류   ④ 난류

▶해설 ㉮ 상류 : $h > h_c$
㉯ 사류 : $h < h_c$
㉰ 한계류 : $h = h_c$

39. 개수로 내 흐름에 있어서 한계수심에 대한 설명으로 옳은 것은? [기사 17]

① 상류 쪽의 저항이 하류 쪽의 조건에 따라 변한다.

② 유량이 일정할 때 비력이 최대가 된다.

③ 유량이 일정할 때 비에너지가 최소가 된다.

④ 비에너지가 일정할 때 유량이 최소가 된다.

▶해설 ㉮ 유량이 일정할 때 $H_{e\min}$ 이 되는 수심이다.
㉯ H_e 가 일정할 때 $Q_{\max}$ 이 되는 수심이다.

40. 개수로에서 한계수심에 대한 설명으로 옳은 것은? [기사 19, 산업 19]

① 사류흐름의 수심

② 상류흐름의 수심

③ 비에너지가 최대일 때의 수심

④ 비에너지가 최소일 때의 수심

▶해설 유량이 일정할 때 비에너지가 최소가 되는 수심이 한계수심이다.

41. 개수로를 따라 흐르는 한계류에 대한 설명으로 옳지 않은 것은? [산업 17]

① 주어진 유량에 대하여 비에너지(specific energy)가 최소이다.

② 주어진 비에너지에 대하여 유량이 최대이다.

③ 프루드(Froude)수는 1이다.

④ 일정한 유량에 대한 비력(specific force)이 최대이다.

▶해설 한계류
㉮ 유량이 일정할 때 $H_{e\min}$ 이다.
㉯ H_e 가 일정할 때 $Q_{\max}$ 이다.
㉰ $F_r = 1$
㉱ 비력(충력치)이 근사적으로 최소이다.

42. 사각형 광폭수로에서 한계류에 대한 설명으로 틀린 것은? [기사 05, 산업 09, 18]

① 주어진 유량에 대해 비에너지가 최소이다.

② 주어진 비에너지에 대해 유량이 최대이다.

③ 한계수심은 비에너지의 2/3이다.

④ 주어진 유량에 대해 비력이 최대이다.

▶해설 한계수심
㉮ 유량이 일정할 때 $H_{e\min}$ 이 되는 수심이다.
㉯ H_e 가 일정할 때 $Q_{\max}$ 이 되는 수심이다.
㉰ 직사각형 단면수로에서 $h_c = \dfrac{2}{3} H_e$ 이다.
㉱ 충력치가 최소가 되는 수심은 근사적으로 한계수심과 같다.

43. 사각형 개수로 단면에서 한계수심(h_c)과 비에너지(H_e)의 관계로 옳은 것은? [기사 16, 산업 11, 15]

① $h_c = \dfrac{2}{3} H_e$ ② $h_c = H_e$

③ $h_c = \dfrac{3}{2} H_e$ ④ $h_c = 2 H_e$

44. 주어진 유량에 대한 비에너지(specific energy)가 3m일 때 한계수심은? [기사 20]

① 1m   ② 1.5m
③ 2m   ④ 2.5m

해설 $h_c = \dfrac{2}{3} H_e = \dfrac{2}{3} \times 3 = 2\text{m}$

45. 직사각형 단면의 수로에서 최소 비에너지가 $\dfrac{3}{2}$ m이다. 단위폭당 최대 유량을 구하면?

[기사 11, 16, 19, 산업 11, 16]

① $2.86\text{m}^3/\text{s/m}$ ② $2.98\text{m}^3/\text{s/m}$

③ $3.13\text{m}^3/\text{s/m}$ ④ $3.32\text{m}^3/\text{s/m}$

해설 ㉮ $h_c = \dfrac{2}{3} H_e = \dfrac{2}{3} \times \dfrac{3}{2} = 1\text{m}$

㉯ $h_c = \left(\dfrac{\alpha Q^2}{g b^2} \right)^{\frac{1}{3}}$

$1 = \left(\dfrac{Q^2}{9.8 \times 1^2} \right)^{\frac{1}{3}}$

$\therefore Q = Q_{\max} = 3.13\text{m}^3/\text{s/m}$

46. 직사각형 단면수로의 폭이 5m이고 한계수심이 1m일 때의 유량은? (단, 에너지보정계수 $\alpha = 1.0$)

[기사 18]

① $15.65\text{m}^3/\text{s}$ ② $10.75\text{m}^3/\text{s}$

③ $9.80\text{m}^3/\text{s}$ ④ $3.13\text{m}^3/\text{s}$

해설 $h_c = \left(\dfrac{\alpha Q^2}{g b^2} \right)^{\frac{1}{3}}$

$1 = \left(\dfrac{1 \times Q^2}{9.8 \times 5^2} \right)^{\frac{1}{3}}$

$\therefore Q = 15.65\text{m}^3/\text{s}$

47. 폭이 10m이고 20m³/s의 물이 흐르고 있는 직사각형 단면수로의 한계수심은? (단, 에너지보정계수 $\alpha = 1.1$ 이다.)

[기사 06, 12]

① 66.57cm ② 76.57cm

③ 86.57cm ④ 96.57cm

해설 $h_c = \left(\dfrac{\alpha Q^2}{g b^2} \right)^{\frac{1}{3}} = \left(\dfrac{1.1 \times 20^2}{9.8 \times 10^2} \right)^{\frac{1}{3}} = 0.7657\text{m}$

48. 단위폭당 0.8m³/s이 흐르는 수평한 직사각형 수로의 한계수심은? (단, $\alpha = 1.05$) [산업 07, 11]

① 0.25m ② 0.34m

③ 0.38m ④ 0.41m

해설 $h_c = \left(\dfrac{\alpha Q^2}{g b^2} \right)^{\frac{1}{3}} = \left(\dfrac{1.05 \times 0.8^2}{9.8 \times 1^2} \right)^{\frac{1}{3}} = 0.41\text{m}$

49. 다음 그림에서 y가 한계수심이 되었다면 단위폭에 대한 유량은? (단, $\alpha = 1.0$이다.) [기사 06]

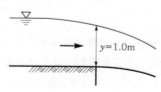

① $9.81\text{m}^3/\text{s}$ ② $3.13\text{m}^3/\text{s}$

③ $1.02\text{m}^3/\text{s}$ ④ $0.73\text{m}^3/\text{s}$

해설 $h_c = \left(\dfrac{\alpha Q^2}{g b^2} \right)^{\frac{1}{3}}$

$1 = \left(\dfrac{1 \times Q^2}{9.8 \times 1^2} \right)^{\frac{1}{3}}$

$Q^2 = 9.8$

$\therefore Q = 3.13\text{m}^3/\text{s}$

50. 개수로의 흐름에 대한 설명으로 옳지 않은 것은?

[기사 16]

① 사류(supercritical flow)에서는 수면변동이 일어날 때 상류(上流)로 전파될 수 없다.

② 상류(subcritical flow)일 때는 Froude수가 1보다 크다.

③ 수로경사가 한계경사보다 클 때 사류(supercritical flow)가 된다.

④ Reynolds수가 500보다 커지면 난류(turbulent flow)가 된다.

해설 개수로의 흐름

㉮ $F_r < 1$이면 상류, $F_r > 1$이면 사류이다.

㉯ $R_e < 500$이면 층류, $R_e > 500$이면 난류이다.

51. 광폭직사각형 단면수로의 단위폭당 유량이 16m³/s일 때 한계경사는? (단, 수로의 조도계수 $n = 0.020$이다.)

[기사 18]

① 3.27×10^{-3} ② 2.73×10^{-3}

③ 2.81×10^{-2} ④ 2.90×10^{-2}

해설 ㉮ $h_c = \left(\dfrac{\alpha Q^2}{gb^2}\right)^{\frac{1}{3}} = \left(\dfrac{16^2}{9.8 \times 1^2}\right)^{\frac{1}{3}} = 2.97\text{m}$

㉯ $C = \dfrac{1}{n} R^{\frac{1}{6}} = \dfrac{1}{n} h_c^{\frac{1}{6}} = \dfrac{1}{0.02} \times 2.97^{\frac{1}{6}} = 59.95$

㉰ $I_c = \dfrac{g}{\alpha C^2} = \dfrac{9.8}{1 \times 59.95^2} = 2.73 \times 10^{-3}$

52. 폭이 넓은 직사각형 수로에서 폭 1m당 $0.5\text{m}^3/\text{s}$의 유량이 80cm의 수심으로 흐르는 경우 이 흐름은? (단, 동점성계수는 $0.012\text{cm}^2/\text{s}$, 한계수심은 29.5cm이다.)

[기사 09, 16]

① 층류이며 상류 ② 층류이며 사류
③ 난류이며 상류 ④ 난류이며 사류

해설 ㉮ $V = \dfrac{Q}{A} = \dfrac{0.5}{1 \times 0.8}$

$= 0.625\text{m/s} = 62.5\text{cm/s}$

㉯ $R_e = \dfrac{VR}{\nu} = \dfrac{62.5 \times 80}{0.012}$

$= 416,667 > 500$이므로 난류이다.

($\because$ 폭이 넓은 수로일 때 $R ≒ h = 80\text{cm}$)

㉰ $h(= 80\text{cm}) > h_c(= 29.5\text{cm})$이므로 상류이다.

53. 폭이 넓은 개수로($R ≒ h_c$)에서 Chezy의 평균유속계수 $C = 29$, 수로경사 $I = \dfrac{1}{80}$인 하천의 흐름상태는?

(단, $\alpha = 1.11$) [기사 19]

① $I_c = \dfrac{1}{105}$로 사류 ② $I_c = \dfrac{1}{95}$로 사류

③ $I_c = \dfrac{1}{70}$로 상류 ④ $I_c = \dfrac{1}{50}$로 상류

해설 $I_c = \dfrac{g}{\alpha C^2} = \dfrac{9.8}{1.11 \times 29^2} = \dfrac{1}{95.26}$

$\therefore I > I_c$이므로 사류이다.

54. 수심이 10cm, 수로폭이 20cm인 직사각형 개수로에서 유량 $Q = 80\text{cm}^3/\text{s}$가 흐를 때 동점성계수 $\nu = 1.0 \times 10^{-2}\text{cm}^2/\text{s}$이면 흐름은? [기사 20]

① 난류, 사류 ② 층류, 사류
③ 난류, 상류 ④ 층류, 상류

해설 ㉮ $V = \dfrac{Q}{A} = \dfrac{80}{10 \times 20} = 0.4\text{cm/s}$

㉯ $R = \dfrac{A}{S} = \dfrac{10 \times 20}{20 + 10 \times 2} = 5\text{cm}$

㉰ $R_e = \dfrac{VR}{\nu} = \dfrac{0.4 \times 5}{1 \times 10^{-2}}$

$= 200 < 500$이므로 층류이다.

㉱ $F_r = \dfrac{V}{\sqrt{gh}} = \dfrac{0.4}{\sqrt{980 \times 10}}$

$= 4.04 \times 10^{-3} < 1$이므로 상류이다.

55. 다음 중 상류(subcritical flow)에 관한 설명 중 틀린 것은? [기사 08, 19]

① 하천의 유속이 장파의 전파속도보다 느린 경우이다.
② 관성력이 중력의 영향보다 더 큰 흐름이다.
③ 수심은 한계수심보다 크다.
④ 유속은 한계유속보다 작다.

해설 ㉮ 프루드수는 관성력에 대한 중력의 비를 나타낸다.

㉯ 상류일 때의 흐름은 중력의 영향이 커서 유속이 비교적 느리고, 수심은 커진다.

56. 개수로의 상류(subcritical flow)에 대한 설명으로 옳은 것은? [기사 18]

① 유속과 수심이 일정한 흐름
② 수심이 한계수심보다 작은 흐름
③ 유속이 한계유속보다 작은 흐름
④ Froude수가 1보다 큰 흐름

해설

상류	사류
$I < I_c$	$I > I_c$
$V < V_c$	$V > V_c$
$h > h_c$	$h < h_c$
$F_r < 1$	$F_r > 1$

57. 한계류에 대한 설명으로 옳은 것은? [산업 17]

① 유속의 허용한계를 초과하는 흐름
② 유속과 장파의 전파속도의 크기가 동일한 흐름
③ 유속이 빠르고 수심이 작은 흐름
④ 동압력이 정압력보다 큰 흐름

해설 한계류일 때 $F_r = \dfrac{V}{\sqrt{gh}} = 1$이다.

58. 폭 1.5m인 직사각형 수로에 유량 1.8m³/s의 물이 항상 수심 1m로 흐르는 경우 이 흐름의 상태는? (단, 에너지보정계수 $\alpha=1.1$) [산업 18]

① 한계류 ② 부정류
③ 사류 ④ 상류

> **해설** $h_c=\left(\dfrac{\alpha Q^2}{gb^2}\right)^{\frac{1}{3}}=\left(\dfrac{1.1\times1.8^2}{9.8\times1.5^2}\right)^{\frac{1}{3}}=0.54\text{m}$
>
> $\therefore h_c<h=1\text{m}$이므로 상류이다.

59. 폭이 1.5m인 직사각형 단면수로에 유량 $Q=$ 0.5cm³/s의 물이 흐르고 있다. 수심 $h=$1m인 경우 흐름의 상태는? [산업 18]

① 상류 ② 사류
③ 한계류 ④ 층류

> **해설** $h_c=\left(\dfrac{\alpha Q^2}{gb^2}\right)^{\frac{1}{3}}=\left(\dfrac{0.5^2}{9.8\times1.5^2}\right)^{\frac{1}{3}}=0.22\text{m}$
>
> $\therefore h_c<h(=1\text{m})$이므로 상류이다.

60. 폭이 넓은 직사각형 수로에서 폭 1m당 0.5m³/s의 유량이 80cm의 수심으로 흐르는 경우에 이 흐름은? (단, 이때 동점성계수는 0.012cm²/s이고, 한계수심은 29.4cm이다.) [산업 19]

① 층류이며 상류 ② 층류이며 사류
③ 난류이며 상류 ④ 난류이며 사류

> **해설** ㉮ $V=\dfrac{Q}{A}=\dfrac{0.5}{1\times0.8}=0.625\text{m/s}=62.5\text{cm/s}$
>
> ㉯ $R_e=\dfrac{VR}{\nu}=\dfrac{62.5\times80}{0.012}=416,667>500$이므로 난류이다.
> ($\because$ 폭이 넓은 수로일 때 $R≒h=80\text{cm}$)
>
> ㉰ $h(=80\text{cm})>h_c(=29.5\text{cm})$이므로 상류이다.

61. 개수로흐름에서 수심이 1m, 유속이 3m/s이라면 흐름의 상태는? [산업 17]

① 사류(射流) ② 난류(亂流)
③ 층류(層流) ④ 상류(常流)

> **해설** $F_r=\dfrac{V}{\sqrt{gh}}=\dfrac{3}{\sqrt{9.8\times1}}=0.96<1$이므로 상류이다.

62. 폭이 10m인 직사각형 수로에서 유량 10m³/s가 1m의 수심으로 흐를 때 한계유속은? (단, 에너지보정계수 $\alpha=$1.1이다.) [산업 19]

① 3.96m/s ② 2.87m/s
③ 2.07m/s ④ 1.89m/s

> **해설** ㉮ $h_c=\left(\dfrac{\alpha Q^2}{gb^2}\right)^{\frac{1}{3}}=\left(\dfrac{1.1\times10^2}{9.8\times10^2}\right)^{\frac{1}{3}}=0.48\text{m}$
>
> ㉯ $V_c=\sqrt{\dfrac{gh_c}{\alpha}}=\sqrt{\dfrac{9.8\times0.48}{1.1}}=2.07\text{m/s}$

63. 직사각형 단면의 개수로에서 한계유속(V_c)과 한계수심(h_c)의 관계로 옳은 것은? [산업 16]

① $V_c\propto h_c$ ② $V_c\propto h_c^{-1}$
③ $V_c\propto h_c^{\frac{1}{2}}$ ④ $V_c\propto h_c^2$

> **해설** $V_c=\sqrt{\dfrac{gh_c}{\alpha}}\propto h_c^{\frac{1}{2}}$

64. 수심 h가 폭 b에 비해서 매우 작아 $R≒h$가 될 때 Chezy의 평균유속계수 C는? (단, Manning의 평균유속공식 사용) [산업 17]

① $C=\dfrac{1}{n}h^{\frac{1}{3}}$ ② $C=\dfrac{1}{n}h^{\frac{1}{4}}$
③ $C=\dfrac{1}{n}h^{\frac{1}{5}}$ ④ $C=\dfrac{1}{n}h^{\frac{1}{6}}$

> **해설** $C=\dfrac{1}{n}R^{\frac{1}{6}}≒\dfrac{1}{n}h^{\frac{1}{6}}$

65. 개수로에서 발생되는 흐름 중 상류와 사류를 구분하는 기준이 되는 것은? [산업 19]

① Mach수 ② Froude수
③ Manning수 ④ Reynolds수

> **해설** ㉮ $F_r<1$일 때 : 상류
> ㉯ $F_r>1$일 때 : 사류
> ㉰ $F_r=1$일 때 : 한계류

66. 직사각형 단면수로에서 폭 $B=2$m, 수심 $H=6$m 이고 유량 $Q=10$m³/s일 때 Froude수와 흐름의 종류는?

[산업 15]

① 0.217, 사류　　　　② 0.109, 사류

③ 0.217, 상류　　　　④ 0.109, 상류

해설 $F_r=\dfrac{V}{\sqrt{gH}}=\dfrac{\frac{10}{2\times6}}{\sqrt{9.8\times6}}=0.109<1$이므로 상류 이다.

67. 수로폭 4m, 수심 1.5m인 직사각형 단면수로에 유량 24m³/s가 흐를 때 프루드수(Froude number)와 흐름의 상태는?

[산업 16, 20]

① 1.04, 상류　　　　② 1.04, 사류

③ 0.74, 상류　　　　④ 0.74, 사류

해설 ㉮ $V=\dfrac{Q}{A}=\dfrac{24}{4\times1.5}=4$m/s

㉯ $F_r=\dfrac{V}{\sqrt{gh}}=\dfrac{4}{\sqrt{9.8\times1.5}}$

　　$=1.04>1$이므로 사류이다.

68. 개수로에서 중력가속도를 g, 수심을 h로 표시할 때 장파(長波)의 전파속도는?

[산업 17]

① $\sqrt{gh}$　　　　　② gh

③ $\sqrt{\dfrac{h}{g}}$　　　　　④ $\dfrac{h}{g}$

해설 장파의 전파속도는 $V=\sqrt{gh}$ 이다.

69. 개수로의 흐름에서 상류의 조건으로 옳은 것은? (단, h_c : 한계수심, V_c : 한계유속, I_c : 한계경사, h : 수심, V : 유속, I : 경사)

[산업 15, 17, 18, 19]

① $F_r>I$　　　　　② $h<h_c$

③ $V>V_c$　　　　　④ $I<I_c$

해설

상류	사류
$I<I_c$	$I>I_c$
$V<V_c$	$V>V_c$
$h>h_c$	$h<h_c$
$F_r<1$	$F_r>1$

70. 유량 Q, 유속 V, 단면적 A, 도심거리 h_G라 할 때 충력치(M)의 값은? (단, 충력치는 비력이라고도 하며 η : 운동량보정계수, g : 중력가속도, W : 물의 중량, w : 물의 단위중량)

[산업 20]

① $\eta\dfrac{Q}{g}+Wh_GA$　　　② $\eta\dfrac{Q}{g}V+h_GA$

③ $\eta\dfrac{g}{Q}V+h_GA$　　　④ $\eta\dfrac{Q}{g}V+\dfrac{1}{2}w^2$

해설 $M=\eta\dfrac{Q}{g}V+h_GA$

71. 개수로의 단면이 축소되는 부분의 흐름에 관한 설명으로 옳은 것은?

[산업 18]

① 상류가 유입되면 수심이 감소하고, 사류가 유입되면 수심이 증가한다.

② 상류가 유입되면 수심이 증가하고, 사류가 유입되면 수심이 감소한다.

③ 유입되는 흐름의 상태(상류 또는 사류)와 무관하게 수심이 증가한다.

④ 유입되는 흐름의 상태(상류 또는 사류)와 무관하게 수심이 감소한다.

해설 개수로의 흐름

㉮ 상류흐름인 경우 : 단면의 축소부에서 수심이 내려간다.

㉯ 사류흐름인 경우 : 단면의 축소부에서 수심이 증가한다.

72. 다음의 비력(M)곡선에서 한계수심을 나타내는 것은?

[산업 08, 15]

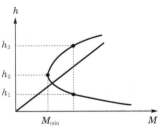

① h_1　　　　　② h_2

③ h_3　　　　　④ h_3-h_1

해설 최소 비에너지일 때의 수심이 한계수심이다.

73. 비력(special force)에 대한 설명으로 옳은 것은?

[기사 18]

① 물의 충격에 의해 생기는 힘의 크기
② 비에너지가 최대가 되는 수심에서의 에너지
③ 한계수심으로 흐를 때 한 단면에서의 총에너지크기
④ 개수로의 어떤 단면에서 단위중량당 운동량과 정수압의 합계

> **해설** 충격치(비력)는 물의 단위중량당 정수압과 운동량의 합이다.
>
> $$M = \eta \frac{Q}{g} V + h_G A = \text{일정}$$

74. 개수로 지배 단면의 특성으로 옳은 것은?

[기사 16]

① 하천흐름이 부정류인 경우에 발생한다.
② 완경사의 흐름에서 배수곡선이 나타나면 발생한다.
③ 상류흐름에서 사류흐름으로 변화할 때 발생한다.
④ 사류인 흐름에서 도수가 발생할 때 발생한다.

> **해설** 상류에서 사류로 변화할 때의 단면을 지배 단면(control section)이라 한다.

75. 수심이 3m, 하폭이 20m, 유속이 4m/s인 직사각형 단면개수로에서 비력은? (단, 운동량보정계수 $\eta = 1.1$)

[산업 16]

① 107.2m^3
② 158.3m^3
③ 197.8m^3
④ 215.2m^3

> **해설** ㉮ $Q = AV = (3 \times 20) \times 4 = 240\text{m}^3/\text{s}$
>
> ㉯ $M = \eta \dfrac{QV}{g} + h_G A$
>
> $= 1.1 \times \dfrac{240 \times 4}{9.8} + \dfrac{3}{2} \times (3 \times 20) = 197.8\text{m}^3$

76. 개수로에서 지배 단면(Control Section)에 대한 설명으로 옳은 것은?

[산업 18]

① 개수로 내에서 압력이 가장 크게 작용하는 단면이다.
② 개수로 내에서 수로경사가 항상 같은 단면을 말한다.
③ 한계수심이 생기는 단면으로서 상류에서 사류로 변하는 단면을 말한다.
④ 개수로 내에서 유속이 가장 크게 되는 단면이다.

> **해설** 지배 단면이란 상류에서 사류로 변하는 지점의 단면을 말한다.

77. 도수(hydraulic jump)에 대한 설명으로 옳은 것은?

[기사 17]

① 수문을 급히 개방할 경우 하류로 전파되는 흐름
② 유속이 파의 전파속도보다 작은 흐름
③ 상류에서 사류로 변할 때 발생하는 현상
④ Froude수가 1보다 큰 흐름에서 1보다 작아질 때 발생하는 현상

> **해설** 사류에서 상류로 변할 때 불연속적으로 수면이 뛰는 현상을 도수라 한다.

78. 댐의 여수로에서 도수를 발생시키는 목적 중 가장 중요한 것은?

[기사 17]

① 유수의 에너지 감세
② 취수를 위한 수위 상승
③ 댐 하류부에서의 유속의 증가
④ 댐 하류부에서의 유량의 증가

> **해설** 도수현상은 고속흐름의 감세에 의해 세굴을 방지함으로써 하천구조물을 보호하거나 오염물질을 강제혼합시키는 등의 수단으로 많이 이용되고 있다.

79. 도수(跳水)에 관한 설명으로 옳지 않은 것은?

[산업 15]

① 상류에서 사류로 변화될 때 발생된다.
② 사류에서 상류로 변화될 때 발생된다.
③ 도수 전후의 충력치(비력)는 동일하다.
④ 도수로 인해 때로는 막대한 에너지손실도 유발된다.

> **해설** 사류에서 상류로 변할 때 수면이 불연속적으로 뛰는 현상을 도수라 한다.

80. 개수로의 흐름에서 도수 전의 Froude수가 F_{r1}일 때 완전도수가 발생하는 조건은?

[산업 19]

① $F_{r1} < 0.5$
② $F_{r1} = 1.0$
③ $F_{r1} = 1.5$
④ $F_{r1} > \sqrt{3.0}$

> **해설** 완전도수는 $F_{r1} \geq \sqrt{3}$일 때 발생한다.

81. 도수(hydraulic jump) 전후의 수심 h_1, h_2의 관계를 도수 전의 프루드수 F_{r_1}의 함수로 표시한 것으로 옳은 것은? [기사 07, 16]

① $\dfrac{h_2}{h_1} = \dfrac{1}{2}(\sqrt{8F_{r_1}{}^2+1}+1)$

② $\dfrac{h_2}{h_1} = \dfrac{1}{2}(\sqrt{8F_{r_1}{}^2+1}-1)$

③ $\dfrac{h_1}{h_2} = \dfrac{1}{2}(\sqrt{8F_{r_1}{}^2+1}+1)$

④ $\dfrac{h_1}{h_2} = \dfrac{1}{2}(\sqrt{8F_{r_1}{}^2+1}-1)$

해설 $\dfrac{h_2}{h_1} = \dfrac{1}{2}(-1+\sqrt{1+8F_{r_1}{}^2})$

82. 개수로의 특성에 대한 설명으로 옳지 않은 것은? [산업 18]

① 배수곡선은 완경사흐름의 하천에서 장애물에 의해 발생한다.
② 상류에서 사류로 바뀔 때 한계수심이 생기는 단면을 지배 단면이라 한다.
③ 사류에서 상류로 바뀌어도 흐름의 에너지선은 변하지 않는다.
④ 한계수심으로 흐를 때의 경사를 한계경사라 한다.

해설 사류에서 상류로 바뀌면 도수에 의한 에너지손실 ΔH_e만큼 에너지선은 하강한다.

$$\Delta H_e = \frac{(h_2-h_1)^3}{4h_1 h_2}$$

83. 도수(Hydraulic jump)현상에 관한 설명으로 옳지 않은 것은? [산업 17]

① 역적-운동량방정식으로부터 유도할 수 있다.
② 상류에서 사류로 급변할 경우 발생한다.
③ 도수로 인한 에너지손실이 발생한다.
④ 파상도수와 완전도수는 Froude수로 구분한다.

해설 도수
  ㉮ 사류에서 상류로 변할 때 불연속적으로 수면이 뛰는 현상을 도수라 한다.
  ㉯ 완전도수 : $F_r \geq \sqrt{3}$
  ㉰ 파상도수 : $1 < F_r < \sqrt{3}$

84. 개수로에서 파상도수가 일어나는 범위는? (단, F_{r1} : 도수 전의 Froude number) [산업 19]

① $F_{r1} = \sqrt{3}$

② $1 < F_{r1} < \sqrt{3}$

③ $2 > F_{r1} > \sqrt{3}$

④ $\sqrt{2} < F_{r1} < \sqrt{3}$

해설 ㉮ 완전도수 : $F_r \geq \sqrt{3}$
  ㉯ 파상도수 : $1 < F_r < \sqrt{3}$

85. 다음 (   ) 안에 들어갈 적절한 말이 순서대로 짝지어진 것은? [산업 08, 19]

> 흐름이 사류(射流)에서 상류(常流)로 바뀔 때에는 (   )을 거치고, 상류(常流)에서 사류(射流)로 바뀔 때에는 (   )을 거친다.

① 도수현상, 지배 단면
② 대응수심, 공액수심
③ 도수현상, 대응수심
④ 지배 단면, 공액수심

86. 도수가 15m 폭의 수문 하류측에서 발생되었다. 도수가 일어나기 전의 깊이가 1.5m이고 그때의 유속은 18m/s였다. 도수로 인한 에너지손실수두는? (단, 에너지 보정계수 $\alpha = 1$이다.) [기사 19]

① 3.24m
② 5.40m
③ 7.62m
④ 8.34m

해설 ㉮ $F_{r_1} = \dfrac{V}{\sqrt{gh}} = \dfrac{18}{\sqrt{9.8 \times 1.5}} = 4.69$

㉯ $\dfrac{h_2}{h_1} = \dfrac{1}{2}(-1+\sqrt{1+8F_{r_1}{}^2})$

$\dfrac{h_2}{1.5} = \dfrac{1}{2} \times (-1+\sqrt{1+8 \times 4.69^2})$

∴ $h_2 = 9.23$m

㉰ $\Delta H_e = \dfrac{(h_2-h_1)^3}{4h_1 h_2} = \dfrac{(9.23-1.5)^3}{4 \times 1.5 \times 9.23} = 8.34$m

87. 폭이 50m인 구형 수로의 도수 전 수위 $h_1 = 3$m, 유량 2,000m³/s일 때 대응수심은? [기사 06, 12, 20]

① 1.6m
② 6.1m
③ 9.0m
④ 도수가 발생하지 않는다.

■ 해설 ⑦ $F_{r1} = \dfrac{V_1}{\sqrt{gh_1}} = \dfrac{\frac{2,000}{50 \times 3}}{\sqrt{9.8 \times 3}} = 2.46$

④ $\dfrac{h_2}{h_1} = \dfrac{1}{2}(-1 + \sqrt{1 + 8{F_{r1}}^2})$

$\dfrac{h_2}{3} = \dfrac{1}{2}(-1 + \sqrt{1 + 8 \times 2.46^2})$

∴ $h_2 = 9.04\text{m}$

88. 댐 여수로 내 물받이(apron)에서 시점수위가 3.0m 이고 폭이 50m, 방류량이 2,000m³/s인 경우 하류수심은?

[기사 15]

① 2.5m   ② 8.0m

③ 9.0m   ④ 13.3m

■ 해설 ⑦ $Q = AV$

$2,000 = (3 \times 50) \times V$

∴ $V = 13.33\text{m/s}$

④ $F_r = \dfrac{V}{\sqrt{gh}} = \dfrac{13.33}{\sqrt{9.8 \times 3}} = 2.46$

④ $\dfrac{h_2}{h_1} = \dfrac{1}{2}(-1 + \sqrt{1 + 8{F_r}^2})$

$\dfrac{h_2}{3} = \dfrac{1}{2} \times (-1 + \sqrt{1 + 8 \times 2.46^2})$

∴ $h_2 = 9.04\text{m}$

89. 도수 전후의 수심이 각각 2m, 4m일 때 도수로 인한 에너지손실(수두)은?

[기사 19]

① 0.1m   ② 0.2m

③ 0.25m   ④ 0.5m

■ 해설 $\Delta H_e = \dfrac{(h_2 - h_1)^3}{4h_1 h_2} = \dfrac{(4-2)^3}{4 \times 2 \times 4} = 0.25\text{m}$

90. 물이 하상의 돌출부를 통과할 경우 비에너지와 비력의 변화는?

[기사 15]

① 비에너지와 비력이 모두 감소한다.

② 비에너지는 감소하고, 비력은 일정하다.

③ 비에너지는 증가하고, 비력은 감소한다.

④ 비에너지는 일정하고, 비력은 감소한다.

■ 해설 ⑦ 하상의 돌출부를 통과할 때
$He_1 = He_2, \ M_1 \neq M_2$

④ 도수현상이 일어날 때
$He_1 \neq He_2, \ M_1 = M_2$

91. 도수(跳水)가 15m 폭의 수문 하류측에서 발생되 었다. 도수가 일어나기 전의 깊이가 1.5m이고, 그때의 유속은 18m/s이었다면 도수로 인한 에너지손실수두는? (단, 에너지보정계수 $\alpha = 1$이다.)

[산업 11]

① 8.3m   ② 7.6m

③ 5.4m   ④ 3.2m

■ 해설 ⑦ $F_{r_1} = \dfrac{V}{\sqrt{gh}} = \dfrac{18}{\sqrt{9.8 \times 1.5}} = 4.69$

④ $\dfrac{h_2}{h_1} = \dfrac{1}{2}(-1 + \sqrt{1 + 8{F_{r_1}}^2})$

$\dfrac{h_2}{1.5} = \dfrac{1}{2} \times (-1 + \sqrt{1 + 8 \times 4.69^2})$

∴ $h_2 = 9.23\text{m}$

④ $\Delta H_e = \dfrac{(h_2 - h_1)^3}{4h_1 h_2} = \dfrac{(9.23 - 1.5)^3}{4 \times 1.5 \times 9.23} = 8.34\text{m}$

92. 폭 6m인 직사각형 단면수로의 경사가 0.0025이 며 11m³/s의 유량이 흐르고 있다. 흐름의 어느 단면에서 의 유속이 6m/s였다. 이 단면에서 도수가 발생한다면 공 액수심은 얼마인가?

[산업 09]

① 0.313m   ② 0.871m

③ 1.353m   ④ 2.541m

■ 해설 ⑦ $Q = AV$

$11 = (6 \times h) \times 6$

∴ $h = 0.31\text{m}$

④ $F_r = \dfrac{V}{\sqrt{gh}} = \dfrac{6}{\sqrt{9.8 \times 0.31}} = 3.44$

④ $\dfrac{h_2}{h_1} = \dfrac{1}{2}(-1 + \sqrt{1 + 8{F_{r1}}^2})$

$\dfrac{h_2}{0.31} = \dfrac{1}{2} \times (-1 + \sqrt{1 + 8 \times 3.44^2})$

∴ $h_2 = 1.36\text{m}$

93. 폭 5m인 직사각형 단면수로에서 유량이 100.5m³/s일 때 도수 전후의 수심이 각각 2.0m 및 5.5m이었다면 도수로 인한 동력손실은?

[산업 12]

① 955.4kW   ② 1,300.2kW

③ 1,969.4kW   ④ 5,417.2kW

■ 해설 ⑦ $\Delta H_e = \dfrac{(h_2 - h_1)^3}{4h_1 h_2} = \dfrac{(5.5 - 2)^3}{4 \times 2 \times 5.5} = 0.97\text{m}$

④ $E = 9.8QH_e = 9.8 \times 100.5 \times 0.97 = 955.35\text{kW}$

94. 댐의 상류부에서 발생되는 수면곡선으로 흐름방향으로 수심이 증가함을 뜻하는 곡선은? [기사 19]

① 배수곡선
② 저하곡선
③ 수리특성곡선
④ 유사량곡선

해설 상류로 흐르는 수로에 댐, weir 등의 수리구조물을 만들면 수리구조물의 상류에 흐름방향으로 수심이 증가하는 수면곡선이 나타나는데, 이러한 수면곡선을 배수곡선이라 한다.

95. 배수곡선(backwater curve)에 해당하는 수면곡선은? [기사 18]

① 댐을 월류할 때의 수면곡선
② 홍수 시의 하천의 수면곡선
③ 하천 단락부(段落部) 상류의 수면곡선
④ 상류상태로 흐르는 하천에 댐을 구축했을 때 저수지의 수면곡선

96. 개수로구간에 댐을 설치했을 때 수심 h가 상류로 갈수록 등류수심 h_0에 접근하는 수면곡선을 무엇이라 하는가? [산업 10, 19]

① 저하곡선
② 배수곡선
③ 수문곡선
④ 수면곡선

해설 상류수로에 댐을 만들 때 상류에서는 수면이 상승하는 배수곡선이 나타난다. 이 곡선은 수심 h가 상류로 갈수록 등류수심 h_0에 접근하는 형태가 된다.

97. 다음 그림과 같은 부등류흐름에서 y는 실제 수심, y_c는 한계수심, y_n은 등류수심을 표시한다. 그림의 수로경사에 관한 설명과 수면형 명칭으로 옳은 것은? [기사 15]

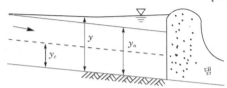

① 완경사수로에서의 배수곡선이며 M_1곡선
② 급경사수로에서의 배수곡선이며 S_1곡선
③ 완경사수로에서의 배수곡선이며 M_2곡선
④ 급경사수로에서의 저하곡선이며 S_2곡선

해설 $y > y_n > y_c$이므로 상류(완경사수로)에서의 M_1곡선이다.

98. 개수로흐름에 관한 설명으로 틀린 것은? [기사 18]

① 사류에서 상류로 변하는 곳에 도수현상이 생긴다.
② 개수로흐름은 중력이 원동력이 된다.
③ 비에너지는 수로 바닥을 기준으로 한 에너지이다.
④ 배수곡선은 수로가 단락(段落)이 되는 곳에 생기는 수면곡선이다.

해설 상류로 흐르는 수로에 댐, weir 등의 수리구조물을 만들면 수리구조물의 상류에 흐름방향으로 수심이 증가하는 수면곡선이 나타나는데, 이러한 수면곡선을 배수곡선이라 한다.

99. 개수로의 특성에 대한 설명으로 옳지 않은 것은? [산업 15]

① 배수곡선은 완경사흐름의 하천에서 장애물에 의해 발생한다.
② 상류에서 사류로 바뀔 때 한계수심이 생기는 단면을 지배 단면이라 한다.
③ 사류에서 상류로 바뀌어도 흐름의 에너지선은 변하지 않는다.
④ 한계수심으로 흐를 때의 경사를 한계경사라 한다.

해설 사류에서 상류로 변할 때 도수현상이 발생하므로 도수현상으로 인한 손실 때문에 에너지선은 변하게 된다.

100. 수로경사가 급한 폭포와 같이 수심이 흐름방향으로 감소하는 형태의 수면곡선은? [산업 05]

① 유속곡선
② 저하곡선
③ 완화곡선
④ 유량곡선

해설 수로가 단락되거나 폭포와 같이 수로경사가 갑자기 클 때 저하곡선이 나타난다.

101. 개수로 내에 댐을 축조하여 월류(越流)시킬 때 수면곡선이 변화된다. 배수곡선(背水曲線)의 부등류(不等流)계산을 진행하는 방향(方向)이 옳은 것은? [기사 05]

① 지배 단면에서 상류(上流)측으로
② 지배 단면에서 하류(下流)측으로
③ 등류수심지점에서 댐지점으로
④ 등류수심지점에서 지배 단면으로

[해설] 흐름이 상류일 때의 수면곡선은 지배 단면에서 상류로 계산한다.

102. 완경사수로에서 배수곡선(M_1)이 발생할 경우 각 수심 간의 관계로 옳은 것은? (단, 흐름은 완경사의 상류흐름 조건이고 y : 측정수심, y_n : 등류수심, y_c : 한계수심)

[기사 12]

① $y > y_n > y_c$ ② $y < y_n < y_c$

③ $y > y_c > y_n$ ④ $y_n > y > y_c$

[해설] 완경사일 때 수면곡선
- ㉮ $h > h_o > h_c$일 때 배수곡선(M_1)이 생긴다.
- ㉯ $h_o > h > h_c$일 때 저하곡선(M_2)이 생긴다.
- ㉰ $h_o > h_c > h$일 때 배수곡선(M_3)이 생긴다.

103. 폭이 넓은 직사각형 수로에서 배수곡선의 조건을 바르게 나타낸 항은? (단, i : 수로경사, I_e : 에너지경사, F_r : Froude수)

[기사 08]

① $i > I_e$, $F_r < 1$ ② $i < I_e$, $F_r < 1$

③ $i < I_e$, $F_r > 1$ ④ $i > I_e$, $F_r > 1$

[해설] 점변류의 수면곡선을 구하기 위한 기본방정식

$$\frac{dh}{dx} = \frac{S_o - S_f}{1 - F_r^2}$$

여기서, S_o : 수로경사, S_f : 에너지경사

∴ 배수곡선은 $\frac{dh}{dx} > 0$이므로 $S_o > S_f$, $F_r < 1$이다.

104. 수문을 갑자기 닫아서 물의 흐름을 막으면 상류(上流) 쪽의 수면이 갑자기 상승하여 단상(段狀)이 되고, 이것이 상류로 향하여 전파된다. 이러한 현상을 무엇이라 하는가?

[기사 06, 15]

① 장파(長波) ② 단파(段波)

③ 홍수파(洪水波) ④ 파상도수(波狀跳水)

105. 단파(hydraulic bore)에 대한 설명으로 옳은 것은 어느 것인가?

[기사 11]

① 수문을 급히 개방할 경우 하류로 전파되는 흐름
② 유속이 파의 전파속도보다 작은 흐름
③ 댐을 건설하여 상류측 수로에 생기는 수면파
④ 계단식 여수로에 형성되는 흐름의 형상

[해설] 상류에 있는 수문을 갑자기 닫거나 열 때 또는 하류에 있는 수문을 갑자기 닫거나 열 때 흐름이 단상이 되어 전파하는 현상을 단파라 한다.

106. 개수로의 점변류를 설명하는 $\frac{dy}{dx}$에 대한 설명으로 틀린 것은? (단, y는 수심, x는 수평좌표를 나타낸다.)

[기사 11]

① $\frac{dy}{dx} = 0$이면 등류이다.

② $\frac{dy}{dx} > 0$이면 수심은 증가한다.

③ 경사가 수평인 수로에서는 항상 $\frac{dy}{dx} = 0$이다.

④ 흐름방향 x에 대한 수심 y의 변화를 나타낸다.

[해설] ㉮ $\frac{dy}{dx} = 0$이면 흐름방향으로 수심변화가 없음을 의미하므로 수면곡선은 수로 바닥과 평행하여 등류가 형성된다. $\frac{dy}{dx} > 0$이면 흐름방향으로 수심이 증가하는 배수곡선이 되고, $\frac{dy}{dx} < 0$이면 수심이 감소하는 저하곡선이 된다.

㉯ 수평수로상의 점변류에서는 $\frac{dy}{dx} > 0$인 배수곡선 또는 $\frac{dy}{dx} < 0$인 저하곡선이 나타난다.

107. 수평면상 곡선수로의 상류(常流)에서 비회전흐름의 경우 유속 V와 곡률반경 R의 관계로 옳은 것은? (단, C는 상수)

[기사 06, 11]

① $V = CR$ ② $VR = C$

③ $R + \frac{V^2}{2g} = C$ ④ $\frac{V^2}{2g} + CR = 0$

[해설] 곡선수로의 수류
- ㉮ 유선의 곡률이 큰 상류의 흐름에서 수평면의 유속은 수로의 곡률반지름에 반비례한다.
- ㉯ $VR = C$ (일정)

MEMO

chapter 8

유사 및
수리학적 상사

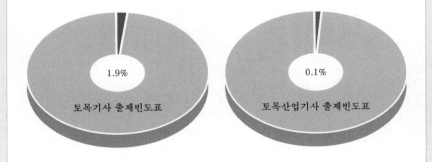

1.9%

토목기사 출제빈도표

0.1%

토목산업기사 출제빈도표

8 유사 및 수리학적 상사

01 유사

(1) 소류력(tractive force)
① 유수가 수로의 윤변에 작용하는 마찰력을 소류력이라 한다.
② 이 소류력은 유수의 점성 때문에 생기는 흐름방향의 전단력이다.
$$\tau_o = wRI \quad \cdots\cdots\cdots\cdots\cdots\cdots\cdots\cdots\cdots\cdots\cdots\cdots\cdots (8\cdot1)$$

(2) 한계소류력(critical tractive force)
소류력이 수로 바닥의 저항력보다 크게 되면 토사는 움직이게 된다. 하상토사가 움직이기 시작할 때의 소류력을 한계소류력(critical tractive force)이라 한다.

02 수리학적 상사

(1) 개론
수리모형실험의 결과를 원형에 적용하려면 원형과 모형 사이에는 수리학적 상사가 성립되어야 한다. 수리학적 상사는 원형과 모형 간의 기하학적 상사, 운동학적 상사, 동역학적 상사가 성립할 때 비로소 얻어지는 것이다.

(2) 수리학적 상사(hydraulic similarity)
① 기하학적 상사 : 원형과 모형의 길이의 비가 일정할 때 기하학적 상사가 성립한다.
② 운동학적 상사 : 원형과 모형에서 기하학적 상사인 경로를 속도비가 일정하고 같은 방향으로 이동할 때 운동학적 상사가 성립한다.

 알·아·두·기·

▶ 정수 중의 침전
① 침강속도
$$V_s = \frac{(\gamma_s - \gamma_w)\,d^2}{18\mu} \quad \cdots\cdots\cdots (8\cdot2)$$
② 항력계수
$$C_D = \frac{24}{R_e} \quad \cdots\cdots\cdots\cdots\cdots (8\cdot3)$$

③ **동역학적 상사** : 원형과 모형에서 기하학적 상사 및 운동학적 상사이며 대응점에 작용하는 힘의 비가 일정하고 작용방향이 같으면 **동역학적 상사**가 성립한다.

(3) 길이의 비로서 표시한 물리량의 비

원형에 p, 모형에 m을 붙여 표시하면

① 길이비

$$L_r = \frac{l_m}{l_p} \quad \cdots\cdots\cdots\cdots\cdots\cdots\cdots\cdots (8\cdot4)$$

② 면적비

$$A_r = \frac{A_m}{A_p} = \frac{L_m^{\ 2}}{L_p^{\ 2}} = L_r^{\ 2} \quad \cdots\cdots\cdots\cdots\cdots\cdots (8\cdot5)$$

③ 속도비

$$V_r = \frac{V_m}{V_p} = \frac{\dfrac{L_m}{T_m}}{\dfrac{L_p}{T_p}} = \frac{L_r}{T_r} \quad \cdots\cdots\cdots\cdots\cdots\cdots (8\cdot6)$$

④ 유량비

$$Q_r = \frac{Q_m}{Q_p} = \frac{\dfrac{L_m^{\ 3}}{T_m}}{\dfrac{L_p^{\ 3}}{T_p}} = \frac{L_r^{\ 3}}{T_r} \quad \cdots\cdots\cdots\cdots\cdots (8\cdot7)$$

여기서, L_r : 모형의 축척

$$T_r : \text{시간비}\left(= \frac{T_m}{T_p} = \sqrt{\frac{L_r}{g_r}}\right)$$

03 수리모형법칙

모형과 원형에서 흐름의 완전상사를 얻기가 실제로는 불가능하다.

그러나 실제의 수리현상에서 하나 혹은 몇 개의 성분력이 작용하지 않거나 무시할 정도로 작은 경우가 대부분이므로 흐름을 주로 지배하는 힘하나만을 고려해도 충분하다. 따라서 완전상사조건 중 해당 조건 1개에 맞추어 수리모형실험 및 자료분석을 실시하게 된다.

(1) Reynolds의 상사법칙

점성력이 흐름을 주로 지배하고 다른 힘들은 영향이 작아서 생략할
수 있는 경우의 상사법칙으로 관수로의 흐름이 해당된다.

(2) Froude의 상사법칙

중력이 흐름을 주로 지배하고 다른 힘들은 영향이 작아서 생략할 수
있는 경우의 상사법칙으로 수심이 비교적 큰 자유표면을 가진 개수로
내 흐름, 댐의 여수토의 흐름, 파동 등이 해당된다.

(3) Weber의 상사법칙

표면장력이 주로 흐름을 지배하는 경우의 상사법칙으로 위어의 월류
수심이 극히 작을 때 또는 파고가 극히 작은 파동 등이 해당된다.

(4) Cauchy의 상사법칙

탄성력이 흐름을 지배하는 경우의 상사법칙으로 수격작용 등이 해당
되나 수리모형실험에서 많이 접하게 되는 것은 아니다.

예상 및 기출문제

1. 폭이 넓은 하천에서 수심이 2m이고 경사가 $\dfrac{1}{200}$인 흐름의 소류력(tractive force)은? [기사 17]

① 98N/m²   ② 49N/m²

③ 196N/m²   ④ 294N/m²

해설 $\tau = wRI \fallingdotseq whI = 1 \times 2 \times \dfrac{1}{200}$

$$= 0.01 \text{t/m}^2 = 10 \text{kg/m}^2 = 98 \text{N/m}^2$$

2. 원형 댐의 월류량(Q_p)이 1,000m³/s이고, 수문을 개방하는데 필요한 시간(T_p)이 40초라 할 때 1/50모형(模形)에서의 유량(Q_m)과 개방시간(T_m)은? (단, 중력가속도비(g_r)는 1로 가정한다.) [기사 00, 12, 15]

① $Q_m = 0.057 \text{m}^3/\text{s}$, $T_m = 5.657 \text{s}$

② $Q_m = 1.623 \text{m}^3/\text{s}$, $T_m = 0.825 \text{s}$

③ $Q_m = 56.56 \text{m}^3/\text{s}$, $T_m = 0.825 \text{s}$

④ $Q_m = 115.00 \text{m}^3/\text{s}$, $T_m = 5.657 \text{s}$

해설 ㉮ $Q_r = \dfrac{Q_m}{Q_p} = L_r^{\frac{5}{2}}$

$$\dfrac{Q_m}{1,000} = \left(\dfrac{1}{50}\right)^{\frac{5}{2}}$$

$$\therefore Q_m = 0.057 \text{m}^3/\text{s}$$

㉯ $T_r = \dfrac{T_m}{T_p} = \sqrt{\dfrac{L_r}{g_r}} = L_r^{\frac{1}{2}}$

$$\dfrac{T_m}{40} = \left(\dfrac{1}{50}\right)^{\frac{1}{2}}$$

$$\therefore T_m = 5.657 \text{s}$$

3. 축적이 1/50인 하천수리모형에서 원형 유량 10,000m³/s에 대한 모형유량은? [기사 07]

① 0.566m³/s   ② 4.000m³/s

③ 14.142m³/s   ④ 28.284m³/s

해설 $\dfrac{Q_m}{Q_p} = L_r^{\frac{5}{2}}$

$$\dfrac{Q_m}{10,000} = \left(\dfrac{1}{50}\right)^{\frac{5}{2}}$$

$$\therefore Q_m = 0.566 \text{m}^3/\text{s}$$

4. 저수지의 물을 방류하는데 1 : 225로 축소된 모형에서 4분이 소요되었다면 원형에서는 얼마나 소요되겠는가? [기사 10, 16]

① 60분   ② 120분

③ 900분   ④ 3,375분

해설 $T_r = \dfrac{T_m}{T_p} = \sqrt{\dfrac{L_r}{g_r}} = \sqrt{\dfrac{\frac{1}{225}}{1}} = 0.067$

$$\dfrac{4}{T_p} = 0.067$$

$$\therefore T_p = 59.7 \text{분}$$

5. 왜곡모형에서 Froude의 상사법칙을 이용하여 물리량을 표시한 것으로 틀린 것은? (단, X_r은 수평축척비, Y_r은 연직축척비이다.) [기사 09, 20]

① 유속비 : $V_r = \sqrt{Y_r}$ ② 시간비 : $T_r = \dfrac{X_r}{Y_r^{\frac{1}{2}}}$

③ 경사비 : $S_r = \dfrac{Y_r}{X_r}$ ④ 유량비 : $Q_r = X_r Y_r^{\frac{5}{2}}$

해설 왜곡모형에서 Froude의 상사법칙

㉮ 수평축척과 연직축척 : $X_r = \dfrac{X_m}{X_p}$, $Y_r = \dfrac{Y_m}{Y_p}$

㉯ 속도비 : $V_r = \sqrt{Y_r}$

㉰ 면적비 : $A_r = X_r Y_r$

㉱ 유량비 : $Q_r = A_r V_r = X_r Y_r^{\frac{3}{2}}$

㉲ 에너지경사비 : $I_r = \dfrac{Y_r}{X_r}$

㉳ 시간비 : $T_r = \dfrac{L_r}{V_r} = \dfrac{X_r}{Y_r^{\frac{1}{2}}}$

6. 수리학적 완전상사를 이루기 위한 조건이 아닌 것은? [기사 05]

① 기하학적 상사(geometric similarity)
② 운동학적 상사(kinematic similarity)
③ 동역학적 상사(dynamic similarity)
④ 정역학적 상사(static similarity)

> **해설** 수리학적 완전상사는 원형과 모형 간의 기하학적 상사, 운동학적 상사, 동역학적 상사가 성립할 때 얻어진다.

7. 수리실험에서 점성력이 지배적인 힘이 될 때 사용할 수 있는 모형법칙은? [기사 10, 18]

① Reynolds모형법칙
② Froude모형법칙
③ Weber모형법칙
④ Cauchy모형법칙

> **해설** 특별상사법칙
> ㉮ Reynolds의 상사법칙은 점성력이 흐름을 주로 지배하는 관수로흐름의 상사법칙이다.
> ㉯ Froude의 상사법칙은 중력이 흐름을 주로 지배하는 개수로 내의 흐름, 댐의 여수토흐름 등의 상사법칙이다.

8. 하천의 모형실험에 주로 사용되는 상사법칙은? [기사 18]

① Reynolds상사법칙
② Weber상사법칙
③ Cauchy상사법칙
④ Froude상사법칙

> **해설** Froude상사법칙
> 중력이 흐름을 주로 지배하고 다른 힘들은 영향이 작아서 생략할 수 있는 경우의 상사법칙으로 수심이 비교적 큰 자유표면을 가진 개수로 내 흐름, 댐의 여수토흐름 등이 해당된다.

9. 개수로 내의 흐름, 댐의 여수토의 흐름에 적용되는 수류의 상사법칙은? [기사 09, 산업 06]

① Reynolds상사법칙
② Froude상사법칙
③ Mach상사법칙
④ Weber상사법칙

10. 개수로의 설계와 수공구조물의 설계에 주로 적용되는 수리학적 상사법칙은? [산업 07, 10, 12, 16]

① Reynolds상사법칙
② Froude상사법칙
③ Weber상사법칙
④ Mach상사법칙

> **해설** Froude의 상사법칙은 중력이 흐름을 주로 지배하는 개수로 내의 흐름, 댐의 여수토 흐름 등의 상사법칙이다.

MEMO

chapter 9

지하수

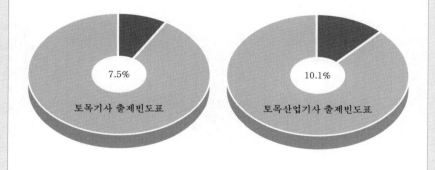

7.5%

토목기사 출제빈도표

10.1%

토목산업기사 출제빈도표

9 지하수

01 지하수

① 개론

지상에 떨어진 강수가 지표면을 통해 침투한 후 짧은 시간 내에 하천으로 방출되지 않고 지하에 머무르면서 흐르는 물을 **지하수**(ground water)라 한다.

② 지하수의 연직분포

(1) 포화대(zone of saturation)

지하수면 아래의 물로 포화되어 있는 부분을 **포화대**라 하며, 이 포화대의 물을 **지하수**라 한다.

(2) 통기대(zone of aeration)

지하수면 윗부분의 공기와 물로 차 있는 부분을 **통기대**라 하며, 이 통기대의 물을 현수수라 한다.

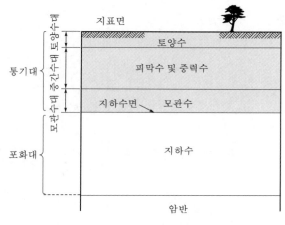

【그림 9-2】 지하수의 구성

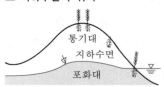

① 토양수대(soil water zone) : 지표면에서부터 식물의 뿌리가 박혀있는 면까지의 영역을 말하며 불포화상태가 보통이다.

② 중간수대(intermediate zone) : 토양수대의 하단에서부터 모관수대의 상단까지의 영역을 말하며 토양수대와 모관수대의 연결역할을 한다.

  ⑦ 피막수 : 흡습력과 모관력에 의하여 토립자에 붙어서 존재하는 물을 말한다.

  ⑭ 중력수 : 중력에 의해 토양층을 통과하는 토양수의 여유분의 물을 말한다.

③ 모관수대(capillary zone) : 지하수가 모세관현상에 의해 지하수면에서부터 올라가는 점까지의 영역을 말한다.

> ▣ 중간수대의 두께는 지하수위에 따라 크게 변한다.

③ 대수층의 종류

(1) 비피압대수층(unconfined aquifer)

대수층 내에 지하수위면이 있어서 지하수의 흐름이 대기압을 받고 있는 대수층을 비피압대수층이라 한다.

(2) 피압대수층(confined aquifer)

불투수성 지반 사이에 낀 대수층 내에 지하수위면을 갖지 않는 지하수가 대기압보다 큰 압력을 받고 있는 대수층을 피압대수층이라 한다.

02   지하수의 유속

(1) Darcy의 법칙

① 평균유속

$$V = k \frac{\Delta h}{\Delta l} = kI \quad\cdots\cdots (9 \cdot 1)$$

여기서, k : 투수계수(속도의 차원이며 물의 흐름에 대한 흙의 저항 정도를 의미한다)

> ▣ 투수계수
>
> $$k = k' \frac{\rho g}{\mu} \quad\cdots\cdots (9 \cdot 2)$$
>
> 여기서, k' : 투수계수(Darcy의 단위가 사용된다)

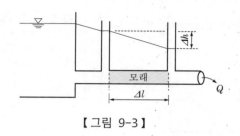

【그림 9-3】

② Darcy법칙의 3대 가정

㉮ 다공층 물질의 특성이 균일하고 동질이다.

㉯ 대수층 내에 모관수대가 존재하지 않는다.

㉰ 흐름이 정류이다.

③ Darcy법칙의 적용 범위 : Darcy의 법칙은 지하수가 층류인 경우는 실측치와 잘 일치하지만, 유속이 크게 되어 난류가 되면 실측치와 일치하지 않는다. 실험에 의하면 대략 $R_e < 4$에서 Darcy법칙이 성립한다고 한다.

▶ 자연대수층 내의 지하수의 흐름은 $R_e < 1$이므로 Darcy의 법칙을 적용할 수 있다.

(2) 실제 침투유속

$$V_s = \frac{V}{n}$$ .... (9·3)

03 집수정(well)의 방사상 정류

(1) 굴착정(artesian well)

집수정을 불투수층 사이에 있는 피압대수층까지 판 후 피압지하수를 양수하는 우물을 굴착정이라 한다.

$$Q = -AV = -2\pi rc V = 2\pi rck \frac{dh}{dr}$$ .... (9·4)

$$Q = \frac{2\pi ck(H-h_o)}{2.3\log \frac{R}{r_o}}$$ .... (9·5)

여기서, c : 투수층의 두께

R : 영향원의 반지름

r_o : 우물의 반지름

▶ 영향원의 반지름은 r_o의 3,000~5,000배 또는 500~1,000m로 보통 계산한다.

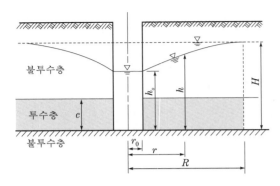

【그림 9-4】 굴착정

(2) 깊은 우물(심정 : deep well)

불투수층 위의 비피압대수층에서 자유지하수를 양수하는 우물 중 집수정 바닥이 불투수층까지 도달한 우물을 **깊은 우물**이라 하고, 불투수층까지 도달하지 않은 우물을 **얕은 우물**이라 한다.

$$Q = -AV = -2\pi rh\,V = 2\pi rhk\,\frac{dh}{dr} \quad\cdots\cdots\cdots\cdots (9\cdot6)$$

$$Q = \frac{\pi k(H^2 - h_o^{\,2})}{2.3\log\dfrac{R}{r_o}} \quad\cdots\cdots\cdots\cdots\cdots\cdots (9\cdot7)$$

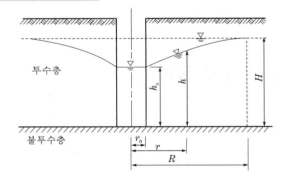

【그림 9-5】 깊은 우물

(3) 얕은 우물(천정 : shallow well)

집수정 바닥이 불투수층까지 도달하지 않은 우물을 **얕은 우물**이라 한다. 집수정의 벽은 불투수성이고, 지하수는 그 바닥에서 유입하는 경우

$$Q = 4kr_o(H - h_o) \quad\cdots\cdots\cdots\cdots\cdots\cdots\cdots\cdots (9\cdot8)$$

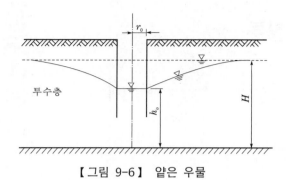

【그림 9-6】 얕은 우물

04 집수암거

하안 또는 하상의 투수층에 암거나 구멍 뚫린 관을 매설하여 하천에서 침투한 침출수를 취수하는 것을 집수암거라 한다.

(1) 불투수층에 달하는 집수암거

① 암거 전체에 대한 유량

$$Q = \frac{kl}{R}(H^2 - h_o^2) \quad \cdots\cdots\cdots(9\cdot9)$$

여기서, l : 암거의 길이

② 암거의 측벽에서만 유입할 때의 유량

$$Q = \frac{kl}{2R}(H^2 - h_o^2) \quad \cdots\cdots\cdots(9\cdot10)$$

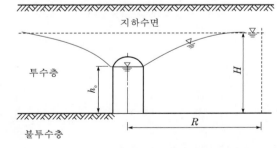

【그림 9-7】 불투수층에 달하는 집수암거

(2) 투수층의 집수암거

05 제방 내부의 침투

$$q= \frac{k}{2l}(h_1{}^2 - h_2{}^2) \quad\text{...} (9 \cdot 11)$$

여기서, l : 제방의 두께

이 식을 Dupuit의 침윤선공식이라 한다.

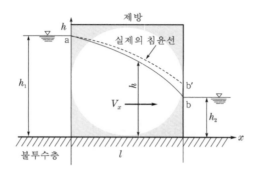

【그림 9-8】 Dupuit의 침윤선

예상 및 기출문제

1. 토양수대와 모관수대를 연결하는 중간수대가 있는데 이 중에 존재하는 물은? [기사 01]

① 토양수   ② 지하수
③ 모관수   ④ 중력수

> **해설** 중간수대
> ㉮ 피막수 : 흡습력과 모관력에 의해 토립자에 붙어서 존재하는 물
> ㉯ 중력수 : 중력에 의해 토양층을 통과하는 토양수의 여유분의 물

2. 다음 중 지하수의 흐름을 지배하는 힘은? [산업 09, 12]

① 관성력   ② 중력
③ 점성력   ④ 표면장력

> **해설** 지중토사의 공극에 충만하고 있는 물을 지하수라 하고, 그 표면을 지하수면이라 한다. 모세관현상을 생각하지 않으면 지하수면에는 대기압이 작용하고, 따라서 지하수는 중력에 의하여 유동하게 된다.

3. 지하수흐름의 기본방정식으로 이용되는 법칙은? [산업 18]

① Chezy의 법칙   ② Darcy의 법칙
③ Manning의 법칙   ④ Reynolds의 법칙

> **해설** $V = Ki$

4. 지하수에 대한 설명으로 옳은 것은? [산업 18]

① 지하수의 연직분포는 지하수위 상부층인 포화대, 지하수위 하부층인 통기대로 구분된다.
② 지표면의 물이 지하로 침투되어 투수성이 높은 암석 또는 흙에 포함되어 있는 포화상태의 물을 지하수라 한다.
③ 지하수면이 대기압의 영향을 받고 자유수면을 갖는 지하수를 피압지하수라 한다.
④ 상하의 불투수층 사이에 낀 대수층 내에 포함되어 있는 지하수를 비피압지하수라 한다.

> **해설** 지하수
> ㉮ 지하수의 연직분포는 지하수위 상부층인 통기대, 지하수위 하부층인 포화대로 구분된다.
> ㉯ 대기압이 작용하는 지하수면을 가지는 지하수를 자유지하수라고 하며, 불투수층 사이에 낀 투수층 내에 포함되어 있는 지하수면을 갖지 않는 지하수를 피압지하수라 한다.

5. 지하수의 유수이동에 적용되는 다르시(Darcy)의 법칙을 나타낸 식은? (단, V : 유속, K : 투수계수, I : 동수경사, h : 수심, R : 동수반경, C : 유속계수) [산업 01, 19]

① $V = Kh$ ② $V = C\sqrt{RI}$
③ $V = -KCI$ ④ $V = -KI$

6. 지하수의 흐름에 대한 Darcy의 법칙은? (단, V : 유속, Δh : 길이 ΔL에 대한 손실수두, k : 투수계수) [기사 19, 산업 16]

① $V = k\left(\dfrac{\Delta h}{\Delta L}\right)^2$ ② $V = k\left(\dfrac{\Delta h}{\Delta L}\right)$
③ $V = k\left(\dfrac{\Delta h}{\Delta L}\right)^{-1}$ ④ $V = k\left(\dfrac{\Delta h}{\Delta L}\right)^{-2}$

> **해설** $V = ki = k\dfrac{dh}{dL}$

7. 지하수의 투수계수에 관한 설명으로 틀린 것은? [기사 18]

① 같은 종류의 토사라 할지라도 그 간극률에 따라 변한다.
② 흙입자의 구성, 지하수의 점성계수에 따라 변한다.
③ 지하수의 유량을 결정하는 데 사용된다.
④ 지역특성에 따른 무차원 상수이다.

8. 지하수의 투수계수와 관계가 없는 것은? [기사 15, 17, 19]

① 토사의 형상   ② 토사의 입도
③ 물의 단위중량   ④ 토사의 단위중량

➡ **정답** 1. ④ 2. ② 3. ② 4. ② 5. ④ 6. ② 7. ④ 8. ④

해설 $K = D_s^2 \dfrac{\gamma_w}{\mu} \dfrac{e^3}{1+e} C$

9. 지하수의 투수계수와 관계가 없는 것은? [산업 19]
① 토사의 입경
② 물의 단위중량
③ 지하수의 온도
④ 토사의 단위중량

해설 $K = D_s^2 \dfrac{\gamma_w}{\mu} \dfrac{e^3}{1+e} C$

10. Darcy법칙에서 투수계수의 차원은? [산업 17]
① 동수경사의 차원과 같다.
② 속도수두의 차원과 같다.
③ 유속의 차원과 같다.
④ 점성계수의 차원과 같다.

해설 투수계수는 유속의 차원이다.

11. 지하수의 유속공식 $V = Ki$에서 K의 크기와 관계가 없는 것은? [산업 10, 20]
① 지하수위
② 흙의 입경
③ 흙의 공극률
④ 물의 점성계수

해설 $K = D_s^2 \dfrac{\gamma_w}{\mu} \dfrac{e^3}{1+e} C$

12. 다음 중 지하수의 수리에서 Darcy법칙이 가장 잘 적용될 수 있는 Reynolds수(R_e)의 범위로 옳은 것은?
[산업 15]
① $R_e < 2,000$
② $R_e < 500$
③ $R_e < 45$
④ $R_e < 4$

해설 Darcy의 법칙
㉮ $V = Ki$
㉯ $R_e < 4$인 층류에서 성립한다.

13. Darcy의 법칙을 지하수에 적용시킬 수 있는 경우는? [산업 16, 17, 19]
① 난류인 경우
② 사류인 경우
③ 상류인 경우
④ 층류인 경우

해설 $R_e < 4$인 층류에서 성립한다.

14. 다음 중 1Darcy를 옳게 기술한 것은? [기사 01]
① 압력경사 2기압/cm하에서 1centipoise의 점성을 가진 유체가 1cc/s의 유량으로 1cm²의 단면을 통해서 흐를 때의 투수계수
② 압력경사 1기압/cm하에서 1centipoise의 점성을 가진 유체가 1cc/s의 유량으로 1cm²의 단면을 통해서 흐를 때의 투수계수
③ 압력경사 2기압/cm하에서 2centipoise의 점성을 가진 유체가 1cc/s의 유량으로 10cm²의 단면을 통해서 흐를 때의 투수계수
④ 압력경사 1기압/cm하에서 1centipoise의 점성을 가진 유체가 1cc/s의 유량으로 10cm²의 단면을 통해서 흐를 때의 투수계수

해설 1Darcy
압력경사 1기압/cm하에서 1centipoise의 점성을 가진 유체가 1cc/s의 유량으로 1cm²의 단면을 통해서 흐를 때의 투수계수값이다.

$$1\text{Darcy} = \dfrac{\dfrac{1\text{centipoise} \times 1\text{cm}^3/s}{1\text{cm}^2}}{1\text{기압/cm}}$$

15. 지하수에 대한 Darcy법칙의 유속에 대한 설명으로 옳은 것은? [기사 06, 19]
① 영향권의 반지름에 비례한다.
② 동수경사에 비례한다.
③ 수심에 비례한다.
④ 동수반경에 비례한다.

해설 유출속도는 동수경사에 비례하고, 침투수량은 i 및 A에 비례한다. 이것을 Darcy의 법칙이라 한다.

16. Darcy의 법칙에 대한 설명으로 옳은 것은?
[기사 16]
① 지하수흐름이 층류일 경우 적용된다.
② 투수계수는 무차원의 계수이다.
③ 유속이 클 때에만 적용된다.
④ 유속이 동수경사에 반비례하는 경우에만 적용된다.

해설 ㉮ Darcy법칙은 $R_e < 4$인 층류인 경우에 적용된다.
㉯ K의 차원은 $[LT^{-1}]$이다.
㉰ $V = Ki$이므로 V는 i에 비례한다.

17. 지하수의 유속에 대한 설명으로 옳은 것은?

[기사 15]

① 수온이 높으면 크다.
② 수온이 낮으면 크다.
③ 4℃에서 가장 크다.
④ 수온에 관계없이 일정하다.

해설 수온이 높으면 점성이 작아지므로 투수계수가
커진다. 따라서 유속이 커진다($V = Ki$).

18. Darcy의 법칙에 대한 설명으로 옳지 않은 것은?

[기사 18]

① Darcy의 법칙은 지하수의 흐름에 대한 공식이다.
② 투수계수는 물의 점성계수에 따라서도 변화한다.
③ Reynolds수가 클수록 안심하고 적용할 수 있다.
④ 평균유속이 동수경사와 비례관계를 가지고 있는 흐
름에 적용될 수 있다.

해설 Darcy법칙은 $R_e < 4$인 층류의 흐름과 대수층
내에 모관수대가 존재하지 않는 흐름에만 적용된다.

19. Darcy공식에 관한 설명으로 옳지 않은 것은?

[산업 12, 18]

① Darcy공식은 물의 흐름이 층류인 경우에만 적용할
수 있다.
② 투수계수 K의 차원은 $[LT^{-1}]$이다.
③ 투수계수는 흙입자의 성질에만 관계된다.
④ 동수경사는 $i = -\dfrac{dh}{ds}$로 표현할 수 있다.

해설 투수계수는 대수층의 공극률, 토립자의 크기,
분포, 배치상태, 모양 및 공극조직의 형상에 의해 결
정된다.

20. Darcy의 법칙에 대한 설명으로 옳은 것은?

[산업 16]

① 점성계수를 구하는 법칙이다.
② 지하수의 유속은 동수경사에 비례한다는 법칙이다.
③ 관수로의 흐름에 대한 상사법칙이다.
④ 개수로의 흐름에 대한 상사법칙이다.

해설 $V = Ki$

21. 지하수흐름에서 Darcy법칙에 관한 설명으로 옳
은 것은?

[기사 20]

① 정상상태이면 난류영역에서도 적용된다.
② 투수계수(수리전도계수)는 지하수의 특성과 관계가
있다.
③ 대수층의 모세관작용은 공식에 간접적으로 반영되
었다.
④ Darcy공식에 의한 유속은 공극 내 실제 유속의 평
균치를 나타낸다.

해설 ㉮ Darcy법칙 : $V = Ki$는 $R_e < 4$인 층류의 흐름
과 대수층 내에 모관수대가 존재하지 않는 흐
름에만 적용된다.
㉯ 실제 유속 : $V_s = \dfrac{V}{n}$

22. 지하대수층에서의 지하수흐름에 대하여 Darcy법
칙을 적용하기 위한 가정으로 옳지 않은 것은?

[산업 17]

① 수식의 속도는 지하대수층 내의 실제 흐름속도를 의
미한다.
② 다공층을 구성하고 있는 물질의 특성이 균일하고 동
질이라 가정한다.
③ 지하수흐름이 정상류이며, 또한 층류로 가정한다.
④ 대수층 내에 모관수대가 존재하지 않는다고 가정
한다.

해설 Darcy법칙의 가정조건
㉮ 다공층의 매질은 균일하고 동질이다.
㉯ 대수층 내에 모관수대가 존재하지 않는다.
㉰ 흐름은 정상류이다.

23. 지하수에서의 Darcy의 법칙에 대한 설명으로 틀
린 것은?

[산업 17]

① 지하수의 유속은 동수경사에 비례한다.
② Darcy의 법칙에서 투수계수의 차원은 $[LT^{-1}]$이다.
③ Darcy의 법칙은 지하수의 흐름이 정상류라는 가정
에서 성립한다.
④ Darcy의 법칙은 주로 난류로 취급했으며 레이놀즈수
$R_e > 2,000$의 범위에서 주로 잘 적용된다.

해설 ㉮ $V = Ki$이므로 V는 i에 비례한다.
㉯ K의 차원은 $[LT^{-1}]$이다.
㉰ Darcy법칙은 $R_e < 4$인 층류인 경우에 적용된다.

24. Darcy의 법칙에 대한 설명으로 틀린 것은?

[산업 18]

① Reynolds수가 클수록 안심하고 적용할 수 있다.
② 평균유속이 손실수두와 비례관계를 가지고 있는 흐름에 적용될 수 있다.
③ 정상류흐름에서 적용될 수 있다.
④ 층류흐름에서 적용 가능하다.

해설 Darcy의 법칙
㉮ $R_e < 4$인 층류의 흐름에 적용된다.
㉯ 유속은 동수경사에 비례한다($V = Ki$).

25. Darcy의 법칙을 층류에만 적용하여야 하는 이유는?

[산업 15, 20]

① 레이놀즈수가 크기 때문이다.
② 투수계수의 물리적 특성 때문이다.
③ 유속과 손실수두가 비례하기 때문이다.
④ 지하수흐름은 항상 층류이기 때문이다.

해설 일반적으로 관수로 내의 층류에서의 유속은 동수경사에 비례한다. 그리고 Darcy의 법칙은 다공층을 통해 흐르는 지하수의 유속이 동수경사에 직접 비례함을 뜻하므로 Darcy의 법칙은 층류에만 적용시킬 수 있다는 귀납적 결론을 내릴 수 있다.

26. 지하수의 유량을 구하는 Darcy의 법칙으로 맞는 식은? (단, Q는 유량, K는 투수계수, I는 동수경사, A는 투과 단면적, C는 유출계수이다.) [산업 07, 09, 19]

① $Q = CIA$
② $Q = KIA$
③ $Q = C^2IA$
④ $Q = K^2IA$

27. 지하의 사질여과층에서 수두차가 0.4m이고 투과거리가 3.0m일 때에 이곳을 통과하는 지하수의 유속은? (단, 투수계수는 0.2cm/s이다.) [기사 09, 20]

① 0.0135cm/s
② 0.0267cm/s
③ 0.0324cm/s
④ 0.0417cm/s

해설  $V = Ki = K\dfrac{h}{L} = 0.2 \times \dfrac{40}{300} = 0.0267$cm/s

28. 모래여과지에서 사층두께 2.4m, 투수계수를 0.04cm/s로 하고 여과수두를 50cm로 할 때 10,000m³/day의 물을 여과시키는 경우 여과지면적은? [기사 10]

① 1,289m²
② 1,389m²
③ 1,489m²
④ 1,589m²

해설 $Q = KiA$

$\dfrac{10,000}{24 \times 3,600} = (0.04 \times 10^{-2}) \times \dfrac{0.5}{2.4} \times A$

∴ $A = 1,388.89$m²

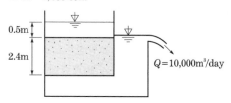

29. 두 개의 수조를 연결하는 길이 1m의 수평관 속에 모래가 가득 차 있다. 양수조의 수위차는 50cm이고 투수계수가 0.01cm/s이면 모래를 통과할 때의 평균유속은? [산업 17]

① 0.0500cm/s
② 0.0025cm/s
③ 0.0050cm/s
④ 0.0075cm/s

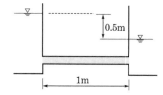

해설 $V = Ki = K\dfrac{h}{L} = 0.01 \times \dfrac{50}{100} = 0.005$cm/s

30. 대수층의 두께 3.8m, 폭 1.5m일 때 지하수의 유량은? (단, 상·하류 두 지점 사이의 수두차 1.6m, 수평거리 520m, 투수계수 $K = 300$m/day이다.) [산업 11, 12, 16]

① 4.28m³/day
② 5.26m³/day
③ 6.38m³/day
④ 7.46m³/day

해설 $Q = KiA = K\dfrac{h}{L}A$

$= 300 \times \dfrac{1.6}{520} \times (3.8 \times 1.5) = 5.26$m³/day

31. 직경 10cm인 연직관 속에 높이 1m만큼 모래가 들어있다. 모래면 위의 수위를 10cm로 일정하게 유지시켰더니 투수량 $Q=4l$/h이었다. 이때 모래의 투수계수 K는? [기사 12, 16, 산업 18, 20]

① 0.4m/h ② 0.5m/h

③ 3.8m/h ④ 5.1m/h

$Q = KiA$

$$4 \times 10^{-3} = K \times \frac{0.1}{1} \times \frac{\pi \times 0.1^2}{4}$$

$$\therefore K = 5.09 \text{m/h}$$

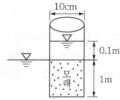

32. 여과량이 2m³/s, 동수경사가 0.2, 투수계수가 1cm/s일 때 필요한 여과지면적은? [기사 19]

① 1,000m² ② 1,500m²

③ 2,000m² ④ 2,500m²

$Q = KiA$

$2 = 0.01 \times 0.2 \times A$

$\therefore A = 1,000 \text{m}^2$

33. 대수층의 두께 2m, 폭 1.2m이고 지하수흐름의 상·하류 두 점 사이의 수두차는 1.5m, 두 점 사이의 평균거리 300m, 지하수유량이 2.4m³/day일 때 투수계수는? [산업 15]

① 200m/day ② 225m/day

③ 267m/day ④ 360m/day

$Q = KiA = K \dfrac{h}{L} A$

$2.4 = K \times \dfrac{1.5}{300} \times (2 \times 1.2)$

$\therefore K = 200 \text{m/day}$

34. 여과량이 2m³/s이고 동수경사가 0.2, 투수계수가 1cm/s일 때 필요한 여과지면적은? [기사 16]

① 1,500m² ② 500m²

③ 2,000m² ④ 1,000m²

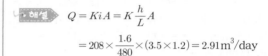
$Q = KiA$

$2 = 0.01 \times 0.2 \times A$

$\therefore A = 1,000 \text{m}^2$

35. 지하수의 흐름에서 상·하류 두 지점의 수두차가 1.6m이고 두 지점의 수평거리가 480m인 경우 대수층(帶水層)의 두께 3.5m, 폭 1.2m일 때의 지하수유량은? (단, 투수계수 $K=208$m/day이다.) [기사 11, 15]

① 2.91m³/day ② 3.82m³/day

③ 2.12m³/day ④ 2.08m³/day

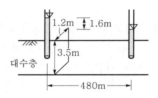
$Q = KiA = K \dfrac{h}{L} A$

$$= 208 \times \frac{1.6}{480} \times (3.5 \times 1.2) = 2.91 \text{m}^3/\text{day}$$

36. 다음 중 피압대수층에 대한 설명으로 옳은 것은 어느 것인가? [산업 11]

① 피압대수층은 지하수면이 대기와 접하여 대기압만을 받는 대수층이다.

② 피압대수층은 상부는 투수층으로, 하부는 불투수층으로 구성되어 있다.

③ 피압대수층은 상부와 하부가 불투수층으로 구성되어 있다.

④ 피압대수층은 상부는 불투수층으로, 하부는 투수층으로 구성되어 있다.

불투수성 지반 사이에 낀 대수층 내에 지하수 위면을 갖지 않는 지하수가 대기압보다 큰 압력을 받고 있는 대수층을 피압대수층이라 한다.

37. 우물에서 장기간 양수를 한 후에도 수면강하가 일어나지 않는 지점까지의 우물로부터 거리(범위)를 무엇이라 하는가? [기사 08, 18]

① 용수효율권 ② 대수층권

③ 수류영역권 ④ 영향권

38. 피압지하수를 설명한 것으로 옳은 것은?

[기사 08, 09]

① 지하수와 공기가 접해있는 지하수면을 가지는 지하수
② 두 개의 불투수층 사이에 끼어있는 지하수면이 없는 지하수
③ 하상 밑의 지하수
④ 한 수원이나 조직에서 다른 지역으로 보내는 지하수

해설 대기압이 작용하는 지하수면을 가지는 지하수를 자유지하수라고 하며, 불투수층 사이에 낀 투수층 내에 포함되어 있는 지하수면을 갖지 않는 지하수를 피압지하수라 한다.

39. 깊은 우물(심정호)에 대한 설명으로 옳은 것은?

[기사 10, 산업 10, 19]

① 불투수층에서 50m 이상 도달한 우물
② 집수우물 바닥이 불투수층까지 도달한 우물
③ 집수깊이가 100m 이상인 우물
④ 집수우물 바닥이 불투수층을 통과하여 새로운 대수층에 도달한 우물

해설 불투수층 위의 비피압대수층 내의 자유지하수를 양수하는 우물 중 집수정 바닥이 불투수층까지 도달한 우물을 깊은 우물(심정호)이라 하고, 불투수층까지 도달하지 않은 우물을 얕은 우물(천정)이라 한다.

40. 두께가 10m인 피압대수층에서 우물을 통해 양수한 결과 50m 및 100m 떨어진 두 지점에서 수면강하가 각각 20m 및 10m로 관측되었다. 정상상태를 가정할 때 우물의 양수량은? (단, 투수계수는 0.3m/h) [기사 17]

① $7.6 \times 10^{-2} \text{m}^3/\text{s}$
② $6.0 \times 10^{-3} \text{m}^3/\text{s}$
③ $9.4 \text{m}^3/\text{s}$
④ $21.6 \text{m}^3/\text{s}$

해설 $Q = \dfrac{2\pi ck(H-h_o)}{2.3\log\dfrac{R}{r_o}}$

$$= \dfrac{2\pi \times 10 \times \dfrac{0.3}{3,600} \times (20-10)}{2.3 \times \log\dfrac{100}{50}} = 0.076 \text{m}^3/\text{s}$$

41. 비피압대수층 내 지름 $D=2$m, 영향권의 반지름 $R=1,000$m, 원지하수의 수위 $H=9$m, 집수정의 수위 $h_o=5$m인 심정호의 양수량은? (단, 투수계수 $K=0.0038$m/s)

[기사 20]

① $0.0415 \text{m}^3/\text{s}$
② $0.0461 \text{m}^3/\text{s}$
③ $0.0968 \text{m}^3/\text{s}$
④ $1.8232 \text{m}^3/\text{s}$

해설 $Q = \dfrac{\pi K(H^2 - h_o{}^2)}{2.3\log\dfrac{R}{r_o}} = \dfrac{\pi \times 0.0038 \times (9^2 - 5^2)}{2.3 \times \log\dfrac{1,000}{1}}$

$$= 0.0969 \text{m}^3/\text{s}$$

42. 지름 0.3m, 수심 6m인 굴착정이 있다. 피압대수층의 두께가 3.0m라 할 때 5l/s의 물을 양수하면 우물의 순위는? (단, 영향원의 반지름은 500m, 투수계수는 4m/h이다.) [기사 20]

① 3.848m
② 4.063m
③ 5.920m
④ 5.999m

해설 $Q = \dfrac{2\pi ck(H-h_o)}{2.3\log\dfrac{R}{r_o}}$

$$0.005 = \dfrac{2\pi \times 3 \times \dfrac{4}{3,600} \times (6-h_o)}{2.3 \times \log\dfrac{500}{0.15}}$$

$$\therefore\ h_o = 4.066 \text{m}$$

43. 두께 20.0m의 피압대수층에서 0.1m³/s로 양수했을 때 평형상태에 도달하였다. 이 양수정에서 각각 50.0m, 200.0m 떨어진 관측점에서 수위가 39.20m, 40.66m이었다면 이 대수층의 투수계수(k)는? [기사 15]

① 0.2m/day
② 6.5m/day
③ 20.7m/day
④ 65.3m/day

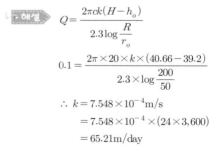

해설 $Q = \dfrac{2\pi ck(H-h_o)}{2.3\log\dfrac{R}{r_o}}$

$$0.1 = \dfrac{2\pi \times 20 \times k \times (40.66-39.2)}{2.3 \times \log\dfrac{200}{50}}$$

$$\therefore\ k = 7.548 \times 10^{-4} \text{m/s}$$
$$= 7.548 \times 10^{-4} \times (24 \times 3,600)$$
$$= 65.21 \text{m/day}$$

44. 다음 그림과 같은 굴착정(artesian well)의 유량을 구하는 공식은? (단, R : 영향원의 반지름, K : 투수계수, m : 피압대수층의 두께) [기사 15, 19, 산업 15]

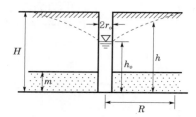

① $Q = \dfrac{2\pi mK(H+h_o)}{\ln(R/r_o)}$ ② $Q = \dfrac{2\pi mK(H+h_o)}{\ln(r_o/R)}$

③ $Q = \dfrac{2\pi mK(H-h_o)}{\ln(R/r_o)}$ ④ $Q = \dfrac{2\pi mK(H-h_o)}{\ln(r_o/R)}$

45. 2개의 불투수층 사이에 있는 대수층의 두께 a, 투수계수 K인 곳에 반지름 r_o인 굴착정(artesian well)을 설치하고 일정 양수량 Q를 양수하였더니 양수 전 굴착정 내의 수위 H가 h_o로 강하하여 정상흐름이 되었다. 굴착정의 영향원반지름을 R이라 할 때 $H-h_o$의 값은? [기사 10, 12, 16]

① $\dfrac{2Q}{\pi aK}\ln\left(\dfrac{R}{r_o}\right)$ ② $\dfrac{Q}{2\pi aK}\ln\left(\dfrac{R}{r_o}\right)$

③ $\dfrac{2Q}{\pi aK}\ln\left(\dfrac{r_o}{R}\right)$ ④ $\dfrac{Q}{2\pi aK}\ln\left(\dfrac{r_o}{R}\right)$

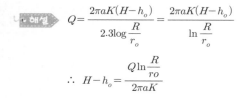

$Q = \dfrac{2\pi aK(H-h_o)}{2.3\log\dfrac{R}{r_o}} = \dfrac{2\pi aK(H-h_o)}{\ln\dfrac{R}{r_o}}$

$\therefore H - h_o = \dfrac{Q\ln\dfrac{R}{ro}}{2\pi aK}$

46. 피압대수층 내 정상류의 지하수흐름해석방법은? [기사 06]

① Thiem의 평형방정식방법
② Theis의 비평형방정식방법
③ Jacob의 수정근사해법
④ Chow 방정식방법

해설 지하수흐름의 평형방정식 혹은 Thiem의 방정식

$$Q = \dfrac{2\pi cK(H-h_o)}{2.3\log\dfrac{R}{r_0}}$$

47. 지하수의 흐름을 설명하는 사항으로 틀린 것은? [기사 00]

① $V = -K\dfrac{dh}{dr}$

② 피압대수층(confined aquifer)에서 우물의 유량 $Q = K2\pi r\dfrac{dh}{dr}$

③ 비피압대수층(unconfined aquifer)에서 우물의 유량 $Q = K2\pi rh\dfrac{dh}{dr}$

④ 투수량계수는 대수층의 두께와 투수계수의 곱으로 정의된다.

해설 ㉮ 굴착정 : $Q = KiA = K\dfrac{dh}{dr}2\pi rc$
㉯ 깊은 우물 : $Q = KiA = K\dfrac{dh}{dr}2\pi rh$

48. 부정류흐름의 지하수를 해석하는 방법은? [기사 16, 19]

① Theis방법 ② Dupuit방법
③ Thiem방법 ④ Laplace방법

해설 피압대수층 내 부정류흐름의 지하수해석법 : Theis법, Jacob법, Chow법

49. 다음 그림과 같이 하안으로부터 6m 떨어진 곳에 평행한 집수암거를 설치했다. 투수계수를 0.5cm/s로 할 때 길이 1m당 집수량은? (단, 물은 하천에서만 침투함) [기사 00]

① $0.06\text{m}^3/\text{s}$
② $0.01\text{m}^3/\text{s}$
③ $0.02\text{m}^3/\text{s}$
④ $0.005\text{m}^3/\text{s}$

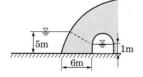

해설 $Q = \dfrac{Kl}{2R}(H^2 - h_0^2) = \dfrac{0.005 \times 1}{2 \times 6} \times (5^2 - 1^2)$
$= 0.01\text{m}^3/\text{s}$

50. 다음 그림과 같은 불투수층에 도달하는 집수암거의 집수량은? (단, 투수계수는 K, 암거의 길이는 l이며 양쪽 측면에서 유입됨) [산업 12, 15, 19]

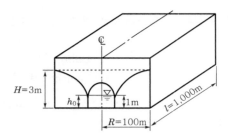

① $\dfrac{Kl}{R}(h_o^{\,2}-h_w^{\,2})$ ② $\dfrac{Kl}{2R}(h_o^{\,2}-h_w^{\,2})$

③ $\dfrac{\pi K(h_o^{\,2}-h_w^{\,2})}{2.3\log R}$ ④ $\dfrac{2\pi K(h_o^{\,2}-h_w^{\,2})}{2.3\log R}$

해설 $Q=\dfrac{Kl}{R}(H^2-h_o^{\,2})$

51. 다음 그림과 같이 불투수층까지 미치는 암거에서의 용수량(湧水量) Q는? (단, 투수계수 $K=0.009$m/s) [산업 15]

① $0.36\text{m}^3/\text{s}$ ② $0.72\text{m}^3/\text{s}$

③ $36\text{m}^3/\text{s}$ ④ $72\text{m}^3/\text{s}$

해설 $Q=\dfrac{Kl}{R}(h_2^{\,2}-h_1^{\,2})=\dfrac{0.009\times 1,000}{100}\times(3^2-1^2)$
$=0.72\text{m}^3/\text{s}$

52. 투수계수 0.5m/s, 제외지수위 6m, 제내지수위 2m, 침투수가 통하는 길이 50m일 때 하천 제방 단면 1m당 누수량은? [기사 00, 산업 20]

① $0.16\text{m}^3/\text{s}$ ② $0.32\text{m}^3/\text{s}$

③ $0.96\text{m}^3/\text{s}$ ④ $1.28\text{m}^3/\text{s}$

해설 $q=\dfrac{K}{2l}(h_1^{\,2}-h_2^{\,2})=\dfrac{0.5}{2\times 50}\times(6^2-2^2)=0.16\text{m}^3/\text{s}$

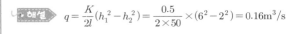
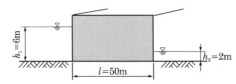

chapter **10**

해안수리

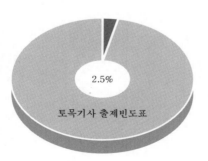

2.5%

토목기사 출제빈도표

10 해안수리

01 파랑

(1) 개론

해안 및 항만공학에서 구조물설계 시 고려의 대상이 되는 파랑은 대개 주기 1초에서 30초 이내인 바람에 의한 중력파, 즉 **풍파**(wind waves)가 된다. 파랑이 계속 진행하여 풍역을 벗어나게 되면 주기가 짧은 파는 점차 소멸하여 사라지고, 주기가 긴 파만이 멀리까지 진행하여 해안에 도달하게 된다. 이러한 파는 파형이 완만하고 주기도 거의 일정한 규칙파와 유사한 운동을 하는데, 이것을 **너울**(swell)이라 한다.

(2) 파랑의 제원

파장, 파고, 주기를 파랑의 제원이라 한다.
  ① **파장**(wave length ; L) : 파봉에서 다음 파봉까지의 거리
  ② **파고**(wave height ; H) : 파봉부터 파골까지의 수직거리
  ③ **주기**(wave period ; T) : 한 점에 있어서 수면이 1회 승강하는 데 필요한 시간
  ④ **파속**(wave celerity ; C) : 파봉이 1초 동안에 진행하는 거리

$$C = \frac{L}{T} \quad\cdots\cdots\cdots\cdots\cdots\cdots\cdots\cdots\cdots\cdots\cdots\cdots\cdots\cdots\cdots (10 \cdot 1)$$

  ⑤ **파형경사**(wave steepness) : $\dfrac{H}{L}$

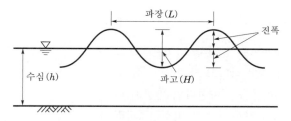

【그림 10-1】 파랑

(3) 불규칙파와 대표파

어떤 관측기간 동안 관측한 파랑관측자료로부터 다음과 같은 불규칙파의 대표파가 정의된다.

① **최대파**($H_{\max}$) : 파의 기록 중 파고가 최대인 파의 파고로써 중요한 항만시설이나 해안, 해양구조물의 설계파로서 사용된다.

② $\dfrac{1}{10}$ **최대파**$\left(H_{\frac{1}{10}}\right)$: 파의 기록 중 파고가 큰 쪽부터 세어서 $\dfrac{1}{10}$ 이내에 있는 파의 파고를 산술평균한 것이다.

③ $\dfrac{1}{3}$ **최대파**$\left(유의파 ; H_{\frac{1}{3}}\right)$: 파의 기록 중 파고가 큰 쪽부터 세어서 $\dfrac{1}{3}$ 이내에 있는 파의 파고를 산술평균한 것으로 실제 파랑에서 파고라고 하는 것은 유의파고를 의미한다.

④ **평균파**($\overline{H}$) : 파의 기록 체에 대한 산술평균한 값이다.

(4) 파랑의 종류

① 수심과 파장에 의한 분류

㉮ 천해파 : $\dfrac{h}{L} < 0.05$

㉯ 천이파(중간 수심파) : $0.05 \leq \dfrac{h}{L} \leq 0.5$

㉰ 심해파 : $\dfrac{h}{L} > 0.5$

② 파고, 주기의 규칙성에 의한 분류

㉮ 규칙파(regular wave) : 파고와 주기가 일정한 단일 성분의 파이다.

㉯ 불규칙파(irregular wave) : 파고와 주기가 일정하지 않은 여러 성분의 파가 합성된 파로서 실제 바다의 파랑은 모두 불규칙파이다. 불규칙파는 그 특성을 이해하기 어렵고 이론적인 취급이 곤란하다.

③ 운동방정식에 의한 분류

㉮ 미소진폭파(small amplitude wave) : 규칙파를 이론적으로 취급할 때 진폭이 파장에 비해서 극히 작다고 가정하고, 물 입자의 연직가속도를 작다고 하여 이것을 생략한다면 파동에 대한 운동방정식은 선형이 된다. 이와 같은 파동을 **미소진폭파**라 한다.

⑭ 유한진폭파(finite amplitude wave) : 파고에 비하여 파장도 짧고 물입자의 연직가속도를 고려하여 운동방정식을 푸는 경우를 유한진폭파라 한다. 유한진폭파는 미소진폭파의 이론으로서는 정밀도가 부족한 경우에 대하여 파고의 영향을 고려하면서 계산한다.

02 미소진폭파이론

자유수면에서 일정한 주기를 갖는 2차원 중력파에 대한 미소진폭파이론은 자유수면경계조건을 정의한 방정식을 선형화함으로써 전개된다.

(1) 가정

① 물은 비압축성이고 밀도는 일정하다(완전유체로 가정).
② 수저(水底)는 수평한 고정상이고 불투수층이다(수저는 흐름으로부터 에너지를 얻거나 소멸시키지 않으며, 또한 파에너지를 반사하지 않는다).
③ 수면에서의 압력은 일정하다(풍압은 없고 수면차로 인한 수압차는 무시).
④ 파고는 파장과 수심에 비해서 대단히 작다.
⑤ 비회전류이다.
⑥ 파형은 시간과 공간적으로 불변한다.

(2) 분산방정식과 파랑에너지

① 분산방정식(dispersion relation) : 파수와 각 주파수의 관계를 나타내는 식이다.

$$\sigma^2 = gk \tan hkh \quad \cdots\cdots\cdots\cdots\cdots\cdots\cdots\cdots\cdots\cdots\cdots \quad (10\cdot2)$$

여기서, σ : 파의 각진동수(wave angular frequency)$\left(= \dfrac{2\pi}{T}\right)$

k : 파수(wave number)$\left(= \dfrac{2\pi}{L}\right)$

h : 수심

$k = \dfrac{2\pi}{L}$ 과 $\sigma = \dfrac{2\pi}{T}$ 를 대입하여 정리하면

$$L = CT = \frac{g T^2}{2\pi} \tan h \frac{2\pi h}{L} \quad\text{····································· (10·3)}$$

㉮ 이 식은 파속(C), 파장(L), 수심(h)과의 관계를 나타내는 기본식이다. 미소진폭파이론에 따르면 파속은 파고와 관계가 없다는 점에 유의해야 한다.

㉯ 분산관계가 뜻하는 것은 주기에 따라 파의 진행속도가 결정되기 때문에 여러 주기를 가진 파가 동시에 출발할 경우 시간의 경과에 따라 파가 공간적으로 분산되기 때문에 붙여진 이름이다.

② 파의 평균에너지

$$E = E_k + E_p = \frac{WH^2}{8} \ [\text{t} \cdot \text{m/m}^2] \quad\text{····························· (10·4)}$$

여기서, E : 단위표면적당 평균에너지

E_k : 운동에너지

E_p : 위치에너지

03 규칙파의 변형

천이파나 천해파의 진행속도는 수심에 의해서 변화하기 때문에 파의 진행방향은 해저지형의 영향을 받아서 휘어지게 되는데, 이것을 파의 **굴절**(refraction)이라고 한다. 또한 섬이나 방파제가 파의 진행방향에 있게 되면 음파와 같이 이들의 배후로 돌아가서 들어가게 되는데, 이것을 **회절**(diffraction)이라 한다.

(1) 천수변형

심해파가 천해역을 진행할 때 수심의 영향으로 굴절, 회절뿐 아니라 천수변형이 발생하므로 이를 고려한다.

$$\frac{L}{L_o} = \frac{C}{C_o} = \tan h \left(\frac{2\pi h}{L} \right) \quad\text{································ (10·5)}$$

여기서, L, C : 수심 h점의 파장(m), 파속(m/s)

L_o, C_o : 심해파의 파장(m), 파속(m/s)

(2) 굴절변형

$$\frac{\sin\alpha_1}{\sin\alpha_2} = \frac{C_1}{C_2} = \frac{L_1}{L_2} \qquad\cdots\cdots\cdots\cdots\cdots\cdots\cdots\cdots\cdots\cdots \quad (10\cdot6)$$

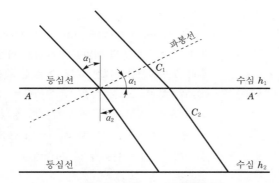

【그림 10-2】 평행한 등심선에서 파랑굴절(Snell법칙)

예상 및 기출문제

1. 항만을 설계하기 위해 관측한 불규칙파랑의 주기 및 파고가 다음 표와 같을 때 유의파고($H_{1/3}$)는? [기사 18]

연번	파고(m)	주기(s)	연번	파고(m)	주기(s)
1	9.5	9.8	6	5.8	6.5
2	8.9	9.0	7	4.2	6.2
3	7.4	8.0	8	3.3	4.3
4	7.3	7.4	9	3.2	5.6
5	6.5	7.5			

① 9.0m
② 8.6m
③ 8.2m
④ 7.4m

해설 유의파고(significant wave height)

특정 시간주기 내에 일어나는 모든 파고 중 가장 높은 파고부터 $\frac{1}{3}$에 해당하는 파고의 높이들을 평균한 높이를 유의파고라 하며 $\frac{1}{3}$ 최대파고라고도 한다.

$$\therefore \text{유의파고} = \frac{9.5 + 8.9 + 7.4}{3} = 8.6\text{m}$$

2. 미소진폭파(small-amplitude wave)이론에 포함된 가정이 아닌 것은? [기사 18]

① 파장이 수심에 비해 매우 크다.
② 유체는 비압축성이다.
③ 바닥은 평평한 불투수층이다.
④ 파고는 수심에 비해 매우 작다.

해설 미소진폭파

⑦ 파장에 비해 진폭 또는 파고가 매우 작은 파

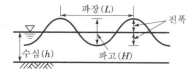

⑭ 가정
  ㉠ 물은 비압축성이고 밀도는 일정하다.
  ㉡ 수저는 수평이고 불투수층이다.
  ㉢ 수면에서의 압력은 일정하다(풍압은 없고 수면차로 인한 수압차는 무시한다).
  ㉣ 파고는 파장과 수심에 비해 대단히 작다.

3. 미소진폭파(small-amplitude wave)이론을 가정할 때 일정수심 h의 해역을 전파하는 파장 L, 파고 H, 주기 T의 파랑에 대한 설명 중 틀린 것은? [기사 17]

① h/L이 0.05보다 작을 때 천해파로 정의한다.
② h/L이 1.0보다 클 때 심해파로 정의한다.
③ 분산관계식은 L, h 및 T 사이의 관계를 나타낸다.
④ 파랑의 에너지는 H^2에 비례한다.

해설 ⑦ 파랑의 종류

  ㉠ 천해파 : $\dfrac{h}{L} < 0.05$

  ㉡ 천이파 : $0.05 \leq \dfrac{h}{L} \leq 0.5$

  ㉢ 심해파 : $\dfrac{h}{L} > 0.5$

⑭ 분산방정식 $\sigma^2 = gk \tan h\, kh$에 $k = \dfrac{2\pi}{L}$, $\sigma = \dfrac{2\pi}{T}$

를 대입하여 정리하면

$$\therefore L = \frac{gT^2}{2\pi} \tan h \frac{2\pi h}{L}$$

따라서 분산방정식은 L, h, T 사이의 관계를 나타낸다.

⑮ 파랑에너지 : $E = \dfrac{\rho g H^2}{8}$

4. 수심 10.0m에서 파속(C_1)이 50.0m/s인 파랑이 입사각(β_1) 30°로 들어올 때 수심 8.0m에서 굴절된 파랑의 입사각(β_2)은? (단, 수심 8.0m에서 파랑의 파속(C_2)=40.0m/s) [기사 17]

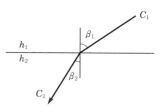

① 20.58°
② 23.58°
③ 38.68°
④ 46.15°

해설
$$\frac{\sin\beta_1}{\sin\beta_2} = \frac{C_1}{C_2}$$
$$\frac{\sin 30°}{\sin\beta_2} = \frac{50}{40}$$
$$\therefore \ \beta_2 = 23.58°$$

5. 다음 그림과 같이 단위폭당 자중이 3.5×10^6N/m인 직립식 방파제에 1.5×10^6N/m의 수평파력이 작용할 때 방파제의 활동안전율은? (단, 중력가속도$=10.0$m/s², 방파제와 바닥의 마찰계수$=0.7$, 해수의 비중$=1$로 가정하며, 파랑에 의한 양압력은 무시하고, 부력은 고려한다.) [기사 18]

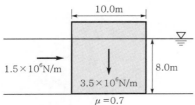

① 1.20   ② 1.22
③ 1.24   ④ 1.26

해설 ㉮ $B = wV = 1\times(10\times1\times8)$
$= 80t = 80\times1,000\times10 = 8\times10^5$N
㉯ $W = M(\text{자중}) - B(\text{부력})$
$= 3.5\times10^6 - 8\times10^5 = 2.7\times10^6$N
㉰ $F_s = \dfrac{fW}{P_H} = \dfrac{0.7\times(2.7\times10^6)}{1.5\times10^6} = 1.26$

6. 컨테이너부두 안벽에 입사하는 파랑의 입사파고가 0.8m이고, 안벽에서 반사된 파랑의 반사파고가 0.3m 일 때 반사율은? [기사 17]

① 0.325   ② 0.375
③ 0.425   ④ 0.475

해설 반사율 $= \dfrac{\text{반사파고}}{\text{입사파고}} = \dfrac{0.3}{0.8} = 0.375$

7. 동해의 일본측으로부터 300km 파장의 지진해일이 발생하여 수심 3,000m의 동해를 가로질러 2,000km 떨어진 우리나라 동해안에 도달한다고 할 때 걸리는 시간은? (단, 파속 $C = \sqrt{gh}$, 중력가속도는 9.8m/s²이고, 수심은 일정한 것으로 가정) [기사 16]

① 약 150분   ② 약 194분
③ 약 274분   ④ 약 332분

해설 ㉮ $C = \sqrt{gh} = \sqrt{9.8\times3,000} = 171.46$m/s
㉯ 시간 $= \dfrac{2,000,000}{171.46} = 11,664.53$초$= 194.41$분

8. 방파제 건설을 위한 해안지역의 수심이 5.0m, 입사파랑의 주기가 14.5초인 장파(long wave)의 파장(wave length)은? (단, 중력가속도 $g = 9.8$m/s²) [기사 20]

① 49.5m   ② 70.5m
③ 101.5m   ④ 190.5m

해설 $L = \sqrt{gh}\,T = \sqrt{9.8\times5}\times14.5 = 101.5$m/s
〈참고〉 파장과 주기의 관계
$\dfrac{h}{L} < 0.05$인 천해파일 때 $L = \sqrt{gh}\,T$
여기서, L : 파장, T : 주기(sec)

9. 수심이 50m로 일정하고 무한히 넓은 해역에서 주태양반일주조(S_2)의 파장은? (단, 주태양반일주조의 주기는 12시간, 중력가속도 $g = 9.81$m/s²이다.) [기사 20]

① 9.56km   ② 95.6km
③ 956km   ④ 9,560km

해설 $L = \sqrt{gh}\,T = \sqrt{9.8\times50}\times(12\times3,600)$
$= 956,272$m$= 956$km
〈참고〉 주태양반일주조
주로 태양의 운동에 기인한 조석성분으로 12시간의 주기를 가지며 S_2로 표기한다.

MEMO

chapter 11

수문학 및 수문기상학

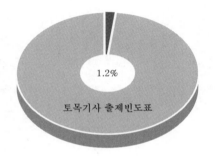

1.2%

토목기사 출제빈도표

11 수문학 및 수문기상학

01 수문학(hydrology)

지구상에 존재하는 물의 생성부터 소멸까지 물의 순환 전과정을 연구하는 학문이다.

(1) 물의 순환(hydrologic cycle)

물의 순환은 대양에서 물의 증발로 시작된다. 증발로 인한 수증기는 구름이 형성되어 강수(precipitation)의 형태로 지상에 떨어진다. 강수의 상당 부분은 토양 속에 저축되나 증발(evaporation), 증산(transpiration)에 의해 대기 중으로 되돌아간다. 또한 일부분은 토양 속으로 더 깊숙히 침투하여 지하수(groundwater)가 되어 바다에 이른다. 이러한 지구상의 과정을 물의 순환이라 한다.

이 관계를 물수지방정식으로 표시하면 다음과 같다.

$$강수량(P) \rightleftharpoons 유출량(R) + 증발산량(E) + 침투량(C)$$
$$+ 저유량(S) \quad \cdots\cdots\cdots\cdots\cdots (11\cdot1)$$

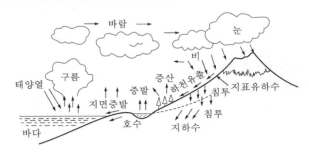

【그림 11-1】 물의 순환

(2) 물의 순환과정 영역별 수문학의 구분

① 수문기상학(hydrometeorology) : 강우가 지상에 도달하기 이전까지의 대기현상을 취급한다(증발, 증산, 구름의 형성, 강우의 형성, 강우의 시간적, 공간적 분포 등 기상학 중에서도 물에 관한 부분을 다룬다).

알·아·두·기·

☑ 물의 순환은 시작도 없고 끝도 없이 계속되고 있다.

☑ **지구상의 수자원**
해수가 97%, 담수가 3%이다.

☑ **우리나라 수자원**
① 연평균강우량이 약 1,159mm로서 약 1,140억m³에 달한다.
② 우리나라 하천은 평수량 및 갈수량은 아주 작은 반면에 홍수량은 아주 커서 연간 하천유량의 변동이 극심하다.
③ 하상계수 : 하천유황의 변동 정도를 표시하는 지표인 하상계수는 대하천의 주요 지점에서의 최대 유량과 최소 유량의 비로 나타내며, 우리나라 주요 하천은 하상계수가 보통 300을 넘어 외국 하천에 비해 하천유량이 대단히 불안정하다.

☑ **기상학(meteorology)**
대기 중에서 발생하는 모든 현상을 연구하는 학문이다.

② **지표수문학**(surface-water hydrology) : 지표면유출부터 하천유출까지의 전과정을 취급한다(유출, 홍수추적, 강수와 유출의 관계, 차단 등을 다룬다).

③ **지하수문학**(ground-water hydrology) : 지표면에서 지하로 유입된 물의 역사를 취급한다(침투, 지하수 등을 다룬다).

02 수문기상학(hydrometeorology)

기상학 중에서도 물에 관한 대기현상을 연구하는 학문이다.

① 기온

▶ 기온이란 대기의 온도를 말한다.

(1) 평균기온

① **일평균기온** : 1일 평균기온을 말하며 계산방법은 매시간 기온을 산술평균하는 방법, 3~6시간 간격의 기온을 평균하는 방법, 1일 중 최고, 최저기온을 평균하는 방법이 있으나, 이 중 최고, 최저기온을 평균하는 방법을 가장 많이 사용하고 있다.

② **월평균기온** : 해당 월의 일평균기온의 최고치와 최저치를 평균한 기온을 말한다.

(2) 정상기온

특정 일, 월, 연에 대한 최근 30년간 산술평균한 값을 말한다.

① **정상 일평균기온** : 특정 일의 일평균기온을 30년간 산술평균한 값을 말한다.

② **정상 월평균기온** : 특정 월의 월평균기온을 30년간 산술평균한 값을 말한다.

② 습도

▶ ① 습도란 대기 중의 공기 속에 함유되어 있는 수분의 정도를 말한다.
② 습도는 습도계로 측정한다.

(1) 잠재증기화열(latent heat of vaporization)

온도의 변화 없이 액체상태에서 기체상태로 변환하는데 필요한 단위질량당의 열량을 말한다.

$$H_v = 597.3 - 0.564t\,[\text{cal/g}] \quad\cdots\cdots\cdots\cdots\cdots\cdots\cdots\cdots \quad (11 \cdot 2)$$

여기서, t : 대기의 온도(℃)

(2) 상대습도(relative humidity)

$$h = \frac{e}{e_s} \times 100\,[\%] \quad\cdots\cdots\cdots\cdots\cdots\cdots\cdots\cdots\cdots \quad (11 \cdot 3)$$

여기서, e : 실제 증기압

$\quad\quad\quad e_s$: 포화증기압

③ 바람

$$\frac{V}{V_1} = \left(\frac{Z}{Z_1}\right)^k \quad\cdots\cdots\cdots\cdots\cdots\cdots\cdots\cdots\cdots\cdots\cdots\cdots \quad (11 \cdot 4)$$

여기서, V : 높이 Z에서의 평균풍속

$\quad\quad\quad V_1$: 기준높이 Z_1에서 풍속계로 측정한 평균풍속

$\quad\quad\quad k$: 지표면의 조도상태와 기류의 안정성 정도에 따라 변하는 지수로서 약 0.1~0.6이다.

➡ ① 바람이란 이동하는 기단을 말한다.
② 바람은 풍속계로 측정한다.

예상 및 기출문제

1. 물의 순환과정은 통상 8가지의 과정을 거친다. 물의 순환과정에 관계된 용어가 아닌 것은? [기사 10]

① 증발-증산
② 침투-침루
③ 풍향-상대습도
④ 차단-저류

해설 풍향은 물의 순환과정과 관계가 없다.

2. 다음 중 물의 순환에 관한 설명으로서 틀린 것은? [기사 12, 18]

① 지구상에 존재하는 수자원이 대기권을 통해 지표면에 공급되고 지하로 침투하여 지하수를 형성하는 등 복잡한 반복과정이다.
② 지표면 또는 바다로부터 증발된 물이 강수, 침투 및 침루, 유출 등의 과정을 거치는 물의 이동현상이다.
③ 물의 순환과정은 성분과정 간의 물의 이동이 일정률로 연속된다는 것을 의미한다.
④ 물의 순환과정 중 강수, 증발 및 증산은 수문기상학 분야이다.

해설 물의 순환과정은 성분과정 간의 물의 이동이 일정률로 연속된다는 의미는 결코 아니다. 즉 순환과정을 통한 물의 이동은 시간 및 공간적인 변동성을 가지는 것이 보통이다.

3. 물의 순환에 대한 다음 수문사항 중 성립이 되지 않는 것은? [기사 15]

① 지하수 일부는 지표면으로 용출해서 다시 지표수가 되어 하천으로 유입한다.
② 지표면에 도달한 우수는 토양 중에 수분을 공급하고, 나머지가 아래로 침투해서 지하수가 된다.
③ 땅속에 보류된 물과 지표하수는 토양면에서 증발하고, 일부는 식물에 흡수되어 증산한다.
④ 지표에 강하한 우수는 지표면에 도달 전에 그 일부가 식물의 나무와 가지에 의하여 차단된다.

해설 강수의 상당 부분은 토양 속에 저류되나, 종국에는 증발 및 증산작용에 의해 대기 중으로 되돌아간다. 또한 강수의 일부분은 토양면이나 토양 속을 통해 흘러 하도로 유입되기도 하며, 일부는 토양 속으로 더 깊이 침투하여 지하수가 되기도 한다.

4. 다음 중 일기 및 기후변화의 직접적인 주요 원인은 어느 것인가? [기사 11]

① 에너지소비
② 태양흑점의 변화
③ 물의 오염
④ 지구의 자전 및 공전

해설 일기 및 기후변화의 직접적인 원인
  ㉮ 지구의 자전 및 공전
  ㉯ 지구표면은 지면과 수면으로 구성되어 있으며, 그 분포도 불규칙할 뿐만 아니라 수면과 지면의 비열 및 열반사율이 각각 다르다는 것

5. 대기의 온도 t_1, 상대습도 70%인 상태에서 증발이 진행되었다. 온도가 t_2로 상승하고 대기 중의 증기압이 20% 증가하였다면 온도 t_1 및 t_2에서의 포화증기압이 각각 10.0mmHg 및 14.0mmHg라 할 때 온도 t_2에서의 상대습도는? [기사 09, 12, 18]

① 50%
② 60%
③ 70%
④ 80%

해설 ㉮ t_1[℃]일 때

$$h = \frac{e}{e_s} \times 100\%$$

$$70 = \frac{e}{10} \times 100\%$$

$$\therefore e = 7\text{mmHg}$$

㉯ t_2[℃]일 때

$$e = 7 \times 1.2 = 8.4\text{mmHg}$$

$$\therefore h = \frac{e}{e_s} \times 100\% = \frac{8.4}{14} \times 100\% = 60\%$$

6. 기온에 대한 설명 중 옳지 않은 것은? [기사 00, 06]
① 일평균기온은 오전 10시의 기온이다.
② 정상 일평균기온은 특정 일의 30년간의 평균기온을 평균한 기온이다.
③ 월평균기온은 해당 월의 일평균기온 중 최고치와 최저치를 평균한 기온이다.
④ 연평균기온은 해당 년의 월평균기온을 평균한 기온이다.

해설 일평균기온(mean daily temperature)
1일 평균기온을 말하며 1일 중 최고, 최저기온을 평균하는 방법을 가장 많이 사용하고 있다.

7. 수문분석기법에 대한 설명 중 옳지 않은 것은? [기사 01]
① 확정론적 기법 : 사상의 입·출력관계가 확정적인 법칙을 따른다.
② 확률론적 기법 : 관측된 자료집단의 확률통계학적 특성만을 고려한다.
③ 추계학적기법 : 사상의 발생순서와 크기만을 고려하며 확률은 고려하지 않는다.
④ 빈도해석기법 : 강우, 홍수량, 갈수량 등의 재현기간(=생기빈도)을 확률적으로 예측하는 방법이다.

해설 수문분석기법
㉮ 확정론적 기법
㉠ 강우-유출관계의 확정성을 전제로 하여 자연현상의 물리적 거동을 수학적 표현에 의해 서술하는 기법이다.
㉡ 입·출력자료를 선정한 후 컴퓨터프로그램으로 되어있는 모의모형으로 수문학적 문제를 해석한다.
㉯ 확률론적 기법
㉠ 물의 순환과정 자체가 이론적으로 완전히 서술할 수 없고 너무나 복잡하여 강우-유출관계를 완벽하게 확정론적으로 다룰 수가 없고, 물의 순환과정이 확률적인 성격을 띠고 있기 때문에 수문자료를 확률통계적으로 분석하여 관측된 현상의 특성을 파악하고 앞으로의 발생양상에 대한 예측도 가능한 수문자료의 분석절차를 확률론적 수문분석기법이라 한다.
㉡ 수문자료의 확률통계학적 특성만을 고려하고 개개 사상의 발생순서는 관계하지 않는다는 점이 추계학적 기법과 다르다.

㉰ 빈도해석기법
㉠ 특히 강우, 홍수, 갈수의 생기빈도를 확률론적으로 예측하는 방법을 빈도해석기법이라 한다.
㉡ 어떤 수문사상이 발생하는 원인과 과정 등에 관해서는 전혀 상관하지 않고 오직 어떤 크기를 가진 사상이 발생할 확률(빈도)을 결정한다는 것이 확정론적 기법과 다르다.
㉱ 추계학적 기법
㉠ 하천유량, 우량기록 등의 수문자료는 일반적으로 관측기간이 짧으므로 장기간 동안의 수문사상을 대표하기에는 부족하므로 보다 장기간의 자료를 발생시킬 수 있는 확률론적으로 예측하는 방법이 추계학적 기법이다.
㉡ 수문자료의 발생순서를 고려하면서 생기확률을 분석한다.

8. 물의 순환과정(hydrologic cycle)에 관한 설명 중 틀린 것은? [참고]
① 물의 순환은 바다로부터의 물의 증발로 시작되어 강수, 차단, 침투, 침루, 저류, 유출 등과 같은 여러 복잡한 반복과정을 거치는 물의 이동현상이다.
② 물의 순환과정 중 주요 성분은 강수, 증발 및 증산, 지표수유출 및 지하수유출이다.
③ 물의 순환과정을 통한 물의 이동은 시·공간적 변동성을 통상 가지지 않고 일정비율로 연속된다.
④ 물의 순환을 물수지방정식으로 표현하면 (강수량=유출량+증발산량+침투량+저류량)이다.

해설 물의 순환과정을 통한 물의 이동은 시간적, 공간적인 변동성을 가지는 것이 보통이며 일정률로 연속되는 것은 아니다. 그 이유는 강우가 극심하여 홍수가 발생하기도 하며, 반대로 가뭄이 발생하기도 한다. 또한 인접한 지역이지만 물의 순환양상이 크게 다른 경우도 아주 많기 때문이다.

9. 우리나라 수자원의 특성이 아닌 것은? [참고]
① 6, 7, 8, 9월에 강우가 집중된다.
② 강우의 하천유출량은 홍수 시에 집중된다.
③ 하천경사가 급한 곳이 많다.
④ 하상계수가 낮은 편에 속한다.

해설 우리나라의 수자원

㉮ 대부분의 하천은 유역면적이 작고 유로연장이 짧으며 산지가 많기 때문에(약 70%가 산지) 하천의 경사가 급한 곳이 많다.

㉯ 지표면은 풍화작용과 침식작용을 받아 고저기복이 적은 노년기 말의 지형을 이루고 있다.

㉰ 수원지대에 내린 강수는 동해안 쪽으로는 유로가 짧고 급경사이기 때문에 유속이 아주 빠르고 서해안 쪽으로도 급경사인 곳이 많아서 하천이 범람하게 된다.

㉱ 평수량 및 갈수량의 크기는 아주 작고 홍수량은 아주 커서 연간 하천유량의 변동이 아주 심하다.

㉲ 하상계수$\left(=\dfrac{\text{최대 유량}}{\text{최소 유량}}\right)$는 대체로 300을 넘어 주요 외국하천에 비해 하천유량이 대단히 불안정하다.

16. 기온에 관한 설명 중 옳지 않은 것은? [참고]

① 연평균기온은 해당 년의 월평균기온의 평균치로 정의한다.

② 월평균기온은 해당 월의 일평균기온의 평균치로 정의한다.

③ 일평균기온은 일 최고 및 최저기온을 평균하여 주로 사용한다.

④ 정상 일평균기온은 30년간의 특정 일의 일평균기온을 평균하여 정의한다.

해설 월평균기온은 해당 월의 일평균기온의 최고치와 최저치를 평균한 기온을 말한다.

chapter 12

강 수

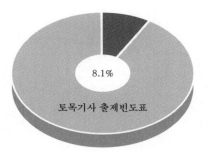

8.1%

토목기사 출제빈도표

12 강수

01 강수

구름이 응축되어 지상으로 떨어지는 모든 형태의 수분을 통틀어 강수 (precipitation)라 한다.

① 강수의 형태(강수를 형성하기 위한 냉각과정)

(1) 대류형 강수(convective precipitation)

① 따뜻하고 가벼워진 공기가 대류현상에 의해 상승(급격한 냉각)할 때 발생한다.

② 점상(spotty)으로 발생하며 지나가는 소나기, 회오리바람 등의 강수이다.

(2) 전선형 강수(frontal precipitation)

① 한랭전선형 강수

㉠ 한랭기단에 의해 온난기단이 강제 상승할 때 발생한다.

㉡ 온난기단이 급격히 상승(급격한 냉각)하여 대류형 강수와 비슷한 단시간에 높은 강도의 강수를 형성한다.

② 온난전선형 강수

㉠ 온난기단이 한랭기단 위로 진행할 때 발생한다.

㉡ 온난기단이 완만히 상승하여 장기간에 낮은 강도의 강수를 형성한다.

(3) 산악형 강수(orographic precipitation)

① 습기단이 산맥에 부딪혀서 기단이 산 위로 상승할 때 발생한다.

② 바람이 불어오는 방향의 경사에는 호우강수가 발생하나, 배사면에는 대단히 건조하다.

알·아·두·기·

▷ **강수의 형성조건**

① 충분한 수분의 공급

② 이슬점까지 냉각

③ 수분입자들의 응결을 위한 응결핵이 존재

④ 수분입자의 성장

▷ 대류형 강수는 지표면이 불균등하게 가열되거나 상부의 공기층이 불균등하게 냉각될 때 발생한다.

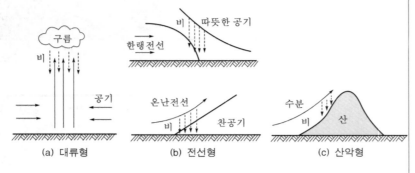

(a) 대류형   (b) 전선형   (c) 산악형

【그림 12-1】 대기 중 수분의 냉각과정

② 강수의 종류

① 비(rain) : 지름이 약 0.5mm 이상의 물방울
② 부슬비(drizzle) : 지름이 0.1~0.5mm의 물방울
③ 눈(snow) : 대기 중의 수증기가 직접 얼음으로 변한 것
④ 얼음(glaze) : 비나 부슬비가 강하하여 지상의 찬 것과 접촉하자마자 얼어버린 것
⑤ 설편(snow flake) : 여러 개의 얼음결정이 동시에 엉켜서 이루어진 것
⑥ 진눈깨비(sleet) : 빗방울이 강하하다가 빙점 이하의 온도를 만나 얼어버린 것
⑦ 우박(hail) : 지름 5~125mm의 구형 또는 덩어리모양의 얼음상태의 강수

③ 강수량의 측정

(1) 우량측정시간

① 매일 1회, 오전 9시부터 다음날 오전 9시까지의 우량이 일우량이다.
② 일우량이 0.1mm 이하일 때는 무강우로 취급한다.

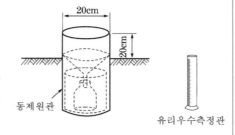

【그림 12-2】 보통우량계(한국)

① 강수량은 일정한 면적 위에 내린 총우량을 면적으로 나눈 깊이(mm)로써 표시한다.
② 강우량을 측정하는 계기를 우량계(rain gauge)라 하며 보통 우량계와 자기우량계가 있다.

알·아·두·기·

(2) 누가우량곡선(rainfall mass curve)

자기우량계에 의해 측정된 우량을 기록지에 누가우량의 시간적 변화 상태를 기록한 것을 누가우량곡선이라 한다.

① 누가우량곡선의 경사가 급할수록 강우강도가 크다.
② 누가우량곡선의 수평선은 무강우를 의미한다.

(3) 우량계측망의 밀도

① 계측망은 다우지역이나 소우지역에 치중해서 우량계를 배치하지 말고 한 유역상에 내리는 강수의 지역적 분포를 대표할 수 있도록 배치해야 한다.
② 평균우량의 표준오차는 계측망의 밀도가 클수록, 유역면적이 클수록 작아지고, 유역평균우량이 클수록 커진다.

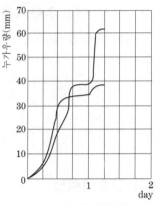
【그림 12-3】 누가우량곡선

---

02 | 강수량자료의 조정, 보완, 분석

① 2중누가우량분석

수십년에 걸친 장기간 동안의 강수자료는 **일관성**(consistency)에 대한 검사가 필요하다. 우량계의 위치, 노출상태, 우량계의 교체, 주위 환경에 변화가 생기면 전반적인 자료의 일관성이 없어져 무의미한 기록치가 된다. 이를 교정하기 위한 한 방법을 **2중누가우량분석**이라 한다.

② 강우기록의 추정

(1) 산술평균법

3개 각각의 관측점과 결측점의 정상 연평균강수량의 차이가 10% 이내일 때 사용한다.

$$P_x = \frac{1}{3}(P_A + P_B + P_C) \quad \cdots\cdots\cdots\cdots\cdots\cdots (12\cdot1)$$

여기서, P_x : 결측점의 강수량
P_A, P_B, P_C : 관측점 A, B, C의 강우량

▶ **2중누가우량분석의 예**

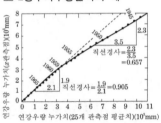
【그림 12-4】 2중누가우량분석

1959년 이전의 x관측점의 연강우량자료는 직선경사비 $\dfrac{0.905}{0.657} = 1.378$을 곱해서 수정한다.

(2) 정상 연강우량비율법

3개의 관측점 중 1개라도 결측점의 정상 연평균강수량과의 차이가 10% 이상일 때 사용한다.

$$P_x = \frac{N_x}{3}\left(\frac{P_A}{N_A} + \frac{P_B}{N_B} + \frac{P_C}{N_C}\right) \quad \cdots\cdots\cdots\cdots\cdots\cdots\cdots\cdots (12\cdot2)$$

여기서, N_x : 결측점의 정상 연평균강수량

N_A, N_B, N_C : 관측점 A, B, C의 정상 연평균강수량

(3) 단순비례법

결측치를 가진 관측점 부근에 1개의 다른 관측점만이 존재하는 경우에 사용한다.

$$P_x = \frac{P_A}{N_A} N_x \quad \cdots\cdots\cdots\cdots\cdots\cdots\cdots\cdots\cdots\cdots\cdots\cdots\cdots (12\cdot3)$$

③ 평균강우량 산정

(1) 산술평균법

평야지역에서 강우분포가 비교적 균일하거나 우량계가 비교적 등분포되어 있고 유역면적이 500km² 미만인 지역에 사용한다.

$$P_m = \frac{P_1 + P_2 + P_3 + \cdots + P_N}{N} \text{[mm]} \quad \cdots\cdots\cdots\cdots\cdots (12\cdot4)$$

여기서, P_1, P_2, $\cdots$, P_N : 유역 내 각 관측점에서의 강우량(mm)

N : 관측점의 수

▣ 평균우량 산정법에 의해 산정되는 평균우량은 실제의 평균우량과 어느 정도 편차가 있으며, 이 편차 정도는 우량계측망의 밀도에 따라 직접적인 영향을 받는다.

(2) Thiessen법

우량계가 유역 내에 **불균등하게 분포**되어 있거나 산악의 영향이 비교적 작고 유역면적이 500~5,000km²인 곳에 사용한다.

$$P_m = \frac{A_1 P_1 + A_2 P_2 + \cdots + A_N P_N}{A} \text{[mm]} \quad \cdots\cdots\cdots\cdots (12\cdot5)$$

여기서, A_1, A_2, $\cdots$, A_N : 각 관측점의 지배면적(km²)

$A = A_1 + A_2 + \cdots + A_N$

▣ Thiessen법은 산술평균법보다 더 정확하고 실제로 가장 많이 사용하고 있다.

(3) 등우선법

강우에 대한 산악의 영향이 고려되었고 유역면적이 5,000km² 이상일 때 사용한다.

$$P_m = \frac{A_1P_{1m} + A_2P_{2m} + \cdots + A_NP_{Nm}}{A} \,(mm) \cdots\cdots\cdots (12 \cdot 6)$$

여기서, P_{1m}, P_{2m}, $\cdots$, P_{Nm} : 두 인접 등우선 간의 평균강우량(mm)

(4) 삼각형법

$$P_m = \frac{A_1\left(\dfrac{P_1+P_2+P_3}{3}\right) + A_2\left(\dfrac{P_2+P_3+P_4}{3}\right) + \cdots + A_6\left(\dfrac{P_5+P_6+P_7}{3}\right)}{A}$$

$$\cdots\cdots\cdots\cdots\cdots\cdots\cdots\cdots\cdots\cdots\cdots (12 \cdot 7)$$

▶ 삼각형법
유역 내와 유역 주변의 관측소 간을 삼각형이 되도록 직선으로 연결하여 구한다.

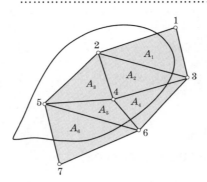

【그림 12-5】 삼각형법

03 강수량자료의 해석

(1) 용어설명

① 강우강도(rainfall intensity) : 단위시간 동안에 내리는 강우량 (mm/h)

② 지속기간(rainfall duration) : 강우가 계속되는 시간(min)

③ 재현기간(생기빈도, frequency) : 임의의 강우량이 1회 이상 같거나 초과하는 데 소요되는 연수

④ 지역적 범위(rainfall area extent) : 우량계에 의해 측정되는 점우량(point rainfall)을 적용시킬 수 있는 면적, 즉 개개의 우량계가 대표할 수 있는 공간적 범위

(2) 강우강도와 지속기간의 관계 (rainfall intensityduration relationship)

지역에 따라 다르나 대체로 다음 세 가지 유형의 경험식으로 표시된다.

① Talbot형 : 광주지역에 적합

$$I = \frac{a}{t+b} \quad \cdots\cdots\cdots\cdots\cdots\cdots\cdots\cdots\cdots\cdots\cdots\cdots\cdots (12\cdot8)$$

② Sherman형 : 서울, 목포, 부산지역에 적합

$$I = \frac{c}{t^n} \quad \cdots\cdots\cdots\cdots\cdots\cdots\cdots\cdots\cdots\cdots\cdots\cdots\cdots (12\cdot9)$$

③ Japanese형 : 대구, 인천, 여수, 강릉지역에 적합

$$I = \frac{d}{\sqrt{t}+e} \quad \cdots\cdots\cdots\cdots\cdots\cdots\cdots\cdots\cdots\cdots\cdots (12\cdot10)$$

여기서, I : 강우강도(mm/h)

t : 지속기간(min)

a, b, c, d, e, n : 지역에 따라 다른 값을 가지는 상수

> ➡ 지속기간이 짧을수록 강우강도가 크다.

(3) 강우강도 – 지속기간 – 생기빈도의 관계 (rainfall intensity – duration – frequency curves)

$$I = \frac{kT^x}{t^n} \quad \cdots\cdots\cdots\cdots\cdots\cdots\cdots\cdots\cdots\cdots\cdots (12\cdot11)$$

여기서, I : 강우강도(mm/h)

t : 지속기간(min)

T : 강우의 생기빈도를 나타내는 연수(재현기간)

k, x, n : 지역에 따라 결정되는 상수

(4) 평균우량깊이 – 유역면적 – 강우지속기간의 관계

각종 크기의 유역면적에 여러 가지 지속기간을 가진 강우가 발생할 때 예상되는 지속시간별 최대 우량을 지역별로 결정해두면 암거의 설계나 지하수흐름에 대한 하천수위의 시간적 변화가 주는 영향 등 제반 수문학적 문제의 해결에 유익하다. 이러한 목적을 위해 유역별로 **최대 평균우량깊이 – 유역면적 – 지속기간의 관계**를 수립하는 작업을 DAD(rainfall depth–area–duration relationship)해석이라 한다.

① DAD곡선의 작성순서

㉮ 각 유역의 지속기간별 최대 우량을 누가우량곡선으로부터 결정하고 전유역을 등우선에 의해 소구역으로 나눈다.

> ➡ **평균우량깊이와 유역면적의 관계**
> 일정한 호우지속기간 동안의 우량깊이는 호우중심지역에서 멀어질수록 감소한다. 따라서 호우중심점으로부터 면적이 증가함에 따라 평균우량깊이는 작아지며, 강우강도는 감소한다.

> ➡ DAD관계를 알면 우수거, 고속도로의 배수구 등을 설계하는 데 유익하다.

㉯ 각 소구역의 평균누가우량을 산정한다.

　　㉰ 소구역의 누가면적에 대한 평균누가우량을 구한다.

　　㉱ 각 지속기간에 대한 최대 평균우량깊이를 소구역의 누가면적
　　　별로 구한 후 반대수지에 표시하여 DAD곡선을 얻는다.

② DAD곡선의 표시 : DAD곡선은 유역면적을 대수눈금으로 되어
　　있는 종축에, 최대 우량을 산술눈금으로 되어 있는 횡축에 표시
　　하고, 지속기간을 제3의 변수로 표시하여 얻는다.

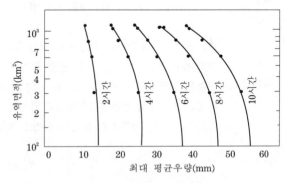

【 그림 12-6 】　DAD곡선

04　최대 가능강수량

　　어떤 지역에서 생성될 수 있는 최악의 기상조건하에서 발생가능한
호우로 인한 **최대 강수량**을 의미한다.

　　① 대규모 수공구조물을 설계할 때 기준으로 삼는 우량이다.

　　② PMP로서 수공구조물의 크기(치수)를 결정한다.

예상 및 기출문제

1. 누가우량곡선(Rainfall mass curve)의 특성으로 옳은 것은? [기사 11, 15, 18, 20]
① 누가우량곡선의 경사가 클수록 강우강도가 크다.
② 누가우량곡선의 경사는 지역에 관계없이 일정하다.
③ 누가우량곡선으로 일정기간 내의 강우량을 산출할 수는 없다.
④ 누가우량곡선은 자기우량기록에 의하여 작성하는 것보다 보통우량계의 기록에 의하여 작성하는 것이 더 정확하다.

> **해설** 누가우량곡선
> ㉮ 누가우량곡선의 경사가 급할수록 강우강도가 크다.
> ㉯ 자기우량계에 의해 측정된 우량을 기록지에 누가우량의 시간적 변화상태를 기록한 것을 누가우량곡선이라 한다.

2. 측정된 강우량자료가 기상학적 원인 이외에 다른 영향을 받았는지의 여부를 판단하는, 즉 일관성(consistency)에 대한 검사방법은? [기사 17, 18]
① 순간단위유량도법   ② 합성단위유량도법
③ 이중누가우량분석법   ④ 선행강수지수법

> **해설** 우량계의 위치, 노출상태, 우량계의 교체, 주위 환경의 변화 등이 생기면 전반적인 자료의 일관성이 없어지기 때문에 이것을 교정하여 장기간에 걸친 강수자료의 일관성을 얻는 방법을 이중누가우량분석이라 한다.

3. 강수량자료를 분석하는 방법 중 2중누가우량곡선법(double mass curve)이 많이 이용되고 있다. 설명 중 맞는 것은? [기사 12, 15, 16, 17]
① 평균강수량을 계산하기 위하여 쓴다.
② 강우의 지속기간을 알기 위하여 쓴다.
③ 결측자료를 보완하기 위하여 쓴다.
④ 강수량자료의 일관성을 검증하기 위하여 쓴다.

> **해설** 우량계의 위치, 노출상태, 우량계의 교체, 주위 환경의 변화 등이 생기면 전반적인 자료의 일관성이 없어지기 때문에 이것을 교정하여 장기간에 걸친 강수자료의 일관성을 얻는 방법을 2중누가우량분석이라 한다.

4. 관측소 X의 우량계 고장으로 1개월 동안 관측을 실시하지 못하였다. 이 기간 동안 인접 관측소 A, B, C에서 관측된 강우량은 110, 85, 125mm이었다. 관측소 X, A, B, C에서의 정상 연평균강우량이 각각 980, 1,120, 950, 1,200mm이면 결측기간 동안의 관측소 X의 강우량은? [기사 05]
① 95.3mm   ② 106.7mm
③ 113.5mm   ④ 127.4mm

> **해설** ㉮ $\dfrac{1,200-980}{980}\times100=22.4\%>10\%$
>
> ㉯ $P_x = \dfrac{N_x}{3}\left(\dfrac{P_A}{N_A}+\dfrac{P_B}{N_B}+\dfrac{P_C}{N_C}\right)$
> $= \dfrac{980}{3}\times\left(\dfrac{110}{1,120}+\dfrac{85}{950}+\dfrac{125}{1,200}\right)$
> $= 95.34\text{mm}$

5. 다음 중 유역의 면적평균강우량 산정법이 아닌 것은? [기사 15]
① 산술평균법(Arithmetic mean method)
② Thiessen방법(Thiessen method)
③ 등우선법(Isohyetal method)
④ 매닝공법(Manning method)

> **해설** 평균우량 산정법 : 산술평균법, Thiessen방법, 등우선법

6. 강우계의 관측분포가 균일한 평야지역의 작은 유역에 발생한 강우에 적합한 유역평균강우량 산정법은? [기사 17]
① Thiessen의 가중법   ② Talbot의 강도법
③ 산술평균법   ④ 등우선법

⊃ 정답   1. ①   2. ③   3. ④   4. ①   5. ④   6. ③

해설 산술평균법

㉮ 평야지역에서 강우분포가 비교적 균일한 경우

㉯ 우량계가 비교적 등분포되어 있고 유역면적이 $500km^2$ 미만인 지역에 사용한다.

7. 다음 중 평균강우량 산정방법이 아닌 것은?

[기사 18]

① 각 관측점의 강우량을 산술평균하여 얻는다.

② 각 관측점의 지배면적은 가중인자로 잡아서 각 강우량에 곱하여 합산한 후 전유역면적으로 나누어서 얻는다.

③ 각 등우선 간의 면적을 측정하고 전유역면적에 대한 등우선 간의 면적을 등우선 간의 평균강우량에 곱하여 이들을 합산하여 얻는다.

④ 각 관측점의 강우량을 크기순으로 나열하여 중앙에 위치한 값을 얻는다.

해설 평균우량 산정법 : 산술평균법, Thiessen법, 등우선법

8. 면적평균강수량계산법에 관한 설명으로 옳은 것은?

[기사 15]

① 관측소의 수가 적은 산악지역에는 산술평균법이 적합하다.

② 티센망이나 등우선도 작성에 유역 밖의 관측소는 고려하지 말아야 한다.

③ 등우선도 작성에 지형도가 반드시 필요하다.

④ 티센가중법은 관측소 간의 우량변화를 선형으로 단순화한 것이다.

해설 Thiessen의 가중법

전유역면적에 대한 각 관측점의 지배면적을 가중인자로 잡아 이를 각 우량값에 곱하여 합산한 후, 이 값을 유역면적으로 나눔으로써 평균우량을 산정하는 방법이다.

9. Thiessen다각형에서 각각의 면적이 $20km^2$, $30km^2$, $50km^2$이고, 이에 대응하는 강우량이 각각 40mm, 30mm, 20mm일 때 이 지역의 면적평균강우량은? [기사 17]

① 25mm

② 27mm

③ 30mm

④ 32mm

해설
$$P_m = \frac{A_1P_1 + A_2P_2 + \dots + A_nP_n}{A}$$
$$= \frac{20\times40 + 30\times30 + 50\times20}{20+30+50} = 27mm$$

10. 다음 표에서 Thiessen법으로 유역평균우량을 구한 값은?

[기사 09, 10]

관측점	A	B	C	D	E
지배면적(km^2)	15	20	10	15	20
우량(mm)	20	25	30	20	35

① 25.25mm

② 26.25mm

③ 27.25mm

④ 0.20mm

해설
$$P_m = \frac{A_1P_1 + A_2P_2 + A_3P_3 + A_4P_4 + A_5P_5}{A}$$
$$= \frac{\left\{\begin{array}{c}(15\times20)+(20\times25)+(10\times30)\\ +(15\times20)+(20\times35)\end{array}\right\}}{15+20+10+15+20}$$
$$= 26.25mm$$

11. 다음 그림과 같이 유역 내의 5개 우량관측점에 기록된 우량이 표와 같을 때 Thiessen법으로 유역평균우량을 계산한 값은? (단, 각 관측점의 지배면적은 그림에 표시한 바와 같다.)

[기사 01]

관측점	A	B	C	D	E
우량(mm)	20	30	40	35	40

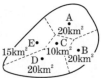

① 33.0mm

② 33.8mm

③ 32.8mm

④ 31.8mm

해설
$$P_m = \frac{A_1P_1 + A_2P_2 + A_3P_3 + A_4P_4 + A_5P_5}{A}$$
$$= \frac{\left\{\begin{array}{c}(20\times20)+(20\times30)+(10\times40)\\ +(20\times35)+(15\times40)\end{array}\right\}}{20+20+10+20+15}$$
$$= 31.76mm$$

12. 강우강도공식형이 $I = \frac{5,000}{t+40}$[mm/h]로 표시된 어떤 도시에 있어서 20분간의 강우량 R_{20}은? (단, t의 단위는 min이다.) [기사 16, 20]

① $R_{20} = 17.8mm$

② $R_{20} = 27.8mm$

③ $R_{20} = 37.8mm$

④ $R_{20} = 47.8mm$

해설 ㉮ $I = \dfrac{5,000}{t+40} = \dfrac{5,000}{20+40} = 83.33\text{mm/h}$

㉯ $R_{20} = \dfrac{83.33}{60} \times 20 = 27.8\text{mm}$

13.
다음 그림과 같은 유역(12km×8km)의 평균강우량을 Thiessen방법으로 구한 값은? (단, 작은 사각형은 2km×2km의 정사각형으로서 모두 크기가 동일하다.) [기사 12, 20]

관측점	1	2	3	4
강우량(mm)	140	130	110	100

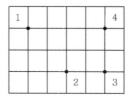

① 120mm ② 123mm
③ 125mm ④ 130mm

해설 ㉮ $A_1 = 7.5 \times (2 \times 2) = 30\text{km}^2$

㉯ $A_2 = 7 \times (2 \times 2) = 28\text{km}^2$

㉰ $A_3 = 4 \times (2 \times 2) = 16\text{km}^2$

㉱ $A_4 = 5.5 \times (2 \times 2) = 22\text{km}^2$

㉲ $P_m = \dfrac{P_1 A_1 + P_2 A_2 + P_3 A_3 + P_4 A_4}{A}$

$= \dfrac{140 \times 30 + 130 \times 28 + 110 \times 16 + 100 \times 22}{30 + 28 + 16 + 22}$

$= 122.92\text{mm}$

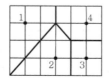

14.
강우강도공식에 관한 설명으로 틀린 것은? [기사 20]

① 자기우량계의 우량자료로부터 결정되며 지역에 무관하게 적용 가능하다.
② 도시지역의 우수관로, 고속도로 암거 등의 설계 시 기본자료로서 널리 이용된다.
③ 강우강도가 커질수록 강우가 계속되는 시간은 일반적으로 작아지는 반비례관계이다.
④ 강우강도(I)와 강우지속시간(D)과의 관계로서 Talbot, Sherman, Japanese형의 경험공식에 의해 표현될 수 있다.

해설 강우강도공식은 지역에 따라 다르다.

15.
강우강도공식에 관한 설명으로 틀린 것은? [기사 16]

① 강우강도(I)와 강우지속시간(D)과의 관계로서 Talbot, Sherman, Japanese형의 경험공식에 의해 표현될 수 있다.
② 강우강도공식은 자기우량계의 우량자료로부터 결정되며 지역에 무관하게 적용 가능하다.
③ 도시지역의 우수거, 고속도로 암거 등의 설계 시에 기본자료로서 널리 이용된다.
④ 강우강도가 커질수록 강우가 계속되는 시간은 일반적으로 작아지는 반비례 관계이다.

해설 ㉮ 강우강도와 지속기간 간의 관계는 지역에 따라 다르다.

㉯ 강우강도가 크면 클수록 그 강우가 계속되는 기간은 짧다.

16.
어떤 도시의 공원에 우수배제를 위한 우수관거를 재현기간 20년으로 설계하고자 한다. 우수의 유입시간이 5분, 우수관거의 최장길이가 1,200m, 관거 내의 유속이 2m/s일 경우 유달시간 내의 강우강도는? (단, 20년 재현기간의 강우강도식 $I = 6,400/(t+40)$[mm/h], t는 분(min)단위이다.) [기사 00]

① 106.67mm/h ② 116.36mm/h
③ 128.00mm/h ④ 142.22mm/h

해설 ㉮ $t = t_1 + t_2 = t_1 + \dfrac{l}{V} = 5 + \dfrac{1,200}{2 \times 60} = 15$분

㉯ $I = \dfrac{6,400}{t+40} = \dfrac{6,400}{15+40} = 116.36\text{mm/h}$

17.
어떤 유역에 다음 표와 같이 30분간 집중호우가 발생하였다. 지속시간 15분인 최대 강우강도는? [기사 16]

시간(분)	우량(mm)	시간(분)	우량(mm)
0~5	2	15~20	4
5~10	4	20~25	8
10~15	6	25~30	6

① 80mm/h ② 72mm/h
③ 64mm/h ④ 50mm/h

해설 $I = (6+4+8) \times \dfrac{60}{15} = 72\text{mm/h}$

18.
다음 표는 어느 지역의 40분간 집중호우를 매 5분마다 관측한 것이다. 지속기간이 20분인 최대 강우강도는? [기사 19]

시간(분)	우량(mm)	시간(분)	우량(mm)
0~5	1	5~10	4
10~15	2	15~20	5
20~25	8	25~30	7
30~35	3	35~40	2

① $I = 49\text{mm/h}$ ② $I = 59\text{mm/h}$
③ $I = 69\text{mm/h}$ ④ $I = 72\text{mm/h}$

해설 $I = (5+8+7+3) \times \dfrac{60}{20} = 69\text{mm/h}$

19.
우량관측소에서 측정된 5분 단위 강우량자료가 다음 표와 같을 때 10분 지속 최대 강우강도는? [기사 17]

시각(분)	0	5	10	15	20
누가우량(mm)	0	2	8	18	25

① 17mm/h   ② 48mm/h
③ 102mm/h   ④ 120mm/h

해설

시각(분)	0	5	10	15	20
우량(mm)	0	2	6	10	7

$I = (10+7) \times \dfrac{60}{10} = 102\text{mm/h}$

20.
다음 표와 같은 집중호우가 자기기록지에 기록되었다. 지속기간 20분 동안의 최대 강우강도는? [기사 18]

시각(분)	5	10	15	20	25	30	35	40
누가우량(mm)	2	5	10	20	35	40	43	45

① 99mm/h   ② 105mm/h
③ 115mm/h   ④ 135mm/h

해설

시간(분)	5	10	15	20	25	30	35	40
우량(mm)	2	3	5	10	15	5	3	2

$I = (5+10+15+5) \times \dfrac{60}{20} = 105\text{mm/h}$

21.
강우강도(I), 지속시간(D), 생기빈도(F)의 관계를 표현하는 $I-D-F$ 관계식 $I = \dfrac{kT^x}{t^n}$ 에 대한 설명으로 틀린 것은? [기사 12, 16]

① t : 강우의 지속시간(min)으로서 강우가 계속 지속될수록 강우강도(I)는 커진다.
② I : 단위시간에 내리는 강우량(mm/hr)인 강우강도이며 각종 수문학적 해석 및 설계에 필요하다.
③ T : 강우의 생기빈도를 나타내는 연수(年數)로서 재현기간(년)을 말한다.
④ k, x, n : 지역에 따라 다른 값을 가지는 상수이다.

해설 t는 강우의 지속시간으로서 강우가 지속될수록 강우강도는 작아진다.

22.
DAD(Depth-Area-Duration)해석에 관한 설명 중 옳은 것은? [기사 12, 17]

① 최대 평균우량깊이, 유역면적, 강우강도와의 관계를 수립하는 작업이다.
② 유역면적을 대수축(logarithmic scale)에 최대 평균강우량을 산술축(arithmetic scale)에 표시한다.
③ DAD해석 시 상대습도자료가 필요하다.
④ 유역면적과 증발산량과의 관계를 알 수 있다.

해설 ㉮ 최대 평균우량깊이-유역면적-지속기간의 관계를 수립하는 작업을 DAD해석이라 한다.
㉯ DAD곡선은 유역면적을 대수눈금으로 되어 있는 종축에, 최대 우량을 산술눈금으로 되어 있는 횡축에 표시하고, 지속기간을 제3의 변수로 표시한다.

23.
DAD해석에 관계되는 요소로 짝지어진 것은? [기사 16, 17, 19]

① 강우깊이, 면적, 지속기간
② 적설량, 분포면적, 적설일수
③ 수심, 하천 단면적, 홍수기간
④ 강우량, 유수 단면적, 최대 수심

해설 최대 평균우량깊이-유역면적-지속기간의 관계를 수립하는 작업을 DAD해석이라 한다.

24. 강우깊이 – 유역면적 – 지속시간(Depth – Area – Duration : DAD)관계곡선에 대한 설명으로 옳지 않은 것은? [기사 11]
① DAD 작성 시 대상유역의 지속시간별 강우량이 필요하다.
② 최대 평균우량은 지속시간에 비례한다.
③ 최대 평균우량은 유역면적에 반비례한다.
④ 최대 평균우량은 재현기간에 반비례한다.

해설 ㉮ DAD곡선
㉠ 최대 평균우량은 지속시간에 비례하여 증가한다.
㉡ 최대 평균우량은 유역면적에 반비례하여 증가한다.
㉯ 재현기간(recurrence interval) : 임의의 강우량이 1회 이상 같거나 초과하는 데 소요되는 연수를 말한다.

25. 홍수유출에서 유역면적이 작으면 단시간의 강우에, 면적이 크면 장시간의 강우에 문제가 발생한다. 이와 같은 수문학적 인자 사이의 관계를 조사하는 DAD해석에 필요 없는 인자는? [기사 12, 20]
① 강우량   ② 유역면적
③ 증발산량   ④ 강우지속시간

해설 ㉮ DAD곡선의 작성순서
㉠ 각 유역의 지속기간별 최대 우량을 누가우량곡선으로부터 결정하고 전유역을 등우선에 의해 소구역으로 나눈다.
㉡ 각 소구역의 평균누가우량을 구한다.
㉢ 소구역의 누가면적에 대한 평균누가우량을 구한다.
㉣ DAD곡선을 그린다.
㉯ 증발산량은 DAD곡선 작도 시 필요 없다.

26. DAD해석에 관한 내용으로 옳지 않은 것은? [기사 20]
① DAD의 값은 유역에 따라 다르다.
② DAD해석에서 누가우량곡선이 필요하다.
③ DAD곡선은 대부분 반대수지로 표시된다.
④ DAD관계에서 최대 평균우량은 지속시간 및 유역면적에 비례하여 증가한다.

27. DAD곡선을 작성하는 순서가 옳은 것은? [기사 08]
㉠ 누가우량곡선으로부터 지속기간별 최대 우량을 결정한다.
㉡ 누가면적에 대한 평균누가우량을 산정한다.
㉢ 소구역에 대한 평균누가우량을 결정한다.
㉣ 지속기간에 대한 최대 우량깊이를 누가면적별로 결정한다.

① ㉠ – ㉢ – ㉡ – ㉣   ② ㉡ – ㉠ – ㉣ – ㉢
③ ㉢ – ㉡ – ㉠ – ㉣   ④ ㉣ – ㉢ – ㉡ – ㉠

해설 DAD곡선의 작성순서
㉮ 각 유역의 지속기간별 최대 우량을 누가우량곡선으로부터 결정하고 전유역을 등우선에 의해 소구역으로 나눈다.
㉯ 각 소구역의 평균누가우량을 구한다.
㉰ 소구역의 누가면적에 대한 평균누가우량을 구한다.
㉱ DAD곡선을 그린다.

28. 최대 가능강수량(PMP)을 설명한 것 중 옳지 않은 것은? [기사 00, 03]
① 수공구조물의 설계홍수량을 결정하는 기준으로 사용된다.
② 물리적으로 발생할 수 있는 강수량의 최대 한계치를 말한다.
③ 기왕 일어났던 호우들을 반드시 해석하여 결정한다.
④ 재현기간 200년을 넘는 확률강수량만이 이에 해당한다.

해설 최대 가능강수량(PMP)
㉮ 대규모 수공구조물을 설계할 때 기준으로 삼는 우량이다.
㉯ PMP로서 수공구조물의 크기(치수)를 결정한다.

chapter 13

증발과 증산,
침투와 침루

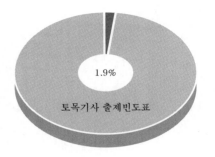

1.9%

토목기사 출제빈도표

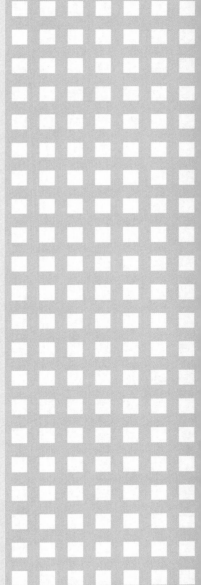

13 증발과 증산, 침투와 침루

01 증발과 증산

(1) 정의

① 증발(evaporation) : 수표면 또는 습한 토양면의 물분자가 태양 열에너지에 의해 액체에서 기체로 변하는 현상

② 증산(transpiration) : 식물의 엽면을 통해 지중의 물이 수증기의 형태로 대기 중에 방출되는 현상

③ 증발산(evapotranspiration) : 증발과 증산에 의한 물의 수증기화를 총칭해서 **증발산**이라 하고 대기 중으로의 물의 손실로 취급한다.

(2) 증발에 영향을 주는 인자

① 온도   ② 바람

③ 상대습도   ④ 대기압

⑤ 수질   ⑥ 증발면의 성질과 형상

(3) 저수지증발량의 산정방법

① 물수지방법(water budget method) : 일정기간 동안 저수지로의 유입량과 유출량을 고려하여 물수지를 따짐으로써 일정기간 동안의 증발량을 산정하는 방법이다.

$$E = P + I \pm U - O \pm S \quad\cdots\cdots\cdots\cdots\cdots\cdots\cdots\cdots\cdots \text{(13·1)}$$

여기서, E : 증발산량
P : 총강수량
I : 지표유입량
U : 지하유출입량
O : 지표유출량
S : 지표 및 지하저유량의 변화량

② 에너지수지방법(energy budget method) : 저수지로의 에너지 유입과 유출을 고려하여 증발에 사용된 에너지를 계산하고, 이 것으로부터 증발량을 환산하는 방법이다.

 알·아·두·기·

▶ 지구 전체로 볼 때 증발산의 총량은 총강수량과 같다.

▶ **물수지방법**
이론적으로는 가장 간단한 방법이지만 정확한 증발량을 산정하기가 아주 어렵다.

③ **공기동역학적 방법** : 자유수면으로부터 이탈한 물분자의 이동은 증기압의 경사에 비례한다는 Dalton의 법칙에 의하며 Dalton형의 공식은 다음과 같다.

$$E = 0.122\,(e_o - e_2)\,W_2 \cdots\cdots (13\cdot2)$$

여기서, E : 저수지증발량(mm/day)

e_o : 수표면온도에서의 포화증기압(mb)

e_2 : 수면에서 2m 높이에서의 실제 증기압(mb)

W_2 : 수면에서 2m 높이에서의 풍속(m/s)

④ **증발접시측정에 의한 방법** : 댐 인근 지역에 증발접시를 설치하여 측정한 증발량을 저수지증발량으로 환산하는 방법이다.

$$증발접시계수 = \frac{저수지의\ 증발량}{접시의\ 증발량} \cdots\cdots (13\cdot3)$$

【그림 13-1】 지상식 증발접시

(4) 소비수량(consumptive use)

증산 및 식물의 성장에 소모되는 물의 양이라는 뜻으로서 식생으로 피복된 지면에서의 증발산량만을 의미한다. 따라서 저수지나 하천에서의 증발량은 소비수량에서 제외되나, 증발산량과 소비수량을 같은 의미로 사용하는 경우도 있다.

02 침투와 침루

(1) 정의

① **침투(infiltration)** : 물이 흙표면을 통해 흙 속으로 스며드는 현상을 침투라 한다.

② **침루**(percolation) : 침투한 물이 중력 때문에 계속 지하로 이동
하여 지하수면까지 도달하는 현상을 **침루**라 한다.

③ **침투능**(infiltration capacity) : 토양면을 통해 물이 침투할 수
있는 최대율을 **침투능**이라 하고 mm/h의 단위로 표시한다.

(2) 침투능의 지배인자

① **토양의 종류** : 침투능은 주로 토양 속의 공극의 크기(pore
size), 공극크기의 분포상태 등 공극의 안정성에 의하여 크게
좌우된다.

② **포화층의 두께** : 포화층이 두꺼울수록 흐름에 대한 마찰력이
커지므로 침투능은 감소하게 된다.

③ **토양의 함유수분** : 토양이 건조할수록 침투능이 크고, 포화될
수록 침투능은 감소한다.

④ **토양의 다짐 정도** : 토양이 다져지면 공극의 크기가 작아져 침
투능이 현저히 감소된다.

⑤ **식생피복** : 식생은 우수의 충격력으로부터 토양을 보호해주며,
조밀한 뿌리조직은 주위의 토양이 다져지는 것을 방지해주므
로 침투능을 증대시킨다.

(3) 침투지수법에 의한 유역의 평균침투능 결정

침투능은 강우가 지속됨에 따라 감소되기 때문에 침투지수법으로 산
정하면 강우 초기에는 실제보다 너무 작은 침투율이 되며, 강우 종기
에는 지나치게 큰 침투율이 된다. 따라서 **침투지수법은 토양의 함유수
분이 대체로 크거나 호우의 강도가 크고 지속기간이 길어서 강우 초기
에 침투율이 거의 일정하게 되는 경우에 적합**하다.

① ϕ−**index법** : 우량주상도에서 총강우량과 손실량을 구분하는
수평선에 대응하는 강우강도가 ϕ**지표**이며, 이것이 평균침투능
이다.

② W−**index법** : ϕ−index법을 조금 개선한 방법으로 차단, 요(凹)
면 저축 등은 실제로 침투량에 속하지 않으므로 손실량에서 이것
을 제외하고 호우기간 중 강우강도가 침투능보다 작은 기간을
고려하여 침투능을 구하는 방법이다.

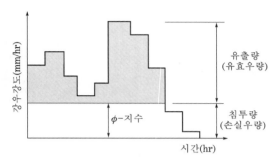

【그림 13-2】 ϕ - index법

(4) SCS의 초과강우량 산정방법

어떤 호우로 인한 유출량자료가 없는 경우에는 직접유출량의 결정이 불가능하여 ϕ - index 혹은 W - index를 구할 수 없으므로 초과강우량을 구할 수 없게 된다. 이와 같이 유출량자료가 없는 경우에 유역의 토양특성과 식생피복상태 등에 대한 상세한 자료만으로서 **총우량으로부터 초과강우량을 산정하는 방법을 SCS(미국토양보존국)방법**이라 한다.

(5) 토양의 초기 함수조건에 의한 유출량 산정방법

토양의 초기 함수조건을 양적으로 표시하여 총우량에서 유출량을 산정하는 방법이다.

① **선행강수지수(API)** : 선행강수지수를 결정한 후 유출량을 산정하는 방법이다.

② **지하수유출량** : 지하수유출량을 구해 유역의 유출량을 산정하는 방법이다. 이것은 지하수유출량이 클수록 선행강수로 인하여 토양의 함유수분이 커서 동일 강우량으로 인한 유출량이 더 크기 때문이다.

▶ **초과강우량계산법**

① ϕ - index법
② W - index법
③ SCS법

▶ **SCS의 고려사항**

① 흙의 종류
② 토지의 사용용도
③ 흙의 초기 함수상태

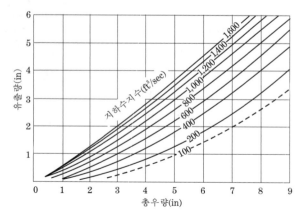

【그림 13-3】 지하수유출량에 의한 총우량 - 유출량의 관계

③ **토양함수미흡량** : 증발산량과 강수량을 측정하여 토양함수미흡
량을 구한 후 유역의 유출량을 산정하는 방법이다.

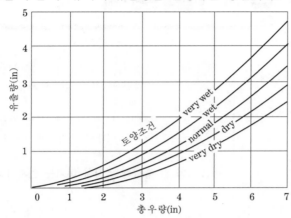

【그림 13-4】 토양의 함수조건에 의한 총우량 – 유출량의 관계

예상 및 기출문제

1. 토양면을 통해 스며든 물이 중력의 영향 때문에 지하로 이동하여 지하수면까지 도달하는 현상은?

[기사 07, 18]

① 침투(infiltration)
② 침투능(infiltration capacity)
③ 침투율(infiltration rate)
④ 침루(percolation)

> **해설** 침투한 물이 중력 때문에 계속 이동하여 지하수면까지 도달하는 현상을 침루라 한다.

2. 다음 사항 중 옳지 않은 것은? [기사 08, 19]

① 증발이란 액체상태의 물이 기체상태의 수증기로 바뀌는 현상이다.
② 증산(transpiration)이란 식물의 엽면(葉面)을 통해 지중(地中)의 물이 수증기의 형태로 대기 중에 방출되는 현상이다.
③ 침투란 토양면을 통해 스며든 물이 중력에 의해 계속 지하로 이동하여 불투수층까지 도달하는 것이다.
④ 강수(precipitation)란 구름이 응축되어 지상으로 떨어지는 모든 형태의 수분을 총칭한다.

> **해설**
> ㉮ 침투(infiltration) : 물이 흙표면을 통해 흙 속으로 스며드는 현상
> ㉯ 침루(percolation) : 침투한 물이 중력에 의해 계속 지하로 이동하여 지하수면까지 도달하는 현상

3. 물의 순환과정인 증발에 관한 설명으로 옳지 않은 것은? [기사 16]

① 증발량은 물수지방정식에 의하여 산정될 수 있다.
② 증발은 자유수면뿐만 아니라 식물의 엽면 등을 통하여 기화되는 모든 현상을 의미한다.
③ 증발접시계수는 저수지증발량의 증발접시증발량에 대한 비이다.
④ 증발량은 수면온도에 대한 공기의 포화증기압과 수면에서 일정높이에서의 증기압의 차이에 비례한다.

> **해설** ㉮ 증발 : 수표면 또는 습한 토양면의 물분자가 태양열에너지에 의해 액체에서 기체로 변하는 현상
> ㉯ 증산 : 식물의 엽면을 통해 지중의 물이 수증기의 형태로 대기중에 방출되는 현상

4. 다음 중 증발에 영향을 미치는 인자가 아닌 것은?

[기사 19]

① 온도
② 대기압
③ 통수능
④ 상대습도

> **해설** 증발에 영향을 주는 인자 : 온도, 바람, 상대습도, 대기압, 수질 등

5. 다음 설명 중 옳지 않은 것은? [기사 08]

① Dalton의 법칙에서 증발량은 증기압과 풍속의 함수이다.
② 증발산량은 증발량과 증산량의 합이다.
③ 증발산량은 엄격한 의미에서 소비수량과 같다.
④ 증발접시계수는 저수지증발량과 증발접시증발량과의 비이다.

> **해설** ㉮ 공기동역학적 방법에 의한 저수지증발량은 Dalton의 법칙에 의하며, 증발량은 증기압과 풍속의 함수이다.
> ㉯ 증발산량＝증발량＋증산량
> ㉰ 소비수량은 식생으로 피복된 지면으로부터의 증발산량만을 의미하는 것으로 하천, 호수 등에서의 증발량은 소비수량에서 제외된다.

6. 유역면적이 $1km^2$, 강수량이 1,000mm, 지표유입량이 $400,000m^3$, 지표유출량이 $600,000m^3$, 지하유입량이 $100,000m^3$, 저류량의 감소량이 $200,000m^3$라면 증발량은? [기사 04]

① $300,000m^3$
② $500,000m^3$
③ $700,000m^3$
④ $900,000m^3$

> **해설** $E = P + I - O + U - S$
> $$= (1 \times 1 \times 10^6) + 400,000 - 600,000$$
> $$+ 100,000 - 200,000$$
> $$= 700,000 \text{m}^3$$

7. 면적 10km²인 저수지의 수면으로부터 2m 위에서 측정된 대기의 평균온도가 25℃, 상대습도가 65%, 풍속이 4m/s일 때 증발률이 1.44mm/day이었다면 저수지 수면에서 일증발량은? [기사 17]

① 9,360m³/day ② 3,600m³/day
③ 7,200m³/day ④ 14,400m³/day

> **해설** 증발량 = 증발률 × 수표면적
> $$= (1.44 \times 10^{-3}) \times (10 \times 10^6)$$
> $$= 14,400 \text{m}^3/\text{day}$$

8. 수표면적이 200ha인 저수지에서 24시간 동안 측정된 증발량은 2cm이며, 이 기간 동안 평균 2m³/s의 유량이 저수지로 유입된다. 24시간 경과 후 저수지의 수위가 초기 수위와 동일할 경우 저수지로부터의 유출량은? (단, 저수지의 수표면적은 수심에 따라 변화하지 않음) [기사 00]

① 1,328ha · cm ② 1,728ha · cm
③ 2,160ha · cm ④ 2,592ha · cm

> **해설** 유입량 = 증발량 + 유출량
> $2 \times (24 \times 3,600) = (200 \times 10^4) \times 2 \times 10^{-2} +$ 유출량
> ∴ 유출량 $= 132,800 \text{m}^3 = 1,328 \text{ha} \cdot \text{cm}$
> <참고> $1\text{ha} = 10^4 \text{m}^2$

9. 수표면적이 10km²인 저수지에 24시간 동안 측정된 증발량이 2mm이며, 이 기간 동안 저수지 수위의 변화가 없었다면 저수지로 유입된 유량은? (단, 저수지의 수표면적은 수심에 따라 변화하지 않음) [기사 15]

① 0.23m³/s ② 2.32m³/s
③ 0.46m³/s ④ 4.63m³/s

> **해설** 유입된 유량 = 증발량
> $$= \frac{(10 \times 10^6) \times 0.002}{24 \times 3,600} = 0.23 \text{m}^3/\text{s}$$

10. 증발량 산정방법이 아닌 것은? [기사 10]

① Dalton법칙 ② Holton공식
③ Penman공식 ④ 물수지법

> **해설** 증발량 산정법
> ㉮ 물수지방법
> ㉯ 에너지수지방법
> ㉰ 공기동역학적방법 : Dalton법칙
> ㉱ 에너지수지 및 공기동역학이론의 혼합 적용
> 방법 : Penman방법
> ㉲ 증발접시측정에 의한 방법

11. 어떤 유역 내에 계획상 만수면적 20km²인 저수지를 건설하고자 한다. 연강수량, 연증발량이 각각 1,000mm, 800mm이고, 유출계수와 증발접시계수가 각각 0.4, 0.7이라 할 때 댐 건설 후 하류의 하천유량 증가량은? [기사 05]

① $4.0 \times 10^5 \text{m}^3$ ② $6.0 \times 10^5 \text{m}^3$
③ $8.0 \times 10^5 \text{m}^3$ ④ $1.0 \times 10^6 \text{m}^3$

> **해설** ㉮ 댐 건설 전 연유출량 = 유출계수 × 강수량
> $$= 0.4 \times 1 \times (20 \times 10^6)$$
> $$= 8 \times 10^6 \text{m}^3$$
> ㉯ 댐 건설 후 연유출량 = 연강수량 − 저수지 연증발량
> ㉠ 연강수량 $= 1 \times (20 \times 10^6) = 2 \times 10^7 \text{m}^3$
> ㉡ 저수지 연증발량
> = 증발접시계수 × 저수지 연증발량
> $$= 0.7 \times 0.8 \times (20 \times 10^6)$$
> $$= 1.12 \times 10^7 \text{m}^3$$
> ㉰ 댐 건설 후 하천유량 증가량
> = 댐 건설 후 연유출량 − 댐 건설 전 연유출량
> $$= (8.8 - 8) \times 10^6$$
> $$= 0.8 \times 10^6 \text{m}^3$$

12. 토양의 침투능(infiltration capacity) 결정방법에 해당되지 않는 것은? [기사 09, 15]

① 침투계에 의한 실측법
② 경험공식에 의한 계산법
③ 침투지수에 의한 수문곡선법
④ 물수지원리에 의한 산정법

> **해설** 침투능 결정법
> ㉮ 침투지수법에 의한 방법
> ㉯ 침투계에 의한 방법
> ㉰ 경험공식에 의한 방법

13. ϕ-index법을 설명한 것으로 옳은 것은?

[기사 01]

① 초과강우량을 알기 위하여 침투율을 결정하는 한 가지 방법이다.
② 침투율곡선을 정확히 추정하기 위한 방법이다.
③ 침투량을 측정하는 방법을 말한다.
④ 강우량에서 침투, 차단, 표면저류된 양을 뺀 값으로 결정한다.

해설 ㉮ ϕ-index, W-index법은 총강우량에서 침투량을 뺀 초과강수량을 계산하기 위해 평균침투능을 결정하는 방법이다.
㉯ 초과강우량계산법 : ϕ-index법, W-index법, SCS법

14. 어떤 지역에 내린 총강우량 75mm의 시간적 분포가 다음 우량주상도로 나타났다. 이 유역의 출구에서 측정한 지표유출량이 33mm이었다면 ϕ-index는?

[기사 00]

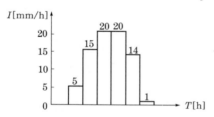

① 9mm/h
② 8mm/h
③ 7mm/h
④ 6mm/h

해설 ㉮ 총강우량＝유출량＋침투량
75＝33＋침투량
∴ 침투량＝42mm
㉯ 침투량 42mm를 구분하는 수평선에 대응하는 강우도가 9mm/h이므로
∴ ϕ-index＝9mm/h

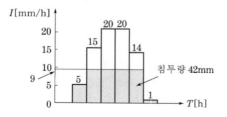

15. 침투능을 추정하는 방법은?　　　[기사 07, 11]

① ϕ-index법
② Theis법
③ DAD해석법
④ N-day법

해설 평균침투능 결정법 : ϕ-index법, W-index법

16. 어떤 유역에 내린 호우사상의 시간적 분포는 다음과 같다. 유역의 출구에서 측정한 지표유출량이 15mm일 때 ϕ지표는?

[기사 17]

시간(h)	0~1	1~2	2~3	3~4	4~5	5~6
강우강도(mm/h)	2	10	6	8	2	1

① 2mm/h
② 3mm/h
③ 5mm/h
④ 7mm/h

해설 ㉮ 총강우량＝유출량＋침투량
29＝15＋침투량
∴ 침투량＝14mm
㉯ 침투량 14mm를 구분하는 수평선에 대응하는 강우강도가 3mm/h이므로
∴ ϕ-index＝3mm/h

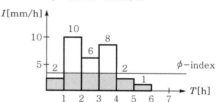

17. 70mm의 강우량이 다음 그림과 같은 분포로 내렸을 때 유역의 유출량이 30mm였다. 이때의 ϕ-index는?

[기사 04, 15]

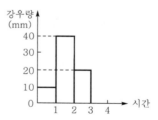

① 15mm/h
② 10mm/h
③ 20mm/h
④ 12.5mm/h

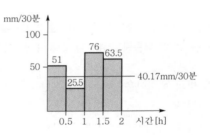

해설 ㉮ 총강우량＝유출량＋침투량
70＝30＋침투량
∴ 침투량＝40mm
㉯ 침투량 40mm를 구분하는 수평선에 대응하는 강우강도가 15mm/h이므로
∴ ϕ−index＝15mm/h

18. 1시간 간격의 강우량이 15.2mm, 25.4mm, 20.3mm, 7.6mm이다. 지표유출량이 47.9mm일 때 ϕ−index는?
[기사 09, 17]

① 5.15mm/h   ② 2.58mm/h
③ 6.25mm/h   ④ 4.25mm/h

해설 ㉮ 총강우량＝유출량＋침투량
㉯ 68.5＝47.9＋침투량
∴ 침투량＝20.6mm
㉰ 침투량 20.6mm를 구분하는 수평선에 대응하는 강우도가 5.15mm/h이므로
∴ ϕ−index＝5.15mm/h

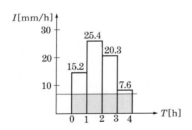

19. 유역면적이 2km²인 어느 유역에 다음과 같은 강우가 있었다. 직접유출용적이 140,000m³일 때 이 유역에서의 ϕ−index는?
[기사 20]

시간(30min)	1	2	3	4
강우강도(mm/h)	102	51	152	127

① 36.5mm/h   ② 51.0mm/h
③ 73.0mm/h   ④ 80.3mm/h

해설 ㉮ 총강우량＝51＋25.5＋76＋63.5＝216mm
㉯ 직접유출량＝$\frac{140,000}{2 \times 10^6}$＝0.07m＝70mm
㉰ 침투량＝216−70＝146mm
㉱ ϕ＋25.5＋ϕ＋ϕ＝146
∴ ϕ＝$\frac{40.17mm}{30분}$＝80.33mm/h

20. 1시간 간격의 강우량이 10mm, 20mm, 40mm, 10mm이다. 직접유출이 50%일 때 ϕ−index를 구한 값은?
[기사 05]

① 16mm/h   ② 18mm/h
③ 10mm/h   ④ 12mm/h

해설 ㉮ 총강우량＝10＋20＋40＋10＝80mm
㉯ 유출량＝80×0.5＝40mm
㉰ 침투량＝총강우량−유출량
＝80−40＝40mm
㉱ 침투량이 40mm가 되는 수평선에 대한 강우강도가 10mm/h이므로
∴ ϕ−index＝10mm/h

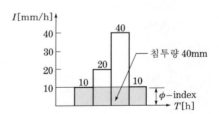

21. 유출량자료가 없는 경우에 유역의 토양특성과 식생피복상태 등에 대한 상세한 자료만으로도 총우량으로부터 초과강우량을 산정할 수 있는 방법은?
[기사 05, 12]

① SCS법   ② ϕ−지표법
③ W−지표법   ④ f−지표법

해설 **SCS의 초과강우량 산정법**
유출량자료가 없는 경우에 유역의 토양특성과 식생피복상태 등에 대한 상세한 자료만으로서 총우량에서 초과강우량을 산정하는 방법을 미국토양보존국(SCS)이 개발했으며 미계측유역의 초과강우량(혹은 유효우량)의 산정에 널리 사용되고 있다.

22. SCS방법(NRCS유출곡선번호방법)으로 초과강우량을 산정하여 유출량을 계산할 때에 대한 설명으로 옳지 않은 것은?　　　　　　　　　[기사 07, 16]

① 유역의 토지이용형태는 유효우량의 크기에 영향을 미친다.

② 유출곡선지수(runoff curve number)는 총우량으로부터 유효우량의 잠재력을 표시하는 지수이다.

③ 투수성 지역의 유출곡선지수는 불투수성 지역의 유출곡선지수보다 큰 값을 갖는다.

④ 선행토양함수조건(antecedent soil moisture condition)은 1년을 성수기와 비성수기로 나누어 각 경우에 대하여 3가지 조건으로 구분하고 있다.

> **해설** 유출곡선지수(runoff curve number : CN)
> ㉮ SCS에서 흙의 종류, 토지의 사용용도, 흙의 초기 함수상태에 따라 총우량에 대한 직접유출량(혹은 유효우량)의 잠재력을 표시하는 지표이다.
> ㉯ 불투수성 지역일수록 CN의 값이 크다.
> ㉰ 선행토양함수조건은 성수기와 비성수기로 나누어 각 경우에 대하여 3가지 조건으로 구분한다.

23. 선행강수지수는 다음 어느 것과 관계되는 내용인가?　　　　　　　　　[기사 00]

① 지하수량과 강우량과의 상관관계를 표시하는 방법

② 토양의 초기 함수조건을 양적으로 표시하는 방법

③ 강우의 침투조건을 나타내는 방법

④ 하천유출량과 강우량과의 상관관계를 표시하는 방법

> **해설** 토양의 초기 함수조건을 양적으로 표시하는 방법 : 선행강수지수, 지하수유출량, 토양함수미흡량

chapter 14

유 출

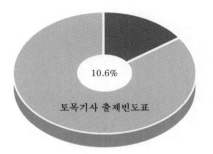

10.6%

토목기사 출제빈도표

14 유출

01 유출의 구성

❶ 생기원천에 따른 분류

(1) 지표면유출(surface runoff)
지표면 및 지상의 각종 수로를 통해 흐르는 유출이다.

(2) 지표하유출(중간 유출 : subsurface runoff)
침투하여 지표면에 가까운 상부 토층을 통해 하천을 향해 횡적으로 흐르는 유출로서 지하수위보다는 높은 층을 흐른다.

(3) 지하수유출(groundwater runoff)
침루에 의한 지하수위 상승으로 인한 유출이다.

❷ 실용적인 유출해석을 위한 분류

(1) 직접유출(direct runoff)
① 강수 후 비교적 단시간 내에 하천으로 흘러들어가는 유출
② 직접유출의 구성
　㉮ 지표면유출
　㉯ 침투된 물이 지표면으로 나와 지표면유출과 합하게 되는 복류수유출(subsurface flow)
　㉰ 하천, 호수 등의 수면에 직접 떨어지는 수로상 강수(channel precipitation)

(2) 기저유출(base flow)
① 비가 오기 전의 건조 시 유출
② 기저유출의 구성

㉮ 지하수유출수

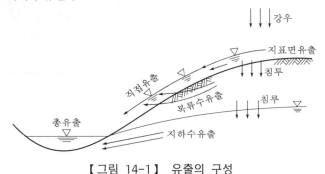

【그림 14-1】 유출의 구성

㉯ 지표하유출수 중에서 시간적으로 지연되어 하천으로 유출되는 지연지표하유출

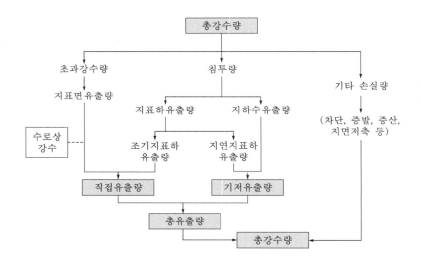

➡ 강우량은 일반적으로 고도에 비례하여 증가한다.

➡ 유역형상이 유출에 미치는 영향

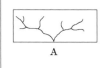

02   유출의 지배인자

(1) 지상학적 인자(physiographic factor)

① 유역특성(basin characteristics) : 유역의 면적, 경사, 방향성, 고도, 형상 등

② 유로특성(channel characteristics) : 하천수로의 단면의 크기 및 모양, 경사, 조도 등이며 보통 유역특성에 포함시킨다.

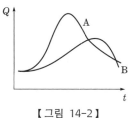

【그림 14-2】

(2) 기후학적 인자(climatic factor)

　강수는 차단, 증발산, 침투에 의해 손실되고 나머지 부분만이 유출하게 된다. 따라서 강수, 차단, 증발, 증산 등이 유출에 영향을 미치는 기후학적 인자이다.

03　하천유량

(1) 하천수위의 측정

① 우리나라에서 매일 아침 8시와 오후 8시의 수위를 읽어 이를 평균함으로써 일평균수위를 얻는다.

② 수위의 용어설명
　㉮ 갈수위 : 1년 중 355일 이상 이보다 적어지지 않는 수위
　㉯ 저수위 : 1년 중 275일 이상 이보다 적어지지 않는 수위
　㉰ 평수위 : 1년 중 185일 이상 이보다 적어지지 않는 수위
　㉱ 고수위 : 1년 중 2~3회 이상 이보다 적어지지 않는 수위

(2) 수위-유량관계곡선
(stage-discharge relatior curve)

① 수위관측 단면에서 하천수위와 유량을 동시에 측정하여 자료를 수집하면 수위와 유량 간의 관계를 표시하는 곡선을 얻을 수 있으며, 이를 수위-유량관계곡선 혹은 rating curve라 한다.

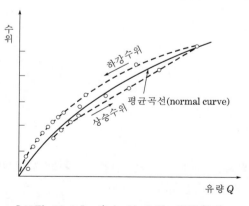

【그림 14-3】 홍수 시 수위-유량관계

▶ ① 하천수위를 측정하는 기계를 수위계(stage gauge)라 한다.
② 하천유량단위 : m^3/s

▶ Rating curve
곡선은 loop형이므로 동일 수위일지라도 수위 상승 시와 하강 시의 유량이 각각 다르다. 그 이유로는 배수 및 저하효과, 홍수 시 수위의 급상승 및 급강하, 준설, 세굴, 퇴적 등에 의한 하도의 변화 등이 있다.

② 수위－유량관계곡선의 연장 : 실측된 홍수위의 유량을 가지고 유량측정이 되지 않은 예비설계를 위한 고수위의 유량을 수위 －유량관계곡선을 연장하여 추정한다.

㉮ 전대수지법

㉯ Stevens법 : Chezy의 평균유속공식을 이용하는 방법이다.

㉰ Manning공식에 의한 방법

(3) 유량빈도곡선(유량지속곡선)

유량빈도곡선은 어느 유량의 값보다 같거나 큰 값이 전체 시간의 몇 %에 해당하는가를 나타낸 곡선이다.

① 유량빈도곡선의 경사가 급경사일 때 : 홍수가 빈번하고 지하수의 하천방출이 미소함을 나타낸다.

② 유량빈도곡선의 경사가 완경사일 때 : 홍수가 드물고 지하수의 하천방출이 크다는 것을 나타낸다.

> **▶ 갈수해석**
>
> 갈수기간 동안 물수요가 공급량보다 큰 경우에는 부족량에 대한 영향을 조사해야 한다. 이러한 갈수량에 대한 조사는 유량빈도곡선에 의한다.

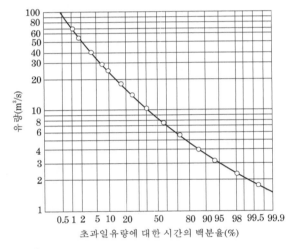

【그림 14-4】 유량빈도곡선

04 수문곡선

수문곡선이란 하천의 어떤 단면에서의 수위 혹은 유량의 시간에 따른 변화를 표시하는 곡선으로 수위의 경우는 **수위수문곡선**(stage hydrograph), 유량의 경우는 **유량수문곡선**(discharge hydrograph)이라 하는데 일반적으로 유량수문곡선을 말한다.

> **▶ 홍수수문곡선(flood hydrograph)**
>
> 홍수 시와 같이 유량이 급변하는 경우에는 연속적인 시간별 유량변화를 표시하는 홍수수문곡선을 사용한다.

(1) 수문곡선의 구성

① 지체시간(lag time) : 유효우량주상도의 질량 중심으로부터 첨두유량이 발생하는 시각까지의 시간차를 말한다.

② 기저시간(base time) : 수문곡선의 상승기점부터 직접유출이 끝나는 지점까지의 시간을 말한다.

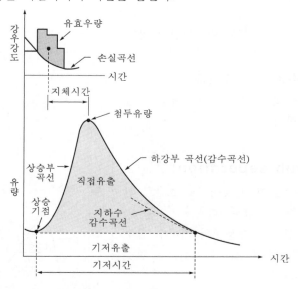

【그림 14-5】 수문곡선의 구성

(2) 호우조건과 토양수분미흡량에 따른 수문곡선의 구성양상

① 강우강도(I)가 침투율(f_i)보다 작고, 침투수량(F_i)이 토양수분미흡량(M_d)보다 작은 경우

㉮ 지표면유출, 중간 유출 및 지하수유출이 발생하지 않는다.

㉯ 수로상 강수(channel precipitation) 때문에 하천유량이 조금 증가한다.

② 강우강도(I)가 침투율(f_i)보다 작으나, 침투수량(F_i)이 토양수분미흡량(M_d)보다 큰 경우

㉮ 지표면유출은 발생하지 않고 중간 유출(지표하유출)과 지하수유출이 발생한다.

㉯ 수로상 강수와 함께 하천유량이 증가한다.

③ 강우강도(I)가 침투율(f_i)보다 크나, 침투수량(F_i)이 토양수분 미흡량(M_d)보다 작은 경우

  ㉮ 지표면유출이 발생하고 중간 유출과 지하수유출은 발생하지 않는다.

  ㉯ 수로상 강수와 함께 하천유량이 증가하나 지하수위 상승은 없다.

④ 강우강도(I)가 침투율(f_i)보다 크고, 침투수량(F_i)이 토양수 분미흡량(M_d)보다 큰 경우

  ㉮ 지표면유출, 중간 유출, 지하수유출이 발생한다.

  ㉯ 수로상 강수와 함께 하천유량이 증가한다. 이런 경우는 통상 대규모 호우기간 동안에 발생한다.

(3) 수문곡선의 분리(hydrograph seperation)

수문곡선의 유량은 직접유출과 기저유출을 합한 것이므로 호우로 인한 유출해석을 위해 직접유출과 기저유출을 분리시킨다.

① **지하수감수곡선법** : 수문곡선의 상승부 기점 A와 지하수 감수 곡선과 수문곡선의 교점 B₁을 결정한 후 AB₁을 직선으로 연결 시켜 직접유출과 기저유출을 분리한다.

② **수평직선분리법** : A점에서 수평선을 그어 감수곡선과의 교점 B₂를 결정한 후 직선 AB₂에 의해 분리하는 방법이다.

③ $N-$day법 : 첨두유량이 발생하는 시간에서부터 N일 후의 유 량을 표시하는 B₃를 결정한 후 AB₃를 직선으로 연결시켜 분리 하는 방법이다.

$$N = A_1^{\,0.2} = 0.827 A_2^{\,0.2} \quad\cdots\cdots\cdots\cdots\cdots\cdots\cdots\cdots (14\cdot1)$$

  여기서, N : 일(day)

  A_1 : 유역면적(mile^2)

  A_2 : 유역면적(km^2)

④ **수정$N-$day법** : 감수곡선 GA를 첨두유량 발생시간 C점까지 연장한 후 직선 CB₃를 그어 분리하는 방법이다.

➡ 지하수감수곡선법이 가장 신뢰성 이 있다.

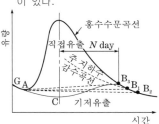

【그림 14-6】 수문곡선의 분리

단위도(단위유량도)

① 정의

단위도란 어느 유역에 지속시간 동안 균일한 강도로 유역 전반에 걸쳐 균등하게 내리는 단위유효우량으로 인하여 발생하는 직접유출수문곡선이다. 여기서 단위유효우량이란 유효강우 1cm(1in)로 인한 우량을 말한다.

▶ 단위도는 홍수수문곡선을 합성하기 위한 수단으로 실무에서 많이 사용되고 있다.

② 단위도의 가정

(1) 일정기저시간가정(principle of equal base time)

동일한 유역에 균일한 강도로 비가 내릴 때 지속기간은 같으나, 강도가 다른 각종 강우로 인한 유출량은 그 크기가 다를지라도 기저시간(T)은 동일하다.

(2) 비례가정(principle of proportionality)

동일한 유역에 균일한 강도로 비가 내릴 때 일정기간 동안에 n배 만큼 큰 강도로 비가 오면 이로 인한 수문곡선의 종거도 n배만큼 커진다.

▶ 단위도이론이 근거를 두고 있는 가정
① 유역특성의 시간적 불변성 : 유역특성은 계절, 인위적인 변화 등으로 인하여 시간에 따라 변하지 않는다.
② 유역의 선형성 : r의 강우에 대한 유역의 유량이 q이면 $2r$, $3r$, …의 강우에 대한 유역의 유량이 $2q$, $3q$, …가 된다.
③ 강우의 시간적, 공간적 균일성 : 지속기간 t 동안의 강우강도는 일정해야 하며, 또한 공간적으로도 강우가 균일하게 분포되어야 한다.

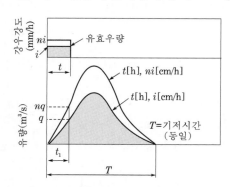

【그림 14-7】 일정기저시간가정 및 비례가정

(3) 중첩가정(principle of superposition)

일정기간 동안 균일한 강도의 유효강우량에 의한 총유출은 각 기간의 유효우량에 의한 총유출량의 합과 같다.

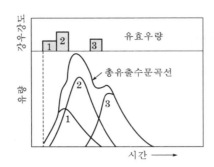

【 그림 14-8 】 중첩가정

단위도의 유도

(1) 단순 호우사상으로부터의 유도

① 수문곡선에서 직접유출과 기저유출을 분리한 후 직접유출수문 곡선을 얻는다.

② 유효강우량을 구한다.

$$R_e = \frac{\sum q \Delta t}{A} \quad \text{...} \quad (14\cdot2)$$

여기서, R_e : 유효강우량(cm)

q : Δt〔h〕 동안 유량(m^3/s)

A : 유역면적(km^2)

③ 직접유출수문곡선의 유량을 유효강우량으로 나누어 단위유량도 를 구한다.

(2) 복합호우사상으로부터의 유도

① 단위도의 유도순서

㉮ 복합강우의 총지속기간을 몇 개의 동일 지속기간으로 나눈다.

㉯ 각 지속기간을 가진 강우에 해당하는 수문곡선을 총수문곡선 으로부터 나눈다.

㉰ 단위도의 종거(U)를 구한다.

▣ 자연강우로 인한 수문곡선은 복 합강우로 인하여 여러 개의 정점 을 가지는 것이 보통이며, 이 경우 에 복잡한 방법에 의해 단위도가 유도된다.

➡ 단위도 지속기간의 변환

① 정수배방법 : 짧은 지속기간을 가진 단위도에서 정수배(2, 3, …, n 배)로 긴 지속기간을 가진 단위도를 유도하는 방법이다.

② S−curve방법 : 긴 지속기간을 가진 단위도에서 짧은 지속기간을 가진 단위도를 유도하는 방법으로 짧은 지속기간으로부터 긴 지속기간을 가진 단위도를 유도할 때에도 사용할 수 있다.

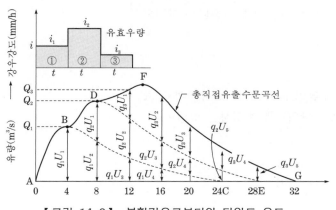

【그림 14-9】 복합강우로부터의 단위도 유도

② 단위도의 종거(U)를 구하는 방법

㉮ q_1, q_2, q_3는 각 수문곡선 ABC, BDE, DFG의 직접유출깊이로서 직접유출량을 깊이로 표시한 값이다.

$$q_1 = i_1 t_1 \qquad\qquad\qquad\qquad (14\cdot3)$$

$$q_2 = i_2 t_2 \qquad\qquad\qquad\qquad (14\cdot4)$$
$$\vdots$$

여기서, i : 강우강도

t : 지속시간

㉯ 단위도의 종거를 U_1, U_2, …라 할 때 수문곡선의 종거 Q_1, Q_2, …는

$$Q_1 = q_1 U_1 \qquad\qquad\qquad\qquad (14\cdot5)$$

$$Q_2 = q_1 U_2 + q_2 U_1 \qquad\qquad\qquad (14\cdot6)$$
$$\vdots$$

여기서, q와 Q는 이미 아는 값이므로 단위도의 종거 U를 구할 수 있다.

06 합성단위유량도

설계홍수량의 결정은 경우에 따라 강우, 유량 등의 자료가 있는 유역보다는 미계측지역에 대하여 필요할 때가 많으므로, 이러한 유역에 대하여는 단위유량도를 직접 구할 수 없다. 이와 같이 미계측지역에서는 다른 유역에서 얻은 과거의 경험을 토대로 하여 단위도를 합성하여

근사치로서 사용할 수밖에 없다. 이러한 목적을 위해 사용되는 단위도를 합성단위유량도라 한다.

(1) Snyder방법

단위도의 **기저폭**(base width), **첨두유량**(peak flow), 유역의 **지체시간**(lag time) 등 3개의 매개변수로서 단위도를 합성하는 방법이다.

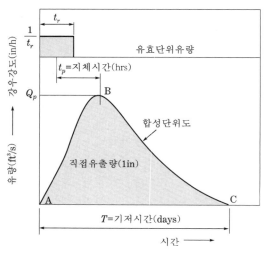

【그림 14-10】 Snyder방법에 의한 단위유량도 합성

▶ Snyder방법이 가장 널리 알려져 있다.

① **지체시간**(lag time) : 지속기간 t_r인 유효우량주상도의 중심과 첨두유량의 발생시간의 차를 말한다.

$$t_p = C_t(L_{ca}L)^{0.3} \quad\text{...............}\quad (14\cdot7)$$

여기서, t_p : 지체시간(h)

　　　　L_{ca} : AB의 거리로서 측수점에서부터 본류를 따라 유역의 중심에 가장 가까운 본류상의 점까지의 거리(mile)

　　　　L : ABC의 거리로서 측수점에서부터 본류를 따라 유역 경계선까지의 거리(mile)

　　　　C_t : 사용되는 단위와 유역특성에 관계되는 계수

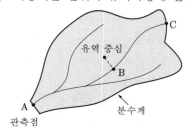

【그림 14-11】 유역도

② 첨두유량

$$Q_p = C_p \frac{A}{t_p} \, [\text{m}^3/\text{s}] \,\cdots\cdots\cdots\cdots\cdots\cdots\cdots (14 \cdot 8)$$

여기서, C_p : 단위와 유역특성에 의해 결정되는 계수

A : 유역면적(km^2)

③ 기저시간

$$T = 3 + 3 \left(\frac{t_p}{24} \right) \, [\text{day}] \,\cdots\cdots\cdots\cdots\cdots\cdots\cdots (14 \cdot 9)$$

(2) SCS방법

미국토양보존국(SCS)은 수문곡선이 삼각형의 형태를 가진다는 가정 하에 단위도를 합성하는 방법이다.

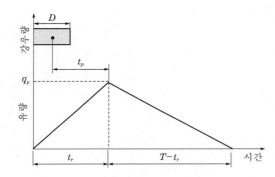

【그림 14-12】 SCS방법에 의한 단위유량도 합성

① $Q_p = \dfrac{2.08A}{t_r} \, [\text{m}^3/\text{s}] \,\cdots\cdots\cdots\cdots\cdots\cdots\cdots (14 \cdot 10)$

② $t_r = \dfrac{D}{2} + t_p \,\cdots\cdots\cdots\cdots\cdots\cdots\cdots\cdots\cdots (14 \cdot 11)$

07 첨두홍수량

일정한 강우강도를 가지는 호우로 인한 한 유역의 첨두홍수량을 구하는 공식은 여러 가지 있으나 가장 대표적인 것이 **합리식**(rational formula)이다. 이 합리식은 수문곡선을 이등변삼각형으로 가정하여 첨두유량을 계산하는 방법이다.

➡ ① 합리식이라고 부르는 이유는 식의 좌우변의 단위가 서로 일치하기 때문이다.
② 합리식이 적용되는 유역면적은 자연하천유역에서는 **5km² 이내**로 한정하는 것이 좋으며, 도시지역의 우·배수망의 설계 홍수량을 결정할 경우에는 **포장된 작은 유역**에 주로 사용되고 있다.

① 강우의 지속시간(t_R)이 유역의 도달시간(t_c)과 같거나 큰 경우에 첨두유량은 강우강도에 유역면적을 곱한 값과 같다.

$$Q= 0.2778\,CIA \qquad\qquad\qquad\qquad (14\cdot12)$$

여기서, Q : 첨두유량($\mathrm{m^3/s}$)

　　　　C : 유출계수

　　　　I : 강우강도($\mathrm{mm/h}$)

　　　　A : 유역면적($\mathrm{km^2}$)

② 유역에 내린 유효우량의 총체적은 수문곡선 내의 면적과 같다.

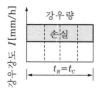
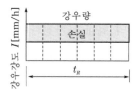

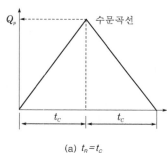
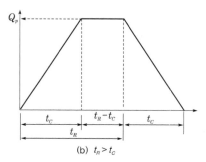

(a) $t_R = t_c$ 　　　　　　　　(b) $t_R > t_c$

【 그림 14-13 】 합리식의 수문곡선형태

▶ 도달시간

하천 본류를 따라 유역의 가장 먼 곳에서부터 출구까지 물이 유하하는데 소요되는 시간을 도달시간이라 하며 홍수량에 큰 영향을 준다.

예상 및 기출문제

1. 유출(流出)에 대한 설명으로 옳지 않은 것은?

[기사 12, 20]

① 총유출은 통상 직접유출(direct run off)과 기저유출(base flow)로 분류된다.
② 하천에 도달하기 전에 지표면 위로 흐르는 유수를 지표유하수(overland flow)라 한다.
③ 하천에 도달한 후 다른 성분의 유출수와 합친 유수량을 총유출수(total flow)라 한다.
④ 지하수유출은 토양을 침투한 물이 침투하여 지하수를 형성하나 총유출량에는 고려하지 않는다.

해설 유출의 분류
㉮ 직접유출
　㉠ 강수 후 비교적 단시간 내에 하천으로 흘러들어가는 유출
　㉡ 지표면유출, 복류수유출, 수로상 강수
㉯ 기저유출
　㉠ 비가 오기 전의 건조 시의 유출
　㉡ 지하수유출수, 지연지표하유출

2. 다음 중 직접유출량에 포함되는 것은? [기사 18]

① 지체지표하유출량　　② 지하수유출량
③ 기저유출량　　　　　④ 조기지표하유출량

3. 다음 설명 중 기저유출에 해당되는 것은? [기사 16]

> • 유출은 유수의 생기원천에 따라 (A) 지표면유출, (B) 지표하(중간)유출, (C) 지하수유출로 분류되며, 지표하유출은 (B₁) 조기지표하유출(prompt subsurface runoff), (B₂) 지연지표하유출(delayed subsurface runoff)로 구성된다.
> • 또한 실용적인 유출해석을 위해 하천수로를 통한 총유출은 직접유출과 기저유출로 분류된다.

① (A)+(B)+(C)　　　　② (B)+(C)
③ (A)+(B₁)　　　　　④ (C)+(B₂)

해설 유출의 분류

㉮ 직접유출
　㉠ 강수 후 비교적 단시간 내에 하천으로 흘러들어가는 유출
　㉡ 지표면유출, 복류수유출, 수로상 강수
㉯ 기저유출
　㉠ 비가 오기 전의 건조 시의 유출
　㉡ 지하수유출, 지연지표하유출

4. 유출(runoff)에 대한 설명으로 옳지 않은 것은?

[기사 15, 19]

① 비가 오기 전의 유출을 기저유출이라 한다.
② 우량은 별도의 손실 없이 그 전량이 하천으로 유출된다.
③ 일정기간에 하천으로 유출되는 수량의 합을 유출량이라 한다.
④ 유출량과 그 기간의 강수량과의 비(比)를 유출계수 또는 유출률이라 한다.

해설 유출

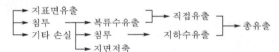

5. 유출에 대한 설명으로 옳지 않은 것은? [기사 04]

① 직접유출(direct runoff)은 강수 후 비교적 짧은 시간 내에 하천으로 흘러들어가는 부분을 말한다.
② 지표유출(surface runoff)은 짧은 시간 내에 하천으로 유출되는 지표류 및 하천 또는 호수면에 직접 떨어진 수로상 강수 등으로 구성된다.
③ 기저유출(base flow)은 비가 온 후의 불어난 유출을 말한다.
④ 하천에 도달하기 전에 지표면 위로 흐르는 유출을 지표류(overland flow)라 한다.

해설 기저유출은 비가 오기 전의 건조 시 유출이다.

6. 유효강수량과 가장 관계가 깊은 것은?

[기사 06, 08, 16, 18]

① 직접유출량　　　　② 기저유출량
③ 지표면유출량　　　④ 지표하유출량

> **해설** 유효강수량은 지표면유출과 복류수유출을 합한 직접유출에 해당하는 강수량이다.

7. 하상계수(河狀係數)에 대한 설명으로 옳은 것은?

[기사 04, 09, 15, 16]

① 대하천의 주요 지점에서의 풍수량과 저수량의 비
② 대하천의 주요 지점에서의 최소 유량과 최대 유량의 비
③ 대하천의 주요 지점에서의 홍수량과 하천유지유량의 비
④ 대하천의 주요 지점에서의 최소 유량과 갈수량의 비

> **해설** 하천의 어느 지점에서의 최대 유량과 최소 유량과의 비를 하상계수라 한다.
>
> $$하상계수 = \frac{최대\ 유량}{최소\ 유량}$$

8. 유출을 구분하면 표면유출(A), 중간 유출(B) 및 지하수유출(C)로 구분할 수 있다. 또한 중간유출은 조기지표하(早期地表下) 유출(B_1)과 지연지표하(遲延地表下) 유출(B_2)로 구분된다. 직접(直接)유출을 옳게 나타낸 것은?

[기사 01, 08]

① A+B+C　　　　② A+B_1
③ A+B_2　　　　　④ A+B

> **해설** 유출의 구성
> ㉮ 직접유출 : 지표면유출수, 조기지표하유출수, 복류수유출수, 수로상 강수
> ㉯ 기저유출 : 지하수유출수, 지연지표하유출수

9. 유역에 대한 용어의 정의로 틀린 것은? [기사 03]

① 유역평균폭 = 유역면적 / 유로연장
② 유역형상계수 = 유역면적 / 유로연장^2
③ 하천밀도 = 유역면적 / 본류와 지류의 총길이
④ 하상계수 = 최대 유량 / 최소 유량

> **해설** 하천밀도
> 유역의 단위면적 내를 흐르는 강의 평균길이로
> $$하천밀도 = \frac{L(본류와\ 지류의\ 총길이)}{A(유역면적)}\ 이다.$$

10. 유역의 평균폭 B, 유역면적 A, 본류의 유로연장 L인 유역의 형상을 양적으로 표시하기 위한 유역형상계수는?

[기사 17]

① $\dfrac{A}{L}$　　　　　　② $\dfrac{A}{L^2}$

③ $\dfrac{B}{L}$　　　　　　④ $\dfrac{B}{L^2}$

> **해설** 유역형상계수
> ㉮ Horton은 유역의 형상을 양적으로 표현하기 위해 유역면적과 본류길이의 비인 무차원값의 형상계수를 제시하였다.
> ㉯ $R = \dfrac{A}{L^2}$
> 여기서, L : 본류의 길이

11. 유역면적이 15km^{2}이고 1시간에 내린 강우량이 150mm일 때 하천의 유출량이 350m^3/s이면 유출률은?

[기사 19]

① 0.56　　　　　② 0.65
③ 0.72　　　　　④ 0.78

> **해설** $$유출률 = \frac{350}{(15 \times 10^6) \times 0.15 \times \dfrac{1}{3,600}} = 0.56$$

12. 저수위(LWL)란 1년을 통해서 며칠 동안 이보다 저하하지 않는 수위를 말하는가? [기사 10]

① 90일　　　　　② 185일
③ 200일　　　　　④ 275일

> **해설** 수위의 용어설명
> ㉮ 갈수위 : 1년 중 355일 이상 이보다 적어지지 않는 수위
> ㉯ 저수위 : 1년 중 275일 이상 이보다 적어지지 않는 수위
> ㉰ 평수위 : 1년 중 185일 이상 이보다 적어지지 않는 수위

13. 한 유역에서의 유출현상은 그 유역의 지상학적 인자와 기후학적 인자의 영향을 받는다. 지상학적 인자에 속하는 것은?

[기사 02]

① 유역의 고도　　　② 강수
③ 증발　　　　　　④ 증산

해설 유출의 지배인자
　㉮ 지상학적 인자
　　㉠ 유역특성 : 유역의 면적, 경사, 방향성 등
　　㉡ 유로특성 : 수로의 단면 크기, 모양, 경사, 조도 등
　㉯ 기후학적 인자 : 강수, 차단, 증발, 증산 등

14. 단순수문곡선의 분리방법이 아닌 것은?

[기사 05, 08, 19]

① N-day법　　　　② S-curve법
③ 수평직선분리법　　④ 지하수감수곡선법

해설 수문곡선의 분리법 : 지하수감수곡선법, 수평직선분리법, N-day법, 수정N-day법

15. 수문곡선 중 기저시간(基底時間 : time base)의 정의로 가장 옳은 것은?

[기사 03]

① 수문곡선의 상승시점에서 첨두까지의 시간폭
② 강우 중심에서 첨두까지의 시간폭
③ 유출구에서 유역의 수리학적으로 가장 먼 지점의 물 입자가 유출구까지 유하하는 데 소요되는 시간
④ 직접유출이 시작되는 시간에서 끝나는 시간까지의 시간폭

해설 수문곡선의 상승기점부터 직접유출이 끝나는 지점까지의 시간을 기저시간이라 한다.

16. 수문곡선에서 시간매개변수에 대한 정의 중 틀린 것은?

[기사 06, 09, 15]

① 첨두시간은 수문곡선의 상승부 변곡점부터 첨두유량이 발생하는 시각까지의 시간차이다.
② 지체시간은 유효우량주상도의 중심에서 첨두유량이 발생하는 시각까지의 시간차이다.
③ 도달시간은 유효우량이 끝나는 시각에서 수문곡선의 감수부 변곡점까지의 시간차이다.
④ 기저시간은 직접유출이 시작되는 시각에서 끝나는 시각까지의 시간차이다.

해설 ㉮ 첨두유량의 시간을 첨두시간이라 한다.
　㉯ 유효우량주상도의 중심선으로부터 첨두유량이 발생하는 시각까지의 시간차를 지체시간이라 한다.

㉰ 도달시간은 유역의 가장 먼 지점으로부터 출구 또는 수문곡선이 관측된 지점까지 물의 유하시간을 말한다. 도달시간은 강우가 끝난 시간으로부터 수문곡선의 감수부 변곡점까지의 시간으로 정의할 수 있다. 이 변곡점은 지표유출이 끝나는 점으로서, 지표유출이 끝난다는 말은 제일 먼 곳으로부터의 유출이 마지막으로 도달한다는 말과 같이 해석할 수 있다.

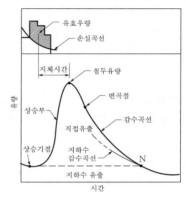

17. 강우로 인한 유수가 그 유역 내의 가장 먼 지점으로부터 유역 출구까지 도달하는 데 소요되는 시간을 의미하는 것은?

[기사 20]

① 기저시간　　　　② 도달시간
③ 지체시간　　　　④ 강우지속시간

18. 수문곡선에 대한 설명으로 옳지 않은 것은?

[기사 12]

① 하천유로상의 임의의 한 점에서 수문량의 시간에 대한 관계곡선이다.
② 초기에는 지하수에 의한 기저유출만이 하천에 존재한다.
③ 시간이 경과함에 따라 지수분포형의 감수곡선이 된다.
④ 표면유출은 점차적으로 수문곡선을 하강시키게 된다.

해설 직접유출은 수문곡선의 상승부 곡선을 그리며 계속 증가하여 결국 첨두유량에 이르게 된다. 첨두유량에 도달하고 나면 다음 호우 발생 시까지 유출은 하강부 곡선(감수곡선)을 따라 점차 감소하게 된다.

19. 다음 ( ) 안에 들어갈 알맞은 말이 순서대로 바르게 짝지어진 것은? [기사 11]

> 일반적으로 우수도달시간이 길 경우 첨두유량은 시간적으로 ( ) 나타나고, 그 크기는 ( ).

① 일찍, 크다
② 늦게, 크다
③ 일찍, 작다
④ 늦게, 작다

해설 도달시간이 짧으면 같은 지속시간을 갖는 경우에 대하여 첨두유량이 일어나는 시간은 짧고, 첨두유량이 커지고 도달시간이 길면 이와 반대현상이 일어난다.

20. 유역면적 20km² 지역에서 수공구조물의 축조를 위해 다음의 수문곡선을 얻었을 때 총유출량은? [기사 20]

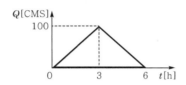

① 108m³
② 108×10⁴m³
③ 300m³
④ 300×10⁴m³

해설 총유출량 $= \dfrac{100 \times (6 \times 3,600)}{2} = 108 \times 10^4 \text{m}^3$

〈참고〉 CMS=m³/s(cubic meter per sec)

21. 어떤 계속된 호우에 있어서 총유효우량 $\sum R_e$[mm], 직접유출의 총량 $\sum Q_e$[m³], 유역면적 A[km²] 사이에 성립하는 식은? [기사 17]

① $\sum R_e = A\sum Q_e$
② $\sum R_e = \dfrac{10^3 A}{\sum Q_e}$
③ $\sum R_e = 10^3 A\sum Q_e$
④ $\sum R_e = \dfrac{\sum Q_e}{10^3 A}$

해설 유효유량 $= \dfrac{\sum qt}{A}$

$\sum R_e [\text{cm}] = \dfrac{\sum Q_e 10^6 [\text{cm}^3]}{A \times 10^{10}[\text{cm}^2]}$

$\therefore \sum R_e = \dfrac{\sum Q_e}{10^3 A}$[mm]

22. 어떤 하천 단면에서 유출량의 시간적 분포를 나타내는 홍수수문곡선을 작성하는 일반적인 방법은 어느 것인가? [기사 00]

① 시간별 하천유량을 유속계로 직접 측정하여 작성
② 하천 단면적과 평균유속을 측정하여 연속방정식으로 계산하여 작성
③ 수위-유량관계곡선을 이용하여 수위를 유량으로 환산하여 작성
④ 하천유량의 시간적 변화를 표시하는 방정식을 유도하여 이로부터 계산 작성

해설 홍수수문곡선은 자기수위기록지에 기록되는 순간 수위를 순간유량으로 환산하여 연속적인 시간별 유량변화를 표시한다.

23. 자연하천에서 여러 가지 이유로 인하여 수위-유량관계곡선은 loop형을 이루고 있다. 그 이유가 아닌 것은? [기사 06, 08, 15]

① 배수 및 저수효과
② 홍수 시 수위의 급변화
③ 하도의 인공적 변화
④ 하천유량의 계절적 변화

해설 loop형 수위-유량곡선이 되는 이유
㉮ 준설, 세굴, 퇴적 등에 의한 하도의 인공적, 자연적 변화
㉯ 배수 및 저하효과
㉰ 홍수 시 수위의 급상승 및 급강하

24. 다음 중 수위-유량관계곡선의 연장방법이 아닌 것은? [기사 06, 09, 15]

① 전대수지법
② Stevens법
③ Manning 공식에 의한 방법
④ 유량빈도곡선법

해설 수위-유량관계곡선의 연장방법
㉮ 전대수지법
㉯ Stevens법 : Stevens가 고안한 것으로 Chezy의 평균유속공식을 이용하는 방법이다.
㉰ Manning 공식에 의한 방법

25. 다음 사항 중 옳지 않은 것은? [기사 09, 12]
① 유량빈도곡선의 경사가 급하면 홍수가 드물고 지하수의 하천방출이 크다.
② 수위－유량관계곡선의 연장방법인 Stevens법은 Chezy의 유속공식을 이용한다.
③ 자연하천에서 대부분 동일 수위에 대한 수위 상승 시와 하강 시의 유량이 다르다.
④ 합리식은 어떤 배수영역에 발생한 호우강도와 첨두유량 간 관계를 나타낸다.

 해설 ㉮ 유량빈도곡선
　　㉠ 급경사일 때 : 홍수가 빈번하고 지하수의 하천방출이 미소하다.
　　㉡ 완경사일 때 : 홍수가 드물고 지하수의 하천방출이 크다.
　　㉯ 수위－유량관계곡선의 연장방법 : 전대수지법, Stevens법

26. 강우강도를 I, 침투능을 f, 총침투량을 F, 토양수분 미흡량을 D라 할 때 지표유출은 발생하나, 지하수위는 상승하지 않는 경우에 있어서의 조건식은? [기사 04, 19]
① $I < f$, $F < D$　　　　② $I < f$, $F > D$
③ $I > f$, $F < D$　　　　④ $I > f$, $F > D$

 해설 ㉮ 지표면유출이 발생하는 조건 : $I > f$
　　㉯ 지하수위가 상승하지 않는 조건 : $F < D$

27. 단위유량도에 대한 설명 중 틀린 것은? [기사 16]
① 일정기저시간가정, 비례가정, 중첩가정은 단위도의 3대 기본가정이다.
② 단위도의 정의에서 특정 단위시간은 1시간을 의미한다.
③ 단위도의 정의에서 단위유효우량은 유역 전면적상의 우량을 의미한다.
④ 단위유효우량은 유출량의 형태로 단위도상에 표시되며, 단위도 아래의 면적은 부피의 차원을 가진다.

 해설 특정 단위시간은 강우의 지속시간이 특정 시간으로 표시됨을 의미한다.

28. 단위유량도(Unit hydrograph)를 작성함에 있어서 기본가정에 해당되지 않는 것은? [기사 18, 19]
① 비례가정　　　　② 중첩가정
③ 직접유출의 가정　　④ 일정기저시간의 가정

 해설 단위도의 가정 : 일정기저시간가정, 비례가정, 중첩가정

29. 단위유량도이론이 근거를 두고 있는 가정으로 적합하지 않은 것은? [기사 08]
① 유역특성의 시간적 불변성
② 강우특성의 시간적 불변성
③ 유역의 선형성
④ 강우의 시간적, 공간적 균일성

 해설 단위도이론이 근거를 두고 있는 가정
　　㉮ 유역특성의 시간적 불변성
　　㉯ 유역의 선형성
　　㉰ 강우의 시간적, 공간적 균일성

30. 단위유량도(unit hydrograph)에서 강우자료를 유효우량으로 쓰게 되는 이유는? [기사 15]
① 기저유출이 포함되어 있기 때문에
② 손실우량을 산정할 수 없기 때문에
③ 직접유출의 근원이 되는 우량이기 때문에
④ 대상유역 내 균일하게 분포하는 것으로 볼 수 있기 때문에

 해설 단위도란 단위유효우량으로 인하여 발생하는 직접유출수문곡선이다. 그리고 유효우량을 사용하는 이유는 유효우량이 직접유출에 해당하는 강수량이기 때문이다.

31. 단위유량도 작성 시 필요 없는 사항은? [기사 07, 12, 17]
① 직접유출량　　　　② 유효우량의 지속시간
③ 유역면적　　　　　④ 투수계수

 해설 단위도의 유도
　　㉮ 수문곡선에서 직접유출과 기저유출을 분리한 후 직접유출수문곡선을 얻는다.
　　㉯ 유효강우량을 구한다.
　　㉰ 직접유출수문곡선의 유량을 유효강우량으로 나누어 단위도를 구한다.

32. 단위도(단위유량도)에 대한 사항 중 옳지 않은 것은? [기사 05, 08, 12, 19]

① 단위도의 3가정은 일정기저시간가정, 비례가정, 중첩가정이다.

② 단위도는 기저유량과 직접유출량을 포함하는 수문곡선이다.

③ S−curve를 이용하여 단위도의 단위시간을 변경할 수 있다.

④ Snyder는 합성단위도법을 연구발표하였다.

▷ **해설** ▷ 단위도는 단위유효우량으로 인하여 발생하는 직접유출의 수문곡선이다.

33. 단위유량도이론의 가정에 대한 설명으로 옳지 않은 것은? [기사 08, 18]

① 초과강우는 유효지속기간 동안에 일정한 강도를 가진다.

② 초과강우는 전 유역에 걸쳐서 균등하게 분포된다.

③ 주어진 지속기간의 초과강우로부터 발생된 직접유출수문곡선의 기저시간은 일정하다.

④ 동일한 기저시간을 가진 모든 직접유출수문곡선의 종거들은 각 수문곡선에 의하여 주어진 총직접유출수문곡선에 반비례한다.

▷ **해설** ▷ 단위유량도의 이론은 다음과 같은 가정에 근거를 두고 있다.

㉮ 유역특성의 시간적 불변성 : 유역특성은 계절, 인위적인 변화 등으로 인하여 시간에 따라 변할 수 있으나, 이 가정에 의하면 유역특성은 시간에 따라 일정하다고 하였다. 실제로는 강우 발생 이전의 유역의 상태에 따라 기저시간은 달라질 수 있으며, 특히 선행된 강우에 따른 흙의 함수비에 의하여 지속시간이 같은 강우에도 기저시간은 다르게 될 수 있으나, 이 가정에서는 강우의 지속시간이 같으면 강도에 관계없이 기저시간은 같다고 가정하였다.

㉯ 유역의 선형성 : 강우 r, $2r$, $3r$, …에 대한 유량은 q, $2q$, $3q$, …로 되는 입력과 출력의 관계가 선형관계를 갖는다.

㉰ 강우의 시간적, 공간적 균일성 : 지속시간 동안의 강우강도는 일정하여야 하며, 또는 공간적으로도 강우가 균일하게 분포되어야 한다.

34. 단위유량도이론의 기본가정에 충실한 호우사상을 선별하여 분석하기 위해 선별 시 고려해야 할 사항으로 적당하지 않은 것은? [기사 11]

① 가급적 단순 호우사상을 택한다.

② 강우지속기간 동안 강우강도의 변화가 가급적 큰 분포를 택한다.

③ 유역 전반에 걸쳐 강우의 공간적 분포가 가급적 균일한 것을 택한다.

④ 강우의 지속기간이 비교적 짧은 호우사상을 구한다.

▷ **해설** ▷ 단위(유량)도이론의 기본가정에 충실한 호우사상을 선별하여 분석할 때 선별에 고려해야 할 사항

㉮ 가급적 단순 호우사상을 선택한다.

㉯ 강우지속기간 동안 강우강도가 가급적 균일한 분포를 선택한다.

㉰ 유역 전체에 걸쳐 강우의 공간적 분포가 가급적 균일한 것을 선택한다.

㉱ 강우의 지속시간이 유역지체시간의 약 10~30% 정도인 것을 선택한다.

35. 지속기간 2hr인 어느 단위유량도의 기저시간이 10hr이었다. 강우강도가 각각 2.0, 3.0 및 5.0cm/h이고, 강우지속기간은 똑같이 모두 2hr인 3개의 유효강우가 연속해서 내릴 경우 이로 인한 직접유출수문곡선의 기저시간은? [기사 11, 16]

① 2hr ② 10hr

③ 14hr ④ 16hr

▷ **해설** ▷ 기저시간 = 10+2+2 = 14시간

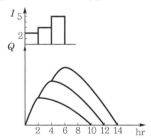

36. 단위유량도 작성에 있어 긴 강우계속기간을 가진 단위도로부터 짧은 강우기간을 가진 단위도로 변환하기 위해서 사용하는 방법으로 맞는 것은? [기사 09]

① S−curve법 ② 지하수감수곡선법

③ 단위도의 비례가정법 ④ 단위유량분포도법

◉ 해설 ▶ 단위유량도 지속기간의 변환

㉮ 정수배방법 : 짧은 지속기간을 가진 단위도에서 정수배로 긴 지속기간을 가진 단위도를 유도하는 방법
㉯ S-curve방법 : 긴 지속기간을 가진 단위도에서 짧은 지속기간을 가진 단위도를 유도하는 방법

37. 다음과 같은 1시간 단위도로부터 3시간 단위도를 유도하였을 경우 3시간 단위도의 최대 종거는 얼마인가?　　　　　　　　　　　　　[기사 10]

시간(h)	0	1	2	3	4	5	6
1시간 단위도 종거 (m³/s)	0	2	8	10	6	3	0

① 3.3m³/s
② 8.0m³/s
③ 10.0m³/s
④ 24.0m³/s

◉ 해설 ▶

㉮ 시간	0	1	2	3	4	5
㉯ 1시간 단위도 종거	0	2	8	10	6	3
㉰ 1시간 지연 1시간 단위도	−	0	2	8	10	6
㉱ 2시간 지연 1시간 단위도	−	−	0	2	8	10
㉲=㉯+㉰+㉱	0	2	10	20	24	19
㉳ 3시간 단위도 ($㉳=㉲\times\frac{1}{3}$)	0	0.67	3.33	6.67	8	6.33

38. 단위도의 지속시간을 변경시킬 때 사용되는 방법은?　　　　　　　　　　　　　　[기사 04]

① N-day법
② S-곡선법
③ ϕ-index법
④ Stevens법

◉ 해설 ▶ 단위도 지속기간의 변환방법 : 정수배방법, S-curve방법

39. S-curve와 가장 관계가 먼 것은?
　　　　　　　　　　　　　　[기사 05, 10, 12]

① 단위도의 지속시간
② 평형유출량
③ 등우선도
④ 직접유출수문곡선

◉ 해설 ▶ S-curve방법

㉮ 긴 지속기간을 가진 단위도에서 짧은 지속기간을 가진 단위도를 유도하는 방법이다.
㉯ 평형유출량은 평형상태에 도달한 후의 총유출량을 말한다.

$$Q = \frac{1\text{cm}}{t_1[\text{h}]} \times A[\text{km}^2] = \frac{2.778A}{t_1}[\text{m}^3/\text{s}]$$

40. 다음 10mm 단위도의 종거가 0, 20, 8, 3, 0[m³/s]이고 유효강우량이 20mm, 10mm일 경우 첨두유량[m³/s]은? (단, 단위시간은 2시간이다.)　　[기사 06]

① 20
② 34
③ 42
④ 40

◉ 해설 ▶ $Q_1 = q_1 U_1 = 2 \times 20 = 40\text{m}^3/\text{s}$

41. 1cm 단위도의 한 시간 간격의 종거가 0, 30, 100, 80, …이다. 1시간간격의 유효강우량이 10mm, 30mm가 연속해서 내렸을 때 강우시작 후 2시간이 지난 시각에서 유출수문곡선의 종거를 구하면 얼마인가?　　[기사 95]

① 120m³/s
② 150m³/s
③ 230m³/s
④ 190m³/s

◉ 해설 ▶
$$Q_2 = q_1 U_2 + q_2 U_1 = i_1 t_1 U_2 + i_2 t_2 U_1$$
$$= (1 \times 1) \times 100 + (3 \times 1) \times 30 = 190\text{m}^3/\text{s}$$

42. 함성단위유량도(synthetic unit hydrograph)의 작성방법이 아닌 것은?　　　　　[기사 20]

① Snyder방법
② Nakayasu방법
③ 순간단위유량도법
④ SCS의 무차원 단위유량도 이용법

◉ 해설 ▶ 단위유량도합성방법 : Snyder방법, SCS방법, Clark방법

43. 미계측유역에 대한 단위유량도의 합성방법이 아닌 것은?　　　　　　　　　　[기사 04, 19]

① SCS방법
② Clark방법
③ Horton방법
④ Snyder방법

◉ 해설 ▶

㉮ 단위유량도합성방법 : Snyder방법, SCS방법, Clark방법
㉯ 침투율 산정공식 : Horton공식, Philip공식, Green and Ampt공식

44. Snyder방법에 의한 단위유량도합성방법의 결정요소(매개변수)와 거리가 먼 것은? [기사 06, 08]

① 지역의 지체시간　　② 첨두유량

③ 유효우량의 주상도　④ 단위도의 기저폭

> **해설** Snyder 방법은 단위도의 기저폭, 첨두유량, 유역의 지체시간 등 3개의 매개변수로서 단위도를 합성하는 방법이다.

45. 다음 중 합성단위유량도를 작성할 때 필요한 자료는? [기사 15]

① 우량주상도　　② 유역면적

③ 직접유출량　　④ 강우의 공간적 분포

> **해설** 합성단위유량도의 매개변수
> ㉮ 지체시간 : $t_p = c_t (L_{ca} L)^{0.3}$
> ㉯ 첨두유량 : $Q_p = C_p \dfrac{A}{t_p}$
> ㉰ 기저시간 : $T = 3 + 3\left(\dfrac{t_p}{24}\right)$

46. 합성단위도의 모양을 결정하는 인자가 아닌 것은? [기사 03, 16]

① 기저시간　　② 첨두유량

③ 지체시간　　④ 강우강도

> **해설** 미계측지역에서는 다른 유역에서 얻은 기저시간, 첨두유량, 지체시간 등 3개의 매개변수로서 단위도를 합성할 수 있다. 이러한 방법에 의하여 구한 단위도를 합성단위유량도라 한다.

47. 합성단위유량도를 작성하기 위한 방법의 하나인 Snyder법에서 첨두유량 산정에 필요한 매개변수(parameter)로만 짝지어진 것은? [기사 05]

① 유역면적, 지체시간　② 도달시간, 유역면적

③ 유로연장, 지체시간　④ 유로연장, 도달시간

48. 합리식에 관한 설명 중 틀린 것은? [기사 05, 07]

① 작은 유역면적에 적용한다.

② 불투수층지역이라 가정한다.

③ 첨두유량은 도달시간 이후부터는 강우강도에 유역면적을 곱한 값이다.

④ 강우강도를 고려할 필요가 없다.

> **해설** $Q = 0.2778 CIA$

49. 일반적으로 합리식의 유출계수(C)가 가장 큰 지역은? [기사 04]

① 교외주거지역　　　② 공원, 묘지

③ 도심상업지역　　　④ 철도지역(철도조차장)

> **해설** 합리식의 유출계수 C값
>
> | 토지이용상태 | C값 |
> | --- | --- |
> | 중심상업지역 | 0.7~0.95 |
> | 주변 상업지역 | 0.5~0.7 |
> | 교외주거지역 | 0.25~0.4 |
> | 미개발지구 | 0.1~0.3 |
> | 공원, 공동묘지 | 0.1~0.25 |

50. 유역면적이 4km²이고 유출계수가 0.8인 산지하천에서 강우강도가 80mm/h이다. 합리식을 사용한 유역출구에서의 첨두홍수량은? [기사 18]

① $35.5\text{m}^3/\text{s}$　　② $71.1\text{m}^3/\text{s}$

③ $128\text{m}^3/\text{s}$　　④ $256\text{m}^3/\text{s}$

> **해설** $Q = 0.2778 CIA$
> $= 0.2778 \times 0.8 \times 80 \times 4 = 71.12\text{m}^3/\text{s}$

51. 유역면적이 15km²이고 1시간에 내린 강우량이 150mm일 때 하천의 유출량이 350m³/s이면 유출률은? [기사 00, 10]

① 0.56　　② 0.65

③ 0.72　　④ 0.78

> **해설** $Q = 0.2778 CIA$
> $350 = 0.2778 \times C \times 150 \times 15$
> $\therefore C = 0.56$

52. 신도시에 위치한 택지조성지구의 우수배제를 위하여 우수거를 설계하고자 한다. 신도시에서 재현기간 10년의 강우강도식이 $I = \dfrac{6,000}{t + 40}$ 라 하면 합리식에 의한 설계유량은? (단, 유역의 평균유출계수는 0.5, 유역면적은 1km², 우수의 도달시간은 20분이다.) [기사 01, 03, 10]

① $4.6\text{m}^3/\text{s}$　　② $13.9\text{m}^3/\text{s}$

③ $16.7\text{m}^3/\text{s}$　　④ $20.8\text{m}^3/\text{s}$

해설 $Q = 0.2778CIA$

$$= 0.2778 \times 0.5 \times \frac{6,000}{20+40} \times 1 = 13.89 \text{m}^3/\text{s}$$

53. 유역면적이 3km², 도달시간이 30분, 유출계수가 0.6인 유역의 첨두유량을 구하면 얼마인가? (단, 지속시간 10분, 20분, 30분에 대한 강우강도는 30mm/h, 20mm/h, 10mm/h이다.) [기사 96]

① $15\text{m}^3/\text{s}$ ② $12\text{m}^3/\text{s}$

③ $10\text{m}^3/\text{s}$ ④ $5\text{m}^3/\text{s}$

해설 $Q = 0.2778CIA = 0.2778 \times 0.6 \times 10 \times 3 = 5\text{m}^3/\text{s}$

54. 다음 그림에서와 같이 130m×250m의 주차장이 있다. 주차장 중앙으로 우수거가 설치되어 있고, 이때 우수거를 통한 도달시간은 5분이며 지표흐름(overland flow)으로 인하여 우수거에 수직으로 도달하는 도달시간(예로 B에서 C까지)은 15분이라 한다. 만일 50mm/h의 강도를 가진 강우가 5분간만 내렸다고 할 때 A점에서의 첨두유량은? (단, 주차장의 유출계수는 0.85라 한다.) [기사 10]

① $3.837 \times 1.05\text{m}^3/\text{s}$

② $0.387\text{m}^3/\text{s}$

③ $0.128\text{m}^3/\text{s}$

④ $0.0320\text{m}^3/\text{s}$

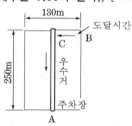

해설 지속시간이 5분이므로 주차장에서는 일부분만이 유출에 기여한다.

㉮ 지속시간 5분일 때 첨두유출에 기여하는 총면적

$$A = \frac{130}{6} \times 250 \times 2 = 10,833.33\text{m}^2$$

㉯ $Q = 0.2778CIA$

$$= 0.2778 \times 0.85 \times 50 \times (10,833.33 \times 10^{-6})$$

$$= 0.128\text{m}^3/\text{s}$$

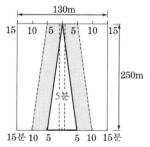

55. 다음 중 유적면적이 180km²이고 최대 비유량이 4.0m³/s/km²가 되려면 최대 홍수량은? [기사 95]

① $45\text{m}^3/\text{s}$ ② $720\text{m}^3/\text{s}$

③ $12\text{m}^3/\text{s}$ ④ $900\text{m}^3/\text{s}$

해설 $Q = 4 \times 180 = 720\text{m}^3/\text{s}$

56. 면적 10km²의 지역에 3시간 동안 1cm의 강우강도로 무한히 내릴 때의 평형유량은? [기사 07, 09, 11]

① $9.72\text{m}^3/\text{s}$ ② $9.26\text{m}^3/\text{s}$

③ $8.94\text{m}^3/\text{s}$ ④ $10.20\text{m}^3/\text{s}$

해설 $Q = 0.2778CIA$

$$= 0.2778 \times 1 \times \frac{10}{3} \times 10 = 9.26\text{m}^3/\text{s}$$

57. 배수면적이 500ha, 유출계수가 0.70인 어느 유역에 연평균강우량이 1,300mm 내렸다. 이때 유역 내에서 발생한 최대 유출량은? [기사 20]

① $0.1443\text{m}^3/\text{s}$ ② $12.64\text{m}^3/\text{s}$

③ $14.43\text{m}^3/\text{s}$ ④ $1,264\text{m}^3/\text{s}$

해설 ㉮ $I = \dfrac{1,300}{365 \times 24} = 0.148\text{mm/h}$

㉯ $1\text{ha} = 10^4\text{m}^2 = 10^{-2}\text{km}^2$

㉰ $Q = 0.2778CIA$

$$= 0.2778 \times 0.7 \times 0.148 \times (500 \times 10^{-2})$$

$$= 0.144\text{m}^3/\text{s}$$

58. 어느 소유역의 면적이 20ha, 유수의 도달시간이 5분이다. 강수자료의 해석으로부터 얻어진 이 지역의 강우강도식이 다음과 같을 때 합리식에 의한 홍수량은? (단, 유역의 평균유출계수는 0.6이다.) [기사 18]

강우강도식 : $I = \dfrac{6,000}{t+35}$ [mm/h]

여기서, t : 강우지속시간(분)

① $18.0\text{m}^3/\text{s}$ ② $5.0\text{m}^3/\text{s}$

③ $1.8\text{m}^3/\text{s}$ ④ $0.5\text{m}^3/\text{s}$

해설 ㉮ $I = \dfrac{6,000}{t+35} = \dfrac{6,000}{5+35} = 150\text{mm/h}$

㉯ $1\text{ha} = 10^4\text{m}^2 = 10^{-2}\text{km}^2$

㉰ $Q = 0.2778CIA$

$$= 0.2778 \times 0.6 \times 150 \times (20 \times 10^{-2}) = 5\text{m}^3/\text{s}$$

59. 설계홍수량계산에 있어서 합리식의 적용에 관한 설명 중 옳지 않은 것은? [기사 01, 03]

① 우수도달시간은 강우지속시간보다 길어야 한다.

② 강우강도는 균일하고 전유역에 고르게 분포되어야 한다.

③ 유량이 점차 증가되어 평형상태일 때의 유출량을 나타낸다.

④ 하수도설계 등 소유역에만 적용될 수 있다.

> **해설** 합리식(rational formula)
> ㉮ 첨두홍수량을 구하는 공식으로서 강우의 지속시간이 유역의 도달시간보다 커야 한다.
> ㉯ 합리식에 의해 계산된 첨두유량은 실제보다 다소 크게 나타나므로 자연하천에서 합리식의 적용은 유역면적이 약 $5km^2$ 이내로 한정하는 것이 좋으며 도시의 우·배수망의 설계홍수량을 결정하기 위해 포장된 작은 유역에 주로 사용되고 있다.

60. 대규모 수공구조물의 설계우량으로 가장 적합한 것은? [기사 19]

① 평균면적우량

② 발생가능 최대 강수량(PMP)

③ 기록상의 최대 우량

④ 재현기간 100년에 해당하는 강우량

> **해설** 대규모 수공구조물의 설계홍수량 결정법
> ㉮ 최대 가능홍수량(PMF)
> ㉯ 표준설계홍수량(SPF)
> ㉰ 확률홍수량

61. 수문자료의 해석에 사용되는 확률분포형의 매개변수를 추정하는 방법이 아닌 것은? [기사 18]

① 모멘트법(method of moments)

② 회선적분법(convolution integral method)

③ 확률가중모멘트법(method of probability weighted moments)

④ 최우도법(method of maximum likelihood)

> **해설** 확률분포형의 매개변수 추정법 : 모멘트법, 최우도법, 확률가중모멘트법, L-모멘트법

62. 대규모의 홍수가 발생할 경우 점유속의 측정에 의한 첨두홍수량의 산정은 큰 하천에서는 실질적으로 불가능한 경우가 많아 간접적인 방법으로 추정하여야 한다. 이러한 방법으로 가장 많이 사용되는 것은 어느 것인가? [기사 11]

① 경사-면적방법(slope-area method)

② SCS방법(Soil Conservation Service)

③ DAD해석법

④ 누가우량곡선법

> **해설** 대규모의 홍수가 발생할 경우 점유속에 의한 첨두홍수량의 산정은 큰 하천에서는 실질적으로 불가능한 경우가 많으므로 홍수량은 간접적인 방법으로 추정하지 않으면 안 된다. 이러한 목적을 위한 간접적인 방법은 하천유량을 수면경사 및 하천 횡단면과 연관시켜 수리학적 관계를 이용하는 것으로 가장 많이 사용되는 방법이 수면경사-단면적법이다.

부록 I

과년도 출제문제

1. 누가우량곡선(Rainfall mass curve)의 특성으로 옳은 것은?

① 누가우량곡선의 경사가 클수록 강우강도가 크다.
② 누가우량곡선의 경사는 지역에 관계없이 일정하다.
③ 누가우량곡선으로 일정기간 내의 강우량을 산출할 수는 없다.
④ 누가우량곡선은 자기우량기록에 의하여 작성하는 것보다 보통우량계의 기록에 의하여 작성하는 것이 더 정확하다.

해설 누가우량곡선
㉮ 누가우량곡선의 경사가 급할수록 강우강도가 크다.
㉯ 자기우량계에 의해 측정된 우량을 기록지에 누가우량의 시간적 변화상태를 기록한 것을 누가우량곡선이라 한다.

2. 비에너지와 한계수심에 관한 설명으로 옳지 않은 것은?

① 비에너지가 일정할 때 한계수심으로 흐르면 유량이 최소가 된다.
② 유량이 일정할 때 비에너지가 최소가 되는 수심이 한계수심이다.
③ 비에너지는 수로 바닥을 기준으로 하는 단위무게당 흐름에너지이다.
④ 유량이 일정할 때 직사각형 단면수로 내 한계수심은 최소 비에너지의 $\frac{2}{3}$ 이다.

해설 비에너지가 일정할 때 한계수심으로 흐르면 유량은 최대가 된다.

3. 폭이 b인 직사각형 위어에서 접근유속이 작은 경우 월류수심이 h일 때 양단 수축조건에서 월류수맥에 대한 단수축 폭(b_o)은? (단, Francis공식을 적용)

① $b_o = b - \dfrac{h}{5}$
② $b_o = 2b - \dfrac{h}{5}$
③ $b_o = b - \dfrac{h}{10}$
④ $b_o = 2b - \dfrac{h}{10}$

해설 $b_o = b - 0.1nh = b - 0.1 \times 2h = b - 0.2h$

4. 하천의 모형실험에 주로 사용되는 상사법칙은?

① Reynolds의 상사법칙
② Weber의 상사법칙
③ Cauchy의 상사법칙
④ Froude의 상사법칙

해설 Froude의 상사법칙
중력이 흐름을 주로 지배하고 다른 힘들은 영향이 작아서 생략할 수 있는 경우의 상사법칙으로 수심이 비교적 큰 자유표면을 가진 개수로 내 흐름, 댐의 여수토흐름 등이 해당된다.

5. 수리학에서 취급되는 여러 가지 양에 대한 차원이 옳은 것은?

① 유량 = $[L^3 T^{-1}]$
② 힘 = $[MLT^{-3}]$
③ 동점성계수 = $[L^3 T^{-1}]$
④ 운동량 = $[MLT^{-2}]$

해설

물리량	단위	차원
유량(Q)	cm^3/s	$[L^3 T^{-1}]$
힘($F = ma$)	$g_0 \cdot cm/s^2$	$[MLT^{-2}]$
동점성계수(ν)	cm^2/s	$[L^2 T^{-1}]$
운동량(역적)	$g_0 \cdot cm/s$	$[MLT^{-1}]$

6. A저수지에서 200m 떨어진 B저수지로 지름 20cm, 마찰손실계수 0.035인 원형관으로 $0.0628m^3/s$의 물을 송수하려고 한다. A저수지와 B저수지 사이의 수위차는? (단, 마찰손실, 단면급확대 및 급축소손실을 고려한다.)

① 5.75m
② 6.94m
③ 7.14m
④ 7.45m

해설
㉮ $V = \dfrac{Q}{A} = \dfrac{0.0628}{\dfrac{\pi \times 0.2^2}{4}} = 2m/s$

㉯ $H = \left(f_e + f\dfrac{l}{D} + f_o\right)\dfrac{V^2}{2g}$

$\quad = (0.5 + 0.035 \times \dfrac{200}{0.2} + 1) \times \dfrac{2^2}{2 \times 9.8}$

$\quad = 7.45m$

7. 배수곡선(backwater curve)에 해당하는 수면곡선은?
① 댐을 월류할 때의 수면곡선
② 홍수 시의 하천의 수면곡선
③ 하천 단락부(段落部) 상류의 수면곡선
④ 상류상태로 흐르는 하천에 댐을 구축했을 때 저수
지의 수면곡선

> **해설** 상류로 흐르는 수로에 댐, weir 등의 수리구조
> 물을 만들면 수리구조물의 상류에 흐름방향으로 수
> 심이 증가하는 수면곡선이 나타나는데, 이러한 수면
> 곡선을 배수곡선이라 한다.

8. 비력(special force)에 대한 설명으로 옳은 것은?
① 물의 충격에 의해 생기는 힘의 크기
② 비에너지가 최대가 되는 수심에서의 에너지
③ 한계수심으로 흐를 때 한 단면에서의 총에너지크기
④ 개수로의 어떤 단면에서 단위중량당 운동량과 정수
압의 합계

> **해설** 충격치(비력)는 물의 단위중량당 정수압과 운동
> 량의 합이다.
> $$M = \eta \frac{Q}{g} V + h_G A = 일정$$

9. 폭 4.8m, 높이 2.7m의 연직직사각형 수문이 한쪽
면에서 수압을 받고 있다. 수문의 밑면은 힌지로 연결
되어 있고 상단은 수평체인(Chain)으로 고정되어 있을
때 이 체인에 작용하는 장력(張力)은? (단, 수문의 정상
과 수면은 일치한다.)

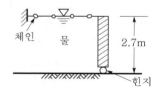

① 29.23kN
② 57.15kN
③ 7.87kN
④ 0.88kN

> **해설** ㉮ $P = w h_G A = 1 \times \frac{2.7}{2} \times (4.8 \times 2.7) = 17.5$t
> ㉯ $h_c = \frac{2}{3} h = \frac{2}{3} \times 2.7 = 1.8$m
> ㉰ $P \times (2.7 - 1.8) = T \times 2.7$
> $17.5 \times (2.7 - 1.8) = T \times 2.7$
> ∴ $T = 5.83$t $= 57.17$kN

10. 오리피스(orifice)의 이론유속 $V = \sqrt{2gh}$ 이 유도
되는 이론으로 옳은 것은? (단, V : 유속, g : 중력가속도,
h : 수두차)
① 베르누이(Bernoulli)의 정리
② 레이놀즈(Reynolds)의 정리
③ 벤투리(Venturi)의 이론식
④ 운동량방정식이론

11. 어느 소유역의 면적이 20ha, 유수의 도달시간
이 5분이다. 강수자료의 해석으로부터 얻어진 이 지역
의 강우강도식이 다음과 같을 때 합리식에 의한 홍수량
은? (단, 유역의 평균유출계수는 0.6이다.)

강우강도식 : $I = \dfrac{6,000}{t + 35}$[mm/h]
여기서, t : 강우지속시간(분)

① 18.0m³/s
② 5.0m³/s
③ 1.8m³/s
④ 0.5m³/s

> **해설** ㉮ $I = \frac{6,000}{t+35} = \frac{6,000}{5+35} = 150$mm/h
> ㉯ 1ha $= 10^4$m² $= 10^{-2}$km²
> ㉰ $Q = 0.2778 CIA$
> $= 0.2778 \times 0.6 \times 150 \times (20 \times 10^{-2}) = 5$m³/s

12. 3차원 흐름의 연속방정식을 다음과 같은 형태로
나타낼 때 이에 알맞은 흐름의 상태는?

$\dfrac{\partial u}{\partial x} + \dfrac{\partial v}{\partial y} + \dfrac{\partial w}{\partial z} = 0$

① 비압축성 정상류
② 비압축성 부정류
③ 압축성 정상류
④ 압축성 부정류

> **해설** ㉮ 압축성 유체(정류의 연속방정식)
> $$\frac{\partial \rho u}{\partial x} + \frac{\partial \rho v}{\partial y} + \frac{\partial \rho w}{\partial z} = 0$$
> ㉯ 비압축성 유체(정류의 연속방정식)
> $$\frac{\partial u}{\partial x} + \frac{\partial v}{\partial y} + \frac{\partial w}{\partial z} = 0$$

13. 다음 중 단위유량도이론에서 사용하고 있는 기본
가정이 아닌 것은?
① 일정기저시간가정
② 비례가정
③ 푸아송분포가정
④ 중첩가정

해설 단위도의 가정 : 일정기저시간가정, 비례가정, 중첩가정

14. 토양면을 통해 스며든 물이 중력의 영향 때문에 지하로 이동하여 지하수면까지 도달하는 현상은?

① 침투(infiltration)
② 침투능(infiltration capacity)
③ 침투율(infiltration rate)
④ 침루(percolation)

해설 ㉮ 침투 : 물이 흙표면을 통해 흙 속으로 스며드는 현상
ㄴ 침루 : 침투한 물이 중력에 의해 계속 지하로 이동하여 지하수면까지 도달하는 현상

15. 레이놀즈(Reynolds)수에 대한 설명으로 옳은 것은 어느 것인가?

① 중력에 대한 점성력의 상대적인 크기
② 관성력에 대한 점성력의 상대적인 크기
③ 관성력에 대한 중력의 상대적인 크기
④ 압력에 대한 탄성력의 상대적인 크기

해설 $R_e = \dfrac{관성력}{점성력} = \dfrac{VD}{\nu}$

16. 동력 20,000kW, 효율 88%인 펌프를 이용하여 150m 위의 저수지로 물을 양수하려고 한다. 손실수두가 10m일 때 양수량은?

① $15.5\text{m}^3/\text{s}$
② $14.5\text{m}^3/\text{s}$
③ $11.2\text{m}^3/\text{s}$
④ $12.0\text{m}^3/\text{s}$

해설 $E = 9.8\dfrac{Q(H+\sum h_L)}{\eta}$

$20,000 = 9.8 \times \dfrac{Q \times (150+10)}{0.88}$

$\therefore Q = 11.22\text{m}^3/\text{s}$

17. Darcy의 법칙에 대한 설명으로 옳지 않은 것은?

① Darcy의 법칙은 지하수의 흐름에 대한 공식이다.
② 투수계수는 물의 점성계수에 따라서도 변화한다.
③ Reynolds수가 클수록 안심하고 적용할 수 있다.
④ 평균유속이 동수경사와 비례관계를 가지고 있는 흐름에 적용될 수 있다.

해설 Darcy법칙은 $R_e < 4$인 층류의 흐름과 대수층 내에 모관수대가 존재하지 않는 흐름에만 적용된다.

18. 항만을 설계하기 위해 관측한 불규칙파랑의 주기 및 파고가 다음 표와 같을 때 유의파고($H_{1/3}$)는?

연번	파고(m)	주기(s)	연번	파고(m)	주기(s)
1	9.5	9.8	6	5.8	6.5
2	8.9	9.0	7	4.2	6.2
3	7.4	8.0	8	3.3	4.3
4	7.3	7.4	9	3.2	5.6
5	6.5	7.5			

① 9.0m
② 8.6m
③ 8.2m
④ 7.4m

해설 유의파고(significant wave height)
특정 시간주기 내에 일어나는 모든 파고 중 가장 높은 파고부터 $\dfrac{1}{3}$에 해당하는 파고의 높이들을 평균한 높이를 유의파고라 하며 $\dfrac{1}{3}$ 최대파고라고도 한다.

$\therefore$ 유의파고 $= \dfrac{9.5+8.9+7.4}{3} = 8.6\text{m}$

19. 지름이 20cm인 관수로에 평균유속 5m/s로 물이 흐른다. 관의 길이가 50m일 때 5m의 손실수두가 나타났다면 마찰속도(U^*)는?

① $U^* = 0.022\text{m/s}$
② $U^* = 0.22\text{m/s}$
③ $U^* = 2.21\text{m/s}$
④ $U^* = 22.1\text{m/s}$

해설 ㉮ $h_L = f\dfrac{l}{D}\dfrac{V^2}{2g}$

$5 = f \times \dfrac{50}{0.2} \times \dfrac{5^2}{2 \times 9.8}$

$\therefore f = 0.016$

ㄴ $U^* = V\sqrt{\dfrac{f}{8}} = 5\sqrt{\dfrac{0.016}{8}} = 0.22\text{m/s}$

20. 측정된 강우량자료가 기상학적 원인 이외에 다른 영향을 받았는지의 여부를 판단하는, 즉 일관성(consistency)에 대한 검사방법은?

① 순간단위유량도법
② 합성단위유량도법
③ 이중누가우량분석법
④ 선행강수지수법

해설 우량계의 위치, 노출상태, 우량계의 교체, 주위 환경의 변화 등이 생기면 전반적인 자료의 일관성이 없어지기 때문에 이것을 교정하여 장기간에 걸친 강수자료의 일관성을 얻는 방법을 이중누가우량분석이라 한다.

1. 관수로와 개수로의 흐름에 대한 설명으로 옳지 않은 것은?

① 관수로는 자유표면이 없고, 개수로는 있다.

② 관수로는 두 단면 간의 속도차로 흐르고, 개수로는 두 단면 간의 압력차로 흐른다.

③ 관수로는 점성력의 영향이 크고, 개수로는 중력의 영향이 크다.

④ 개수로는 프루드수(F_r)로 상류와 사류로 구분할 수 있다.

> **해설** 관수로의 특징
> ㉮ 자유수면을 갖지 않는다.
> ㉯ 압력차에 의해 흐른다.

2. 원형단면의 관수로에 물이 흐를 때 층류가 되는 경우는? (단, R_e는 레이놀즈(Reynolds)수이다.)

① $R_e > 4,000$ ② $4,000 > R_e > 2,000$

③ $R_e > 2,000$ ④ $R_e < 2,000$

> **해설** ㉮ $R_e \leq 2,000$이면 층류이다.
> ㉯ $2,000 < R_e < 4,000$이면 층류와 난류가 공존한다(천이영역).
> ㉰ $R_e \geq 4,000$이면 난류이다.

3. 심정(깊은 우물)에서 유량(양수량)을 구하는 식은? (단, H_0 : 우물수심, r_o : 우물반지름, K : 투수계수, R : 영향원반지름, H : 지하수면수위)

① $Q = \dfrac{\pi K(H - H_0)}{\ln(R/r_0)}$ ② $Q = \dfrac{2\pi K(H - H_0)}{\ln(r_0/R)}$

③ $Q = \dfrac{2\pi K(H + H_0)^2}{\ln(R/r_0)}$ ④ $Q = \dfrac{\pi K(H^2 - H_0^2)}{\ln(R/r_0)}$

> **해설** 깊은 우물(심정 : deep well)의 유량
> $$Q = \frac{\pi K(H^2 - h_o^2)}{2.3 \log \dfrac{R}{r_o}} = \frac{\pi K(H^2 - h_o^2)}{\ln \dfrac{R}{r_o}}$$

4. 다음 그림과 같이 삼각위어의 수두를 측정한 결과 30cm이었을 때 유출량은? (단, 유량계수는 0.62이다.)

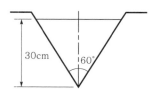

① $0.042\text{m}^3/\text{s}$ ② $0.125\text{m}^3/\text{s}$

③ $0.139\text{m}^3/\text{s}$ ④ $0.417\text{m}^3/\text{s}$

> **해설** $Q = \dfrac{8}{15} C \tan\dfrac{\theta}{2} \sqrt{2g}\, h^{\frac{5}{2}}$
> $= \dfrac{8}{15} \times 0.62 \times \tan\dfrac{60°}{2} \times \sqrt{2 \times 9.8} \times 0.3^{\frac{5}{2}}$
> $= 0.042\text{m}^3/\text{s}$

5. 지름이 0.2cm인 미끈한 원형관 내를 유량 $0.8\text{cm}^3/\text{s}$로 물이 흐르고 있을 때 관 1m당의 마찰손실수두는? (단, 동점성계수 $\nu = 1.12 \times 10^{-2}\text{cm}^2/\text{s}$)

① 20.20cm ② 21.30cm

③ 22.20cm ④ 23.20cm

> **해설** ㉮ $V = \dfrac{Q}{A} = \dfrac{0.8}{\pi \times \dfrac{0.2^2}{4}} = 25.46\text{cm/s}$
> ㉯ $R_e = \dfrac{VD}{\nu} = \dfrac{25.46 \times 0.2}{1.12 \times 10^{-2}} = 454.64$
> ㉰ $f = \dfrac{64}{R_e} = \dfrac{64}{454.64} = 0.141$
> ㉱ $h_L = f \dfrac{l}{D} \dfrac{V^2}{2g}$
> $= 0.141 \times \dfrac{100}{0.2} \times \dfrac{25.46^2}{2 \times 980} = 23.32\text{cm}$

6. 부체의 경심(M), 부심(C), 무게중심(G)에 대하여 부체가 안정되기 위한 조건은?

① $\overline{\text{MG}} > 0$ ② $\overline{\text{MG}} = 0$

③ $\overline{\text{MG}} < 0$ ④ $\overline{\text{MG}} = \overline{\text{CG}}$

해설 ㉮ $\overline{MG} > 0$: 안정
㉯ $\overline{MG} < 0$: 불안정
㉰ $\overline{MG} = 0$: 중립

7. 동수경사선(hydraulic grade line)에 대한 설명으로 옳은 것은?

① 에너지선보다 언제나 위에 위치한다.
② 개수로수면보다 언제나 위에 있다.
③ 에너지선보다 유속수두만큼 아래에 있다.
④ 속도수두와 위치수두의 합을 의미한다.

해설 동수경사선은 에너지선보다 유속수두만큼 아래에 위치한다.

8. 연직평면에 작용하는 전수압의 작용점 위치에 관한 설명 중 옳은 것은?

① 전수압의 작용점은 항상 도심보다 위에 있다.
② 전수압의 작용점은 항상 도심보다 아래에 있다.
③ 전수압의 작용점은 항상 도심과 일치한다.
④ 전수압의 작용점은 도심 위에 있을 때도 있고, 아래에 있을 때도 있다.

해설 $h_c = h_G + \dfrac{I_G}{h_G A}$

9. Darcy의 법칙에 대한 설명으로 틀린 것은?

① Reynolds수가 클수록 안심하고 적용할 수 있다.
② 평균유속이 손실수두와 비례관계를 가지고 있는 흐름에 적용될 수 있다.
③ 정상류흐름에서 적용될 수 있다.
④ 층류흐름에서 적용 가능하다.

해설 Darcy의 법칙
㉮ $R_e < 4$인 층류의 흐름에 적용된다.
㉯ 유속은 동수경사에 비례한다($V = Ki$).

10. 점성계수(μ)의 차원으로 옳은 것은?

① $[ML^{-2}T^{-2}]$ ② $[ML^{-1}T^{-1}]$
③ $[ML^{-1}T^{-2}]$ ④ $[ML^2T^{-1}]$

해설 점성계수의 단위가 g/cm·s이므로 차원은 $[ML^{-1}T^{-1}]$이다.

11. 평행하게 놓여있는 관로에서 A점의 유속이 3m/s, 압력이 294kPa이고, B점의 유속이 1m/s이라면 B점의 압력은? (단, 무게 1kg=9.8N)

① 30kPa ② 31kPa
③ 298kPa ④ 309kPa

해설 ㉮ $w = 1 t/m^3 = 9.8 kN/m^3$
㉯ $\dfrac{V_1^2}{2g} + \dfrac{P_1}{w} + Z_1 = \dfrac{V_2^2}{2g} + \dfrac{P_2}{w} + Z_2$

$\dfrac{3^2}{2 \times 9.8} + \dfrac{294}{9.8} + 0 = \dfrac{1^2}{2 \times 9.8} + \dfrac{P_2}{9.8} + 0$

$\therefore P_2 = 298 kN/m^2 = 298 kPa$

12. 개수로의 단면이 축소되는 부분의 흐름에 관한 설명으로 옳은 것은?

① 상류가 유입되면 수심이 감소하고, 사류가 유입되면 수심이 증가한다.
② 상류가 유입되면 수심이 증가하고, 사류가 유입되면 수심이 감소한다.
③ 유입되는 흐름의 상태(상류 또는 사류)와 무관하게 수심이 증가한다.
④ 유입되는 흐름의 상태(상류 또는 사류)와 무관하게 수심이 감소한다.

해설 개수로의 흐름
㉮ 상류흐름인 경우 : 단면의 축소부에서 수심이 내려간다.
㉯ 사류흐름인 경우 : 단면의 축소부에서 수심이 증가한다.

13. 다음 그림에서 A점에 작용하는 정수압 P_1, P_2, P_3, P_4에 관한 사항 중 옳은 것은?

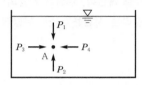

① P_1의 크기가 가장 작다.
② P_2의 크기가 가장 크다.
③ P_3의 크기가 가장 크다.
④ P_1, P_2, P_3, P_4의 크기는 같다.

해설 정수 중의 임의의 한 점에 작용하는 정수압강도는 모든 방향에 대하여 동일하다. 따라서 $P_1 = P_2 = P_3 = P_4 = wh$ 이다.

14. 개수로에서 지배 단면(Control Section)에 대한 설명으로 옳은 것은?

① 개수로 내에서 압력이 가장 크게 작용하는 단면이다.
② 개수로 내에서 수로경사가 항상 같은 단면을 말한다.
③ 한계수심이 생기는 단면으로서 상류에서 사류로 변하는 단면을 말한다.
④ 개수로 내에서 유속이 가장 크게 되는 단면이다.

해설 지배 단면이란 상류에서 사류로 변하는 지점의 단면을 말한다.

15. 수평원형관 내를 물이 층류로 흐를 경우 Hagen-Poiseuille의 법칙에서 유량 Q에 대한 설명으로 옳은 것은? (여기서, w : 물의 단위중량, l : 관의 길이, h_L : 손실수두, μ : 점성계수)

① 유량과 반지름 R의 관계는 $Q = \dfrac{wh_L\pi R^4}{128\mu l}$ 이다.

② 유량과 압력차 ΔP의 관계는 $Q = \dfrac{\Delta P\pi R^4}{8\mu l}$ 이다.

③ 유량과 동수경사 I의 관계는 $Q = \dfrac{w\pi I R^4}{8\mu l}$ 이다.

④ 유량과 지름 D의 관계는 $Q = \dfrac{wh_L\pi D^4}{8\mu l}$ 이다.

해설 Hagen-Poiseuille법칙 : $Q = \dfrac{\pi w h_L}{8\mu l}r^4 = \dfrac{\pi \Delta P r^4}{8\mu l}$

16. 단면적이 $1m^2$인 수조의 측벽에 면적 $20cm^2$인 구멍을 내어서 물을 빼낸다. 수위가 처음의 2m에서 1m로 하강하는 데 걸리는 시간은? (단, 유량계수 $C = 0.6$)

① 25.0초
② 108.2초
③ 155.9초
④ 169.5초

해설 $t = \dfrac{2A}{Ca\sqrt{2g}}\left(h_1^{\frac{1}{2}} - h_2^{\frac{1}{2}}\right)$

$= \dfrac{2 \times 1}{0.6 \times (20 \times 10^{-4})\sqrt{2 \times 9.8}} \times \left(2^{\frac{1}{2}} - 1^{\frac{1}{2}}\right)$

$= 155.94$초

17. 다음 그림에서 수문에 단위폭당 작용하는 힘(F)을 구하는 운동량방정식으로 옳은 것은? (단, 바닥마찰은 무시하며, w는 물의 단위중량, ρ는 물의 밀도, Q는 단위폭당 유량이다.)

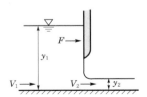

① $\dfrac{y_1^2}{2} - \dfrac{y_2^2}{2} - F = \rho Q(V_2 - V_1)$

② $\dfrac{y_1^2}{2} - \dfrac{y_2^2}{2} - F = \rho Q(V_2^2 - V_1^2)$

③ $\dfrac{wy_1^2}{2} - \dfrac{wy_2^2}{2} - F = \rho Q(V_2 - V_1)$

④ $\dfrac{wy_1^2}{2} - \dfrac{wy_2^2}{2} - F = \rho Q(V_2^2 - V_1^2)$

해설 $P_1 - P_2 - F = \dfrac{wQ(V_2 - V_1)}{g}$

$w \times \dfrac{y_1}{2} \times (y_1 \times 1) - w \times \dfrac{y_2}{2} \times (y_2 \times 1) - F$

$= \dfrac{wQ(V_2 - V_1)}{g}$

$\therefore \dfrac{wy_1^2}{2} - \dfrac{wy_2^2}{2} - F = \rho Q(V_2 - V_1)$

18. 모세관현상에 관한 설명으로 옳은 것은?

① 모세관 내의 액체의 상승높이는 모세관지름의 제곱에 반비례한다.
② 모세관 내의 액체의 상승높이는 모세관크기에만 관계된다.
③ 모세관의 높이는 액체의 특성과 무관하게 주위의 액체면보다 높게 상승한다.
④ 모세관 내의 액체의 상승높이는 모세관 주위의 중력과 표면장력 등에 관계된다.

해설 $h_c = \dfrac{4T\cos\theta}{wd}$

19. 정상류의 흐름에 대한 설명으로 가장 적합한 것은?

① 모든 점에서 유동특성이 시간에 따라 변하지 않는다.

② 수로의 어느 구간을 흐르는 동안 유속이 변하지 않는다.

③ 모든 점에서 유체의 상태가 시간에 따라 일정한 비율로 변한다.

④ 유체의 입자들의 모두 열을 지어 질서 있게 흐른다.

▶ 해설 ▷ 정류(steady flow)

㉠ 유체가 운동할 때 한 단면에서 속도, 압력, 유량 등이 시간에 따라 변하지 않는 흐름이다. 즉 관 속의 한 단면에서 속도, 압력, 유량 등이 일정하다.

㉯ 유선과 유적선이 일치한다.

㉰ 평상시 하천의 흐름을 정류라 한다.

20. 프루드(Froude)수와 한계경사 및 흐름의 상태 중 상류일 조건으로 옳은 것은? (단, F_r : 프루드수, I : 수면경사, V : 유속, y : 수심, I_c : 한계경사, V_c : 한계유속, y_c : 한계수심)

① $V > V_c$

② $F_r > 1$

③ $I < I_c$

④ $y < y_c$

▶ 해설

상류	사류
$I < I_c$	$I > I_c$
$V < V_c$	$V > V_c$
$h > h_c$	$h < h_c$
$F_r < 1$	$F_r > 1$

1. 다음 중 물의 순환에 관한 설명으로서 틀린 것은?
① 지구상에 존재하는 수자원이 대기권을 통해 지표면에 공급되고 지하로 침투하여 지하수를 형성하는 등 복잡한 반복과정이다.
② 지표면 또는 바다로부터 증발된 물이 강수, 침투 및 침루, 유출 등의 과정을 거치는 물의 이동현상이다.
③ 물의 순환과정에서 강수량은 지하수흐름과 지표면 흐름의 합과 동일하다.
④ 물의 순환과정 중 강수, 증발 및 증산은 수문기상학 분야이다.

해설 강수량 ⇌ 유출량+증발산량+침투량+저유량

2. 유역면적이 $4km^2$이고 유출계수가 0.8인 산지하천에서 강우강도가 80mm/h이다. 합리식을 사용한 유역 출구에서의 첨두홍수량은?
① $35.5m^3/s$
② $71.1m^3/s$
③ $128m^3/s$
④ $256m^3/s$

해설 $Q = 0.2778\,CIA$
$= 0.2778 \times 0.8 \times 80 \times 4 = 71.12m^3/s$

3. 다음 중 평균강우량 산정방법이 아닌 것은?
① 각 관측점의 강우량을 산술평균하여 얻는다.
② 각 관측점의 지배면적은 가중인자로 잡아서 각 강우량에 곱하여 합산한 후 전유역면적으로 나누어서 얻는다.
③ 각 등우선 간의 면적을 측정하고 전유역면적에 대한 등우선 간의 면적을 등우선 간의 평균강우량에 곱하여 이들을 합산하여 얻는다.
④ 각 관측점의 강우량을 크기순으로 나열하여 중앙에 위치한 값을 얻는다.

해설 평균우량 산정법 : 산술평균법, Thiessen법, 등 우선법

4. 지하수의 투수계수에 관한 설명으로 틀린 것은?
① 같은 종류의 토사라 할지라도 그 간극률에 따라 변한다.
② 흙입자의 구성, 지하수의 점성계수에 따라 변한다.
③ 지하수의 유량을 결정하는 데 사용된다.
④ 지역특성에 따른 무차원 상수이다.

해설 $K = D_s^{\,2}\,\dfrac{\gamma_w}{\mu}\,\dfrac{e^3}{1+e}\,C$

5. 다음 중 유효강우량과 가장 관계가 깊은 것은?
① 직접유출량
② 기저유출량
③ 지표면유출량
④ 지표하유출량

해설 유효강수량
지표면유출과 복류수유출을 합한 직접유출에 해당하는 강수량이다.

6. Δt시간 동안 질량 m인 물체에 속도변화 Δv가 발생할 때 이 물체에 작용하는 외력 F는?
① $\dfrac{m\Delta t}{\Delta v}$
② $m\Delta v\Delta t$
③ $\dfrac{m\Delta v}{\Delta t}$
④ $m\Delta t$

해설 $F = ma = m\dfrac{V_2 - V_1}{\Delta t}$

7. 관수로에서 관의 마찰손실계수가 0.02, 관의 지름이 40cm일 때 관내 물의 흐름이 100m를 흐르는 동안 2m의 마찰손실수두가 발생하였다면 관내의 유속은?
① 0.3m/s
② 1.3m/s
③ 2.8m/s
④ 3.8m/s

해설 $h_L = f\dfrac{l}{D}\dfrac{V^2}{2g}$
$2 = 0.02 \times \dfrac{100}{0.4} \times \dfrac{V^2}{2 \times 9.8}$
$\therefore V = 2.8m/s$

8. 광폭직사각형 단면수로의 단위폭당 유량이 16m³/s 일 때 한계경사는? (단, 수로의 조도계수 $n=0.020$이다.)

① 3.27×10^{-3}
② 2.73×10^{-3}
③ 2.81×10^{-2}
④ 2.90×10^{-2}

해설 ㉮ $h_c = \left(\dfrac{\alpha Q^2}{gb^2}\right)^{\frac{1}{3}} = \left(\dfrac{1 \times 16^2}{9.8 \times 1^2}\right)^{\frac{1}{3}} = 2.97\text{m}$

㉯ $C = \dfrac{1}{n} R^{\frac{1}{6}} = \dfrac{1}{n} h_c^{\frac{1}{6}} = \dfrac{1}{0.02} \times 2.97^{\frac{1}{6}} = 59.95$

㉰ $I_c = \dfrac{g}{\alpha C^2} = \dfrac{9.8}{1 \times 59.95^2} = 2.73 \times 10^{-3}$

9. 정지유체에 침강하는 물체가 받는 항력(drag force) 의 크기와 관계가 없는 것은?

① 유체의 밀도
② Froude수
③ 물체의 형상
④ Reynolds수

해설 ㉮ $D = C_D A \dfrac{1}{2} \rho V^2$

㉯ C_D는 Reynolds수에 크게 지배되며 $R_e < 1$ 일 때 $C_D = \dfrac{24}{R_e}$ 이다.

10. 개수로흐름에 관한 설명으로 틀린 것은?

① 사류에서 상류로 변하는 곳에 도수현상이 생긴다.
② 개수로흐름은 중력이 원동력이 된다.
③ 비에너지는 수로 바닥을 기준으로 한 에너지이다.
④ 배수곡선은 수로가 단락(段落)이 되는 곳에 생기는 수면곡선이다.

해설 상류로 흐르는 수로에 댐, weir 등의 수리구조 물을 만들면 수리구조물의 상류에 흐름방향으로 수 심이 증가하는 수면곡선이 나타나는데, 이러한 수면 곡선을 배수곡선이라 한다.

11. 관수로흐름에서 레이놀즈수가 500보다 작은 경 우의 흐름상태는?

① 상류
② 난류
③ 사류
④ 층류

해설 ㉮ $R_e \leq 2,000$이면 층류이다.
㉯ $2,000 < R_e < 4,000$이면 층류와 난류가 공존 한다.(천이영역)
㉰ $R_e \geq 4,000$이면 난류이다.

12. 강우자료의 일관성을 분석하기 위해 사용하는 방 법은?

① 합리식
② DAD해석법
③ 누가우량곡선법
④ SCS(Soil Conservation Service)방법

해설 우량계의 위치, 노출상태, 우량계의 교체, 주위 환경의 변화 등이 생기면 전반적인 자료의 일관성이 없어지기 때문에 이것을 교정하여 장기간에 걸친 강 수자료의 일관성을 얻는 방법을 이중누가우량분석이 라 한다.

13. Manning의 조도계수 $n=0.012$인 원관을 사용 하여 1m³/s의 물을 동수경사 1/100로 송수하려 할 때 적당한 관의 지름은?

① 70cm
② 80cm
③ 90cm
④ 100cm

해설 $Q = A \dfrac{1}{n} R^{\frac{2}{3}} I^{\frac{1}{2}}$

$1 = \dfrac{\pi D^2}{4} \times \dfrac{1}{0.012} \times \left(\dfrac{D}{4}\right)^{\frac{2}{3}} \times \left(\dfrac{1}{100}\right)^{\frac{1}{2}}$

$D^{\frac{8}{3}} = 0.385\text{m}$

$\therefore D = 0.7\text{m}$

14. 흐름의 단면적과 수로경사가 일정할 때 최대 유 량이 흐르는 조건으로 옳은 것은?

① 윤변이 최소이거나 동수반경이 최대일 때
② 윤변이 최대이거나 동수반경이 최소일 때
③ 수심이 최소이거나 동수반경이 최대일 때
④ 수심이 최대이거나 수로폭이 최소일 때

해설 주어진 단면적과 수로의 경사에 대하여 경심이 최대 혹은 윤변이 최소일 때 최대 유량이 흐르고, 이 러한 단면을 수리상 유리한 단면이라 한다.

15. 압력수두 P, 속도수두 V, 위치수두 Z라고 할 때 정체압력수두 P_s는?

① $P_s = P - V - Z$
② $P_s = P + V + Z$
③ $P_s = P - V$
④ $P_s = P + V$

해설 정체압력수두=속도수두+압력수두
$P_s = V + P$

16. 부체의 안정에 관한 설명으로 옳지 않은 것은?
① 경심(M)이 무게중심(G)보다 낮을 경우 안정하다.
② 무게중심(G)이 부심(B)보다 아래쪽에 있으면 안정하다.
③ 부심(B)과 무게중심(G)이 동일 연직선상에 위치할 때 안정을 유지한다.
④ 경심(M)이 무게중심(G)보다 높을 경우 복원모멘트가 작용한다.

> **해설** ㉮ G와 B가 동일 연직선상에 있으면 물체는 평형상태에 있게 되어 안정하다.
> ㉯ M이 G보다 위에 있으면 복원모멘트가 작용하게 되어 물체는 안정하다.

17. 다음 그림과 같은 노즐에서 유량을 구하기 위한 식으로 옳은 것은? (단, 유량계수는 1.0으로 가정한다.)

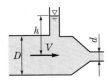

① $\dfrac{\pi d^2}{4}\sqrt{\dfrac{2gh}{1-(d/D)^2}}$

② $\dfrac{\pi d^2}{4}\sqrt{\dfrac{2gh}{1-(d/D)^4}}$

③ $\dfrac{\pi d^2}{4}\sqrt{\dfrac{2gh}{1+(d/D)^2}}$

④ $\dfrac{\pi d^2}{4}\sqrt{2gh}$

> **해설** 노즐에서 사출되는 실제 유량과 실제 유속
> ㉮ $Q = Ca\sqrt{\dfrac{2gh}{1-\left(\dfrac{Ca}{A}\right)^2}}$
> $= C\dfrac{\pi d^2}{4}\sqrt{\dfrac{2gh}{1-C^2\left(\dfrac{d}{D}\right)^4}}$
> $= \dfrac{\pi d^2}{4}\sqrt{\dfrac{2gh}{1-\left(\dfrac{d}{D}\right)^4}}$
> ㉯ $V = C_v\sqrt{\dfrac{2gh}{1-\left(\dfrac{Ca}{A}\right)^2}}$

18. 물의 점성계수를 μ, 동점성계수를 ν, 밀도를 ρ라 할 때 관계식으로 옳은 것은?

① $\nu = \rho\mu$

② $\nu = \dfrac{\rho}{\mu}$

③ $\nu = \dfrac{\mu}{\rho}$

④ $\nu = \dfrac{1}{\rho\mu}$

> **해설** $\nu = \dfrac{\mu}{\rho}$

19. 다음 그림과 같이 단위폭당 자중이 $3.5\times10^6\,\text{N/m}$인 직립식 방파제에 $1.5\times10^6\,\text{N/m}$의 수평파력이 작용할 때 방파제의 활동안전율은? (단, 중력가속도=10.0m/s², 방파제와 바닥의 마찰계수=0.7, 해수의 비중=1로 가정하며 파랑에 의한 양압력은 무시하고, 부력은 고려한다.)

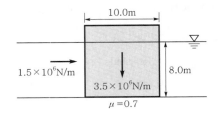

① 1.20

② 1.22

③ 1.24

④ 1.26

> **해설** ㉮ $B = wV = 1\times(10\times1\times8)$
> $= 80\text{t} = 80\times1,000\times10 = 8\times10^5\,\text{N}$
> ㉯ $W = M(\text{자중}) - B(\text{부력})$
> $= 3.5\times10^6 - 8\times10^5 = 2.7\times10^6\,\text{N}$
> ㉰ $F_s = \dfrac{fW}{P_H} = \dfrac{0.7\times(2.7\times10^6)}{1.5\times10^6} = 1.26$

20. 폭 2.5m, 월류수심 0.4m인 사각형 위어(weir)의 유량은? (단, Francis공식 : $Q = 1.84b_o h^{3/2}$에 의하며, b_o : 유효폭, h : 월류수심, 접근유속은 무시하며 양단수축이다.)

① 1.117m³/s

② 1.126m³/s

③ 1.145m³/s

④ 1.164m³/s

> **해설** $Q = 1.84b_o h^{\frac{3}{2}} = 1.84(b-0.1nh)h^{\frac{3}{2}}$
> $= 1.84\times(2.5-0.1\times2\times0.4)\times0.4^{\frac{3}{2}} = 1.126\text{m}^3/\text{s}$

1. 다음 그림과 같이 안지름 10cm의 연직관 속에 1.2m 만큼 모래가 들어있다. 모래면 위의 수위를 일정하게 하여 유량을 측정하였더니 유량이 4ℓ/h이었다면 모래의 투수계수 K는?

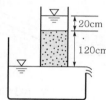

① 0.012cm/s
② 0.024cm/s
③ 0.033cm/s
④ 0.044cm/s

 ㉮ $Q = 4ℓ/h = \dfrac{4,000}{3,600} = 1.11\text{cm}^3/s$

㉯ $Q = KiA$

$1.11 = K \times \dfrac{140}{120} \times \dfrac{\pi \times 10^2}{4}$

∴ $K = 0.012\text{cm/s}$

2. 수심 2m, 폭 4m인 직사각형 단면개수로에서 Manning의 평균유속공식에 의한 유량은? (단, 수로의 조도계수 $n = 0.025$, 수로경사 $I = 1/100$)

① $32\text{m}^3/s$
② $64\text{m}^3/s$
③ $128\text{m}^3/s$
④ $160\text{m}^3/s$

 ㉮ $R = \dfrac{A}{S} = \dfrac{2 \times 4}{2 \times 2 + 4} = 1\text{m}$

㉯ $V = \dfrac{1}{n}R^{\frac{2}{3}}I^{\frac{1}{2}} = \dfrac{1}{0.025} \times 1^{\frac{2}{3}} \times \left(\dfrac{1}{100}\right)^{\frac{1}{2}} = 4\text{m/s}$

㉰ $Q = AV = (2 \times 4) \times 4 = 32\text{m}^3/s$

3. 수면의 높이가 일정한 저수지의 일부에 길이(B) 30m의 월류위어를 만들어 40m³/s의 물을 취수하기 위한 위어 마루부로부터의 상류측 수심(H)은? (단, $C = 1.0$이고 접근유속은 무시한다.)

① 0.70m
② 0.75m
③ 0.80m
④ 0.85m

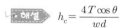 $Q = 1.7Cb\,h^{\frac{3}{2}}$

$40 = 1.7 \times 1 \times 30 \times h^{\frac{3}{2}}$

∴ $h = 0.85\text{m}$

4. 원관 내를 흐르고 있는 층류에 대한 설명으로 옳지 않은 것은?

① 유량은 관의 반지름의 4제곱에 비례한다.
② 유량은 단위길이당 압력강하량에 반비례한다.
③ 유속은 점성계수에 반비례한다.
④ 평균유속은 최대 유속의 $\dfrac{1}{2}$이다.

 ㉮ $Q = \dfrac{\pi w h_L}{8\mu l}r_0{}^4$

㉯ $V_m = \dfrac{Q}{A} = \dfrac{w h_L}{8\mu l}r^2$

㉰ $\dfrac{V_{\max}}{V_m} = 2$

5. 유량 147.6ℓ/s를 송수하기 위하여 내경 0.4m의 관을 700m 설치하였을 때의 관로경사는? (단, 조도계수 $n = 0.012$, Manning공식 적용)

① $\dfrac{2}{700}$
② $\dfrac{2}{500}$
③ $\dfrac{3}{700}$
④ $\dfrac{3}{500}$

 $Q = A\dfrac{1}{n}R^{\frac{2}{3}}I^{\frac{1}{2}}$

$147.6 \times 10^{-3} = \dfrac{\pi \times 0.4^2}{4} \times \dfrac{1}{0.012} \times \left(\dfrac{0.4}{4}\right)^{\frac{2}{3}} \times I^{\frac{1}{2}}$

∴ $I = 4.28 \times 10^{-3}$

6. 모세관현상에서 액체기둥의 상승 또는 하강높이의 크기를 결정하는 힘은?

① 응집력
② 부착력
③ 마찰력
④ 표면장력

 $h_c = \dfrac{4T\cos\theta}{wd}$

7. 베르누이의 정리에 관한 설명으로 옳지 않은 것은?

① 베르누이의 정리는 운동에너지＋위치에너지가 일정함을 표시한다.

② 베르누이의 정리는 에너지(energy)불변의 법칙을 유수의 운동에 응용한 것이다.

③ 베르누이의 정리는 속도수두＋위치수두＋압력수두가 일정함을 표시한다.

④ 베르누이의 정리는 이상유체에 대하여 유도되었다.

> **해설** 베르누이정리
> ㉮ 하나의 유선상의 각 점에 있어서 총에너지가 일정하다(총에너지＝운동에너지＋압력에너지＋위치에너지＝일정).
> ㉯ 마찰에 의한 에너지손실이 없는 비점성, 비압축성인 이상유체(완전유체)의 흐름이다.

8. 단면의 일정한 긴 관에서 마찰손실만이 발생하는 경우 에너지선과 동수경사선은?

① 일치한다.　　　　　② 교차한다.

③ 서로 나란하다.　　　④ 관의 두께에 따라 다르다.

> **해설** 단면이 일정하고 마찰손실만 발생하는 경우 동수경사선은 에너지선에 대해 유속수두만큼 아래에 위치하며 서로 나란하다.

9. 단면적 $2.5cm^2$, 길이 2m인 원형 강철봉의 무게가 대기 중에서 27.5N이었다면 단위무게가 $10kN/m^3$인 수중에서의 무게는?

① 22.5N　　　　　　② 25.5N

③ 27.5N　　　　　　④ 28.5N

> **해설** ㉮ 부력(B)＝wV
> $=10,000\times(2.5\times10^{-4}\times2)=5N$
> ㉯ 공기 중 무게＝수중무게＋부력
> 27.5＝수중무게＋5
> ∴ 수중무게＝22.5N

10. 1차원 정상류흐름에서 질량 m인 유체가 유속이 V_1인 단면 1에서 유속이 V_2인 단면 2로 흘러가는 데 짧은 시간 Δt가 소요된다면 이 경우의 운동량방정식으로 옳은 것은?

① $Fm=\Delta t(V_1-V_2)$　　② $Fm=(V_1-V_2)/\Delta t$

③ $F\Delta t=m(V_2-V_1)$　　④ $F\Delta t=(V_2-V_1)/m$

> **해설** $F=ma=m\dfrac{V_2-V_1}{\Delta t}$
> ∴ $F\Delta t=m(V_2-V_1)$

11. 저수지로부터 30m 위쪽에 위치한 수조탱크에 $0.35m^3/s$의 물을 양수하고자 할 때 펌프에 공급되어야 하는 동력은? (단, 손실수두는 무시하고, 펌프의 효율은 75%이다.)

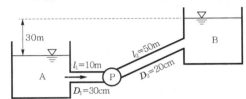

① 77.2kW　　　　　② 102.9kW

③ 120.1kW　　　　　④ 137.2kW

> **해설** $E=9.8\dfrac{Q(H+\Sigma h)}{\eta}$
> $=9.8\times\dfrac{0.35\times(30+0)}{0.75}=137.2kW$

12. 폭 1.5m인 직사각형 수로에 유량 $1.8m^3/s$의 물이 항상 수심 1m로 흐르는 경우 이 흐름의 상태는? (단, 에너지보정계수 $\alpha=1.1$)

① 한계류　　　　　② 부정류

③ 사류　　　　　　④ 상류

> **해설** $h_c=\left(\dfrac{\alpha Q^2}{gb^2}\right)^{\frac{1}{3}}=\left(\dfrac{1.1\times1.8^2}{9.8\times1.5^2}\right)^{\frac{1}{3}}=0.54m$
> ∴ $h_c<h=1m$이므로 상류이다.

13. 개수로의 지배 단면(control section)에 대한 설명으로 옳은 것은?

① 홍수 시 하천흐름이 부정류인 경우에 발생한다.

② 급경사의 흐름에서 배수곡선이 나타나면 발생한다.

③ 상류흐름에서 사류흐름으로 변화할 때 발생한다.

④ 사류흐름에서 상류흐름으로 변화하면서 도수가 발생할 때 나타난다.

> **해설** 지배 단면이란 상류에서 사류로 변하는 지점의 단면을 말한다.

14. 수로폭이 B이고 수심이 H인 직사각형 수로에서 수리학상 유리한 단면은?

① $B = H^2$　　　　② $B = 0.3H^2$

③ $B = 0.5H$　　　　④ $B = 2H$

해설 직사각형 단면의 수리상 유리한 단면 : $B = 2H$, $R = \dfrac{H}{2}$

15. 부력과 부체안정에 관한 설명 중에서 옳지 않은 것은?

① 부체의 무게중심과 경심의 거리를 경심고라 한다.

② 부체가 수면에 의하여 절단되는 가상면을 부양면이라 한다.

③ 부력의 작용선과 물체 중심축의 교점을 부심이라 한다.

④ 수면에서 부체의 최심부까지 거리를 흘수라 한다.

해설 ㉮ 부심 : 배수용적의 중심

㉯ 경심 : 기울어진 후의 부심을 통과하는 연직선과 평형상태의 중심과 부심을 연결하는 선이 만나는 점

16. 오리피스에서 에너지손실을 보정한 실제 유속을 구하는 방법은?

① 이론유속에 유량계수를 곱한다.

② 이론유속에 유속계수를 곱한다.

③ 이론유속에 동점성계수를 곱한다.

④ 이론유속에 항력계수를 곱한다.

해설 실제 유속=유속계수×이론유속
$V = C_v \sqrt{2gh}$

17. 하나의 유관 내의 흐름이 정류일 때 미소거리 dl만큼 떨어진 1, 2 단면에서 단면적 및 평균유속을 각각 A_1, A_2 및 V_1, V_2라 하면 이상유체에 대한 연속방정식으로 옳은 것은?

① $A_1 V_1 = A_2 V_2$

② $d(A_1 V_1 - A_2 V_2)/dl =$일정

③ $d(A_1 V_1 + A_2 V_2)/dl =$일정

④ $A_1 V_2 = A_2 V_1$

해설 연속방정식 : $Q = A_1 V_1 = A_2 V_2$

18. 다음 물리량에 대한 차원을 설명한 것 중 옳지 않은 것은?

① 압력 : $[ML^{-1}T^{-2}]$　　② 밀도 : $[ML^{-2}]$

③ 점성계수 : $[ML^{-1}T^{-1}]$　　④ 표면장력 : $[MT^{-2}]$

해설 밀도 $\rho = \dfrac{m}{V}$ 의 단위는 g_o/cm^3이므로 차원은 $[ML^{-3}]$이다.

19. 지하수흐름의 기본방정식으로 이용되는 법칙은?

① Chezy의 법칙　　② Darcy의 법칙

③ Manning의 법칙　　④ Reynolds의 법칙

해설 $V = Ki$

20. 다음 그림과 같이 직경 8cm인 분류가 35m/s의 속도로 vane에 부딪친 후 최초의 흐름방향에서 150° 수평방향 변화를 하였다. vane이 최초의 흐름방향으로 10m/s의 속도로 이동하고 있을 때 vane에 작용하는 힘의 크기는? (단, 무게 1kg=9.8N)

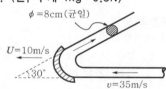

① 3.6kN　　　　② 5.4kN

③ 6.1kN　　　　④ 8.5kN

해설 ㉮ 상대속도가 $(35-10)$m/s이므로
$$Q = AV = \frac{\pi \times 0.08^2}{4} \times 25 = 0.126 \text{m}^3/\text{s}$$

㉯ $P_x = \dfrac{wQ}{g}(V_{2x} - V_{1x}) = \dfrac{wQ}{g}(V_2 \cos 30° - V_1)$
$$= \frac{1 \times 0.126}{9.8} \times (25\cos 30° - (-25)) = 0.6\text{t}$$

㉰ $P_y = \dfrac{wQ}{g}(V_{2y} - V_{1y}) = \dfrac{wQ}{g}(V_2 \sin 30° - 0)$
$$= \frac{1 \times 0.126}{9.8} \times (25\sin 30° - 0) = 0.161\text{t}$$

㉱ $P = \sqrt{P_x^2 + P_y^2} = \sqrt{0.6^2 + 0.161^2}$
$$= 0.62\text{t} = 0.62 \times 9.8 = 6.08\text{kN}$$

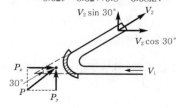

1. 유속이 3m/s인 유수 중에 유선형 물체가 흐름방향으로 향하여 $h=3$m 깊이에 놓여있을 때 정체압력(stagnation pressure)은?

① 0.46kN/m² ② 12.21kN/m²

③ 33.90kN/m² ④ 102.35kN/m²

해설
$$P = wh + \frac{1}{2}\rho V^2 = 1 \times 3 + \frac{1}{2} \times \frac{1}{9.8} \times 3^2$$
$$= 3.46 \text{t/m}^2 = 33.9 \text{kN/m}^2$$

2. 다음 중 직접유출량에 포함되는 것은?

① 지체지표하유출량 ② 지하수유출량

③ 기저유출량 ④ 조기지표하유출량

해설 유출의 분류
㉮ 직접유출
  ㉠ 강수 후 비교적 단시간 내에 하천으로 흘러들어가는 유출
  ㉡ 지표면유출, 복류수유출, 수로상 강수
㉯ 기저유출
  ㉠ 비가 오기 전의 건조 시의 유출
  ㉡ 지하수유출, 지연지표하유출

3. 단위유량도이론의 가정에 대한 설명으로 옳지 않은 것은?

① 초과강우는 유효지속기간 동안에 일정한 강도를 가진다.

② 초과강우는 전유역에 걸쳐서 균등하게 분포된다.

③ 주어진 지속기간의 초과강우로부터 발생된 직접유출수문곡선의 기저시간은 일정하다.

④ 동일한 기저시간을 가진 모든 직접유출수문곡선의 종거들은 각 수문곡선에 의하여 주어진 총직접유출수문곡선에 반비례한다.

해설 단위유량도의 이론은 다음과 같은 가정에 근거를 두고 있다.

㉮ 유역특성의 시간적 불변성 : 유역특성은 계절, 인위적인 변화 등으로 인하여 시간에 따라 변할 수 있으나, 이 가정에 의하면 유역특성은 시간에 따라 일정하다고 하였다. 실제로는 강우 발생 이전의 유역의 상태에 따라 기저시간은 달라질 수 있으며, 특히 선행된 강우에 따른 흙의 함수비에 의하여 지속시간이 같은 강우에도 기저시간은 다르게 될 수 있으나 이 가정에서는 강우의 지속시간이 같으면 강도에 관계없이 기저시간은 같다고 가정하였다.

㉯ 유역의 선형성 : 강우 r, $2r$, $3r$, …에 대한 유량은 q, $2q$, $3q$, …로 되는 입력과 출력의 관계가 선형관계를 갖는다.

㉰ 강우의 시간적, 공간적 균일성 : 지속시간 동안의 강우강도는 일정하여야 하며, 또는 공간적으로도 강우가 균일하게 분포되어야 한다.

4. 직사각형 단면수로의 폭이 5m이고 한계수심이 1m일 때의 유량은? (단, 에너지보정계수 $\alpha=1.0$)

① 15.65m³/s ② 10.75m³/s

③ 9.80m³/s ④ 3.13m³/s

해설
$$h_c = \left(\frac{\alpha Q^2}{gb^2}\right)^{\frac{1}{3}}$$
$$1 = \left(\frac{1 \times Q^2}{9.8 \times 5^2}\right)^{\frac{1}{3}}$$
$$\therefore Q = 15.65 \text{m}^3/\text{s}$$

5. 다음 표와 같은 집중호우가 자기기록지에 기록되었다. 지속기간 20분 동안의 최대 강우강도는?

시간(분)	5	10	15	20	25	30	35	40
누가우량(mm)	2	5	10	20	35	40	43	45

① 99mm/h ② 105mm/h

③ 115mm/h ④ 135mm/h

해설

시간(분)	5	10	15	20	25	30	35	40
우량(mm)	2	3	5	10	15	5	3	2

$$I = (5 + 10 + 15 + 5) \times \frac{60}{20} = 105 \text{mm/h}$$

6. 사각위어에서 유량 산출에 쓰이는 Francis공식에 대하여 양단 수축이 있는 경우에 유량으로 옳은 것은? (단, B : 위어폭, h : 월류수심)

① $Q = 1.84(B-0.4h)h^{\frac{3}{2}}$ ② $Q = 1.84(B-0.3h)h^{\frac{3}{2}}$

③ $Q = 1.84(B-0.2h)h^{\frac{3}{2}}$ ④ $Q = 1.84(B-0.1h)h^{\frac{3}{2}}$

> **해설** $Q = 1.84(B-0.1nh)h^{\frac{3}{2}}$
> $$= 1.84(B-0.1 \times 2h)h^{\frac{3}{2}} = 1.84(B-0.2h)h^{\frac{3}{2}}$$

7. 비에너지(specific energy)와 한계수심에 대한 설명으로 옳지 않은 것은?

① 비에너지는 수로의 바닥을 기준으로 한 단위무게의 유수가 가진 에너지이다.

② 유량이 일정할 때 비에너지가 최소가 되는 수심이 한계수심이다.

③ 비에너지가 일정할 때 한계수심으로 흐르면 유량이 최소가 된다.

④ 직사각형 단면에서 한계수심은 비에너지의 2/3가 된다.

> **해설**   ㉮ 유량이 일정할 때 비에너지가 최소가 되는 수심이 한계수심이다.
> ㉯ 비에너지가 일정할 때 한계수심으로 흐르면 유량이 최대이다.

8. 지름이 d인 구(球)가 밀도 ρ의 유체 속을 유속 V로 침강할 때 구의 항력 D는? (단, 항력계수는 C_D라 한다.)

① $\dfrac{1}{8}C_D\pi d^2 \rho V^2$ ② $\dfrac{1}{2}C_D\pi d^2 \rho V^2$

③ $\dfrac{1}{4}C_D\pi d^2 \rho V^2$ ④ $C_D\pi d^2 \rho V^2$

> **해설** $D = C_D A \dfrac{\rho V^2}{2}$
> $$= C_D \times \dfrac{\pi d^2}{4} \times \dfrac{1}{2}\rho V^2 = \dfrac{1}{8}C_D\pi d^2 \rho V^2$$

9. 수리실험에서 점성력이 지배적인 힘이 될 때 사용할 수 있는 모형법칙은?

① Reynolds모형법칙   ② Froude모형법칙

③ Weber모형법칙   ④ Cauchy모형법칙

> **해설**   특별상사법칙
> ㉮ Reynolds의 상사법칙은 점성력이 흐름을 주로 지배하는 관수로흐름의 상사법칙이다.
> ㉯ Froude의 상사법칙은 중력이 흐름을 주로 지배하는 개수로 내의 흐름, 댐의 여수토흐름 등의 상사법칙이다.

10. 관수로의 마찰손실공식 중 난류에서의 마찰손실계수 f는?

① 상대조도만의 함수이다.

② 레이놀즈수와 상대조도의 함수이다.

③ 프루드수와 상대조도의 함수이다.

④ 레이놀즈수만의 함수이다.

> **해설**   난류인 경우의 마찰손실계수
> ㉮ 매끈한 관일 때 : f는 R_e만의 함수이다.
> ㉯ 거친 관일 때 : f는 R_e에는 관계없고 $\dfrac{e}{D}$만의 함수이다.

11. 우물에서 장기간 양수를 한 후에도 수면강하가 일어나지 않는 지점까지의 우물로부터 거리(범위)를 무엇이라 하는가?

① 용수효율권   ② 대수층권

③ 수류영역권   ④ 영향권

12. 빙산(氷山)의 부피가 V, 비중이 0.92이고 바닷물의 비중은 1.025라 할 때 바닷물 속에 잠겨있는 빙산의 부피는?

① $1.1V$ ② $0.9V$

③ $0.8V$ ④ $0.7V$

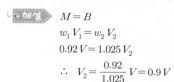

> **해설** $M = B$
> $w_1 V_1 = w_2 V_2$
> $0.92 V = 1.025 V_2$
> $\therefore V_2 = \dfrac{0.92}{1.025}V = 0.9V$

13. 개수로의 상류(subcritical flow)에 대한 설명으로 옳은 것은?

① 유속과 수심이 일정한 흐름

② 수심이 한계수심보다 작은 흐름

③ 유속이 한계유속보다 작은 흐름

④ Froude수가 1보다 큰 흐름

상류	사류
$I < I_c$	$I > I_c$
$V < V_c$	$V > V_c$
$h > h_c$	$h < h_c$
$F_r < 1$	$F_r > 1$

14.
다음 그림과 같이 높이 2m인 물통에 물이 1.5m만큼 담겨져 있다. 물통이 수평으로 4.9m/s²의 일정한 가속도를 받고 있을 때 물통의 물이 넘쳐흐르지 않기 위한 물통이 길이(L)는?

① 2.0m

② 2.4m

③ 2.8m

④ 3.0m

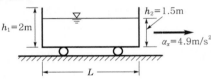

해설 $\tan\theta = \dfrac{\alpha}{g}$

$$\dfrac{2-1.5}{\dfrac{l}{2}} = \dfrac{4.9}{9.8}$$

$$\therefore \quad l = 2m$$

15.
미소진폭파(small-amplitude wave)이론에 포함된 가정이 아닌 것은?

① 파장이 수심에 비해 매우 크다.

② 유체는 비압축성이다.

③ 바닥은 평평한 불투수층이다.

④ 파고는 수심에 비해 매우 작다.

해설 미소진폭파

㉮ 파장에 비해 진폭 또는 파고가 매우 작은 파

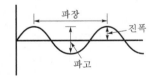

㉯ 가정

  ㉠ 물은 비압축성이고 밀도는 일정하다.

  ㉡ 수저는 수평이고 불투수층이다.

  ㉢ 수면에서의 압력은 일정하다(풍압은 없고 수면차로 인한 수압차는 무시한다).

  ㉣ 파고는 파장과 수심에 비해 대단히 작다.

16.
관수로에 대한 설명 중 틀린 것은?

① 단면점확대로 인한 수두손실은 단면급확대로 인한 수두손실보다 클 수 있다.

② 관수로 내의 마찰손실수두는 유속수두에 비례한다.

③ 아주 긴 관수로에서는 마찰 이외의 손실수두를 무시할 수 있다.

④ 마찰손실수두는 모든 손실수두 가운데 가장 큰 것으로 마찰손실계수에 유속수두를 곱한 것과 같다.

해설 마찰손실수두

㉮ 관수로의 최대 손실수두이다.

㉯ $h_L = f \dfrac{l}{D} \dfrac{V^2}{2g}$

17.
수문자료의 해석에 사용되는 확률분포형의 매개변수를 추정하는 방법이 아닌 것은?

① 모멘트법(method of moments)

② 회선적분법(convolution integral method)

③ 확률가중모멘트법(method of probability weighted moments)

④ 최우도법(method of maximum likelihood)

해설 확률분포형의 매개변수 추정법 : 모멘트법, 최우도법, 확률가중모멘트법, L-모멘트법

18.
에너지선에 대한 설명으로 옳은 것은?

① 언제나 수평선이 된다.

② 동수경사선보다 아래에 있다.

③ 속도수두와 위치수두의 합을 의미한다.

④ 동수경사선보다 속도수두만큼 위에 위치하게 된다.

해설 에너지선은 기준수평면에서 $\dfrac{V^2}{2g} + \dfrac{P}{w} + Z$의 점들을 연결한 선이다. 따라서 동수경사선에 속도수두를 더한 점들을 연결한 선이다.

19.
대기의 온도 t_1, 상대습도 70%인 상태에서 증발이 진행되었다. 온도가 t_2로 상승하고 대기 중의 증기압이 20% 증가하였다면 온도 t_1 및 t_2에서의 포화증기압이 각각 10.0mmHg 및 14.0mmHg라 할 때 온도 t_2에서의 상대습도는?

① 50% ② 60%

③ 70% ④ 80%

해설 ㉮ t_1[℃]일 때

$$h = \frac{e}{e_s} \times 100\%$$

$$70 = \frac{e}{10} \times 100\%$$

$$\therefore \ e = 7\text{mmHg}$$

㉯ t_2[℃]일 때

$$e = 7 \times 1.2 = 8.4\text{mmHg}$$

$$\therefore \ h = \frac{e}{e_s} \times 100\% = \frac{8.4}{14} \times 100\% = 60\%$$

20. 다음 물리량 중에서 차원이 잘못 표시된 것은?

① 동점성계수 : $[FL^2 T]$　　② 밀도 : $[FL^{-4} T^2]$

③ 전단응력 : $[FL^{-2}]$　　④ 표면장력 : $[FL^{-1}]$

해설 동점성계수의 단위가 cm^2/s이므로 차원은 $[L^2 T^{-1}]$이다.

토목산업기사 (2018년 9월 15일 시행)

1. 개수로의 특성에 대한 설명으로 옳지 않은 것은?

① 배수곡선은 완경사흐름의 하천에서 장애물에 의해 발생한다.

② 상류에서 사류로 바뀔 때 한계수심이 생기는 단면을 지배 단면이라 한다.

③ 사류에서 상류로 바뀌어도 흐름의 에너지선은 변하지 않는다.

④ 한계수심으로 흐를 때의 경사를 한계경사라 한다.

해설 사류에서 상류로 바뀌면 도수에 의한 에너지 손실 ΔH_e 만큼 에너지선은 하강한다.

$$\Delta H_e = \frac{(h_2 - h_1)^3}{4h_1 h_2}$$

2. 폭이 b인 직사각형 위어에서 양단 수축이 생길 경우 유효폭 b_o은? (단, Francis공식 적용)

① $b_o = b - \dfrac{h}{10}$ ② $b_o = b - \dfrac{h}{5}$

③ $b_o = 2b - \dfrac{h}{10}$ ④ $b_o = 2b - \dfrac{h}{5}$

해설 $b_o = b - 0.1nh = b - 0.1 \times 2 \times h = b - 0.2h$

3. 수심이 3m, 폭이 2m인 직사각형 수로를 연직으로 가로막을 때 연직판에 작용하는 전수압의 작용점($\bar{y}$)의 위치는? (단, $\bar{y}$는 수면으로부터의 거리)

① 2m ② 2.5m
③ 3m ④ 6m

해설 $h_C = h_G + \dfrac{I}{h_G A} = \dfrac{2}{3}h = \dfrac{2}{3} \times 3 = 2\text{m}$

4. 관수로에서 Darcy-Weisbach공식의 마찰손실계수 f가 0.04일 때 Chezy의 평균유속공식 $V = C\sqrt{RI}$에서 C는?

① 25.5 ② 44.3
③ 51.1 ④ 62.4

해설 $f = \dfrac{8g}{C^2}$

$0.04 = \dfrac{8 \times 9.8}{C^2}$

$\therefore C = 44.27$

5. 관수로 내의 흐름에서 가장 큰 손실수두는?

① 마찰손실수두 ② 유출손실수두
③ 유입손실수두 ④ 급확대손실수두

해설 관수로에서 최대 손실수두는 마찰손실수두이다.

6. 다음 중 점성계수의 차원으로 옳은 것은?

① $L^2 T^{-1}$ ② $ML^{-1}T^{-1}$
③ MLT^{-1} ④ $ML^{-3}ML^{-3}$

해설

물리량	단위	LMT계	LFT계
점성계수	g/cm·s	$[ML^{-1}T^{-1}]$	$[FL^{-2}T]$

7. 모세관현상에 대한 설명으로 옳지 않은 것은?

① 모세관현상은 액체와 벽면 사이의 부착력과 액체분자 간 응집력의 상대적인 크기에 의해 영향을 받는다.

② 물과 같이 부착력이 응집력보다 클 경우 세관 내의 물은 물표면보다 위로 올라간다.

③ 액체와 고체벽면이 이루는 접촉각은 액체의 종류와 관계없이 동일하다.

④ 수은과 같이 응집력이 부착력보다 크면 세관 내의 수은은 수은표면보다 아래로 내려간다.

해설 접촉각(θ)은 접촉물질에 따라 다르다.

8. 개수로의 흐름에서 상류의 조건으로 옳은 것은? (단, h_c : 한계수심, V_c : 한계유속, I_c : 한계경사, h : 수심, V : 유속, I : 경사)

① $F_r > I$ ② $h < h_c$
③ $V > V_c$ ④ $I < I_c$

⇒ 정답 1. ③ 2. ② 3. ① 4. ② 5. ① 6. ② 7. ③ 8. ④

해설

상류	사류
$I < I_c$	$I > I_c$
$V < V_c$	$V > V_c$
$h > h_c$	$h < h_c$
$F_r < 1$	$F_r > 1$

9. 지하수에 대한 설명으로 옳은 것은?

① 지하수의 연직분포는 지하수위 상부층인 포화대, 지하수위 하부층인 통기대로 구분된다.

② 지표면의 물이 지하로 침투되어 투수성이 높은 암석 또는 흙에 포함되어 있는 포화상태의 물을 지하수라 한다.

③ 지하수면이 대기압의 영향을 받고 자유수면을 갖는 지하수를 피압지하수라 한다.

④ 상하의 불투수층 사이에 낀 대수층 내에 포함되어 있는 지하수를 비피압지하수라 한다.

해설 지하수

㉮ 지하수의 연직분포는 지하수위 상부층인 통기대, 지하수위 하부층인 포화대로 구분된다.

㉯ 대기압이 작용하는 지하수면을 가지는 지하수를 자유지하수라고 하며, 불투수층 사이에 낀 투수층 내에 포함되어 있는 지하수면을 갖지 않는 지하수를 피압지하수라 한다.

10. 다음 그림과 같이 단면 ①에서 단면적 $A_1 = 10\text{cm}^2$, 유속 $V_1 = 2\text{m/s}$이고 단면 ②에서 단면적 $A_2 = 20\text{cm}^2$일 때 단면 ②의 유속(V_2)과 유량(Q)은?

① $V_2 = 200\text{cm/s}$, $Q = 2,000\text{cm}^3/\text{s}$

② $V_2 = 100\text{cm/s}$, $Q = 1,500\text{cm}^3/\text{s}$

③ $V_2 = 100\text{cm/s}$, $Q = 2,000\text{cm}^3/\text{s}$

④ $V_2 = 200\text{cm/s}$, $Q = 1,000\text{cm}^3/\text{s}$

해설 ㉮ $A_1 V_1 = A_2 V_2$

$10 \times 200 = 20 \times V_2$

∴ $V_2 = 100\text{cm/s}$

㉯ $Q = A_2 V_2 = 20 \times 100 = 2,000\text{cm}^3/\text{s}$

11. 정상적인 흐름 내 하나의 유선상에서 유체입자에 대하여 속도수두가 $\dfrac{V^2}{2g}$, 압력수두가 $\dfrac{P}{w_o}$, 위치수두가 Z라고 할 때 동수경사선은?

① $\dfrac{V^2}{2g} + Z$

② $\dfrac{V^2}{2g} + \dfrac{P}{w_o}$

③ $\dfrac{P}{w_o} + Z$

④ $\dfrac{V^2}{2g} + \dfrac{P}{w_o} + Z$

해설 동수경사선은 $Z + \dfrac{P}{w}$의 점들을 연결한 선이다.

12. 다음 그림과 같이 1/4원의 벽면에 접하여 유량 $Q = 0.05\text{m}^3/\text{s}$이 면적 200cm^2로 일정한 단면을 따라 흐를 때 벽면에 작용하는 힘은? (단, 무게 1kg=9.8N)

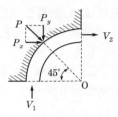

① 117.6N

② 176.4N

③ 1,176N

④ 1,764N

해설 ㉮ $P_x = \dfrac{wQ}{g}(V_2 - V_1)$

$= \dfrac{1 \times 0.05}{9.8} \times \left(\dfrac{0.05}{200 \times 10^{-4}} - 0 \right) = 0.013\text{t}$

㉯ $P_y = \dfrac{wQ}{g}(V_1 - V_2)$

$= \dfrac{1 \times 0.05}{9.8} \times \left(\dfrac{0.05}{200 \times 10^{-4}} - 0 \right) = 0.013\text{t}$

㉰ $P = \sqrt{P_x^2 + P_y^2} = \sqrt{0.013^2 + 0.013^2}$

$= 0.018\text{t} = 0.018 \times (9.8 \times 1,000) = 176.4\text{N}$

13. 오리피스에서의 실제 유속을 구하기 위하여 에너지손실을 고려하는 방법으로 옳은 것은?

① 이론유속에 유속계수를 곱한다.

② 이론유속에 유량계수를 곱한다.

③ 이론유속에 수축계수를 곱한다.

④ 이론유속에 모형계수를 곱한다.

해설 실제 유속=유속계수×이론유속

$$V = C_v \sqrt{2gh}$$

14. 수리학적으로 유리한 단면(best hydraulic section)에 대한 설명으로 옳은 것은?

① 동수반경이 최소가 되는 단면이다.
② 유량을 최소로 하여 주는 단면이다.
③ 윤변을 최대로 하여 주는 단면이다.
④ 주어진 유량에 대하여 단면적을 최소로 하는 단면이다.

해설 주어진 단면적과 수로의 경사에 대하여 경심이 최대 혹은 윤변이 최소일 때 최대 유량이 흐르고, 이러한 단면을 수리상 유리한 단면이라 한다.

15. 부체에 관한 설명 중 틀린 것은?

① 수면으로부터 부체의 최심부(가장 깊은 곳)까지의 수심을 흘수라 한다.
② 경심은 물체 중심선과 부력작용선의 교점이다.
③ 수중에 있는 물체는 그 물체가 배제한 배수량만큼 가벼워진다.
④ 수면에 떠 있는 물체의 경우 경심이 중심보다 위에 있을 때는 불안정한 상태이다.

해설 경심(M)이 중심(G)보다 위에 있으면 안정한 상태이다.

16. Darcy–Weisbach의 마찰손실계수 $f = \dfrac{64}{R_e}$ 이고 지름 0.2cm인 유리관 속을 0.8cm³/s의 물이 흐를 때 관의 길이 1.0m에 대한 손실수두는? (단, 레이놀즈수는 500이다.)

① 1.1cm
② 2.1cm
③ 11.3cm
④ 21.2cm

해설
㉮ $f = \dfrac{64}{R_e} = \dfrac{64}{500} = 0.128$

㉯ $V = \dfrac{Q}{A} = \dfrac{0.8}{\dfrac{\pi \times 0.2^2}{4}} = 25.46 \text{cm/s}$

㉰ $h_L = f \dfrac{l}{D} \dfrac{V^2}{2g}$

$= 0.128 \times \dfrac{100}{0.2} \times \dfrac{25.46^2}{2 \times 980} = 21.17 \text{cm}$

17. 다음 식과 같이 표현되는 것은?

$$(\textstyle\sum F)dt = m(V_2 - V_1)$$

① 역적-운동량방정식
② Bernoulli방정식
③ 연속방정식
④ 공선조건식

해설 역적-운동량방정식 : $Fdt = m(V_2 - V_1)$

18. 폭이 1.5m인 직사각형 단면수로에 유량 $Q=0.5$cm³/s의 물이 흐르고 있다. 수심 $h=1$m인 경우 흐름의 상태는?

① 상류
② 사류
③ 한계류
④ 층류

해설 $h_c = \left(\dfrac{\alpha Q^2}{gb^2}\right)^{\frac{1}{3}} = \left(\dfrac{0.5^2}{9.8 \times 1.5^2}\right)^{\frac{1}{3}} = 0.22\text{m}$

∴ $h_c < h(=1\text{m})$ 이므로 상류이다.

19. 직사각형 광폭수로에서 한계류의 특징이 아닌 것은?

① 주어진 유량에 대해 비에너지가 최소이다.
② 주어진 비에너지에 대해 유량이 최대이다.
③ 한계수심은 비에너지의 2/3이다.
④ 주어진 유량에 대해 비력이 최대이다.

해설 한계수심
㉮ 유량이 일정할 때 $H_{e\min}$ 이 되는 수심이다.
㉯ H_e 가 일정할 때 $Q_{\max}$ 이 되는 수심이다.
㉰ 직사각형 단면수로에서 $h_c = \dfrac{2}{3} H_e$ 이다.
㉱ 충력치가 최소가 되는 수심은 근사적으로 한계수심과 같다.

20. 지하수의 흐름에서 Darcy공식에 관한 설명으로 옳지 않은 것은? (단, dh : 수두차, ds : 흐름의 길이)

① Darcy공식은 물의 흐름이 층류인 경우에만 적용할 수 있다.
② 투수계수 K의 차원은 $[LT^{-1}]$이다.
③ 투수계수는 흙입자의 크기에만 관계된다.
④ 동수경사는 $i = -\dfrac{dh}{ds}$ 로 표현할 수 있다.

해설 투수계수는 대수층의 공극률, 토립자의 크기, 분포, 배치상태, 모양 및 공극조직의 형상에 의해 결정된다.

1. 개수로의 흐름에서 비에너지의 정의로 옳은 것은?

① 단위중량의 물이 가지고 있는 에너지로 수심과 속도수두의 합

② 수로의 한 단면에서 물이 가지고 있는 에너지를 단면적으로 나눈 값

③ 수로의 두 단면에서 물이 가지고 있는 에너지를 수심으로 나눈 값

④ 압력에너지와 속도에너지의 비

> ● 해설 비에너지는 수로 바닥을 기준으로 한 단위중량의 물이 가지고 있는 흐름의 에너지이다.

2. 지름 200mm인 관로에 축소부 지름이 120mm인 벤투리미터(venturi meter)가 부착되어 있다. 두 단면의 수두차가 1.0m, $C=0.98$일 때의 유량은?

① 0.00525m³/s   ② 0.0525m³/s

③ 0.525m³/s   ④ 5.250m³/s

> ● 해설
> ⑦ $A_1 = \dfrac{\pi \times 0.2^2}{4} = 0.031\text{m}^2$
>
> $A_2 = \dfrac{\pi \times 0.12^2}{4} = 0.011\text{m}^2$
>
> ④ $Q = \dfrac{CA_1A_2}{\sqrt{A_1^2 - A_2^2}}\sqrt{2gH}$
>
> $= \dfrac{0.98 \times 0.031 \times 0.011}{\sqrt{0.031^2 - 0.011^2}} \times \sqrt{2 \times 9.8 \times 1}$
>
> $= 0.051\text{m}^3/\text{s}$

3. 대규모 수공구조물의 설계우량으로 가장 적합한 것은?

① 평균면적우량

② 발생가능 최대 강수량(PMP)

③ 기록상의 최대 우량

④ 재현기간 100년에 해당하는 강우량

> ● 해설 대규모 수공구조물의 설계홍수량 결정법
> ⑦ 최대 가능홍수량(PMF)
> ④ 표준설계홍수량(SPF)
> ⑤ 확률홍수량

4. 다음 그림과 같은 굴착정(artesian well)의 유량을 구하는 공식은? (단, R : 영향원의 반지름, K : 투수계수, m : 피압대수층의 두께)

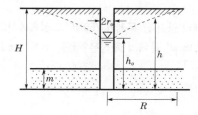

① $Q = \dfrac{2\pi m K(H+h_o)}{\ln(R/r_o)}$ ② $Q = \dfrac{2\pi m K(H+h_o)}{\ln(r_o/R)}$

③ $Q = \dfrac{2\pi m K(H-h_o)}{\ln(R/r_o)}$ ④ $Q = \dfrac{2\pi m K(H-h_o)}{\ln(r_o/R)}$

5. 개수로에서 한계수심에 대한 설명으로 옳은 것은?

① 사류흐름의 수심

② 상류흐름의 수심

③ 비에너지가 최대일 때의 수심

④ 비에너지가 최소일 때의 수심

> ● 해설 유량이 일정할 때 비에너지가 최소가 되는 수심이 한계수심이다.

6. 단위도(단위유량도)에 대한 설명으로 옳지 않은 것은?

① 단위도의 3가지 가정은 일정기저시간가정, 비례가정, 중첩가정이다.

② 단위도는 기저유량과 직접유출량을 포함하는 수문곡선이다.

③ S-Curve를 이용하여 단위도의 단위시간을 변경할 수 있다.

④ Snyder는 합성단위도법을 연구 발표하였다.

> ● 해설 단위도는 단위유효우량으로 인하여 발생하는 직접유출의 수문곡선이다.

7. 관속에 흐르는 물의 속도수두를 10m로 유지하기 위한 평균유속은?

① 4.9m/s   ② 9.8m/s

③ 12.6m/s   ④ 14.0m/s

▶해설 $H = \dfrac{V^2}{2g}$

$$10 = \dfrac{V^2}{2 \times 9.8}$$

$$\therefore V = 14\text{m/s}$$

8. 물체의 공기 중 무게가 750N이고 물속에서의 무게는 250N일 때 이 물체의 체적은? (단, 무게 1kg중=10N)

① 0.05m³   ② 0.06m³

③ 0.50m³   ④ 0.60m³

▶해설 공기 중 무게=수중무게+부력

$$0.75 = 0.25 + 10 \times V$$

$$\therefore V = 0.05\text{m}^3$$

9. 직사각형 단면의 위어에서 수두(h)측정에 2%의 오차가 발생했을 때 유량(Q)에 발생되는 오차는?

① 1%   ② 2%

③ 3%   ④ 4%

▶해설 $\dfrac{dQ}{Q} = \dfrac{3}{2}\dfrac{dh}{h} = \dfrac{3}{2} \times 2 = 3\%$

10. 상류(subcritical flow)에 관한 설명으로 틀린 것은?

① 하천의 유속이 장파의 전파속도보다 느린 경우이다.

② 관성력이 중력의 영향보다 더 큰 흐름이다.

③ 수심은 한계수심보다 크다.

④ 유속은 한계유속보다 작다.

▶해설 $F_r = \dfrac{관성력}{중력} < 1$이면 상류이다.

11. 지하수에서 Darcy법칙의 유속에 대한 설명으로 옳은 것은?

① 영향권의 반지름에 비례한다.

② 동수경사에 비례한다.

③ 동수반지름(hydraulic radius)에 비례한다.

④ 수심에 비례한다.

▶해설 유출속도는 동수경사에 비례하고, 침투수량은 i 및 A에 비례한다. 이것을 Darcy의 법칙이라 한다.

12. 다음 그림과 같은 병렬관수로 ㉠, ㉡, ㉢에서 각 관의 지름과 관의 길이를 각각 D_1, D_2, D_3, L_1, L_2, L_3라 할 때 $D_1 > D_2 > D_3$이고 $L_1 > L_2 > L_3$이면 A점과 B점 사이의 손실수두는?

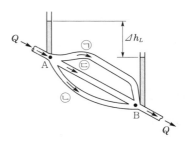

① ㉠의 손실수두가 가장 크다.

② ㉡의 손실수두가 가장 크다.

③ ㉢에서만 손실수두가 발생한다.

④ 모든 관의 손실수두가 같다.

▶해설 병렬관수로 ㉠, ㉡, ㉢의 손실수두는 같다.

13. 유출(runoff)에 대한 설명으로 옳지 않은 것은?

① 비가 오기 전의 유출을 기저유출이라 한다.

② 우량은 별도의 손실 없이 그 전량이 하천으로 유출 된다.

③ 일정기간에 하천으로 유출되는 수량의 합을 유출량 이라 한다.

④ 유출량과 그 기간의 강수량과의 비(比)를 유출계수 또는 유출률이라 한다.

▶해설 유출

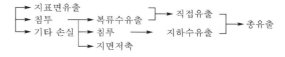

14. 물리량의 차원이 옳지 않은 것은?

① 에너지 : $[ML^{-2}T^{-2}]$ ② 동점성계수 : $[L^2T^{-1}]$

③ 점성계수 : $[ML^{-1}T^{-1}]$ ④ 밀도 : $[FL^{-4}T^2]$

> **해설** 에너지=힘×거리이므로 차원은 $[FL]=[ML^2T^{-2}]$ 이다.

15. 흐르지 않는 물에 잠긴 평판에 작용하는 전수압 (全水壓)의 계산방법으로 옳은 것은? (단, 여기서 수압 이란 단위면적당 압력을 의미)

① 평판도심의 수압에 평판면적을 곱한다.
② 단면의 상단과 하단수압의 평균값에 평판면적을 곱한다.
③ 작용하는 수압의 최대값에 평판면적을 곱한다.
④ 평판의 상단에 작용하는 수압에 평판면적을 곱한다.

> **해설** $P=wh_G A$

16. 유량 147.6l/s를 송수하기 위하여 안지름 0.4m 의 관을 700m의 길이로 설치하였을 때 흐름의 에너지 경사는? (단, 조도계수 $n=0.012$, Manning공식 적용)

① $\dfrac{1}{700}$
② $\dfrac{2}{700}$
③ $\dfrac{3}{700}$
④ $\dfrac{4}{700}$

> **해설** $Q=A\dfrac{1}{n}R^{\frac{2}{3}}I^{\frac{1}{2}}$
>
> $$0.1476=\frac{\pi\times0.4^2}{4}\times\frac{1}{0.012}\times\left(\frac{0.4}{4}\right)^{\frac{2}{3}}\times I^{\frac{1}{2}}$$
>
> $$\therefore\ I=4.28\times10^{-3}=\frac{3}{700}$$

17. 댐의 상류부에서 발생되는 수면곡선으로 흐름방향으로 수심이 증가함을 뜻하는 곡선은?

① 배수곡선
② 저하곡선
③ 수리특성곡선
④ 유사량곡선

> **해설** 상류로 흐르는 수로에 댐, weir 등의 수리구조 물을 만들면 수리구조물의 상류에 흐름방향으로 수 심이 증가하는 수면곡선이 나타나는데, 이러한 수면 곡선을 배수곡선이라 한다.

18. 수문에 관련한 용어에 대한 설명 중 옳지 않은 것은?

① 침투란 토양면을 통해 스며든 물이 중력에 의해 계속 지하로 이동하여 불투수층까지 도달하는 것이다.
② 증산(transpiration)이란 식물의 엽면(葉面)을 통해 물이 수증기의 형태로 대기 중에 방출되는 현상이다.
③ 강수(precipitation)란 구름이 응축되어 지상으로 떨 어지는 모든 형태의 수분을 총칭한다.
④ 증발이란 액체상태의 물이 기체상태의 수증기로 바 뀌는 현상이다.

> **해설** ㉮ 침투(infiltration) : 물이 흙표면을 통해 흙 속으로 스며드는 현상
> ㉯ 침루(percolation) : 침투한 물이 중력에 의 해 계속 지하로 이동하여 지하수면까지 도 달하는 현상

19. 수조의 수면에서 2m 아래 지점에 지름 10cm의 오리 피스를 통하여 유출되는 유량은? (단, 유량계수 $C=0.6$)

① $0.0152\text{m}^3/\text{s}$
② $0.0068\text{m}^3/\text{s}$
③ $0.0295\text{m}^3/\text{s}$
④ $0.0094\text{m}^3/\text{s}$

> **해설** $Q=Ca\sqrt{2gH}$
>
> $$=0.6\times\frac{\pi\times0.1^2}{4}\times\sqrt{2\times9.8\times2}=0.0295\text{m}^3/\text{s}$$

20. 층류와 난류(亂流)에 관한 설명으로 옳지 않은 것은?

① 층류란 유수(流水) 중에서 유선이 평행한 층을 이루 는 흐름이다.
② 층류와 난류를 레이놀즈수에 의하여 구별할 수 있다.
③ 원관 내 흐름의 한계레이놀즈수는 약 2,000 정도이다.
④ 층류에서 난류로 변할 때의 유속과 난류에서 층류로 변할 때의 유속은 같다.

> **해설** 층류에서 난류로 변할 때의 유속을 상한계유속 이라 하고, 난류에서 층류로 변할 때의 유속을 하한계 유속이라 한다(하한계유속 < 상한계유속).

1. 부피가 5.8m³인 액체의 중량이 62.2kN일 때 이 액체의 비중은?

① 0.951 ② 1.094
③ 1.117 ④ 1.195

해설 ㉮ $W = 62.2\text{N} = \dfrac{62.2}{9.8} = 6.35\text{t}$

㉯ $w = \dfrac{W}{V} = \dfrac{6.35}{5.8} = 1.095\text{t/m}^3$

㉰ 비중 $= \dfrac{\text{단위중량}}{\text{물의 단위중량}} = \dfrac{1.095}{1} = 1.095$

2. 부체(浮體)의 성질에 대한 설명으로 옳지 않은 것은?

① 부양면의 단면 2차 모멘트가 가장 작은 축으로 기울어지기 쉽다.
② 부체가 평행상태일 때는 부체의 중심과 부심이 동일 직선상에 있다.
③ 경심고가 클수록 부체는 불안정하다.
④ 우력이 영(0)일 때를 중립이라 한다.

해설 경심고($\overline{MG}$)가 클수록 부체는 안정하다.

3. 개수로에서 한계수심에 대한 설명으로 옳은 것은?

① 상류로 흐를 때의 수심
② 사류로 흐를 때의 수심
③ 최대 비에너지에 대한 수심
④ 최소 비에너지에 대한 수심

해설 비에너지가 최소일 때의 수심이 한계수심이다.

4. 초속 25m/s, 수평면과의 각 60°로 사출된 분수가 도달하는 최대 연직높이는? (단, 공기 등 기타 저항은 무시한다.)

① 23.9m ② 20.8m
③ 27.6m ④ 15.8m

해설 $y = \dfrac{V^2 \sin^2\theta}{2g} = \dfrac{25^2 \times \sin^2 60°}{2 \times 9.8} = 23.92\text{m}$

5. 폭이 넓은 직사각형 수로에서 폭 1m당 0.5m³/s의 유량이 80cm의 수심으로 흐르는 경우에 이 흐름은? (단, 이때 동점성계수는 0.012cm²/s이고, 한계수심은 29.4cm이다.)

① 층류이며 상류 ② 층류이며 사류
③ 난류이며 상류 ④ 난류이며 사류

해설 ㉮ $V = \dfrac{Q}{A} = \dfrac{0.5}{1 \times 0.8} = 0.625\text{m/s} = 62.5\text{cm/s}$

㉯ $R_e = \dfrac{VR}{\nu} = \dfrac{62.5 \times 80}{0.012} = 416,667 > 500$이므로 난류이다.

(∵ 폭이 넓은 수로일 때 $R ≒ h = 80\text{cm}$)

㉰ $h(= 80\text{cm}) > h_c(= 29.5\text{cm})$이므로 상류이다.

6. 지하수의 투수계수와 관계가 없는 것은?

① 토사의 입경 ② 물의 단위중량
③ 지하수의 온도 ④ 토사의 단위중량

해설 $K = D_s^2 \dfrac{\gamma_w}{\mu} \dfrac{e^3}{1+e} C$

7. 개수로의 흐름에서 도수 전의 Froude수가 F_{r1}일 때 완전도수가 발생하는 조건은?

① $F_{r1} < 0.5$ ② $F_{r1} = 1.0$
③ $F_{r1} = 1.5$ ④ $F_{r1} > \sqrt{3.0}$

해설 완전도수는 $F_{r1} \geq \sqrt{3}$일 때 발생한다.

8. 개수로구간에 댐을 설치했을 때 수심 h가 상류로 갈수록 등류수심 h_0에 접근하는 수면곡선을 무엇이라 하는가?

① 저하곡선 ② 배수곡선
③ 수문곡선 ④ 수면곡선

해설 상류수로에 댐을 만들 때 상류에서는 수면이 상승하는 배수곡선이 나타난다. 이 곡선은 수심 h가 상류로 갈수록 등류수심 h_0에 접근하는 형태가 된다.

9. 깊은 우물(심정호)에 대한 설명으로 옳은 것은?

① 불투수층에서 50m 이상 도달한 우물

② 집수우물 바닥이 불투수층까지 도달한 우물

③ 집수깊이가 100m 이상인 우물

④ 집수우물 바닥이 불투수층을 통과하여 새로운 대수층에 도달한 우물

해설 불투수층 위의 비피압대수층 내의 자유지하수를 양수하는 우물 중 집수정 바닥이 불투수층까지 도달한 우물을 깊은 우물(심정호)이라 하고, 불투수층까지 도달하지 않은 우물을 얕은 우물(천정)이라 한다.

10. Darcy-Weisbach의 마찰손실공식으로부터 Chezy의 평균유속공식을 유도한 것으로 옳은 것은?

① $V = \dfrac{124.5}{D^{1/3}}\sqrt{RI}$

② $V = \sqrt{\dfrac{8g}{D^{1/3}}}\sqrt{RI}$

③ $V = \sqrt{\dfrac{f}{8}}\sqrt{RI}$

④ $V = \sqrt{\dfrac{8g}{f}}\sqrt{RI}$

해설 $V = C\sqrt{RI} = \sqrt{\dfrac{8g}{f}}\sqrt{RI}$

11. 관수로에서 레이놀즈(Reynolds, R_e)수에 대한 설명으로 옳지 않은 것은? (단, V : 평균유속, D : 관의 지름, ν : 유체의 동점성계수)

① 레이놀즈수는 $\dfrac{VD}{\nu}$ 로 구할 수 있다.

② $R_e > 4,000$이면 층류이다.

③ 레이놀즈수에 따라 흐름상태(난류와 층류)를 알 수 있다.

④ R_e는 무차원의 수이다.

해설 ⑦ $R_e = \dfrac{VD}{\nu}$

⑭ $R_e \leq 2,000$이면 층류, $R_e = 2,000 \sim 4,000$이면 천이영역, $R_e \geq 4,000$이면 난류이다.

12. 오리피스의 지름이 5cm이고 수면에서 오리피스의 중심까지가 4m인 예연원형 오리피스를 통하여 분출되는 유량은? (단, 유속계수 $C_v = 0.98$, 수축계수 $C_c = 0.62$이다.)

① $1.056 l/s$

② $2.860 l/s$

③ $10.56 l/s$

④ $28.60 l/s$

해설 ⑦ $C = C_c C_v = 0.62 \times 0.98 = 0.61$

⑭ $Q = Ca\sqrt{2gh}$

$= 0.61 \times \dfrac{\pi \times 0.05^2}{4} \times \sqrt{2 \times 9.8 \times 4}$

$= 0.0106 \mathrm{m}^3/\mathrm{s} = 10.6 l/s$

13. 흐름의 연속방정식은 어떤 법칙을 기초로 하여 만들어진 것인가?

① 질량보존의 법칙 ② 에너지보존의 법칙

③ 운동량보존의 법칙 ④ 마찰력 불변의 법칙

해설 ⑦ 연속방정식은 질량보존의 법칙(law of mass conservation)을 표시해주는 방정식이다.

⑭ 베르누이정리는 에너지보존의 법칙을 표시해주는 방정식이다.

14. 베르누이정리에 관한 설명으로 옳지 않은 것은?

① $Z + \dfrac{P}{w} + \dfrac{V^2}{2g}$ 의 수두가 일정하다.

② 정상류이어야 하며 마찰에 의한 에너지손실이 없는 경우에 적용된다.

③ 동수경사선이 에너지선보다 항상 위에 있다.

④ 동수경사선과 에너지선을 설명할 수 있다.

해설 동수경사선은 에너지선보다 유속수두만큼 아래에 위치한다.

15. 정수압의 성질에 대한 설명으로 옳지 않은 것은?

① 정수압은 수중의 가상면에 항상 수직으로 작용한다.

② 정수압의 강도는 전수심에 걸쳐 균일하게 작용한다.

③ 정수 중의 한 점에 작용하는 수압의 크기는 모든 방향에서 동일한 크기를 갖는다.

④ 정수압의 강도는 단위면적에 작용하는 힘의 크기를 표시한다.

해설 정수 중의 임의의 한 점에 작용하는 정수압강도는 모든 방향에 대하여 동일하다.

16. 폭이 10m인 직사각형 수로에서 유량 10m³/s가 1m의 수심으로 흐를 때 한계유속은? (단, 에너지보정계수 $\alpha = 1.1$이다.)

① 3.96m/s

② 2.87m/s

③ 2.07m/s

④ 1.89m/s

해설 ㉮ $h_c = \left(\dfrac{\alpha Q^2}{gb^2}\right)^{\frac{1}{3}} = \left(\dfrac{1.1 \times 10^2}{9.8 \times 10^2}\right)^{\frac{1}{3}} = 0.48\text{m}$

㉯ $V_c = \sqrt{\dfrac{gh_c}{\alpha}} = \sqrt{\dfrac{9.8 \times 0.48}{1.1}} = 2.07\text{m/s}$

17. 모세관현상에 관한 설명으로 옳지 않은 것은?

① 모세관의 상승높이는 액체의 응집력과 액체와 관 벽의 부착력에 의해 좌우된다.

② 액체의 응집력이 관벽과의 부착력보다 크면 관내의 액체높이는 관 밖의 액체보다 낮게 된다.

③ 모세관의 상승높이는 모세관의 지름 d에 반비례한다.

④ 모세관의 상승높이는 액체의 단위중량에 비례한다.

해설 ㉮ 물과 같이 부착력이 응집력보다 크면 모세관 위로 올라가고, 수은과 같이 응집력이 부착력보다 크면 모세관 내의 수은은 수은표면보다 아래로 내려간다.

㉯ $h_c = \dfrac{4T\cos\theta}{wD}$

18. 관수로에서 발생하는 손실수두 중 가장 큰 것은?

① 유입손실   ② 유출손실

③ 만곡손실   ④ 마찰손실

해설 관수로의 최대 손실은 관의 마찰손실이다.

19. M, L, T가 각각 질량, 길이, 시간의 차원을 나타낼 때 운동량의 차원으로 옳은 것은?

① [MLT^{-1}]   ② [MLT]

③ [MLT^{2}]   ④ [ML^{2}T]

해설

물리량	단위	LMT계	LFT계
운동량 (역적)	$g_0 \cdot$ cm/s	[MLT^{-1}]	[FT]

20. 다음 그림과 같이 지름 5cm의 분류가 30m/s의 속도로 판에 수직으로 충돌하였을 때 판에 작용하는 힘은?

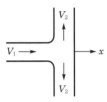

① 90N   ② 180N

③ 720N   ④ 1.81kN

해설 ㉮ $Q = AV = \dfrac{\pi \times 0.05^2}{4} \times 30 = 0.06\text{m}^3/\text{s}$

㉯ $F = \dfrac{wQ}{g}(V_1 - V_2) = \dfrac{1 \times 0.06}{9.8} \times (30 - 0)$

$= 0.184\text{t} = 1.8\text{kN}$

1. 다음 중 증발에 영향을 미치는 인자가 아닌 것은?

① 온도
② 대기압
③ 통수능
④ 상대습도

> **해설** 증발에 영향을 주는 인자 : 온도, 바람, 상대습도, 대기압, 수질 등

2. 유역면적이 15km²이고 1시간에 내린 강우량이 150mm일 때 하천의 유출량이 350m³/s이면 유출률은?

① 0.56
② 0.65
③ 0.72
④ 0.78

> **해설** 유출률 $= \dfrac{350}{(15 \times 10^6) \times 0.15 \times \dfrac{1}{3,600}} = 0.56$

3. 비압축성 유체의 연속방정식을 표현한 것으로 가장 올바른 것은?

① $Q = \rho A V$
② $\rho_1 A_1 = \rho_2 A_2$
③ $Q_1 A_1 V_1 = Q_2 A_2 V_2$
④ $A_1 V_1 = A_2 V_2$

> **해설** 정류의 연속방정식(3차원 흐름)
> ㉮ 압축성 유체 : $\rho_1 A_1 V_1 = \rho_2 A_2 V_2$, $w_1 A_1 V_1 = w_2 A_2 V_2$
> ㉯ 비압축성 유체 : $A_1 V_1 = A_2 V_2$

4. 다음 물의 흐름에 대한 설명 중 옳은 것은?

① 수심은 깊으나 유속이 느린 흐름을 사류라 한다.
② 물의 분자가 흩어지지 않고 질서 정연히 흐르는 흐름을 난류라 한다.
③ 모든 단면에 있어 유적과 유속이 시간에 따라 변하는 것을 정류라 한다.
④ 에너지선과 동수경사선의 높이의 차는 일반적으로 $\dfrac{V^2}{2g}$이다.

> **해설** 동수경사선은 에너지선보다 유속수두만큼 아래에 위치한다.

5. 미계측유역에 대한 단위유량도의 합성방법이 아닌 것은?

① SCS방법
② Clark방법
③ Horton방법
④ Snyder방법

> **해설** ㉮ 단위유량도합성방법 : Snyder방법, SCS방법, Clark방법
> ㉯ 침투율 산정공식 : Horton공식, Philip공식, Green and Ampt공식

6. 표고 20m인 저수지에서 물을 표고 50m인 지점까지 1.0m³/s의 물을 양수하는 데 소요되는 펌프동력은? (단, 모든 손실수두의 합은 3.0m이고, 모든 관은 동일한 직경과 수리학적 특성을 지니며, 펌프의 효율은 80%이다.)

① 248kW
② 330kW
③ 404kW
④ 650kW

> **해설** $E = \dfrac{9.8 Q(H + \sum h)}{\eta} = \dfrac{9.8 \times 1 \times (30 + 3)}{0.8}$
> $= 404.25\text{kW}$

7. 여과량이 2m³/s, 동수경사가 0.2, 투수계수가 1cm/s일 때 필요한 여과지면적은?

① 1,000m²
② 1,500m²
③ 2,000m²
④ 2,500m²

> **해설** $Q = KiA$
> $2 = 0.01 \times 0.2 \times A$
> $\therefore A = 1,000\text{m}^2$

8. 다음 표는 어느 지역의 40분간 집중호우를 매 5분마다 관측한 것이다. 지속기간이 20분인 최대 강우강도는?

시간(분)	우량(mm)	시간(분)	우량(mm)
0~5	1	5~10	4
10~15	2	15~20	5
20~25	8	25~30	7
30~35	3	35~40	2

① $I = 49$mm/h
② $I = 59$mm/h
③ $I = 69$mm/h
④ $I = 72$mm/h

$I = (5+8+7+3) \times \dfrac{60}{20} = 69\text{mm/h}$

9. 폭 35cm인 직사각형 위어(weir)의 유량을 측정하였더니 0.03m³/s이었다. 월류수심의 측정에 1mm의 오차가 생겼다면 유량에 발생하는 오차는? (단, 유량계산은 프란시스(Francis)공식을 사용하되, 월류 시 단면수축은 없는 것으로 가정한다.)

① 1.16%　　　　② 1.50%
③ 1.67%　　　　④ 1.84%

 ㉮ $Q = 1.84bh^{\frac{3}{2}}$

$0.03 = 1.84 \times 0.35 \times h^{\frac{3}{2}}$

$\therefore h = 0.13\text{m}$

㉯ $\dfrac{dQ}{Q} = \dfrac{3}{2}\dfrac{dh}{h} = \dfrac{3}{2} \times \dfrac{0.001}{0.13} = 0.01154 = 1.154\%$

10. 길이 13m, 높이 2m, 폭 3m, 무게 20ton인 바지선의 홀수는?

① 0.51m　　　　② 0.56m
③ 0.58m　　　　④ 0.46m

해설 $M = B$
$20 = 1 \times (3 \times 13 \times h)$
$\therefore h = 0.51\text{m}$

11. 개수로 내의 흐름에 대한 설명으로 옳은 것은?
① 에너지선은 자유표면과 일치한다.
② 동수경사선은 자유표면과 일치한다.
③ 에너지선과 동수경사선은 일치한다.
④ 동수경사선은 에너지선과 언제나 평행하다.

해설 개수로의 흐름에서 동수경사선은 수면과 일치한다.

12. 상대조도에 관한 사항 중 옳은 것은?
① Chezy의 유속계수와 같다.
② Manning의 조도계수를 나타낸다.
③ 절대조도를 관지름으로 곱한 것이다.
④ 절대조도를 관지름으로 나눈 것이다.

해설 상대조도 $= \dfrac{e}{D}$

13. 다음 그림과 같이 물속에 수직으로 설치된 넓이 2m×3m의 수문을 올리는데 필요한 힘은? (단, 수문의 물속 무게는 1,960N이고, 수문과 벽면 사이의 마찰계수는 0.25이다.)

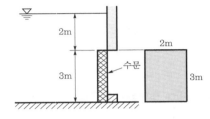

① 5.45kN　　　　② 53.4kN
③ 126.7kN　　　　④ 271.2kN

해설 ㉮ $P = wh_G A = 1 \times (2+1.5) \times (2 \times 3)$
$= 21\text{t} = 205.8\text{kN}$
㉯ $F = \mu P + T = 0.25 \times 205.8 + 1.96 = 53.41\text{kN}$

14. 단위중량 w, 밀도 ρ인 유체가 유속 V로서 수평방향으로 흐르고 있다. 지름 d, 길이 l인 원주가 유체의 흐름방향에 직각으로 중심축을 가지고 놓였을 때 원주에 작용하는 항력(D)은? (단, C는 항력계수이다.)

① $D = C\left(\dfrac{\pi d^2}{4}\right)\dfrac{wV^2}{2}$　　② $D = Cdl\dfrac{\rho V^2}{2}$

③ $D = C\left(\dfrac{\pi d^2}{4}\right)\dfrac{\rho V^2}{2}$　　④ $D = Cdl\dfrac{wV^2}{2}$

해설 $D = CA\dfrac{\rho V^2}{2} = Cdl\dfrac{\rho V^2}{2}$

15. 도수 전후의 수심이 각각 2m, 4m일 때 도수로 인한 에너지손실(수두)은?

① 0.1m　　　　② 0.2m
③ 0.25m　　　　④ 0.5m

해설 $\Delta H_e = \dfrac{(h_2 - h_1)^3}{4h_1 h_2} = \dfrac{(4-2)^3}{4 \times 2 \times 4} = 0.25\text{m}$

16. 다음 중 부정류흐름의 지하수를 해석하는 방법은?
① Theis방법　　　② Dupuit방법
③ Thiem방법　　　④ Laplace방법

해설 피압대수층 내 부정류흐름의 지하수해석법에는 Theis법, Jacob법, Chow법 등이 있다.

17. 부피 50m³인 해수의 무게(W)와 밀도(ρ)를 구한 값으로 옳은 것은? (단, 해수의 단위중량은 1.025t/m³)

① $W=5t$, $\rho=0.1046kg \cdot s^2/m^4$

② $W=5t$, $\rho=104.6kg \cdot s^2/m^4$

③ $W=5.125t$, $\rho=104.6kg \cdot s^2/m^4$

④ $W=51.25t$, $\rho=104.6kg \cdot s^2/m^4$

해설 ㉮ $W=wV=1.025\times50=51.25t$

㉯ $w=\rho g$

$\therefore \rho=\dfrac{w}{g}=\dfrac{1.025t/m^3}{9.8m/s^2}$

$=0.1046t \cdot s/m^4=104.6kg \cdot s^2/m^4$

18. 수리학상 유리한 단면에 관한 설명 중 옳지 않은 것은?

① 주어진 단면에서 윤변이 최소가 되는 단면이다.

② 직사각형 단면일 경우 수심이 폭의 1/2인 단면이다.

③ 최대 유량의 소통을 가능하게 하는 가장 경제적인 단면이다.

④ 수심을 반지름으로 하는 반원을 외접원으로 하는 제형 단면이다.

해설 사다리꼴 단면수로의 수리상 유리한 단면은 수심을 반지름으로 하는 반원을 내접원으로 하는 사다리꼴 단면이다.

19. 오리피스(orifice)에서의 유량 Q를 계산할 때 수두 H의 측정에 1%의 오차가 있으면 유량계산의 결과에는 얼마의 오차가 생기는가?

① 0.1%

② 0.5%

③ 1%

④ 2%

해설 $\dfrac{dQ}{Q}=\dfrac{1}{2}\dfrac{dh}{h}=\dfrac{1}{2}\times1=0.5\%$

20. 폭 8m의 구형 단면수로에 40m³/s의 물을 수심 5m로 흐르게 할 때 비에너지는? (단, 에너지보정계수 $\alpha=1.11$로 가정한다.)

① 5.06m

② 5.87m

③ 6.19m

④ 6.73m

해설 ㉮ $V=\dfrac{Q}{A}=\dfrac{40}{8\times5}=1m/s$

㉯ $H_e=h+\alpha\dfrac{V^2}{2g}=5+1.11\times\dfrac{1^2}{2\times9.8}=5.06m$

1. 액체표면에서 150cm 깊이의 점에서 압력강도가 14.25kN/m²이면 이 액체의 단위중량은?

① 9.5kN/m³ ② 10kN/m³

③ 12kN/m³ ④ 16kN/m³

 해설
$$P = wh$$
$$14.25 = w \times 1.5$$
$$\therefore w = 9.5\text{kN/m}^3$$

2. 개수로에서 발생되는 흐름 중 상류와 사류를 구분하는 기준이 되는 것은?

① Mach수 ② Froude수

③ Manning수 ④ Reynolds수

해설 ⑦ $F_r < 1$일 때 : 상류
㉯ $F_r > 1$일 때 : 사류
㉲ $F_r = 1$일 때 : 한계류

3. 유체의 기본성질에 대한 설명으로 틀린 것은?

① 압축률과 체적탄성계수는 비례관계에 있다.

② 압력변화량과 체적변화율의 비를 체적탄성계수라 한다.

③ 액체와 기체의 경계면에 작용하는 분자인력을 표면장력이라 한다.

④ 액체 내부에서 유체분자가 상대적인 운동을 할 때 이에 저항하는 전단력이 작용하는데, 이 성질을 점성이라 한다.

해설 $E = \dfrac{1}{C}$이므로 체적탄성계수(E)는 압축률(C)과 반비례관계에 있다.

4. 양정이 6m일 때 4.2마력의 펌프로 0.03m³/s를 양수했다면 이 펌프의 효율은?

① 42% ② 57%

③ 72% ④ 90%

해설
$$E = \frac{1,000}{75} \frac{QH_e}{\eta}$$
$$4.2 = \frac{1,000}{75} \times \frac{0.03 \times 6}{\eta}$$
$$\therefore \eta = 0.571 = 57.1\%$$

5. 밀도의 차원을 공학단위([FLT])로 올바르게 표시한 것은?

① [FL⁻³] ② [FL⁴T²]

③ [FL⁴T⁻²] ④ [FL⁻⁴T²]

 해설 $\rho = \dfrac{w}{g}$의 단위는 $\dfrac{\dfrac{t}{m^3}}{\dfrac{m}{sec^2}} = \dfrac{t \cdot sec^2}{m^4}$이므로 차원은

[FL⁻⁴T²]이다.

6. 다음 그림과 같은 단선관수로에서 200m 떨어진 곳에 내경 20cm관으로 0.0628m³/s의 물을 송수하려고 한다. 두 저수지의 수면차(H)를 얼마로 유지하여야 하는가? (단, 마찰손실계수 $f = 0.035$, 급확대에 의한 손실계수 $f_o = 1.0$, 급축소에 의한 손실계수 $f_e = 0.5$이다.)

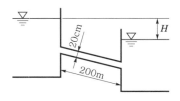

① 6.45m ② 5.45m

③ 7.45m ④ 8.27m

해설 ⑦ $Q = AV$
$$0.0628 = \frac{\pi \times 0.2^2}{4} \times V$$
$$\therefore V = 2\text{m/s}$$
㉯ $H = \left(f_e + f\dfrac{l}{D} + f_o\right)\dfrac{V^2}{2g}$
$$= \left(0.5 + 0.035 \times \frac{200}{0.2} + 1\right) \times \frac{2^2}{2 \times 9.8} = 7.45\text{m}$$

7. 다음 그림과 같은 피토관에서 A점의 유속을 구하는 식으로 옳은 것은?

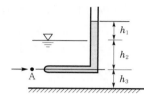

① $V=\sqrt{2gh_1}$ ② $V=\sqrt{2gh_2}$

③ $V=\sqrt{2gh_3}$ ④ $V=\sqrt{2g(h_1+h_2)}$

해설 ㉠, ㉡점에 Bernoulli정리를 적용시키면

$$\frac{V_1^2}{2g}+\frac{P_1}{w}+Z_1=\frac{V_2^2}{2g}+\frac{P_2}{w}+Z_2$$

$$\frac{V_1^2}{2g}+h_2+0=0+(h_1+h_2)+0$$

$$\therefore V_1=\sqrt{2gh_1}$$

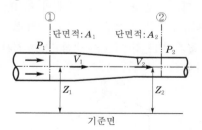

8. 다음 그림에서 단면 ①, ②에서의 단면적, 평균유속, 압력강도는 각각 A_1, V_1, P_1, A_2, V_2, P_2라 하고 물의 단위중량을 w_0라 할 때 다음 중 옳지 않은 것은? (단, $Z_1=Z_2$이다.)

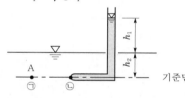

① $V_1<V_2$

② $P_1>P_2$

③ $A_1V_1=A_2V_2$

④ $\frac{V_1^2}{2g}+\frac{P_1}{w_0}<\frac{V_2^2}{2g}+\frac{P_2}{w_0}$

해설 $$\frac{V_1^2}{2g}+\frac{P_1}{w}=\frac{V_2^2}{2g}+\frac{P_2}{w}$$

9. 정상적인 흐름 내의 1개의 유선상에서 각 단면의 위치수두와 압력수두를 합한 수두를 연결한 선은?

① 총수두(Total Head)

② 에너지선(Energy Line)

③ 유압곡선(Pressure Curve)

④ 동수경사선(Hydraulic Grade Line)

해설 ㉮ 에너지선 : 기준수평면에서 $Z+\frac{P}{w}+\frac{V^2}{2g}$의 점들을 연결한 선

㉯ 동수경사선 : 기준수평면에서 $Z+\frac{P}{w}$의 점들을 연결한 선

10. Darcy-Weisbach의 마찰손실수두공식에 관한 내용에 틀린 것은?

① 관의 조도에 비례한다.

② 관의 직경에 비례한다.

③ 관로의 길이에 비례한다.

④ 유속의 제곱에 비례한다.

해설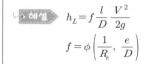

$$h_L=f\frac{l}{D}\frac{V^2}{2g}$$

$$f=\phi\left(\frac{1}{R_e},\frac{e}{D}\right)$$

11. 다음 그림과 같은 용기에 물을 넣고 연직하향방향으로 가속도 α를 중력가속도만큼 작용했을 때 용기 내의 물에 작용하는 압력 P는?

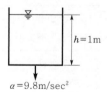

① 0   ② 1t/m²

③ 2t/m²   ④ 3t/m²

해설 $$P=wh\left(1-\frac{\alpha}{g}\right)=1\times1\times\left(1-\frac{9.8}{9.8}\right)=0$$

12. 완전유체일 때 에너지선과 기준수평면과의 관계는?

① 서로 평행하다.　　② 압력에 따라 변한다.
③ 위치에 따라 변한다.　　④ 흐름에 따라 변한다.

해설 비점성, 비압축성인 이상유체(완전유체)는 마찰에 의한 에너지손실이 없기 때문에 에너지선과 기준수평면은 서로 평행하다.

13. 내경이 300mm이고 두께가 5mm인 강관이 견딜 수 있는 최대 압력수두는? (단, 강관의 허용인장응력은 1,500kg/cm²이다.)

① 300m　　　　② 400m
③ 500m　　　　④ 600m

해설 ㉮ $t = \dfrac{PD}{2\sigma_{ta}}$

$0.5 = \dfrac{P \times 30}{2 \times 1,500}$

$\therefore P = 50 \text{kg/cm}^2 = 500 \text{t/m}^2$

㉯ $P = wh$

$500 = 1 \times h$

$\therefore h = 500\text{m}$

14. 지하수의 유량을 구하는 Darcy의 법칙으로 옳은 것은? (단, Q : 유량, k : 투수계수, I : 동수경사, A : 투과 단면적, C : 유출계수)

① $Q = CIA$　　　　② $Q = kIA$
③ $Q = C^2 IA$　　　　④ $Q = k^2 IA$

해설 $Q = kIA$

15. 다음의 ( ) 안에 들어갈 알맞은 용어를 순서대로 짝지어진 것은?

> 흐름이 사류에서 상류로 바뀔 때에는 (㉠)을 거치고, 상류에서 사류로 바뀔 때에는 (㉡)을 거친다.

① ㉠ 도수현상, ㉡ 대응수심
② ㉠ 대응수심, ㉡ 공액수심
③ ㉠ 도수현상, ㉡ 지배 단면
④ ㉠ 지배 단면, ㉡ 공액수심

해설 ㉮ 사류에서 상류로 변할 때 불연속적으로 수면이 뛰는 현상을 도수라 한다.
㉯ 상류에서 사류로 변하는 지점의 단면을 지배 단면이라 한다.

16. 지름 20cm인 원형 오리피스로 0.1m³/s의 유량을 유출시키려 할 때 필요한 수심은? (단, 수심은 오리피스 중심으로부터 수면까지의 높이이며 유량계수 $C=0.6$)

① 1.24m　　　　② 1.44m
③ 1.56m　　　　④ 2.00m

해설 ㉮ $a = \dfrac{\pi \times 0.2^2}{4} = 0.031\text{m}^2$

㉯ $Q = Ca\sqrt{2gH}$

$0.1 = 0.6 \times 0.031 \times \sqrt{2 \times 9.8 \times h}$

$\therefore h = 1.47\text{m}$

17. 다음 그림과 같은 불투수층에 도달하는 집수암거의 집수량은? (단, 투수계수는 K, 암거의 길이는 l이며 양쪽 측면에서 유입됨)

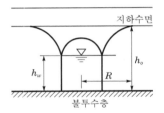

① $\dfrac{Kl}{R}(h_o{}^2 - h_w{}^2)$　　　　② $\dfrac{Kl}{2R}(h_o{}^2 - h_w{}^2)$

③ $\dfrac{\pi K(h_o{}^2 - h_w{}^2)}{2.3\log R}$　　　　④ $\dfrac{2\pi K(h_o{}^2 - h_w{}^2)}{2.3\log R}$

해설 $Q = \dfrac{Kl}{R}(H^2 - h_o{}^2)$

18. 다음 그림과 같은 역사이펀의 A, B, C, D점에서 압력수두를 각각 P_A, P_B, P_C, P_D라 할 때 다음 사항 중 옳지 않은 것은? (단, 점선은 동수경사선으로 가정한다.)

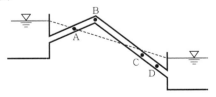

① $P_B < 0$　　　　② $P_C < P_D$
③ $P_C > 0$　　　　④ $P_A = 0$

해설 $P_A = 0$, $P_B < 0$, $P_D > P_C > 0$

19. 수면으로부터 3m깊이에 한 변의 길이가 1m이고 유량계수가 0.62인 정사각형 오리피스가 설치되어 있다. 현재의 오리피스를 유량계수가 0.60이고 지름 1m인 원형 오리피스로 교체한다면 같은 유량이 유출되기 위하여 수면을 어느 정도로 유지하여야 하는가?

① 현재의 수면과 똑같이 유지하여야 한다.

② 현재의 수면보다 1.2m 낮게 유지하여야 한다.

③ 현재의 수면보다 1.2m 높게 유지하여야 한다.

④ 현재의 수면보다 2.2m 높게 유지하여야 한다.

해설 ㉮ $Q = Ca\sqrt{2gH}$

$$= 0.62 \times 1^2 \times \sqrt{2 \times 9.8 \times 3} = 4.75\text{m}^3/\text{s}$$

㉯ $Q = Ca\sqrt{2gH}$

$$4.75 = 0.6 \times \frac{\pi \times 1^2}{4} \times \sqrt{2 \times 9.8 \times h}$$

$$\therefore h = 5.18\text{m}$$

따라서 $5.18 - 3 = 2.18$m만큼 수면이 높아야 한다.

20. 유량 1.5m³/s, 낙차 100m인 지점에서 발전할 때 이론수력은?

① 1,470W

② 1,995W

③ 2,000W

④ 2,470W

해설 $E = 9.8QH = 9.8 \times 1.5 \times 100 = 1,470\text{kW}$

토목기사 (2019년 8월 4일 시행)

1. 도수가 15m폭의 수문 하류측에서 발생되었다. 도수가 일어나기 전의 깊이가 1.5m이고 그때의 유속은 18m/s였다. 도수로 인한 에너지손실수두는? (단, 에너지보정계수 $\alpha = 1$이다.)

① 3.24m   ② 5.40m
③ 7.62m   ④ 8.34m

 ㉮ $F_{r_1} = \dfrac{V}{\sqrt{gh}} = \dfrac{18}{\sqrt{9.8 \times 1.5}} = 4.69$

㉯ $\dfrac{h_2}{h_1} = \dfrac{1}{2}(-1 + \sqrt{1 + 8F_{r_1}^{\,2}})$

$\dfrac{h_2}{1.5} = \dfrac{1}{2} \times (-1 + \sqrt{1 + 8 \times 4.69^2})$

∴ $h_2 = 9.23$m

㉰ $\Delta H_e = \dfrac{(h_2 - h_1)^3}{4h_1 h_2} = \dfrac{(9.23 - 1.5)^3}{4 \times 1.5 \times 9.23} = 8.34$m

2. 다음 그림에서 손실수두가 $\dfrac{3V^2}{2g}$ 일 때 지름 0.1m의 관을 통과하는 유량은? (단, 수면은 일정하게 유지된다.)

① 0.0399m³/s
② 0.0426m³/s
③ 0.0798m³/s
④ 0.085m³/s

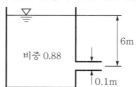

비중 0.88   6m   0.1m

해설 ㉮ $\dfrac{V_1^{\,2}}{2g} + \dfrac{P_1}{w} + Z_1 = \dfrac{V_2^{\,2}}{2g} + \dfrac{P_2}{w} + Z_2 + \Sigma h_L$

$0 + 0 + 6 = \dfrac{V_2^{\,2}}{2 \times 9.8} + 0 + 0 + \dfrac{3V_2^{\,2}}{2 \times 9.8}$

∴ $V_2 = 5.42$m/s

㉯ $Q = A_2 V_2 = \dfrac{\pi \times 0.01^2}{4} \times 5.42 = 0.0426$m³/s

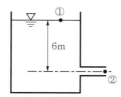

6m ①　②

3. 직사각형의 위어로 유량을 측정할 경우 수두 H를 측정할 때 1%의 측정오차가 있었다면 유량 Q에서 예상되는 오차는?

① 0.5%   ② 1.0%
③ 1.5%   ④ 2.5%

해설 $\dfrac{dQ}{Q} = \dfrac{3}{2}\dfrac{dh}{h} = \dfrac{3}{2} \times 1 = 1.5\%$

4. 강우강도를 I, 침투능을 f, 총침투량을 F, 토양수분 미흡량을 D라 할 때 지표유출은 발생하나, 지하수위는 상승하지 않는 경우에 대한 조건식은?

① $I < f$, $F < D$ ② $I < f$, $F > D$
③ $I > f$, $F < D$ ④ $I > f$, $F > D$

해설 ㉮ 지표면유출이 발생하는 조건 : $I > f$
㉯ 지하수위가 상승하지 않는 조건 : $F < D$

5. 다음 그림과 같이 뚜껑이 없는 원통 속에 물을 가득 넣고 중심축 주위로 회전시켰을 때 흘러넘친 양이 전체의 20%였다. 이때 원통 바닥면이 받는 전수압(全水壓)은?

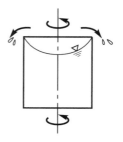

① 정지상태와 비교할 수 없다.
② 정지상태에 비해 변함이 없다.
③ 정지상태에 비해 20%만큼 증가한다.
④ 정지상태에 비해 20%만큼 감소한다.

해설 흘러넘친 양이 20%이므로 원통 바닥에 작용하는 전수압도 20% 감소한다.

6. 유선 위 한 점의 x, y, z축에 대한 좌표를 (x, y, z), x, y, z축방향 속도성분을 각각 u, v, w라 할 때 서로의 관계가 $\dfrac{dx}{u} = \dfrac{dy}{v} = \dfrac{dz}{w}$, $u = -ky$, $v = kx$, $w = 0$인 흐름에서 유선의 형태는? (단, k는 상수)

① 원
② 직선
③ 타원
④ 쌍곡선

해설
$$\frac{dx}{u} = \frac{dy}{v} = \frac{dz}{w}$$
$$\frac{dx}{-ky} = \frac{dy}{kx}$$
$$kx\,dx + ky\,dy = 0$$
$$x\,dx + y\,dy = 0$$
$$\therefore x^2 + y^2 = c \text{이므로 원이다.}$$

7. 폭이 넓은 개수로($R \fallingdotseq h_c$)에서 Chezy의 평균유속계수 $C = 29$, 수로경사 $I = \dfrac{1}{80}$인 하천의 흐름상태는? (단, $\alpha = 1.11$)

① $I_c = \dfrac{1}{105}$로 사류
② $I_c = \dfrac{1}{95}$로 사류
③ $I_c = \dfrac{1}{70}$로 상류
④ $I_c = \dfrac{1}{50}$로 상류

해설
$$I_c = \frac{g}{\alpha C^2} = \frac{9.8}{1.11 \times 29^2} = \frac{1}{95.26}$$
$$\therefore I > I_c \text{이므로 사류이다.}$$

8. 오리피스에서 수축계수의 정의와 그 크기로 옳은 것은? (단, a_o : 수축 단면적, a : 오리피스 단면적, V_o : 수축 단면의 유속, V : 이론유속)

① $C_a = \dfrac{a_o}{a}$, $1.0 \sim 1.1$
② $C_a = \dfrac{V_o}{V}$, $1.0 \sim 1.1$
③ $C_a = \dfrac{a_o}{a}$, $0.6 \sim 0.7$
④ $C_a = \dfrac{V_o}{V}$, $0.6 \sim 0.7$

해설 수축계수 $C_a = \dfrac{a_o}{a}$ 이고, $C_a = 0.61 \sim 0.72$이다.

9. 수로폭이 3m인 직사각형 개수로에서 비에너지가 1.5m일 경우의 최대 유량은? (단, 에너지보정계수는 1.0이다.)

① $9.39\text{m}^3/\text{s}$
② $11.50\text{m}^3/\text{s}$
③ $14.09\text{m}^3/\text{s}$
④ $17.25\text{m}^3/\text{s}$

해설
㉮ $h_c = \dfrac{2}{3} H_e = \dfrac{2}{3} \times 1.5 = 1\text{m}$

㉯ $h_c = \left(\dfrac{\alpha Q^2}{gb^2} \right)^{\frac{1}{3}}$
$$1 = \left(\frac{Q^2}{9.8 \times 3^2} \right)^{\frac{1}{3}}$$
$$\therefore Q = Q_{\max} = 9.39\text{m}^3/\text{s}$$

10. DAD해석에 관련된 것으로 옳은 것은?

① 수심 – 단면적 – 홍수기간
② 적설량 – 분포면적 – 적설일수
③ 강우깊이 – 유역면적 – 강우기간
④ 강우깊이 – 유수 단면적 – 최대 수심

해설 최대 평균우량깊이 – 유역면적 – 지속기간의 관계를 수립하는 작업을 D.A.D해석이라 한다.

11. 동수반지름(R)이 10m, 동수경사(I)가 1/200, 관로의 마찰손실계수(f)가 0.04일 때 유속은?

① $8.9\text{m}/\text{s}$
② $9.9\text{m}/\text{s}$
③ $11.3\text{m}/\text{s}$
④ $12.3\text{m}/\text{s}$

해설
㉮ $f = 124.5 n^2 D^{-\frac{1}{3}}$
$$0.04 = 124.5 \times n^2 \times (4 \times 10)^{-\frac{1}{3}}$$
$$\therefore n = 0.033$$
㉯ $V = \dfrac{1}{n} R^{\frac{2}{3}} I^{\frac{1}{2}}$
$$= \frac{1}{0.033} \times 10^{\frac{2}{3}} \times \left(\frac{1}{200} \right)^{\frac{1}{2}} = 9.95\text{m}/\text{s}$$

12. 단위유량도(Unit hydrograph)를 작성함에 있어서 기본가정에 해당되지 않는 것은?

① 비례가정
② 중첩가정
③ 직접유출의 가정
④ 일정기저시간의 가정

해설 단위도의 가정 : 일정기저시간가정, 비례가정, 중첩가정

13. 관수로에 물이 흐를 때 층류가 되는 레이놀즈수(R_e, Reynolds Number)의 범위는?

① $R_e < 2,000$
② $2,000 < R_e < 3,000$
③ $3,000 < R_e < 4,000$
④ $R_e > 4,000$

해설 ㉮ $R_e \leq 2,000$이면 층류이다.

㉯ $2,000 < R_e < 4,000$이면 층류와 난류가 공존한다(천이영역).

㉰ $R_e \geq 4,000$이면 난류이다.

14. 밀도가 ρ인 액체에 지름 d인 모세관을 연직으로 세웠을 경우 이 모세관 내에 상승한 액체의 높이는? (단, T : 표면장력, θ : 접촉각)

① $h = \dfrac{4T\cos\theta}{\rho g d^2}$　　　② $h = \dfrac{2T\cos\theta}{\rho g d}$

③ $h = \dfrac{2T\cos\theta}{\rho g d^2}$　　　④ $h = \dfrac{4T\cos\theta}{\rho g d}$

해설 $h_c = \dfrac{4T\cos\theta}{wD} = \dfrac{4T\cos\theta}{\rho g D}$

15. 정수 중의 평면에 작용하는 압력프리즘에 관한 성질 중 틀린 것은?

① 전수압의 크기는 압력프리즘의 면적과 같다.

② 전수압의 작용선은 압력프리즘의 도심을 통과한다.

③ 수면에 수평한 평면의 경우 압력프리즘은 직사각형이다.

④ 한쪽 끝이 수면에 닿는 평면의 경우에는 삼각형이다.

해설 전수압의 크기는 압력프리즘의 체적과 같다.

16. 수로의 경사 및 단면의 형상이 주어질 때 최대유량이 흐르는 조건은?

① 수심이 최소이거나 경심이 최대일 때

② 윤변이 최대이거나 경심이 최소일 때

③ 윤변이 최소이거나 경심이 최대일 때

④ 수로폭이 최소이거나 수심이 최대일 때

해설 주어진 단면적과 수로의 경사에 대하여 경심이 최대 혹은 윤변이 최소일 때 최대 유량이 흐르고, 이러한 단면을 수리상 유리한 단면이라 한다.

17. 단순수문곡선의 분리방법이 아닌 것은?

① N−day법　　　② S−curve법

③ 수평직선분리법　　④ 지하수감수곡선법

해설 수문곡선의 분리법 : 지하수감수곡선법, 수평직선분리법, N−day법, 수정N−day법

18. 지하수의 투수계수와 관계가 없는 것은?

① 토사의 형상　　　② 토사의 입도

③ 물의 단위중량　　④ 토사의 단위중량

해설 $K = D_s^2 \dfrac{\gamma_w}{\mu} \dfrac{e^3}{1+e} C$

19. $0.3\text{m}^3/\text{s}$의 물을 실양정 45m의 높이로 양수하는 데 필요한 펌프의 동력은? (단, 마찰손실수두는 18.6m이다.)

① 186.98kW　　　② 196.98kW

③ 214.4kW　　　④ 224.4kW

해설 $E = 9.8Q(H+\sum h) = 9.8 \times 0.3 \times (45+18.6)$
$= 186.98\text{kW}$

20. 지하수의 흐름에 대한 Darcy의 법칙은? (단, V : 유속, Δh : 길이 ΔL에 대한 손실수두, k : 투수계수)

① $V = k\left(\dfrac{\Delta h}{\Delta L}\right)^2$　　　② $V = k\left(\dfrac{\Delta h}{\Delta L}\right)$

③ $V = k\left(\dfrac{\Delta h}{\Delta L}\right)^{-1}$　　④ $V = k\left(\dfrac{\Delta h}{\Delta L}\right)^{-2}$

해설 $V = ki = k\dfrac{dh}{dL}$

1. 흐름 중 상류(常流)에 대한 수식으로 옳지 않은 것은? (단, H_c : 한계수심, I_c : 한계경사, V_c : 한계유속, H : 수심, I : 수로경사, V : 유속)

① $H_c < H$ ② $I_c > I$

③ $\dfrac{V}{\sqrt{gH}} > 1$ ④ $V_c > V$

▶**해설**

상류	사류
$I < I_c$	$I > I_c$
$V < V_c$	$V > V_c$
$h > h_c$	$h < h_c$
$F_r < 1$	$F_r > 1$

2. 개수로에서 파상도수가 일어나는 범위는? (단, F_{r1} : 도수 전의 Froude number)

① $F_{r1} = \sqrt{3}$ ② $1 < F_{r1} < \sqrt{3}$

③ $2 > F_{r1} > \sqrt{3}$ ④ $\sqrt{2} < F_{r1} < \sqrt{3}$

▶**해설** ㉮ 완전도수 : $F_r \geq \sqrt{3}$

㉯ 파상도수 : $1 < F_r < \sqrt{3}$

3. 정수(靜水) 중의 한 점에 작용하는 정수압의 크기가 방향에 관계없이 일정한 이유로 옳은 것은?

① 물의 단위중량이 9.81kN/m^3로 일정하기 때문이다.

② 정수면은 수평이고 표면장력이 작용하기 때문이다.

③ 수심이 일정하여 정수압의 크기가 수심에 반비례하기 때문이다.

④ 정수압은 면에 수직으로 작용하고 정역학적 평형방정식에 의해 모든 방향에서 크기가 같기 때문이다.

4. Darcy의 법칙을 지하수에 적용시킬 수 있는 경우는?

① 난류인 경우 ② 사류인 경우

③ 상류인 경우 ④ 층류인 경우

▶**해설** Darcy의 법칙

㉮ $V = Ki$

㉯ $R_e < 4$인 층류에서 성립한다.

5. 마찰손실계수(f)가 0.03일 때 Chezy의 평균유속계수 ($C[\text{m}^{1/2}/\text{s}]$)는? (단, Chezy의 평균유속 $V = C\sqrt{RI}$)

① 48.1 ② 51.1

③ 53.4 ④ 57.4

▶**해설** $f = \dfrac{8g}{C^2}$

$0.03 = \dfrac{8 \times 9.8}{C^2}$

$\therefore C = 51.12\text{m}^{\frac{1}{2}}/\text{s}$

6. 다음 그림과 같이 단면적이 200cm^2인 $90°$ 굽어진 관(1/4원의 형태)을 따라 유량 $Q = 0.05\text{m}^3/\text{s}$의 물이 흐르고 있다. 이 굽어진 면에 작용하는 힘(P)은?

① 157N
② 177N
③ 1,570N
④ 1,770N

▶**해설** ㉮ $Q = AV$

$0.05 = 200 \times 10^{-4} \times V$

$\therefore V = 2.5\text{m/s}$

㉯ $P_x = \dfrac{wQ}{g}(V_1 - V_2) = \dfrac{1 \times 0.05}{9.8} \times (2.5 - 0)$

$= 0.01276\text{t} = 12.76\text{kg}$

㉰ $P_y = \dfrac{wQ}{g}(V_2 - V_1) = \dfrac{1 \times 0.05}{9.8} \times (2.5 - 0)$

$= 0.01276\text{t} = 12.76\text{kg}$

㉱ $P = \sqrt{P_x{}^2 + P_y{}^2} = \sqrt{12.76^2 + 12.76^2}$

$= 18.05\text{kg} = 176.84\text{N}$

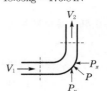

7. 관수로의 관망설계에서 각 분기점 또는 합류점에 유입하는 유량은 그 점에서 정지하지 않고 전부 유출하는 것으로 가정하여 관망을 해석하는 방법은?

① Manning방법

② Hardy-Cross방법

③ Darcy-Weisbach방법

④ Ganguillet-Kutter방법

해설 Hardy-cross의 관망계산법의 조건

㉠ $\sum Q = 0$조건 : 각 분기점 또는 합류점에 유입하는 유량은 그 점에서 정지하지 않고 전부 유출한다.

㉡ $\sum h_L = 0$조건 : 각 폐합관에서 시계방향 또는 반시계방향으로 흐르는 관로의 손실수두의 합은 0이다.

8. 다음 그림과 같이 지름 3m, 길이 8m인 수문에 작용하는 수평분력의 작용점까지 수심(h_c)은?

① 2.00m

② 2.12m

③ 2.34m

④ 2.43m

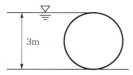

해설 $h_c = \dfrac{2}{3}h = \dfrac{2}{3} \times 3 = 2\text{m}$

9. 사다리꼴 단면인 개수로에서 수리학적으로 가장 유리한 단면의 조건은? (단, R : 경심, B : 수면폭, h : 수심)

① $B = \dfrac{h}{2}$

② $B = h$

③ $R = \dfrac{h}{2}$

④ $R = h$

해설 수리상 유리한 단면

㉠ 직사각형 단면 : $B = 2h$, $R = \dfrac{h}{2}$

㉡ 사다리꼴 단면 : $B = 2l$, $R = \dfrac{h}{2}$

10. 수축계수 0.45, 유속계수 0.92인 오리피스의 유량계수는?

① 0.414

② 0.489

③ 0.643

④ 2.044

해설 $C = C_a C_v = 0.45 \times 0.92 = 0.414$

11. 위어(weir) 중에서 수두변화에 따른 유량변화가 가장 예민하여 유량이 적은 실험용 소규모 수로에 주로 사용하며 비교적 정확한 유량측정이 필요한 경우 사용하는 것은?

① 원형 위어

② 삼각위어

③ 사다리꼴위어

④ 직사각형 위어

12. 유체의 점성(viscosity)에 대한 설명으로 옳은 것은?

① 유체의 비중을 알 수 있는 척도이다.

② 동점성계수는 점성계수에 밀도를 곱한 값이다.

③ 액체의 경우 온도가 상승하면 점성도 함께 커진다.

④ 점성계수는 전단응력(τ)을 속도경사$\left(\dfrac{\partial v}{\partial y}\right)$로 나눈 값이다.

해설 $\tau = \mu \dfrac{dv}{dy}$

13. 관수로 내의 흐름을 지배하는 주된 힘은?

① 인력

② 중력

③ 자기력

④ 점성력

14. 반지름 1.5m의 강관에 압력수두 100m의 물이 흐른다. 강재의 허용응력이 147MPa일 때 강관의 최소 두께는?

① 0.5cm

② 0.8cm

③ 1.0cm

④ 10cm

해설

㉠ $P = wh = 9.8 \times 100 = 980\text{kN/m}^2 = 0.98\text{MN/m}^2$

㉡ $t = \dfrac{PD}{2\sigma_{ta}} = \dfrac{0.98 \times (1.5 \times 2)}{2 \times 147} = 0.01\text{m} = 1\text{cm}$

〈참고〉 $1\text{MPa} = 1{,}000\text{kPa}$, $\text{Pa} = \text{N/m}^2$

15. 지하수의 유수이동에 적용되는 Darcy의 법칙은? (단, v : 유속, K : 투수계수, I : 동수경사, h : 수심, R : 동수반경, C : 유속계수)

① $v = -KI$

② $v = -Kh$

③ $v = -KCI$

④ $v = C\sqrt{RI}$

해설 Darcy의 법칙

㉠ $V = Ki$

㉡ $R_e < 4$인 층류에서 성립한다.

16. 다음 그림과 같이 단면 ①에서 관의 지름이 0.5m, 유속이 2m/s이고 단면 ②에서 관의 지름이 0.2m일 때 단면 ②에서의 유속은?

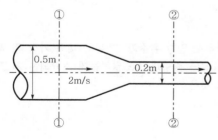

① 10.5m/s　　　② 11.5m/s

③ 12.5m/s　　　④ 13.5m/s

⬥해설 $A_1 V_1 = A_2 V_2$

$$\frac{\pi \times 0.5^2}{4} \times 2 = \frac{\pi \times 0.2^2}{4} \times V_2$$

$$\therefore V_2 = 12.5 \text{m/s}$$

17. 개수로에서 도수로 인한 에너지손실을 구하는 식으로 옳은 것은? (단, h_1 : 도수 전의 수심, h_2 : 도수 후의 수심)

① $H_e = \dfrac{(h_2 - h_1)^3}{h_1 h_2}$　　② $H_e = \dfrac{(h_2 - h_1)^3}{2h_1 h_2}$

③ $H_e = \dfrac{(h_2 - h_1)^3}{3h_1 h_2}$　　④ $H_e = \dfrac{(h_2 - h_1)^3}{4h_1 h_2}$

18. 에너지선에 대한 설명으로 옳은 것은?

① 유체의 흐름방향을 결정한다.

② 이상유체흐름에서는 수평기준면과 평행하다.

③ 유량이 일정한 흐름에서는 동수경사선과 평행하다.

④ 유선상의 각 점에서의 압력수두와 위치수두의 합을 연결한 선이다.

⬥해설 이상유체흐름에서는 손실수두가 0이므로 에너지선과 수평기준면은 평행하다.

19. 지름 0.3cm의 작은 물방울에 표면장력 T_{15} = 0.00075N/cm가 작용할 때 물방울 내부와 외부의 압력차는?

① 30Pa　　　② 50Pa

③ 80Pa　　　④ 100Pa

⬥해설 $PD = 4 T_{15}$

$P \times 0.3 = 4 \times 0.00075$

$\therefore P = 0.01 \text{N/cm}^2 = 100 \text{N/m}^2 = 100 \text{Pa}$

〈참고〉 $1\text{Pa} = 1\text{N/m}^2$

20. 10m깊이의 해수 중에서 작업하는 잠수부가 받는 계기압력은? (단, 해수의 비중은 1.025)

① 약 1기압　　　② 약 2기압

③ 약 3기압　　　④ 약 4기압

⬥해설 $P = wh = 1.025 \times 10 = 10.25 \text{t/m}^2$

$= \dfrac{10.25}{10.33} = 0.99$기압

〈참고〉 1기압 $= 10.33 \text{t/m}^2$

1. 밑변 2m, 높이 3m인 삼각형 형상의 판이 밑변을 수면과 맞대고 연직으로 수중에 있다. 이 삼각형 판의 작용점 위치는? (단, 수면을 기준으로 한다.)

① 1m
② 1.33m
③ 1.5m
④ 2m

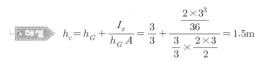

$$h_c = h_G + \frac{I_x}{h_G A} = \frac{3}{3} + \frac{\frac{2 \times 3^3}{36}}{\frac{3}{3} \times \frac{2 \times 3}{2}} = 1.5\text{m}$$

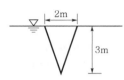

2. 시간을 t, 유속을 v, 두 단면 간의 거리를 l이라 할 때 다음 조건 중 부등류인 경우는?

① $\dfrac{v}{t} = 0$
② $\dfrac{v}{t} \neq 0$
③ $\dfrac{v}{t} = 0$, $\dfrac{v}{l} = 0$
④ $\dfrac{v}{t} = 0$, $\dfrac{v}{l} \neq 0$

▶해설 ㉮ 정류 : $\dfrac{\partial v}{\partial t} = 0$, $\dfrac{\partial Q}{\partial t} = 0$

  ㉠ 등류 : $\dfrac{\partial v}{\partial t} = 0$, $\dfrac{\partial v}{\partial l} = 0$

  ㉡ 부등류 : $\dfrac{\partial v}{\partial t} = 0$, $\dfrac{\partial v}{\partial l} \neq 0$

㉯ 부정류 : $\dfrac{\partial v}{\partial t} \neq 0$, $\dfrac{\partial Q}{\partial t} \neq 0$

3. 지하의 사질여과층에서 수두차가 0.5m이며 투과 거리가 2.5m일 때 이곳을 통과하는 지하수의 유속은? (단, 투수계수는 0.3cm/s이다.)

① 0.03cm/s
② 0.04cm/s
③ 0.05cm/s
④ 0.06cm/s

▶해설 $V = Ki = 0.3 \times \dfrac{0.5}{2.5} = 0.06\text{cm/s}$

4. 강우로 인한 유수가 그 유역 내의 가장 먼 지점으로부터 유역 출구까지 도달하는데 소요되는 시간을 의미하는 것은?

① 기저시간
② 도달시간
③ 지체시간
④ 강우지속시간

5. 관망계산에 대한 설명으로 틀린 것은?

① 관망은 Hardy-Cross방법으로 근사계산할 수 있다.
② 관망계산 시 각 관에서의 유량을 임의로 가정해도 결과는 같아진다.
③ 관망계산에서 반시계방향과 시계방향으로 흐를 때의 마찰손실수두의 합은 0이라고 가정한다.
④ 관망계산 시 극히 작은 손실의 무시로도 결과에 큰 차를 가져올 수 있으므로 무시하여서는 안 된다.

▶해설 Hardy-Cross관망계산법의 조건
  ㉮ $\sum Q = 0$조건 : 각 분기점 또는 합류점에 유입하는 유량은 그 점에서 정지하지 않고 전부 유출한다.
  ㉯ $\sum h_L = 0$조건 : 각 폐합관에서 시계방향 또는 반시계방향으로 흐르는 관로의 손실수두의 합은 0이다.
  ㉰ 관망설계 시 손실은 마찰손실만 고려한다.

6. 다음 중 밀도를 나타내는 차원은?

① $[FL^{-4}T^2]$
② $[FL^4T^2]$
③ $[FL^{-2}T^4]$
④ $[FL^{-2}T^{-4}]$

▶해설 $\rho = \dfrac{w}{g}$의 단위는 $\dfrac{\frac{t}{m^3}}{\frac{m}{\sec^2}} = \dfrac{t \cdot \sec^2}{m^4}$이므로 차원은 $[FL^{-4}T^2]$이다.

7. 일반적인 수로 단면에서 단면계수 Z_c와 수심 h의 상관식은 $Z_c^2 = Ch^M$으로 표시할 수 있는데, 이 식에서 M은?

① 단면지수
② 수리지수
③ 윤변지수
④ 흐름지수

[해설] $Z_c = A\sqrt{D} = A\sqrt{\dfrac{A}{B}}$

일반적인 단면일 때 $Z_c^2 = Ch^M$로 표시하며 M을 수리지수라 한다.

8. 지하수흐름에서 Darcy법칙에 관한 설명으로 옳은 것은?
① 정상상태이면 난류영역에서도 적용된다.
② 투수계수(수리전도계수)는 지하수의 특성과 관계가 있다.
③ 대수층의 모세관작용은 공식에 간접적으로 반영되었다.
④ Darcy공식에 의한 유속은 공극 내 실제 유속의 평균치를 나타낸다.

[해설] ㉮ Darcy법칙 : $V = Ki$는 $R_e < 4$인 층류의 흐름과 대수층 내에 모관수대가 존재하지 않는 흐름에만 적용된다.
㉯ 실제 유속 : $V_s = \dfrac{V}{n}$

9. 강우강도 $I = \dfrac{5,000}{t+40}$[mm/h]로 표시되는 어느 도시에 있어서 20분간의 강우량 R_{20}은? (단, t의 단위는 분이다.)
① 17.8mm
② 27.8mm
③ 37.8mm
④ 47.8mm

[해설] ㉮ $I = \dfrac{5,000}{t+40} = \dfrac{5,000}{20+40} = 83.33$mm/h
㉯ $R_{20} = \dfrac{83.33}{60} \times 20 = 27.78$mm

10. 광정위어(weir)의 유량공식 $Q = 1.704CbH^{3/2}$에 사용되는 수두(H)는?

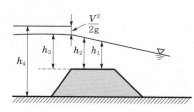

① h_1
② h_2
③ h_3
④ h_4

11. 오리피스(orifice)로부터의 유량을 측정한 경우 수두 H를 추정함에 1%의 오차가 있었다면 유량 Q에는 몇 %의 오차가 생기는가?
① 1%
② 0.5%
③ 1.5%
④ 2%

[해설] $\dfrac{dQ}{Q} = \dfrac{1}{2}\dfrac{dh}{h} = \dfrac{1}{2} \times 1 = 0.5\%$

12. 유체의 흐름에 대한 설명으로 옳지 않은 것은?
① 이상유체에서 점성은 무시된다.
② 유관(stream tube)은 유선으로 구성된 가상적인 관이다.
③ 점성이 있는 유체가 계속해서 흐르기 위해서는 가속도가 필요하다.
④ 정상류의 흐름상태는 위치변화에 따라 변화하지 않는 흐름을 의미한다.

[해설] 수류의 한 단면에서 유량이나 속도, 압력, 밀도 등이 시간에 따라 변하지 않는 흐름을 정류라 한다.

13. 강우강도공식에 관한 설명으로 틀린 것은?
① 자기우량계의 우량자료로부터 결정되며 지역에 무관하게 적용 가능하다.
② 도시지역의 우수관로, 고속도로암거 등의 설계 시 기본자료로서 널리 이용된다.
③ 강우강도가 커질수록 강우가 계속되는 시간은 일반적으로 작아지는 반비례관계이다.
④ 강우강도(I)와 강우지속시간(D)과의 관계로서 Talbot, Sherman, Japanese형의 경험공식에 의해 표현될 수 있다.

[해설] 강우강도공식은 지역에 따라 다르다.

14. 주어진 유량에 대한 비에너지(specific energy)가 3m일 때 한계수심은?
① 1m
② 1.5m
③ 2m
④ 2.5m

[해설] $h_c = \dfrac{2}{3}H_e = \dfrac{2}{3} \times 3 = 2$m

15. 다음 그림과 같이 지름 3m, 길이 8m인 수로의 드럼게이트에 작용하는 전수압이 수문 ABC에 작용하는 지점의 수심은?

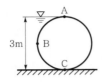

① 2.0m
② 2.25m
③ 2.43m
④ 2.68m

 ㉮ $\tan\theta = \dfrac{0.5}{0.637}$

$\therefore\ \theta = 38.13°$

㉯ $\sin 38.13° = \dfrac{x}{1.5}$

$\therefore\ x = 1.5 \times \sin 38.13° = 0.926\text{m}$

㉰ $h = 1.5 + x = 1.5 + 0.926 = 2.426\text{m}$

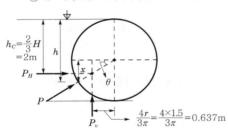

$h_c = \dfrac{2}{3}H$
$= 2\text{m}$

$\dfrac{4r}{3\pi} = \dfrac{4 \times 1.5}{3\pi} = 0.637\text{m}$

16. 다음 그림과 같이 A에서 분기했다가 B에서 다시 합류하는 관수로에 물이 흐를 때 관 I과 Ⅱ의 손실수두에 대한 설명으로 옳은 것은? (단, 관 I의 지름 < 관 Ⅱ의 지름이며, 관의 성질은 같다.

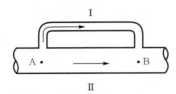

① 관 I의 손실수두가 크다.
② 관 Ⅱ의 손실수두가 크다.
③ 관 I과 관 Ⅱ의 손실수두는 같다.
④ 관 I과 관 Ⅱ의 손실수두의 합은 0이다.

 병렬관수로 I, Ⅱ의 손실수두는 같다.

17. 토리첼리(Torricelli)정리는 다음 중 어느 것을 이용하여 유도할 수 있는가?

① 파스칼원리
② 아르키메데스원리
③ 레이놀즈원리
④ 베르누이정리

18. 유역면적 20km²지역에서 수공구조물의 축조를 위해 다음의 수문곡선을 얻었을 때 총유출량은?

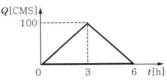

① 108m³
② 108×10⁴m³
③ 300m³
④ 300×10⁴m³

 총유출량 $= \dfrac{100 \times (6 \times 3,600)}{2} = 108 \times 10^4\text{m}^3$

〈참고〉 CMS=m³/s(cubic meter per sec)

19. 다음 그림과 같은 사다리꼴수로에서 수리상 유리한 단면으로 설계된 경우의 조건은?

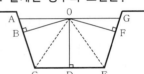

① OB=OD=OF
② OA=OD=OG
③ OC=OG+OA=OE
④ OA=OC=OE=OG

 사다리꼴 단면수로의 수리상 유리한 단면은 수심을 반지름으로 하는 반원에 외접하는 정육각형의 제형 단면이다.

$\therefore$ OB=OD=OF

20. 평면상 x, y방향의 속도성분이 각각 $u = ky$, $v = kx$인 유선의 형태는?

① 원
② 타원
③ 쌍곡선
④ 포물선

 $\dfrac{dx}{u} = \dfrac{dy}{v}$

$\dfrac{dx}{ky} = \dfrac{dy}{kx}$

$xdx - ydy = 0$

$x^2 - y^2 = c$

$\therefore\ \dfrac{x^2}{c} - \dfrac{y^2}{c} = 1$이므로 쌍곡선이다.

1. Darcy의 법칙을 층류에만 적용하여야 하는 이유는?

① 레이놀즈수가 크기 때문이다.

② 투수계수의 물리적 특성 때문이다.

③ 유속과 손실수두가 비례하기 때문이다.

④ 지하수흐름은 항상 층류이기 때문이다.

> **해설** 일반적으로 관수로 내의 층류에서의 유속은 동수경사에 비례한다. 그리고 Darcy의 법칙은 다공층을 통해 흐르는 지하수의 유속이 동수경사에 직접 비례함을 뜻하므로 Darcy의 법칙은 층류에만 적용시킬 수 있다는 귀납적 결론을 내릴 수 있다.

2. 수면경사가 1/500인 직사각형 수로에 유량이 50m³/s로 흐를 때 수리상 유리한 단면의 수심(h)은? (단, Manning 공식을 이용하며 $n=0.023$)

① 0.8m   ② 1.1m

③ 2.0m   ④ 3.1m

> **해설** 직사각형 수로의 수리상 유리한 단면은 $b=2h$,
> $R=\dfrac{h}{2}$ 이므로
> $$A=bh=2h \times h=2h^2$$
> $$Q=A\frac{1}{n}R^{\frac{2}{3}}I^{\frac{1}{2}}=2h^2\frac{1}{n}\left(\frac{h}{2}\right)^{\frac{2}{3}}I^{\frac{1}{2}}$$
> $$50=2h^2 \times \frac{1}{0.023} \times \left(\frac{h}{2}\right)^{\frac{2}{3}} \times \left(\frac{1}{500}\right)^{\frac{1}{2}}$$
> $$h^{\frac{8}{3}}=20.41$$
> $$\therefore \ h=3.1\text{m}$$

3. 위어에 있어서 수맥의 수축에 대한 일반적인 설명으로 옳지 않은 것은?

① 정수축은 광정위어에서 생기는 수축현상이다.

② 연직수축이란 면수축과 정수축을 합한 것이다.

③ 단수축은 위어의 측벽에 의해 월류폭이 수축하는 현상이다.

④ 면수축은 물의 위치에너지가 운동에너지로 변화하기 때문에 생긴다.

> **해설** ㉮ 정수축 : 위어 마루부에서 일어나는 수축
> ㉯ 면수축 : 위어의 상류 약 $2h$ 되는 곳에서부터 위어까지 계속적으로 수면강하가 일어나는 수축
> ㉰ 단수축 : 위어의 측벽면이 날카로워서 월류폭이 수축하는 것

4. 동수경사선에 관한 설명으로 옳지 않은 것은?

① 항상 에너지선과 평행하다.

② 개수로수면이 동수경사선이 된다.

③ 에너지선보다 속도수두만큼 아래에 있다.

④ 압력수두와 위치수두의 합을 연결한 선이다.

> **해설** 등류일 때 동수경사선과 에너지선이 평행하다.

5. 어느 하천에서 H_m 되는 곳까지 양수하려고 한다. 양수량을 $Q[\text{m}^3/\text{s}]$, 모든 손실수두의 합을 $\sum h_e$ 펌프와 모터의 효율을 각각 η_1, η_2라 할 때 펌프의 동력을 구하는 식은?

① $\dfrac{9.8Q(H+\sum h_e)}{75\eta_1\eta_2}[\text{kW}]$

② $\dfrac{9.8Q(H+\sum h_e)}{\eta_1\eta_2}[\text{kW}]$

③ $\dfrac{9.8Q(H-\sum h_e)}{75\eta_1\eta_2}[\text{kW}]$

④ $\dfrac{13.33Q(H-\sum h_e)}{\eta_1\eta_2}[\text{kW}]$

> **해설** $E=\dfrac{9.8Q(H+\sum h_e)}{\eta_1\eta_2}[\text{kW}]$

6. 물이 흐르고 있는 벤투리미터(Venturi meter)의 관부와 수축부에 수은을 넣은 U자형 액주계를 연결하여 수은주의 높이차 $h_m=10$cm를 읽었다. 관부와 수축부의 압력수두의 차는? (단, 수은의 비중은 13.6이다.)

① 1.26m   ② 1.36m

③ 12.35m   ④ 13.35m

해설 $H = \left(\dfrac{w' - w}{w}\right)h_m = \left(\dfrac{13.6 - 1}{1}\right) \times 0.1 = 1.26\text{m}$

7. 원통형의 용기에 깊이 1.5m까지는 비중이 1.35인 액체를 넣고, 그 위에 2.5m의 깊이로 비중이 0.95인 액체를 넣었을 때 밑바닥이 받는 총압력은? (단, 물의 단위중량 9.81kN/m³이며, 밑바닥의 지름은 2m이다.)

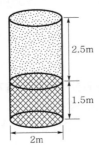

① 125.5kN ② 135.6kN
③ 145.5kN ④ 155.6kN

해설 ㉮ 비중 = $\dfrac{\text{단위중량}}{\text{물의 단위중량}}$ 에서

㉠ $0.95 = \dfrac{w_1}{9.81}$

$\therefore w_1 = 0.95 \times 9.81 = 9.32\text{kN/m}^3$

㉡ $1.35 = \dfrac{w_2}{9.81}$

$\therefore w_2 = 1.35 \times 9.81 = 13.24\text{kN/m}^3$

㉯ $P = (w_1 h_1 + w_2 h_2)A$

$= (9.32 \times 2.5 + 13.24 \times 1.5) \times \dfrac{\pi \times 2^2}{4}$

$= 135.59\text{kN}$

8. 물의 성질에 대한 설명으로 옳지 않은 것은?
① 물의 점성계수는 수온이 높을수록 그 값이 커진다.
② 공기에 접촉하는 물의 표면장력은 온도가 상승하면 감소한다.
③ 내부마찰력이 큰 것은 내부마찰력이 작은 것보다 그 점성계수의 값이 크다.
④ 압력이 증가하면 물의 압축계수(C_w)는 감소하고, 체적탄성계수(E_w)는 증가한다.

해설 액체의 점성은 액체분자 간의 응집력에 의한 것이므로 온도가 증가하면 응집력이 작아지므로 점성계수가 작아진다.

9. 지름 7cm의 연직관에 높이 1m만큼 모래를 넣었다. 이 모래 위에 물을 20cm만큼 일정하게 유지하여 투수량(透水量) $Q = 5.0\,l/h$를 얻었다. 모래의 투수계수(K)를 구한 값은?

① 6.495m/h ② 649.5m/h
③ 1.083m/h ④ 108.3m/h

해설 $Q = KiA = K\dfrac{h}{L}A$

$5 \times 10^{-3} = K \times \dfrac{1.2}{1} \times \dfrac{\pi \times 0.07^2}{4}$

$\therefore K = 1.083\text{m/h}$

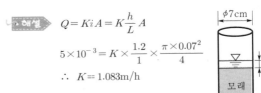

10. 단위시간에 있어서 속도변화가 V_1에서 V_2로 되며, 이때 질량 m인 유체의 밀도를 ρ라 할 때 운동량방정식은? (단, Q: 유량, ω: 유체의 단위중량, g: 중력가속도)

① $F = \dfrac{\omega Q}{\rho}(V_2 - V_1)$ ② $F = \omega Q(V_2 - V_1)$

③ $F = \dfrac{Qg}{\omega}(V_2 - V_1)$ ④ $F = \dfrac{\omega}{g}Q(V_2 - V_1)$

11. 밑면적 A, 높이 H인 원주형 물체의 흘수가 h라면 물체의 단위중량 ω_m은? (단, 물의 단위중량은 ω_o이다.)

① $\omega_m = \omega_o\dfrac{H}{h}$ ② $\omega_m = \omega_o\dfrac{h}{H}$

③ $\omega_m = \omega_o\left(\dfrac{H-h}{h}\right)$ ④ $\omega_m = \omega_o\left(\dfrac{H-h}{H}\right)$

해설 $M = B$

$\omega_1 V_1 = \omega_2 V_2$

$\omega_m AH = \omega_o Ah$

$\therefore \omega_m = \omega_o\dfrac{h}{H}$

12. 모세관현상에 대한 설명으로 옳지 않은 것은?
① 모세관의 상승높이는 액체의 단위중량에 비례한다.
② 모세관의 상승높이는 모세관의 지름에 반비례한다.
③ 모세관의 상승 여부는 액체의 응집력과 액체와 관벽의 부착력에 의해 좌우된다.
④ 액체의 응집력이 관벽과의 부착력보다 크면 관내 액체의 높이는 관 밖보다 낮아진다.

해설 ㉮ $h_c = \dfrac{4T\cos\theta}{wD}$

㉯ 물과 같이 부착력이 응집력보다 크면 모세관 위로 올라가고, 수은과 같이 응집력이 부착력보다 크면 모세관 내의 수은은 수은표면보다 아래로 내려간다.

13. 다음 중 베르누이의 정리를 응용한 것이 아닌 것은?
① Pitot tube
② Venturi meter
③ Pascal의 원리
④ Torricelli의 정리

14. 한계수심에 관한 설명으로 옳은 것은?
① 유량이 최소이다.
② 비에너지가 최소이다.
③ Reynolds수가 1이다.
④ Froude수가 1보다 크다.

해설 한계수심일 때 유량이 최대이고, 비에너지는 최소이다.

15. 경심에 대한 설명으로 옳은 것은?
① 물이 흐르는 수로
② 물이 차서 흐르는 횡단면적
③ 유수 단면적을 윤변으로 나눈 값
④ 횡단면적과 물이 접촉하는 수로벽면 및 바닥길이

해설 R(경심)$= \dfrac{A(\text{단면적})}{S(\text{윤변})}$

16. 수두(水頭)가 2m인 오리피스에서의 유량은? (단, 오리피스의 지름 10cm, 유량계수 0.76)
① $0.017\text{m}^3/\text{s}$
② $0.027\text{m}^3/\text{s}$
③ $0.037\text{m}^3/\text{s}$
④ $0.047\text{m}^3/\text{s}$

해설 $Q = Ca\sqrt{2gh}$

$= 0.76 \times \dfrac{\pi \times 0.1^2}{4} \times \sqrt{2 \times 9.8 \times 2} = 0.037\text{m}^3/\text{s}$

17. 폭 20m인 직사각형 단면수로에 30.6m³/s의 유량이 0.8m의 수심으로 흐를 때 Froude수(㉠)와 흐름상태(㉡)는?
① ㉠ 0.683, ㉡ 상류
② ㉠ 0.683, ㉡ 사류
③ ㉠ 1.464, ㉡ 상류
④ ㉠ 1.464, ㉡ 사류

해설 ㉮ $V = \dfrac{Q}{A} = \dfrac{30.6}{20 \times 9.8} = 1.91\text{m/s}$

㉯ $F_r = \dfrac{V}{\sqrt{gh}} = \dfrac{1.91}{\sqrt{9.8 \times 0.8}}$

$= 0.682 < 1$이므로 상류이다.

18. 관망문제해석에서 손실수두를 유량의 함수로 표시하여 사용할 경우 지름 D인 원형 단면관에 대하여 $h_L = kQ^2$으로 표시할 수 있다. 관의 특성 제원에 따라 결정되는 상수 k의 값은? (단, f는 마찰손실계수, l은 관의 길이이며 다른 손실은 무시한다.)
① $\dfrac{0.0827fl}{D^3}$
② $\dfrac{0.0827lD}{f}$
③ $\dfrac{0.0827fD}{l^2}$
④ $\dfrac{0.0827fl}{D^5}$

해설 $h_L = f\dfrac{l}{D}\dfrac{V^2}{2g} = f\dfrac{l}{D}\dfrac{Q^2}{2gA^2}$

$= f\dfrac{l}{D}\dfrac{Q^2}{2g\left(\dfrac{\pi D^2}{4}\right)^2} = f\dfrac{l}{D^5}\left(\dfrac{16}{2 \times 9.8\pi^2}\right)Q^2$

$\therefore\ k = \dfrac{0.0827fl}{D^5}$

19. 관의 단면적이 4m²인 관수로에서 물이 정지하고 있을 때 압력을 측정하니 500kPa이었고, 물을 흐르게 했을 때 압력을 측정하니 420kPa이었다면 이때 유속(V)은? (단, 물의 단위중량은 9.81kN/m³이다.)
① 10.05m/s
② 11.16m/s
③ 12.65m/s
④ 15.22m/s

해설 ㉮ 정지하고 있을 때

$H = \dfrac{V_1{}^2}{2g} + \dfrac{P_1}{w} + Z_1$

$= 0 + \dfrac{500}{9.81} + 0 = 50.97\text{m}$

㉯ 물이 흐를 때

$H = \dfrac{V_2{}^2}{2g} + \dfrac{P_2}{w} + Z_2$

$50.97 = \dfrac{V_2{}^2}{2 \times 9.8} + \dfrac{420}{9.81} + 0$

$\therefore\ V_2 = 12.64\text{m/s}$

20. 개수로 내의 한 단면에 있어서 평균유속을 V, 수심을 h라 할 때 비에너지를 표시한 것은?

① $H_e = h + \dfrac{Q}{A}$ ② $H_e = \dfrac{V^2}{2g} + \dfrac{Q}{A}$

③ $H_e = h + \alpha \dfrac{V^2}{2g}$ ④ $H_e = \dfrac{h}{b} + 2g\alpha V^2$

해설 $H_e = h + \alpha \dfrac{V^2}{2g}$

1. 다음 그림과 같이 1m×1m×1m인 정육면체의 나무가 물에 떠 있을 때 부체(浮體)로서 상태로 옳은 것은? (단, 나무의 비중은 0.8이다.)

① 안정하다.
② 불안정하다.
③ 중립상태다.
④ 판단할 수 없다.

 ㉮ $M = B$

$$0.8 \times (1 \times 1 \times 1) = 1 \times (1 \times 1 \times h)$$
$$\therefore \ h = 0.8m$$

㉯ $\dfrac{I_X}{V} - \overline{GC} = \dfrac{\dfrac{1 \times 1^3}{12}}{1 \times 1 \times 0.8} - (0.5 - 0.4)$

$\qquad\qquad = 0.0042m > 0$ 이므로 안정하다.

2. 관의 마찰 및 기타 손실수두를 양정고의 10%로 가정할 경우 펌프의 동력을 마력으로 구하면? (단, 유량은 $Q = 0.07m^3/s$이며, 효율은 100%로 가정한다.)

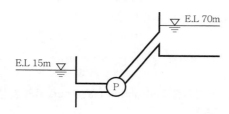

① 57.2HP
② 48.0HP
③ 51.3HP
④ 56.5HP

해설 $E = \dfrac{1,000}{75} \dfrac{Q(H + \Sigma h)}{\eta}$

$\qquad = \dfrac{1,000}{75} \times \dfrac{0.07 \times (55 + 55 \times 0.1)}{1} = 56.47HP$

3. 비피압대수층 내 지름 $D = 2m$, 영향권의 반지름 $R = 1,000m$, 원지하수의 수위 $H = 9m$, 집수정의 수위 $h_o = 5m$인 심정호의 양수량은? (단, 투수계수 $K = 0.0038m/s$)

① $0.0415m^3/s$
② $0.0461m^3/s$
③ $0.0968m^3/s$
④ $1.8232m^3/s$

해설 $Q = \dfrac{\pi K(H^2 - h_o{}^2)}{2.3 \log \dfrac{R}{r_o}}$

$\qquad = \dfrac{\pi \times 0.0038 \times (9^2 - 5^2)}{2.3 \times \log \dfrac{1,000}{1}} = 0.0969m^3/s$

4. 지름 25cm, 길이 1m의 원주가 연직으로 물에 떠 있을 때 물속에 가라앉은 부분의 길이가 90cm라면 원주의 무게는? (단, 무게 1kgf=9.8N)

① 253N
② 344N
③ 433N
④ 503N

해설 $M = B = wV$

$\qquad = 1 \times \left(\dfrac{\pi \times 0.25^2}{4} \times 0.9 \right)$

$\qquad = 0.04418t = 44.18kg = 432.96N$

5. 폭이 50m인 직사각형 수로의 도수 전 수위 $h_1 = 3m$, 유량 $Q = 2,000m^3/s$일 때 대응수심은?

① 1.6m
② 6.1m
③ 9.0m
④ 도수가 발생하지 않는다.

해설 ㉮ $F_{r1} = \dfrac{V}{\sqrt{gh_1}} = \dfrac{\dfrac{2,000}{50 \times 3}}{\sqrt{9.8 \times 3}} = 2.46$

㉯ $\dfrac{h_2}{h_1} = \dfrac{1}{2}(-1 + \sqrt{1 + 8F_{r1}{}^2})$

$\qquad \dfrac{h_2}{3} = \dfrac{1}{2} \times (-1 + \sqrt{1 + 8 \times 2.46^2})$

$\qquad \therefore \ h_2 = 9m$

6. 배수면적이 500ha, 유출계수가 0.70인 어느 유역에 연평균강우량이 1,300mm 내렸다. 이때 유역 내에서 발생한 최대유출량은?

① $0.1443m^3/s$

② $12.64m^3/s$

③ $14.43m^3/s$

④ $1,264m^3/s$

> **해설** ㉮ $I = \dfrac{1,300}{365 \times 24} = 0.148mm/h$
>
> ㉯ $1ha = 10^4 m^2 = 10^{-2} km^2$
>
> ㉰ $Q = 0.2778CIA$
>
> $\quad = 0.2778 \times 0.7 \times 0.148 \times (500 \times 10^{-2})$
>
> $\quad = 0.144m^3/s$

7. 다음 그림과 같은 개수로에서 수로경사 $I=0.001$, Manning의 조도계수 $n=0.002$일 때 유량은?

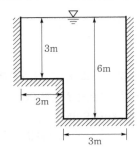

① 약 $150m^3/s$

② 약 $320m^3/s$

③ 약 $480m^3/s$

④ 약 $540m^3/s$

> **해설** ㉮ $A = 2 \times 3 + 3 \times 6 = 24m^2$
>
> ㉯ $R = \dfrac{A}{S} = \dfrac{24}{3+2+3+3+6} = 1.41m$
>
> ㉰ $Q = A\dfrac{1}{n}R^{\frac{2}{3}}I^{\frac{1}{2}}$
>
> $\quad = 24 \times \dfrac{1}{0.002} \times 1.41^{\frac{2}{3}} \times 0.001^{\frac{1}{2}}$
>
> $\quad = 477.16m^3/s$

8. 20℃에서 지름 0.3mm인 물방울이 공기와 접하고 있다. 물방울 내부의 압력이 대기압보다 10gf/cm²만큼 크다고 할 때 표면장력의 크기를 dyne/cm로 나타내면?

① 0.075

② 0.75

③ 73.50

④ 75.0

> **해설** $PD = 4T$
>
> $10 \times 0.03 = 4T$
>
> $\therefore\ T = 0.075g/cm^2 = 0.075 \times 980 = 73.5dyne/cm$

9. 수조에서 수면으로부터 2m의 깊이에 있는 오리피스의 이론유속은?

① 5.26m/s

② 6.26m/s

③ 7.26m/s

④ 8.26m/s

> **해설** $V = \sqrt{2gh} = \sqrt{2 \times 9.8 \times 2} = 6.26m/s$

10. 수심이 10cm, 수로폭이 20cm인 직사각형 개수로에서 유량 $Q=80cm^3/s$가 흐를 때 동점성계수 $\nu=1.0 \times 10^{-2}cm^2/s$이면 흐름은?

① 난류, 사류

② 층류, 사류

③ 난류, 상류

④ 층류, 상류

> **해설** ㉮ $V = \dfrac{Q}{A} = \dfrac{80}{10 \times 20} = 0.4cm/s$
>
> ㉯ $R = \dfrac{A}{S} = \dfrac{10 \times 20}{20 + 10 \times 2} = 5cm$
>
> ㉰ $R_e = \dfrac{VR}{\nu} = \dfrac{0.4 \times 5}{1 \times 10^{-2}}$
>
> $\quad = 200 < 500$이므로 층류이다.
>
> ㉱ $F_r = \dfrac{V}{\sqrt{gh}} = \dfrac{0.4}{\sqrt{980 \times 10}}$
>
> $\quad = 4.04 \times 10^{-3} < 1$이므로 상류이다.

11. 방파제 건설을 위한 해안지역의 수심이 5.0m, 입사파랑의 주기가 14.5초인 장파(long wave)의 파장(wave length)은? (단, 중력가속도 $g=9.8m/s^2$)

① 49.5m

② 70.5m

③ 101.5m

④ 190.5m

> **해설** $L = \sqrt{gh}\,T = \sqrt{9.8 \times 5} \times 14.5 = 101.5m/s$
>
> <참고> 파장과 주기의 관계
>
> $\dfrac{h}{L} < 0.05$인 천해파일 때 $L = \sqrt{gh}\,T$
>
> 여기서, L : 파장, T : 주기(s)

12. 누가우량곡선(rainfall mass curve)의 특성으로 옳은 것은?

① 누가우량곡선의 경사가 클수록 강우강도가 크다.

② 누가우량곡선의 경사는 지역에 관계없이 일정하다.

③ 누가우량곡선으로부터 일정기간 내의 강우량을 산출하는 것은 불가능하다.

④ 누가우량곡선은 자기우량기록에 의하여 작성하는 것보다 보통우량계의 기록에 의하여 작성하는 것이 더 정확하다.

해설 누가우량곡선

㉮ 급경사일 때 : 홍수가 빈번하고 지하수의 하천방출이 미소하다.

㉯ 완경사일 때 : 홍수가 드물고 지하수의 하천 방출이 크다.

13. 다음 그림과 같은 유역(12km×8km)의 평균강우량을 Thiessen방법으로 구한 값은? (단, 작은 사각형은 2km×2km의 정사각형으로서 모두 크기가 동일하다.)

관측점	1	2	3	4
강우량(mm)	140	130	110	100

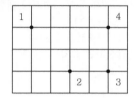

① 120mm ② 123mm

③ 125mm ④ 130mm

해설 ㉮ $A_1 = 7.5 \times (2 \times 2) = 30 \text{km}^2$

㉯ $A_2 = 7 \times (2 \times 2) = 28 \text{km}^2$

㉰ $A_3 = 4 \times (2 \times 2) = 16 \text{km}^2$

㉱ $A_4 = 5.5 \times (2 \times 2) = 22 \text{km}^2$

㉲ $P_m = \dfrac{P_1 A_1 + P_2 A_2 + P_3 A_3 + P_4 A_4}{A}$

$= \dfrac{140 \times 30 + 130 \times 28 + 110 \times 16 + 100 \times 22}{30 + 28 + 16 + 22}$

$= 122.92 \text{mm}$

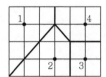

14. 관의 지름이 각각 3m, 1.5m인 서로 다른 관이 연결되어 있을 때 지름 3m관 내에 흐르는 유속이 0.03m/s이라면 지름 1.5m관 내에 흐르는 유량은?

① 0.157m³/s ② 0.212m³/s

③ 0.378m³/s ④ 0.540m³/s

해설 $Q = A_1 V_1 = A_2 V_2 = \dfrac{\pi \times 3^2}{4} \times 0.03 = 0.212 \text{m}^3/\text{s}$

15. 수중오리피스(orifice)의 유속에 관한 설명으로 옳은 것은?

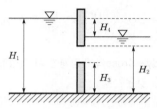

① H_1이 클수록 유속이 빠르다.

② H_2가 클수록 유속이 빠르다.

③ H_3이 클수록 유속이 빠르다.

④ H_4가 클수록 유속이 빠르다.

해설 $V = \sqrt{2gH_4}$

16. 정상적인 흐름에서 1개 유선상의 유체입자에 대하여 그 속도수두를 $\dfrac{V^2}{2g}$, 위치수두를 Z, 압력수두를 $\dfrac{P}{\gamma_o}$라 할 때 동수경사는?

① $\dfrac{P}{\gamma_o} + Z$를 연결한 값이다.

② $\dfrac{V^2}{2g} + Z$를 연결한 값이다.

③ $\dfrac{V^2}{2g} + \dfrac{P}{\gamma_o}$를 연결한 값이다.

④ $\dfrac{V^2}{2g} + \dfrac{P}{\gamma_o} + Z$를 연결한 값이다.

해설 동수경사선은 $\dfrac{P}{\gamma_o} + Z$의 점들을 연결한 선이다.

17. 다음 그림과 같이 지름 10cm인 원관이 지름 20cm로 급확대되었다. 관의 확대 전 유속이 4.9m/s라면 단면급확대에 의한 손실수두는?

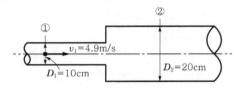

① 0.69m ② 0.96m

③ 1.14m ④ 2.45m

[해설]
$$h_{se} = \left(1 - \frac{A_1}{A_2}\right)^2 \frac{V_1^2}{2g} = \left\{1 - \left(\frac{D_1}{D_2}\right)^2\right\}^2 \frac{V_1^2}{2g}$$
$$= \left\{1 - \left(\frac{10}{20}\right)^2\right\}^2 \times \frac{4.9^2}{2 \times 9.8} = 0.69 \text{m}$$

18. Hardy-Cross의 관망계산 시 가정조건에 대한 설명으로 옳은 것은?

① 합류점에 유입하는 유량은 그 점에서 1/2만 유출된다.

② 각 분기점에 유입하는 유량은 그 점에서 정지하지 않고 전부 유출한다.

③ 폐합관에서 시계방향 또는 반시계방향으로 흐르는 관로의 손실수두의 합은 0이 될 수 없다.

④ Hardy-Cross방법은 관경에 관계없이 관수로의 분할개수에 의해 유량분배를 하면 된다.

[해설] Hardy-Cross관망계산법의 조건

㉮ $\Sigma Q = 0$조건 : 각 분기점 또는 합류점에 유입하는 유량은 그 점에서 정지하지 않고 전부 유출한다.

㉯ $\Sigma h_L = 0$조건 : 각 폐합관에서 시계방향 또는 반시계방향으로 흐르는 관로의 손실수두의 합은 0이다.

19. 왜곡모형에서 Froude상사법칙을 이용하여 물리량을 표시한 것으로 틀린 것은? (단, X_r은 수평축척비, Y_r은 연직축척비이다.)

① 시간비 : $T_r = \dfrac{X_r}{Y_r^{1/2}}$ ② 경사비 : $S_r = \dfrac{Y_r}{X_r}$

③ 유속비 : $V_r = \sqrt{Y_r}$ ④ 유량비 : $Q_r = X_r Y_r^{5/2}$

[해설] 왜곡모형에서 Froude의 상사법칙

㉮ 수평축척과 연직축척 : $X_r = \dfrac{X_m}{X_p}$, $Y_r = \dfrac{Y_m}{Y_p}$

㉯ 속도비 : $V_r = \sqrt{Y_r}$

㉰ 면적비 : $A_r = X_r Y_r$

㉱ 유량비 : $Q_r = A_r V_r = X_r Y_r^{3/2}$

㉲ 에너지경사비 : $I_r = \dfrac{Y_r}{X_r}$

㉳ 시간비 : $T_r = \dfrac{L_r}{V_r} = \dfrac{X_r}{Y_r^{1/2}}$

20. 홍수유출에서 유역면적이 작으면 단시간의 강우에, 면적이 크면 장시간의 강우에 문제가 발생한다. 이와 같은 수문학적 인자 사이의 관계를 조사하는 DAD해석에 필요 없는 인자는?

① 강우량 ② 유역면적

③ 증발산량 ④ 강우지속시간

[해설] ㉮ DAD곡선의 작성순서

㉠ 각 유역의 지속기간별 최대 우량을 누가우량곡선으로부터 결정하고, 전유역을 등우선에 의해 소구역으로 나눈다.

㉡ 각 소구역의 평균누가우량을 구한다.

㉢ 소구역의 누가면적에 대한 평균누가우량을 구한다.

㉣ DAD곡선을 그린다.

㉯ 증발산량은 DAD곡선 작도 시 필요 없다.

1. 유량 Q, 유속 V, 단면적 A, 도심거리 h_G라 할 때 충력치(M)의 값은? (단, 충력치는 비력이라고도 하며 η : 운동량보정계수, g : 중력가속도, W : 물의 중량, w : 물의 단위중량)

① $\eta \dfrac{Q}{g} + W h_G A$ ② $\eta \dfrac{Q}{g} V + h_G A$

③ $\eta \dfrac{g}{Q} V + h_G A$ ④ $\eta \dfrac{Q}{g} V + \dfrac{1}{2} w^2$

해설 $M = \eta \dfrac{Q}{g} V + h_G A$

2. 뉴턴유체(Newtonian fluids)에 대한 설명으로 옳은 것은?

① 물이나 공기 등 보통의 유체는 비뉴턴유체이다.

② 각변형률$\left(\dfrac{dv}{dy}\right)$의 크기에 따라 선형으로 점도가 변한다.

③ 전단응력(τ)과 각변형률$\left(\dfrac{dv}{dy}\right)$의 관계는 원점을 지나는 직선이다.

④ 유체가 압력의 변화에 따라 밀도의 변화를 무시할 수 없는 상태가 된 유체를 의미한다.

해설 Newton유체는 $\tau = \mu \dfrac{dv}{dy}$에서 τ와 $\dfrac{dv}{dy}$가 원점을 통과하는 직선이다.

3. 물의 체적탄성계수 $E = 2 \times 10^4 \text{kg/cm}^2$일 때 물의 체적을 1% 감소시키기 위해 가해야 할 압력은?

① $2 \times 10 \text{kg/m}^2$ ② $2 \times 10 \text{kg/cm}^2$

③ $2 \times 10^2 \text{kg/m}^2$ ④ $2 \times 10^2 \text{kg/cm}^2$

해설 $E = \dfrac{\Delta P}{\dfrac{\Delta V}{V}}$

$2 \times 10^4 = \dfrac{\Delta P}{0.01}$

$\therefore \Delta P = 2 \times 10^2 \text{kg/cm}^2$

4. Chezy공식의 평균유속계수 C와 Manning공식의 조도계수 n 사이의 관계는?

① $C = nR^{\frac{1}{3}}$ ② $C = nR^{\frac{1}{6}}$

③ $C = \dfrac{1}{n} R^{\frac{1}{3}}$ ④ $C = \dfrac{1}{n} R^{\frac{1}{6}}$

해설 $C = \dfrac{1}{n} R^{\frac{1}{6}}$

5. 지하수의 유속공식 $V = KI$에서 K의 크기와 관계가 없는 것은?

① 지하수위 ② 흙의 입경

③ 흙의 공극률 ④ 물의 점성계수

해설 $K = D_s^2 \dfrac{\gamma_w}{\mu} \dfrac{e^3}{1+e} C$

6. 관내를 유속 V로 물이 흐르고 있을 때 밸브 등의 급격한 폐쇄 등에 의하여 유속이 줄어들면 이에 따라 관내의 압력변화가 생기는데, 이것을 무엇이라 하는가?

① 정압 ② 수격압

③ 동압력 ④ 정체압력

7. 보통 정도의 정밀도를 필요로 하는 관수로계산에서 마찰 이외의 손실을 무시할 수 있는 L/D의 값으로 옳은 것은? (단, L : 관의 길이, D : 관의 지름)

① 500 이상 ② 1,000 이상

③ 2,000 이상 ④ 3,000 이상

해설 관수로계산에서 $L/D \geq 3,000$이면 미소손실은 무시해도 좋다.

8. 레이놀즈의 실험으로 얻은 Reynolds수에 의해서 구별할 수 있는 흐름은?

① 층류와 난류 ② 정류와 부정류

③ 상류와 사류 ④ 등류와 부등류

해설 ② $R_e \leq 2,000$이면 층류이다.

④ $2,000 < R_e < 4,000$이면 층류와 난류가 공존한다(천이영역).

⑤ $R_e \geq 4,000$이면 난류이다.

9. 10m³/s의 유량을 흐르게 할 수리학적으로 가장 유리한 직사각형 개수로 단면을 설계할 때 개수로의 폭은? (단, Manning공식을 이용하며 수로경사 $I=0.001$, 조도계수 $n=0.020$이다.)

① 2.66m   ② 3.16m

③ 3.66m   ④ 4.16m

해설 ② 수리상 유리한 단면에서 $b=2h$, $R=\dfrac{h}{2}$이므로

$$Q=AV=bh\frac{1}{n}R^{\frac{2}{3}}I^{\frac{1}{2}}=2h\times h\times\frac{1}{n}\left(\frac{h}{2}\right)^{\frac{2}{3}}I^{\frac{1}{2}}$$

$$10=2h^2\times\frac{1}{0.02}\times\left(\frac{h}{2}\right)^{\frac{2}{3}}\times0.001^{\frac{1}{2}}$$

$$h^{\frac{8}{3}}=5.02$$

$$\therefore\ h=1.83\text{m}$$

④ $b=2h=2\times1.83=3.66\text{m}$

10. 다음 그림과 같은 폭 2m의 직사각형 판에 작용하는 수압분포도는 삼각형분포도를 얻었는데, 이 물체에 작용하는 전수압(㉠)과 작용점의 위치(㉡)로 옳은 것은? (단, 물의 단위중량은 9.81kN/m³이며, 작용의 위치는 수면을 기준으로 한다.)

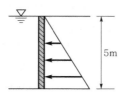

① ㉠ 100.25kN, ㉡ 1.7m

② ㉠ 145.25kN, ㉡ 3.3m

③ ㉠ 200.25kN, ㉡ 1.7m

④ ㉠ 245.25kN, ㉡ 3.3m

해설 ② $P=wh_G A=9.81\times2.5\times(2\times5)=245.25\text{kN}$

④ $h_c=\dfrac{2}{3}h=\dfrac{2}{3}\times5=3.33\text{m}$

11. 집중호우로 인한 홍수 발생 시 지표수의 흐름은?

① 등류이고 정상류이다.

② 등류이고 비정상류이다.

③ 부등류이고 정상류이다.

④ 부등류이고 비정상류이다.

해설 홍수 시의 흐름은 비정상류(부정류)이고 부등류이다.

12. 베르누이정리를 압력의 항으로 표시할 때 동압력(dynamic pressure)항에 해당되는 것은?

① P ② $\dfrac{1}{2}\rho V^2$

③ ρgz ④ $\dfrac{V^2}{2g}$

13. 사이펀의 이론 중 동수경사선에서 정점부까지의 이론적 높이(㉠)와 실제 설계 시 적용하는 높이의 범위(㉡)로 옳은 것은?

① ㉠ 7.0m, ㉡ 5.6~6.0m

② ㉠ 8.0m, ㉡ 6.4~6.8m

③ ㉠ 9.0m, ㉡ 6.5~7.0m

④ ㉠ 10.3m, ㉡ 8.0~8.5m

해설 $H_c=-\dfrac{P_c}{w}=\dfrac{P_a}{w}=10.33\text{m}≒8\sim9\text{m}$(실제 설계 시 적용하는 높이)

14. 지름 D인 관을 배관할 때 마찰손실이 elbow에 의한 손실과 같도록 직선관을 배관한다면 직선관의 길이는? (단, 관의 마찰손실계수 $f=0.025$, elbow에 의한 미소손실계수 $K=0.9$)

① $4D$ ② $8D$

③ $36D$ ④ $42D$

해설 $f\dfrac{l}{D}\dfrac{V^2}{2g}=K\dfrac{V^2}{2g}$

$$f\dfrac{l}{D}=K$$

$$0.025\times\dfrac{l}{D}=0.9$$

$$\therefore\ l=36D$$

15. 투수계수 0.5m/s, 제외지수위 6m, 제내지수위 2m, 침투수가 통하는 길이 50m일 때 하천 제방 단면 1m당 누수량은?

① 0.16m³/s   ② 0.32m³/s

③ 0.96m³/s   ④ 1.28m³/s

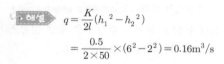 $q = \dfrac{K}{2l}(h_1{}^2 - h_2{}^2)$

$\qquad = \dfrac{0.5}{2 \times 50} \times (6^2 - 2^2) = 0.16\text{m}^3/\text{s}$

16. 다음 그림과 같은 작은 오리피스에서 유속은? (단, 유속계수 $C_v = 0.9$이다.)

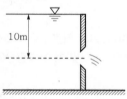

① 8.9m/s   ② 9.9m/s

③ 12.6m/s   ④ 14.0m/s

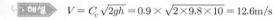 $V = C_v\sqrt{2gh} = 0.9 \times \sqrt{2 \times 9.8 \times 10} = 12.6\text{m/s}$

17. 수면 아래 20m 지점의 수압으로 옳은 것은? (단, 물의 단위중량은 9.81kN/m³이다.)

① 0.1MPa   ② 0.2MPa

③ 1.0MPa   ④ 20MPa

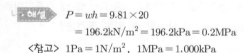 $P = wh = 9.81 \times 20$

$\qquad = 196.2\text{kN/m}^2 = 196.2\text{kPa} = 0.2\text{MPa}$

〈참고〉 $1\text{Pa} = 1\text{N/m}^2$, $1\text{MPa} = 1,000\text{kPa}$

18. 수로폭 4m, 수심 1.5m인 직사각형 단면에서 유량이 24m³/s일 때 Froude수(F_r)는?

① 0.74   ② 0.85

③ 1.04   ④ 1.08

해설 ㉮ $V = \dfrac{Q}{A} = \dfrac{24}{4 \times 1.5} = 4\text{m/s}$

㉯ $F_r = \dfrac{V}{\sqrt{gh}} = \dfrac{4}{\sqrt{9.8 \times 1.5}} = 1.04$

19. 모세관현상에서 모세관고(h)와 관의 지름(D)의 관계로 옳은 것은?

① h는 D에 비례한다.   ② h는 D^2에 비례한다.

③ h는 D^{-1}에 비례한다.   ④ h는 D^{-2}에 비례한다.

해설 $h = \dfrac{4T\cos\theta}{wD}$

20. 수축 단면에 관한 설명으로 옳은 것은?

① 오리피스의 유출수맥에서 발생한다.

② 상류에서 사류로 변화할 때 발생한다.

③ 사류에서 상류로 변화할 때 발생한다.

④ 수축 단면에서의 유속을 오리피스의 평균유속이라 한다.

해설 오리피스의 유출수맥 중에서 최소로 축소된 단면을 수축 단면이라 한다.

1. 수면 아래 30m 지점의 수압을 kN/m²으로 표시하면? (단, 물의 단위중량은 9.81kN/m³이다.)

① 2.94kN/m²   ② 29.43kN/m²

③ 294.3kN/m²   ④ 2,943kN/m²

해설 $P = wh = 9.81 \times 30 = 294.3 \text{kN/m}^2$

2. 유출(流出)에 대한 설명으로 옳지 않은 것은?

① 총유출은 통상 직접유출(direct run off)과 기저유출(base flow)로 분류된다.

② 하천에 도달하기 전에 지표면 위로 흐르는 유수를 지표유하수(overland flow)라 한다.

③ 하천에 도달한 후 다른 성분의 유출수와 합친 유수량을 총유출수(total flow)라 한다.

④ 지하수유출은 토양을 침투한 물이 침투하여 지하수를 형성하나, 총유출량에는 고려하지 않는다.

해설 유출의 분류

㉮ 직접유출
  ㉠ 강수 후 비교적 단시간 내에 하천으로 흘러들어가는 유출
  ㉡ 지표면유출, 복류수유출, 수로상 강수

㉯ 기저유출
  ㉠ 비가 오기 전의 건조 시의 유출
  ㉡ 지하수유출, 지연지표하유출

3. 도수(hydraulic jump) 전후의 수심 h_1, h_2의 관계를 도수 전의 Froude수 Fr_1의 함수로 표시한 것으로 옳은 것은?

① $\dfrac{h_2}{h_1} = \dfrac{1}{2}(\sqrt{8Fr_1^2 + 1} - 1)$

② $\dfrac{h_1}{h_2} = \dfrac{1}{2}(\sqrt{8Fr_1^2 + 1} + 1)$

③ $\dfrac{h_2}{h_1} = \dfrac{1}{2}(\sqrt{8Fr_1^2 + 1} + 1)$

④ $\dfrac{h_1}{h_2} = \dfrac{1}{2}(\sqrt{8Fr_1^2 + 1} - 1)$

4. 개수로 내의 흐름에서 비에너지(specific energy, H_e)가 일정할 때 최대 유량이 생기는 수심 h로 옳은 것은? (단, 개수로의 단면은 직사각형이고 $\alpha = 1$이다.)

① $h = H_e$ ② $h = \dfrac{1}{2}H_e$

③ $h = \dfrac{2}{3}H_e$ ④ $h = \dfrac{3}{4}H_e$

5. 오리피스(Orifice)의 압력수두가 2m이고 단면적이 4cm², 접근유속은 1m/s일 때 유출량은? (단, 유량계수 $C = 0.63$이다.)

① 1,558cm³/s   ② 1,578cm³/s

③ 1,598cm³/s   ④ 1,618cm³/s

해설
㉮ $h_a = \dfrac{V_a^2}{2g} = \dfrac{100^2}{2 \times 980} = 5.1 \text{cm}$

㉯ $Q = Ca\sqrt{2g(H + h_a)}$
$= 0.63 \times 4 \times \sqrt{2 \times 980 \times (200 + 5.1)}$
$= 1,598 \text{cm}^3/\text{s}$

6. 위어(weir)에 물이 월류할 경우 위어의 정상을 기준으로 상류측 전수두를 H, 하류수위를 h라 할 때 수중위어(submerged weir)로 해석될 수 있는 조건은?

① $h < \dfrac{2}{3}H$ ② $h < \dfrac{1}{2}H$

③ $h > \dfrac{2}{3}H$ ④ $h > \dfrac{1}{3}H$

해설 광정위어

㉮ $h < \dfrac{2}{3}H$: 완전월류

㉯ $h > \dfrac{2}{3}H$: 수중위어

7. 다음 중 베르누이의 정리를 응용한 것이 아닌 것은?

① 오리피스   ② 레이놀즈수

③ 벤투리미터   ④ 토리첼리의 정리

8. 부체의 안정에 관한 설명으로 옳지 않은 것은?

① 경심(M)이 무게중심(G)보다 낮을 경우 안정하다.

② 무게중심(G)이 부심(B)보다 아래쪽에 있으면 안정하다.

③ 경심(M)이 무게중심(G)보다 높을 경우 복원모멘트가 작용한다.

④ 부심(B)과 무게중심(G)이 동일 연직선상에 위치할 때 안정을 유지한다.

> **해설** M이 G보다 위에 있으면 복원모멘트가 작용하게 되어 부체는 안정하다.

9. DAD해석에 관한 내용으로 옳지 않은 것은?

① DAD의 값은 유역에 따라 다르다.

② DAD해석에서 누가우량곡선이 필요하다.

③ DAD곡선은 대부분 반대수지로 표시된다.

④ DAD관계에서 최대 평균우량은 지속시간 및 유역면적에 비례하여 증가한다.

> **해설** ㉮ 최대 평균우량은 유역면적에 반비례하여 증가한다.
> ㉯ 최대 평균우량은 지속시간에 비례하여 증가한다.

10. 합성단위유량도(synthetic unit hydrograph)의 작성방법이 아닌 것은?

① Snyder방법

② Nakayasu방법

③ 순간단위유량도법

④ SCS의 무차원 단위유량도 이용법

> **해설** 단위유량도합성방법 : Snyder방법, SCS방법, Clark방법

11. 수리학적으로 유리한 단면에 관한 내용으로 옳지 않은 것은?

① 동수반경을 최대로 하는 단면이다.

② 구형에서는 수심이 폭의 반과 같다.

③ 사다리꼴에서는 동수반경이 수심의 반과 같다.

④ 수리학적으로 가장 유리한 단면의 형태는 이등변직각삼각형이다.

> **해설** 수리학적으로 가장 유리한 단면의 형태는 원형이다.

12. 마찰손실계수(f)와 Reynolds수(Re) 및 상대조도(ε/d)의 관계를 나타낸 Moody도표에 대한 설명으로 옳지 않은 것은?

① 층류영역에서는 관의 조도에 관계없이 단일 직선이 적용된다.

② 완전난류의 완전히 거친 영역에서 f는 Re^n과 반비례하는 관계를 보인다.

③ 층류와 난류의 물리적 상이점은 $f-Re$관계가 한계 Reynolds수 부근에서 갑자기 변한다.

④ 난류영역에서는 $f-Re$곡선은 상대조도에 따라 변하며 Reynolds수보다는 관의 조도가 더 중요한 변수가 된다.

> **해설** 완전난류의 완전히 거친 영역에서 f는 Re에 관계 없고 상대조도$\left(\dfrac{e}{D}\right)$만의 함수이다.

13. 관수로에서의 마찰손실수두에 대한 설명으로 옳은 것은?

① Froude수에 반비례한다.

② 관수로의 길이에 비례한다.

③ 관의 조도계수에 반비례한다.

④ 관내 유속의 1/4제곱에 비례한다.

> **해설** $h_L = f\dfrac{l}{D}\dfrac{V^2}{2g}$

14. 수심이 50m로 일정하고 무한히 넓은 해역에서 주태양반일주조(S_2)의 파장은? (단, 주태양반일주조의 주기는 12시간, 중력가속도 $g=9.81$m/s^{2}이다.)

① 9.56km

② 95.6km

③ 956km

④ 9,560km

> **해설** $L=\sqrt{gh}\;T=\sqrt{9.8\times50}\times(12\times3,600)$
> $=956,272\text{m}=956\text{km}$
>
> <참고> 주태양반일주조
> 주로 태양의 운동에 기인한 조석성분으로 12시간의 주기를 가지며 S_2로 표기한다.

15. 지름 0.3m, 수심 6m인 굴착정이 있다. 피압대수층의 두께가 3.0m라 할 때 5ℓ/s의 물을 양수하면 우물의 수위는? (단, 영향원의 반지름은 500m, 투수계수는 4m/h이다.)

① 3.848m ② 4.063m
③ 5.920m ④ 5.999m

해설

$$Q = \frac{2\pi ck(H - h_o)}{2.3\log\frac{R}{r_o}}$$

$$0.005 = \frac{2\pi \times 3 \times \frac{4}{3,600} \times (6 - h_o)}{2.3 \times \log\frac{500}{0.15}}$$

$$\therefore h_o = 4.066m$$

16. 흐르는 유체 속에 물체가 있을 때 물체가 유체로부터 받는 힘은?

① 장력(張力) ② 충력(衝力)
③ 항력(抗力) ④ 소류력(掃流力)

17. 유역면적이 2km²인 어느 유역에 다음과 같은 강우가 있었다. 직접유출용적이 140,000m³일 때 이 유역에서의 ϕ-index는?

시간(30min)	1	2	3	4
강우강도(mm/h)	102	51	152	127

① 36.5mm/h ② 51.0mm/h
③ 73.0mm/h ④ 80.3mm/h

해설

㉮ 총강우량 $= 51 + 25.5 + 76 + 63.5 = 216mm$

㉯ 직접유출량 $= \frac{140,000}{2 \times 10^6} = 0.07m = 70mm$

㉰ 침투량 $= 216 - 70 = 146mm$

㉱ $\phi + 25.5 + \phi + \phi = 146$

$$\therefore \phi = \frac{40.17mm}{30분} = 80.33mm/h$$

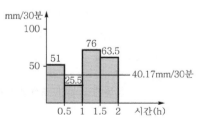

18. 양정이 5m일 때 4.9kW의 펌프로 0.03m³/s를 양수했다면 이 펌프의 효율은?

① 약 0.3 ② 약 0.4
③ 약 0.5 ④ 약 0.6

해설

$$E = 9.8\frac{QH}{\eta}$$

$$4.9 = 9.8 \times \frac{0.03 \times 5}{\eta}$$

$$\therefore \eta = 0.3$$

19. 두 개의 수평한 판이 5mm 간격으로 놓여있고 점성계수 0.01N·s/cm²인 유체로 채워져 있다. 하나의 판을 고정시키고 다른 하나의 판을 2m/s로 움직일 때 유체 내에서 발생되는 전단응력은?

① 1N/cm² ② 2N/cm²
③ 3N/cm² ④ 4N/cm²

해설

$$\tau = \mu\frac{dV}{dy} = 0.01 \times \frac{200}{0.5} = 4N/cm^2$$

20. 폭 4m, 수심 2m인 직사각형 단면개수로에서 Manning 공식의 조도계수 $n = 0.017m^{-1/3}·s$, 유량 $Q = 15m^3/s$일 때 수로의 경사(I)는?

① 1.016×10^{-3} ② 4.548×10^{-3}
③ 15.365×10^{-3} ④ 31.875×10^{-3}

해설

㉮ $R = \dfrac{A}{S} = \dfrac{2 \times 4}{2 \times 2 + 4} = 1m$

㉯ $Q = A\dfrac{1}{n}R^{\frac{2}{3}}I^{\frac{1}{2}}$

$$15 = (4 \times 2) \times \frac{1}{0.017} \times 1^{\frac{2}{3}} \times I^{\frac{1}{2}}$$

$$\therefore I = 1.016 \times 10^{-3}$$

1. 수로폭이 10m인 직사각형 수로의 도수 전 수심이 0.5m, 유량이 40m³/s이었다면 도수 후의 수심(h_2)은?

① 1.96m　　　　② 2.18m

③ 2.31m　　　　④ 2.85m

해설

㉮ $F_{r1} = \dfrac{V_1}{\sqrt{gh_1}} = \dfrac{\frac{40}{10 \times 0.5}}{\sqrt{9.8 \times 0.5}} = 3.61$

㉯ $\dfrac{h_2}{h_1} = \dfrac{1}{2}\left(-1 + \sqrt{1 + 8F_{r1}^{\,2}}\right)$

$\dfrac{h_2}{0.5} = \dfrac{1}{2}\left(-1 + \sqrt{1 + 8 \times 3.61^2}\right)$

$\therefore h_2 = 2.31\text{m}$

2. 수로경사 1/10,000인 직사각형 단면수로에 유량 30m³/s를 흐르게 할 때 수리학적으로 유리한 단면은? (단, h : 수심, B : 폭이며 Manning공식을 쓰고 $n = 0.025\text{m}^{-1/3} \cdot \text{s}$)

① $h = 1.95\text{m}$, $B = 3.9\text{m}$　　② $h = 2.0\text{m}$, $B = 4.0\text{m}$

③ $h = 3.0\text{m}$, $B = 6.0\text{m}$　　④ $h = 4.63\text{m}$, $B = 9.26\text{m}$

해설 직사각형 수로의 수리상 유리한 단면은

$B = 2h$, $R = \dfrac{h}{2}$ 이므로

$A = Bh = 2h \times h = 2h^2$

$Q = A\dfrac{1}{n}R^{\frac{2}{3}}I^{\frac{1}{2}} = 2h^2\dfrac{1}{n}\left(\dfrac{h}{2}\right)^{\frac{2}{3}}I^{\frac{1}{2}}$

$30 = 2h^2 \times \dfrac{1}{0.025} \times \left(\dfrac{h}{2}\right)^{\frac{2}{3}} \times \left(\dfrac{1}{10,000}\right)^{\frac{1}{2}}$

$h^{\frac{8}{3}} = 59.53$

$\therefore h = 4.63\text{m}$, $B = 9.26\text{m}$

3. 10m³/s의 유량이 흐르는 수로에 폭 10m의 단수축이 없는 위어를 설계할 때 위어의 높이를 1m로 할 경우 예상되는 월류수심은? (단, Francis공식을 사용하며 접근유속은 무시한다.)

① 0.67m　　　　② 0.71m

③ 0.75m　　　　④ 0.79m

해설 $Q = 1.84b_o\,h^{\frac{3}{2}}$

$10 = 1.84 \times 10 \times h^{\frac{3}{2}}$　　$\therefore h = 0.67\text{m}$

4. 물의 순환에 대한 설명으로 옳지 않은 것은?

① 지하수 일부는 지표면으로 용출해서 다시 지표수가 되어 하천으로 유입한다.

② 지표에 강하한 우수는 지표면에 도달 전에 그 일부가 식물의 나무와 가지에 의하여 차단된다.

③ 지표면에 도달한 우수는 토양 중에 수분을 공급하고 나머지가 아래로 침투해서 지하수가 된다.

④ 침투란 토양면을 통해 스며든 물이 중력에 의해 계속 지하로 이동하여 불투수층까지 도달하는 것이다.

해설 ㉮ 강수의 상당 부분은 토양 속에 저류되나, 종국에는 증발 및 증산작용에 의해 대기 중으로 되돌아간다. 또한 강수의 일부분은 토양면이나 토양 속을 통해 흘러 하도로 유입되기도 하며, 일부는 토양 속으로 더 깊이 침투하여 지하수가 되기도 한다.

㉯ 침투한 물이 중력 때문에 계속 이동하여 지하수면까지 도달하는 현상을 침루라 한다.

5. 부력의 원리를 이용하여 다음 그림과 같이 바닷물 위에 떠 있는 빙산의 전체적을 구한 값은?

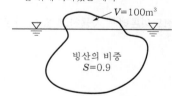

물 위에 나와있는 체적 $V = 100\text{m}^3$

빙산의 비중 $S = 0.9$

해수의 비중 = 1.1

① 550m³　　　　② 890m³

③ 1,000m³　　　④ 1,100m³

해설 $w_1 V_1 = w_2 V_2$

$0.9V = 1.1 \times (V - 100)$　　$\therefore V = 550\text{m}^3$

6. 유역면적 $10km^2$, 강우강도 $80mm/h$, 유출계수 0.70일 때 합리식에 의한 첨두유량(Q_{max})은?

① $155.6m^3/s$ ② $560m^3/s$

③ $1.556m^3/s$ ④ $5.6m^3/s$

•해설 $Q = 0.2778CIA$
$= 0.2778 \times 0.7 \times 80 \times 10$
$= 155.57m^2/s$

7. 수로 바닥에서의 마찰력 τ_0, 물의 밀도 ρ, 중력가속도 g, 수리평균수심 R, 수면경사 I, 에너지선의 경사 I_e라고 할 때 등류(㉠)와 부등류(㉡)의 경우에 대한 마찰속도(u^*)는?

① ㉠ ρRI_e, ㉡ ρRI

② ㉠ $\dfrac{\rho RI}{\tau_0}$, ㉡ $\dfrac{\rho RI_e}{\tau_0}$

③ ㉠ $\sqrt{\rho RI}$, ㉡ $\sqrt{\rho RI_e}$

④ ㉠ $\sqrt{\dfrac{\rho RI_e}{\tau_0}}$, ㉡ $\sqrt{\dfrac{\rho RI}{\tau_0}}$

8. 유속을 V, 물의 단위중량을 γ_w, 물의 밀도를 ρ, 중력가속도를 g라 할 때 동수압(動水壓)을 바르게 표시한 것은?

① $\dfrac{V^2}{2g}$ ② $\dfrac{\gamma_w V^2}{2g}$

③ $\dfrac{\gamma_w V}{2g}$ ④ $\dfrac{\rho V^2}{2g}$

•해설 동수압 $= \dfrac{1}{2}\rho V^2 = \dfrac{\gamma_w V^2}{2g}$

9. 단위유량도이론에서 사용하고 있는 기본가정이 아닌 것은?

① 비례가정
② 중첩가정
③ 푸아송분포가정
④ 일정기저시간가정

•해설 단위도의 가정
일정기저시간가정, 비례가정, 중첩가정

10. 액체 속에 잠겨있는 경사평면에 작용하는 힘에 대한 설명으로 옳은 것은?

① 경사각과 상관없다.
② 경사각에 직접 비례한다.
③ 경사각의 제곱에 비례한다.
④ 무게 중심에서의 압력과 면적의 곱과 같다.

•해설  $P = wh_G A$

11. 중량이 $600N$, 비중이 3.0인 물체를 물(담수) 속에 넣었을 때 물속에서의 중량은?

① $100N$ ② $200N$

③ $300N$ ④ $400N$

•해설 ㉮ $M = wV$
$0.6 = (3 \times 9.8) \times V$
$\therefore V = 0.02m^3$
㉯ $M = B + T$
$0.6 = 9.8 \times 0.02 + T$
$\therefore T = 0.404kN = 404N$

12. 유속 $3m/s$로 매초 $100L$의 물이 흐르게 하는데 필요한 관의 지름은?

① $153mm$ ② $206mm$

③ $265mm$ ④ $312mm$

•해설 ㉮ $Q = 100L/s = 0.1m^3/s$
㉯ $Q = AV$
$0.1 = \dfrac{\pi D^2}{4} \times 3$
$\therefore D = 0.206m = 206mm$

13. 관수로의 흐름에서 마찰손실계수를 f, 동수반경을 R, 동수경사를 I, Chezy계수를 C라 할 때 평균유속 V는?

① $V = \sqrt{\dfrac{8g}{f}}\sqrt{RI}$ ② $V = fC\sqrt{RI}$

③ $V = \dfrac{\pi d^2}{4}f\sqrt{RI}$ ④ $V = f\dfrac{l}{4R}\dfrac{V^2}{2g}$

•해설 $V = C\sqrt{RI} = \sqrt{\dfrac{8g}{f}}\sqrt{RI}$

14. 수두차가 10m인 두 저수지를 지름이 30cm, 길이가 300m, 조도계수가 0.013m$^{-1/3}$·s인 주철관으로 연결하여 송수할 때 관을 흐르는 유량(Q)은? (단, 관의 유입손실계수 f_e =0.5, 유출손실계수 f_c =1.0이다.)

① 0.02m^3/s ② 0.08m^3/s
③ 0.17m^3/s ④ 0.19m^3/s

해설 ㉮ $f = 124.5n^2 D^{-\frac{1}{3}}$

$= 124.5 \times 0.013^2 \times 0.3^{-\frac{1}{3}} = 0.031$

㉯ $H = \left(f_e + f\frac{l}{D} + f_c\right)\frac{V^2}{2g}$

$10 = \left(0.5 + 0.031 \times \frac{300}{0.3} + 1\right) \times \frac{V^2}{2 \times 9.8}$

$\therefore V = 2.46m$

㉰ $Q = AV = \frac{\pi \times 0.3^2}{4} \times 2.46 = 0.17m^3/s$

15. 피압지하수를 설명한 것으로 옳은 것은?

① 하상 밑의 지하수
② 어떤 수원에서 다른 지역으로 보내지는 지하수
③ 지하수와 공기가 접해있는 지하수면을 가지는 지하수
④ 두 개의 불투수층 사이에 끼어있어 대기압보다 큰 압력을 받고 있는 대수층의 지하수

해설 대기압이 작용하는 지하수면을 가지는 지하수를 자유지하수라고 하며, 불투수층 사이에 낀 투수층 내에 포함되어 있는 지하수면을 갖지 않는 지하수를 피압지하수라 한다.

16. 개수로 내의 흐름에서 평균유속을 구하는 방법 중 2점법의 유속측정위치로 옳은 것은?

① 수면과 전수심의 50% 위치
② 수면으로부터 수심의 10%와 90% 위치
③ 수면으로부터 수심의 20%와 80% 위치
④ 수면으로부터 수심의 40%와 60% 위치

해설 평균유속측정

㉮ 2점법 : $V_m = \frac{V_{0.2} + V_{0.8}}{2}$

㉯ 3점법 : $V_m = \frac{V_{0.2} + 2V_{0.6} + V_{0.8}}{4}$

17. 축척이 1:50인 하천수리모형에서 원형 유량 10,000m^3/s에 대한 모형유량은?

① 0.401m^3/s ② 0.566m^3/s
③ 14.142m^3/s ④ 28.284m^3/s

해설 $Q_r = \frac{Q_m}{Q_p} = L_r^{\frac{5}{2}}$

$\frac{Q_m}{10,000} = \left(\frac{1}{50}\right)^{\frac{5}{2}}$

$\therefore Q_m = 0.566m^3/s$

18. 어떤 유역에 다음 표와 같이 30분간 집중호우가 발생하였다면 지속시간 15분인 최대 강우강도는?

시간(분)	0~5	5~10	10~15	15~20	20~25	25~30
우량(mm)	2	4	6	4	8	6

① 50mm/h ② 64mm/h
③ 72mm/h ④ 80mm/h

해설 $I = (6+4+8) \times \frac{60}{15} = 72mm/h$

19. 다음 그림과 같은 노즐에서 유량을 구하기 위한 식으로 옳은 것은? (단, 유량계수는 1.0으로 가정한다.)

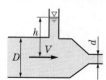

① $\frac{\pi d^2}{4}\sqrt{2gh}$ ② $\frac{\pi d^2}{4}\sqrt{\frac{2gh}{1-(d/D)^4}}$

③ $\frac{\pi d^2}{4}\sqrt{\frac{2gh}{1-(d/D)^2}}$ ④ $\frac{\pi d^2}{4}\sqrt{\frac{2gh}{1+(d/D)^2}}$

해설 노즐에서 사출되는 실제 유량과 실제 유속

㉮ $Q = Ca\sqrt{\frac{2gh}{1-\left(\frac{Ca}{A}\right)^2}} = C\frac{\pi d^2}{4}\sqrt{\frac{2gh}{1-C^2\left(\frac{d}{D}\right)^4}}$

$= \frac{\pi d^2}{4}\sqrt{\frac{2gh}{1-\left(\frac{d}{D}\right)^4}}$

㉯ $V = C_v\sqrt{\frac{2gh}{1-\left(\frac{Ca}{A}\right)^2}}$

26. Darcy의 법칙에 대한 설명으로 옳지 않은 것은?

① 투수계수는 물의 점성계수에 따라서도 변화한다.

② Darcy의 법칙은 지하수의 흐름에 대한 공식이다.

③ Reynolds수가 100 이상이면 안심하고 적용할 수 있다.

④ 평균유속이 동수경사와 비례관계를 가지고 있는 흐름에 적용될 수 있다.

⟩해설⟩ Darcy법칙은 $R_e < 4$인 층류의 흐름과 대수층 내에 모관수대가 존재하지 않는 흐름에만 적용된다.

1. 지름 1m의 원통수조에서 지름 2cm의 관으로 물이 유출되고 있다. 관내의 유속이 2.0m/s일 때 수조의 수면이 저하되는 속도는?

① 0.3cm/s   ② 0.4cm/s

③ 0.06cm/s   ④ 0.08cm/s

▶해설
$$A_1 V_1 = A_2 V_2$$
$$\frac{\pi \times 2^2}{4} \times 200 = \frac{\pi \times 100^2}{4} \times V_2$$
$$\therefore V_2 = 0.08 \text{cm/s}$$

2. 유체의 흐름에 관한 설명으로 옳지 않은 것은?

① 유체의 입자가 흐르는 경로를 유적선이라 한다.

② 부정류(不定流)에서는 유선이 시간에 따라 변화한다.

③ 정상류(定常流)에서는 하나의 유선이 다른 유선과 교차하게 된다.

④ 점성이나 압축성을 완전히 무시하고 밀도가 일정한 이상적인 유체를 완전유체라 한다.

▶해설 하나의 유선은 다른 유선과 교차하지 않는다.

3. 오리피스의 지름이 2cm, 수축 단면(Vena Contracta)의 지름이 1.6cm라면 유속계수가 0.9일 때 유량계수는?

① 0.49   ② 0.58

③ 0.62   ④ 0.72

▶해설 $C = C_a C_v = \dfrac{a}{A} C_v = \dfrac{\frac{\pi \times 1.6^2}{4}}{\frac{\pi \times 2^2}{4}} \times 0.9 = 0.58$

4. 유역면적이 4km²이고 유출계수가 0.8인 산지하천에서 강우강도가 80mm/h이다. 합리식을 사용한 유역 출구에서의 첨두홍수량은?

① 35.5m³/s   ② 71.1m³/s

③ 128m³/s   ④ 256m³/s

▶해설 $Q = 0.2778 CIA = 0.2778 \times 0.8 \times 80 \times 4 = 71.12 \text{m}^3/\text{s}$

5. 유역의 평균강우량 산정방법이 아닌 것은?

① 등우선법

② 기하평균법

③ 산술평균법

④ Thiessen의 가중법

▶해설 평균우량 산정법
산술평균법, Thiessen법, 등우선법

6. 강우강도(I), 지속시간(D), 생기빈도(F)의 관계를 표현하는 식 $I = \dfrac{kT^x}{t^n}$에 대한 설명으로 틀린 것은?

① k, x, n은 지역에 따라 다른 값을 가지는 상수이다.

② T는 강우의 생기빈도를 나타내는 연수(年數)로서 재현기간(년)을 의미한다.

③ t는 강우의 지속시간(min)으로서 강우지속시간이 길수록 강우강도(I)는 커진다.

④ I는 단위시간에 내리는 강우량(mm/h)인 강우강도이며 각종 수문학적 해석 및 설계에 필요하다.

▶해설 t는 강우의 지속시간으로서 강우가 지속될수록 강우강도는 작아진다.

7. 항력(Drag force)에 관한 설명으로 틀린 것은?

① 항력 $D = C_D A \dfrac{\rho V^2}{2}$으로 표현되며, 항력계수 C_D는 Froude의 함수이다.

② 형상항력은 물체의 형상에 의한 후류(Wake)로 인해 압력이 저하하여 발생하는 압력저항이다.

③ 마찰항력은 유체가 물체표면을 흐를 때 점성과 난류에 의해 물체표면에 발생하는 마찰저항이다.

④ 조파항력은 물체가 수면에 떠 있거나 물체의 일부분이 수면 위에 있을 때에 발생하는 유체저항이다.

▶해설 항력계수 C_D는 Reynolds수의 함수이다.

8. 단위유량도(unit hydrograph)를 작성함에 있어서 주요 기본가정(또는 원리)으로만 짝지어진 것은?

① 비례가정, 중첩가정, 직접유출의 가정
② 비례가정, 중첩가정, 일정기저시간의 가정
③ 일정기저시간의 가정, 직접유출의 가정, 비례가정
④ 직접유출의 가정, 일정기저시간의 가정, 중첩가정

해설 단위도의 가정
일정기저시간가정, 비례가정, 중첩가정

9. 레이놀즈(Reynolds)수에 대한 설명으로 옳은 것은?

① 관성력에 대한 중력의 상대적인 크기
② 압력에 대한 탄성력의 상대적인 크기
③ 중력에 대한 점성력의 상대적인 크기
④ 관성력에 대한 점성력의 상대적인 크기

해설 $R_e = \dfrac{\text{관성력}}{\text{점성력}} = \dfrac{VD}{\nu}$

10. 지름 $D=4$cm, 조도계수 $n=0.01\text{m}^{-1/3}\cdot\text{s}$인 원형관의 Chezy의 유속계수 C는?

① 10   ② 50
③ 100   ④ 150

해설 $C = \dfrac{1}{n}R^{\frac{1}{6}} = \dfrac{1}{n}\left(\dfrac{D}{4}\right)^{\frac{1}{6}} = \dfrac{1}{0.01}\times\left(\dfrac{0.04}{4}\right)^{\frac{1}{6}} = 46.42$

11. 폭이 1m인 직사각형 수로에서 0.5m³/s의 유량이 80cm의 수심으로 흐르는 경우 이 흐름을 가장 잘 나타낸 것은? (단, 동점성계수는 0.012cm²/s, 한계수심은 29.5cm이다.)

① 층류이며 상류
② 층류이며 사류
③ 난류이며 상류
④ 난류이며 사류

해설
㉮ $V = \dfrac{Q}{A} = \dfrac{0.5}{1\times0.8} = 0.625\text{m/s} = 62.5\text{cm/s}$

㉯ $R_e = \dfrac{VD}{\nu} = \dfrac{62.5\times80}{0.012} = 416.667 > 500$이므로 난류이다.
(∵ 폭이 넓은 수로일 때 $R \coloneqq h = 80\text{cm}$)

㉰ $h(=80\text{cm}) > h_c(=29.5\text{cm})$이므로 상류이다.

12. 빙산의 비중이 0.92이고 바닷물의 비중은 1.025일 때 빙산이 바닷물 속에 잠겨있는 부분의 부피는 수면 위에 나와있는 부분의 약 몇 배인가?

① 0.8배   ② 4.8배
③ 8.8배   ④ 10.8배

해설 ㉮ $M = B$
$w_1 V_1 = w_2 V_2$
$0.92 V = 1.025 V_1$
∴ $V_1 = 0.898 V$

㉯ 수면 위에 나와있는 체적
$= V - V_1$
$= V - 0.898 V = 0.102 V$
∴ $\dfrac{0.898 V}{0.102 V} = 8.8$

13. 수온에 따른 지하수의 유속에 대한 설명으로 옳은 것은?

① 4℃에서 가장 크다.
② 수온이 높으면 크다.
③ 수온이 낮으면 크다.
④ 수온에는 관계없이 일정하다.

해설 온도가 높으면 점성이 작아지므로 투수계수가 커진다.

14. 유체 속에 잠긴 곡면에 작용하는 수평분력은?

① 곡면에 의해 배제된 액체의 무게와 같다.
② 곡면의 중심에서의 압력과 면적의 곱과 같다.
③ 곡면의 연직 상방에 실려있는 액체의 무게와 같다.
④ 곡면을 연직면상에 투영하였을 때 생기는 투영면적에 작용하는 힘과 같다.

해설 ㉮ P_H는 곡면의 연직투영면에 작용하는 수압과 같다.
㉯ P_V는 곡면을 밑면으로 하는 수면까지의 물기둥의 무게와 같다.

15. 월류수심 40cm인 전폭위어의 유량을 Francis공식에 의해 구한 결과 0.40m³/s였다. 이때 위어폭의 측정에 2cm의 오차가 발생했다면 유량의 오차는 몇 %인가?

① 1.16%   ② 1.50%
③ 2.00%   ④ 2.33%

해설 ㉮ $Q = 1.84 b_o h^{\frac{3}{2}}$

$0.4 = 1.84 \times b_o \times 0.4^{\frac{3}{2}}$

$\therefore b_o = 0.86\text{m}$

㉯ $\dfrac{dQ}{Q} = \dfrac{db_o}{b_o} = \dfrac{2}{86} \times 100 = 2.33\%$

16. 지하수(地下水)에 대한 설명으로 옳지 않은 것은?

① 자유지하수를 양수(揚水)하는 우물을 굴착정(Artesian well)이라 부른다.

② 불투수층(不透水層) 상부에 있는 지하수를 자유지하수(自由地下水)라 한다.

③ 불투수층과 불투수층 사이에 있는 지하수를 피압지하수(被壓地下水)라 한다.

④ 흙입자 사이에 충만되어 있으며 중력의 작용으로 운동하는 물을 지하수라 부른다.

해설 집수정을 불투수층 사이에 있는 피압대수층까지 판 후 피압지하수를 양수하는 우물을 집수정이라 한다.

17. 폭 9m의 직사각형 수로에 16.2m³/s의 유량이 92cm의 수심으로 흐르고 있다. 장파의 전파속도 C와 비에너지 E는? (단, 에너지보정계수 $\alpha = 1.0$)

① $C = 2.0\text{m/s},\ E = 1.015\text{m}$

② $C = 2.0\text{m/s},\ E = 1.115\text{m}$

③ $C = 3.0\text{m/s},\ E = 1.015\text{m}$

④ $C = 3.0\text{m/s},\ E = 1.115\text{m}$

해설 ㉮ $C = \sqrt{gh} = \sqrt{9.8 \times 0.92} = 3\text{m/s}$

㉯ $V = \dfrac{Q}{A} = \dfrac{16.2}{9 \times 0.92} = 1.96\text{m/s}$

㉰ $H_e = h + \alpha \dfrac{V^2}{2g} = 0.92 + 1 \times \dfrac{1.96^2}{2 \times 9.8} = 1.116\text{m}$

18. Chezy의 평균유속공식에서 평균유속계수 C를 Manning의 평균유속공식을 이용하여 표현한 것으로 옳은 것은?

① $\dfrac{R^{1/2}}{n}$

② $\dfrac{R^{1/6}}{n}$

③ $\sqrt{\dfrac{f}{8g}}$

④ $\sqrt{\dfrac{8g}{f}}$

19. 비압축성 이상유체에 대한 다음 내용 중 ( ) 안에 들어갈 알맞은 말은?

> 비압축성 이상유체는 압력 및 온도에 따른 ( )의 변화가 미소하여 이를 무시할 수 있다.

① 밀도

② 비중

③ 속도

④ 점성

20. 수로경사 $I = \dfrac{1}{2,500}$, 조도계수 $n = 0.013\text{m}^{-1/3} \cdot \text{s}$ 인 수로에 다음 그림과 같이 물이 흐르고 있다면 평균유속은? (단, Manning의 공식을 사용한다.)

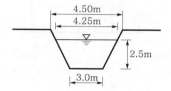

① 1.65m/s

② 2.16m/s

③ 2.65m/s

④ 3.16m/s

해설 ㉮ $S = 3 + 2\sqrt{2.5^2 + 0.625^2} = 8.15\text{m}$

㉯ $A = \dfrac{3 + 4.25}{2} \times 2.5 = 9.06\text{m}^2$

㉰ $V = \dfrac{1}{n} R^{\frac{2}{3}} I^{\frac{1}{2}}$

$= \dfrac{1}{0.013} \times \left(\dfrac{9.06}{8.15}\right)^{\frac{2}{3}} \times \left(\dfrac{1}{2,500}\right)^{\frac{1}{2}}$

$= 1.65\text{m/s}$

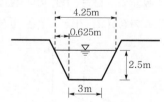

토목기사 (2021년 8월 14일 시행)

1. 탱크 속에 깊이 2m의 물과 그 위에 비중 0.85의 기름이 4m 들어있다. 탱크 바닥에서 받는 압력을 구한 값은? (단, 물의 단위중량은 9.81kN/m³이다.)

① 52.974kN/m² ② 53.974kN/m²
③ 54.974kN/m² ④ 55.974kN/m²

해설 ㉮ 기름의 비중 $= \dfrac{단위중량}{물의 단위중량}$

$0.85 = \dfrac{단위중량}{9.81}$

∴ 단위중량 $= 8.339\text{kN/m}^3$

㉯ $P = w_1 h_1 + w_2 h_2$

$= 8.339 \times 4 + 9.81 \times 2$

$= 52.976\text{kN/m}^2$

2. 물이 유량 $Q = 0.06\text{m}^3/\text{s}$로 60°의 경사평면에 충돌할 때 충돌 후의 유량 Q_1, Q_2는? (단, 에너지손실과 평면의 마찰은 없다고 가정하고, 기타 조건은 일정하다.)

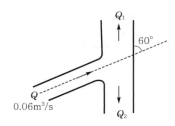

① $Q_1 : 0.03\text{m}^3/\text{s}$, $Q_2 : 0.03\text{m}^3/\text{s}$
② $Q_1 : 0.035\text{m}^3/\text{s}$, $Q_2 : 0.025\text{m}^3/\text{s}$
③ $Q_1 : 0.040\text{m}^3/\text{s}$, $Q_2 : 0.020\text{m}^3/\text{s}$
④ $Q_1 : 0.045\text{m}^3/\text{s}$, $Q_2 : 0.015\text{m}^3/\text{s}$

해설 ㉮ $Q_1 = \dfrac{Q}{2}(1 + \cos\theta)$

$= \dfrac{0.06}{2} \times (1 + \cos 60°) = 0.045\text{m}^3/\text{s}$

㉯ $Q_2 = \dfrac{Q}{2}(1 - \cos\theta)$

$= \dfrac{0.06}{2} \times (1 - \cos 60°) = 0.015\text{m}^3/\text{s}$

3. 1차원 정류흐름에서 단위시간에 대한 운동량방정식은? (단, F : 힘, m : 질량, V_1 : 초속도, V_2 : 종속도, Δt : 시간의 변화량, S : 변위, W : 물체의 중량)

① $F = WS$
② $F = m\Delta t$
③ $F = m\left(\dfrac{V_2 - V_1}{S}\right)$
④ $F = m(V_2 - V_1)$

4. 동점성계수와 비중이 각각 0.0019m²/s와 1.2인 액체의 점성계수 μ는? (단, 물의 밀도는 1,000kg/m³)

① 1.9kgf · s/m² ② 0.19kgf · s/m²
③ 0.23kgf · s/m² ④ 2.3kgf · s/m²

해설 ㉮ $\rho = \dfrac{w}{g} = \dfrac{1.2}{9.8} = 0.1224\text{t} \cdot \text{s}^2/\text{m}^4$

㉯ $\nu = \dfrac{\mu}{\rho}$

$0.0019 = \dfrac{\mu}{0.122}$

∴ $\mu = 2.32 \times 10^{-4}\text{t} \cdot \text{s/m}^2 = 0.232\text{kgf} \cdot \text{s/m}^2$

5. 지름 4cm, 길이 30cm인 시험원통에 대수층의 표본을 채웠다. 시험원통의 출구에서 압력수두를 15cm로 일정하게 유지할 때 2분 동안 12cm³의 유출량이 발생하였다면 이 대수층 표본의 투수계수는?

① 0.008cm/s ② 0.016cm/s
③ 0.032cm/s ④ 0.048cm/s

•해설 $Q = KiA$

$$\frac{12}{2 \times 60} = K \times \frac{15}{30} \times \frac{\pi \times 4^2}{4}$$

$$\therefore K = 0.016 \text{cm/s}$$

6. 폭 35cm인 직사각형 위어(weir)의 유량을 측정하였더니 0.03m^3/s이었다. 월류수심의 측정에 1mm의 오차가 생겼다면 유량에 발생하는 오차는? (단, 유량계산은 프란시스(Francis)공식을 사용하고, 월류 시 단면수축은 없는 것으로 가정한다.)

① 1.16% ② 1.50%
③ 1.67% ④ 1.84%

•해설 ㉮ $Q = 1.84 b_o h^{\frac{3}{2}}$

$$0.03 = 1.84 \times 0.35 \times h^{\frac{3}{2}}$$

$$\therefore h = 0.13 \text{m}$$

㉯ $\dfrac{dQ}{Q} = \dfrac{3}{2} \dfrac{dh}{h}$

$$= \frac{3}{2} \times \frac{0.001}{0.13} = 0.01154 = 1.154\%$$

7. 안지름 20cm인 관로에서 관의 마찰에 의한 손실수두가 속도수두와 같게 되었다면 이때 관로의 길이는? (단, 마찰저항계수 $f = 0.04$이다.)

① 3m ② 4m
③ 5m ④ 6m

•해설 $f \dfrac{l}{D} \dfrac{v^2}{2g} = \dfrac{v^2}{2g}$

$$f \frac{l}{D} = 1$$

$$0.04 \times \frac{l}{0.2} = 1$$

$$\therefore l = 5\text{m}$$

8. 폭이 무한히 넓은 개수로의 동수반경(Hydraulic radius, 경심)은?

① 계산할 수 없다.
② 개수로의 폭과 같다.
③ 개수로의 면적과 같다.
④ 개수로의 수심과 같다.

•해설 광폭($b \gg h$)인 경우 $R \fallingdotseq h$이다.

9. 압력 150kN/m^2를 수은기둥으로 계산한 높이는? (단, 수은의 비중은 13.57, 물의 단위중량은 9.81kN/m^3이다.)

① 0.905m ② 1.13m
③ 15m ④ 203.5m

•해설 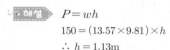 $P = wh$

$$150 = (13.57 \times 9.81) \times h$$

$$\therefore h = 1.13\text{m}$$

10. 수로폭이 3m인 직사각형 수로에 수심이 50cm로 흐를 때 흐름이 상류(subcritical flow)가 되는 유량은?

① 2.5m^3/s ② 4.5m^3/s
③ 6.5m^3/s ④ 8.5m^3/s

•해설 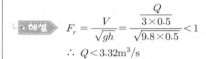 $F_r = \dfrac{V}{\sqrt{gh}} = \dfrac{\dfrac{Q}{3 \times 0.5}}{\sqrt{9.8 \times 0.5}} < 1$

$$\therefore Q < 3.32\text{m}^3/\text{s}$$

11. 관수로에서 관의 마찰손실계수가 0.02, 관의 지름이 40cm일 때 관내 물의 흐름이 100m를 흐르는 동안 2m의 마찰손실수두가 발생하였다면 관내의 유속은?

① 0.3m/s ② 1.3m/s
③ 2.8m/s ④ 3.8m/s

•해설 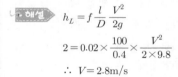 $h_L = f \dfrac{l}{D} \dfrac{V^2}{2g}$

$$2 = 0.02 \times \frac{100}{0.4} \times \frac{V^2}{2 \times 9.8}$$

$$\therefore V = 2.8\text{m/s}$$

12. 저수지에 설치된 나팔형 위어의 유량 Q와 월류수심 h와의 관계에서 완전월류상태는 $Q \propto h^{3/2}$이다. 불완전월류(수중위어)상태에서의 관계는?

① $Q \propto h^{-1}$ ② $Q \propto h^{1/2}$
③ $Q \propto h^{3/2}$ ④ $Q \propto h^{-1/2}$

•해설 나팔형 위어

㉮ 입구부가 잠수되지 않은 상태(완전월류상태)

$$: Q = C2\pi r h^{\frac{3}{2}}$$

㉯ 불완전월류상태 : $Q = C2\pi r h_a^{\frac{1}{2}}$

13. 다음 중 토양의 침투능(Infiltration Capacity) 결정방법에 해당되지 않는 것은?

① Philip공식
② 침투계에 의한 실측법
③ 침투지수에 의한 방법
④ 물수지원리에 의한 산정법

> **해설** 침투능 결정법
> ㉮ 침투지수법에 의한 방법
> ㉯ 침투계에 의한 방법
> ㉰ 경험공식에 의한 방법

14. 원형관 내 층류영역에서 사용 가능한 마찰손실 계수식은? (단, R_e : Reynolds수)

① $\dfrac{1}{R_e}$　　　　② $\dfrac{4}{R_e}$

③ $\dfrac{24}{R_e}$　　　　④ $\dfrac{64}{R_e}$

> **해설** $R_e \leq 2,000$일 때 $f = \dfrac{64}{R_e}$

15. 다음 중 도수(跳水, hydraulic jump)가 생기는 경우는?

① 사류(射流)에서 사류(射流)로 변할 때
② 사류(射流)에서 상류(常流)로 변할 때
③ 상류(常流)에서 상류(常流)로 변할 때
④ 상류(常流)에서 사류(射流)로 변할 때

> **해설** 사류에서 상류로 변할 때 불연속적으로 수면이 뛰는 현상을 도수라 한다.

16. 다음 중 부정류흐름의 지하수를 해석하는 방법은?

① Theis방법　　　　② Dupuit방법
③ Thiem방법　　　　④ Laplace방법

> **해설** 피압대수층 내 부정류흐름의 지하수해석법 : Theis법, Jacob법, Chow법

17. 1cm 단위도의 종거가 1, 5, 3, 1이다. 유효강우량이 10mm, 20mm 내렸을 때 직접 유출수문곡선의 종거는? (단, 모든 시간간격은 1시간이다.)

① 1, 5, 3, 1, 1　　　　② 1, 5, 10, 9, 2
③ 1, 7, 13, 7, 2　　　　④ 1, 7, 13, 9, 2

> **해설**
>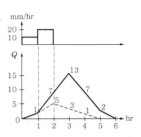

18. 자연하천의 특성을 표현할 때 이용되는 하상계수에 대한 설명으로 옳은 것은?

① 최심하상고와 평형하상고의 비이다.
② 최대 유량과 최소 유량의 비로 나타낸다.
③ 개수 전과 개수 후의 수심변화량의 비를 말한다.
④ 홍수 전과 홍수 후의 하상변화량의 비를 말한다.

> **해설** 하상계수$= \dfrac{최대 유량}{최소 유량}$

19. 개수로의 흐름에 대한 설명으로 옳지 않은 것은?

① 사류(supercritical flow)에서는 수면변동이 일어날 때 상류(上流)로 전파될 수 없다.
② 상류(subcritical flow)일 때는 Froude수가 1보다 크다.
③ 수로경사가 한계경사보다 클 때 사류(supercritical flow)가 된다.
④ Reynolds수가 500보다 커지면 난류(turbulent flow)가 된다.

> **해설** 개수로의 흐름
> ㉮ $F_r <1$이면 상류, $F_r >1$이면 사류이다.
> ㉯ $R_e <500$이면 층류, $R_e >500$이면 난류이다.

20. 가능 최대 강수량(PMP)에 대한 설명으로 옳은 것은?

① 홍수량 빈도해석에 사용된다.
② 강우량과 장기변동성향을 판단하는 데 사용된다.
③ 최대 강우강도와 면적관계를 결정하는 데 사용된다.
④ 대규모 수공구조물의 설계홍수량을 결정하는 데 사용된다.

> **해설** 최대 가능강수량(PMP)
> ㉮ 대규모 수공구조물을 설계할 때 기준으로 삼는 우량이다.
> ㉯ PMP로서 수공구조물의 크기(치수)를 결정한다.

1. 하폭이 넓은 완경사 개수로흐름에서 물의 단위중량 $w = \rho g$, 수심 h, 하상경사 S일 때 바닥 전단응력 τ_0는? (단, ρ : 물의 밀도, g : 중력가속도)

① $\rho h S$ ② $g h S$

③ $\sqrt{\dfrac{h S}{\rho}}$ ④ $w h S$

해설 광폭일 때 $R ≒ h$이므로

$\therefore \tau = w R I ≒ w h I$

2. 베르누이(Bernoulli)의 정리에 관한 설명으로 틀린 것은?

① 회전류의 경우는 모든 영역에서 성립한다.

② Euler의 운동방정식으로부터 적분하여 유도할 수 있다.

③ 베르누이의 정리를 이용하여 Torricelli의 정리를 유도할 수 있다.

④ 이상유체의 흐름에 대하여 기계적 에너지를 포함한 방정식과 같다.

해설 회전류의 경우는 하나의 유선에 대하여 성립한다.

3. 삼각위어(weir)에 월류수심을 측정할 때 2%의 오차가 있었다면 유량 산정 시 발생하는 오차는?

① 2%   ② 3%

③ 4%   ④ 5%

해설 $\dfrac{dQ}{Q} = \dfrac{5}{2}\dfrac{dh}{h} = \dfrac{5}{2} \times 2 = 5\%$

4. 다음 사다리꼴수로의 윤변은?

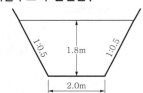

① 8.02m   ② 7.02m

③ 6.02m   ④ 9.02m

해설 $S = \sqrt{1.8^2 + 0.9^2} \times 2 + 2 = 6.02\text{m}$

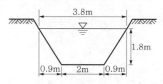

5. 흐르는 유체 속의 한 점 (x, y, z)의 각 축방향의 속도성분을 (u, v, w)라 하고 밀도를 ρ, 시간을 t로 표시할 때 가장 일반적인 경우의 연속방정식은?

① $\dfrac{\partial u}{\partial t} + \dfrac{\partial v}{\partial t} + \dfrac{\partial w}{\partial t} = 0$

② $\dfrac{\partial \rho u}{\partial x} + \dfrac{\partial \rho v}{\partial y} + \dfrac{\partial \rho w}{\partial z} = 0$

③ $\dfrac{\partial \rho}{\partial t} + \dfrac{\partial u}{\partial x} + \dfrac{\partial v}{\partial y} + \dfrac{\partial w}{\partial z} = 0$

④ $\dfrac{\partial \rho}{\partial t} + \dfrac{\partial \rho u}{\partial x} + \dfrac{\partial \rho v}{\partial y} + \dfrac{\partial \rho w}{\partial z} = 0$

해설 압축성 유체의 부정류 연속방정식

$\dfrac{\partial \rho}{\partial t} + \dfrac{\partial \rho u}{\partial x} + \dfrac{\partial \rho v}{\partial y} + \dfrac{\partial \rho w}{\partial z} = 0$

6. 다음 그림과 같이 수조 A의 물을 펌프에 의해 수조 B로 양수한다. 연결관의 단면적 200cm², 유량 0.196 m³/s, 총손실수두는 속도수두의 3.0배에 해당할 때 펌프의 필요한 동력(HP)은? (단, 펌프의 효율은 98%이며, 물의 단위중량은 9.81kN/m³, 1HP는 735.75N · m/s, 중력가속도는 9.8m/s²)

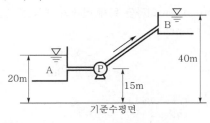

① 92.5HP   ② 101.6HP

③ 105.9HP   ④ 115.2HP

•해설 ㉮ $V = \dfrac{Q}{A} = \dfrac{0.196}{200 \times 10^{-4}} = 9.8 \text{m/s}$

㉯ $H_e = h + \sum h = h + 3\dfrac{V^2}{2g}$

$= (40 - 20) + 3 \times \dfrac{9.8^2}{2 \times 9.8} = 34.7 \text{m}$

㉰ $E = \dfrac{wQH_e}{\eta} = \dfrac{9,810 \times 0.196 \times 34.7}{0.98}$

$= 68,081.4 \text{N} \cdot \text{m/s}$

$= \dfrac{68,081.4}{735.75} = 92.53 \text{HP}$

7. 수리학적으로 유리한 단면에 관한 설명으로 옳지 않은 것은?

① 주어진 단면에서 윤변이 최소가 되는 단면이다.

② 직사각형 단면일 경우 수심이 폭의 1/2인 단면이다.

③ 최대 유량의 소통을 가능하게 하는 가장 경제적인 단면이다.

④ 사다리꼴 단면일 경우 수심을 반지름으로 하는 반원을 외접원으로 하는 사다리꼴 단면이다.

•해설 사다리꼴 단면수로의 수리상 유리한 단면은 수심을 반지름으로 하는 반원에 외접하는 정육각형의 제형 단면이다.

8. 여과량이 2m³/s, 동수경사가 0.2, 투수계수가 1cm/s일 때 필요한 여과지 면적은?

① 1,000m²　　　　② 1,500m²

③ 2,000m²　　　　④ 2,500m²

•해설 $Q = KiA$

$2 = 0.01 \times 0.2 \times A$

$\therefore A = 1,000 \text{m}^2$

9. 비중이 0.9인 목재가 물에 떠 있다. 수면 위에 노출된 체적이 1.0m³이라면 목재 전체의 체적은? (단, 물의 비중은 1.0이다.)

① 1.9m³　　　　② 2.0m³

③ 9.0m³　　　　④ 10.0m³

•해설 $w_1 V_1 = w_2 V_2$

$0.9 \times V = 1 \times (V - 1)$

$\therefore V = 10 \text{m}^3$

10. 두께가 10m인 피압대수층에서 우물을 통해 양수한 결과 50m 및 100m 떨어진 두 지점에서 수면강하가 각각 20m 및 10m로 관측되었다. 정상상태를 가정할 때 우물의 양수량은? (단, 투수계수는 0.3m/h)

① 7.6×10⁻²m³/s　　② 6.0×10⁻³m³/s

③ 9.4m³/s　　　　④ 21.6m³/s

•해설 $Q = \dfrac{2\pi ck(H - h_o)}{2.3 \log \dfrac{R}{r_o}}$

$= \dfrac{2\pi \times 10 \times \dfrac{0.3}{3,600} \times (20 - 10)}{2.3 \times \log \dfrac{100}{50}} = 0.076 \text{m}^3/\text{s}$

11. 첨두홍수량계산에 있어서 합리식의 적용에 관한 설명으로 옳지 않은 것은?

① 하수도설계 등 소유역에만 적용될 수 있다.

② 우수도달시간은 강우지속시간보다 길어야 한다.

③ 강우강도는 균일하고 전 유역에 고르게 분포되어야 한다.

④ 유량이 점차 증가되어 평형상태일 때의 첨두유출량을 나타낸다.

•해설 강우지속시간이 유역도달시간과 같거나 커야 한다.

12. 다음 그림과 같은 모양의 분수(噴水)를 만들었을 때 분수의 높이(H_v)는? (단, 유속계수 C_v : 0.96, 중력 가속도 g : 9.8m/s², 다른 손실은 무시한다.)

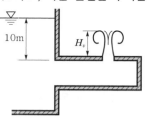

① 9.00m　　　　② 9.22m

③ 9.62m　　　　④ 10.00m

•해설 ㉮ $V = C_v \sqrt{2gh}$

$= 0.96 \times \sqrt{2 \times 9.8 \times 10} = 13.44 \text{m/s}$

㉯ $H_v = \dfrac{V^2}{2g} = \dfrac{13.44^2}{2 \times 9.8} = 9.22 \text{m}$

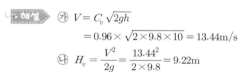

13. 동수반경에 대한 설명으로 옳지 않은 것은?
① 원형관의 경우 지름의 1/4이다.
② 유수 단면적을 윤변으로 나눈 값이다.
③ 폭이 넓은 직사각형 수로의 동수반경은 그 수로의 수심과 거의 같다.
④ 동수반경이 큰 수로는 동수반경이 작은 수로보다 마찰에 의한 수두손실이 크다.

▶해설 ─ 일정한 단면적에 대하여 동수반경이 큰 수로는 윤변이 작기 때문에 마찰에 의한 수두손실이 작다.

14. 댐의 상류부에서 발생되는 수면곡선으로 흐름방향으로 수심이 증가함을 뜻하는 곡선은?
① 배수곡선 ② 저하곡선
③ 유사량곡선 ④ 수리특성곡선

▶해설 ─ 댐, weir 등의 수리구조물을 만들면 수리구조물의 상류에 흐름방향으로 수심이 증가하는 수면곡선이 나타나는데, 이러한 수면곡선을 배수곡선이라 한다.

15. 일반적인 물의 성질로 틀린 것은?
① 물의 비중은 기름의 비중보다 크다.
② 물은 일반적으로 완전유체로 취급한다.
③ 해수(海水)도 담수(淡水)와 같은 단위중량으로 취급한다.
④ 물의 밀도는 보통 $1g/cc = 1,000kg/m^3 = 1t/m^3$를 쓴다.

▶해설 ─ 단위중량
  ㉮ 담수 : $1t/m^3$
  ㉯ 해수 : $1.025t/m^3$

16. 강우자료의 일관성을 분석하기 위해 사용하는 방법은?
① 합리식
② DAD해석법
③ 누가우량곡선법
④ SCS(Soil Conservation Service)방법

▶해설 ─ 우량계의 위치, 노출상태, 우량계의 교체, 주위 환경의 변화 등이 생기면 전반적인 자료의 일관성이 없어지기 때문에 이것을 교정하여 장기간에 걸친 강수 자료의 일관성을 얻는 방법을 이중누가우량분석이라 한다.

17. 수문자료해석에 사용되는 확률분포형의 매개변수를 추정하는 방법이 아닌 것은?
① 모멘트법(method of moments)
② 회선적분법(convolution integral method)
③ 최우도법(method of maximum likelihood)
④ 확률가중모멘트법(method of probability weighted moments)

▶해설 ─ 확률분포형의 매개변수 추정법 : 모멘트법, 최우도법, 확률가중모멘트법, L-모멘트법

18. 정수역학에 관한 설명으로 틀린 것은?
① 정수 중에는 전단응력이 발생된다.
② 정수 중에는 인장응력이 발생되지 않는다.
③ 정수압은 항상 벽면에 직각방향으로 작용한다.
④ 정수 중의 한 점에 작용하는 정수압은 모든 방향에서 균일하게 작용한다.

▶해설 ─ 정수 중에는 $\dfrac{dV}{dy} = 0$이므로 $\tau = \mu \dfrac{dV}{dy} = 0$이다.

19. 수심이 1.2m인 수조의 밑바닥에 길이 4.5m, 지름 2cm인 원형관이 연직으로 설치되어 있다. 최초에 물이 배수되기 시작할 때 수조의 밑바닥에서 0.5m 떨어진 연직관 내의 수압은? (단, 물의 단위중량은 $9.81kN/m^3$이며, 손실은 무시한다.)
① $49.05kN/m^2$
② $-49.05kN/m^2$
③ $39.24kN/m^2$
④ $-39.24kN/m^2$

▶해설
$$\frac{V_1{}^2}{2g} + \frac{P_1}{w} + Z_1 = \frac{V_2{}^2}{2g} + \frac{P_2}{w} + Z_2$$
$$0 + \frac{P_1}{9.81} + (4.5 - 0.5) = 0 + 0 + 0$$
$$\therefore P_1 = -39.24kN/m^2$$

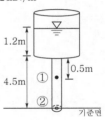

20. 어느 유역에 1시간 동안 계속되는 강우기록이 다음 표와 같을 때 10분 지속 최대 강우강도는?

시간 (분)	0	0 ~10	10 ~20	20 ~30	30 ~40	40 ~50	50 ~60
우량 (mm)	0	3.0	4.5	7.0	6.0	4.5	6.0

① 5.1mm/h   ② 7.0mm/h

③ 30.6mm/h   ④ 42.0mm/h

해설 $I = \dfrac{7}{10} \times 60 = 42\text{mm/h}$

1. 2개의 불투수층 사이에 있는 대수층 두께 a, 투수계수 k인 곳에 반지름 r_0인 굴착정(artesian well)을 설치하고 일정양수량 Q를 양수하였더니 양수 전 굴착정 내의 수위 H가 h_0로 강하하여 정상흐름이 되었다. 굴착정의 영향원반지름을 R이라 할 때 $(H-h_0)$의 값은?

① $\dfrac{2Q}{\pi ak}\ln\dfrac{R}{r_0}$ ② $\dfrac{Q}{2\pi ak}\ln\dfrac{R}{r_0}$

③ $\dfrac{2Q}{\pi ak}\ln\dfrac{r_0}{R}$ ④ $\dfrac{Q}{2\pi ak}\ln\dfrac{r_0}{R}$

 해설

$$Q=\dfrac{2\pi aK(H-h_o)}{2.3\log\dfrac{R}{r_o}}=\dfrac{2\pi aK(H-h_o)}{\ln\dfrac{R}{r_o}}$$

$$\therefore\ H-h_o=\dfrac{Q\ln\dfrac{R}{ro}}{2\pi aK}$$

2. 침투능(infiltration capacity)에 관한 설명으로 틀린 것은?

① 침투능은 토양조건과는 무관하다.
② 침투능은 강우강도에 따라 변화한다.
③ 일반적으로 단위는 mm/h 또는 in/h로 표시된다.
④ 어떤 토양면을 통해 물이 침투할 수 있는 최대율을 말한다.

해설 침투능은 토양의 종류, 함유수분, 다짐 정도 등에 따라 변한다.

3. 3차원 흐름의 연속방정식을 다음과 같은 형태로 나타낼 때 이에 알맞은 흐름의 상태는?

$$\frac{\partial u}{\partial x}+\frac{\partial v}{\partial y}+\frac{\partial w}{\partial z}=0$$

① 압축성 부정류
② 압축성 정상류
③ 비압축성 부정류
④ 비압축성 정상류

해설 ㉮ 압축성 유체(정류의 연속방정식)

$$\frac{\partial\rho u}{\partial x}+\frac{\partial\rho v}{\partial y}+\frac{\partial\rho w}{\partial z}=0$$

㉯ 비압축성 유체(정류의 연속방정식)

$$\frac{\partial u}{\partial x}+\frac{\partial v}{\partial y}+\frac{\partial w}{\partial z}=0$$

4. 지름 20cm의 원형 단면 관수로에 물이 가득 차서 흐를 때의 동수반경은?

① 5cm ② 10cm
③ 15cm ④ 20cm

해설

$$R=\frac{A}{S}=\frac{\dfrac{\pi D^2}{4}}{\pi D}=\frac{D}{4}=\frac{20}{4}=5\text{cm}$$

5. 대수층의 두께 2.3m, 폭 1.0m일 때 지하수유량은? (단, 지하수류의 상·하류 두 지점 사이의 수두차 1.6m, 두 지점 사이의 평균거리 360m, 투수계수 $k=192$m/day)

① 1.53m^3/day ② 1.80m^3/day
③ 1.96m^3/day ④ 2.21m^3/day

해설

$$Q=KiA=K\frac{h}{L}A=192\times\frac{1.6}{360}\times(2.3\times1)$$
$$=1.96\text{m}^3/\text{day}$$

6. 다음 그림과 같은 수조 벽면에 작은 구멍을 뚫고 구멍의 중심에서 수면까지 높이가 h일 때 유출속도 V는? (단, 에너지손실은 무시한다.)

① $\sqrt{2gh}$ ② $\sqrt{gh}$
③ $2gh$ ④ gh

해설 $V=\sqrt{2gh}$

7. 다음 그림과 같이 원형관 중심에서 V의 유속으로 물이 흐르는 경우에 대한 설명으로 틀린 것은? (단, 흐름은 층류로 가정한다.)

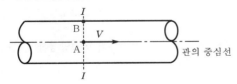

① 지점 A에서의 마찰력은 V^2에 비례한다.
② 지점 A에서의 유속은 단면평균유속의 2배이다.
③ 지점 A에서 지점 B로 갈수록 마찰력은 커진다.
④ 유속은 지점 A에서 최대인 포물선분포를 한다.

해설 A점의 마찰력은 0이다.

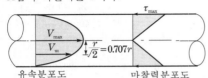

유속분포도 　　　　마찰력분포도

8. 어떤 유역에 다음 표와 같이 30분간 집중호우가 계속 되었을 때 지속기간 15분인 최대 강우강도는?

시간(분)	0~5	5~10	10~15	15~20	20~25	25~30
우량(mm)	2	4	6	4	8	6

① 64mm/h　　　　　② 48mm/h
③ 72mm/h　　　　　④ 80mm/h

해설 $I = (6+4+8) \times \dfrac{60}{15} = 72 \text{mm/h}$

9. 정지하고 있는 수중에 작용하는 정수압의 성질로 옳지 않은 것은?
① 정수압의 크기는 깊이에 비례한다.
② 정수압은 물체의 면에 수직으로 작용한다.
③ 정수압은 단위면적에 작용하는 힘의 크기로 나타낸다.
④ 한 점에 작용하는 정수압은 방향에 따라 크기가 다르다.

해설 정수압
　㉮ 면에 직각으로 작용한다.
　㉯ 정수 중의 임의의 한 점에 작용하는 정수압 강도는 모든 방향에 대하여 동일하다.
　㉰ $P = wh$

10. 단위유량도에 대한 설명으로 틀린 것은?
① 단위유량도의 정의에서 특정 단위시간은 1시간을 의미한다.
② 일정기저시간가정, 비례가정, 중첩가정은 단위유량도의 3대 기본가정이다.
③ 단위유량도의 정의에서 단위유효우량은 유역 전 면적상의 등가우량깊이로 측정되는 특정량의 우량을 의미한다.
④ 단위유효우량은 유출량의 형태로 단위유량도상에 표시되며, 단위유량도 아래의 면적은 부피의 차원을 가진다.

해설 특정 단위시간은 강우의 지속시간이 특정 시간으로 표시됨을 의미한다.

11. 한계수심에 대한 설명으로 옳지 않은 것은?
① 유량이 일정할 때 한계수심에서 비에너지가 최소가 된다.
② 직사각형 단면수로의 한계수심은 최소 비에너지의 $\dfrac{2}{3}$이다.
③ 비에너지가 일정하면 한계수심으로 흐를 때 유량이 최대가 된다.
④ 한계수심보다 수심이 작은 흐름이 상류(常流)이고, 큰 흐름이 사류(射流)이다.

해설 $h > h_c$이면 상류, $h < h_c$이면 사류, $h = h_c$이면 한계류이다.

12. 개수로흐름의 도수현상에 대한 설명으로 틀린 것은?
① 비력과 비에너지가 최소인 수심은 근사적으로 같다.
② 도수 전·후의 수심관계는 베르누이정리로부터 구할 수 있다.
③ 도수는 흐름이 사류에서 상류로 바뀔 경우에만 발생된다.
④ 도수 전·후의 에너지손실은 주로 불연속 수면 발생 때문이다.

해설 도수 전·후의 수심관계는 운동량-역적방정식으로 구한다.

13. 단면 2m×2m, 높이 6m인 수조에 물이 가득 차 있을 때 이 수조의 바닥에 설치한 지름이 20cm인 오리피스로 배수시키고자 한다. 수심이 2m가 될 때까지 배수하는데 필요한 시간은? (단, 오리피스 유량계수 $C=$ 0.6, 중력가속도 $g=9.8\text{m/s}^2$)

① 1분 39초   ② 2분 36초
③ 2분 55초   ④ 3분 45초

해설

$$T = \frac{2A}{Ca\sqrt{2g}}\left(h_1^{\frac{1}{2}} - h_2^{\frac{1}{2}}\right)$$

$$= \frac{2\times(2\times2)}{0.6\times\frac{\pi\times0.2^2}{4}\times\sqrt{2\times9.8}}\times\left(6^{\frac{1}{2}} - 2^{\frac{1}{2}}\right)$$

$$= 99.25\text{초} = 1\text{분}$$

14. 정상류에 관한 설명으로 옳지 않은 것은?
① 유선과 유적선이 일치한다.
② 흐름의 상태가 시간에 따라 변하지 않고 일정하다.
③ 실제 개수로 내 흐름의 상태는 정상류가 대부분이다.
④ 정상류 흐름의 연속방정식은 질량보존의 법칙으로 설명된다.

해설 실제 개수로 내 흐름은 부등류가 대부분이다.

15. 수로의 단위폭에 대한 운동량방정식은? (단, 수로의 경사는 완만하며, 바닥의 마찰저항은 무시한다.)

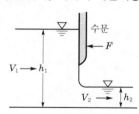

① $\dfrac{\gamma h_1^2}{2} - \dfrac{\gamma h_2^2}{2} - F = \rho Q(V_1 - V_2)$

② $\dfrac{\gamma h_1^2}{2} - \dfrac{\gamma h_2^2}{2} - F = \rho Q(V_2 - V_1)$

③ $\dfrac{\gamma h_1^2}{2} + \dfrac{\gamma h_2^2}{2} - F = \rho Q(V_2 - V_1)$

④ $\dfrac{\gamma h_1^2}{2} + \rho QV_1 + F = \dfrac{\gamma h_2^2}{2} + \rho QV_2$

해설

$$P_1 - P_2 - F = \frac{wQ(V_2 - V_1)}{g}$$

$$w\times\frac{h_1}{2}\times(h_1\times1) - w\times\frac{h_2}{2}\times(h_2\times1) - F$$

$$= \frac{wQ(V_2 - V_1)}{g}$$

$$\therefore \frac{wh_1^2}{2} - \frac{wh_2^2}{2} - F = \rho Q(V_2 - V_1)$$

16. 완경사 수로에서 배수곡선(backwater curve)에 해당하는 수면곡선은?
① 홍수 시 하천의 수면곡선
② 댐을 월류할 때의 수면곡선
③ 하천 단락부(段落部) 상류의 수면곡선
④ 상류상태로 흐르는 하천에 댐을 구축했을 때 저수지 상류의 수면곡선

17. 지하수의 연직분포를 크게 통기대와 포화대로 나눌 때 통기대에 속하지 않는 것은?
① 모관수대   ② 중간수대
③ 지하수대   ④ 토양수대

해설 지하수의 연직분포
㉮ 포화대
㉯ 통기대 : 토양수대, 중간수대, 모관수대

18. 다음 중 하천의 수리모형실험에 주로 사용되는 상사법칙은?
① Weber의 상사법칙   ② Cauchy의 상사법칙
③ Froude의 상사법칙   ④ Reynolds의 상사법칙

해설 Froude상사법칙
중력이 흐름을 주로 지배하고 다른 힘들은 영향이 작아서 생략할 수 있는 경우의 상사법칙으로 수심이 비교적 큰 자유표면을 가진 개수로 내 흐름, 댐의 여수토흐름 등이 해당된다.

19. 수중에 잠겨 있는 곡면에 작용하는 연직분력은?
① 곡면에 의해 배제된 물의 무게와 같다.
② 곡면 중심의 압력에 물의 무게를 더한 값이다.
③ 곡면을 밑면으로 하는 물기둥의 무게와 같다.
④ 곡면을 연직면상에 투영했을 때 그 투영면이 작용하는 정수압과 같다.

> **해설** ㉮ P_H는 곡면의 연직투영면에 작용하는 수압과 같다.
> ㉯ P_V는 곡면을 밑면으로 하는 수면까지의 물 기둥의 무게와 같다.

20.

속도분포를 $V = 4y^{\frac{2}{3}}$으로 나타낼 수 있을 때 바닥면에서 0.5m 떨어진 높이에서의 속도경사(Velocity gradient)는? (단, V : m/s, y : m)

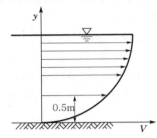

① 2.67sec^{-1}　　　　② 3.36sec^{-1}

③ 2.67sec^{-2}　　　　④ 3.36sec^{-2}

> **해설**
> $$V = 4y^{\frac{2}{3}}$$
> $$V' = 4 \times \frac{2}{3} y^{-\frac{1}{3}} = \frac{8}{3} y^{-\frac{1}{3}}$$
> $$\therefore V'_{y=0.5} = \frac{8}{3} \times 0.5^{-\frac{1}{3}} = 3.36\text{sec}^{-1}$$

부록 II

CBT 대비 실전 모의고사

토목기사 실전 모의고사 1회

▶ 정답 및 해설 : p.122

1. 용적이 $4m^3$인 유체의 중량이 42kN이면 유체의 밀도(ρ)와 비중(S)은?

① $1.07kN \cdot s^2/m^4$, 1.07
② $1.70kN \cdot s^2/m^4$, 1.50
③ $1.00kN \cdot s^2/m^4$, 1.00
④ $1.00kN \cdot s^2/m^4$, 1.07

2. 직경 1mm인 모세관의 경우에 모관 상승높이는? (단, 물의 표면장력은 74dyne/cm, 접촉각은 8°)

① 30mm
② 25mm
③ 20mm
④ 15mm

3. 수면 아래 20m 지점의 수압으로 옳은 것은? (단, 물의 단위중량은 $9.81kN/m^3$이다.)

① 0.1MPa
② 0.2MPa
③ 1.0MPa
④ 2.0MPa

4. 폭 4.8m, 높이 2.7m의 연직직사각형 수문이 한쪽 면에서 수압을 받고 있다. 수문의 밑면은 힌지로 연결되어 있고, 상단은 수평체인(chain)으로 고정되어 있을 때 이 체인에 작용하는 장력(張力)은? (단, 수문의 정상과 수면은 일치한다.)

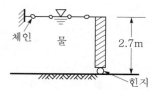

① 29.23kN
② 57.15kN
③ 7.87kN
④ 0.88kN

5. 정상류 비압축성 유체에 대한 속도성분 중에서 연속방정식을 만족시키는 것은?

① $u = 3x^2 - y$, $v = 2y^2 - yz$, $w = y^2 - 2y$
② $u = 2x^2 - xy$, $v = y^2 - 4xy$, $w = y^2 - yz$
③ $u = x^2 - 2y$, $v = y^2 - xy$, $w = x^2 - yz$
④ $u = 2x^2 - yz$, $v = 2y^2 - 3xy$, $w = z^2 - zy$

6. 중량이 600N, 비중이 3.0인 물체를 물(담수)속에 넣었을 때 물속에서의 중량은?

① 100N
② 200N
③ 300N
④ 400N

7. 층류와 난류(亂流)에 관한 설명으로 옳지 않은 것은?

① 층류란 유수(流水) 중에서 유선이 평행한 층을 이루는 흐름이다.
② 층류와 난류를 레이놀즈수에 의하여 구별할 수 있다.
③ 원관 내 흐름의 한계레이놀즈수는 약 2,000 정도이다.
④ 층류에서 난류로 변할 때의 유속과 난류에서 층류로 변할 때의 유속은 같다.

8. 지름 4cm인 원형 단면의 수맥(水脈)이 다음 그림과 같이 구부러질 때 곡면을 지지하는 데 필요한 힘 P_x와 P_y는? (단, 수맥의 속도는 15m/s이고, 마찰은 무시한다.)

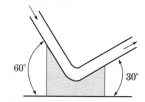

① $P_x = 0.104kN$, $P_y = 0.389kN$
② $P_x = 0.104kN$, $P_y = 0.105kN$
③ $P_x = 0.104kN$, $P_y = 0.205kN$
④ $P_x = 10.45kN$, $P_y = 39.39kN$

9. 지름이 4cm인 원형관 속에 물이 흐르고 있다. 관로길이 1.0m 구간에서 압력강하가 $0.1N/m^2$이었다면 관벽의 마찰응력은?

① $0.001N/m^2$
② $0.002N/m^2$
③ $0.01N/m^2$
④ $0.02N/m^2$

10. 다음 그림과 같이 기하학적으로 유사한 대·소(大小)원형 오리피스의 비가 $n = \dfrac{D}{d} = \dfrac{H}{h}$인 경우에 두 오리피스의 유속, 축류 단면, 유량의 비로 옳은 것은? (단, 유속계수 C_v, 수축계수 C_a는 대·소오리피스가 같다.)

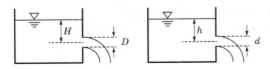

① 유속의 비=n^2, 축류 단면의 비=$n^{\frac{1}{2}}$, 유량의 비=$n^{\frac{2}{3}}$

② 유속의 비=$n^{\frac{1}{2}}$, 축류 단면의 비=n^2, 유량의 비=$n^{\frac{5}{2}}$

③ 유속의 비=$n^{\frac{1}{2}}$, 축류 단면의 비=n^2, 유량의 비=$n^{\frac{5}{2}}$

④ 유속의 비=n^2, 축류 단면의 비=$n^{\frac{1}{2}}$, 유량의 비=$n^{\frac{5}{2}}$

11. 다음 그림에서 손실수두가 $\dfrac{3V^2}{2g}$일 때 지름 0.1m의 관을 통과하는 유량은? (단, 수면은 일정하게 유지된다.)

① 0.085m³/s
② 0.0426m³/s
③ 0.0399m³/s
④ 0.0798m³/s

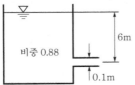

12. 일반적인 수로 단면에서 단면계수 Z_c와 수심 h의 상관식은 $Z_c^2 = Ch^M$으로 표시할 수 있는데, 이 식에서 M은?

① 단면지수
② 수리지수
③ 윤변지수
④ 흐름지수

13. 개수로 내 흐름에 있어서 한계수심에 대한 설명으로 옳은 것은?

① 상류 쪽의 저항이 하류 쪽의 조건에 따라 변한다.
② 유량이 일정할 때 비력이 최대가 된다.
③ 유량이 일정할 때 비에너지가 최소가 된다.
④ 비에너지가 일정할 때 유량이 최소가 된다.

14. 다음 그림과 같은 부등류흐름에서 y는 실제 수심, y_c는 한계수심, y_n은 등류수심을 표시한다. 그림의 수로 경사에 관한 설명과 수면형 명칭으로 옳은 것은?

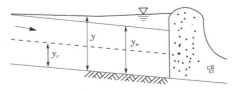

① 완경사수로에서의 배수곡선이며 M_1곡선
② 급경사수로에서의 배수곡선이며 S_1곡선
③ 완경사수로에서의 배수곡선이며 M_2곡선
④ 급경사수로에서의 저하곡선이며 S_2곡선

15. 지하수의 흐름에서 상·하류 두 지점의 수두차가 1.6m이고 두 지점의 수평거리가 480m인 경우 대수층(帶水層)의 두께 3.5m, 폭 1.2m일 때의 지하수유량은? (단, 투수계수 $K = 208$m/day이다.)

① 2.91m³/day
② 3.82m³/day
③ 2.12m³/day
④ 2.08m³/day

16. 시간을 t, 유속을 v, 두 단면 간의 거리를 l이라 할 때 다음 조건 중 부등류인 경우는?

① $\dfrac{v}{t} = 0$
② $\dfrac{v}{t} \neq 0$
③ $\dfrac{v}{t} = 0$, $\dfrac{v}{l} = 0$
④ $\dfrac{v}{t} = 0$, $\dfrac{v}{l} \neq 0$

17. 물의 순환에 대한 다음 수문사항 중 성립이 되지 않는 것은?

① 지하수 일부는 지표면으로 용출해서 다시 지표수가 되어 하천으로 유입한다.
② 지표면에 도달한 우수는 토양 중에 수분을 공급하고, 나머지가 아래로 침투해서 지하수가 된다.
③ 땅속에 보류된 물과 지표하수는 토양면에서 증발하고, 일부는 식물에 흡수되어 증산한다.
④ 지표에 강하한 우수는 지표면에 도달 전에 그 일부가 식물의 나무와 가지에 의하여 차단된다.

18. DAD곡선을 작성하는 순서가 옳은 것은?

> ㉠ 누가우량곡선으로부터 지속기간별 최대 우량을 결정한다.
> ㉡ 누가면적에 대한 평균누가우량을 산정한다.
> ㉢ 소구역에 대한 평균누가우량을 결정한다.
> ㉣ 지속기간에 대한 최대 우량깊이를 누가면적별로 결정한다.

① ㉠ - ㉢ - ㉡ - ㉣ 　② ㉡ - ㉠ - ㉣ - ㉢
③ ㉢ - ㉡ - ㉠ - ㉣ 　④ ㉣ - ㉢ - ㉡ - ㉠

19. 유출(runoff)에 대한 설명으로 옳지 않은 것은?
① 비가 오기 전의 유출을 기저유출이라 한다.
② 우량은 별도의 손실 없이 그 전량이 하천으로 유출된다.
③ 일정기간에 하천으로 유출되는 수량의 합을 유출량이라 한다.
④ 유출량과 그 기간의 강수량과의 비(比)를 유출계수 또는 유출률이라 한다.

20. 다음 중 합성단위유량도를 작성할 때 필요한 자료는?
① 우량주상도　　　　② 유역면적
③ 직접유출량　　　　④ 강우의 공간적 분포

토목기사 실전 모의고사 2회

▶ 정답 및 해설 : p.124

1. 부피 5m³인 해수의 무게(W)와 밀도(ρ)를 구한 값으로 옳은 것은? (단, 해수의 단위중량은 10.25kN/m³)

① 50kN, ρ=1.046N·s²/m⁴
② 50kN, ρ=1.046N·s²/m⁴
③ 51.25kN, ρ=1.046N·s²/m⁴
④ 51.25kN, ρ=1.046N·s²/m⁴

2. 다음 중 점성계수(μ)의 차원으로 옳은 것은 어느 것인가?

① $[ML^{-1}T^{-1}]$
② $[L^2T^{-1}]$
③ $[LMT^{-2}]$
④ $[L^{-3}M]$

3. 밀폐된 직육면체의 탱크에 물이 5m 깊이로 차 있을 때 수면에는 300kN/m²의 증기압이 작용하고 있다면 탱크 밑면에 작용하는 압력은?

① 345kN/m²
② 375kN/m²
③ 349kN/m²
④ 380kN/m²

4. 다음 그림과 같이 물을 막고 있는 원통의 곡면에 작용하는 전수압은? (단, 원통의 축방향 길이는 1m이다.)

① 20.93kN
② 15.74kN
③ 35.77kN
④ 24.93kN

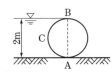

5. 다음 그림에서 cone valve를 완전히 열었을 때 이를 유지하기 위한 힘 F는?

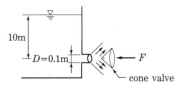

① 451N(46.02kg)
② 769N(81.22kg)
③ 1,540N(157.14kg)
④ 110N(11.22kg)

6. 밑면이 7.5m×3m이고 깊이가 4m인 빈 상자의 무게가 4×10⁵N이다. 이 상자를 물속에 완전히 가라앉히기 위하여 상자에 넣어야 할 최소 추가무게는? (단, 물의 단위무게=9,800N/m³)

① 340,000N
② 375,500N
③ 400,000N
④ 482,200N

7. 베르누이정리가 성립하기 위한 조건으로 틀린 것은?

① 압축성 유체에 성립한다.
② 유체의 흐름은 정상류이다.
③ 개수로 및 관수로 모두에 적용된다.
④ 하나의 유선에 대하여 성립한다.

8. 유량 3 l/s의 물이 원형관 내에서 층류상태로 흐르고 있다. 이때 만족되어야 할 관경(D)의 조건으로서 옳은 것은? (단, 층류의 한계레이놀즈수 R_e=2,000, 물의 동점성계수 ν=1.15×10⁻²cm²/s이다.)

① $D \geq 83.3\text{cm}$
② $D < 80.3\text{cm}$
③ $D \geq 166.1\text{cm}$
④ $D < 160.1\text{cm}$

9. 폭 1.0m, 월류수심 0.4m인 사각형 위어의 유량을 Francis공식으로 구하면? (단, α=1, 접근유속은 1.0m/s이며 양단수축이다.)

① 0.493m³/s
② 0.513m³/s
③ 0.536m³/s
④ 0.557m³/s

10. 관로길이 100m, 안지름 30cm의 주철관에 0.1m³/s의 유량을 송수할 때 손실수두는? (단, $v = C\sqrt{RI}$, $C=63\text{m}^{\frac{1}{2}}/\text{s}$이다.)

① 0.54m
② 0.67m
③ 0.74m
④ 0.88m

11. 다음 그림과 같은 관로의 흐름에 대한 설명으로 옳지 않은 것은? (단, h_1, h_2는 위치 1, 2에서의 수두, h_{LA}, h_{LB}는 각각 관로 A 및 B에서의 손실수두이다)

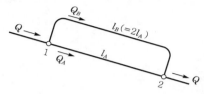

① $h_{LA} = h_{LB}$
② $Q = Q_A + Q_B$
③ $Q_A = Q_B$
④ $h_2 = h_1 - h_{LA}$

12. 다음 그림과 같은 개수로에서 수로경사 $I = 0.001$, Manning의 조도계수 $n = 0.002$일 때 유량은?

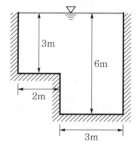

① 약 $150\text{m}^3/\text{s}$
② 약 $320\text{m}^3/\text{s}$
③ 약 $480\text{m}^3/\text{s}$
④ 약 $540\text{m}^3/\text{s}$

13. 개수로의 흐름에 대한 설명으로 옳지 않은 것은?
① 사류(supercritical flow)에서는 수면변동이 일어날 때 상류(上流)로 전파될 수 없다.
② 상류(subcritical flow)일 때는 Froude수가 1보다 크다.
③ 수로경사가 한계경사보다 클 때 사류(supercritical flow)가 된다.
④ Reynolds수가 500보다 커지면 난류(turbulent flow)가 된다.

14. 투수계수 0.5m/s, 제외지수위 6m, 제내지수위 2m, 침투수가 통하는 길이 50m일 때 하천 제방 단면 1m당 누수량은?
① $0.16\text{m}^3/\text{s}$
② $0.32\text{m}^3/\text{s}$
③ $0.96\text{m}^3/\text{s}$
④ $1.28\text{m}^3/\text{s}$

15. 완경사수로에서 배수곡선(M_1)이 발생할 경우 각 수심 간의 관계로 옳은 것은? (단, 흐름은 완경사의 상류흐름조건이고 h : 측정수심, h_o : 등류수심, h_c : 한계수심)
① $h > h_o > h_c$
② $h < h_o < h_c$
③ $h > h_c > h_o$
④ $h_o > h > h_c$

16. 유체의 흐름에 대한 설명으로 옳지 않은 것은?
① 이상유체에서 점성은 무시된다.
② 유관(stream tube)은 유선으로 구성된 가상적인 관이다.
③ 점성이 있는 유체가 계속해서 흐르기 위해서는 가속도가 필요하다.
④ 정상류의 흐름상태는 위치변화에 따라 변화하지 않는 흐름을 의미한다.

17. Thiessen다각형에서 각각의 면적이 20km^2, 30km^2, 50km^2이고, 이에 대응하는 강우량이 각각 40mm, 30mm, 20mm일 때 이 지역의 면적평균강우량은?
① 25mm
② 27mm
③ 30mm
④ 32mm

18. 어떤 유역 내에 계획상 만수면적 20km^2인 저수지를 건설하고자 한다. 연강수량, 연증발량이 각각 1,000mm, 800mm이고, 유출계수와 증발접시계수가 각각 0.4, 0.70이라 할 때 댐 건설 후 하류의 하천유량 증가량은?
① $4.0 \times 10^5 \text{m}^3$
② $6.0 \times 10^5 \text{m}^3$
③ $8.0 \times 10^5 \text{m}^3$
④ $1.0 \times 10^6 \text{m}^3$

19. 유역면적 20km^2 지역에서 수공구조물의 축조를 위해 다음의 수문곡선을 얻었을 때 총유출량은?

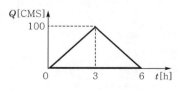

① 108m^3
② $108 \times 10^4 \text{m}^3$
③ 300m^3
④ $300 \times 10^4 \text{m}^3$

26. 어느 소유역의 면적이 20ha, 유수의 도달시간이 5분이다. 강수자료의 해석으로부터 얻어진 이 지역의 강우강도식이 다음과 같을 때 합리식에 의한 홍수량은? (단, 유역의 평균유출계수는 0.6이다.)

> 강우강도식 : $I = \dfrac{6,000}{t+35}[\mathrm{mm/h}]$
>
> 여기서, t : 강우지속시간(분)

① $18.0\mathrm{m}^3/\mathrm{s}$ ② $5.0\mathrm{m}^3/\mathrm{s}$

③ $1.8\mathrm{m}^3/\mathrm{s}$ ④ $0.5\mathrm{m}^3/\mathrm{s}$

토목기사 실전 모의고사 3회

▶ 정답 및 해설 : p.125

1. 두 개의 수평한 판이 5mm 간격으로 놓여있고 점성계수 $0.01N \cdot s/cm^2$인 유체로 채워져 있다. 하나의 판을 고정시키고 다른 하나의 판을 2m/s로 움직일 때 유체 내에서 발생되는 전단응력은?

① $1N/cm^2$ ② $2N/cm^2$

③ $3N/cm^2$ ④ $4N/cm^2$

2. 다음 그림과 같은 수압기에서 B점의 원통의 무게가 2,000N(200kg), 면적이 $500cm^2$이고 A점의 원통의 면적이 $25cm^2$라면 이들이 평형상태를 유지하기 위한 힘 P의 크기는? (단, A점의 원통무게는 무시하고 관내 액체의 비중은 0.9이며 무게 1kg=10N이다.)

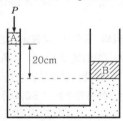

① 0.0955N(9.55g)   ② 0.955N(95.5g)

③ 95.5N(9.55kg)   ④ 955N(95.5kg)

3. 반지름($\overline{OP}$)이 6m이고 $\theta = 30°$인 수문이 다음 그림과 같이 설치되었을 때 수문에 작용하는 전수압(저항력)은?

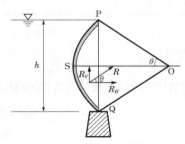

① 159.5kN/m   ② 169.5kN/m

③ 179.5kN/m   ④ 189.5kN/m

4. 내경 1.8m의 강관에 압력수두 100m의 물을 흐르게 하려면 강관의 필요 최소 두께는? (단, 강재의 허용인장응력은 $110MN/m^2$이다.)

① 0.62cm   ② 0.72cm

③ 0.80cm   ④ 0.92cm

5. 다음 그림에서 가속도 $\alpha = 19.6m/s^2$일 때 A점에서의 압력은?

① $10.0kN/m^2$

② $20.0kN/m^2$

③ $29.4kN/m^2$

④ $40.4kN/m^2$

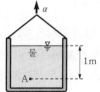

6. 수평으로 관 A와 B가 연결되어 있다. 관 A에서 유속은 2m/s, 관 B에서의 유속은 3m/s이며, 관 B에서의 유체압력이 $9.8kN/m^2$이라 하면 관 A에서의 유체압력은? (단, 에너지손실은 무시한다.)

① $2.5kN/m^2$ ② $12.3kN/m^2$

③ $22.6kN/m^2$ ④ $37.6kN/m^2$

7. 다음 그림과 같이 여수로(餘水路) 위로 단위폭당 유량 $Q = 3.27m^3/s$가 월류할 때 ① 단면의 유속 $V_1 = 2.04m/s$, ② 단면의 유속 $V_2 = 4.67m/s$라면 댐에 가해지는 수평성분의 힘은? (단, 무게 1kg=10N이고 이상유체로 가정한다.)

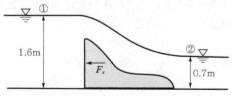

① 1,570N/m(157kg/m)

② 2,450N/m(245kg/m)

③ 6,470N/m(647kg/m)

④ 12,800N/m(1,280kg/m)

8. 경계층에 관한 사항 중 틀린 것은?
① 전단저항은 경계층 내에서 발생한다.
② 경계층 내에서는 층류가 존재할 수 없다.
③ 이상유체일 경우는 경계층이 존재하지 않는다.
④ 경계층에서는 레이놀즈(Reynolds)응력이 존재한다.

9. 폭 35cm인 직사각형 위어(weir)의 유량을 측정하였더니 0.03m³/s이었다. 월류수심의 측정에 1mm의 오차가 생겼다면 유량에 발생하는 오차는? (단, 유량계산은 프란시스(Francis)공식을 사용하되, 월류 시 단면수축은 없는 것으로 가정한다.)
① 1.16%   ② 1.50%
③ 1.67%   ④ 1.84%

10. 물이 단면적, 수로의 재료 및 동수경사가 동일한 정사각형관과 원관을 가득 차서 흐를 때 유량비(Q_s/Q_c)는? (단, Q_s : 정사각형 관의 유량, Q_c : 원관의 유량, Manning공식을 적용)
① 0.645   ② 0.923
③ 1.083   ④ 1.341

11. 지름 20cm, 길이 100m의 주철관으로서 매초 0.1m³의 물을 40m의 높이까지 양수하려고 한다. 펌프의 효율이 100%라 할 때 필요한 펌프의 동력은? (단, 마찰손실계수는 0.03, 유출 및 유입손실계수는 각각 1.0과 0.5이다.)
① 40HP   ② 65HP
③ 75HP   ④ 85HP

12. 수면폭이 1.2m인 V형 삼각수로에서 2.8m³/s의 유량이 0.9m 수심으로 흐른다면 이때의 비에너지는? (단, 에너지보정계수 α =1로 가정한다.)

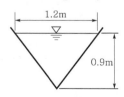

① 0.9m   ② 1.14m
③ 1.84m   ④ 2.27m

13. 다음 중 상류(subcritical flow)에 관한 설명 중 틀린 것은?
① 하천의 유속이 장파의 전파속도보다 느린 경우이다.
② 관성력이 중력의 영향보다 더 큰 흐름이다.
③ 수심은 한계수심보다 크다.
④ 유속은 한계유속보다 작다.

14. 저수지의 물을 방류하는데 1:225로 축소된 모형에서 4분이 소요되었다면 원형에서는 얼마나 소요되겠는가?
① 60분   ② 120분
③ 900분   ④ 3,375분

15. 방파제 건설을 위한 해안지역의 수심이 5.0m, 입사파랑의 주기가 14.5초인 장파(long wave)의 파장(wave length)은? (단, 중력가속도 g =9.8m/s²)
① 49.5m   ② 70.5m
③ 101.5m   ④ 190.5m

16. 하천의 임의 단면에 교량을 설치하고자 한다. 원통형 교각 상류(전면)에 2m/s의 유속으로 물이 흘러간다면 교각에 가해지는 항력은? (단, 수심은 4m, 교각의 직경은 2m, 항력계수는 1.5이다.)
① 16kN   ② 24kN
③ 43kN   ④ 62kN

17. 우량관측소에서 측정된 5분 단위 강우량자료가 다음 표와 같을 때 10분 지속 최대 강우강도는?

시각(분)	0	5	10	15	20
누가우량(mm)	0	2	8	18	25

① 17mm/h   ② 48mm/h
③ 102mm/h   ④ 120mm/h

18. 대규모 수공구조물의 설계우량으로 가장 적합한 것은?
① 평균면적우량
② 발생가능 최대 강수량(PMP)
③ 기록상의 최대 우량
④ 재현기간 100년에 해당하는 강우량

19. SCS방법(NRCS유출곡선번호방법)으로 초과강우량을 산정하여 유출량을 계산할 때에 대한 설명으로 옳지 않은 것은?

① 유역의 토지이용형태는 유효우량의 크기에 영향을 미친다.

② 유출곡선지수(runoff curve number)는 총우량으로부터 유효우량의 잠재력을 표시하는 지수이다.

③ 투수성 지역의 유출곡선지수는 불투수성 지역의 유출곡선지수보다 큰 값을 갖는다.

④ 선행토양함수조건(antecedent soil moisture condition)은 1년을 성수기와 비성수기로 나누어 각 경우에 대하여 3가지 조건으로 구분하고 있다.

20. 다음과 같은 1시간 단위도로부터 3시간 단위도를 유도하였을 경우 3시간 단위도의 최대 종거는 얼마인가?

시간(h)	0	1	2	3	4	5	6
1시간 단위도 종거(m^3/s)	0	2	8	10	6	3	0

① $3.3m^3/s$

② $8.0m^3/s$

③ $10.0m^3/s$

④ $24.0m^3/s$

▶ 정답 및 해설 : p.127

1. 두 개의 수평한 판이 5mm 간격으로 놓여있고 점성계수 0.01N·s/cm^{2}인 유체로 채워져 있다. 하나의 판을 고정시키고 다른 하나의 판을 2m/s로 움직일 때 유체 내에서 발생되는 전단응력은?

① 1N/cm^2 ② 2N/cm^2

③ 3N/cm^2 ④ 4N/cm^2

2. 다음 그림과 같은 수압기에서 B점의 원통의 무게가 2,000N(200kg), 면적이 500cm^{2}이고 A점의 원통의 면적이 25cm^{2}이라면 이들이 평형상태를 유지하기 위한 힘 P의 크기는? (단, A점의 원통무게는 무시하고 관내 액체의 비중은 0.9이며 무게 1kg=10N이다.)

① 0.0955N(9.55g)

② 0.955N(95.5g)

③ 95.5N(9.55kg)

④ 955N(95.5kg)

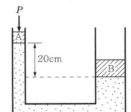

3. 유체의 흐름에서 유속을 v, 시간을 t, 거리를 l, 압력을 p라 할 때 틀린 것은?

① 정류 : $\frac{\partial v}{\partial t}=0$, $\frac{\partial p}{\partial t}=0$

② 부정류 : $\frac{\partial v}{\partial t}\neq 0$, $\frac{\partial p}{\partial t}\neq 0$

③ 등류 : $\frac{\partial v}{\partial t}=0$, $\frac{\partial v}{\partial l}=0$

④ 부등류 : $\frac{\partial v}{\partial t}\neq 0$, $\frac{\partial v}{\partial l}\neq 0$

4. 빙산의 부피가 V, 비중이 0.92이고 바닷물의 비중은 1.025라 할 때 바닷물 속에 잠겨있는 빙산의 부피는?

① 1.1V ② 0.9V

③ 0.8V ④ 0.7V

5. 층류와 난류에 관한 설명으로 옳지 않은 것은?

① 층류란 유수 중에서 유선이 평행한 층을 이루는 흐름이다.

② 층류와 난류를 레이놀즈수에 의하여 구별할 수 있다.

③ 원관 내 흐름의 한계레이놀즈수는 약 2,000 정도이다.

④ 층류에서 난류로 변할 때의 유속과 난류에서 층류로 변할 때의 유속은 같다.

6. 연직판이 4m/s의 속도로 움직이고 있을 때 움직임과 반대방향에서 유량 Q=1.5m^3/s, 유속 V=2m/s로 부딪치는 수맥에 의해 판이 받는 힘은?

① 12kN   ② 9kN

③ 6kN   ④ 3kN

7. 직각삼각형 위어에 있어서 월류수심이 0.25m일 때 일반식에 의한 유량은? (단, 유량계수(C)는 0.60이고, 접근속도는 무시한다.)

① 0.0143m^3/s   ② 0.0243m^3/s

③ 0.0343m^3/s   ④ 0.0443m^3/s

8. 동수반지름(R)이 10m, 동수경사(I)가 1/200, 관로의 마찰손실계수(f)가 0.04일 때 유속은?

① 8.9m/s   ② 9.9m/s

③ 11.3m/s   ④ 12.3m/s

9. 지름 20cm, 길이 100m의 주철관으로서 매초 0.1m^{3}의 물을 40m의 높이까지 양수하려고 한다. 펌프의 효율이 100%라 할 때 필요한 펌프의 동력은? (단, 마찰손실계수는 0.03, 유출 및 유입손실계수는 각각 1.0과 0.5이다.)

① 40HP   ② 65HP

③ 75HP   ④ 85HP

10. 직사각형 단면의 수로에서 최소 비에너지가 $\frac{3}{2}$m이다. 단위폭당 최대 유량을 구하면?

① 2.86m^3/s/m   ② 2.98m^3/s/m

③ 3.13m^3/s/m   ④ 3.32m^3/s/m

11. 완경사수로에서 배수곡선(M_1)이 발생할 경우 각 수심 간의 관계로 옳은 것은? (단, 흐름은 완경사의 상류흐름조건이고 y : 측정수심, y_n : 등류수심, y_c : 한계수심)

① $y > y_n > y_c$ ② $y < y_n < y_c$

③ $y > y_c > y_n$ ④ $y_n > y > y_c$

12. 지하수흐름에서 Darcy법칙에 관한 설명으로 옳은 것은?

① 정상상태이면 난류영역에서도 적용된다.

② 투수계수(수리전도계수)는 지하수의 특성과 관계가 있다.

③ 대수층의 모세관작용은 공식에 간접적으로 반영되었다.

④ Darcy공식에 의한 유속은 공극 내 실제 유속의 평균치를 나타낸다.

13. 관수로에 대한 설명 중 틀린 것은?

① 단면점확대로 인한 수두손실은 단면급확대로 인한 수두손실보다 클 수 있다.

② 관수로 내의 마찰손실수두는 유속수두에 비례한다.

③ 아주 긴 관수로에서는 마찰 이외의 손실수두를 무시할 수 있다.

④ 마찰손실수두는 모든 손실수두 가운데 가장 큰 것으로 마찰손실계수에 유속수두를 곱한 것과 같다.

14. 개수로 내의 흐름에 대한 설명으로 옳은 것은?

① 에너지선은 자유표면과 일치한다.

② 동수경사선은 자유표면과 일치한다.

③ 에너지선과 동수경사선은 일치한다.

④ 동수경사선은 에너지선과 언제나 평행하다.

15. 폭 9m의 직사각형 수로에 16.2m^3/s의 유량이 92cm의 수심으로 흐르고 있다. 장파의 전파속도 C와 비에너지 E는? (단, 에너지보정계수 $\alpha =1.0$)

① $C = 2.0$m/s, $E = 1.015$m

② $C = 2.0$m/s, $E = 1.115$m

③ $C = 3.0$m/s, $E = 1.015$m

④ $C = 3.0$m/s, $E = 1.115$m

16. 도수(hydraulic jump)에 대한 설명으로 옳은 것은?

① 수문을 급히 개방할 경우 하류로 전파되는 흐름

② 유속이 파의 전파속도보다 작은 흐름

③ 상류에서 사류로 변할 때 발생하는 현상

④ Froude수가 1보다 큰 흐름에서 1보다 작아질 때 발생하는 현상

17. 지하의 사질여과층에서 수두차가 0.4m이고 투과거리가 3.0m일 때에 이곳을 통과하는 지하수의 유속은? (단, 투수계수는 0.2cm/s이다.)

① 0.0135cm/s   ② 0.0267cm/s

③ 0.0324cm/s   ④ 0.0417cm/s

18. 다음 표에서 Thiessen법으로 유역평균우량을 구한 값은?

관측점	A	B	C	D	E
지배면적(km^2)	15	20	10	15	20
우량(mm)	20	25	30	20	35

① 25.25mm   ② 26.25mm

③ 27.25mm   ④ 0.20mm

19. 우량관측소에서 측정된 5분 단위 강우량자료가 다음 표와 같을 때 10분 지속 최대 강우강도는?

시각(분)	0	5	10	15	20
누가우량(mm)	0	2	8	18	25

① 17mm/h   ② 48mm/h

③ 102mm/h   ④ 120mm/h

26. SCS방법(NRCS유출곡선번호방법)으로 초과강우량을 산정하여 유출량을 계산할 때에 대한 설명으로 옳지 않은 것은?

① 유역의 토지이용형태는 유효우량의 크기에 영향을 미친다.

② 유출곡선지수(runoff curve number)는 총우량으로부터 유효우량의 잠재력을 표시하는 지수이다.

③ 투수성 지역의 유출곡선지수는 불투수성 지역의 유출곡선지수보다 큰 값을 갖는다.

④ 선행토양함수조건(antecedent soil moisture condition)은 1년을 성수기와 비성수기로 나누어 각 경우에 대하여 3가지 조건으로 구분하고 있다.

토목기사 실전 모의고사 5회

▶ 정답 및 해설 : p.129

1. 20℃에서 지름 0.3mm인 물방울이 공기와 접하고 있다. 물방울 내부의 압력이 대기압보다 10gf/cm²만큼 크다고 할 때 표면장력의 크기를 dyne/cm로 나타내면?

① 0.075
② 0.75
③ 73.50
④ 75.0

2. 다음 그림과 같이 물속에 수직으로 설치된 넓이 2m×3m의 수문을 올리는 데 필요한 힘은? (단, 수문의 물속 무게는 1,960N이고, 수문과 벽면 사이의 마찰계수는 0.25이다.)

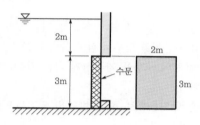

① 5.45kN
② 53.4kN
③ 126.7kN
④ 271.2kN

3. 물체의 공기 중 무게가 750N이고 물속에서의 무게는 250N일 때 이 물체의 체적은? (단, 무게 1kg중=10N)

① 0.05m³
② 0.06m³
③ 0.50m³
④ 0.60m³

4. 유선 위 한 점의 x, y, z축상의 좌표를 (x, y, z), 속도의 x, y, z축방향의 성분을 각각 u, v, w라 할 때 서로의 관계가 $\dfrac{dx}{u} = \dfrac{dy}{v} = \dfrac{dz}{w}$, $u = -ky$, $v = kx$, $w = 0$인 흐름에서 유선의 형태는? (단, k는 상수)

① 쌍곡선
② 원
③ 타원
④ 직선

5. 다음 그림과 같이 여수로 위로 단위폭당 유량 $Q = 3.27m^3/s$가 월류할 때 ① 단면의 유속 $V_1 = 2.04m/s$, ② 단면의 유속 $V_2 = 4.67m/s$라면 댐에 가해지는 수평성분의 힘은? (단, 무게 1kg=10N이고 이상유체로 가정한다.)

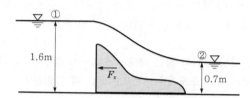

① 1,570N/m(157kg/m)
② 2,450N/m(245kg/m)
③ 6,470N/m(647kg/m)
④ 12,800N/m(1,280kg/m)

6. 하천의 임의 단면에 교량을 설치하고자 한다. 원통형 교각 상류(전면)에 2m/s의 유속으로 물이 흘러간다면 교각에 가해지는 항력은? (단, 수심은 4m, 교각의 직경은 2m, 항력계수는 1.5이다.)

① 16kN
② 24kN
③ 43kN
④ 62kN

7. 폭 35cm인 직사각형 위어(weir)의 유량을 측정하였더니 0.03m³/s이었다. 월류수심의 측정에 1mm의 오차가 생겼다면 유량에 발생하는 오차는? (단, 유량계산은 프란시스(Francis)공식을 사용하되, 월류 시 단면수축은 없는 것으로 가정한다.)

① 1.16%
② 1.50%
③ 1.67%
④ 1.84%

8. 마찰손실계수(f)와 Reynold수(R_e) 및 상대조도(ε/d)의 관계를 나타낸 Moody도표에 대한 설명으로 옳지 않은 것은?

① 층류와 난류의 물리적 상이점은 $f - R_e$관계가 한계Reynolds수 부근에서 갑자기 변한다.

② 층류영역에서는 단일 직선이 관의 조도에 관계없이 사용된다.

③ 난류영역에서는 $f - R_e$곡선은 상대조도(ε/d)에 따라야 하며 Reynolds수보다는 관의 조도가 더 중요한 변수가 된다.

④ 완전난류의 완전히 거치른 영역에서 f는 $R_e{}^n$과 반비례하는 관계를 보인다.

9. 다음 그림과 같은 개수로에서 수로경사 $I = 0.001$, Manning의 조도계수 $n = 0.002$일 때 유량은?

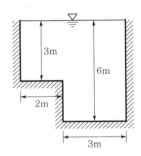

① 약 150m³/s   ② 약 320m³/s

③ 약 480m³/s   ④ 약 540m³/s

10. 비력(special force)에 대한 설명으로 옳은 것은?

① 물의 충격에 의해 생기는 힘의 크기

② 비에너지가 최대가 되는 수심에서의 에너지

③ 한계수심으로 흐를 때 한 단면에서의 총에너지크기

④ 개수로의 어떤 단면에서 단위중량당 운동량과 정수압의 합계

11. 축적이 1/50인 하천수리모형에서 원형 유량 10,000m³/s에 대한 모형유량은?

① 0.566m³/s   ② 4.000m³/s

③ 14.142m³/s   ④ 28.284m³/s

12. 지하수의 흐름에서 상·하류 두 지점의 수두차가 1.6m이고 두 지점의 수평거리가 480m인 경우 대수층의 두께 3.5m, 폭 1.2m일 때의 지하수유량은? (단, 투수계수 $K = 208$m/day이다.)

① 2.91m³/day   ② 3.82m³/day

③ 2.12m³/day   ④ 2.08m³/day

13. 관벽면의 마찰력 τ_o, 유체의 밀도 ρ, 점성계수를 μ라 할 때 마찰속도(U_*)는?

① $\dfrac{\tau_o}{\rho\mu}$ ② $\sqrt{\dfrac{\tau_o}{\rho\mu}}$

③ $\sqrt{\dfrac{\tau_o}{\rho}}$ ④ $\sqrt{\dfrac{\tau_o}{\mu}}$

14. 수리학상 유리한 단면에 관한 설명 중 옳지 않은 것은?

① 주어진 단면에서 윤변이 최소가 되는 단면이다.

② 직사각형 단면일 경우 수심이 폭의 1/2인 단면이다.

③ 최대 유량의 소통을 가능하게 하는 가장 경제적인 단면이다.

④ 수심을 반지름으로 하는 반원을 외접원으로 하는 제형 단면이다.

15. 개수로 내 흐름에 있어서 한계수심에 대한 설명으로 옳은 것은?

① 상류 쪽의 저항이 하류 쪽의 조건에 따라 변한다.

② 유량이 일정할 때 비력이 최대가 된다.

③ 유량이 일정할 때 비에너지가 최소가 된다.

④ 비에너지가 일정할 때 유량이 최소가 된다.

16. 피압지하수를 설명한 것으로 옳은 것은?

① 지하수와 공기가 접해있는 지하수면을 가지는 지하수

② 두 개의 불투수층 사이에 끼어있는 지하수면이 없는 지하수

③ 하상 밑의 지하수

④ 한 수원이나 조직에서 다른 지역으로 보내는 지하수

17. 도수(hydraulic jump) 전후의 수심 h_1, h_2의 관계를 도수 전의 프루드수 F_{r_1}의 함수로 표시한 것으로 옳은 것은?

① $\dfrac{h_2}{h_1} = \dfrac{1}{2}\left(\sqrt{8F_{r_1}^2 + 1} + 1\right)$

② $\dfrac{h_2}{h_1} = \dfrac{1}{2}\left(\sqrt{8F_{r_1}^2 + 1} - 1\right)$

③ $\dfrac{h_1}{h_2} = \dfrac{1}{2}\left(\sqrt{8F_{r_1}^2 + 1} + 1\right)$

④ $\dfrac{h_1}{h_2} = \dfrac{1}{2}\left(\sqrt{8F_{r_1}^2 + 1} - 1\right)$

18. 대기의 온도 t_1, 상대습도 70%인 상태에서 증발이 진행되었다. 온도가 t_2로 상승하고 대기 중의 증기압이 20% 증가하였다면 온도 t_1 및 t_2에서의 포화증기압이 각각 10.0mmHg 및 14.0mmHg라 할 때 온도 t_2에서의 상대습도는?

① 50% ② 60%

③ 70% ④ 80%

19. 홍수유출에서 유역면적이 작으면 단시간의 강우에, 면적이 크면 장시간의 강우에 문제가 발생한다. 이와 같은 수문학적 인자 사이의 관계를 조사하는 DAD해석에 필요 없는 인자는?

① 강우량 ② 유역면적

③ 증발산량 ④ 강우지속시간

20. 단위유량도이론의 가정에 대한 설명으로 옳지 않은 것은?

① 초과강우는 유효지속기간 동안에 일정한 강도를 가진다.

② 초과강우는 전 유역에 걸쳐서 균등하게 분포된다.

③ 주어진 지속기간의 초과강우로부터 발생된 직접유출수문곡선의 기저시간은 일정하다.

④ 동일한 기저시간을 가진 모든 직접유출수문곡선의 종거들은 각 수문곡선에 의하여 주어진 총직접유출수문곡선에 반비례한다.

토목기사 실전 모의고사 6회

▶ 정답 및 해설 : p.130

1. 수리학에서 취급되는 여러 가지 양에 대한 차원이 옳은 것은?

① 유량 : $[L^3T^{-1}]$
② 힘 : $[MLT^{-3}]$
③ 동점성계수 : $[L^3T^{-1}]$
④ 운동량 : $[MLT^{-2}]$

2. 다음 그림과 같이 물을 막고 있는 원통의 곡면에 작용하는 전수압은? (단, 원통의 축방향 길이는 1m이다.)

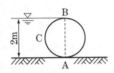

① 20.93kN
② 15.74kN
③ 35.77kN
④ 24.93kN

3. 다음 그림에서 가속도 $\alpha=19.6m/s^2$일 때 A점에서의 압력은?

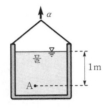

① $10.0kN/m^2$
② $20.0kN/m^2$
③ $29.4kN/m^2$
④ $40.4kN/m^2$

4. 다음 그림에서 손실수두가 $\dfrac{3V^2}{2g}$일 때 지름 0.1m의 관을 통과하는 유량은? (단, 수면은 일정하게 유지된다.)

① $0.0399m^3/s$
② $0.0426m^3/s$
③ $0.0798m^3/s$
④ $0.085m^3/s$

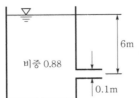

5. 원형 단면의 수맥이 다음 그림과 같이 곡면을 따라 유량 $0.018m^3/s$가 흐를 때 x방향의 분력은? (단, 관 내의 유속은 9.8m/s, 마찰은 무시한다.)

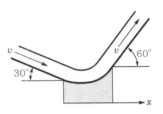

① $-18.25N$
② 37.83N
③ $-64.57N$
④ 17.64N

6. 저수지의 측벽에 폭 20cm, 높이 5cm의 직사각형 오리피스를 설치하여 유량 $200l/s$를 유출시키려고 할 때 수면으로부터의 오리피스 설치위치는? (단, 유량계수 $C=0.62$)

① 33m
② 43m
③ 53m
④ 63m

7. 다음 그림과 같은 관에서 V의 유속으로 물이 흐르고 있을 경우에 대한 설명으로 옳지 않은 것은?

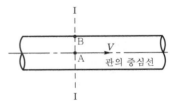

① 흐름이 층류인 경우 A점에서의 유속은 단면 I의 평균유속의 2배이다.
② A점에서의 마찰저항력은 V^2에 비례한다.
③ A점에서 B점으로 갈수록 마찰저항력은 커진다.
④ 유속은 A점에서 최대인 포물선분포를 한다.

8. 두 수조가 관길이 $L=50\text{m}$, 지름 $D=0.8\text{m}$, Manning의 조도계수 $n=0.013$인 원형관으로 연결되어 있다. 이 관을 통하여 유량 $Q=1.2\text{m}^3/\text{s}$의 난류가 흐를 때 두 수조의 수위차(H)는? (단, 마찰, 단면 급확대 및 급축소 손실만을 고려한다.)

① 0.98m   ② 0.86m

③ 0.54m   ④ 0.36m

9. 수면폭이 1.2m인 V형 삼각수로에서 $2.8\text{m}^3/\text{s}$의 유량이 0.9m 수심으로 흐른다면 이때의 비에너지는? (단, 에너지보정계수 $\alpha=1$로 가정한다.)

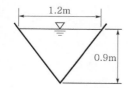

① 0.9m   ② 1.14m

③ 1.84m   ④ 2.27m

10. 폭이 50m인 구형 수로의 도수 전 수위 $h_1=3\text{m}$, 유량 $2,000\text{m}^3/\text{s}$일 때 대응수심은?

① 1.6m

② 6.1m

③ 9.0m

④ 도수가 발생하지 않는다.

11. 지하수의 투수계수와 관계가 없는 것은?

① 토사의 형상

② 토사의 입도

③ 물의 단위중량

④ 토사의 단위중량

12. 두께가 10m인 피압대수층에서 우물을 통해 양수한 결과 50m 및 100m 떨어진 두 지점에서 수면강하가 각각 20m 및 10m로 관측되었다. 정상상태를 가정할 때 우물의 양수량은? (단, 투수계수는 0.3m/h)

① $7.6\times10^{-2}\text{m}^3/\text{s}$ ② $6.0\times10^{-3}\text{m}^3/\text{s}$

③ $9.4\text{m}^3/\text{s}$ ④ $21.6\text{m}^3/\text{s}$

13. 경심이 5m이고 동수경사가 1/200인 관로에서 Reynolds수가 1,000인 흐름의 평균유속은?

① 0.70m/s   ② 2.24m/s

③ 5.00m/s   ④ 5.53m/s

14. 다음 그림과 같은 직사각형 수로에서 수로경사가 1/1,000인 경우 수로 바닥과 양 벽면에 작용하는 평균마찰응력은?

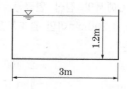

① 12N/m^2 ② 10.52N/m^2

③ 6.53N/m^2 ④ 8.25N/m^2

15. 개수로의 흐름에 대한 설명으로 옳지 않은 것은?

① 사류(supercritical flow)에서는 수면변동이 일어날 때 상류로 전파될 수 없다.

② 상류(subcritical flow)일 때는 Froude수가 1보다 크다.

③ 수로경사가 한계경사보다 클 때 사류(supercritical flow)가 된다.

④ Reynolds수가 500보다 커지면 난류(turbulent flow)가 된다.

16. 도수 전후의 수심이 각각 2m, 4m일 때 도수로 인한 에너지손실(수두)은?

① 0.1m   ② 0.2m

③ 0.25m   ④ 0.5m

17. 직경 10cm인 연직관 속에 높이 1m만큼 모래가 들어있다. 모래면 위의 수위를 10cm로 일정하게 유지시켰더니 투수량 $Q=4l/\text{h}$이었다. 이때 모래의 투수계수 K는?

① 0.4m/h   ② 0.5m/h

③ 3.8m/h   ④ 5.1m/h

18. 1시간 간격의 강우량이 15.2mm, 25.4mm, 20.3mm, 7.6mm이다. 지표유출량이 47.9mm일 때 ϕ–index는?

① 5.15mm/h   ② 2.58mm/h

③ 6.25mm/h   ④ 4.25mm/h

19. 관측소 X의 우량계 고장으로 1개월 동안 관측을 실시하지 못하였다. 이 기간 동안 인접 관측소 A, B, C 에서 관측된 강우량은 110, 85, 125mm이었다. 관측소 X, A, B, C에서의 정상 연평균강우량이 각각 980, 1,120, 950, 1,200mm이면 결측기간 동안의 관측소 X 의 강우량은?

① 95.3mm   ② 106.7mm

③ 113.5mm   ④ 127.4mm

20. 다음과 같은 1시간 단위도로부터 3시간 단위도 를 유도하였을 경우 3시간 단위도의 최대 종거는 얼마 인가?

시간(h)	0	1	2	3	4	5	6
1시간 단위도 종거 (m^3/s)	0	2	8	10	6	3	0

① 3.3m³/s   ② 8.0m³/s

③ 10.0m³/s   ④ 24.0m³/s

토목기사 실전 모의고사 7회

▶ 정답 및 해설 : p.132

1. 누가우량곡선(Rainfall mass curve)의 특성으로 옳은 것은?

① 누가우량곡선의 경사가 클수록 강우강도가 크다.

② 누가우량곡선의 경사는 지역에 관계없이 일정하다.

③ 누가우량곡선으로 일정기간 내의 강우량을 산출할 수는 없다.

④ 누가우량곡선은 자기우량기록에 의하여 작성하는 것보다 보통우량계의 기록에 의하여 작성하는 것이 더 정확하다.

2. 하천의 모형실험에 주로 사용되는 상사법칙은?

① Reynolds의 상사법칙 ② Weber의 상사법칙

③ Cauchy의 상사법칙 ④ Froude의 상사법칙

3. 배수곡선(backwater curve)에 해당하는 수면곡선은?

① 댐을 월류할 때의 수면곡선

② 홍수 시의 하천의 수면곡선

③ 하천 단락부(段落部) 상류의 수면곡선

④ 상류상태로 흐르는 하천에 댐을 구축했을 때 저수지의 수면곡선

4. 오리피스(orifice)의 이론유속 $V = \sqrt{2gh}$ 이 유도되는 이론으로 옳은 것은? (단, V : 유속, g : 중력가속도, h : 수두차)

① 베르누이(Bernoulli)의 정리

② 레이놀즈(Reynolds)의 정리

③ 벤투리(Venturi)의 이론식

④ 운동량방정식이론

5. 다음 중 단위유량도이론에서 사용하고 있는 기본가정이 아닌 것은?

① 일정기저시간가정 ② 비례가정

③ 푸아송분포가정 ④ 중첩가정

6. 동력 20,000kW, 효율 88%인 펌프를 이용하여 150m 위의 저수지로 물을 양수하려고 한다. 손실수두가 10m일 때 양수량은?

① 15.5m³/s ② 14.5m³/s

③ 11.2m³/s ④ 12.0m³/s

7. 지름이 20cm인 관수로에 평균유속 5m/s로 물이 흐른다. 관의 길이가 50m일 때 5m의 손실수두가 나타났다면 마찰속도(U^*)는?

① $U^* = 0.022$m/s

② $U^* = 0.22$m/s

③ $U^* = 2.21$m/s

④ $U^* = 22.1$m/s

8. 유역면적이 4km²이고 유출계수가 0.8인 산지하천에서 강우강도가 80mm/h이다. 합리식을 사용한 유역출구에서의 첨두홍수량은?

① 35.5m³/s ② 71.1m³/s

③ 128m³/s ④ 256m³/s

9. 다음 중 유효강우량과 가장 관계가 깊은 것은?

① 직접유출량 ② 기저유출량

③ 지표면유출량 ④ 지표하유출량

10. 광폭직사각형 단면수로의 단위폭당 유량이 16m³/s일 때 한계경사는? (단, 수로의 조도계수 $n = 0.02$이다.)

① 3.27×10^{-3} ② 2.73×10^{-3}

③ 2.81×10^{-2} ④ 2.90×10^{-2}

11. 관수로흐름에서 레이놀즈수가 500보다 작은 경우의 흐름상태는?

① 상류 ② 난류

③ 사류 ④ 층류

12. 흐름의 단면적과 수로경사가 일정할 때 최대 유량이 흐르는 조건으로 옳은 것은?

① 윤변이 최소이거나 동수반경이 최대일 때
② 윤변이 최대이거나 동수반경이 최소일 때
③ 수심이 최소이거나 동수반경이 최대일 때
④ 수심이 최대이거나 수로폭이 최소일 때

13. 다음 그림과 같은 노즐에서 유량을 구하기 위한 식으로 옳은 것은? (단, 유량계수는 1.0으로 가정한다.)

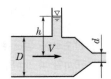

① $\dfrac{\pi d^2}{4}\sqrt{\dfrac{2gh}{1-(d/D)^2}}$ ② $\dfrac{\pi d^2}{4}\sqrt{\dfrac{2gh}{1-(d/D)^4}}$

③ $\dfrac{\pi d^2}{4}\sqrt{\dfrac{2gh}{1+(d/D)^2}}$ ④ $\dfrac{\pi d^2}{4}\sqrt{2gh}$

14. 폭 2.5m, 월류수심 0.4m인 사각형 위어(weir)의 유량은? (단, Francis공식 : $Q=1.84b_o h^{3/2}$에 의하며, b_o : 유효폭, h : 월류수심, 접근유속은 무시하며 양단 수축이다.)

① $1.117\text{m}^3/\text{s}$ ② $1.126\text{m}^3/\text{s}$
③ $1.145\text{m}^3/\text{s}$ ④ $1.164\text{m}^3/\text{s}$

15. 단위유량도이론의 가정에 대한 설명으로 옳지 않은 것은?

① 초과강우는 유효지속기간 동안에 일정한 강도를 가진다.
② 초과강우는 전유역에 걸쳐서 균등하게 분포된다.
③ 주어진 지속기간의 초과강우로부터 발생된 직접유출수문곡선의 기저시간은 일정하다.
④ 동일한 기저시간을 가진 모든 직접유출수문곡선의 종거들은 각 수문곡선에 의하여 주어진 총직접유출수문곡선에 반비례한다.

16. 사각위어에서 유량 산출에 쓰이는 Francis공식에 대하여 양단 수축이 있는 경우에 유량으로 옳은 것은? (단, B : 위어폭, h : 월류수심)

① $Q=1.84(B-0.4h)h^{\frac{3}{2}}$

② $Q=1.84(B-0.3h)h^{\frac{3}{2}}$

③ $Q=1.84(B-0.2h)h^{\frac{3}{2}}$

④ $Q=1.84(B-0.1h)h^{\frac{3}{2}}$

17. 수리실험에서 점성력이 지배적인 힘이 될 때 사용할 수 있는 모형법칙은?

① Reynolds모형법칙 ② Froude모형법칙
③ Weber모형법칙 ④ Cauchy모형법칙

18. 빙산(氷山)의 부피가 V, 비중이 0.92이고 바닷물의 비중은 1.025라 할 때 바닷물 속에 잠겨있는 빙산의 부피는?

① $1.1V$ ② $0.9V$
③ $0.8V$ ④ $0.7V$

19. 미소진폭파(small-amplitude wave)이론에 포함된 가정이 아닌 것은?

① 파장이 수심에 비해 매우 크다.
② 유체는 비압축성이다.
③ 바닥은 평평한 불투수층이다.
④ 파고는 수심에 비해 매우 작다.

20. 에너지선에 대한 설명으로 옳은 것은?

① 언제나 수평선이 된다.
② 동수경사선보다 아래에 있다.
③ 속도수두와 위치수두의 합을 의미한다.
④ 동수경사선보다 속도수두만큼 위에 위치하게 된다.

토목기사 실전 모의고사 8회

▶ 정답 및 해설 : p.134

1. 비에너지와 한계수심에 관한 설명으로 옳지 않은 것은?

① 비에너지가 일정할 때 한계수심으로 흐르면 유량이 최소가 된다.

② 유량이 일정할 때 비에너지가 최소가 되는 수심이 한계수심이다.

③ 비에너지는 수로 바닥을 기준으로 하는 단위무게당 흐름에너지이다.

④ 유량이 일정할 때 직사각형 단면수로 내 한계수심은 최소 비에너지의 $\frac{2}{3}$ 이다.

2. 수리학에서 취급되는 여러 가지 양에 대한 차원이 옳은 것은?

① 유량 $=[L^3T^{-1}]$

② 힘 $=[MLT^{-3}]$

③ 동점성계수 $=[L^3T^{-1}]$

④ 운동량 $=[MLT^{-2}]$

3. 비력(special force)에 대한 설명으로 옳은 것은?

① 물의 충격에 의해 생기는 힘의 크기

② 비에너지가 최대가 되는 수심에서의 에너지

③ 한계수심으로 흐를 때 한 단면에서의 총에너지크기

④ 개수로의 어떤 단면에서 단위중량당 운동량과 정수압의 합계

4. 어느 소유역의 면적이 20ha, 유수의 도달시간이 5분이다. 강수자료의 해석으로부터 얻어진 이 지역의 강우강도식이 다음과 같을 때 합리식에 의한 홍수량은? (단, 유역의 평균유출계수는 0.6이다.)

> 강우강도식 : $I = \dfrac{6,000}{t+35}[\text{mm/h}]$
>
> 여기서, t : 강우지속시간(분)

① 18.0m³/s ② 5.0m³/s

③ 1.8m³/s ④ 0.5m³/s

5. 토양면을 통해 스며든 물이 중력의 영향 때문에 지하로 이동하여 지하수면까지 도달하는 현상은?

① 침투(infiltration)

② 침투능(infiltration capacity)

③ 침투율(infiltration rate)

④ 침루(percolation)

6. Darcy의 법칙에 대한 설명으로 옳지 않은 것은?

① Darcy의 법칙은 지하수의 흐름에 대한 공식이다.

② 투수계수는 물의 점성계수에 따라서도 변화한다.

③ Reynolds수가 클수록 안심하고 적용할 수 있다.

④ 평균유속이 동수경사와 비례관계를 가지고 있는 흐름에 적용될 수 있다.

7. 유출(流出)에 대한 설명으로 옳지 않은 것은?

① 총유출은 통상 직접유출(direct run off)과 기저유출(base flow)로 분류된다.

② 하천에 도달하기 전에 지표면 위로 흐르는 유수를 지표유하수(overland flow)라 한다.

③ 하천에 도달한 후 다른 성분의 유출수와 합친 유수량을 총유출수(total flow)라 한다.

④ 지하수유출은 토양을 침투한 물이 침투하여 지하수를 형성하나 총유출량에는 고려하지 않는다.

8. 다음 중 평균강우량 산정방법이 아닌 것은?

① 각 관측점의 강우량을 산술평균하여 얻는다.

② 각 관측점의 지배면적은 가중인자로 잡아서 각 강우량에 곱하여 합산한 후 전유역면적으로 나누어서 얻는다.

③ 각 등우선 간의 면적을 측정하고 전유역면적에 대한 등우선 간의 면적을 등우선 간의 평균강우량에 곱하여 이들을 합산하여 얻는다.

④ 각 관측점의 강우량을 크기순으로 나열하여 중앙에 위치한 값을 얻는다.

9. Δt시간 동안 질량 m인 물체에 속도변화 Δv가 발생할 때 이 물체에 작용하는 외력 F는?

① $\dfrac{m\Delta t}{\Delta v}$　　　　② $m\Delta v\Delta t$

③ $\dfrac{m\Delta v}{\Delta t}$　　　　④ $m\Delta t$

10. 정지유체에 침강하는 물체가 받는 항력(drag force)의 크기와 관계가 없는 것은?

① 유체의 밀도　　　　② Froude수
③ 물체의 형상　　　　④ Reynolds수

11. 강우자료의 일관성을 분석하기 위해 사용하는 방법은?

① 합리식
② DAD해석법
③ 누가우량곡선법
④ SCS(Soil Conservation Service)방법

12. 압력수두 P, 속도수두 V, 위치수두 Z라고 할 때 정체압력수두 P_s는?

① $P_s = P - V - Z$　　② $P_s = P + V + Z$
③ $P_s = P - V$　　　　④ $P_s = P + V$

13. 물의 점성계수를 μ, 동점성계수를 ν, 밀도를 ρ라 할 때 관계식으로 옳은 것은?

① $\nu = \rho\mu$　　　　　② $\nu = \dfrac{\rho}{\mu}$

③ $\nu = \dfrac{\mu}{\rho}$　　　　　④ $\nu = \dfrac{1}{\rho\mu}$

14. 유속이 3m/s인 유수 중에 유선형 물체가 흐름 방향으로 향하여 $h =$3m 깊이에 놓여있을 때 정체압력(stagnation pressure)은?

① 0.46kN/m^2　　　② 12.21kN/m^2
③ 33.90kN/m^2　　　④ 102.35kN/m^2

15. 직사각형 단면수로의 폭이 5m이고 한계수심이 1m일 때의 유량은? (단, 에너지보정계수 $\alpha =$1.0)

① $15.65\text{m}^3/\text{s}$　　　② $10.75\text{m}^3/\text{s}$
③ $9.80\text{m}^3/\text{s}$　　　④ $3.13\text{m}^3/\text{s}$

16. 비에너지(specific energy)와 한계수심에 대한 설명으로 옳지 않은 것은?

① 비에너지는 수로의 바닥을 기준으로 한 단위무게의 유수가 가진 에너지이다.
② 유량이 일정할 때 비에너지가 최소가 되는 수심이 한계수심이다.
③ 비에너지가 일정할 때 한계수심으로 흐르면 유량이 최소가 된다.
④ 직사각형 단면에서 한계수심은 비에너지의 2/3가 된다.

17. 관수로의 마찰손실공식 중 난류에서의 마찰손실계수 f는?

① 상대조도만의 함수이다.
② 레이놀즈수와 상대조도의 함수이다.
③ 프르드수와 상대조도의 함수이다.
④ 레이놀즈수만의 함수이다.

18. 개수로의 상류(subcritical flow)에 대한 설명으로 옳은 것은?

① 유속과 수심이 일정한 흐름
② 수심이 한계수심보다 작은 흐름
③ 유속이 한계유속보다 작은 흐름
④ Froude수가 1보다 큰 흐름

19. 관수로에 대한 설명 중 틀린 것은?

① 단면점확대로 인한 수두손실은 단면급확대로 인한 수두손실보다 클 수 있다.
② 관수로 내의 마찰손실수두는 유속수두에 비례한다.
③ 아주 긴 관수로에서는 마찰 이외의 손실수두를 무시할 수 있다.
④ 마찰손실수두는 모든 손실수두 가운데 가장 큰 것으로 마찰손실계수에 유속수두를 곱한 것과 같다.

20. 대기의 온도 t_1, 상대습도 70%인 상태에서 증발이 진행되었다. 온도가 t_2로 상승하고 대기 중의 증기압이 20% 증가하였다면 온도 t_1 및 t_2에서의 포화증기압이 각각 10.0mmHg 및 14.0mmHg라 할 때 온도 t_2에서의 상대습도는?

① 50%　　　　　② 60%
③ 70%　　　　　④ 80%

토목기사 실전 모의고사 9회

▶ 정답 및 해설 : p.135

1. 폭이 b인 직사각형 위어에서 접근유속이 작은 경우 월류수심이 h일 때 양단 수축조건에서 월류수맥에 대한 단수축 폭(b_o)은? (단, Francis공식을 적용)

① $b_o = b - \dfrac{h}{5}$ ② $b_o = 2b - \dfrac{h}{5}$

③ $b_o = b - \dfrac{h}{10}$ ④ $b_o = 2b - \dfrac{h}{10}$

2. A저수지에서 200m 떨어진 B저수지로 지름 20cm, 마찰손실계수 0.035인 원형관으로 0.0628m³/s의 물을 송수하려고 한다. A저수지와 B저수지 사이의 수위차는? (단, 마찰손실, 단면급확대 및 급축소손실을 고려한다.)

① 5.75m   ② 6.94m
③ 7.14m   ④ 7.45m

3. 폭 4.8m, 높이 2.7m의 연직직사각형 수문이 한쪽 면에서 수압을 받고 있다. 수문의 밑면은 힌지로 연결되어 있고 상단은 수평체인(Chain)으로 고정되어 있을 때 이 체인에 작용하는 장력(張力)은? (단, 수문의 정상과 수면은 일치한다.)

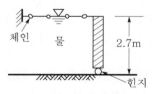

① 29.23kN   ② 57.15kN
③ 7.87kN   ④ 0.88kN

4. 3차원 흐름의 연속방정식을 다음과 같은 형태로 나타낼 때 이에 알맞은 흐름의 상태는?

$$\frac{\partial u}{\partial x} + \frac{\partial v}{\partial y} + \frac{\partial w}{\partial z} = 0$$

① 비압축성 정상류   ② 비압축성 부정류
③ 압축성 정상류   ④ 압축성 부정류

5. 레이놀즈(Reynolds)수에 대한 설명으로 옳은 것은?
① 중력에 대한 점성력의 상대적인 크기
② 관성력에 대한 점성력의 상대적인 크기
③ 관성력에 대한 중력의 상대적인 크기
④ 압력에 대한 탄성력의 상대적인 크기

6. 항만을 설계하기 위해 관측한 불규칙파랑의 주기 및 파고가 다음 표와 같을 때 유의파고($H_{1/3}$)는?

연번	파고(m)	주기(s)	연번	파고(m)	주기(s)
1	9.5	9.8	6	5.8	6.5
2	8.9	9.0	7	4.2	6.2
3	7.4	8.0	8	3.3	4.3
4	7.3	7.4	9	3.2	5.6
5	6.5	7.5			

① 9.0m   ② 8.6m
③ 8.2m   ④ 7.4m

7. 다음 중 물의 순환에 관한 설명으로서 틀린 것은?
① 지구상에 존재하는 수자원이 대기권을 통해 지표면에 공급되고 지하로 침투하여 지하수를 형성하는 등 복잡한 반복과정이다.
② 지표면 또는 바다로부터 증발된 물이 강수, 침투 및 침루, 유출 등의 과정을 거치는 물의 이동현상이다.
③ 물의 순환과정에서 강수량은 지하수흐름과 지표면 흐름의 합과 동일하다.
④ 물의 순환과정 중 강수, 증발 및 증산은 수문기상학 분야이다.

8. 관수로에서 관의 마찰손실계수가 0.02, 관의 지름이 40cm일 때 관내 물의 흐름이 100m를 흐르는 동안 2m의 마찰손실수두가 발생하였다면 관내의 유속은?
① 0.3m/s   ② 1.3m/s
③ 2.8m/s   ④ 3.8m/s

9. 지하수의 투수계수에 관한 설명으로 틀린 것은?

① 같은 종류의 토사라 할지라도 그 간극률에 따라 변한다.

② 흙입자의 구성, 지하수의 점성계수에 따라 변한다.

③ 지하수의 유량을 결정하는 데 사용된다.

④ 지역특성에 따른 무차원 상수이다.

10. 개수로흐름에 관한 설명으로 틀린 것은?

① 사류에서 상류로 변하는 곳에 도수현상이 생긴다.

② 개수로흐름은 중력이 원동력이 된다.

③ 비에너지는 수로 바닥을 기준으로 한 에너지이다.

④ 배수곡선은 수로가 단락(段落)이 되는 곳에 생기는 수면곡선이다.

11. Manning의 조도계수 $n=0.012$인 원관을 사용하여 $1\text{m}^3/\text{s}$의 물을 동수경사 1/100로 송수하려 할 때 적당한 관의 지름은?

① 70cm ② 80cm

③ 90cm ④ 100cm

12. 부체의 안정에 관한 설명으로 옳지 않은 것은?

① 경심(M)이 무게중심(G)보다 낮을 경우 안정하다.

② 무게중심(G)이 부심(B)보다 아래쪽에 있으면 안정하다.

③ 부심(B)과 무게중심(G)이 동일 연직선상에 위치할 때 안정을 유지한다.

④ 경심(M)이 무게중심(G)보다 높을 경우 복원모멘트가 작용한다.

13. 다음 중 직접유출량에 포함되는 것은?

① 지체지표하유출량 ② 지하수유출량

③ 기저유출량 ④ 조기지표하유출량

14. 다음 표와 같은 집중호우가 자기기록지에 기록되었다. 지속기간 20분 동안의 최대 강우강도는?

시간(분)	5	10	15	20	25	30	35	40
누가우량(mm)	2	5	10	20	35	40	43	45

① 99mm/h ② 105mm/h

③ 115mm/h ④ 135mm/h

15. 다음 그림과 같이 단위폭당 자중이 $3.5\times10^6\text{N/m}$인 직립식 방파제에 $1.5\times10^6\text{N/m}$의 수평파력이 작용할 때 방파제의 활동안전율은? (단, 중력가속도$=10.0\text{m/s}^2$, 방파제와 바닥의 마찰계수$=0.7$, 해수의 비중$=1$로 가정하며 파랑에 의한 양압력은 무시하고, 부력은 고려한다.)

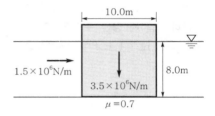

① 1.20 ② 1.22

③ 1.24 ④ 1.26

16. 지름이 d인 구(球)가 밀도 ρ의 유체 속을 유속 V로 침강할 때 구의 항력 D는? (단, 항력계수는 C_D라 한다.)

① $\dfrac{1}{8}C_D\pi d^2\rho V^2$ ② $\dfrac{1}{2}C_D\pi d^2\rho V^2$

③ $\dfrac{1}{4}C_D\pi d^2\rho V^2$ ④ $C_D\pi d^2\rho V^2$

17. 우물에서 장기간 양수를 한 후에도 수면강하가 일어나지 않는 지점까지의 우물로부터 거리(범위)를 무엇이라 하는가?

① 용수효율권 ② 대수층권

③ 수류영역권 ④ 영향권

18. 다음 그림과 같이 높이 2m인 물통에 물이 1.5m만큼 담겨져 있다. 물통이 수평으로 4.9m/s^2의 일정한 가속도를 받고 있을 때 물통의 물이 넘쳐흐르지 않기 위한 물통이 길이(L)는?

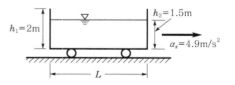

① 2.0m ② 2.4m

③ 2.8m ④ 3.0m

19. 수문자료의 해석에 사용되는 확률분포형의 매개변수를 추정하는 방법이 아닌 것은?

① 모멘트법(method of moments)
② 회선적분법(convolution integral method)
③ 확률가중모멘트법(method of probability weighted moments)
④ 최우도법(method of maximum likelihood)

20. 다음 물리량 중에서 차원이 잘못 표시된 것은?

① 동점성계수 : $[FL^2T]$
② 밀도 : $[FL^{-4}T^2]$
③ 전단응력 : $[FL^{-2}]$
④ 표면장력 : $[FL^{-1}]$

토목산업기사 실전 모의고사 1회

▶ 정답 및 해설 : p.136

1. 레이놀즈의 실험으로 얻은 Reynolds수에 의해서 구별할 수 있는 흐름은?
① 층류와 난류
② 정류와 부정류
③ 상류와 사류
④ 등류와 부등류

2. 다음 그림과 같은 작은 오리피스에서 유속은? (단, 유속계수 C_v=0.9이다.)

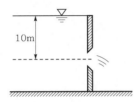

① 8.9m/s
② 9.9m/s
③ 12.6m/s
④ 14.0m/s

3. 마찰손실계수(f)가 0.03일 때 Chezy의 평균유속계수(C[m$^{1/2}$/s])는? (단, Chezy의 평균유속 $V=C\sqrt{RI}$)
① 48.1
② 51.1
③ 53.4
④ 57.4

4. 물이 흐르고 있는 벤투리미터(Venturi meter)의 관부와 수축부에 수은을 넣은 U자형 액주계를 연결하여 수은주의 높이차 h_m=10cm를 읽었다. 관부와 수축부의 압력수두의 차는? (단, 수은의 비중은 13.6이다.)
① 1.26m
② 1.36m
③ 12.35m
④ 13.35m

5. 다음 그림과 같이 단면 ①에서 관의 지름이 0.5m, 유속이 2m/s이고 단면 ②에서 관의 지름이 0.2m일 때 단면 ②에서의 유속은?

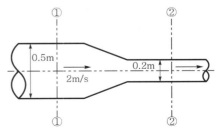

① 10.5m/s
② 11.5m/s
③ 12.5m/s
④ 13.5m/s

6. 밀도의 차원을 공학단위([FLT])로 올바르게 표시한 것은?
① [FL^{-3}]
② [FL^{4}T^2]
③ [FL^{4}T^{-2}]
④ [FL^{-4}T^2]

7. 부피가 5.8m^{3}인 액체의 중량이 62.2kN일 때 이 액체의 비중은?
① 0.951
② 1.094
③ 1.117
④ 1.195

8. 개수로구간에 댐을 설치했을 때 수심 h가 상류로 갈수록 등류수심 h_0에 접근하는 수면곡선을 무엇이라 하는가?
① 저하곡선
② 배수곡선
③ 수문곡선
④ 수면곡선

9. 개수로의 특성에 대한 설명으로 옳지 않은 것은?
① 배수곡선은 완경사흐름의 하천에서 장애물에 의해 발생한다.
② 상류에서 사류로 바뀔 때 한계수심이 생기는 단면을 지배 단면이라 한다.
③ 사류에서 상류로 바뀌어도 흐름의 에너지선은 변하지 않는다.
④ 한계수심으로 흐를 때의 경사를 한계경사라 한다.

16. 모세관현상에 대한 설명으로 옳지 않은 것은?

① 모세관현상은 액체와 벽면 사이의 부착력과 액체 분자 간 응집력의 상대적인 크기에 의해 영향을 받는다.

② 물과 같이 부착력이 응집력보다 클 경우 세관 내의 물은 물표면보다 위로 올라간다.

③ 액체와 고체벽면이 이루는 접촉각은 액체의 종류와 관계없이 동일하다.

④ 수은과 같이 응집력이 부착력보다 크면 세관 내의 수은은 수은표면보다 아래로 내려간다.

토목산업기사 실전 모의고사 2회

▶ 정답 및 해설 : p.137

1. 10m³/s의 유량을 흐르게 할 수리학적으로 가장 유리한 직사각형 개수로 단면을 설계할 때 개수로의 폭은? (단, Manning공식을 이용하며 수로경사 $I=0.001$, 조도계수 $n=0.020$이다.)

① 2.66m   ② 3.16m
③ 3.66m   ④ 4.16m

2. 원통형의 용기에 깊이 1.5m까지는 비중이 1.35인 액체를 넣고, 그 위에 2.5m의 깊이로 비중이 0.95인 액체를 넣었을 때 밑바닥이 받는 총압력은? (단, 물의 단위중량 9.81kN/m³이며, 밑바닥의 지름은 2m이다.)

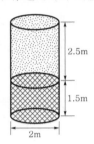

① 125.5kN   ② 135.6kN
③ 145.5kN   ④ 155.6kN

3. 수로폭 4m, 수심 1.5m인 직사각형 단면에서 유량이 24m³/s일 때 Froude수(F_r)는?

① 0.74   ② 0.85
③ 1.04   ④ 1.08

4. 다음 그림과 같이 지름 3m, 길이 8m인 수문에 작용하는 수평분력의 작용점까지 수심(h_c)은?

① 2.00m
② 2.12m
③ 2.34m
④ 2.43m

5. 한계수심에 관한 설명으로 옳은 것은?

① 유량이 최소이다.
② 비에너지가 최소이다.
③ Reynolds수가 1이다.
④ Froude수가 1보다 크다.

6. 유체의 기본성질에 대한 설명으로 틀린 것은?

① 압축률과 체적탄성계수는 비례관계에 있다.
② 압력변화량과 체적변화율의 비를 체적탄성계수라 한다.
③ 액체와 기체의 경계면에 작용하는 분자인력을 표면장력이라 한다.
④ 액체 내부에서 유체분자가 상대적인 운동을 할 때 이에 저항하는 전단력이 작용하는데, 이 성질을 점성이라 한다.

7. 다음 그림과 같은 용기에 물을 넣고 연직하향방향으로 가속도 α를 중력가속도만큼 작용했을 때 용기 내의 물에 작용하는 압력 P는?

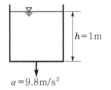

① 0   ② 10kN/m²
③ 20kN/m²   ④ 30kN/m²

8. 폭이 넓은 직사각형 수로에서 폭 1m당 0.5m³/s의 유량이 80cm의 수심으로 흐르는 경우에 이 흐름은? (단, 이때 동점성계수는 0.012cm²/s이고, 한계수심은 29.4cm이다.)

① 층류이며 상류   ② 층류이며 사류
③ 난류이며 상류   ④ 난류이며 사류

9. 폭이 10m인 직사각형 수로에서 유량 10m³/s가 1m의 수심으로 흐를 때 한계유속은? (단, 에너지보정 계수 α =1.1이다.)

① 3.96m/s   ② 2.87m/s

③ 2.07m/s   ④ 1.89m/s

10. 다음 중 점성계수의 차원으로 옳은 것은?

① $[L^2 T^{-1}]$ ② $[ML^{-1} T^{-1}]$

③ $[MLT^{-1}]$ ④ $[ML^{-3} ML^{-3}]$

토목산업기사 실전 모의고사 3회

▶ 정답 및 해설 : p.138

1. 어떤 액체의 밀도가 $1.0 \times 10^{-5} \text{N} \cdot \text{s}^2/\text{cm}^4$이라면 이 액체의 단위중량은?

① $9.8 \times 10^{-3} \text{N/cm}^3$　　② $1.02 \times 10^{-3} \text{N/cm}^3$

③ 1.02N/cm^3　　④ 9.8N/cm^3

2. 곡면에 작용하는 수압의 연직성분의 크기에 대한 설명으로 옳은 것은?

① 수평성분과 같다.

② 곡면의 연직투영면에 작용하는 수압과 같다.

③ 중심에 작용하는 압력과 곡면의 표면적과의 곱과 같다.

④ 곡면을 저변으로 하는 물기둥의 무게와 같다.

3. 다음 그림과 같이 물속에 잠긴 원판에 작용하는 전 수압은? (단, 무게 1kg=9.8N)

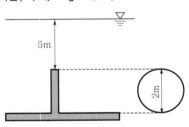

① 92.3kN　　② 184.7kN

③ 369.3kN　　④ 738.5kN

4. 층류와 난류에 관한 설명으로 옳지 않은 것은?

① 층류 및 난류는 레이놀즈(Reynolds)수의 크기로 구분할 수 있다.

② 층류란 직선상의 흐름으로 직각방향의 속도성분이 없는 흐름을 말한다.

③ 층류인 경우는 유체의 점성계수가 흐름에 미치는 영향이 유체의 속도에 의한 영향보다 큰 흐름이다.

④ 관수로에서 한계레이놀즈수의 값은 약 4,000 정도이고, 이것은 속도의 차원이다.

5. 관의 단면적이 4m^2인 관수로에서 물이 정지하고 있을 때 압력을 측정하니 500kPa이었고, 물을 흐르게 했을 때 압력을 측정하니 420kPa이었다면 이때 유속 (V)은? (단, 물의 단위중량은 9.81kN/m^3이다.)

① 10.05m/s　　② 11.16m/s

③ 12.64m/s　　④ 15.22m/s

6. 다음 그림과 같이 1/4원의 벽면에 접하여 유량 $Q=0.05\text{m}^3/\text{s}$이 면적 200cm^2로 일정한 단면을 따라 흐를 때 벽면에 작용하는 힘은? (단, 무게 1kg=9.8N)

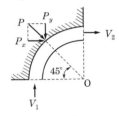

① 117.6N　　② 176.7N

③ 1,176N　　④ 1,767N

7. 삼각위어에서 수두를 H라 할 때 위어를 통해 흐르는 유량 Q와 비례하는 것은?

① $H^{-1/2}$　　② $H^{1/2}$

③ $H^{3/2}$　　④ $H^{5/2}$

8. 지름 20cm, 길이가 100m인 관수로흐름에서 손실 수두가 0.2m라면 유속은? (단, 마찰손실계수 $f=0.03$이다.)

① 0.61m/s　　② 0.57m/s

③ 0.51m/s　　④ 0.48m/s

9. 직사각형 단면의 수로에서 최소 비에너지가 3/2m이다. 단위폭당 최대 유량을 구하면?

① $2.86\text{m}^3/\text{s/m}$　　② $2.98\text{m}^3/\text{s/m}$

③ $3.13\text{m}^3/\text{s/m}$　　④ $3.32\text{m}^3/\text{s/m}$

16. Darcy의 법칙에 대한 설명으로 틀린 것은?

① Reynolds수가 클수록 안심하고 적용할 수 있다.

② 평균유속이 손실수두와 비례관계를 가지고 있는 흐름에 적용될 수 있다.

③ 정상류흐름에서 적용될 수 있다.

④ 층류흐름에서 적용 가능하다.

토목산업기사 실전 모의고사 4회

▶ 정답 및 해설 : p.138

1. 물의 점성계수(coefficient of viscosity)에 대한 설명 중 옳은 것은?

① 수온에는 관계없이 점성계수는 일정하다.

② 점성계수와 동점성계수는 반비례한다.

③ 수온이 낮을수록 점성계수는 크다.

④ 4℃에서의 점성계수가 가장 크다.

2. 액체표면에서 150cm 깊이의 점에서 압력강도가 14.25kN/m²이면 이 액체의 단위중량은?

① 9.5kN/m³
② 10kN/m³
③ 12kN/m³
④ 16kN/m³

3. 다음 그림과 같이 수면과 경사각 45°를 이루는 제방의 측면에 원통형 수문이 있을 때 이에 작용하는 전수압은?

① 98.00kN
② 112.70kN
③ 118.59kN
④ 108.85kN

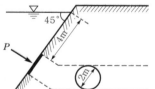

4. 밑면이 7.5m×3m이고 깊이가 4m인 빈 상자의 무게가 4×10⁵N이다. 이 상자를 물에 띄웠을 때 수면 아래로 잠기는 깊이는?

① 3.54m
② 2.32m
③ 1.81m
④ 0.75m

5. 유체에서 1차원 흐름에 대한 설명으로 옳은 것은?

① 면만으로는 정의될 수 없고 하나의 체적요소의 공간으로 정의되는 흐름

② 여러 개의 유선으로 이루어지는 유동면으로 정의되는 흐름

③ 유동특성이 1개의 유선을 따라서만 변화하는 흐름

④ 유동특성이 여러 개의 유선을 따라서 변화하는 흐름

6. 지름이 0.2cm인 미끈한 원형관 내를 유량 0.8cm³/s로 물이 흐르고 있을 때 관 1m당의 마찰손실수두는? (단, 동점성계수 $\nu = 1.12 \times 10^{-2}$cm²/s)

① 20.20cm
② 21.30cm
③ 22.20cm
④ 23.30cm

7. 원관 내 흐름이 포물선형 유속분포를 가질 때 관 중심선상에서 유속이 V_o, 전단응력이 τ_o, 관벽면에서 전단응력이 τ_s, 관내의 평균유속이 V_m, 관 중심선에서 y만큼 떨어져 있는 곳의 유속이 V, 전단응력이 τ라 할 때 옳지 않은 것은?

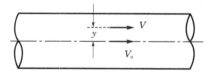

① $V_o > V$
② $V_o = 2V_m$
③ $\tau_s = 2\tau_o$
④ $\tau_s > \tau$

8. 다음 그림과 같이 수평으로 놓은 원형관의 안지름이 A에서 50cm이고 B에서 25cm로 축소되었다가 다시 C에서 50cm로 되었다. 물이 340l/s의 유량으로 흐를 때 A와 B의 압력차($P_A - P_B$)는? (단, 에너지손실은 무시한다.)

① 0.225N/cm²
② 2.25N/cm²
③ 22.5N/cm²
④ 225N/cm²

9. 수면경사가 1/500인 직사각형 수로에 유량이 50m³/s로 흐를 때 수리상 유리한 단면의 수심(h)은? (단, Manning공식을 이용하며 $n = 0.023$)

① 0.8m
② 1.1m
③ 2.0m
④ 3.1m

16. 다음 그림과 같은 단면의 수로에 대한 경심은?

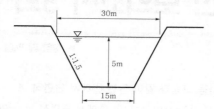

① 3.41m
② 3.55m
③ 3.73m
④ 3.92m

1. 뉴턴유체(Newtonian fluid)에 대한 설명으로 옳은 것은?

① 전단속도 $\left(\dfrac{dv}{dy}\right)$의 크기에 따라 선형으로 점도가 변한다.

② 전단응력(τ)과 전단속도 $\left(\dfrac{dv}{dy}\right)$의 관계는 원점을 지나는 직선이다.

③ 물이나 공기 등 보통의 유체는 비뉴턴유체이다.

④ 유체가 압력의 변화에 따라 밀도의 변화를 무시할 수 없는 상태가 된 것을 의미한다.

2. 정수압의 성질에 대한 설명으로 옳지 않은 것은?

① 정수압은 수중의 가상면에 항상 직각방향으로 존재한다.

② 대기압을 압력의 기준(0)으로 잡은 정수압은 반드시 절대압력으로 표시된다.

③ 정수압의 강도는 단위면적에 작용하는 압력의 크기로 표시한다.

④ 정수 중의 한 점에 작용하는 수압의 크기는 모든 방향에서 같은 크기를 갖는다.

3. 반지름 1.5m의 강관에 압력수두 100m의 물이 흐른다. 강재의 허용응력이 147MPa일 때 강관의 최소 두께는?

① 0.5cm　　　　② 0.8cm
③ 1.0cm　　　　④ 10cm

4. 다음 그림과 같은 용기에 물을 넣고 연직하방향으로 가속도 α를 중력가속도만큼 작용했을 때 용기 내의 물에 작용하는 압력 P는?

① 0
② 10kN/m^2
③ 20kN/m^2
④ 30kN/m^2

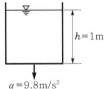

5. 다음 그림과 같이 단면 ①에서 단면적 $A_1=10$cm^2, 유속 $V_1=2$m/s이고, 단면 ②에서 단면적 $A_2=20$cm^{2}일 때 단면 ②의 유속(V_2)과 유량(Q)은?

① $V_2=200$cm/s. $Q=2,000$cm^3/s
② $V_2=100$cm/s. $Q=1,500$cm^3/s
③ $V_2=100$cm/s. $Q=2,000$cm^3/s
④ $V_2=200$cm/s. $Q=1,000$cm^3/s

6. 레이놀즈수가 갖는 물리적인 의미는?

① 점성력에 대한 중력의 비(중력/점성력)
② 관성력에 대한 중력의 비(중력/관성력)
③ 점성력에 대한 관성력의 비(관성력/점성력)
④ 관성력에 대한 점성력의 비(점성력/관성력)

7. 다음 그림과 같은 오리피스에서 유출되는 유량은? (단, 이론유량을 계산한다.)

① 0.12m^3/s
② 0.22m^3/s
③ 0.32m^3/s
④ 0.42m^3/s

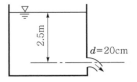

8. A저수지에서 1km 떨어진 B저수지에 유량 8m^3/s를 송수한다. 저수지의 수면차를 10m로 하기 위한 관의 지름은? (단, 마찰손실만을 고려하고 마찰손실계수 $f=0.03$이다.)

① 2.15m　　　　② 1.92m
③ 1.74m　　　　④ 1.52m

9. 양정이 6m일 때 4.2마력의 펌프로 0.03m³/s를 양수했다면 이 펌프의 효율은?

① 42%　　　　　　② 57%

③ 72%　　　　　　④ 90%

10. 수로폭 4m, 수심 1.5m인 직사각형 단면수로에 유량 24m³/s가 흐를 때 프루드수(Froude number)와 흐름의 상태는?

① 1.04, 상류　　　　② 1.04, 사류

③ 0.74, 상류　　　　④ 0.74, 사류

1. 모세관현상에 관한 설명으로 옳은 것은?

① 모세관 내의 액체의 상승높이는 모세관지름의 제곱에 반비례한다.

② 모세관 내의 액체의 상승높이는 모세관크기에만 관계된다.

③ 모세관의 높이는 액체의 특성과 무관하게 주위의 액체면보다 높게 상승한다.

④ 모세관 내의 액체의 상승높이는 모세관 주위의 중력과 표면장력 등에 관계된다.

2. 수조에 물이 2m 깊이로 담겨져 있고 물 위에 비중 0.85인 기름이 1m 깊이로 떠 있을 때 수조 바닥에 작용하는 압력은?

① 8kPa

② 14kPa

③ 20kPa

④ 28kPa

3. 부력과 부체의 안정에 관한 설명 중에서 옳지 않은 것은?

① 부체의 무게중심과 경심의 거리를 경심고라 한다.

② 부체가 수면에 의하여 절단되는 가상면을 부양면이라 한다.

③ 부력의 작용선과 물체 중심축의 교점을 부심이라 한다.

④ 수면에서 부체의 최심부까지 거리를 흘수라 한다.

4. 정상류의 흐름에 대한 설명으로 가장 적합한 것은?

① 모든 점에서 유동특성이 시간에 따라 변하지 않는다.

② 수로의 어느 구간을 흐르는 동안 유속이 변하지 않는다.

③ 모든 점에서 유체의 상태가 시간에 따라 일정한 비율로 변한다.

④ 유체의 입자들이 모두 열을 지어 질서 있게 흐른다.

5. 수압 98kPa(1kg/cm²)을 압력수두로 환산한 값으로 옳은 것은?

① 1m

② 10m

③ 100m

④ 1,000m

6. 다음 그림과 같은 두 개의 수조($A_1=2m^2$, $A_2=4m^2$)를 한 변의 길이가 10cm인 정사각형 단면(a_1)의 Orifice로 연결하여 물을 유출시킬 때 두 수조의 수면이 같아지려면 얼마의 시간이 걸리는가? (단, $h_1=5m$, $h_2=3m$, 유량계수 $C=0.62$이다.)

① 130초

② 137초

③ 150초

④ 157초

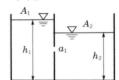

7. 다음 그림과 같이 경사진 내경 2m의 원관 내에 유량 20m³/s의 물을 흐르게 할 경우 단면 1과 2 사이의 손실수두는? (단, 단면 1의 압력=294kN/m², 단면 2의 압력=303.8kN/m²)

① 1.0m

② 2.0m

③ 3.0m

④ 4.0m

8. 하천의 어느 단면에서 수심이 5m이다. 이 단면에서 연직방향의 수심별 유속자료가 다음 표와 같을 때 2점법에 의해서 평균유속을 구하면?

수심(m)	0.0	0.5	1.0	2.0	3.0	4.0	4.5
유속(m/s)	1.1	1.5	1.3	1.1	0.8	0.5	0.2

① 0.8m/s

② 0.9m/s

③ 1.1m/s

④ 1.3m/s

9. 대수층의 두께 2m, 폭 1.2m이고 지하수흐름의 상·하류 두 점 사이의 수두차는 1.5m, 두 점 사이의 평균거리 300m, 지하수유량이 2.4m³/day일 때 투수계수는?

① 200m/day
② 225m/day
③ 267m/day
④ 360m/day

10. 다음 그림과 같이 단면적이 200cm²인 90° 굽어진 관(1/4원의 형태)을 따라 유량 $Q=0.05m^3/s$의 물이 흐르고 있다. 이 굽어진 면에 작용하는 힘(P)은?

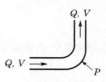

① 157N
② 177N
③ 1,570N
④ 1,770N

토목산업기사 실전 모의고사 7회

▶ 정답 및 해설 : p.141

1. 관수로와 개수로의 흐름에 대한 설명으로 옳지 않은 것은?

① 관수로는 자유표면이 없고, 개수로는 있다.

② 관수로는 두 단면 간의 속도차로 흐르고, 개수로는 두 단면 간의 압력차로 흐른다.

③ 관수로는 점성력의 영향이 크고, 개수로는 중력의 영향이 크다.

④ 개수로는 프루드수(F_r)로 상류와 사류로 구분할 수 있다.

2. 다음 그림과 같이 삼각위어의 수두를 측정한 결과 30cm이었을 때 유출량은? (단, 유량계수는 0.62이다.)

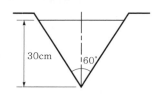

① 0.042m³/s   ② 0.125m³/s

③ 0.139m³/s   ④ 0.417m³/s

3. 동수경사선(hydraulic grade line)에 대한 설명으로 옳은 것은?

① 에너지선보다 언제나 위에 위치한다.

② 개수로의 수면보다 언제나 위에 있다.

③ 에너지선보다 유속수두만큼 아래에 있다.

④ 속도수두와 위치수두의 합을 의미한다.

4. 점성계수(μ)의 차원으로 옳은 것은?

① $[ML^{-2}T^{-2}]$

② $[ML^{-1}T^{-1}]$

③ $[ML^{-1}T^{-2}]$

④ $[ML^2T^{-1}]$

5. 다음 그림에서 A점에 작용하는 정수압 P_1, P_2, P_3, P_4에 관한 사항 중 옳은 것은?

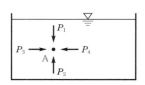

① P_1의 크기가 가장 작다.

② P_2의 크기가 가장 크다.

③ P_3의 크기가 가장 크다.

④ P_1, P_2, P_3, P_4의 크기는 같다.

6. 단면적이 1m²인 수조의 측벽에 면적 20cm²인 구멍을 내어서 물을 빼낸다. 수위가 처음의 2m에서 1m로 하강하는 데 걸리는 시간은? (단, 유량계수 $C=0.6$)

① 25.0초   ② 108.2초

③ 155.9초   ④ 169.5초

7. 정상류의 흐름에 대한 설명으로 가장 적합한 것은?

① 모든 점에서 유동특성이 시간에 따라 변하지 않는다.

② 수로의 어느 구간을 흐르는 동안 유속이 변하지 않는다.

③ 모든 점에서 유체의 상태가 시간에 따라 일정한 비율로 변한다.

④ 유체의 입자들의 모두 열을 지어 질서 있게 흐른다.

8. 수심 2m, 폭 4m인 직사각형 단면개수로에서 Manning의 평균유속공식에 의한 유량은? (단, 수로의 조도계수 $n=0.025$, 수로경사 $I=1/100$)

① 32m³/s

② 64m³/s

③ 128m³/s

④ 160m³/s

9. 유량 147.6l/s를 송수하기 위하여 내경 0.4m의 관을 700m 설치하였을 때의 관로경사는? (단, 조도계수 $n=0.012$, Manning공식 적용)

① $\dfrac{2}{700}$

② $\dfrac{2}{500}$

③ $\dfrac{3}{700}$

④ $\dfrac{3}{500}$

10. 단면의 일정한 긴 관에서 마찰손실만이 발생하는 경우 에너지선과 동수경사선은?

① 일치한다.

② 교차한다.

③ 서로 나란하다.

④ 관의 두께에 따라 다르다.

1. 원형 단면의 관수로에 물이 흐를 때 층류가 되는 경우는? (단, R_e는 레이놀즈(Reynolds)수이다.)

① $R_e > 4,000$
② $4,000 > R_e > 2,000$
③ $R_e > 2,000$
④ $R_e < 2,000$

2. 지름이 0.2cm인 미끈한 원형관 내를 유량 0.8cm³/s로 물이 흐르고 있을 때 관 1m당의 마찰손실수두는? (단, 동점성계수 $\nu = 1.12 \times 10^{-2}$cm²/s)

① 20.20cm
② 21.30cm
③ 22.20cm
④ 23.20cm

3. 연직평면에 작용하는 전수압의 작용점 위치에 관한 설명 중 옳은 것은?

① 전수압의 작용점은 항상 도심보다 위에 있다.
② 전수압의 작용점은 항상 도심보다 아래에 있다.
③ 전수압의 작용점은 항상 도심과 일치한다.
④ 전수압의 작용점은 도심 위에 있을 때도 있고, 아래에 있을 때도 있다.

4. 평행하게 놓여있는 관로에서 A점의 유속이 3m/s, 압력이 294kPa이고, B점의 유속이 1m/s이라면 B점의 압력은? (단, 무게 1kg=9.8N)

① 30kPa
② 31kPa
③ 298kPa
④ 309kPa

5. 개수로에서 지배 단면(Control Section)에 대한 설명으로 옳은 것은?

① 개수로 내에서 압력이 가장 크게 작용하는 단면이다.
② 개수로 내에서 수로경사가 항상 같은 단면을 말한다.
③ 한계수심이 생기는 단면으로서 상류에서 사류로 변하는 단면을 말한다.
④ 개수로 내에서 유속이 가장 크게 되는 단면이다.

6. 다음 그림에서 수문에 단위폭당 작용하는 힘(F)을 구하는 운동량방정식으로 옳은 것은? (단, 바닥마찰은 무시하며, w는 물의 단위중량, ρ는 물의 밀도, Q는 단위폭당 유량이다.)

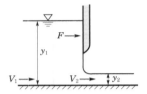

① $\dfrac{y_1^{\,2}}{2} - \dfrac{y_2^{\,2}}{2} - F = \rho Q(V_2 - V_1)$

② $\dfrac{y_1^{\,2}}{2} - \dfrac{y_2^{\,2}}{2} - F = \rho Q(V_2^{\,2} - V_1^{\,2})$

③ $\dfrac{wy_1^{\,2}}{2} - \dfrac{wy_2^{\,2}}{2} - F = \rho Q(V_2 - V_1)$

④ $\dfrac{wy_1^{\,2}}{2} - \dfrac{wy_2^{\,2}}{2} - F = \rho Q(V_2^{\,2} - V_1^{\,2})$

7. 프루드(Froude)수와 한계경사 및 흐름의 상태 중 상류일 조건으로 옳은 것은? (단, F_r : 프루드수, I : 수면경사, V : 유속, y : 수심, I_c : 한계경사, V_c : 한계유속, y_c : 한계수심)

① $V > V_c$
② $F_r > 1$
③ $I < I_c$
④ $y < y_c$

8. 수면의 높이가 일정한 저수지의 일부에 길이(B) 30m의 월류위어를 만들어 40m³/s의 물을 취수하기 위한 위어 마루부로부터의 상류측 수심(H)은? (단, $C=1.0$이고 접근유속은 무시한다.)

① 0.70m
② 0.75m
③ 0.80m
④ 0.85m

9. 모세관현상에서 액체기둥의 상승 또는 하강높이의 크기를 결정하는 힘은?

① 응집력   ② 부착력
③ 마찰력   ④ 표면장력

10. 단면적 2.5cm², 길이 2m인 원형 강철봉의 무게가 대기 중에서 27.5N이었다면 단위무게가 10kN/m³인 수중에서의 무게는?

① 22.5N   ② 25.5N
③ 27.5N   ④ 28.5N

토목산업기사 실전 모의고사 9회

▶ 정답 및 해설 : p.142

1. 부체의 경심(M), 부심(C), 무게중심(G)에 대하여 부체가 안정되기 위한 조건은?

① $\overline{MG} > 0$
② $\overline{MG} = 0$
③ $\overline{MG} < 0$
④ $\overline{MG} = \overline{CG}$

2. Darcy의 법칙에 대한 설명으로 틀린 것은?

① Reynolds수가 클수록 안심하고 적용할 수 있다.
② 평균유속이 손실수두와 비례관계를 가지고 있는 흐름에 적용될 수 있다.
③ 정상류흐름에서 적용될 수 있다.
④ 층류흐름에서 적용 가능하다.

3. 심정(깊은 우물)에서 유량(양수량)을 구하는 식은? (단, H_0 : 우물수심, r_o : 우물반지름, K : 투수계수, R : 영향원반지름, H : 지하수면수위)

① $Q = \dfrac{\pi K(H - H_0)}{\ln(R/r_0)}$

② $Q = \dfrac{2\pi K(H - H_0)}{\ln(r_0/R)}$

③ $Q = \dfrac{2\pi K(H + H_0)^2}{\ln(R/r_0)}$

④ $Q = \dfrac{\pi K(H^2 - H_0^2)}{\ln(R/r_0)}$

4. 개수로의 단면이 축소되는 부분의 흐름에 관한 설명으로 옳은 것은?

① 상류가 유입되면 수심이 감소하고, 사류가 유입되면 수심이 증가한다.
② 상류가 유입되면 수심이 증가하고, 사류가 유입되면 수심이 감소한다.
③ 유입되는 흐름의 상태(상류 또는 사류)와 무관하게 수심이 증가한다.
④ 유입되는 흐름의 상태(상류 또는 사류)와 무관하게 수심이 감소한다.

5. 수평원형관 내를 물이 층류로 흐를 경우 Hagen-Poiseuille의 법칙에서 유량 Q에 대한 설명으로 옳은 것은? (여기서, w : 물의 단위중량, l : 관의 길이, h_L : 손실수두, μ : 점성계수)

① 유량과 반지름 R의 관계는 $Q = \dfrac{wh_L \pi R^4}{128\mu l}$이다.

② 유량과 압력차 ΔP의 관계는 $Q = \dfrac{\Delta P \pi R^4}{8\mu l}$이다.

③ 유량과 동수경사 I의 관계는 $Q = \dfrac{w\pi I R^4}{8\mu l}$이다.

④ 유량과 지름 D의 관계는 $Q = \dfrac{wh_L \pi D^4}{8\mu l}$이다.

6. 모세관현상에 관한 설명으로 옳은 것은?

① 모세관 내의 액체의 상승높이는 모세관지름의 제곱에 반비례한다.
② 모세관 내의 액체의 상승높이는 모세관크기에만 관계된다.
③ 모세관의 높이는 액체의 특성과 무관하게 주위의 액체면보다 높게 상승한다.
④ 모세관 내의 액체의 상승높이는 모세관 주위의 중력과 표면장력 등에 관계된다.

7. 다음 그림과 같이 안지름 10cm의 연직관 속에 1.2m만큼 모래가 들어있다. 모래면 위의 수위를 일정하게 하여 유량을 측정하였더니 유량이 4l/h이었다면 모래의 투수계수 K는?

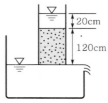

① 0.012cm/s
② 0.024cm/s
③ 0.033cm/s
④ 0.044cm/s

8. 원관 내를 흐르고 있는 층류에 대한 설명으로 옳지 않은 것은?

① 유량은 관의 반지름의 4제곱에 비례한다.

② 유량은 단위길이당 압력강하량에 반비례한다.

③ 유속은 점성계수에 반비례한다.

④ 평균유속은 최대 유속의 $\frac{1}{2}$이다.

9. 베르누이의 정리에 관한 설명으로 옳지 않은 것은?

① 베르누이의 정리는 운동에너지＋위치에너지가 일정함을 표시한다.

② 베르누이의 정리는 에너지(energy)불변의 법칙을 유수의 운동에 응용한 것이다.

③ 베르누이의 정리는 속도수두＋위치수두＋압력수두가 일정함을 표시한다.

④ 베르누이의 정리는 이상유체에 대하여 유도되었다.

10. 저수지로부터 30m 위쪽에 위치한 수조탱크에 0.35m³/s의 물을 양수하고자 할 때 펌프에 공급되어야 하는 동력은? (단, 손실수두는 무시하고, 펌프의 효율은 75%이다.)

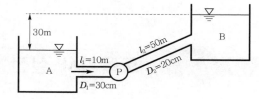

① 77.2kW   ② 102.9kW

③ 120.1kW   ④ 137.2kW

정답 및 해설

01	02	03	04	05	06	07	08	09	10
①	①	②	②	②	④	④	①	①	②
11	12	13	14	15	16	17	18	19	20
②	②	③	①	①	④	③	①	②	②

1

㉮ $\rho = \dfrac{w}{g} = \dfrac{\frac{42}{4}}{9.8} = 1.07\,\mathrm{kN \cdot s^2/m^4}$

㉯ $S = \dfrac{\text{물체의 단위중량}}{\text{물의 단위중량}} = \dfrac{\frac{42}{4}}{9.8} = 1.07$

2

$h_c = \dfrac{4T\cos\theta}{wD} = \dfrac{4 \times \frac{74}{980} \times \cos 8°}{1 \times 0.1} = 3\,\mathrm{cm} = 30\,\mathrm{mm}$

〈참고〉 1g중=980dyne

3

$P = wh = 9.81 \times 20$

$= 196.2\,\mathrm{kN/m^2} = 196.2\,\mathrm{kPa} = 0.2\,\mathrm{MPa}$

〈참고〉 1Pa=1N/m², 1MPa=1,000kPa

4

㉮ $P = wh_G A = 9.8 \times \dfrac{2.7}{2} \times (4.8 \times 2.7) = 171.46\,\mathrm{kN}$

㉯ $h_c = \dfrac{2}{3}h = \dfrac{2}{3} \times 2.7 = 1.8\,\mathrm{m}$

㉱ $P \times (2.7 - 1.8) = T \times 2.7$

$171.46 \times (2.7 - 1.8) = T \times 2.7$

$\therefore\ T = 57.15\,\mathrm{kN}$

5

②에서 $\dfrac{\partial u}{\partial x} + \dfrac{\partial v}{\partial y} + \dfrac{\partial w}{\partial z} = (4x - y) + (2y - 4x) + (-y)$

$= 0$이다.

6

㉮ $M = wV$

$0.6 = (3 \times 9.8) \times V$

$\therefore\ V = 0.02\,\mathrm{m^3}$

㉯ $M = B + T$

$0.6 = 9.8 \times 0.02 + T$

$\therefore\ T = 0.404\,\mathrm{kN} = 404\,\mathrm{N}$

7 층류에서 난류로 변할 때의 유속을 상한계유속이라 하고, 난류에서 층류로 변할 때의 유속을 하한계유속이라 한다(하한계유속<상한계유속).

8

㉮ $Q = AV$

$= \dfrac{\pi \times 0.04^2}{4} \times 15 = 0.019\,\mathrm{m^3/s}$

㉯ $P_x = \dfrac{wQ}{g}(V_1 - V_2) = \dfrac{wQ}{g}(V_1\cos 60° - V_2\cos 30°)$

$= \dfrac{9.8 \times 0.019}{9.8} \times (15\cos 60° - 15\cos 30°)$

$= -0.104\,\mathrm{kN}$

㉱ $P_y = \dfrac{wQ}{g}(V_2 - V_1)$

$= \dfrac{wQ}{g}(V_2\sin 30° - (-V_1\sin 60°))$

$= \dfrac{9.8 \times 0.019}{9.8} \times (15\sin 30° + 15\sin 60°)$

$= 0.389\,\mathrm{kN}$

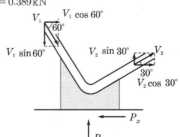

9
$$\tau = \frac{wh_L}{2l}r = \frac{\Delta p}{2l}r = \frac{0.1}{2 \times 1} \times 0.02 = 0.001 \text{N/m}^2$$

10 ㉮ $V = \sqrt{2gh}$ 이므로

$\therefore$ 속도비 $= \left(\frac{H}{h}\right)^{\frac{1}{2}} = n^{\frac{1}{2}}$

㉯ $A = \frac{\pi d^2}{4}$ 이므로

$\therefore$ 축류 단면의 비 $= \left(\frac{D}{d}\right)^2 = n^2$

㉰ $Q = Ca\sqrt{2gh} = C\frac{\pi d^2}{4}\sqrt{2gh}$ 이므로

$\therefore$ 유량비 $= \left(\frac{D}{d}\right)^2\left(\frac{H}{h}\right)^{\frac{1}{2}} = n^2 \times n^{\frac{1}{2}} = n^{\frac{5}{2}}$

11 ㉮ $\dfrac{V_1^{\,2}}{2g} + \dfrac{P_1}{w} + Z_1 = \dfrac{V_2^{\,2}}{2g} + \dfrac{P_2}{w} + Z_2 + \sum h_L$

$0 + 0 + 6 = \dfrac{V_2^{\,2}}{2 \times 9.8} + 0 + 0 + \dfrac{3V_2^{\,2}}{2 \times 9.8}$

$\therefore V_2 = 5.42 \text{m/s}$

㉯ $Q = A_2 V_2 = \dfrac{\pi \times 0.01^2}{4} \times 5.42 = 0.0426 \text{m}^3/\text{s}$

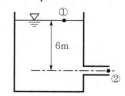

12 $Z_c = A\sqrt{D} = A\sqrt{\dfrac{A}{B}}$

일반적인 단면일 때 $Z_c^{\,2} = Ch^M$로 표시하며 M을 수리지수라 한다.

13 ㉮ 유량이 일정할 때 $H_{e\min}$ 이 되는 수심이다.
㉯ H_e 가 일정할 때 $Q_{\max}$ 이 되는 수심이다.

14 $y > y_n > y_c$이므로 상류(완경사수로)에서의 M_1곡선이다.

15 $Q = KiA = K\dfrac{h}{L}A$

$= 208 \times \dfrac{1.6}{480} \times (3.5 \times 1.2) = 2.91 \text{m}^3/\text{day}$

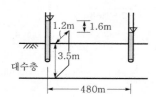

16 ㉮ 정류 : $\dfrac{\partial v}{\partial t} = 0, \ \dfrac{\partial Q}{\partial t} = 0$

㉠ 등류 : $\dfrac{\partial v}{\partial t} = 0, \ \dfrac{\partial v}{\partial l} = 0$

㉡ 부등류 : $\dfrac{\partial v}{\partial t} = 0, \ \dfrac{\partial v}{\partial l} \neq 0$

㉯ 부정류 : $\dfrac{\partial v}{\partial t} \neq 0, \ \dfrac{\partial Q}{\partial t} \neq 0$

17 강수의 상당 부분은 토양 속에 저류되나, 종국에는 증발 및 증산작용에 의해 대기 중으로 되돌아간다. 또한 강수의 일부분은 토양면이나 토양 속을 통해 흘러 하도로 유입되기도 하며, 일부는 토양 속으로 더 깊이 침투하여 지하수가 되기도 한다.

18 DAD곡선의 작성순서
㉮ 각 유역의 지속기간별 최대 우량을 누가우량곡선으로부터 결정하고 전유역을 등우선에 의해 소구역으로 나눈다.
㉯ 각 소구역의 평균누가우량을 구한다.
㉰ 소구역의 누가면적에 대한 평균누가우량을 구한다.
㉱ DAD곡선을 그린다.

19 유출

20 합성단위유량도의 매개변수
㉮ 지체시간 : $t_p = c_t(L_{ca}L)^{0.3}$

㉯ 첨두유량 : $Q_p = C_p\dfrac{A}{t_p}$

㉰ 기저시간 : $T = 3 + 3\left(\dfrac{t_p}{24}\right)$

토목기사 실전 모의고사 제2회 정답 및 해설

01	02	03	04	05	06	07	08	09	10
③	①	③	④	①	④	①	③	①	②
11	12	13	14	15	16	17	18	19	20
③	③	②	①	①	④	②	③	②	②

1 ㉮ $W = wV = 10.25 \times 5 = 51.25 \text{kN}$

㉯ $w = \rho g$

$\therefore \rho = \dfrac{w}{g} = \dfrac{10.25 \text{kN/m}^3}{9.8 \text{m/s}^2} = 1.046 \text{kN} \cdot \text{s}^2/\text{m}^4$

$= 1,046 \text{N} \cdot \text{s}^2/\text{m}^4$

2

물리량	단위	LMT계	LFT계
점성계수	g/cm · s	$[ML^{-1}T^{-1}]$	$[FL^{-2}T]$

3 $P = P_1 + wh = 300 + 9.8 \times 5 = 349 \text{kN/m}^2$

4 ㉮ $P_H = wh_G A = 9.8 \times 1 \times (2 \times 1) = 19.6 \text{kN}$

㉯ $P_V = w \cdot \text{◖} \cdot b = 9.8 \times \left(\dfrac{\pi \times 2^2}{4} \times \dfrac{1}{2} \right) \times 1 = 15.4 \text{kN}$

㉰ $P = \sqrt{P_H^2 + P_V^2} = \sqrt{19.6^2 + 15.4^2} = 24.93 \text{kN}$

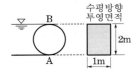

5 ㉮ $Q = AV = A\sqrt{2gh}$

$= \dfrac{\pi \times 0.1^2}{4} \times \sqrt{2 \times 9.8 \times 10} = 0.11 \text{m}^3/\text{s}$

㉯ $P = P_x = \dfrac{wQ}{g}(V_1 - V_2) = \dfrac{wQ}{g}(V - V\cos45°)$

$= \dfrac{1 \times 0.11}{9.8} \times (14 - 14\cos45°)$

$= 0.04602 \text{t} = 46.02 \text{kg}$

$= 46.02 \times 9.8 = 451 \text{N}$

6 $M + P = B$

$4 \times 10^5 + P = 9,800 \times (7.5 \times 3 \times 4)$

$\therefore P = 482,000 \text{N}$

7 베르누이정리의 가정조건

㉮ 흐름은 정류이다.

㉯ 임의의 두 점은 같은 유선상에 있어야 한다.

㉰ 마찰에 의한 에너지손실이 없는 비점성, 비압축성 유체인 이상유체의 흐름이다.

8 ㉮ $V = \dfrac{Q}{A} = \dfrac{3,000}{\dfrac{\pi D^2}{4}} = \dfrac{3,820}{D^2}$

㉯ $R_e = \dfrac{VD}{\nu} = \dfrac{\dfrac{3,820}{D^2} \times D}{1.15 \times 10^{-2}} = \dfrac{332,174}{D} \leq 2,000$

$\therefore D \geq 166.1 \text{cm}$

9 ㉮ $h_a = \alpha \dfrac{V_a^2}{2g} = 1 \times \dfrac{1^2}{2 \times 9.8} = 0.05 \text{m}$

㉯ $Q = 1.84 b_o \left[(h + h_a)^{\frac{3}{2}} - h_a^{\frac{3}{2}} \right]$

$= 1.84 \times (1 - 0.1 \times 2 \times 0.4)$

$\times \left[(0.4 + 0.05)^{\frac{3}{2}} - 0.05^{\frac{3}{2}} \right]$

$= 0.492 \text{m}^3/\text{s}$

10 ㉮ $f = \dfrac{8g}{C^2} = \dfrac{8 \times 9.8}{63^2} = 0.02$

㉯ $Q = AV$

$0.1 = \dfrac{\pi \times 0.3^2}{4} \times V$

$\therefore V = 1.41 \text{m/s}$

㉰ $h_L = f \dfrac{l}{D} \dfrac{V^2}{2g} = 0.02 \times \dfrac{100}{0.3} \times \dfrac{1.41^2}{2 \times 9.8} = 0.68 \text{m}$

11 병렬관수로

㉮ $Q = Q_A + Q_B$

㉯ $h_1 - h_2 = h_{LA} = h_{LB}$

$\therefore h_2 = h_1 - h_{LA}$

㉰ $h_{LA} = h_{LB}$

12 ㉮ $A = 2 \times 3 + 3 \times 6 = 24 \text{m}^2$

㉯ $R = \dfrac{A}{S} = \dfrac{24}{3 + 2 + 3 + 3 + 6} = 1.41 \text{m}$

㉰ $Q = A \dfrac{1}{n} R^{\frac{2}{3}} I^{\frac{1}{2}}$

$= 24 \times \dfrac{1}{0.002} \times 1.41^{\frac{2}{3}} \times 0.001^{\frac{1}{2}} = 477.16 \text{m}^3/\text{s}$

13 개수로의 흐름

㉮ $F_r < 1$이면 상류, $F_r > 1$이면 사류이다.

㉯ $R_e < 500$이면 층류, $R_e > 500$이면 난류이다.

14 $q = \dfrac{K}{2l}(h_1{}^2 - h_2{}^2) = \dfrac{0.5}{2 \times 50} \times (6^2 - 2^2) = 0.16 \text{m}^3/\text{s}$

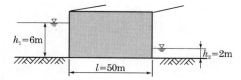

$h_1 = 6\text{m}$ $l = 50\text{m}$ $h_2 = 2\text{m}$

15 완경사일 때 수면곡선

㉮ $h > h_o > h_c$일 때 배수곡선(M_1)이 생긴다.

㉯ $h_o > h > h_c$일 때 저하곡선(M_2)이 생긴다.

㉰ $h_o > h_c > h$일 때 배수곡선(M_3)이 생긴다.

16 수류의 한 단면에서 유량이나 속도, 압력, 밀도 등이 시간에 따라 변하지 않는 흐름을 **정류**라 한다.

17 $P_m = \dfrac{A_1 P_1 + A_2 P_2 + \cdots + A_n P_n}{A}$

$= \dfrac{20 \times 40 + 30 \times 30 + 50 \times 20}{20 + 30 + 50} = 27\text{mm}$

18 ㉮ 댐 건설 전 연유출량 = 유출계수 × 강수량

$= 0.4 \times 1 \times (20 \times 10^6)$

$= 8 \times 10^6 \text{m}^3$

㉯ 댐 건설 후 연유출량

= 연강수량 − 저수지 연증발량

$= (2 - 1.12) \times 10^7 \text{m}^3 = 8.8 \times 10^6 \text{m}^3$

㉠ 연강수량 $= 1 \times (20 \times 10^6) = 2 \times 10^7 \text{m}^3$

㉡ 저수지 연증발량

= 증발접시계수 × 저수지 연증발량

$= 0.7 \times 0.8 \times (20 \times 10^6) = 1.12 \times 10^7 \text{m}^3$

㉰ 댐 건설 후 하천유량 증가량

= 댐 건설 후 연유출량 − 댐 건설 전 연유출량

$= (8.8 - 8) \times 10^6$

$= 0.8 \times 10^6 \text{m}^3$

19 총유출량 $= \dfrac{100 \times (6 \times 3,600)}{2} = 108 \times 10^4 \text{m}^3$

〈참고〉 CMS $= \text{m}^3/\text{s}$(cubic meter per sec)

20 ㉮ $I = \dfrac{6,000}{t + 35} = \dfrac{6,000}{5 + 35} = 150\text{mm/h}$

㉯ $1\text{ha} = 10^4 \text{m}^2 = 10^{-2} \text{km}^2$

㉰ $Q = 0.2778 CIA$

$= 0.2778 \times 0.6 \times 150 \times (20 \times 10^{-2}) = 5\text{m}^3/\text{s}$

토목기사 실전 모의고사 제3회 정답 및 해설

01	02	03	04	05	06	07	08	09	10
④	③	③	③	③	②	①	②	①	②

11	12	13	14	15	16	17	18	19	20
②	④	②	①	③	②	③	②	③	②

1 $\tau = \mu \dfrac{dV}{dy} = 0.01 \times \dfrac{200}{0.5} = 4\text{N/cm}^2$

2 $\dfrac{P_1}{A_1} + wh = \dfrac{P_2}{A_2}$

$\dfrac{P_1}{25 \times 10^{-4}} + 0.9 \times 0.2 = \dfrac{0.2}{500 \times 10^{-4}}$

$\therefore P_1 = 9.55 \times 10^{-3} \text{t} = 9.55\text{kg} = 95.5\text{N}$

3 ㉮ $P_H = wh_G A = 9.8 \times 6\sin30° \times (12\sin30° \times 1)$

$= 176.4\text{kN}$

㉯ $P_V = w \cdot \!\! \cdot b$

$= 9.8 \times \left(\pi \times 6^2 \times \dfrac{60°}{360°} - \dfrac{6\sin30° \times 6\cos30°}{2} \times 2 \right)$

$\times 1$

$= 31.96\text{kN}$

㉰ $P = \sqrt{P_H{}^2 + P_V{}^2} = \sqrt{176.4^2 + 31.96^2}$

$= 179.27\text{kN}$

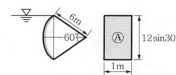

6m 60° Ⓐ 12 sin30° 1m

4 ㉮ $P = wh = 9.8 \times 100 = 980 \text{kN/m}^2$

㉯ $t = \dfrac{PD}{2\sigma_{ta}} = \dfrac{980 \times 1.8}{2 \times 110,000}$

$\quad = 8.02 \times 10^{-3}\text{m} = 0.8\text{cm}$

5 $P = wh\left(1 + \dfrac{\alpha}{g}\right) = 9.8 \times 1 \times \left(1 + \dfrac{19.6}{9.8}\right) = 29.4 \text{kN/m}^2$

6 $w = 9.8 \text{kN/m}^3$ 이므로

$\dfrac{V_1^{\,2}}{2g} + \dfrac{P_1}{w} + Z_1 = \dfrac{V_2^{\,2}}{2g} + \dfrac{P_2}{w} + Z_2$

$\dfrac{2^2}{2 \times 9.8} + \dfrac{P_1}{9.8} + 0 = \dfrac{3^2}{2 \times 9.8} + \dfrac{9.8}{9.8} + 0$

$\therefore\ P_1 = 12.3 \text{kN/m}^2$

7 ㉮ $P_1 = wh_{G1}A_1 = 1 \times \dfrac{1.6}{2} \times (1.6 \times 1) = 1.28\text{t}$

㉯ $P_2 = wh_{G2}A_2 = 1 \times \dfrac{0.7}{2} \times (0.7 \times 1) = 0.245\text{t}$

㉰ $P_1 - P_2 - F_x = \dfrac{wQ}{g}(V_2 - V_1)$

$\quad 1.28 - 0.245 - F_x = \dfrac{1 \times 3.27}{9.8} \times (4.67 - 2.04)$

$\quad \therefore\ F_x = 0.157\text{t} = 157\text{kg} = 157 \times 10 = 1,570\text{N}$

8 ㉮ 경계면에서 유체입자의 속도는 0이 되고, 경계면 으로부터 거리가 멀어질수록 유속은 증가한다. 그 러나 경계면으로부터의 거리가 일정한 거리만큼 떨어진 다음부터는 유속이 일정하게 된다. 이러한 영역을 유체의 경계층이라 한다.

㉯ 경계층 내의 흐름은 층류일 수도 있고, 난류일 수도 있다.

㉰ 층류 및 난류경계층을 구분하는 일반적인 기준은 특성레이놀즈수이다.

$R_x = \dfrac{V_o x}{\nu}$

(한계Reynolds수는 약 500,000이다.)
여기서, x : 평판 선단으로부터의 거리

9 ㉮ $Q = 1.84bh^{\frac{3}{2}}$

$\quad 0.03 = 1.84 \times 0.35 \times h^{\frac{3}{2}}$

$\quad \therefore\ h = 0.13\text{m}$

㉯ $\dfrac{dQ}{Q} = \dfrac{3}{2} \dfrac{dh}{h} = \dfrac{3}{2} \times \dfrac{0.001}{0.13} = 0.01154 \fallingdotseq 1.15\%$

10 ㉮ $A_{정사각형} = A_{원형}$

$\quad h^2 = \dfrac{\pi D^2}{4}$

$\quad \therefore\ h = 0.89D$

㉯ ㉠ 정사각형 : $R_s = \dfrac{A}{S} = \dfrac{h^2}{4h} = \dfrac{h}{4}$

㉡ 원형 : $R_c = \dfrac{A}{S} = \dfrac{D}{4}$

㉰ $Q = AV = A\dfrac{1}{n}R^{\frac{2}{3}}I^{\frac{1}{2}}$

$\quad \therefore\ \dfrac{Q_s}{Q_c} = \left(\dfrac{R_s}{R_c}\right)^{\frac{2}{3}} = \left(\dfrac{h}{D}\right)^{\frac{2}{3}} = \left(\dfrac{0.89D}{D}\right)^{\frac{2}{3}}$

$\quad = 0.925$

11 ㉮ $Q = AV$

$\quad 0.1 = \dfrac{\pi \times 0.2^2}{4} \times V$

$\quad \therefore\ V = 3.18\text{m/s}$

㉯ $\sum h = \left(f_e + f\dfrac{l}{D} + f_o\right)\dfrac{V^2}{2g}$

$\quad = \left(0.5 + 0.03 \times \dfrac{100}{0.2} + 1\right) \times \dfrac{3.18^2}{2 \times 9.8} = 8.51\text{m}$

㉰ $E = \dfrac{1,000}{75} \dfrac{Q(H + \sum h)}{\eta}$

$\quad = \dfrac{1,000}{75} \times \dfrac{0.1 \times (40 + 8.51)}{1} = 64.68\text{HP}$

12 ㉮ $V = \dfrac{Q}{A} = \dfrac{2.8}{\dfrac{1.2 \times 0.9}{2}} = 5.19\text{m/s}$

㉯ $H_e = h + \alpha\dfrac{V^2}{2g} = 0.9 + 1 \times \dfrac{5.19^2}{2 \times 9.8} = 2.27\text{m}$

13 ㉮ 프루드수는 관성력에 대한 중력의 비를 나타낸다.

㉯ 상류일 때의 흐름은 중력의 영향이 커서 유속이 비교적 느리고, 수심은 커진다.

14 $T_r = \dfrac{T_m}{T_p} = \sqrt{\dfrac{L_r}{g_r}} = \sqrt{\dfrac{\dfrac{1}{225}}{1}} = 0.067$

$\dfrac{4}{T_p} = 0.067$

$\therefore\ T_p = 59.7분$

15 $L = \sqrt{gh}\,T = \sqrt{9.8 \times 5} \times 14.5 = 101.5\text{m/s}$

〈참고〉 파장과 주기의 관계

$\quad \dfrac{h}{L} < 0.05$인 천해파일 때 $L = \sqrt{gh}\,T$

여기서, L : 파장, T : 주기(sec)

16 $D = C_D A\dfrac{1}{2}\rho V^2$

$\quad = 1.5 \times (4 \times 2) \times \dfrac{1}{2} \times \dfrac{1}{9.8} \times 2^2$

$\quad = 2.45\text{t} = 2.45 \times 9.8 = 24.01\text{kN}$

17

시각(분)	0	5	10	15	20
우량(mm)	0	2	6	10	7

$$I = (10+7) \times \frac{60}{10} = 102\text{mm/h}$$

18 대규모 수공구조물의 설계홍수량 결정법
- ㉮ 최대 가능홍수량(PMF)
- ㉯ 표준설계홍수량(SPF)
- ㉰ 확률홍수량

19 유출곡선지수(runoff curve number : CN)
- ㉮ SCS에서 흙의 종류, 토지의 사용용도, 흙의 초기 함수상태에 따라 총우량에 대한 직접유출량(혹은 유효우량)의 잠재력을 표시하는 지표이다.
- ㉯ 불투수성 지역일수록 CN의 값이 크다.
- ㉰ 선행토양함수조건은 성수기와 비성수기로 나누어 각 경우에 대하여 3가지 조건으로 구분한다.

20

㉮ 시간	0	1	2	3	4	5
㉯ 1시간 단위도 종거	0	2	8	10	6	3
㉰ 1시간 지연 1시간 단위도	−	0	2	8	10	6
㉱ 2시간 지연 1시간 단위도	−	−	0	2	8	10
㉲ = ㉯+㉰+㉱	0	2	10	20	24	19
㉳ 3시간 단위도 $\left(㉳ = ㉲ \times \frac{1}{3}\right)$	0	0.67	3.33	6.67	8	6.33

토목기사 실전 모의고사 제4회 정답 및 해설

01	02	03	04	05	06	07	08	09	10
④	③	④	②	④	②	④	②	②	③

11	12	13	14	15	16	17	18	19	20
①	②	④	②	④	④	②	②	③	③

1
$$\tau = \mu \frac{dV}{dy} = 0.01 \times \frac{200}{0.5} = 4\text{N/cm}^2$$

2
$$\frac{P_1}{A_1} + wh = \frac{P_2}{A_2}$$

$$\frac{P_1}{25 \times 10^{-4}} + 0.9 \times 0.2 = \frac{0.2}{500 \times 10^{-4}}$$

$$\therefore P_1 = 9.55 \times 10^{-3}\text{t} = 9.55\text{kg} = 95.5\text{N}$$

3 ㉮ 정류 : $\dfrac{dv}{dt} = 0$, $\dfrac{dQ}{dt} = 0$

㉠ 등류 : $\dfrac{dv}{dt} = 0$, $\dfrac{dv}{\partial l} = 0$

㉡ 부등류 : $\dfrac{dv}{dt} = 0$, $\dfrac{dv}{dl} \neq 0$

㉯ 부정류 : $\dfrac{dv}{dt} \neq 0$, $\dfrac{dQ}{dt} \neq 0$

4
$$M = B$$
$$w_1 V_1 = w_2 V_2$$
$$0.92V = 1.025 V_2$$
$$\therefore V_2 = \frac{0.92}{1.025} V = 0.9V$$

5 층류에서 난류로 변할 때의 유속을 상한계유속이라 하고, 난류에서 층류로 변할 때의 유속을 하한계유속 이라 한다(하한계유속<상한계유속).

6
$$F = \frac{WQ}{g}(V_2 - V_1) = \frac{1 \times 1.5}{9.8} \times (6-0)$$
$$= 0.918\text{t} = 9\text{kN}$$

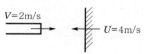

7 $Q = \dfrac{8}{15} C \tan \dfrac{\theta}{2} \sqrt{2g}\, h^{\frac{5}{2}}$

$\quad = \dfrac{8}{15} \times 0.6 \times \tan \dfrac{90°}{2} \times \sqrt{2 \times 9.8} \times 0.25^{\frac{5}{2}}$

$\quad = 0.0443\,\text{m}^3/\text{s}$

8 ㉮ $f = 124.5 n^2 D^{-\frac{1}{3}}$

$\quad 0.04 = 124.5 \times n^2 \times (4 \times 10)^{-\frac{1}{3}}$

$\quad \therefore\ n = 0.033$

㉯ $V = \dfrac{1}{n} R^{\frac{2}{3}} I^{\frac{1}{2}}$

$\quad = \dfrac{1}{0.033} \times 10^{\frac{2}{3}} \times \left(\dfrac{1}{200}\right)^{\frac{1}{2}} = 9.95\,\text{m/s}$

9 ㉮ $Q = AV$

$\quad 0.1 = \dfrac{\pi \times 0.2^2}{4} \times V$

$\quad \therefore\ V = 3.18\,\text{m/s}$

㉯ $\Sigma h = \left(f_e + f \dfrac{l}{D} + f_o\right) \dfrac{V^2}{2g}$

$\quad = \left(0.5 + 0.03 \times \dfrac{100}{0.2} + 1\right) \times \dfrac{3.18^2}{2 \times 9.8} = 8.51\,\text{m}$

㉰ $E = \dfrac{1,000}{75} \dfrac{Q(H + \Sigma h)}{\eta}$

$\quad = \dfrac{1,000}{75} \times \dfrac{0.1 \times (40 + 8.51)}{1} = 64.68\,\text{HP}$

10 ㉮ $h_c = \dfrac{2}{3} H_e = \dfrac{2}{3} \times \dfrac{3}{2} = 1\,\text{m}$

㉯ $h_c = \left(\dfrac{\alpha Q^2}{gb^2}\right)^{\frac{1}{3}}$

$\quad 1 = \left(\dfrac{Q^2}{9.8 \times 1^2}\right)^{\frac{1}{3}}$

$\quad \therefore\ Q = Q_{\max} = 3.13\,\text{m}^3/\text{s/m}$

11 완경사일 때 수면곡선

㉮ $h > h_o > h_c$일 때 배수곡선(M_1)이 생긴다.

㉯ $h_o > h > h_c$일 때 저하곡선(M_2)이 생긴다.

㉰ $h_o > h_c > h$일 때 배수곡선(M_3)이 생긴다.

12 ㉮ Darcy법칙 : $V = Ki$는 $R_e < 4$인 층류의 흐름과 대수층 내에 모관수대가 존재하지 않는 흐름에만 적용된다.

㉯ 실제 유속 : $V_s = \dfrac{V}{n}$

13 마찰손실수두

㉮ 관수로의 최대 손실수두이다.

㉯ $h_L = f \dfrac{l}{D} \dfrac{V^2}{2g}$

14 개수로흐름

㉮ 동수경사선은 에너지선보다 유속수두만큼 아래에 위치한다.

㉯ 등류 시 에너지선과 동수경사선은 언제나 평행하다.

㉰ 동수경사선은 자유표면과 일치한다.

15 ㉮ $C = \sqrt{gh} = \sqrt{9.8 \times 0.92} = 3\,\text{m/s}$

㉯ $H_e = h + \alpha \dfrac{V^2}{2g} = 0.92 + 1 \times \dfrac{\left(\dfrac{16.2}{9 \times 0.92}\right)^2}{2 \times 9.8} = 1.115\,\text{m}$

16 사류에서 상류로 변할 때 불연속적으로 수면이 뛰는 현상을 도수라 한다.

17 $V = Ki = K \dfrac{h}{L} = 0.2 \times \dfrac{40}{300} = 0.0267\,\text{cm/s}$

18 $P_m = \dfrac{A_1 P_1 + A_2 P_2 + A_3 P_3 + A_4 P_4 + A_5 P_5}{A}$

$\quad = \dfrac{\left\{\begin{array}{c}(15 \times 20) + (20 \times 25) + (10 \times 30) \\ + (15 \times 20) + (20 \times 35)\end{array}\right\}}{15 + 20 + 10 + 15 + 20}$

$\quad = 26.25\,\text{mm}$

19

시각(분)	0	5	10	15	20
우량(mm)	0	2	6	10	7

$I = (10 + 7) \times \dfrac{60}{10} = 102\,\text{mm/h}$

20 유출곡선지수(runoff curve number : CN)

㉮ SCS에서 흙의 종류, 토지의 사용용도, 흙의 초기 함수상태에 따라 총우량에 대한 직접유출량(혹은 유효우량)의 잠재력을 표시하는 지표이다.

㉯ 불투수성 지역일수록 CN의 값이 크다.

㉰ 선행토양함수조건은 성수기와 비성수기로 나누어 각 경우에 대하여 3가지 조건으로 구분한다.

토목기사 실전 모의고사 제5회 정답 및 해설

01	02	03	04	05	06	07	08	09	10
③	②	①	②	①	②	①	④	③	④
11	12	13	14	15	16	17	18	19	20
①	①	③	④	③	②	②	②	③	④

1
$$PD = 4T$$
$$10 \times 0.03 = 4T$$
$$\therefore \ T = 0.075 \text{g/cm}^2 = 0.075 \times 980 = 73.5 \text{dyne/cm}$$

2 ㉮ $P = wh_G A$
$$= 1 \times (2 + 1.5) \times (2 \times 3) = 21\text{t} = 205.8\text{kN}$$
㉯ $F = \mu P + T = 0.25 \times 205.8 + 1.96 = 53.41\text{kN}$

3 공기 중 무게=수중무게+부력
$$0.75 = 0.25 + 10 \times V$$
$$\therefore \ V = 0.05\text{m}^3$$

4
$$\frac{dx}{u} = \frac{dy}{v} = \frac{dz}{w}$$
$$\frac{dx}{-ky} = \frac{dy}{kx}$$
$$kx \, dx + ky \, dy = 0$$
$$x \, dx + y \, dy = 0$$
$$\therefore \ x^2 + y^2 = c \text{이므로 원이다.}$$

5 ㉮ $P_1 = wh_{G1} A_1 = 1 \times \dfrac{1.6}{2} \times (1.6 \times 1) = 1.28\text{t}$
㉯ $P_2 = wh_{G2} A_2 = 1 \times \dfrac{0.7}{2} \times (0.7 \times 1) = 0.245\text{t}$
㉰ $P_1 - P_2 - F_x = \dfrac{wQ}{g}(V_2 - V_1)$
$$1.28 - 0.245 - F_x = \frac{1 \times 3.27}{9.8} \times (4.67 - 2.04)$$
$$\therefore \ F_x = 0.157\text{t} = 157\text{kg} = 157 \times 10 = 1,570\text{N}$$

6 $D = C_D A \dfrac{1}{2} \rho V^2$
$$= 1.5 \times (4 \times 2) \times \frac{1}{2} \times \frac{1}{9.8} \times 2^2$$
$$= 2.45\text{t} = 2.45 \times 9.8 = 24.01\text{kN}$$

7 ㉮ $Q = 1.84 b h^{\frac{3}{2}}$
$$0.03 = 1.84 \times 0.35 \times h^{\frac{3}{2}} \quad \therefore \ h = 0.13\text{m}$$

㉯ $\dfrac{dQ}{Q} = \dfrac{3}{2} \dfrac{dh}{h} = \dfrac{3}{2} \times \dfrac{0.001}{0.13} = 0.01154 = 1.154\%$

8 완전난류의 완전히 거친 영역에서 f는 R_e에 관계없고 상대조도 $\left(\dfrac{e}{D}\right)$만의 함수이다.

9 ㉮ $A = 2 \times 3 + 3 \times 6 = 24\text{m}^2$
㉯ $R = \dfrac{A}{S} = \dfrac{24}{3 + 2 + 3 + 3 + 6} = 1.41\text{m}$
㉰ $Q = A \dfrac{1}{n} R^{\frac{2}{3}} I^{\frac{1}{2}}$
$$= 24 \times \frac{1}{0.002} \times 1.41^{\frac{2}{3}} \times 0.001^{\frac{1}{2}}$$
$$= 477.16\text{m}^3/\text{s}$$

10 충격치(비력)는 물의 단위중량당 정수압과 운동량의 합이다.
$$M = \eta \frac{Q}{g} V + h_G A = \text{일정}$$

11
$$\frac{Q_m}{Q_p} = L_r^{\frac{5}{2}}$$
$$\frac{Q_m}{10,000} = \left(\frac{1}{50}\right)^{\frac{5}{2}}$$
$$\therefore \ Q_m = 0.566\text{m}^3/\text{s}$$

12 $Q = KiA = K \dfrac{h}{L} A$
$$= 208 \times \frac{1.6}{480} \times (3.5 \times 1.2)$$
$$= 2.91\text{m}^3/\text{day}$$

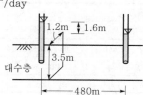

13 $U_* = \sqrt{\dfrac{\tau_o}{\rho}}$

14 사다리꼴 단면수로의 수리상 유리한 단면은 수심을 반지름으로 하는 반원을 내접원으로 하는 사다리꼴 단면이다.

15 ㉮ 유량이 일정할 때 $H_{e\min}$ 이 되는 수심이다.
㉯ H_e 가 일정할 때 $Q_{\max}$ 이 되는 수심이다.

16 대기압이 작용하는 지하수면을 가지는 지하수를 **자유지하수**라고 하며, 불투수층 사이에 낀 투수층 내에 포함되어 있는 지하수면을 갖지 않는 지하수를 **피압지하수**라 한다.

17 $\dfrac{h_2}{h_1} = \dfrac{1}{2}\left(-1 + \sqrt{1 + 8F_{r_1}^{\,2}}\right)$

18 ㉮ $t_1[℃]$일 때

$$h = \dfrac{e}{e_s} \times 100\%$$

$$70 = \dfrac{e}{10} \times 100\%$$

$$\therefore \ e = 7\text{mmHg}$$

㉯ $t_2[℃]$일 때

$$e = 7 \times 1.2 = 8.4\text{mmHg}$$

$$\therefore \ h = \dfrac{e}{e_s} \times 100\% = \dfrac{8.4}{14} \times 100\% = 60\%$$

19 ㉮ DAD곡선의 작성순서
　㉠ 각 유역의 지속기간별 최대 우량을 누가우량곡선으로부터 결정하고 전유역을 등우선에 의해 소구역으로 나눈다.
　㉡ 각 소구역의 평균누가우량을 구한다.
　㉢ 소구역의 누가면적에 대한 평균누가우량을 구한다.
　㉣ DAD곡선을 그린다.
㉯ 증발산량은 DAD곡선 작도 시 필요 없다.

20 단위유량도의 이론은 다음과 같은 가정에 근거를 두고 있다.
㉮ 유역특성의 시간적 불변성 : 유역특성은 계절, 인위적인 변화 등으로 인하여 시간에 따라 변할 수 있으나, 이 가정에 의하면 유역특성은 시간에 따라 일정하다고 하였다. 실제로는 강우 발생 이전의 유역의 상태에 따라 기저시간은 달라질 수 있으며, 특히 선행된 강우에 따른 흙의 함수비에 의하여 지속시간이 같은 강우에도 기저시간은 다르게 될 수 있으나, 이 가정에서는 강우의 지속시간이 같으면 강도에 관계없이 기저시간은 같다고 가정하였다.
㉯ 유역의 선형성 : 강우 r, $2r$, $3r$, …에 대한 유량은 q, $2q$, $3q$, …로 되는 입력과 출력의 관계가 선형관계를 갖는다.
㉰ 강우의 시간적, 공간적 균일성 : 지속시간 동안의 강우강도는 일정하여야 하며, 또는 공간적으로도 강우가 균일하게 분포되어야 한다.

토목기사 실전 모의고사 제6회 정답 및 해설

01	02	03	04	05	06	07	08	09	10
①	④	③	②	③	③	②	②	④	③

11	12	13	14	15	16	17	18	19	20
④	①	④	③	②	③	④	①	①	②

1

물리량	단위	차원
유량(Q)	cm³/s	$[L^3 T^{-1}]$
힘($F = ma$)	$g_0 \cdot$ cm/s²	$[MLT^{-2}]$
동점성계수(ν)	cm²/s	$[L^2 T^{-1}]$
운동량(역적)	$g_0 \cdot$ cm/s	$[MLT^{-1}]$

2 ㉮ $P_H = w h_G A = 9.8 \times 1 \times (2 \times 1) = 19.6\text{kN}$

㉯ $P_V = w \cdot \bullet \cdot b = 9.8 \times \left(\dfrac{\pi \times 2^2}{4} \times \dfrac{1}{2}\right) \times 1 = 15.4\text{kN}$

㉰ $P = \sqrt{P_H^{\,2} + P_V^{\,2}} = \sqrt{19.6^2 + 15.4^2} = 24.93\text{kN}$

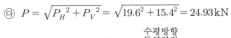

3 $P = wh\left(1 + \dfrac{\alpha}{g}\right) = 9.8 \times 1 \times \left(1 + \dfrac{19.6}{9.8}\right) = 29.4 \text{kN/m}^2$

4 ㉮ $\dfrac{V_1^2}{2g} + \dfrac{P_1}{w} + Z_1 = \dfrac{V_2^2}{2g} + \dfrac{P_2}{w} + Z_2 + \sum h_L$

$0 + 0 + 6 = \dfrac{V_2^2}{2 \times 9.8} + 0 + 0 + \dfrac{3V_2^2}{2 \times 9.8}$

$\therefore V_2 = 5.42 \text{m/s}$

㉯ $Q = A_2 V_2 = \dfrac{\pi \times 0.01^2}{4} \times 5.42 = 0.0426 \text{m}^3/\text{s}$

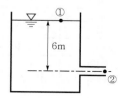

5 $P_x = \dfrac{wQ}{g}(V_{1x} - V_{2x})$

$= \dfrac{9.8 \times 0.018}{9.8} \times (9.8\cos 60° - 9.8\cos 30°)$

$= -0.06457 \text{kN} = -64.57 \text{N}$

6 $Q = Ca\sqrt{2gh}$

$0.2 = 0.62 \times (0.2 \times 0.05) \times \sqrt{2 \times 9.8 \times h}$

$\therefore h = 53.1 \text{m}$

7 ㉮ $V_{\max} = 2V_m$

㉯ $\tau = \dfrac{wh_L}{2l}r$

8 ㉮ $V = \dfrac{Q}{A} = \dfrac{1.2}{\dfrac{\pi \times 0.8^2}{4}} = 2.39 \text{m/s}$

㉯ $f = 124.5 n^2 D^{-\frac{1}{3}} = 124.5 \times 0.013^2 \times 0.8^{-\frac{1}{3}} = 0.023$

㉰ $H = \left(f_e + f\dfrac{l}{D} + f_o\right)\dfrac{V^2}{2g}$

$= \left(0.5 + 0.023 \times \dfrac{50}{0.8} + 1\right) \times \dfrac{2.39^2}{2 \times 9.8} = 0.86 \text{m}$

9 ㉮ $V = \dfrac{Q}{A} = \dfrac{2.8}{\dfrac{1.2 \times 0.9}{2}} = 5.19 \text{m/s}$

㉯ $H_e = h + \alpha \dfrac{V^2}{2g} = 0.9 + 1 \times \dfrac{5.19^2}{2 \times 9.8} = 2.27 \text{m}$

10 ㉮ $F_{r1} = \dfrac{V_1}{\sqrt{gh_1}} = \dfrac{\dfrac{2,000}{50 \times 3}}{\sqrt{9.8 \times 3}} = 2.46$

㉯ $\dfrac{h_2}{h_1} = \dfrac{1}{2}(-1 + \sqrt{1 + 8F_{r1}^2})$

$\dfrac{h_2}{3} = \dfrac{1}{2}(-1 + \sqrt{1 + 8 \times 2.46^2})$

$\therefore h_2 = 9.04 \text{m}$

11 $K = D_s^2 \dfrac{\gamma_w}{\mu} \dfrac{e^3}{1+e} C$

12 $Q = \dfrac{2\pi ck(H - h_o)}{2.3 \log \dfrac{R}{r_o}}$

$= \dfrac{2\pi \times 10 \times \dfrac{0.3}{3,600} \times (20 - 10)}{2.3 \times \log \dfrac{100}{50}} = 0.076 \text{m}^3/\text{s}$

13 ㉮ $f = \dfrac{64}{R_e} = \dfrac{64}{1,000} = 0.064$

㉯ $f = \dfrac{8g}{C^2}$

$0.064 = \dfrac{8 \times 9.8}{C^2}$

$\therefore C = 35 \text{m}^{\frac{1}{2}}/\text{s}$

㉰ $V = C\sqrt{RI} = 35\sqrt{5 \times \dfrac{1}{200}} = 5.53 \text{m/s}$

14 $\tau = wRI = 9.8 \times \dfrac{3 \times 1.2}{3 + 1.2 \times 2} \times \dfrac{1}{1,000}$

$= 6.53 \times 10^{-3} \text{kN/m}^2 = 6.53 \text{N/m}^2$

15 개수로의 흐름

㉮ $F_r < 1$이면 상류, $F_r > 1$이면 사류이다.

㉯ $R_e < 500$이면 층류, $R_e > 500$이면 난류이다.

16 $\Delta H_e = \dfrac{(h_2 - h_1)^3}{4h_1 h_2} = \dfrac{(4-2)^3}{4 \times 2 \times 4} = 0.25 \text{m}$

17 $Q = KiA$

$4 \times 10^{-3} = K \times \dfrac{0.1}{1} \times \dfrac{\pi \times 0.1^2}{4}$

$\therefore K = 5.09 \text{m/h}$

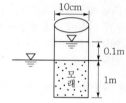

18 ㉮ 총강우량＝유출량＋침투량
　　㉯ 68.5＝47.9＋침투량
　　　∴ 침투량＝20.6mm
　　㉰ 침투량 20.6mm를 구분하는 수평선에 대응하는
　　　강우도가 5.15mm/h이므로
　　　∴ ϕ −index＝5.15mm/h

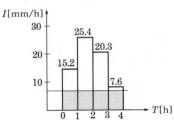

19 ㉮ $\dfrac{1,200-980}{980} \times 100 = 22.4\% > 10\%$

㉯ $P_x = \dfrac{N_x}{3}\left(\dfrac{P_A}{N_A} + \dfrac{P_B}{N_B} + \dfrac{P_C}{N_C}\right)$

　　$= \dfrac{980}{3} \times \left(\dfrac{110}{1,120} + \dfrac{85}{950} + \dfrac{125}{1,200}\right) = 95.34\,\text{mm}$

20

	시간	0	1	2	3	4	5
㉯	1시간 단위도 종거	0	2	8	10	6	3
㉰	1시간 지연 1시간 단위도	−	0	2	8	10	6
㉱	2시간 지연 1시간 단위도	−	−	0	2	8	10
㉲＝㉯＋㉰＋㉱		0	2	10	20	24	19
㉳	3시간 단위도 $\left(㉳ = ㉲ \times \dfrac{1}{3}\right)$	0	0.67	3.33	6.67	8	6.33

토목기사 실전 모의고사 제7회 정답 및 해설

01	02	03	04	05	06	07	08	09	10
①	④	④	①	③	③	②	②	①	②
11	**12**	**13**	**14**	**15**	**16**	**17**	**18**	**19**	**20**
④	①	②	②	④	③	①	②	①	④

1 누가우량곡선
　㉮ 누가우량곡선의 경사가 급할수록 강우강도가 크다.
　㉯ 자기우량계에 의해 측정된 우량을 기록지에 누가
　　우량의 시간적 변화상태를 기록한 것을 누가우량
　　곡선이라 한다.

2 Froude의 상사법칙
　중력이 흐름을 주로 지배하고 다른 힘들은 영향이 작
　아서 생략할 수 있는 경우의 상사법칙으로 수심이 비
　교적 큰 자유표면을 가진 개수로 내 흐름, 댐의 여수
　토흐름 등이 해당된다.

3 상류로 흐르는 수로에 댐, weir 등의 수리구조물을
　만들면 수리구조물의 상류에 흐름방향으로 수심이
　증가하는 수면곡선이 나타나는데, 이러한 수면곡선
　을 배수곡선이라 한다.

4 베르누이의 정리를 이용하여 오리피스의 이론유속을
　유도할 수 있다.
　$V = \sqrt{2gh}$

5 단위도의 가정 : 일정기저시간가정, 비례가정, 중첩
　가정

6 $E = 9.8\dfrac{Q(H + \Sigma h_L)}{\eta}$

　$20,000 = 9.8 \times \dfrac{Q \times (150 + 10)}{0.88}$

　$\therefore\ Q = 11.22\text{m}^3/\text{s}$

7 ㉮ $h_L = f\dfrac{l}{D}\dfrac{V^2}{2g}$

　　$5 = f \times \dfrac{50}{0.2} \times \dfrac{5^2}{2 \times 9.8}$

　　$\therefore\ f = 0.016$

　㉯ $U^* = V\sqrt{\dfrac{f}{8}} = 5\sqrt{\dfrac{0.016}{8}} = 0.22\text{m/s}$

8 $Q = 0.2778CIA$
　　$= 0.2778 \times 0.8 \times 80 \times 4$
　　$= 71.12\text{m}^3/\text{s}$

9 유효강수량

지표면유출과 복류수유출을 합한 직접유출에 해당하는 강수량이다.

10 ㉮ $h_c = \left(\dfrac{\alpha Q^2}{gb^2}\right)^{\frac{1}{3}} = \left(\dfrac{1 \times 16^2}{9.8 \times 1^2}\right)^{\frac{1}{3}} = 2.97\,\text{m}$

㉯ $C = \dfrac{1}{n}R^{\frac{1}{6}} = \dfrac{1}{n}h_c^{\frac{1}{6}} = \dfrac{1}{0.02} \times 2.97^{\frac{1}{6}} = 59.95$

㉰ $I_c = \dfrac{g}{\alpha C^2} = \dfrac{9.8}{1 \times 59.95^2} = 2.73 \times 10^{-3}$

11 ㉮ $R_e \leq 2{,}000$이면 층류이다.

㉯ $2{,}000 < R_e < 4{,}000$이면 층류와 난류가 공존한다 (천이영역).

㉰ $R_e \geq 4{,}000$이면 난류이다.

12 주어진 단면적과 수로의 경사에 대하여 경심이 최대 혹은 윤변이 최소일 때 최대 유량이 흐르고, 이러한 단면을 수리상 유리한 단면이라 한다.

13 노즐에서 사출되는 실제 유량과 실제 유속

㉮ $Q = Ca\sqrt{\dfrac{2gh}{1 - \left(\dfrac{Ca}{A}\right)^2}} = C\dfrac{\pi d^2}{4}\sqrt{\dfrac{2gh}{1 - C^2\left(\dfrac{d}{D}\right)^4}}$

$= \dfrac{\pi d^2}{4}\sqrt{\dfrac{2gh}{1 - \left(\dfrac{d}{D}\right)^4}}$

㉯ $V = C_v\sqrt{\dfrac{2gh}{1 - \left(\dfrac{Ca}{A}\right)^2}}$

14 $Q = 1.84 b_o h^{\frac{3}{2}} = 1.84(b - 0.1nh)h^{\frac{3}{2}}$

$= 1.84 \times (2.5 - 0.1 \times 2 \times 0.4) \times 0.4^{\frac{3}{2}} = 1.126\,\text{m}^3/\text{s}$

15 단위유량도의 이론은 다음과 같은 가정에 근거를 두고 있다.

㉮ 유역특성의 시간적 불변성 : 유역특성은 계절, 인위적인 변화 등으로 인하여 시간에 따라 변할 수 있으나, 이 가정에 의하면 유역특성은 시간에 따라 일정하다고 하였다. 실제로는 강우 발생 이전의 유역의 상태에 따라 기저시간은 달라질 수 있으며, 특히 선행된 강우에 따른 흙의 함수비에 의하여 지속시간이 같은 강우에도 기저시간은 다르게 될 수 있으나 이 가정에서는 강우의 지속시간이 같으면 강도에 관계없이 기저시간은 같다고 가정하였다.

㉯ 유역의 선형성 : 강우 r, $2r$, $3r$, …에 대한 유량은 q, $2q$, $3q$, …로 되는 입력과 출력의 관계가 선형관계를 갖는다.

㉰ 강우의 시간적, 공간적 균일성 : 지속시간 동안의 강우강도는 일정하여야 하며, 또는 공간적으로도 강우가 균일하게 분포되어야 한다.

16 $Q = 1.84(B - 0.1nh)h^{\frac{3}{2}}$

$= 1.84(B - 0.1 \times 2 \times h)h^{\frac{3}{2}}$

$= 1.84(B - 0.2h)h^{\frac{3}{2}}$

17 특별상사법칙

㉮ Reynolds의 상사법칙은 점성력이 흐름을 주로 지배하는 관수로흐름의 상사법칙이다.

㉯ Froude의 상사법칙은 중력이 흐름을 주로 지배하는 개수로 내의 흐름, 댐의 여수토흐름 등의 상사법칙이다.

18 $M = B$

$w_1 V_1 = w_2 V_2$

$0.92 \times V = 1.025 \times V_2$

$\therefore V_2 = \dfrac{0.92}{1.025}V = 0.9V$

19 미소진폭파

㉮ 파장에 비해 진폭 또는 파고가 매우 작은 파

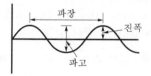

㉯ 가정

㉠ 물은 비압축성이고 밀도는 일정하다.

㉡ 수저는 수평이고 불투수층이다.

㉢ 수면에서의 압력은 일정하다(풍압은 없고 수면차로 인한 수압차는 무시한다).

㉣ 파고는 파장과 수심에 비해 대단히 작다.

20 에너지선은 기준수평면에서 $\dfrac{V^2}{2g} + \dfrac{P}{w} + Z$의 점들을 연결한 선이다. 따라서 동수경사선에 속도수두를 더한 점들을 연결한 선이다.

토목기사 실전 모의고사 제8회 정답 및 해설

01	02	03	04	05	06	07	08	09	10
①	①	④	②	④	③	④	④	③	②
11	12	13	14	15	16	17	18	19	20
③	④	③	③	①	③	②	②	③	④	②

1 비에너지가 일정할 때 한계수심으로 흐르면 유량은 최대가 된다.

2

물리량	단위	차원
유량(Q)	cm^3/s	$[L^3 T^{-1}]$
힘($F=ma$)	$g_0 \cdot$ cm/s^2	$[MLT^{-2}]$
동점성계수(ν)	cm^2/s	$[L^2 T^{-1}]$
운동량(역적)	$g_0 \cdot$ cm/s	$[MLT^{-1}]$

3 충격치(비력)는 물의 단위중량당 정수압과 운동량의 합이다.
$$M = \eta \frac{Q}{g} V + h_G A = \text{일정}$$

4 ㉮ $I = \dfrac{6,000}{t+35} = \dfrac{6,000}{5+35} = 150 \text{mm/h}$

㉯ $Q = 0.2778 CIA$
$= 0.2778 \times 0.6 \times 150 \times (20 \times 10^{-2}) = 5 \text{m}^3/\text{s}$

〈참고〉 $1\text{ha} = 10^4 \text{m}^2 = 10^{-2} \text{km}^2$

5 ㉮ 침투 : 물이 흙표면을 통해 흙 속으로 스며드는 현상
㉯ 침루 : 침투한 물이 중력에 의해 계속 지하로 이동하여 지하수면까지 도달하는 현상

6 Darcy법칙은 $R_e < 4$인 층류의 흐름과 대수층 내에 모관수대가 존재하지 않는 흐름에만 적용된다.

7 유출의 분류
㉮ 직접유출
  ㉠ 강수 후 비교적 단시간 내에 하천으로 흘러들어가는 유출
  ㉡ 지표면유출, 복류수유출, 수로상 강수
㉯ 기저유출
  ㉠ 비가 오기 전의 건조 시의 유출
  ㉡ 지하수유출, 지연지표하유출

8 평균우량 산정법
산술평균법, Thiessen법, 등우선법

9 $F = ma = m \dfrac{v_2 - v_1}{\Delta t}$

10 ㉮ $D = C_D A \dfrac{1}{2} \rho V^2$

㉯ C_D는 Reynolds수에 크게 지배되며 $R_e < 1$일 때
$C_D = \dfrac{24}{R_e}$이다.

11 우량계의 위치, 노출상태, 우량계의 교체, 주위 환경의 변화 등이 생기면 전반적인 자료의 일관성이 없어지기 때문에 이것을 교정하여 장기간에 걸친 강수자료의 일관성을 얻는 방법을 이중누가우량분석이라 한다.

12 정체압력수두=속도수두+압력수두
$P_s = V + P$

13 $\nu = \dfrac{\mu}{\rho}$

14 $P = wh + \dfrac{1}{2}\rho V^2 = 1 \times 3 + \dfrac{1}{2} \times \dfrac{1}{9.8} \times 3^2$
$= 3.46\text{t/m}^2 = 33.9\text{kN/m}^2$

15 $h_c = \left(\dfrac{\alpha Q^2}{gb^2}\right)^{\frac{1}{3}}$

$1 = \left(\dfrac{1 \times Q^2}{9.8 \times 5^2}\right)^{\frac{1}{3}}$

$\therefore Q = 15.65\text{m}^3/\text{s}$

16 ㉮ 유량이 일정할 때 비에너지가 최소가 되는 수심이 한계수심이다.
㉯ 비에너지가 일정할 때 한계수심으로 흐르면 유량이 최대이다.

17 난류인 경우의 마찰손실계수

㉮ 매끈한 관일 때 : f는 R_e만의 함수이다.

㉯ 거친 관일 때 : f는 R_e에는 관계없고 $\dfrac{e}{D}$만의 함수이다.

18

상류	사류
$I < I_c$	$I > I_c$
$V < V_c$	$V > V_c$
$h > h_c$	$h < h_c$
$F_r < 1$	$F_r > 1$

19 마찰손실수두

㉮ 관수로의 최대 손실수두이다.

㉯ $h_L = f \dfrac{l}{D} \dfrac{V^2}{2g}$

20 ㉮ $t_1[℃]$일 때

$$h = \frac{e}{e_s} \times 100\%$$

$$70 = \frac{e}{10} \times 100\%$$

$$\therefore \ e = 7\text{mmHg}$$

㉯ $t_2[℃]$일 때

$$e = 7 \times 1.2 = 8.4\text{mmHg}$$

$$\therefore \ h = \frac{e}{e_s} \times 100\% = \frac{8.4}{14} \times 100\% = 60\%$$

토목기사 실전 모의고사 제9회 정답 및 해설

01	02	03	04	05	06	07	08	09	10
①	④	②	①	②	②	③	③	④	④

11	12	13	14	15	16	17	18	19	20
①	①	④	②	④	①	④	①	②	①

1 $b_o = b - 0.1nh$

$= b - 0.1 \times 2 \times h = b - 0.2h$

2 ㉮ $V = \dfrac{Q}{A} = \dfrac{0.0628}{\dfrac{\pi \times 0.2^2}{4}} = 2\text{m/s}$

㉯ $H = \left(f_e + f \dfrac{l}{D} + f_o \right) \dfrac{V^2}{2g}$

$= \left(0.5 + 0.035 \times \dfrac{200}{0.2} + 1 \right) \times \dfrac{2^2}{2 \times 9.8}$

$= 7.45\text{m}$

3 ㉮ $P = wh_G A = 1 \times \dfrac{2.7}{2} \times (4.8 \times 2.7) = 17.5\text{t}$

㉯ $h_c = \dfrac{2}{3}h = \dfrac{2}{3} \times 2.7 = 1.8\text{m}$

㉯ $P \times (2.7 - 1.8) = T \times 2.7$

$17.5 \times (2.7 - 1.8) = T \times 2.7$

$\therefore \ T = 5.83\text{t} = 57.17\text{kN}$

4 ㉮ 압축성 유체(정류의 연속방정식)

$$\frac{\partial \rho u}{\partial x} + \frac{\partial \rho v}{\partial y} + \frac{\partial \rho w}{\partial z} = 0$$

㉯ 비압축성 유체(정류의 연속방정식)

$$\frac{\partial u}{\partial x} + \frac{\partial v}{\partial y} + \frac{\partial w}{\partial z} = 0$$

5 $R_e = \dfrac{\text{관성력}}{\text{점성력}} = \dfrac{VD}{\nu}$

6 유의파고(significant wave height)

특정 시간주기 내에 일어나는 모든 파고 중 가장 높은 파고부터 $\dfrac{1}{3}$에 해당하는 파고의 높이들을 평균한 높이를 유의파고라 하며 $\dfrac{1}{3}$ 최대 파고라고도 한다.

$$\therefore \ \text{유의파고} = \frac{9.5 + 8.9 + 7.4}{3} = 8.6\text{m}$$

7 강수량 ⇌ 유출량 + 증발산량 + 침투량 + 저유량

8

$$h_L = f \frac{l}{D} \frac{V^2}{2g}$$

$$2 = 0.02 \times \frac{100}{0.4} \times \frac{V^2}{2 \times 9.8}$$

$$\therefore V = 2.8\text{m/s}$$

9

$$K = D_s^2 \frac{\gamma_w}{\mu} \frac{e^3}{1+e} C$$

10 상류로 흐르는 수로에 댐, weir 등의 수리구조물을 만들면 수리구조물의 상류에 흐름방향으로 수심이 증가하는 수면곡선이 나타나는데, 이러한 수면곡선을 배수곡선이라 한다.

11

$$Q = A \frac{1}{n} R^{\frac{2}{3}} I^{\frac{1}{2}}$$

$$1 = \frac{\pi D^2}{4} \times \frac{1}{0.012} \times \left(\frac{D}{4}\right)^{\frac{2}{3}} \times \left(\frac{1}{100}\right)^{\frac{1}{2}}$$

$$\therefore D = 0.7\text{m}$$

12 ㉮ G(무게중심)와 B(부심)가 동일 연직선상에 있으면 물체는 평형상태에 있게 되어 안정하다.
㉯ M(경심)이 G보다 위에 있으면 복원모멘트가 작용하게 되어 물체는 안정하다.

13 유출의 분류
㉮ 직접유출
　㉠ 강수 후 비교적 단시간 내에 하천으로 흘러들어가는 유출
　㉡ 지표면유출, 복류수유출, 수로상 강수
㉯ 기저유출
　㉠ 비가 오기 전의 건조 시의 유출
　㉡ 지하수유출, 지연지표하유출

14

시간(분)	5	10	15	20	25	30	35	40
우량(mm)	2	3	5	10	15	5	3	2

$$I = (5 + 10 + 15 + 5) \times \frac{60}{20} = 105\text{mm/h}$$

15 ㉮ $B = wV = 1 \times (10 \times 1 \times 8)$
　　$= 80\text{t} = 80 \times 1,000 \times 10 = 8 \times 10^5\text{N}$
㉯ $W = M(\text{자중}) - B(\text{부력})$
　　$= 3.5 \times 10^6 - 8 \times 10^5 = 2.7 \times 10^6\text{N}$
㉰ $F_s = \frac{\mu W}{P_H} = \frac{0.7 \times (2.7 \times 10^6)}{1.5 \times 10^6} = 1.26$

16

$$D = C_D A \frac{\rho V^2}{2} = C_D \times \frac{\pi d^2}{4} \times \frac{1}{2} \rho V^2 = \frac{1}{8} C_D \pi d^2 \rho V^2$$

17 우물에서 장기간 양수를 한 후에도 수면강하가 일어나지 않는 지점까지의 우물로부터 거리를 영향권(area of influence)이라 한다.

18

$$\tan\theta = \frac{\alpha}{g}$$

$$\frac{2 - 1.5}{\frac{l}{2}} = \frac{4.9}{9.8}$$

$$\therefore l = 2\text{m}$$

19 확률분포형의 매개변수 추정법 : 모멘트법, 최우도법, 확률가중모멘트법, L-모멘트법

20 동점성계수의 단위가 cm^2/s이므로 차원은 $[L^2 T^{-1}]$이다.

토목산업기사 실전 모의고사 제1회 정답 및 해설

01	02	03	04	05	06	07	08	09	10
①	③	②	①	③	④	②	②	③	③

1 ㉮ $R_e \leq 2,000$이면 층류이다.
㉯ $2,000 < R_e < 4,000$이면 층류와 난류가 공존한다(천이영역).
㉰ $R_e \geq 4,000$이면 난류이다.

2 $V = C_v \sqrt{2gh} = 0.9 \times \sqrt{2 \times 9.8 \times 10} = 12.6\text{m/s}$

3

$$f = \frac{8g}{C^2}$$

$$0.03 = \frac{8 \times 9.8}{C^2}$$

$$\therefore C = 51.12\text{m}^{\frac{1}{2}}/\text{s}$$

4 $H = \left(\dfrac{w'-w}{w}\right) h_m$

$= \left(\dfrac{13.6-1}{1}\right) \times 0.1 = 1.26\text{m}$

5 $A_1 V_1 = A_2 V_2$

$\dfrac{\pi \times 0.5^2}{4} \times 2 = \dfrac{\pi \times 0.2^2}{4} \times V_2$

$\therefore V_2 = 12.5\text{m/s}$

6 $\rho = \dfrac{w}{g}$ 의 단위는 $\dfrac{\frac{t}{m^3}}{\frac{m}{\sec^2}} = \dfrac{t \cdot \sec^2}{m^4}$ 이므로 차원은

$[FL^{-4}T^2]$ 이다.

7 ㉮ $w = \dfrac{W}{V} = \dfrac{62.2}{5.8} = 10.72\text{kN/m}^3$

㉯ 비중 $= \dfrac{\text{단위중량}}{\text{물의 단위중량}} = \dfrac{10.72}{9.8} = 1.094$

8 상류수로에 댐을 만들 때 상류에서는 수면이 상승하는 배수곡선이 나타난다. 이 곡선은 수심 h 가 상류로 갈수록 등류수심 h_0 에 접근하는 형태가 된다.

9 사류에서 상류로 바뀌면 도수에 의한 에너지 손실 ΔH_e 만큼 에너지선은 하강한다.

$\Delta H_e = \dfrac{(h_2 - h_1)^3}{4h_1 h_2}$

10 접촉각(θ)은 접촉물질에 따라 다르다.

토목산업기사 실전 모의고사 제2회 정답 및 해설

01	02	03	04	05	06	07	08	09	10
③	②	③	①	②	①	①	③	③	②

1 ㉮ 수리상 유리한 단면에서 $b = 2h$, $R = \dfrac{h}{2}$ 이므로

$Q = AV = bh \dfrac{1}{n} R^{\frac{2}{3}} I^{\frac{1}{2}} = 2h \times h \times \dfrac{1}{n} \left(\dfrac{h}{2}\right)^{\frac{2}{3}} I^{\frac{1}{2}}$

$10 = 2h^2 \times \dfrac{1}{0.02} \times \left(\dfrac{h}{2}\right)^{\frac{2}{3}} \times 0.001^{\frac{1}{2}}$

$h^{\frac{8}{3}} = 5.02$ $\therefore h = 1.83\text{m}$

㉯ $b = 2h = 2 \times 1.83 = 3.66\text{m}$

2 ㉮ 비중 $= \dfrac{\text{단위중량}}{\text{물의 단위중량}}$ 에서

㉠ $0.95 = \dfrac{w_1}{9.81}$ $\therefore w_1 = 0.95 \times 9.81 = 9.32\text{kN/m}^3$

㉡ $1.35 = \dfrac{w_2}{9.81}$ $\therefore w_2 = 1.35 \times 9.81 = 13.24\text{kN/m}^3$

㉯ $P = (w_1 h_1 + w_2 h_2) A$

$= (9.32 \times 2.5 + 13.24 \times 1.5) \times \dfrac{\pi \times 2^2}{4} = 135.59\text{kN}$

3 ㉮ $V = \dfrac{Q}{A} = \dfrac{24}{4 \times 1.5} = 4\text{m/s}$

㉯ $F_r = \dfrac{V}{\sqrt{gh}} = \dfrac{4}{\sqrt{9.8 \times 1.5}} = 1.04$

4 $h_c = \dfrac{2}{3} h = \dfrac{2}{3} \times 3 = 2\text{m}$

5 한계수심일 때 유량이 최대이고, 비에너지는 최소이다.

6 $E = \dfrac{1}{C}$ 이므로 체적탄성계수(E)는 압축률(C)과 반비례관계에 있다.

7 $P = wh\left(1 - \dfrac{\alpha}{g}\right) = 9.8 \times 1 \times \left(1 - \dfrac{9.8}{9.8}\right) = 0$

8 ㉮ $V = \dfrac{Q}{A} = \dfrac{0.5}{1 \times 0.8} = 0.625\text{m/s} = 62.5\text{cm/s}$

㉯ $R_e = \dfrac{VR}{\nu} = \dfrac{62.5 \times 80}{0.012} = 416,667 > 500$ 이므로 난류이다.

($\because$ 폭이 넓은 수로일 때 $R = h = 80\text{cm}$)

㉰ $h(= 80\text{cm}) > h_c(= 29.5\text{cm})$ 이므로 상류이다.

9 ㉮ $h_c = \left(\dfrac{\alpha Q^2}{g b^2}\right)^{\frac{1}{3}} = \left(\dfrac{1.1 \times 10^2}{9.8 \times 10^2}\right)^{\frac{1}{3}} = 0.48\text{m}$

㉯ $V_c = \sqrt{\dfrac{g h_c}{\alpha}} = \sqrt{\dfrac{9.8 \times 0.48}{1.1}} = 2.07\text{m/s}$

10

물리량	단위	LMT계	LFT계
점성계수	g/cm · s	$[ML^{-1}T^{-1}]$	$[FL^{-2}T]$

토목산업기사 실전 모의고사 제3회 정답 및 해설

01	02	03	04	05	06	07	08	09	10
①	④	②	④	③	②	④	③	③	①

1 $w = \rho g$
$$= (1 \times 10^{-5}) \times 980$$
$$= 9.8 \times 10^{-3} \text{N/cm}^3$$

2 ㉮ P_H는 곡면의 연직투영면에 작용하는 수압과 같다.
㉯ P_V는 곡면을 밑면으로 하는 수면까지의 물기둥의 무게와 같다.

3 $P = wh_G A = 9.8 \times (5+1) \times \dfrac{\pi \times 2^2}{4} = 184.73 \text{kN}$
$$(\because w = 1\text{t/m}^3 = 9.8\text{kN/m}^3)$$

4 $R_{ec} = \dfrac{VD}{\nu} = 2,000$ 정도이고 무차원이다.

5 ㉮ 정지하고 있을 때
$$H = \frac{V_1^{\,2}}{2g} + \frac{P_1}{w} + Z_1 = 0 + \frac{500}{9.81} + 0 = 50.97\text{m}$$
㉯ 물이 흐를 때
$$H = \frac{V_2^{\,2}}{2g} + \frac{P_2}{w} + Z_2$$
$$50.97 = \frac{V_2^{\,2}}{2 \times 9.8} + \frac{420}{9.81} + 0$$
$$\therefore V_2 = 12.64\text{m/s}$$

6 ㉮ $P_x = \dfrac{wQ}{g}(V_2 - V_1)$
$$= \frac{9.8 \times 0.05}{9.8} \times \left(\frac{0.05}{200 \times 10^{-4}} - 0 \right) = 0.125\text{kN}$$

㉯ $P_y = \dfrac{wQ}{g}(V_1 - V_2)$
$$= \frac{9.8 \times 0.05}{9.8} \times \left(\frac{0.05}{200 \times 10^{-4}} - 0 \right) = 0.125\text{kN}$$
㉰ $P = \sqrt{P_x^{\,2} + P_y^{\,2}} = \sqrt{0.125^2 + 0.125^2}$
$$= 0.1767\text{kN} = 176.7\text{N}$$

7 $Q = \dfrac{8}{15} C \tan\dfrac{\theta}{2} \sqrt{2g}\, H^{\frac{5}{2}}$ 이므로 $Q \propto H^{\frac{5}{2}}$ 이다.

8 $h_L = f \dfrac{l}{D} \dfrac{V^2}{2g}$
$$0.2 = 0.03 \times \frac{100}{0.2} \times \frac{V^2}{2 \times 9.8}$$
$$\therefore V = 0.51\text{m/s}$$

9 ㉮ $h_c = \dfrac{2}{3} H_e = \dfrac{2}{3} \times \dfrac{3}{2} = 1\text{m}$
㉯ $h_c = \left(\dfrac{\alpha Q^2}{gb^2} \right)^{\frac{1}{3}}$
$$1 = \left(\frac{1 \times Q^2}{9.8 \times 1^2} \right)^{\frac{1}{3}}$$
$$\therefore Q = Q_{\max} = 3.13\text{m}^3/\text{s/m}$$

10 Darcy의 법칙
㉮ $R_e < 4$인 층류의 흐름에 적용된다.
㉯ 유속은 동수경사에 비례한다($V = Ki$).

토목산업기사 실전 모의고사 제4회 정답 및 해설

01	02	03	04	05	06	07	08	09	10
③	①	④	③	③	④	③	②	④	①

1 물의 점성계수는 수온이 높을수록 그 값이 작아지고, 수온이 낮을수록 그 값은 커진다. 물의 점성계수는 0℃에서 최대이다.

2 $P = wh$
$$14.25 = w \times 1.5$$
$$\therefore w = 9.5\text{kN/m}^3$$

3
$$P = wh_G A$$
$$= 9.8 \times 5 \sin 45° \times \frac{\pi \times 2^2}{4}$$
$$= 108.85 \,\text{kN}$$

4
$$M = wV$$
$$400 = 9.8 \times (7.5 \times 3 \times h)$$
$$\therefore \ h = 1.81 \,\text{m}$$

5 유동특성이 1개의 유선을 따라서만 변화하는 흐름을
1차원 흐름이라 한다.

6
㉮ $V = \dfrac{Q}{A} = \dfrac{0.8}{\dfrac{\pi \times 0.2^2}{4}} = 25.46 \,\text{cm/s}$

㉯ $R_e = \dfrac{VD}{\nu} = \dfrac{25.46 \times 0.2}{1.12 \times 10^{-2}} = 454.64$

㉰ $f = \dfrac{64}{R_e} = \dfrac{64}{454.64} = 0.141$

㉱ $h_L = f \dfrac{l}{D} \dfrac{V^2}{2g} = 0.141 \times \dfrac{100}{0.2} \times \dfrac{25.46^2}{2 \times 980} = 23.32 \,\text{cm}$

7
㉮ $V_o = 2V_m \left(\because \ \dfrac{V_o}{V_m} = 2\right), \ V_o > V$

㉯ $\tau_s > \tau > \tau_o$

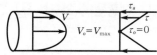

8
㉮ $Q = A_1 V_1$
$$0.34 = \frac{\pi \times 0.5^2}{4} \times V_1$$
$$\therefore \ V_1 = 1.73 \,\text{m/s}$$

㉯ $Q = A_2 V_2$
$$0.34 = \frac{\pi \times 0.25^2}{4} \times V_2$$
$$\therefore \ V_2 = 6.93 \,\text{m/s}$$

㉰ $\dfrac{V_1^2}{2g} + \dfrac{P_1}{w} + Z_1 = \dfrac{V_2^2}{2g} + \dfrac{P_2}{w} + Z_2$

$$\frac{1.73^2}{2 \times 9.8} + \frac{P_1}{1} + 0 = \frac{6.93^2}{2 \times 9.8} + \frac{P_2}{1} + 0$$

$$\therefore \ P_1 - P_2 = 2.3 \,\text{t/m}^2 = 0.23 \,\text{kg/cm}^2 = 2.25 \,\text{N/cm}^2$$

〈참고〉 1kg중 = 9.8N

9 직사각형 수로의 수리상 유리한 단면은

$b = 2h, \ R = \dfrac{h}{2}$ 이므로

$$A = bh = 2h \times h = 2h^2$$

$$Q = A \frac{1}{n} R^{\frac{2}{3}} I^{\frac{1}{2}} = 2h^2 \frac{1}{n} \left(\frac{h}{2}\right)^{\frac{2}{3}} I^{\frac{1}{2}}$$

$$50 = 2h^2 \times \frac{1}{0.023} \times \left(\frac{h}{2}\right)^{\frac{2}{3}} \times \left(\frac{1}{500}\right)^{\frac{1}{2}}$$

$$h^{\frac{8}{3}} = 20.41 \,\text{m} \qquad \therefore \ h = 3.1 \,\text{m}$$

10
㉮ $S = \sqrt{7.5^2 + 5^2} \times 2 + 15 = 33.03 \,\text{m}$

㉯ $A = \dfrac{15 + 30}{2} \times 5 = 112.5 \,\text{m}^2$

㉰ $R = \dfrac{A}{S} = \dfrac{112.5}{33.03} = 3.41 \,\text{m}$

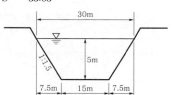

토목산업기사 실전 모의고사 제5회 정답 및 해설

01	02	03	04	05	06	07	08	09	10
②	②	③	①	③	③	②	③	②	②

1 뉴턴유체
㉮ $\tau = \mu \dfrac{dv}{dy}$ 이므로 중심에서는 0이고 중심으로부터
의 거리에 비례하여 증가하는 직선형 유속분포가
된다.

㉯ 일반적인 유체, 공기, 물 등은 모두 뉴턴유체로 취
급한다.

2 정수압
㉮ 절대압력 : $P = P_a + wh$
㉯ 계기압력 : $P = wh (\because \ P_a = 0)$

3 ㉮ $P = wh = 9.8 \times 100 = 980\text{kN/m}^2 = 0.98\text{MN/m}^2$

　㉯ $t = \dfrac{PD}{2\sigma_{ta}} = \dfrac{0.98 \times (1.5 \times 2)}{2 \times 147} = 0.01\text{m} = 1\text{cm}$

　〈참고〉 $1\text{MPa} = 1,000\text{kPa}, \; 1\text{Pa} = 1\text{N/m}^2$

4 $P = wh\left(1 - \dfrac{\alpha}{g}\right) = 9.8 \times 1 \times \left(1 - \dfrac{9.8}{9.8}\right) = 0$

5 ㉮ $A_1 V_1 = A_2 V_2$

　　$10 \times 200 = 20 \times V_2$

　　$\therefore \; V_2 = 100\text{cm/s}$

　㉯ $Q = A_2 V_2 = 20 \times 100 = 2,000\text{cm}^3/\text{s}$

6 ㉮ 관성력에 대한 점성력의 크기에 따라 개수로 내
　　흐름은 층류, 난류 및 불안정층류로 구분된다.

　㉯ 관성력에 대한 점성력의 상대적인 크기는 레이놀
　　즈수로 표시한다.

　　$R_e = \dfrac{VR}{\nu}$

7 $Q = Ca\sqrt{2gh} = 1 \times \dfrac{\pi \times 0.2^2}{4} \times \sqrt{2 \times 9.8 \times 2.5}$

　　$= 0.22\text{m}^3/\text{s}$

8 ㉮ $V = \dfrac{Q}{A} = \dfrac{8}{\dfrac{\pi D^2}{4}} = \dfrac{10.19}{D^2}$

　㉯ $H = f\dfrac{l}{D}\dfrac{V^2}{2g}$

　　$10 = 0.03 \times \dfrac{1,000}{D} \times \dfrac{\left(\dfrac{10.19}{D^2}\right)^2}{2 \times 9.8}$

　　$\therefore \; D = 1.74\text{m}$

9 $E = \dfrac{1,000}{75}\dfrac{QH_e}{\eta}$

　　$4.2 = \dfrac{1,000}{75} \times \dfrac{0.03 \times 6}{\eta}$

　　$\therefore \; \eta = 0.571 = 57.1\%$

10 ㉮ $V = \dfrac{Q}{A} = \dfrac{24}{4 \times 1.5} = 4\text{m/s}$

　㉯ $F_r = \dfrac{V}{\sqrt{gh}} = \dfrac{4}{\sqrt{9.8 \times 1.5}}$

　　$= 1.04 > 1$이므로 사류이다.

토목산업기사 실전 모의고사 제6회 정답 및 해설

01	02	03	04	05	06	07	08	09	10
④	④	③	①	②	②	①	②	①	②

1 $h_c = \dfrac{4T\cos\theta}{wd}$

2 $P = w_1 h_1 + w_2 h_2$

　　$= 0.85 \times 1 + 1 \times 2$

　　$= 2.85\text{t/m}^2$

　　$= 28.5\text{kPa}$

$w_1 = 0.85\text{t/m}^3$ ⎫ 1m
$w_2 = 1\text{t/m}^3$ ⎫ 2m

3 ㉮ 부심 : 배수용적의 중심

　㉯ 경심 : 기울어진 후의 부심을 통과하는 연직선과
　　평형상태의 중심과 부심을 연결하는 선이 만나는 점

4 ㉮ 정류 : 유체의 흐름특성이 시간에 따라 변하지 않는
　　흐름

　㉯ 등류 : 정류 중에서 어느 단면에서나 유속과 수심이
　　변하지 않는 흐름

5 $H = \dfrac{P}{w} = \dfrac{10}{1} = 10\text{m}$

　[별해] $H = \dfrac{P}{w} = \dfrac{98\text{kN/m}^2}{9.8\text{kN/m}^3} = 10\text{m}$

　〈참고〉 $1\text{Pa} = 1\text{N/m}^2$

6 $T = \dfrac{2A_1 A_2}{Ca\sqrt{2g}\,(A_1 + A_2)}\left(h_1^{\frac{1}{2}} - h_2^{\frac{1}{2}}\right)$

　　$= \dfrac{2 \times 2 \times 4}{0.62 \times (0.1 \times 0.1) \times \sqrt{2 \times 9.8} \times (2+4)} \times \left(2^{\frac{1}{2}} - 0\right)$

　　$= 137.4$초

7 $\dfrac{V_1^2}{2g} + \dfrac{P_1}{w} + Z_1 = \dfrac{V_2^2}{2g} + \dfrac{P_2}{w} + Z_2 + \Sigma h$

　　$\dfrac{294}{9.8} + 10 = \dfrac{303.8}{9.8} + 8 + \Sigma h$

　　$\therefore \; \Sigma h = 1\text{m}$

$8 \quad V_m = \dfrac{V_{0.2} + V_{0.8}}{2} = \dfrac{1.3 + 0.5}{2} = 0.9\,\text{m/s}$

$9 \quad Q = KiA = K\dfrac{h}{L}A$

$2.4 = K \times \dfrac{1.5}{300} \times (2 \times 1.2)$

$\therefore K = 200\,\text{m/day}$

$10 \quad ㉮ \quad Q = AV$

$0.05 = 200 \times 10^{-4} \times V$

$\therefore V = 2.5\,\text{m/s}$

$㉯ \quad P_x = \dfrac{wQ}{g}(V_1 - V_2) = \dfrac{1 \times 0.05}{9.8} \times (2.5 - 0)$

$= 0.01276t = 12.76\,\text{kg}$

$㉰ \quad P_y = \dfrac{wQ}{g}(V_2 - V_1) = \dfrac{1 \times 0.05}{9.8} \times (2.5 - 0)$

$= 0.01276t = 12.76\,\text{kg}$

$㉱ \quad P = \sqrt{P_x{}^2 + P_y{}^2}$

$= \sqrt{12.76^2 + 12.76^2}$

$= 18.05\,\text{kg}$

$= 176.84\,\text{N}$

토목산업기사 실전 모의고사 제7회 정답 및 해설

01	02	03	04	05	06	07	08	09	10
②	①	③	②	④	③	①	①	③	③

1 관수로의 특징
㉮ 자유수면을 갖지 않는다.
㉯ 압력차에 의해 흐른다.

2
$Q = \dfrac{8}{15}C\tan\dfrac{\theta}{2}\sqrt{2g}\,h^{\frac{5}{2}}$

$= \dfrac{8}{15} \times 0.62 \times \tan\dfrac{60°}{2} \times \sqrt{2 \times 9.8} \times 0.3^{\frac{5}{2}}$

$= 0.042\,\text{m}^3/\text{s}$

3 동수경사선은 에너지선보다 유속수두만큼 아래에 위치한다.

4 점성계수의 단위가 g/cm·s이므로 차원은 $[ML^{-1}T^{-1}]$이다.

5 정수 중의 임의의 한 점에 작용하는 정수압강도는 모든 방향에 대하여 동일하다. 따라서 $P_1 = P_2 = P_3 = P_4 = wh$ 이다.

6
$t = \dfrac{2A}{Ca\sqrt{2g}}(h_1^{\frac{1}{2}} - h_2^{\frac{1}{2}})$

$= \dfrac{2 \times 1}{0.6 \times (20 \times 10^{-4}) \times \sqrt{2 \times 9.8}} \times (2^{\frac{1}{2}} - 1^{\frac{1}{2}})$

$= 155.94$초

7 정류(steady flow)
㉮ 유체가 운동할 때 한 단면에서 속도, 압력, 유량 등이 시간에 따라 변하지 않는 흐름이다. 즉 관 속의 한 단면에서 속도, 압력, 유량 등이 일정하다.
㉯ 유선과 유적선이 일치한다.
㉰ 평상시 하천의 흐름을 정류라 한다.

8 ㉮ $R = \dfrac{A}{S} = \dfrac{2 \times 4}{2 \times 2 + 4} = 1\,\text{m}$

㉯ $V = \dfrac{1}{n}R^{\frac{2}{3}}I^{\frac{1}{2}} = \dfrac{1}{0.025} \times 1^{\frac{2}{3}} \times \left(\dfrac{1}{100}\right)^{\frac{1}{2}} = 4\,\text{m/s}$

㉰ $Q = AV = (2 \times 4) \times 4 = 32\,\text{m}^3/\text{s}$

9
$Q = A\dfrac{1}{n}R^{\frac{2}{3}}I^{\frac{1}{2}}$

$147.6 \times 10^{-3} = \dfrac{\pi \times 0.4^2}{4} \times \dfrac{1}{0.012} \times \left(\dfrac{0.4}{4}\right)^{\frac{2}{3}} \times I^{\frac{1}{2}}$

$\therefore I = 4.28 \times 10^{-3}$

10 단면이 일정하고 마찰손실만 발생하는 경우 동수경사선은 에너지선에 대해 유속수두만큼 아래에 위치하며 서로 나란하다.

토목산업기사 실전 모의고사 제8회 정답 및 해설

01	02	03	04	05	06	07	08	09	10
④	④	②	③	③	③	③	④	④	①

1 ㉮ $R_e \leq 2,000$이면 층류이다.

㉯ $2,000 < R_e < 4,000$이면 층류와 난류가 공존한다 (천이영역).

㉰ $R_e \geq 4,000$이면 난류이다.

2 ㉮ $V = \dfrac{Q}{A} = \dfrac{0.8}{\pi \times \dfrac{0.2^2}{4}} = 25.46 \text{cm/s}$

㉯ $R_e = \dfrac{VD}{\nu} = \dfrac{25.46 \times 0.2}{1.12 \times 10^{-2}} = 454.64$

㉰ $f = \dfrac{64}{R_e} = \dfrac{64}{454.64} = 0.141$

㉱ $h_L = f \dfrac{l}{D} \dfrac{V^2}{2g} = 0.141 \times \dfrac{100}{0.2} \times \dfrac{25.46^2}{2 \times 980} = 23.32 \text{cm}$

3 $h_c = h_G + \dfrac{I_G}{h_G A}$

4 ㉮ $w = 1\text{t/m}^3 = 9.8\text{kN/m}^3$

㉯ $\dfrac{V_1^2}{2g} + \dfrac{P_1}{w} + Z_1 = \dfrac{V_2^2}{2g} + \dfrac{P_2}{w} + Z_2$

$\dfrac{3^2}{2 \times 9.8} + \dfrac{294}{9.8} + 0 = \dfrac{1^2}{2 \times 9.8} + \dfrac{P_2}{9.8} + 0$

$\therefore P_2 = 298\text{kN/m}^2 = 298\text{kPa}$

5 지배 단면이란 상류에서 사류로 변하는 지점의 단면을 말한다.

6 $P_1 - P_2 - F = \dfrac{wQ(V_2 - V_1)}{g}$

$w \times \dfrac{y_1}{2} \times (y_1 \times 1) - w \times \dfrac{y_2}{2} \times (y_2 \times 1) - F$

$= \dfrac{wQ(V_2 - V_1)}{g}$

$\therefore \dfrac{w{y_1}^2}{2} - \dfrac{w{y_2}^2}{2} - F = \rho Q(V_2 - V_1)$

7

상류	사류
$I < I_c$	$I > I_c$
$V < V_c$	$V > V_c$
$h > h_c$	$h < h_c$
$F_r < 1$	$F_r > 1$

8 $Q = 1.7 C b\, h^{\frac{3}{2}}$

$40 = 1.7 \times 1 \times 30 \times h^{\frac{3}{2}}$

$\therefore h = 0.85\text{m}$

9 $h_c = \dfrac{4T \cos \theta}{wd}$

10 ㉮ 부력$(B) = wV = 10,000 \times (2.5 \times 10^{-4} \times 2) = 5\text{N}$

㉯ 공기 중 무게 = 수중무게 + 부력

$27.5 = $ 수중무게 $+ 5$

$\therefore$ 수중무게 $= 22.5\text{N}$

토목산업기사 실전 모의고사 제9회 정답 및 해설

01	02	03	04	05	06	07	08	09	10
①	①	④	①	②	④	①	②	①	④

1 ㉮ $\overline{\text{MG}} > 0$: 안정

㉯ $\overline{\text{MG}} < 0$: 불안정

㉰ $\overline{\text{MG}} = 0$: 중립

2 Darcy의 법칙

㉮ $R_e < 4$인 층류의 흐름에 적용된다.

㉯ 유속은 동수경사에 비례한다($V = Ki$).

3 깊은 우물(심정 : deep well)의 유량

$$Q = \frac{\pi K(H^2 - H_o{}^2)}{2.3\log\dfrac{R}{r_o}} = \frac{\pi K(H^2 - H_o{}^2)}{\ln\dfrac{R}{r_o}}$$

4 개수로의 흐름

㉮ 상류흐름인 경우 : 단면의 축소부에서 수심이 내려간다.

㉯ 사류흐름인 경우 : 단면의 축소부에서 수심이 증가한다.

5 Hagen–Poiseuille법칙

$$Q = \frac{\pi w h_L}{8\mu l} R^4 = \frac{\pi \Delta P R^4}{8\mu l}$$

6 $h_c = \dfrac{4T\cos\theta}{wd}$

7 ㉮ $Q = 4l/\text{h} = \dfrac{4,000}{3,600} = 1.11\text{cm}^3/\text{s}$

㉯ $Q = KiA$

$1.11 = K \times \dfrac{140}{120} \times \dfrac{\pi \times 10^2}{4}$

$\therefore K = 0.012\text{cm/s}$

8 ㉮ $Q = \dfrac{\pi w h_L}{8\mu l} r_0{}^4$

㉯ $V_m = \dfrac{Q}{A} = \dfrac{w h_L}{8\mu l} r^2$

㉰ $\dfrac{V_{\max}}{V_m} = 2$

9 베르누이정리

㉮ 하나의 유선상의 각 점에 있어서 총에너지가 일정하다(총에너지＝운동에너지＋압력에너지＋위치에너지＝일정).

㉯ 마찰에 의한 에너지손실이 없는 비점성, 비압축성인 이상유체(완전유체)의 흐름이다.

10 $E = 9.8\dfrac{Q(H + \Sigma h)}{\eta}$

$\qquad = 9.8 \times \dfrac{0.35 \times (30 + 0)}{0.75}$

$\qquad = 137.2\text{kW}$

저자약력

박영태
- 한국건축토목학원 대표
- 재단법인 스마트건설교육원 이사장

토목기사 · 산업기사 필기 완벽 대비

핵심시리즈③ 수리수문학

2002. 1. 10. 초 판 1쇄 발행
2025. 1. 8. 개정증보 29판 1쇄 발행

지은이 │ 박영태
펴낸이 │ 이종춘
펴낸곳 │ BM (주)도서출판 **성안당**

주소 │ 04032 서울시 마포구 양화로 127 첨단빌딩 3층(출판기획 R&D 센터)
      10881 경기도 파주시 문발로 112 파주 출판 문화도시(제작 및 물류)

전화 │ 02) 3142-0036
      031) 950-6300
팩스 │ 031) 955-0510
등록 │ 1973. 2. 1. 제406-2005-000046호
출판사 홈페이지 │ www.cyber.co.kr
ISBN │ 978-89-315-1163-5 (13530)
정가 │ 25,000원

이 책을 만든 사람들
책임 │ 최옥현
진행 │ 이희영
교정 · 교열 │ 문 황
전산편집 │ 이다혜
표지 디자인 │ 박원석
홍보 │ 김계향, 임진성, 김주승, 최정민
국제부 │ 이선민, 조혜란
마케팅 │ 구본철, 차정욱, 오영일, 나진호, 강호묵
마케팅 지원 │ 장상범
제작 │ 김유석